CAMBRIDGE LIBRARY COLLECTION

Books of enduring scholarly value

Mathematics

From its pre-historic roots in simple counting to the algorithms powering modern desktop computers, from the genius of Archimedes to the genius of Einstein, advances in mathematical understanding and numerical techniques have been directly responsible for creating the modern world as we know it. This series will provide a library of the most influential publications and writers on mathematics in its broadest sense. As such, it will show not only the deep roots from which modern science and technology have grown, but also the astonishing breadth of application of mathematical techniques in the humanities and social sciences, and in everyday life.

Werke

The genius of Carl Friedrich Gauss (1777–1855) and the novelty of his work (published in Latin, German, and occasionally French) in areas as diverse as number theory, probability and astronomy were already widely acknowledged during his lifetime. But it took another three generations of mathematicians to reveal the true extent of his output as they studied Gauss' extensive unpublished papers and his voluminous correspondence. This posthumous twelve-volume collection of Gauss' complete works, published between 1863 and 1933, marks the culmination of their efforts and provides a fascinating account of one of the great scientific minds of the nineteenth century. Volume 9, which appeared in 1903, supplements the account in Volume 4 of geodesy, triangulation, and the geodesic survey of the Kingdom of Hanover. It includes both published work and previously unpublished notes found among Gauss' papers.

Werke

VOLUME 9

CARL FRIEDRICH GAUSS

CAMBRIDGE
UNIVERSITY PRESS

CAMBRIDGE UNIVERSITY PRESS

Cambridge, New York, Melbourne, Madrid, Cape Town,
Singapore, São Paolo, Delhi, Tokyo, Mexico City

Published in the United States of America by Cambridge University Press, New York

www.cambridge.org
Information on this title: www.cambridge.org/9781108032315

This edition first published 1903
This digitally printed version 2011

ISBN 978-1-108-03231-5 Paperback

This book reproduces the text of the original edition. The content and language reflect the beliefs, practices and terminology of their time, and have not been updated.

Cambridge University Press wishes to make clear that the book, unless originally published by Cambridge, is not being republished by, in association or collaboration with, or with the endorsement or approval of, the original publisher or its successors in title.

The original edition of this book contains a number of colour plates, which have been reproduced in black and white. Colour versions of these images can be found online at www.cambridge.org/9781108032315

CARL FRIEDRICH GAUSS WERKE

BAND IX.

CARL FRIEDRICH GAUSS

WERKE

NEUNTER BAND.

HERAUSGEGEBEN

VON DER

KÖNIGLICHEN GESELLSCHAFT DER WISSENSCHAFTEN

ZU

GÖTTINGEN.

IN COMMISSION BEI B. G. TEUBNER IN LEIPZIG.

1903.

BESTIMMUNG

DES

BREITENUNTERSCHIEDES

ZWISCHEN DEN

STERNWARTEN VON GÖTTINGEN UND ALTONA

DURCH

BEOBACHTUNGEN AM RAMSDENSCHEN ZENITHSECTOR

VON

CARL FRIEDRICH GAUSS,

RITTER DES GUELPHEN- UND DANNEBROG-ORDENS; K. GROSSBR. HANNOVERSCHEM HOFRATH; PROFESSOR DER ASTRONOMIE UND DIRECTOR DER STERNWARTE IN GÖTTINGEN; MITGLIED DER AKADEMIEN UND SOCIETÄTEN VON BERLIN, COPENHAGEN, EDINBURG, GÖTTINGEN, LONDON, MÜNCHEN, NEAPEL, PARIS, PETERSBURG, STOCKHOLM, DER AMERIKANISCHEN, ITALIENISCHEN, KURLÄNDISCHEN, LONDONER ASTRONOMISCHEN U. A.

GÖTTINGEN,

BEI VANDENHOECK UND RUPRECHT.

1828.

INHALT.

Einleitung . . . . S. 5
I. Die beobachteten Sterne . . . . „ 8
II. Die Beobachtungen . . . . „ 10
III. Resultate . . . . „ 29
Einfachste Combination der Beobachtungen zur Bestimmung des Breitenunterschiedes, Art. 1. Genauigkeit der Beobachtungen, Art. 2. Collimationsfehler, Art. 3. Absolut vortheilhafteste Combination der Beobachtungen, Art. 4—7. Berücksichtigung der unregelmässigen Theilungsfehler, Art. 8—11. Lage der Beobachtungsplätze, Art. 12. Bestimmung der absoluten Polhöhe der Göttinger Sternwarte aus Beobachtungen des Nordsterns am Reichenbachschen Meridiankreise, Art. 13—17. Endresultat der hannoverschen Gradmessung, Art. 18—20. Vergleichung der Declinationen der beobachteten Zenithalsterne mit Bradleys und Piazzis Bestimmungen, Art. 21.
IV. Breitenbestimmung der Sternwarte Seeberg . . . . „ 52
Zusatz zu [Art. 20] S. 48 . . . . „ 56

BESTIMMUNG DES BREITENUNTERSCHIEDES
ZWISCHEN
DEN STERNWARTEN VON GÖTTINGEN UND ALTONA DURCH BEOBACHTUNGEN AM RAMSDENSCHEN ZENITHSECTOR.

EINLEITUNG.

Durch die von mir in den Jahren 1821—1824 durch das Königreich Hannover längs des Meridians von Göttingen geführte Dreieckskette sind die Sternwarten von Göttingen und Altona auf das Genaueste trigonometrisch mit einander verbunden. Diese Messungen werden in Zukunft ausführlich bekannt gemacht werden: hier wird nur bemerkt, dass die absoluten Grössen auf der von Herrn Prof. SCHUMACHER in Holstein mit äusserster Schärfe gemessenen Basis beruhen, mit welcher das Dreieckssystem durch die Seite Hamburg-Hohenhorn zusammenhängt; die Orientirung gründet sich auf die Beobachtungen am Göttinger Mittagsfernrohr, da die Sternwarte und das nördliche Meridianzeichen selbst Dreieckspunkte sind. Die Sternwarten von Göttingen und Altona liegen durch ein merkwürdiges Spiel des Zufalls auf weniger als Eine Hausbreite in einerlei Meridian. Obgleich die absoluten Polhöhen durch die Beobachtungen mit festen Meridianinstrumenten bestimmt sind, so war es doch wichtig, den Unterschied der Breiten noch auf eine andere Art mit einerlei Instrument zu bestimmen, und ich war so glücklich, dazu den trefflichen RAMSDENschen Zenithsector anwenden zu können, der bekanntlich zu ähnlichem Zweck bei der englischen Gradmessung gedient hat. Die damit im Frühjahr 1827 von mir angestellten Beobachtungen und ihre Resultate sind der Hauptgegenstand dieser Schrift.

Da die Beobachtungen mit diesem Instrument, wenn viele Sterne in einer Reihe zu beobachten sind, nicht wohl ohne den Beistand eines geübten Gehülfen gemacht werden können, so hatte Hr. Prof. SCHUMACHER die Güte, den Hrn. Ingenieur-Lieutenant v. NEHUS[*)], unter Genehmigung Sr. Majestät des Königs von Dänemark, für die Beobachtungen an beiden Plätzen damit zu beauftragen. Dieser sehr geschickte Beobachter hat fortwährend die Ablesung der Mikrometerschraube und die Einstellung des Lothfadens besorgt, während ich selbst die Antritte an die Meridianfäden beobachtete und den auf den Meridian senkrechten Faden auf die Sterne einstellte: nur in den beiden ersten Beobachtungsnächten in Altona war jenes Geschäft von einem andern Gehülfen besorgt; allein diese Beobachtungen sind deshalb nicht mit aufgenommen, zumal da die Erfahrung bestätigte, dass verschiedene Personen die Bisection der Punkte durch den Lothfaden ungleich schätzten.

Das Instrument ist durch die ausführliche von MUDGE gegebene Beschreibung hinlänglich bekannt. In Göttingen konnte es in der Sternwarte selbst, unter dem östlichen Meridianspalt, aufgestellt werden. In Altona war dies nicht thunlich; es wurde daher in dem Garten des Hrn. Prof. SCHUMACHER, in welchem die dortige Sternwarte selbst liegt, unter demselben Beobachtungszelte, welches MUDGE in England gebraucht hat, aufgestellt. Die Solidität der Aufstellung, auf eingerammten Pfählen, liess nichts zu wünschen übrig: das Nivellement der Verticalaxe wurde täglich nachgesehen, und gewöhnlich fast nichts zu ändern gefunden; dasselbe gilt von der Horizontalaxe.

Um die Ebene des Limbus in den Meridian zu bringen, wurde in Göttingen das südliche Meridianzeichen benutzt, welches zwar in dem Meridian des westlichen Spaltes steht, dessen Azimuth am Platze des Sectors sich aber mit grösster Schärfe berechnen liess. In Altona konnte ein ähnliches Mittel nicht angewandt werden: der Limbus wurde zuerst, mit Hülfe der Kenntniss der absoluten Zeit, vermittelst eines culminirenden Sterns sehr nahe in den

[*) Handschriftliche Bemerkung:] NEHUS starb an zurückgetretener Grippe 1844 Apr. 17.

Meridian gebracht; die Beobachtung mehrerer Sterne in der ganzen Ausdehnung des Limbus gab dann leicht die noch nöthige kleine Correction der Aufstellung. Da, wie schon erwähnt ist, von den am Sector culminirenden Sternen in jeder Nacht auch die Antritte an die Meridianfäden beobachtet wurden, und die Rectascensionen der Sterne bekannt waren, so erhielt die richtige Aufstellung im Meridian dadurch eine fortwährende sichere Controlle, und nur einmal war eine unbedeutende Nachhülfe erforderlich. In der Regel wurde von einer Nacht zur andern mit der Stellung des Limbus, östlich oder westlich, abgewechselt, und nur gegen den Schluss der Beobachtungen wurde, um die Anzahl der Beobachtungen auf beide Lagen ziemlich gleich zu vertheilen, von dieser Regel zuweilen abgewichen, und der Sector in Einer Nacht ein oder mehreremale umgewandt.

Der Stand des Barometers und des innern und äussern Thermometers wurde in jeder Nacht wenigstens dreimal, zu Anfang, in der Mitte und am Schluss der Beobachtungen aufgezeichnet. Eben so, nach dem Vorgang von Mudge, der Unterschied der Temperatur oben und unten am Sector, da deshalb der Limbus und der Radius in ungleichem Verhältnisse verändert werden. Dass übrigens jede andere durch die Einrichtung des Instruments vorgeschriebene Vorsicht sorgfältig beachtet ist, z. B. das Wassergefäss, in welches das Loth hängt, gehörig angefüllt zu erhalten, von der Mikrometerschraube so viel thunlich dieselben Gewinde spielen zu lassen u. dergl., ist wohl überflüssig besonders zu bemerken. Die Einstellung des Lothfadens auf den obern Punkt (das Centrum des Gradbogens) wurde bei der Beobachtung jedes Sterns von neuem unabhängig von der vorhergegangenen gemacht, und die Einstellung auf den nächsten Theilungspunkt (oder die beiden nächsten) wurde in der Regel mehreremale wiederholt, und aus den verschiedenen Ablesungen der Mikrometerschraube, die meistens auf wenige Decimaltheile der Secunde übereinstimmten, das Mittel genommen.

I.

DIE BEOBACHTETEN STERNE.

Ich hatte zu Anfang 38 Sterne in schicklichen Lagen zur Beobachtung ausgewählt, denen ich gegen den Schluss der Beobachtungen in Göttingen noch fünf andere beifügte, weil ich besorgte, dass durch ungünstiges Wetter der Schluss der Beobachtungen in Altona so weit verzögert werden könnte, dass ein beträchtlicher Theil der ersten Sterne wegen der bei Tage eintretenden Culmination nicht oft genug würde beobachtet werden können. Diese Besorgniss bestätigte sich jedoch nur in geringem Grade, und nur ein einziger Stern ist in Altona bloss einseitig beobachtet. Ich gebe hier die mittlere Stellung dieser Sterne auf den Anfang des Jahrs 1827 reducirt: die Declinationen sind die Resultate, welche die Beobachtungen am Zenithsector selbst ergeben haben; die Rectascensionen, bei welchen für den gegenwärtigen Zweck die allerschärfste Bestimmung unwesentlich ist, gründen sich meistens nur auf eine einmalige Beobachtung am Meridiankreise, deren Reduction Hr. von Heiligenstein gefälligst berechnet hat. Der Bequemlichkeit wegen bezeichne ich die Sterne mit fortlaufenden Zahlen. Nro. 8, 13, 15 und 31 sind Doppelsterne; bei dem ersten ist immer der nachfolgende Stern, bei den beiden folgenden die Mitte eingestellt; bei Nro. 31 ist der Nebenstern so klein, dass er im Fernrohr des Sectors, selbst bei versuchsweise verdunkeltem Felde, immer unsichtbar blieb, obgleich er von Hrn. Prof. Schumacher im lichtstärkern Fernrohr des Reichenbachschen Meridiankreises sofort bemerkt wurde, ohne dass uns damals bekannt war, dass schon andere Astronomen diesen Doppelstern als solchen erkannt hatten.

	Bezeichnung	G. Aufst. 1827	Declin. 1827		Bezeichnung	G. Aufst. 1827	Declin. 1827
1	24 Canum	$13^h 27^m 22^s,39$	$49^\circ 54' 11'',62$	23		$15^h 48^m 16^s,24$	$56^\circ 20' 27'',00$
2	83 Ursae	34 9,77	55 33 34,98	24		54 10,23	50 22 39,41
3	η Ursae	40 42,86	50 10 46,20	25	θ Draconis	58 39,70	59 1 47,14
4	86 Ursae	47 28,48	54 34 55,55	26		16 4 24,06	50 38 13,12
5		50 45,55	55 25 59,22	27	P. 16. 33	7 24,92	46 20 17,04
6	P. 13. 289	55 19,44	46 35 39,14	28	P. 16. 56	11 34,31	53 40 13,41
7	13 Bootis	14 1 49,03	50 16 43,44	29		16 2,19	52 27 11,06
8	ϰ Bootis seq.	7 16,93	52 36 7,47	30		20 38,75	55 36 4,73
9	P. 14. 56	12 5,39	56 13 36,51	31		26 34,90	45 58 5,85
10	θ Bootis	19 18,40	52 39 12,05	32	16 Draconis	32 6,42	53 15 3,64
11	P. 14. 131	27 50,42	53 39 33,02	33		37 53,85	50 16 13,67
12	P. 14. 164	35 24,18	52 58 55,66	34		42 1,51	57 5 37,79
13	39 Bootis med.	43 48,37	49 26 9,46	35		45 2,26	46 56 48,53
14	P. 14. 235	50 38,71	50 20 22,49	36	P. 16. 253	49 21,51	46 49 22,01
15	44 Bootis med.	58 5,30	48 19 52,47	37	P. 16. 291	56 11,73	56 56 42,35
16		15 7 8,12	49 13 46,68	38	P. 16. 310	17 0 15,10	49 2 47,09
17	P. 15. 39	10 33,95	51 34 53,72	39	P. 17. 20	4 23,12	58 29 49,33
18		15 0,55	52 35 5,87	40	P. 17. 38	8 1,46	56 52 21,74
19		21 50,88	54 37 34,87	41	74 Herculis	15 28,30	46 24 52,90
20		30 42,13	54 29 54,30	42	P. 17. 120	20 53,56	57 10 13,11
21		38 9,07	52 54 37,09	43	β Draconis	26 31; 90	52 25 57,91
22		42 14,32	46 16 4,70				

II.

DIE BEOBACHTUNGEN.

Ein vollständiger Abdruck des Tagebuchs in seiner ursprünglichen Gestalt, welcher die Stärke dieser Schrift mehr als verdoppelt haben würde, hat mir überflüssig geschienen: ich gebe daher die Beobachtungen sogleich nach den Sternen geordnet.

Die erste Columne enthält die Zenithdistanzen, wie das Instrument sie gegeben hat, d. i. die blosse Reduction der Ablesung. Nördliche Zenithdistanzen sind als positiv, südliche als negativ betrachtet.

Die zweite Columne gibt die Vereinigung der Refraction mit der Wirkung der ungleichen Ausdehnung des Instruments wegen Ungleichheit der obern und untern Temperatur: die äussersten vorgekommenen Unterschiede waren $+1^\circ\!,2$ Réaum. (das obere Thermometer höher) und $-0^\circ\!,6$. Um ein reines Resultat zur Beurtheilung der Übereinstimmung der Beobachtungen unter sich zu erhalten, habe ich die Mühe nicht gescheut, den Betrag für jede einzelne Beobachtung zu berechnen, wobei jedoch einige kleine sich leicht darbietende Rechnungsvortheile benutzt sind.

Die dritte Columne enthält die Reduction auf den mittlern Ort für den Anfang des Jahrs wegen Aberration, Nutation und Praecession, wozu bei einigen Sternen noch die eigene Bewegung gesetzt ist: es ist nemlich die jährliche eigene Bewegung in Declination angenommen

für 10 .... $-0''\!,42$
25 .... $+0,33$
37 .... $+0,38$.

Bei den beiden ersten Sternen ist die eigene Bewegung längst entschieden; bei 37 zeigt sie sich durch Vergleichung mit PIAZZIS Bestimmung so, dass, die Richtigkeit der letztern vorausgesetzt, sie nicht bezweifelt werden kann*). Der Berechnung der Aberration, Nutation und Praecession liegen BAILYS schätzbare Tafeln zum Grunde, nach denen für jeden Stern eine Ephemeride von 10 zu 10 Tagen, unter Beihülfe der Hrn. v. NEHUS und PETERSEN, berechnet, und in diese mit Berücksichtigung der zweiten Differenzen interpolirt wurde.

Die vierte Columne enthält endlich die Summe der drei ersten, also die wahre nur noch mit dem Collimationsfehler behaftete Zenithdistanz für die mittlere Stellung zu Anfang des Jahrs 1827, wie sie sich aus jeder einzelnen Beobachtung ergibt.

*) Die Richtigkeit von PIAZZIS Bestimmung dieses Sterns, auf 8 Beobachtungen gegründet, erhält durch die nahe Übereinstimmung mit der Angabe der ältern Ausgabe seines Verzeichnisses von 1803, welche auf 6 Beobachtungen beruhte, eine Bestätigung; die genaue Grösse der eigenen Bewegung bleibt aber deswegen noch etwas ungewiss, weil das Jahr unbekannt ist, welches dem Mittel der Beobachtungen entspricht. Es ist merkwürdig, diese nicht unbeträchtliche eigene Bewegung bei einem Stern der 7. Grösse zu finden. Auch Nro. 11 scheint in dieser Beziehung die Aufmerksamkeit der Astronomen zu verdienen.

1. (24 Canum Venaticorum)

Göttingen. Limbus Ost.

Apr. 5	−1° 37′ 52,″62	−1,″66	+13,″34	−1° 37′ 40,″94
17	47, 75	−1, 62	+10, 12	39, 25
28	46, 01	−1, 61	+ 7, 15	40, 47
29	44, 57	−1, 61	+ 6, 88	39, 30
Mittel aus 4 Beobachtungen				−1 37 39, 99

Göttingen. Limbus West.

Apr. 11	−1° 37′ 43,″60	−1,″59	+11,″75	−1° 37′ 33,″44
20	40, 36	−1, 62	+ 9, 31	32, 67
27	37, 29	−1, 67	+ 7, 41	31, 55
30	36, 84	−1, 55	+ 6, 62	31, 77
Mai 14	34, 23	−1, 60	+ 3, 02	32, 81
Mittel aus 5 Beobachtungen				−1 37 32, 45

Altona. Limbus Ost.

Jun. 4	−3° 38′ 29,″77	−3,″68	− 1,″53	−3° 38′ 34,″98
10	26, 44	−3, 58	− 2, 57	32, 59
11	28, 52	−3, 56	− 2, 73	34, 81
13	29, 85	−3, 53	− 3, 03	36, 41
15	26, 74	−3, 44	− 3, 33	33, 51
Mittel aus 5 Beobachtungen				−3 38 34, 46

Altona. Limbus West.

Jun. 3	−3° 38′ 25,″37	−3,″69	− 1,″35	−3° 38′ 30,″41
6	25, 44	−3, 59	− 1, 89	30, 92
9	25, 32	−3, 60	− 2, 41	31, 33
12	26, 07	−3, 54	− 2, 89	32, 50
Mittel aus 4 Beobachtungen				−3 38 31, 29

2. (83 Ursae maioris)

Göttingen. Limbus Ost.

Apr. 5	+4° 1′ 26,″05	+4,″10	+12,″99	+4° 1′ 43,″14
7	27, 08	+4, 02	+12, 42	43, 52
9	28, 85	+3, 99	+11, 86	44, 70
17	30, 25	+4, 00	+ 9, 58	43, 83
28	33, 16	+3, 98	+ 6, 43	43, 57
29	34, 26	+3, 97	+ 6, 14	44, 37
Mittel aus 6 Beobachtungen				+4 1 43, 86

Göttingen. Limbus West.

Apr. 6	+4° 1′ 34,″39	+4,″07	+12,″71	+4° 1′ 51,″17
8	33, 81	+3, 97	+12, 14	49, 92
11	35, 49	+3, 93	+11, 30	50, 72
20	36, 86	+4, 00	+ 8, 73	49, 59
27	39, 97	+4, 12	+ 6, 71	50, 80
30	40, 94	+3, 80	+ 5, 86	50, 60
Mai 14	46, 33	+3, 96	+ 2, 06	52, 35
Mittel aus 7 Beobachtungen				+4 1 50, 74

Altona. Limbus Ost.

Jun. 4	+2° 0′ 49,″03	+2,″04	− 2,″72	+2° 0′ 48,″35
7	51, 21	+2, 01	− 3, 28	49, 94
10	49, 21	+1, 98	− 3, 80	47, 39
11	50, 31	+1, 97	− 3, 97	48, 31
13	52, 49	+1, 95	− 4, 29	50, 15
15	52, 79	+1, 90	− 4, 59	50, 10
Mittel aus 6 Beobachtungen				+2 0 49, 04

Altona. Limbus West.

Jun. 3	+2° 0′ 51,″64	+2,″05	− 2,″52	+2° 0′ 51,″17
6	51, 71	+1, 99	− 3, 10	50, 60
9	53, 71	+2, 00	− 3, 63	52, 08
12	53, 96	+1, 96	− 4, 13	51, 79
Mittel aus 4 Beobachtungen				+2 0 51, 41

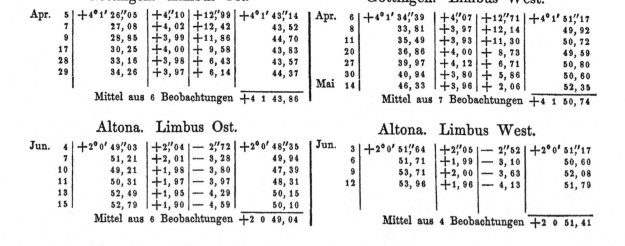

3. (η Ursae maioris)

Göttingen. Limbus Ost.

Apr. 5	—1°21′ 18,″73	—1,″38	+13,″58	—1°21′ 6,″53
7	16, 66	—1, 35	+13, 05	4, 96
9	16, 23	—1, 34	+12, 52	5, 05
17	12, 25	—1, 35	+10, 35	3, 25
28	11, 32	—1, 34	+ 7, 33	5, 33
29	10, 62	—1, 34	+ 7, 05	4, 91
	Mittel aus 6 Beobachtungen			—1 21 5, 00

Göttingen. Limbus West.

Apr. 6	—1°21′ 11,″05	—1,″37	+13,″32	—1°20′ 59,″10
8	9, 52	—1, 34	+12, 78	58, 08
11	7, 31	—1, 32	+11, 99	56, 64
20	7, 01	—1, 35	+ 9, 53	58, 83
27	3, 44	—1, 39	+ 7, 60	57, 23
30	2, 98	—1, 29	+ 6, 78	57, 49
Mai 14	—1 20 57, 75	—1, 33	+ 3, 08	56, 00
	Mittel aus 7 Beobachtungen			— 1 20 57, 62

Altona. Limbus Ost.

Jun. 4	—3°21′ 55,″72	—3,″40	— 1,″71	—3°21′ 60,″83
7	54, 87	—3, 37	— 2, 32	60, 56
10	53, 29	—3, 32	— 2, 83	59, 44
11	54, 89	—3, 30	— 3, 00	61, 19
13	52, 91	—3, 26	— 3, 34	59, 51
15	53, 54	—3, 18	— 3, 66	60, 38
	Mittel aus 6 Beobachtungen			—3 22 0, 32

Altona. Limbus West.

Jun. 6	—3°21′ 52,″11	—3,″32	— 2,″10	—3°21′ 57,″53
9	51, 86	—3, 34	— 2, 65	57, 85
12	49, 73	—3, 29	— 3, 17	56, 19
14	50, 27	—3, 33	— 3, 51	57, 11
22	47, 73	—3, 26	— 4, 66	55, 65
27	49, 23	—3, 24	— 5, 29	57, 76
	Mittel aus 6 Beobachtungen			—3 21 57, 02

4. (86 Ursae maioris)

Göttingen. Limbus Ost.

Apr. 5	+3°2′ 46,″67	+3,″10	+13,″40	+3°3′ 3,″17
7	46, 47	+3, 05	+12, 84	2, 36
9	48, 07	+3, 02	+12, 29	3, 38
17	51, 65	+3, 04	+10, 02	4, 71
28	53, 35	+3, 02	+ 6, 85	3, 22
29	54, 69	+3, 01	+ 6, 56	4, 26
	Mittel aus 6 Beobachtungen			+3 3 3, 52

Göttingen. Limbus West.

Apr. 6	+3°2′ 54,″56	+3,″08	+13,″12	+3°3′ 10,″76
8	54, 79	+3, 01	+12, 56	10, 36
11	54, 86	+2, 98	+11, 73	9, 57
20	58, 61	+3, 04	+ 9, 16	10, 81
27	63, 17	+3, 12	+ 7, 13	13, 42
30	62, 11	+2, 92	+ 6, 27	11, 30
	Mittel aus 6 Beobachtungen			+3 3 11, 04

Altona. Limbus Ost.

Jun. 4	+1°2 10,″59	+1,″05	— 2,″61	+1°2′ 9,″03
7	13, 02	+1, 04	— 3, 22	10, 84
10	12, 92	+1, 03	— 3, 78	10, 17
11	13, 73	+1, 02	— 3, 96	10, 79
13	15, 16	+1, 01	— 4, 31	11, 86
15	14, 13	+0, 98	— 4, 65	10, 46
	Mittel aus 6 Beobachtungen			+1 2 10, 52

Altona. Limbus West.

Jun. 6	+1°2′ 14,″23	+1,″03	— 3,″02	+1°2′ 12,″24
9	15, 43	+1, 03	— 3, 60	12, 86
12	15, 05	+1, 01	— 4, 14	11, 92
	Mittel aus 3 Beobachtungen			+1 2 12, 34

5.

Göttingen. Limbus Ost.

Apr. 5	+3°53′ 49,″88	+3,″97	+13,″40	+3°54′ 7,″25
7	52, 89	+3, 91	+12, 84	9, 64
9	50, 18	+3, 87	+12, 28	6, 33
17	52, 14	+3, 89	+10, 00	6, 03
28	56, 29	+3, 86	+ 6, 79	6, 94
29	58, 85	+3, 86	+ 6, 51	9, 22
	Mittel aus 6 Beobachtungen			+3 54 7, 57

Göttingen. Limbus West.

Apr. 6	+3°53′ 57,″95	+3,″94	+13,″12	+3°54′ 15,″01
8	61, 17	+3, 85	+12, 56	17, 58
11	57, 64	+3, 82	+11, 72	13, 18
27	64, 01	+4, 00	+ 7, 08	15, 09
30	65, 16	+3, 74	+ 6, 22	15, 12
Mai 7	66, 07	+3, 93	+ 4, 22	14, 22
	Mittel aus 6 Beobachtungen			+3 54 15, 03

Altona. Limbus Ost.

Keine Beobachtungen.

Altona. Limbus West.

Jun.	6	+1°53′17,″73	+1,″87	—3,″19	+1°53′16,″41
	9	17, 78	+1, 88	—3, 78	15, 88
		Mittel aus 2 Beobachtungen			+1 53 16, 15

6. (Piazzi 13.289)

Göttingen. Limbus Ost.

Apr	5	—4°56′21,″29	—5,″03	+14,″06	—4°56′12,″26
	7	20, 29	—4, 96	+13, 56	11, 69
	9	18, 73	—4, 90	+13, 06	10, 57
	17	17, 63	—4, 93	+10, 98	11, 58
	28	14, 83	—4, 90	+ 8, 03	11, 70
	29	16, 60	—4, 89	+ 7, 76	13, 73
		Mittel aus 6 Beobachtungen			—4 56 11, 92

Göttingen. Limbus West.

Apr.	6	—4°56′14,″63	—4,″98	+13,″81	—4°56′5,″80
	8	13, 87	—4, 88	+13, 30	5, 45
	11	11, 57	—4, 84	+12, 55	3, 86
	20	11, 92	—4, 92	+10, 18	6, 66
	27	7, 06	—5, 06	+ 8, 30	3, 82
	30	7, 11	—4, 74	+ 7, 50	4, 35
		Mittel aus 6 Beobachtungen			—4 56 4, 99

Altona. Limbus Ost.

Jun.	11	—6°56′59,″93	—6,″82	—2,″49	—6°57′9,″24
	13	58, 43	—6, 76	—2, 83	8, 02
		Mittel aus 2 Beobachtungen			—6 57 8, 63

Altona. Limbus West.

Jun.	3	—6°56′54,″66	—6,″96	—0,″89	—6°57′2,″51
	6	57, 35	—6, 87	—1, 35	5, 57
	9	54, 22	—6, 91	—2, 11	3, 24
	12	54, 89	—6, 78	—2, 67	4, 34
		Mittel aus 4 Beobachtungen			—6 57 3, 92

7. (13 Bootis)

Göttingen. Limbus Ost.

Apr.	5	—1°15′21,″54	—1,″28	+13,″97	—1°15′8,″85
	9	19, 93	—1, 24	+12, 91	8, 26
	17	16, 76	—1, 25	+10, 74	7, 27
	28	14, 79	—1, 25	+ 7, 66	8, 38
	29	15, 25	—1, 24	+ 7, 38	9, 11
Mai	14	12, 72	—1, 24	+ 3, 24	10, 72
		Mittel aus 6 Beobachtungen			—1 15 8, 76

Göttingen. Limbus West.

Apr.	6	—1°15′12,″87	—1,″26	+13,″70	—1°14′60,″43
	8	14, 52	—1, 24	+13, 17	62, 59
	11	10, 42	—1, 23	+12, 38	59, 27
	20	9, 95	—1, 25	+ 9, 91	61, 29
	27	7, 41	—1, 29	+ 7, 94	60, 76
	30	4, 94	—1, 21	+ 7, 10	59, 05
		Mittel aus 6 Beobachtungen			—1 15 0, 56

Altona. Limbus Ost.

Jun.	4	—3°15′57,″95	—3,″31	—1,″90	—3°16′3,″16
	7	56, 56	—3, 28	—2, 54	2, 38
	10	55, 39	—3, 24	—3, 14	1, 77
	11	56, 17	—3, 21	—3, 33	2, 71
	13	55, 69	—3, 17	—3, 71	2, 57
	15	54, 97	—3, 10	—4, 07	2, 14
		Mittel aus 6 Beobachtungen			—3 16 2, 46

Altona. Limbus West.

Jun.	6	—3°15′52,″94	—3,″23	—2,″33	—3°15′58,″50
	9	51, 56	—3, 26	—2, 94	57, 76
	12	53, 15	—3, 19	—3, 52	59, 86
	14	52, 84	—3, 23	—3, 89	59, 96
	22	50, 89	—3, 19	—5, 22	59, 30
		Mittel aus 5 Beobachtungen			—3 15 59, 08

8. (ϰ Bootis sequ.)

Göttingen. Limbus Ost.

Apr.	5	+1°4′1,″50	+1,″09	+13,″92	+1°4′16,″51
	7	0, 10	+1, 07	+13, 39	14, 56
	9	1, 25	+1, 06	+12, 85	15, 16
	17	5, 21	+1, 07	+10, 62	16, 90
	28	6, 18	+1, 06	+ 7, 47	14, 71
	29	6, 24	+1, 06	+ 7, 18	14, 48
Mai	14	10, 32	+1, 05	+ 2, 92	14, 29
		Mittel aus 7 Beobachtungen			+1 4 15, 23

Göttingen. Limbus West.

Apr.	6	+1°4′7,″96	+1,″09	+13,″66	+1°4′22,″71
	8	9, 64	+1, 06	+13, 12	23, 82
	11	11, 72	+1, 05	+12, 31	25, 08
	20	9, 64	+1, 07	+ 9, 77	20, 48
	27	16, 08	+1, 10	+ 7, 76	24, 94
	30	15, 15	+1, 03	+ 6, 90	23, 08
Mai	7	17, 96	+1, 08	+ 4, 87	23, 91
		Mittel aus 7 Beobachtungen			+1 4 23, 43

Altona. Limbus Ost.

Jun 4	−0° 56′ 35″,42	−0″,95	−2″,35	−0° 56′ 38″,72
7	32, 68	−0, 94	−3, 01	36, 63
10	32, 68	−0, 93	−3, 63	37, 24
11	33, 33	−0, 92	−3, 83	38, 08
13	31, 62	−0, 91	−4, 22	36, 75
15	32, 63	−0, 89	−4, 60	38, 12
	Mittel aus 6 Beobachtungen			−0 56 37, 59

Altona. Limbus West.

Jun. 6	−0° 56′ 32″,26	−0″,93	−2″,79	−0° 56′ 35″,98
9	31, 73	−0, 93	−3, 43	36, 09
12	31, 78	−0, 91	−4, 02	36, 71
14	31, 33	−0, 93	−4, 41	36, 67
22	27, 35	−0, 92	−5, 79	34, 06
27	27, 88	−0, 91	−6, 51	35, 30
	Mittel aus 6 Beobachtungen			−0 56 35, 80

9. (Piazzi 14.56)

Göttingen. Limbus Ost.

Apr. 5	+4° 41′ 28″,15	+4″,78	+13″,81	+4° 41′ 46″,74
7	27, 90	+4, 73	+13, 25	45, 88
9	29, 35	+4, 66	+12, 69	46, 70
17	27, 85	+4, 70	+10, 39	42, 94
28	32, 94	+4, 67	+ 7, 14	44, 75
29	32, 09	+4, 66	+ 6, 84	43, 59
Mai 14	35, 71	+4, 63	+ 2, 46	42, 80
	Mittel aus 7 Beobachtungen			+4 41 44, 77

Göttingen. Limbus West.

Apr. 6	+4° 41′ 34″,56	+4″,73	+13″,53	+4° 41′ 52″,82
8	33, 28	+4, 65	+12, 97	50, 90
11	34, 13	+4, 61	+12, 13	50, 87
20	38, 22	+4, 70	+ 9, 51	52, 43
27	40, 87	+4, 82	+ 7, 43	53, 12
30	42, 34	+4, 54	+ 6, 55	53, 43
	Mittel aus 6 Beobachtungen			+4 41 52, 26

Altona. Limbus Ost.

Jun. 10	+2° 40′ 51″,32	+2″,67	−4″,31	+2° 40′ 49″,68
11	52, 44	+2, 64	−4, 52	50, 56
13	53, 59	+2, 61	−4, 92	51, 28
15	53, 07	+2, 55	−5, 31	50, 31
	Mittel aus 4 Beobachtungen			+2 40 50, 46

Altona. Limbus West.

Jun. 6	+2° 40′ 56″,57	+2″,66	−3″,45	+2° 40′ 55″,78
9	54, 52	+2, 67	−4, 10	53, 09
	Mittel aus 2 Beobachtungen			+2 40 54, 44

10. (θ Bootis)

Göttingen. Limbus Ost.

Apr. 5	+1° 7′ 5″,82	+1″,14	+14″,24	+1° 7′ 21″,20
7	4, 51	+1, 13	+13, 70	19, 34
9	6, 29	+1, 11	+13, 17	20, 57
17	6, 21	+1, 12	+10, 96	18, 29
28	10, 80	+1, 12	+ 7, 79	19, 71
29	10, 09	+1, 11	+ 7, 51	18, 71
Mai 14	15, 46	+1, 11	+ 3, 20	19, 77
	Mittel aus 7 Beobachtungen			+1 7 19, 66

Göttingen. Limbus West.

Apr. 6	+1° 7′ 11″,72	+1″,13	+13″,97	+1° 7′ 26″,82
8	13, 29	+1, 11	+13, 44	27, 84
11	14, 33	+1, 10	+12, 64	28, 07
20	15, 63	+1, 12	+10, 13	26, 88
27	18, 75	+1, 15	+ 8, 08	27, 98
30	19, 11	+1, 09	+ 7, 22	27, 42
Mai 7	22, 14	+1, 13	+ 5, 19	28, 46
	Mittel aus 7 Beobachtungen			+1 7 27, 64

Altona. Limbus Ost.

Jun. 4	−0° 53′ 30″,95	−0″,90	−2″,24	−0° 53′ 34″,09
7	28, 57	−0, 90	−2, 94	32, 41
10	28, 67	−0, 89	−3, 58	33, 14
11	28, 37	−0, 88	−3, 79	33, 04
13	27, 74	−0, 87	−4, 20	32, 81
15	27, 44	−0, 85	−4, 61	32, 90
	Mittel aus 6 Beobachtungen			−0 53 33, 07

Altona. Limbus West.

Jun. 6	−0° 53′ 26″,07	−0″,88	−2″,71	−0° 53′ 29″,66
9	27, 24	−0, 89	−3, 37	31, 50
12	24, 97	−0, 88	−4, 00	29, 85
14	24, 82	−0, 88	−4, 40	30, 10
22	25, 39	−0, 87	−5, 87	32, 13
27	22, 54	−0, 87	−6, 66	30, 07
	Mittel aus 6 Beobachtungen			−0 53 30, 55

11. (Piazzi 14.131)

Göttingen. Limbus Ost.

Apr. 5	+2°7′24,″41	+2,″17	+14,″22	+2°7′40,″80
7	25,85	+2,15	+13,69	41,69
9	27,53	+2,12	+13,15	42,80
17	28,58	+2,13	+10,91	41,62
29	31,17	+2,12	+ 7,41	40,70
Mai 7	33,96	+2,14	+ 5,04	41,14
	Mittel aus 6 Beobachtungen			+2 7 41,46

Göttingen. Limbus West.

Apr. 6	+2°7′31,″09	+2,″13	+13,″95	+2°7′47,″17
8	33,56	+2,11	+13,42	49,09
11	32,58	+2,09	+12,61	47,28
20	35,68	+2,13	+10,05	47,86
27	35,76	+2,19	+ 8,00	45,95
30	37,90	+2,07	+ 7,11	47,08
Mai 14	45,27	+2,10	+ 3,01	50,38
	Mittel aus 7 Beobachtungen			+2 7 47,83

Altona. Limbus Ost.

Jun. 7	+0°6′52,″61	+0,″12	−3,″34	+0°6′49,″39
10	51,96	+0,11	−4,02	48,05
11	51,19	+0,11	−4,24	47,06
13	51,91	+0,11	−4,67	47,35
15	52,72	+0,11	−5,09	47,74
	Mittel aus 5 Beobachtungen			+0 6 47,92

Altona. Limbus West.

Jun. 6	+0°6′53,″64	+0,″11	−3,″10	+0°6′50,″65
9	53,44	+0,11	−3,80	49,75
12	56,32	+0,11	−4,46	51,97
14	55,15	+0,11	−4,88	50,38
	Mittel aus 4 Beobachtungen			+0 6 50,69

12. (Piazzi 14.164)

Göttingen. Limbus Ost.

Apr. 5	+1°26′48,″21	+1,″48	+14,″36	+1°27′4,″05
7	49,92	+1,46	+13,82	5,20
9	49,79	+1,44	+13,30	4,53
17	52,42	+1,46	+11,09	4,97
29	55,57	+1,45	+ 7,60	4,62
Mai 4	56,15	+1,38	+ 6,12	3,65
	Mittel aus 6 Beobachtungen			+1 27 4,50

Göttingen. Limbus West.

Apr. 6	+1°26′54,″69	+1,″45	+14,″09	+1°27′10,″23
8	55,67	+1,44	+13,56	10,67
11	54,46	+1,43	+12,76	8,65
20	57,80	+1,46	+10,24	9,50
27	62,36	+1,49	+ 8,19	12,04
30	61,83	+1,41	+ 7,30	10,54
Mai 14	68,14	+1,43	+ 3,18	12,75
	Mittel aus 7 Beobachtungen			+1 27 10,63

Altona. Limbus Ost.

Jun. 7	−0°33′44,″07	−0,″57	−3,″27	−0°33′47,″91
10	44,67	−0,56	−3,97	49,20
11	45,64	−0,56	−4,20	50,40
13	43,97	−0,55	−4,63	49,15
15	44,52	−0,54	−5,07	50,13
	Mittel aus 5 Beobachtungen			−0 33 49,36

Altona. Limbus West.

Jun. 6	−0°33′44,″67	−0,″56	−3,″03	−0°33′48,″26
9	43,42	−0,56	−3,74	47,72
12	43,00	−0,55	−4,42	47,97
14	41,11	−0,55	−4,86	46,52
	Mittel aus 4 Beobachtungen			−0 33 47,62

13. (39 Bootis med.)

Göttingen. Limbus Ost.

Apr. 7	−2°5′53,″64	−2,″13	+14,″03	−2°5′41,″74
9	52,09	−2,09	+13,53	40,65
20	49,88	−2,11	+10,59	41,40
28	48,95	−2,10	+ 8,32	42,73
29	47,04	−2,09	+ 8,03	41,10
Mai 4	45,08	−2,00	+ 6,59	40,49
	Mittel aus 6 Beobachtungen			−2 5 41,35

Göttingen. Limbus West.

Apr. 6	−2°5′47,″01	−2,″10	+14,″28	−2°5′34,″83
8	45,33	−2,09	+13,78	33,64
11	46,21	−2,07	+13,02	35,26
27	41,37	−2,16	+ 8,61	34,92
30	38,60	−2,05	+ 7,75	32,90
Mai 14	36,47	−2,08	+ 3,69	34,86
	Mittel aus 6 Beobachtungen			−2 5 34,40

Altona. Limbus Ost.

Jun. 7	—4° 6′ 31″,92	—4″,18	—2″,76	—4° 6′ 38″,86
10	29, 88	—4, 12	—3, 47	37, 47
11	30, 57	—4, 07	—3, 70	38, 34
13	28, 00	—4, 06	—4, 15	36, 21
15	29, 10	—3, 95	—4, 60	37, 65
	Mittel aus 5 Beobachtungen			—4 6 37, 71

Altona. Limbus West.

Jun. 6	—4° 6′ 28″,30	—4″,09	—2″,51	—4° 6′ 34″,90
9	26, 45	—4, 14	—3, 24	33, 83
12	26, 90	—4, 03	—3, 93	34, 86
14	24, 99	—4, 05	—4, 37	33, 41
22	20, 97	—4, 08	—6, 03	31, 08
	Mittel aus 5 Beobachtungen			—4 6 33, 62

14. (Piazzi 14.235)

Göttingen. Limbus Ost.

Apr. 5	—1° 11′ 43″,57	—1″,22	+14″,58	—1° 11′ 30″,21
7	41, 97	—1, 21	+14, 08	29, 10
9	40, 64	—1, 19	+13, 57	28, 26
20	37, 39	—1, 20	+10, 62	27, 97
28	35, 26	—1, 20	+ 8, 32	28, 14
29	35, 23	—1, 19	+ 8, 03	28, 39
Mai 4	34, 89	—1, 14	+ 6, 57	29, 46
	Mittel aus 7 Beobachtungen			—1 11 28, 79

Göttingen. Limbus West.

Apr. 6	—1° 11′ 35″,13	—1″,20	+14″,34	—1° 11′ 21″,99
8	34, 51	—1, 19	+13, 82	21, 88
11	33, 89	—1, 18	+13, 06	22, 01
27	28, 25	—1, 23	+ 8, 61	20, 87
30	27, 88	—1, 17	+ 7, 74	21, 31
Mai 14	23, 17	—1, 18	+ 3, 64	20, 71
	Mittel aus 6 Beobachtungen			—1 11 21, 46

Altona. Limbus Ost.

Jun. 7	—3° 12′ 16″,08	—3″,26	—2″,95	—3° 12′ 22″,29
10	17, 60	—3, 22	—3, 68	24, 50
11	16, 80	—3, 18	—3, 92	23, 90
13	16, 89	—3, 13	—4, 40	24, 42
15	14, 98	—3, 08	—4, 85	22, 91
27	13, 25	—3, 17	—7, 29	23, 71
	Mittel aus 6 Beobachtungen			—3 12 23, 62

Altona. Limbus West.

Jun. 6	—3° 12′ 16″,01	—3″,19	—2″,70	—3° 12′ 21″,90
9	13, 32	—3, 23	—3, 44	19, 99
12	14, 11	—3, 14	—4, 15	21, 40
14	13, 46	—3, 15	—4, 62	21, 23
22	11, 12	—3, 18	—6, 34	20, 64
	Mittel aus 5 Beobachtungen			—3 12 21, 03

15. (44 Bootis med.)

Göttingen. Limbus Ost.

Apr. 5	—3° 12′ 11″,92	—3″,26	+14″,64	—3° 11′ 60″,54
7	10, 79	—3, 25	+14, 16	59, 88
9	8, 02	—3, 20	+13, 68	57, 54
20	6, 46	—3, 23	+10, 80	58, 89
28	4, 86	—3, 22	+ 8, 55	59, 53
29	4, 16	—3, 21	+ 8, 26	59, 11
	Mittel aus 6 Beobachtungen			—3 11 59, 25

Göttingen. Limbus West.

Apr. 6	—3° 11′ 63″,61	—3″,22	+14″,41	—3° 11′ 52″,42
8	63, 21	—3, 19	+13, 92	52, 48
11	63, 18	—3, 17	+13, 18	53, 17
27	55, 57	—3, 30	+ 8, 83	50, 04
30	55, 27	—3, 15	+ 7, 96	50, 46
Mai 14	51, 19	—3, 17	+ 3, 91	50, 45
	Mittel aus 6 Beobachtungen			—3 11 51, 50

Altona. Limbus Ost.

Jun. 7	—5° 12′ 43″,89	—5″,32	—2″,69	—5° 12′ 51″,90
10	45, 88	—5, 24	—3, 43	54, 55
11	45, 37	—5, 18	—3, 67	54, 22
13	44, 21	—5, 10	—4, 15	53, 46
15	43, 85	—5, 01	—4, 62	53, 48
27	40, 44	—5, 17	—7, 13	52, 74
	Mittel aus 6 Beobachtungen			—5 12 53, 39

Altona. Limbus West.

Jun. 6	—5° 12′ 41″,53	—5″,20	—2″,43	—5° 12′ 49″,16
9	42, 70	—5, 26	—3, 19	51, 15
12	42, 90	—5, 12	—3, 91	51, 93
14	41, 65	—5, 13	—4, 38	51, 16
22	38, 66	—5, 19	—6, 14	49, 99
	Mittel aus 5 Beobachtungen			—5 12 50, 68

16.

Göttingen. Limbus Ost.

Apr. 7	−2°18′ 17″,48	−2″,34	+14″,20	−2°18′ 5″,62
9	14, 72	−2, 30	+13, 71	3, 31
20	14, 32	−2, 33	+10, 84	5, 81
29	10, 51	−2, 31	+ 8, 29	4, 53
Mai 4	10, 69	−2, 20	+ 6, 83	6, 06
	Mittel aus 5 Beobachtungen			−2 18 5, 07

Göttingen. Limbus West.

Apr. 6	−2°18′ 11″,77	−2″,33	+14″,44	−2°17′ 59″,66
8	9, 11	−2, 30	+13, 96	57, 45
11	8, 96	−2, 28	+13, 22	58, 02
27	4, 34	−2, 38	+ 8, 87	57, 85
Mai 14	−2 17 59, 03	−2, 28	+ 3, 87	57, 44
	Mittel aus 5 Beobachtungen			−2 17 58, 08

Altona. Limbus Ost.

Jun. 7	−4°18′ 51″,74	−4″,41	−2″,89	−4°18′ 59″,04
10	50, 98	−4, 35	−3, 65	58, 98
11	51, 78	−4, 29	−3, 90	59, 97
13	50, 70	−4, 22	−4, 39	59, 31
15	49, 65	−4, 12	−4, 87	58, 64
	Mittel aus 5 Beobachtungen			−4 18 59, 19

Altona. Limbus West.

Jun. 6	−4°18′ 49″,98	−4″,31	−2″,63	−4°18′ 56″,92
9	47, 40	−4, 36	−3, 40	55, 16
12	47, 25	−4, 24	−4, 15	55, 64
14	47, 05	−4, 24	−4, 63	55, 92
22	43, 80	−4, 31	−6, 46	54, 57
	Mittel aus 5 Beobachtungen			−4 18 55, 64

17. (Piazzi 15.39)

Göttingen. Limbus Ost.

Apr. 5	+0°2′ 45″,97	+0″,05	+14″,71	+0°2′ 60″,73
7	47, 48	+0, 05	+14, 21	61, 74
9	49, 48	+0, 05	+13, 72	63, 25
20	53, 09	+0, 05	+10, 79	63, 93
28	50, 88	+0, 05	+ 8, 48	59, 41
29	53, 96	+0, 05	+ 8, 19	62, 20
Mai 4	55, 86	+0, 05	+ 6, 69	62, 60
	Mittel aus 7 Beobachtungen			+0 3 1, 98

Göttingen. Limbus West.

Apr. 6	+0°2′ 54″,39	+0″,05	+14″,46	+0° 3′ 8″,90
8	54, 29	+0, 05	+13, 97	8, 31
11	54, 24	+0, 05	+13, 21	7, 50
27	60, 20	+0, 05	+ 8, 78	9, 03
30	60, 93	+0, 05	+ 7, 90	8, 88
Mai 7	64, 81	+0, 05	+ 5, 79	10, 65
14	66, 31	+0, 05	+ 3, 68	10, 04
	Mittel aus 7 Beobachtungen			+0 3 9, 04

Altona. Limbus Ost.

Jun. 7	−1°57′ 46″,22	−2″,01	−3″,21	−1°57′ 51″,44
10	44, 24	−1, 98	−4, 00	50, 22
11	45, 52	−1, 95	−4, 25	51, 72
13	44, 67	−1, 92	−4, 76	51, 35
15	43, 54	−1, 89	−5, 26	50, 69
27	41, 50	−1, 95	−7, 95	51, 40
	Mittel aus 6 Beobachtungen			−1 57 51, 14

Altona. Limbus West.

Jun. 6	−1°57′ 45″,15	−1″,96	−2″,94	−1°57′ 50″,05
9	44, 07	−1, 99	−3, 74	49, 80
12	43, 00	−1, 93	−4, 51	49, 44
14	42, 67	−1, 93	−5, 01	49, 61
22	40, 60	−1, 96	−6, 89	49, 45
	Mittel aus 5 Beobachtungen			−1 57 49, 67

18.

Göttingen. Limbus Ost.

Apr. 5	+1°2′ 58″,79	+1″,07	+14″,73	+1°3′ 14″,59
7	60, 02	+1, 07	+14, 23	15, 32
9	60, 00	+1, 05	+13, 74	14, 79
28	63, 20	+1, 06	+ 8, 47	12, 73
29	62, 63	+1, 06	+ 8, 17	11, 86
Mai 4	66, 81	+1, 01	+ 6, 68	14, 50
	Mittel aus 6 Beobachtungen			+1 3 13, 96

Göttingen. Limbus West.

Apr. 6	+1°3′ 5″,61	+1″,07	+14″,49	+1°3′ 21″,17
8	5, 04	+1, 05	+13, 99	20, 08
11	5, 91	+1, 04	+13, 23	20, 18
27	12, 27	+1, 09	+ 8, 76	22, 12
30	11, 69	+1, 04	+ 7, 88	20, 61
Mai 7	15, 22	+1, 06	+ 5, 75	22, 03
14	17, 70	+1, 04	+ 3, 63	22, 37
	Mittel aus 7 Beobachtungen			+1 3 21, 22

Altona. Limbus Ost.

Jun. 7	−0° 57′ 33,″13	−0,″98	−3,″37	−0° 57′ 37,″48
10	33, 12	−0, 97	−4, 17	38, 26
11	33, 27	−0, 95	−4, 43	38, 65
13	33, 37	−0, 94	−4, 94	39, 25
15	32, 00	−0, 93	−5, 45	38, 38
27	32, 02	−0, 96	−8, 18	41, 16

Mittel aus 6 Beobachtungen −0 57 38, 86

Altona. Limbus West.

Jun. 6	−0° 57′ 32,″45	−0,″96	−3,″10	−0° 57′ 36,″51
9	31, 51	−0, 97	−3, 90	36, 38
12	33, 93	−0, 94	−4, 76	39, 63
14	30, 88	−0, 94	−5, 19	37, 01
22	29, 97	−0, 96	−7, 11	38, 04

Mittel aus 5 Beobachtungen −0 57 37, 51

19.

Göttingen. Limbus Ost.

Apr. 7	+3° 5′ 26,″55	+3,″15	+14,″25	+3° 5′ 43,″95
9	25, 61	+3, 10	+13, 75	42, 46
20	30, 65	+3, 12	+10, 78	44, 55
29	31, 18	+3, 11	+ 8, 14	42, 43
Mai 4	34, 56	+2, 97	+ 6, 63	44, 16

Mittel aus 5 Beobachtungen +3 5 43, 51

Göttingen. Limbus West.

Apr. 6	+3° 5′ 32,″96	+3,″15	+14,″50	+3° 5′ 50,″61
8	33, 49	+3, 07	+14, 00	50, 56
11	35, 36	+3, 07	+13, 24	51, 67
27	36, 33	+3, 20	+ 8, 74	48, 27
30	40, 74	+3, 07	+ 7, 84	51, 65
Mai 7	39, 77	+3, 12	+ 5, 68	48, 57
14	44, 55	+3, 07	+ 3, 51	51, 13

Mittel aus 7 Beobachtungen +3 5 50, 35

Altona. Limbus Ost.

Jun. 7	+1° 4′ 52,″23	+1,″11	−3,″63	+1° 4′ 49,″71
10	52, 01	+1, 09	−4, 45	48, 65
11	52, 63	+1, 08	−4, 72	48, 99
13	52, 03	+1, 06	−5, 24	47, 85
15	54, 11	+1, 05	−5, 76	49, 40
27	58, 13	+1, 08	−8, 89	50, 32

Mittel aus 6 Beobachtungen +1 4 49, 15

Altona. Limbus West.

Jun. 6	+1° 4′ 54,″72	+1,″08	−3,″43	+1° 4′ 52,″37
9	55, 92	+1, 10	−4, 18	52, 84
12	55, 35	+1, 06	−4, 98	51, 43
14	54, 59	+1, 06	−5, 50	50, 15
22	59, 14	+1, 09	−7, 46	52, 77

Mittel aus 5 Beobachtungen +1 4 51, 91

20.

Göttingen. Limbus Ost.

Apr. 7	+2° 57′ 46,″25	+3,″02	+14,″31	+2° 58′ 3,″58
9	46, 25	+2, 97	+13, 82	3, 04
20	48, 31	+2, 99	+10, 89	2, 19
29	50, 61	+2, 99	+ 8, 25	1, 85
Mai 4	52, 55	+2, 85	+ 6, 73	2, 13

Mittel aus 5 Beobachtungen +2 58 2, 56

Göttingen. Limbus West.

Apr. 6	+2° 57′ 52,″50	+3,″03	+14,″56	+2° 58′ 10,″09
8	50, 98	+2, 94	+14, 07	7, 99
11	53, 74	+2, 95	+13, 32	10, 01
27	57, 91	+3, 07	+ 8, 84	9, 82
30	59, 80	+2, 94	+ 7, 95	10, 69
Mai 14	64, 08	+2, 94	+ 3, 63	10, 65

Mittel aus 6 Beobachtungen +2 58 9, 88

Altona. Limbus Ost.

Jun. 7	+0° 57′ 10,″00	+0,″98	−3,″62	+0° 57′ 7,″36
10	13, 72	+0, 97	−4, 46	10, 23
11	12, 80	+0, 95	−4, 73	9, 02
13	13, 92	+0, 94	−5, 28	9, 58
15	12, 85	+0, 92	−5, 81	7, 96
27	18, 48	+0, 95	−8, 74	10, 69

Mittel aus 6 Beobachtungen +0 57 9, 14

Altona. Limbus West.

Jun. 6	+0° 57′ 13,″53	+0,″95	−3,″41	+0° 57′ 11,″07
9	13, 97	+0, 97	−4, 18	10, 76
12	13, 29	+0, 94	−5, 01	9, 22
14	15, 40	+0, 94	−5, 54	10, 80
22	18, 88	+0, 96	−7, 58	12, 26

Mittel aus 5 Beobachtungen +0 57 10, 82

21.

Göttingen. Limbus Ost.

Apr. 7	+1°22′ 30″,18	+1″,40	+14″,34	+1°22′ 45″,92
9	30, 52	+1, 38	+13, 87	45, 77
20	32, 76	+1, 39	+11, 00	45, 15
29	34, 11	+1, 39	+ 8, 41	43, 91
	Mittel aus 4 Beobachtungen			+1 22 45, 19

Göttingen. Limbus West.

Apr. 6	+1°22′ 35″,01	+1″,41	+14″,58	+1°22′ 51″,00
8	34, 36	+1, 37	+14, 11	49, 84
11	37, 94	+1, 37	+13, 38	52, 69
27	42, 52	+1, 42	+ 8, 70	52, 64
Mai 7	44, 78	+1, 39	+ 5, 99	52, 16
14	48, 93	+1, 37	+ 3, 83	54, 13
	Mittel aus 6 Beobachtungen			+1 22 52, 08

Altona. Limbus Ost.

Jun. 7	−0°38′ 3″,70	−0″,65	−3″,45	−0°38′ 7″,80
10	3, 88	−0, 64	−4, 30	8, 82
11	3, 03	−0, 63	−4, 58	8, 24
13	1, 67	−0, 62	−5, 12	7, 41
15	2, 52	−0, 62	−5, 66	8, 80
27	−0 37 58, 25	−0, 63	−8, 66	7, 54
	Mittel aus 6 Beobachtungen			−0 38 8, 10

Altona. Limbus West.

Jun. 6	−0°37′ 61″,45	−0″,63	−3″,16	−0°38′ 5″,24
9	61, 33	−0, 64	−4, 02	5, 99
12	62, 02	−0, 62	−4, 85	7, 49
14	57, 93	−0, 62	−5, 39	3, 94
16	59, 85	−0, 63	−5, 93	6, 41
22	56, 32	−0, 64	−7, 46	4, 42
	Mittel aus 6 Beobachtungen			−0 38 5, 58

22.

Göttingen. Limbus Ost.

Apr. 7	−5°15′ 52″,99	−5″,36	+14″,17	−5°15′ 44″,18
9	56, 33	−5, 29	+13, 74	47, 88
20	52, 62	−5, 32	+11, 09	46, 85
29	49, 28	−5, 30	+ 8, 66	45, 92
	Mittel aus 4 Beobachtungen			−5 15 46, 21

Göttingen. Limbus West.

Apr. 6	−5°15′ 48″,68	−5″,41	+14″,40	−5°15′ 39″,69
8	49, 68	−5, 22	+13, 96	40, 94
11	49, 48	−5, 24	+13, 29	41, 43
27	43, 02	−5, 45	+ 9, 21	39, 26
Mai 7	39, 92	−5, 31	+ 6, 36	38, 87
14	38, 92	−5, 23	+ 4, 31	39, 84
	Mittel aus 6 Beobachtungen			−5 15 40, 01

Altona. Limbus Ost.

Jun. 7	−7°16′ 33″,22	−7″,46	−2″,71	−7°16′ 43″,39
10	31, 93	−7, 37	−3, 53	42, 83
11	30, 92	−7, 26	−3, 80	41, 98
13	29, 42	−7, 16	−4, 34	40, 92
15	30, 38	−7, 08	−4, 87	42, 33
27	29, 47	−7, 28	−7, 81	44, 56
	Mittel aus 6 Beobachtungen			−7 16 42, 67

Altona. Limbus West.

Jun. 6	−7°16′ 28″,35	−7″,28	−2″,43	−7°16′ 38″,06
9	26, 28	−7, 39	−3, 26	36, 93
12	23, 82	−7, 18	−4, 07	35, 07
14	24, 44	−7, 14	−4, 60	36, 18
16	25, 71	−7, 19	−5, 14	38, 04
22	22, 17	−7, 33	−6, 64	36, 14
	Mittel aus 6 Beobachtungen			−7 16 36, 74

23.

Göttingen. Limbus Ost.

Apr. 5	+4°48′ 14″,23	+4″,91	+14″,96	+4°48′ 34″,10
7	16, 35	+4, 90	+14, 49	35, 74
9	15, 22	+4, 83	+14, 02	34, 07
20	18, 93	+4, 85	+11, 14	34, 92
29	20, 43	+4, 84	+ 8, 52	33, 79
	Mittel aus 5 Beobachtungen			+4 48 34, 52

Göttingen. Limbus West.

Apr. 6	+4°48′ 22″,94	+4″,95	+14″,73	+4°48′ 42″,62
8	24, 19	+4, 76	+14, 26	43, 21
11	25, 89	+4, 79	+13, 59	44, 27
27	30, 25	+4, 97	+ 9, 12	44, 34
30	29, 52	+4, 78	+ 8, 22	42, 52
Mai 14	35, 46	+4, 78	+ 3, 86	44, 10
	Mittel aus 6 Beobachtungen			+4 48 43, 51

Altona. Limbus Ost.

Jun. 7	+2°47′43″09	+2″87	−3″62	+2°47′42″34
10	43,24	+2,83	−4,49	41,58
11	43,44	+2,79	−4,78	41,45
13	42,85	+2,76	−5,35	40,26
15	44,97	+2,73	−5,91	41,79
27	45,63	+2,85	−9,03	39,45
Mittel aus 6 Beobachtungen				+2 47 41,15

Altona. Limbus West.

Jun. 6	+2°47′45″07	+2″80	−3″32	+2°47′44″55
9	45,35	+2,84	−4,20	43,99
12	45,69	+2,76	−5,06	43,39
14	47,14	+2,75	−5,63	44,26
16	48,40	+2,76	−6,19	44,97
22	47,75	+2,82	−7,78	42,79
Mittel aus 6 Beobachtungen				+2 47 43,99

24.

Göttingen. Limbus Ost.

Apr. 7	−1°9′25″54	−1″18	+13″91	−1°9′12″81
9	25,17	−1,16	+13,47	12,86
20	21,69	−1,17	+10,78	12,08
29	19,28	−1,16	+ 8,32	12,12
Mai 4	18,10	−1,12	+ 6,88	12,34
Mittel aus 5 Beobachtungen				−1 9 12,44

Göttingen. Limbus West.

Apr. 6	−1°9′17″28	−1″19	+14″13	−1°9′4″34
8	18,38	−1,14	+13,69	5,83
11	16,36	−1,15	+13,02	4,49
27	13,49	−1,20	+ 8,88	5,81
30	10,61	−1,15	+ 8,04	3,72
Mai 14	5,94	−1,15	+ 3,89	3,20
Mittel aus 6 Beobachtungen				−1 9 4,57

Altona. Limbus Ost.

Jun. 7	−3°9′57″17	−3″24	−3″28	−3°10′3″69
10	59,67	−3,21	−4,13	7,01
11	59,33	−3,16	−4,41	6,90
13	58,17	−3,12	−4,96	6,25
15	57,40	−3,09	−5,51	6,00
27	55,96	−3,17	−8,55	7,68
Mittel aus 6 Beobachtungen				−3 10 6,25

Altona. Limbus West.

Jun. 6	−3°9′55″99	−3″17	−3″00	−3°10′2″16
9	57,92	−3,22	−3,85	4,99
12	56,34	−3,13	−4,69	4,16
14	56,22	−3,11	−5,23	4,56
16	55,56	−3,13	−5,78	4,47
22	52,12	−3,19	−7,34	2,65
Mittel aus 6 Beobachtungen				−3 10 3,83

25. (θ Draconis)

Göttingen. Limbus Ost.

Apr. 5	+7°29′32″55	+7″66	+14″78	+7°29′54″99
7	33,05	+7,64	+14,32	55,01
9	34,36	+7,55	+13,85	55,76
20	36,61	+7,57	+10,96	55,14
29	40,62	+7,55	+ 8,31	56,48
Mai 4	41,20	+7,25	+ 6,77	55,22
Mittel aus 6 Beobachtungen				+7 29 55,43

Göttingen. Limbus West.

Apr. 6	+7°29′39″72	+7″77	+14″55	+7°30′2″04
8	39,87	+7,41	+14,09	1,37
11	42,72	+7,47	+13,36	3,55
27	46,63	+7,76	+ 8,91	3,30
30	48,83	+7,46	+ 8,01	4,30
Mai 14	53,64	+7,46	+ 3,56	4,66
Mittel aus 6 Beobachtungen				+7 30 3,20

Altona. Limbus Ost.

Jun. 7	+5°29′0″59	+5″62	−4″11	+5°29′2″10
10	0,40	+5,56	−5,02	0,94
11	1,43	+5,48	−5,32	1,59
13	3,01	+5,42	−5,91	2,52
15	2,80	+5,38	−6,50	1,68
27	6,11	+5,50	−9,76	1,85
Mittel aus 6 Beobachtungen				+5 29 1,78

Altona. Limbus West.

Jun. 6	+5°29′0″46	+5″49	−3″80	+5°29′2″15
9	2,40	+5,57	−4,71	3,26
12	2,40	+5,42	−5,61	2,21
14	4,13	+5,40	−6,20	3,33
16	5,31	+5,42	−6,79	4,94
22	7,61	+5,54	−8,46	4,69
Mittel aus 6 Beobachtungen				+5 29 3,43

26.

Göttingen. Limbus Ost.

Apr.	5	—0° 53′ 50,″38	—0,″92	+14,″69	—0° 53′ 36,″61
	7	49, 78	—0, 91	+14, 27	36, 42
	9	50, 43	—0, 90	+13, 86	37, 47
	20	48, 08	—0, 90	+11, 17	37, 81
	29	45, 72	—0, 90	+ 8, 69	37, 93
Mai	4	46, 07	—0, 87	+ 7, 23	39, 71
		Mittel aus 6 Beobachtungen			—0 53 37, 66

Göttingen. Limbus West.

Apr.	6	—0° 53′ 45,″08	—0,″93	+14,″48	—0° 53′ 31,″53
	8	44, 42	—0, 89	+14, 05	31, 26
	11	43, 27	—0, 89	+13, 39	30, 77
	27	38, 01	—0, 93	+ 9, 25	29, 69
	30	37, 43	—0, 89	+ 8, 40	29, 92
Mai	14	33, 65	—0, 89	+ 4, 20	30, 34
		Mittel aus 6 Beobachtungen			—0 53 30, 58

Altona. Limbus Ost.

Jun.	7	—2° 54′ 24,″99	—2,″98	—3,″22	—2° 54′ 31,″19
	10	25, 37	—2, 95	—4, 11	32, 43
	11	25, 14	—2, 91	—4, 40	32, 45
	13	23, 34	—2, 88	—4, 98	31, 20
	15	25, 99	—2, 85	—5, 56	34, 40
	27	23, 29	—2, 92	—8, 77	34, 89
		Mittel aus 6 Beobachtungen			—2 54 32, 76

Altona. Limbus West.

Jun.	6	—2° 54′ 25,″37	—2,″91	—2,″92	—2° 54′ 31,″20
	9	25, 24	—2, 95	—3, 81	32, 00
	12	23, 61	—2, 88	—4, 69	31, 18
	14	22, 62	—2, 86	—5, 27	30, 75
	16	22, 67	—2, 88	—5, 85	31, 40
	22	20, 48	—2, 94	—7, 49	30, 91
		Mittel aus 6 Beobachtungen			—2 54 31, 24

27. (Piazzi 16.33)

Göttingen. Limbus Ost.

Apr.	5	—5° 11′ 44,″68	—5,″31	+14,″46	—5° 11′ 35,″53
	7	42, 77	—5, 30	+14, 05	34, 02
		Mittel aus 2 Beobachtungen			—5 11 34, 78

Göttingen. Limbus West.

Apr.	6	—5° 11′ 35,″62	—5,″40	+14,″26	—5° 11′ 26,″76
Mai	14	24, 24	—5, 17	+ 4, 38	25, 03
		Mittel aus 2 Beobachtungen			—5 11 25, 90

Altona. Limbus Ost.

Jun.	7	—7° 12′ 17,″33	—7,″38	—2,″84	—7° 12′ 27,″55
	10	19, 26	—7, 31	—3, 71	30, 28
	13	19, 63	—7, 12	—4, 56	31, 31
	15	15, 93	—7, 07	—5, 13	28, 13
	27	14, 63	—7, 23	—8, 30	30, 16
		Mittel aus 5 Beobachtungen			—7 12 29, 49

Altona. Limbus West.

Jun.	6	—7° 12′ 17,″73	—7,″22	—2,″55	—7° 12′ 27,″50
	9	13, 53	—7, 32	—3, 42	24, 27
	12	13, 43	—7, 14	—4, 28	24, 85
		Mittel aus 3 Beobachtungen			—7 12 25, 54

28. (Piazzi 16.56)

Göttingen. Limbus Ost.

Apr.	5	+2° 8′ 5,″31	+2,″18	+14,″76	+2° 8′ 22,″25
	7	4, 18	+2, 18	+14, 33	20, 69
	9	8, 38	+2, 16	+13, 90	24, 44
	29	11, 12	+2, 15	+ 8, 69	21, 96
Mai	4	12, 30	+2, 07	+ 7, 22	21, 59
		Mittel aus 5 Beobachtungen			+2 8 22, 19

Göttingen. Limbus West.

Apr.	6	+2° 8′ 11,″57	+2,″23	+14,″55	+2° 8′ 28,″35
	8	10, 66	+2, 11	+14, 12	26, 89
	11	13, 94	+2, 13	+13, 45	29, 52
	27	17, 23	+2, 22	+ 9, 27	28, 72
	30	20, 10	+2, 13	+ 8, 40	30, 63
Mai	14	21, 98	+2, 13	+ 4, 12	28, 23
		Mittel aus 6 Beobachtungen			+2 8 28, 72

Altona. Limbus Ost.

Jun. 7	+0° 7′ 32,″06	+0,″13	—3,″46	+0° 7′ 28,″73
10	31, 75	+0, 13	—4, 37	27, 51
11	32, 78	+0, 13	—4, 67	28, 24
13	33, 38	+0, 12	—5, 27	28, 23
15	34, 30	+0, 12	—5, 86	28, 56
27	36, 46	+0, 13	—9, 19	27, 40
	Mittel aus 6 Beobachtungen			+0 7 28, 11

Altona. Limbus West.

Jun. 6	+0° 7′ 30,″66	+0,″13	—3,″15	+0° 7′ 27,″64
9	33, 72	+0, 13	—4, 07	29, 78
12	35, 21	+0, 12	—4, 97	30, 36
14	36, 76	+0, 12	—5, 56	31, 32
16	36, 28	+0, 12	—6, 16	30, 24
22	38, 46	+0, 13	—7, 85	30, 74
	Mittel aus 6 Beobachtungen			+0 7 30, 01

29.

Göttingen. Limbus Ost.

Apr. 20	+0° 55′ 6,″98	+0,″93	+11,″22	+0° 55′ 19,″13
29	8, 01	+0, 93	+ 8, 74	17, 68
Mai 4	10, 77	+0, 89	+ 7, 28	18, 94
	Mittel aus 3 Beobachtungen			+0 55 18, 58

Göttingen. Limbus West.

Apr. 27	+0° 55′ 15,″38	+0,″95	+9,″31	+0° 55′ 25,″64
30	17, 40	+0, 92	+8, 44	26, 76
Mai 14	21, 57	+0, 92	+4, 21	26, 70
	Mittel aus 3 Beobachtungen			+0 55 26, 37

Altona. Limbus Ost.

Jun. 7	—1° 5′ 27,″77	—1,″12	—3,″36	—1° 5′ 32,″25
10	28, 15	—1, 11	—4, 27	33, 53
11	28, 98	—1, 09	—4, 57	34, 64
13	29, 17	—1, 08	—5, 17	35, 42
15	26, 95	—1, 07	—5, 76	33, 78
27	25, 29	—1, 09	—9, 11	35, 49
	Mittel aus 6 Beobachtungen			—1 5 34, 18

Altona. Limbus West.

Jun. 6	—1° 5′ 27,″88	—1,″09	—3,″05	—1° 5′ 32,″02
9	26, 21	—1, 11	—3, 97	31, 29
12	25, 34	—1, 08	—4, 87	31, 29
14	25, 91	—1, 07	—5, 46	32, 44
16	25, 21	—1, 08	—6, 06	32, 35
22	23, 02	—1, 10	—7, 76	31, 88
	Mittel aus 6 Beobachtungen			—1 5 31, 88

30.

Göttingen. Limbus Ost.

Apr. 5	+4° 3′ 53,″89	+4,″16	+14,″77	+4° 4′ 12,″82
7	56, 29	+4, 15	+14, 35	14, 79
9	54, 54	+4, 11	+13, 93	12, 58
20	56, 09	+4, 10	+11, 25	11, 44
29	58, 65	+4, 10	+ 8, 75	11, 50
Mai 4	59, 00	+3, 95	+ 7, 26	10, 21
	Mittel aus 6 Beobachtungen			+4 4 12, 22

Göttingen. Limbus West.

Apr. 6	+4° 4′ 3,″51	+4,″25	+14,″56	+4° 4′ 22,″32
8	2, 63	+4, 01	+14, 14	20, 78
11	4, 64	+4, 07	+13, 48	22, 19
27	7, 88	+4, 22	+ 9, 32	21, 42
Mai 14	11, 62	+4, 06	+ 4, 15	19, 83
	Mittel aus 5 Beobachtungen			+4 4 21, 31

Altona. Limbus Ost.

Jun. 7	+2° 3′ 19,″16	+2,″10	—3,″57	+2° 3′ 17,″69
10	21, 13	+2, 09	—4, 50	18, 72
11	21, 67	+2, 06	—4, 81	18, 92
13	22, 97	+2, 04	—5, 42	19, 59
15	23, 99	+2, 03	—6, 03	19, 99
27	24, 67	+2, 06	—9, 45	17, 28
	Mittel aus 6 Beobachtungen			+2 3 18, 70

Altona. Limbus West.

Jun. 6	+2° 3′ 23,″77	+2,″06	—3,″26	+2° 3′ 22,″57
9	24, 11	+2, 09	—4, 19	22, 01
12	24, 77	+2, 04	—5, 11	21, 70
14	25, 41	+2, 03	—5, 72	21, 72
16	25, 51	+2, 03	—6, 33	21, 21
22	29, 42	+2, 08	—8, 07	23, 43
	Mittel aus 6 Beobachtungen			+2 3 22, 11

31.

Göttingen. Limbus Ost.

Apr. 5	—5° 33′ 55,″79	—5,″69	+14,″23	—5° 33′ 47,″25
7	54, 79	—5, 68	+13, 85	46, 62
9	54, 74	—5, 64	+13, 47	46, 91
20	51, 43	—5, 61	+11, 28	45, 76
29	48, 15	—5, 60	+ 8, 73	45, 02
Mai 4	47, 81	—5, 41	+ 7, 36	45, 86
	Mittel aus 6 Beobachtungen			—5 33 46, 24

Göttingen. Limbus West.

Apr. 6	—5° 33′ 45,″22	—5,″78	+14,″05	—5° 33′ 36,″95
8	45, 27	—5, 47	+13, 66	37, 08
11	44, 40	—5, 57	+13, 07	36, 90
27	42, 37	—5, 77	+ 9, 27	38, 87
Mai 14	35, 09	—5, 55	+ 4, 43	36, 21
	Mittel aus 5 Beobachtungen			—5 33 37, 20

Altona. Limbus Ost.

Jun. 7	—7° 34′ 29,″80	—7,″74	—2,″88	—7° 34′ 40,″42
10	28, 82	—7, 69	—3, 77	40, 28
11	28, 62	—7, 59	—4, 07	40, 28
13	27, 85	—7, 53	—4, 65	40, 03
15	28, 36	—7, 50	—5, 24	41, 10
27	25, 06	—7, 60	—8, 57	41, 23
	Mittel aus 6 Beobachtungen			—7 34 40, 56

Altona. Limbus West.

Jun. 6	—7° 34′ 26,″37	—7,″59	—2,″58	—7° 34′ 36,″54
9	27, 67	—7, 70	—3, 47	38, 84
12	25, 22	—7, 53	—4, 36	37, 11
14	25, 32	—7, 47	—5, 07	37, 86
16	23, 99	—7, 49	—5, 54	37, 02
22	20, 31	—7, 67	—7, 22	35, 20
	Mittel aus 6 Beobachtungen			—7 34 37, 10

32. (16 Draconis)

Göttingen. Limbus Ost.

Apr. 5	+1° 42′ 55,″99	+1,″76	+14,″60	+1° 43′ 12,″35
7	55, 64	+1, 75	+14, 21	11, 60
9	56, 59	+1, 74	+13, 80	12, 13
20	60, 15	+1, 73	+11, 26	13, 14
29	61, 53	+1, 73	+ 8, 84	12, 10
Mai 4	62, 20	+1, 67	+ 7, 39	11, 26
	Mittel aus 6 Beobachtungen			+1 43 12, 10

Göttingen. Limbus West.

Apr. 6	+1° 43′ 2,″15	+1,″78	+14,″41	+1° 43′ 18,″34
8	1, 23	+1, 69	+14, 01	16, 93
11	3, 20	+1, 72	+13, 38	18, 30
27	6, 78	+1, 78	+ 9, 40	17, 96
30	10, 11	+1, 71	+ 8, 56	20, 38
Mai 14	13, 72	+1, 71	+ 4, 33	19, 76
	Mittel aus 6 Beobachtungen			+1 43 18, 61

Altona. Limbus Ost.

Jun. 7	—0° 17′ 37,″46	—0,″30	—3,″35	—0° 17′ 41,″11
10	37, 26	—0, 30	—4, 29	41, 85
11	35, 98	—0, 29	—4, 60	40, 87
13	36, 39	—0, 29	—5, 22	41, 90
15	36, 13	—0, 29	—5, 83	42, 25
27	31, 67	—0, 29	—9, 33	41, 29
	Mittel aus 6 Beobachtungen			—0 17 41, 55

Altona. Limbus West.

Jun. 6	—0° 17′ 35,″86	—0,″29	—3,″04	—0° 17′ 39,″19
9	34, 64	—0, 30	—3, 98	38, 92
12	33, 83	—0, 29	—4, 91	39, 03
14	33, 45	—0, 29	—5, 52	39, 26
16	33, 70	—0, 29	—6, 14	40, 13
22	30, 98	—0, 30	—7, 91	39, 19
	Mittel aus 6 Beobachtungen			—0 17 39, 29

33.

Göttingen. Limbus Ost.

Apr. 5	—1° 15′ 51,″49	—1,″29	+14,″39	—1° 15′ 38,″39
7	50, 29	—1, 29	+14, 02	37, 56
9	50, 36	—1, 28	+13, 63	38, 01
20	48, 65	—1, 27	+11, 18	38, 74
29	43, 97	—1, 27	+ 8, 83	36, 41
	Mittel aus 5 Beobachtungen			—1 15 37, 82

Göttingen. Limbus West.

Apr. 6	—1° 15′ 43,″77	—1,″30	+14,″20	—1° 15′ 30,″87
8	43, 57	—1, 24	+13, 83	30, 98
11	42, 77	—1, 26	+13, 23	30, 80
27	40, 97	—1, 31	+ 9, 38	32, 90
30	37, 01	—1, 26	+ 8, 56	29, 71
Mai 14	32, 93	—1, 26	+ 4, 43	29, 76
	Mittel aus 6 Beobachtungen			—1 15 30, 84

Altona. Limbus Ost.

Jun.	7	−3° 16′ 25″,27	−3″,34	−3″,16	−3° 16′ 31″,77
	10	24, 28	−3, 32	−4, 09	31, 69
	11	24, 41	−3, 28	−4, 40	32, 09
	13	24, 14	−3, 26	−5, 01	32, 41
	27	18, 33	−3, 29	−9, 12	30, 74
		Mittel aus 5 Beobachtungen			−3 16 31, 74

Altona. Limbus West.

Jun.	6	−3° 16′ 22″,67	−3″,28	−2″,84	−3° 16′ 28″,79
	9	22, 74	−3, 33	−3, 78	29, 85
	12	22, 08	−3, 26	−4, 71	30, 05
	14	20, 42	−3, 23	−5, 32	28, 97
	16	20, 28	−3, 24	−5, 93	29, 45
	22	19, 03	−3, 32	−7, 70	30, 05
		Mittel aus 6 Beobachtungen			−3 16 29, 53

34.

Göttingen. Limbus Ost.

Apr.	5	+5° 33′ 25″,04	+5″,69	+14″,65	+5° 33′ 45″,38
	7	25, 54	+5, 68	+14, 27	45, 49
	9	26, 74	+5, 65	+13, 87	46, 26
	20	29, 95	+5, 61	+11, 34	46, 90
	29	30, 50	+5, 60	+ 8, 90	45, 00
Mai	4	31, 90	+5, 41	+ 7, 45	44, 76
		Mittel aus 6 Beobachtungen			+5 33 45, 63

Göttingen. Limbus West.

Apr.	6	+5° 33′ 35″,76	+5″,73	+14″,46	+5° 33′ 55″,95
	8	32, 10	+5, 46	+14, 07	51, 63
	11	35, 26	+5, 58	+13, 45	54, 29
	27	40, 67	+5, 78	+ 9, 47	55, 92
	30	41, 41	+5, 54	+ 8, 61	55, 56
Mai	14	45, 57	+5, 55	+ 4, 34	55, 46
		Mittel aus 6 Beobachtungen			+5 33 54, 80

Altona. Limbus Ost.

Jun.	7	+3° 32′ 52″,52	+3″,63	−3″,50	+3° 32′ 52″,65
	10	51, 13	+3, 61	−4, 46	50, 28
	11	50, 91	+3, 56	−4, 78	49, 69
	13	52, 29	+3, 54	−5, 41	50, 42
	15	54, 46	+3, 53	−6, 05	51, 94
	27	59, 20	+3, 57	−9, 67	53, 10
		Mittel aus 6 Beobachtungen			+3 32 51, 35

Altona. Limbus West.

Jun.	6	+3° 32′ 54″,32	+3″,56	−3″,17	+3° 32′ 54″,71
	9	54, 09	+3, 61	−4, 14	53, 56
	12	56, 79	+3, 53	−5, 10	55, 22
	14	57, 31	+3, 50	−5, 73	55, 08
	16	57, 96	+3, 51	−6, 37	55, 10
	22	59, 00	+3, 60	−8, 20	54, 40
		Mittel aus 6 Beobachtungen			+3 32 54, 68

35.

Göttingen. Limbus Ost.

Apr.	5	−4° 35′ 10″,52	−4″,69	+14″,06	−4° 35′ 1″,15
	7	14, 22	−4, 68	+13, 71	5, 19
	9	11, 97	−4, 66	+13, 35	3, 28
	20	8, 76	−4, 63	+11, 03	2, 36
	29	8, 31	−4, 62	+ 8, 76	4, 17
		Mittel aus 5 Beobachtungen			−4 35 3, 23

Göttingen. Limbus West.

Apr.	6	−4° 34′ 64″,61	−4″,72	+13″,89	−4° 34′ 55″,44
	8	66, 21	−4, 50	+13, 53	57, 18
	11	64, 91	−4, 60	+12, 97	56, 54
	30	59, 27	−4, 58	+ 8, 49	55, 36
Mai	14	55, 39	−4, 58	+ 4, 48	55, 49
		Mittel aus 5 Beobachtungen			−4 34 56, 00

Altona. Limbus Ost.

Jun.	7	−6° 35′ 47″,01	−6″,73	−2″,97	−6° 35′ 56″,71
	10	47, 68	−6, 70	−3, 89	58, 27
	11	45, 65	−6, 62	−4, 20	56, 47
	13	45, 45	−6, 58	−4, 80	56, 83
	27	41, 40	−6, 63	−8, 90	56, 93
		Mittel aus 5 Beobachtungen			−6 35 57, 04

Altona. Limbus West.

Jun.	6	−6° 35′ 44″,65	−6″,61	−2″,66	−6° 35′ 53″,92
	12	43, 07	−6, 57	−4, 50	54, 14
	14	45, 32	−6, 52	−5, 11	56, 95
	16	41, 50	−6, 52	−5, 72	53, 74
	22	38, 57	−6, 69	−7, 48	52, 74
		Mittel aus 5 Beobachtungen			−6 35 54, 30

36. (Piazzi 16.253)

Göttingen. Limbus Ost.

Apr. 5	−4°42′38″,27	−4″,82	+13″,97	−4°42′29″,12
7	36,26	−4,81	+13,64	27,43
9	39,14	−4,79	+13,28	30,65
20	36,36	−4,75	+10,98	30,13
29	34,88	−4,75	+ 8,74	30,89
Mai 4	33,43	−4,60	+ 7,39	30,64
Mittel aus 6 Beobachtungen				−4 42 29,81

Göttingen. Limbus West.

Apr. 6	−4°42′29″,35	−4″,83	+13″,81	−4°42′20″,37
8	29,95	−4,80	+13,46	21,29
11	28,57	−4,72	+12,91	20,38
27	25,35	−4,90	+ 9,26	20,99
30	24,95	−4,70	+ 8,48	21,17
Mai 14	22,44	−4,70	+ 4,48	22,66
Mittel aus 6 Beobachtungen				−4 42 21,13

Altona. Limbus Ost.

Jun. 7	−6°43′13″,15	−6″,86	−2″,96	−6°43′22″,97
10	12,02	−6,83	−3,89	22,74
11	15,96	−6,75	−4,20	26,91
13	11,48	−6,70	−4,81	22,99
27	9,89	−6,75	−9,14	25,78
Mittel aus 5 Beobachtungen				−6 43 24,28

Altona. Limbus West.

Jun. 6	−6°43′13″,22	−6″,74	−2″,65	−6°43′22″,61
9	12,12	−6,84	−3,58	22,54
12	10,21	−6,70	−4,50	21,41
16	8,99	−6,64	−5,74	21,37
22	5,81	−6,82	−7,51	20 14
Mittel aus 5 Beobachtungen				−6 43 21,61

37 (Piazzi 16.291)

Göttingen. Limbus Ost.

Apr. 5	+5°24′32″,35	+5″,54	+14″,37	+5°24′52″,26
7	30,40	+5,53	+14,02	49,95
9	31,60	+5,51	+13,64	50,75
20	35,46	+5,46	+11,20	52,12
29	36,43	+5,45	+ 8,84	50,72
Mai 4	36,16	+5,29	+ 7,42	48,87
Mittel aus 6 Beobachtungen				+5 24 50,78

Göttingen. Limbus West.

Apr. 6	+5°24′38″,35	+5″,53	+14″,20	+5°24′58″,08
8	39,19	+5,31	+13,83	58,33
11	37,81	+5,43	+13,25	56,49
27	44,10	+5,63	+ 9,39	59,12
30	46,33	+5,40	+ 8,56	60,29
Mai 14	50,33	+5,40	+ 4,35	60,08
Mittel aus 6 Beobachtungen				+5 24 58,73

Altona. Limbus Ost.

Jun. 7	+3°23′55″,07	+3″,47	−3″,53	+3°23′55″,01
10	57,04	+3,46	−4,51	55,99
11	56,13	+3,42	−4,84	54,71
13	57,72	+3,40	−5,49	55,63
27	63,13	+3,42	−9,88	56,67.
Mittel aus 5 Beobachtungen				+3 23 55,60

Altona. Limbus West.

Jun. 6	+3°23′58″,75	+3″,41	−3″,20	+3°23′58″,96
9	60,98	+3,46	−4,18	60,26
12	61,15	+3,39	−5,16	59,38
14	61,35	+3,36	−5,81	58,90
16	62,70	+3,36	−6,47	59,59
22	64,31	+3,45	−8,35	59,41
Mittel aus 6 Beobachtungen				+3 23 59,42

38. (Piazzi 16.310)

Göttingen. Limbus Ost.

Apr. 5	−2°29′15″,02	−2″,55	+13″,95	−2°29′3″,62
7	16,48	−2,54	+13,66	5,36
9	12,92	−2,53	+13,32	2,13
20	13,75	−2,51	+11,05	5,21
29	10,87	−2,51	+ 8,82	4,56
Mai 4	9,92	−2,43	+ 7,47	4,88
Mittel aus 6 Beobachtungen				−2 29 4,29

Göttingen. Limbus West.

Apr. 6	−2°29′8″,56	−2″,54	+13″,83	−2°28′57″,27
8	9,31	−2,44	+13,49	58,26
11	9,41	−2,50	+12,95	58,96
27	4,81	−2,59	+ 9,34	58,06
30	1,60	−2,48	+ 8,56	55,52
Mai 14	−2 28 57,54	−2,49	+ 4,54	55,49
Mittel aus 6 Beobachtungen				−2 28 57,26

Altona. Limbus Ost.

Jun. 7	—4° 29′ 51,″79	—4,″59	—3,″04	—4° 29′ 59,″42
10	49, 86	—4, 57	—3, 99	58, 42
11	49, 55	—4, 52	—4, 31	58, 38
13	50, 55	—4, 51	—4, 93	59, 99
27	44, 94	—4, 52	—9, 18	58, 64
Mittel aus 5 Beobachtungen				—4 29 58, 97

Altona. Limbus West.

Jun. 9	—4° 29′ 47,″48	—4,″58	—3,″67	—4° 29′ 55,″73
12	47, 11	—4, 49	—4, 62	56, 22
14	46, 23	—4, 45	—5, 25	55, 93
16	44, 50	—4, 45	—5, 88	54, 83
22	44, 20	—4, 57	—7, 71	56, 48
Mittel aus 5 Beobachtungen				—4 29 55, 84

39. (Piazzi 17.20)

Göttingen. Limbus Ost.

Apr. 29	+6° 57′ 42,″47	+7,″02	+9,″06	+6° 57′ 58,″55
Eine Beobachtung				+6 57 58, 55

Göttingen. Limbus West.

Apr. 27	+6° 57′ 49,″93	+7,″26	+9,″60	+6° 58′ 6,″79
30	50, 63	+6, 96	+8, 78	6, 37
Mai 14	55, 94	+6, 96	+4, 59	7, 49
Mittel aus 3 Beobachtungen				+6 58 6, 88

Altona. Limbus Ost.

Jun. 10	+4° 57′ 1,″20	+5,″04	—4,″32	+4° 57′ 1,″92
11	3, 61	+4, 98	—4, 65	3, 94
13	2, 60	+4, 96	—5, 31	2, 25
27	7, 44	+4, 98	—9, 76	2, 66
Mittel aus 4 Beobachtungen				+4 57 2, 69

Altona. Limbus West.

Jun. 9	+4° 57′ 5,″17	+5,″04	—3,″99	+4° 57′ 6,″22
12	6, 49	+4, 95	—4, 98	6, 46
14	5, 58	+4, 89	—5, 63	4, 84
22	8, 07	+5, 03	—8, 21	4, 89
Mittel aus 4 Beobachtungen				+4 57 5, 60

40. (Piazzi 17.38)

Göttingen. Limbus Ost.

Apr. 29	+5° 20′ 15,″13	+5,″38	+9,″06	+5° 20′ 29,″57
Mai 4	14, 05	+5, 23	+7, 65	26, 93
Mittel aus 2 Beobachtungen				+5 20 28, 25

Göttingen. Limbus West.

Apr. 27	+5° 20′ 22,″39	+5,″56	+9,″59	+5° 20′ 37,″54
30	24, 94	+5, 33	+8, 79	39, 06
Mai 14	28, 40	+5, 34	+4, 64	38, 38
Mittel aus 3 Beobachtungen				+5 20 38, 33

Altona. Limbus Ost.

Jun. 10	+3° 19′ 38,″36	+3,″39	—4,″22	+3° 19′ 37,″53
11	38, 53	+3, 35	—4, 55	37, 33
13	36, 56	+3, 34	—5, 21	34, 69
Mittel aus 3 Beobachtungen				+3 19 36, 52

Altona. Limbus West.

Jun. 9	+3° 19′ 39,″77	+3,″39	—3,″89	+3° 19′ 39,″27
12	40, 67	+3, 33	—4, 88	39, 12
22	42, 14	+3, 38	—8, 12	37, 30
Mittel aus 3 Beobachtungen				+3 19 38, 56

41. (74 Herculis)

Göttingen. Limbus Ost.

Apr. 29	—5° 7′ 2,″25	—5,″16	+8,″66	—5° 6′ 58,″75
Mai 4	0, 37	—5, 01	+7, 36	58, 02
Mittel aus 2 Beobachtungen				—5 6 58, 39

Göttingen. Limbus West.

Apr. 27	—5° 6′ 57,″12	—5,″34	+9,″15	—5° 6′ 53,″31
30	53, 92	—5, 11	+8, 41	50, 62
Mai 14	49, 88	—5, 12	+4, 52	50, 48
Mittel aus 3 Beobachtungen				—5 6 51, 47

Altona. Limbus Ost.

Jun. 7	−7° 7′ 41,″87	−7,″26	−2,″93	−7° 7′ 52,″06
10	41, 45	−7, 26	−3, 88	52, 59
11	42, 02	−7, 18	−4, 20	53, 40
13	42, 94	−7, 14	−4, 83	54, 91
27	37, 24	−7, 18	−9, 12	53, 54
Mittel aus 5 Beobachtungen				−7 7 53, 30

Altona. Limbus West.

Jun. 6	−7° 7′ 42,″37	−7,″16	−2,″62	−7° 7′ 52,″15
9	39, 10	−7, 26	−3, 57	49, 93
12	37, 41	−7, 13	−4, 51	49, 05
16	36, 33	−7, 06	−5, 77	49, 16
22	33, 77	−7, 25	−7, 62	48, 64
Mittel aus 5 Beobachtungen				−7 7 49, 79

42. (Piazzi 17.120)

Göttingen. Limbus Ost.

Apr. 29	+5° 38′ 6,″61	+5,″68	+9,″11	+5° 38′ 21,″40
Mai 4	8, 36	+5, 53	+7, 75	21, 64
Mittel aus 2 Beobachtungen				+5 38 21, 52

Göttingen. Limbus West.

Apr. 30	+5° 38′ 13,″72	+5,″63	+8,″85	+5° 38′ 28,″20
Mai 14	19, 78	+5, 64	+4, 78	30, 20
Mittel aus 2 Beobachtungen				+5 38 29, 20

Altona. Limbus Ost.

Jun. 7	+3° 37′ 24,″44	+3,″69	−3,″10	+3° 37′ 25,″03
10	27, 25	+3, 69	−4, 10	26, 84
11	28, 08	+3, 65	−4, 43	27, 30
13	27, 90	+3, 64	−5, 10	26, 44
27	31, 76	+3, 65	−9, 65	25, 76
Mittel aus 5 Beobachtungen				+3 37 26, 27

Altona. Limbus West.

Jun. 9	+3° 37′ 29,″95	+3,″69	−3,″77	+3° 37′ 29,″87
12	32, 62	+3, 63	−4, 77	31, 48
16	35, 03	+3, 59	−6, 10	32, 52
22	35, 23	+3, 69	−8, 08	30, 84
Mittel aus 4 Beobachtungen				+3 37 31, 18

43. (β Draconis)

Göttingen. Limbus Ost.

Apr. 29	+0° 53′ 56,″17	+0,″91	+8,″97	+0° 54′ 6,″05
Mai 4	57, 04	+0, 88	+7, 65	5, 57
Mittel aus 2 Beobachtungen				+0 54 5, 81

Göttingen. Limbus West.

Apr. 30	+0° 54′ 4,″68	+0,″90	+8,″71	+0° 54′ 14,″29
Mai 14	9, 26	+0, 90	+4, 76	14, 92
Mittel aus 2 Beobachtungen				+0 54 14, 61

Altona. Limbus Ost.

Jun. 7	−1° 6′ 42,″37	−1,″13	−2,″96	−1° 6′ 46,″46
10	41, 52	−1, 13	−3, 95	46, 60
11	41, 67	−1, 12	−4, 28	47, 07
13	43, 37	−1, 12	−4, 94	49, 43
27	37, 97	−1, 12	−9, 45	48, 54
Mittel aus 5 Beobachtungen				−1 6 47, 62

Altona. Limbus West.

Jun. 6	−1° 6′ 41,″40	−1,″12	−2,″63	−1° 6′ 45,″15
9	41, 31	−1, 13	−3, 62	46, 06
12	42, 00	−1, 11	−4, 61	47, 72
16	37, 43	−1, 10	−5, 93	44, 46
22	35, 59	−1, 13	−7, 87	44, 59
Mittel aus 5 Beobachtungen				−1 6 45, 60

III.

RESULTATE.

1.

Die kunstloseste Combination der Beobachtungen zu einem Resultate für den Breitenunterschied der Beobachtungsplätze besteht darin, jeden Stern für sich zu betrachten. Ist, bei resp. östlicher und westlicher Lage des Limbus, die beobachtete Zenithdistanz in Göttingen a und a', in Altona b und b', so wird der Breitenunterschied $= \frac{1}{2}(a+a') - \frac{1}{2}(b+b')$. Man bekommt daher so viele Resultate, als Sterne vollständig beobachtet sind; für unsere Beobachtungen 42, da nur Nro. 5, als in Altona einseitig beobachtet, ausfällt.

Wären die Beobachtungen, auf welchen die Bestimmungen a, a', b, b' beruhen, für alle Sterne gleich zahlreich, so würden alle einzelnen Resultate für den Breitenunterschied für gleich zuverlässig zu halten, und daher das einfache arithmetische Mittel das wahrscheinlichste Endresultat sein. Bei unsern Beobachtungen findet jene Voraussetzung nicht Statt, und es muss daher den Resultaten nach Maassgabe der Anzahl der Beobachtungen ein ungleiches Gewicht beigelegt werden.

Wenn man sich erlaubt, die Fehler aller einzelnen Beobachtungen als unabhängig von einander zu betrachten, das Gewicht einer einzelnen Beobachtung als Einheit annimmt, und die Anzahl der Beobachtungen, welche zu den Bestimmungen a, a', b, b' concurrirt haben, durch α, α', β, β' bezeichnet, so wird, nach bekannten Gründen, das Gewicht des Resultats $\frac{1}{2}a + \frac{1}{2}a' - \frac{1}{2}b - \frac{1}{2}b'$

durch

$$\frac{4}{\frac{1}{\alpha}+\frac{1}{\alpha'}+\frac{1}{\beta}+\frac{1}{\beta'}}$$

ausgedrückt werden. Unsere 42 Resultate mit ihren Gewichten sind hienach folgende:

Stern	Breitenunterschied	Gewicht	Stern	Breitenunterschied	Gewicht
1	2° 0′ 56,″65	4,44	23	2° 0′ 56,″45	5,71
2	57, 07	5,51	24	56, 53	5,71
3	57, 36	6,22	25	56, 71	6,00
4	55, 85	4,80	26	57, 88	6,00
6	57, 81	3,69	27	57, 17	2,61
7	56, 11	5,71	28	56, 39	5,71
8	56, 03	6,46	29	55, 51	4,00
9	56, 07	3,78	30	56, 37	5,71
10	55, 46	6,46	31	57, 11	5,71
11	55, 35	5,27	32	55, 78	6,00
12	56, 05	5,27	33	56, 31	5,45
13	57, 78	5,45	34	57, 19	6,00
14	57, 19	5,92	35	56, 06	5,00
15	56, 65	5,71	36	57, 48	5,45
16	55, 85	5,00	37	57, 24	5,71
17	55, 92	6,13	38	56, 62	5,45
18	55, 78	5,92	39	58, 57	2,18
19	56, 40	5,64	40	55, 75	2,67
20	56, 24	5,45	41	56, 61	3,24
21	55, 48	5,33	42	56, 64	2,76
22	56, 59	5,33	43	56, 82	2,86

Das Mittel aus diesen 42 Bestimmungen, mit Rücksicht auf die Ungleichheit der Gewichte, findet sich

$$2^0\,0'\,56,''52$$

und das Gewicht dieses Resultats = 213,42.

2.

Wenn n verschiedene Bestimmungen einer Grösse die Werthe A, A', A'' u. s. w. mit den Gewichten p, p', p'' u. s. w. gegeben haben, A^* den mit Rücksicht auf die Gewichte genommenen Mittelwerth und M die Summe

$$p(A-A^*)^2+p'(A'-A^*)^2+p''(A''-A^*)^2+\text{u. s. w.}$$

bedeuten, so wird in Folge des allgemeinern Lehrsatzes in der Theoria Combinationis Observationum, Art. 38,

$$\sqrt{\frac{M}{n-1}}$$

einen genäherten Werth des mittlern Fehlers einer Beobachtung derselben Art, deren Gewicht = 1 ist, geben. Die Anwendung dieser Vorschrift auf unsern Fall gibt $M = 103{,}4126$, und damit den mittlern Fehler einer Beobachtung

$$\sqrt{\frac{103{,}41}{41}} = 1\overset{\prime\prime}{,}5882.$$

Den mittlern in unserm Resultat für den Breitenunterschied zu befürchtenden Fehler erhält man, wenn man den mittlern Fehler einer Beobachtung mit der Quadratwurzel aus dem Gewicht jenes Resultats dividirt; aus obigem Werthe folgt er demnach = 0″,1087.

3.

Der Collimationsfehler des Instruments ergibt sich aus den Beobachtungen eines jeden Sterns in Göttingen $= \frac{1}{2}(a' - a)$ mit dem Gewicht $\frac{4\alpha\alpha'}{\alpha + \alpha'}$, und in Altona $= \frac{1}{2}(b' - b)$ mit dem Gewicht $\frac{4\beta\beta'}{\beta + \beta'}$. Folgende Tafel enthält diese Werthe.

Stern	Göttingen.		Altona.	
	Coll. F.	Gewicht	Coll. F.	Gewicht
1	3″,77	8,89	1″,58	8,89
2	3, 44	12,92	1, 19	9,60
3	3, 69	12,92	1, 65	12,00
4	3, 76	12,00	0, 91	8,00
5	3, 73	12,00	—	—
6	3, 46	12,00	2, 35	5,33
7	4, 10	12,00	1, 69	10,91
8	4, 10	14,00	0, 90	12,00
9	3, 75	12,92	1, 99	4,00
10	3, 99	14,00	1, 26	12,00
11	3, 19	12,92	1, 39	8,89
12	3, 06	12,92	0, 87	8,89
13	3, 48	12,00	2, 04	10,00
14	3, 67	12,92	1, 30	10,91
15	3, 87	12,00	1, 36	10,91
16	3, 50	10,00	1, 77	10,00
17	3, 53	14,00	0, 74	10,91
18	3, 63	12,92	0, 68	10,91
19	3, 42	11,67	1, 38	10,91
20	3, 66	10,91	0, 84	10,91
21	3, 45	9,60	1, 26	12,00
22	3, 10	9,60	2, 96	12,00
23	4, 49	10,91	1, 42	12,00

Stern	Göttingen.		Altona.	
	Coll. F.	Gewicht	Coll. F.	Gewicht
24	3,″93	10,91	1,″21	12,00
25	3, 88	12,00	0, 83	12,00
26	3, 54	12,00	0, 76	12,00
27	4, 44	4,00	1, 97	7,50
28	3, 27	10,91	0, 95	12,00
29	3, 89	6,00	1, 15	12,00
30	4, 54	10,91	1, 70	12,00
31	4, 52	10,91	1, 73	12,00
32	3, 26	12,00	1, 13	12,00
33	3, 49	10,91	1, 11	10,91
34	4, 58	12,00	1, 66	12,00
35	3, 61	10,00	1, 37	10,00
36	4, 33	12,00	1, 34	10,00
37	3, 97	12,00	1, 91	10,91
38	3, 52	12,00	1, 56	10,00
39	4, 16	3,00	1, 45	8,00
40	5, 04	4,80	1, 02	6,00
41	3, 46	4,80	1, 75	10,00
42	3, 84	4,00	2, 45	8,89
43	4, 40	4,00	1, 01	10,00

Die Mittelwerthe sind folgende:

Collimationsfehler in Göttingen 3,″75 mit dem Gewicht 455,17
Collimationsfehler in Altona 1,40 mit dem Gewicht 432,18.

Die Realität der Veränderung des Collimationsfehlers ist offenbar, und es leidet keinen Zweifel, dass dieselbe auf dem obwohl mit aller möglichen Vorsicht geleiteten Transport eingetreten ist.

4.

Obgleich man sich bei dem für den Breitenunterschied gefundenen Resultate vollkommen beruhigen kann, so ist es doch wenigstens in theoretischer Rücksicht nicht überflüssig zu bemerken, dass die im 1. Art. angewandte Combination der Beobachtungen noch nicht die möglich vortheilhafteste ist, insofern nicht an jedem Ort jeder Stern in der einen Lage des Sectors eben so oft beobachtet ist, wie in der andern. In der That hat die Bestimmung der wahren Zenithdistanz in Göttingen durch die Formel $\frac{1}{2}(a+a')$ das Gewicht $\frac{4\alpha\alpha'}{\alpha+\alpha'}$; wäre nun der Collimationsfehler in Göttingen genau bekannt und $=f$, so würde die Bestimmung der wahren Zenithdistanz daselbst durch die Formel

$$\frac{\alpha(a+f)+\alpha'(a'-f)}{\alpha+\alpha'}$$

das Gewicht $\alpha+\alpha' = \frac{4\alpha\alpha'}{\alpha+\alpha'} + \frac{(\alpha-\alpha')^2}{\alpha+\alpha'}$ haben, d. i. ein grösseres als nach der andern Methode, so oft α und α' ungleich sind. Eben so verhält es sich mit der wahren Zenithdistanz in Altona, und auf diese Art würden selbst einseitige Beobachtungen (wie die von Nro. 5) einen, wenn auch nur geringen, Beitrag zur Vergrösserung der Genauigkeit geben. Nun sind zwar die Collimationsfehler an beiden Plätzen nicht mit absoluter Schärfe bekannt: allein man überzeugt sich leicht, dass die Anwendung der für dieselben gefundenen Mittelwerthe das Gewicht nur ganz unbedeutend vermindert.

5.

Will man jedoch ein reines, den Forderungen der strengen Theorie ganz Genüge leistendes Resultat erhalten, so muss man die Bestimmung des Breitenunterschiedes, der Collimationsfehler und der wahren Zenithdistanzen der einzelnen Sterne an dem einen Ort als Ein Problem behandeln, wo diese unbekannten Grössen (in unserm Fall 46 an der Zahl) aus den sämmtlichen durch sie bestimmten beobachteten Grössen (171) durch eben so viele Gleichungen abgeleitet werden müssen, indem diese nach den Vorschriften der Wahrscheinlichkeitsrechnung combinirt werden. Setzt man die Collimationsfehler in Göttingen und Altona $= f$ und g, den Breitenunterschied $= h$, die wahre Zenithdistanz eines Sterns in Göttingen $= k$, so hat man aus den Beobachtungen dieses Sterns die vier Gleichungen mit den Gewichten α, α', β, β':

$$\begin{aligned} a &= k-f \\ a' &= k+f \\ b &= k-g-h \\ b' &= k+g-h. \end{aligned}$$

Es ist kaum nöthig zu erinnern, dass es zur Erleichterung der Rechnung vortheilhafter ist, anstatt jener unbekannten Grössen, die noch erforderlichen Correctionen einzuführen, welche an die schon sehr nahe bestimmten Werthe anzubringen sind; lassen wir die Zeichen f^0, g^0, h^0, k^0 diese genäherten Werthe bedeuten, so mag man annehmen

$$k^0 = \frac{\alpha(a+f^0)+\alpha'(a'-f^0)+\beta(b+g^0+h^0)+\beta'(b'-g^0+h^0)}{\alpha+\alpha'+\beta+\beta'}$$

Bei Befolgung jener Vorschrift (welche man bei Anwendung der Methode der kleinsten Quadrate auf nur etwas zusammengesetzte Fälle niemals aus den Augen setzen sollte) und dem Gebrauch einer schicklichen **indirecten** Auflösungsmethode verwandelt sich eine Arbeit, die ohne jene und bei directer Elimination unerträglich weitläuftig ausfällt, in ein leichtes Spiel.

6.

Der Erfolg dieser Rechnung, welche ausführlich herzusetzen unnöthig wäre, ist, dass die frühern Bestimmungen gar keine merkliche Correction erhalten. Es findet sich die Verbesserung des Breitenunterschiedes $= -0'',014$, die Verbesserung des Collimationsfehlers in Göttingen $= +0'',012$, die Verbesserung des Collimationsfehlers in Altona $= -0'',014$; folglich die neuen Bestimmungen

Breitenunterschied	$2^0\,0'\,56'',51$,	Gewicht =	217,67
Collimationsfehler in Göttingen	3,76	»	457,03
Collimationsfehler in Altona	1,39	»	437,64.

Die Veränderungen der nach der Vorschrift des vorhergehenden Artikels zum Grunde gelegten wahren Zenithdistanzen der einzelnen Sterne in Göttingen sind gleichfalls fast alle unter $0'',01$. Die sich ergebenden Werthe hier aufzuführen, wäre überflüssig, da es dieselben sind, aus welchen die oben mitgetheilten Declinationen der Sterne unter Voraussetzung der Polhöhe des Beobachtungsplatzes $51^0\,31'\,47'',92$ abgeleitet sind. Dagegen setzen wir die Unterschiede hier her, welche nach Substitution der gefundenen Werthe in den 171 Gleichungen übrig bleiben.

Stern	Unterschied	Stern	Unterschied	Stern	Unterschied	Stern	Unterschied
1	+0,"07	5	+0,"03	9	−0,"06	13	+0,"87
	+0, 09		−0, 03		−0, 09		+0, 30
	−0, 26		—		−0, 23		−1, 35
	+0, 13		−0, 03		+0, 97		−0, 04
2	+0, 56	6	+0, 62	10	−0, 71	14	+0, 40
	−0, 08		+0, 03		−0, 25		+0, 21
	−0, 12		−1, 95		+0, 70		−0, 29
	−0, 53		−0, 02		+0, 44		−0, 48
3	+0, 48	7	−0, 52	11	+0, 12	15	−0, 04
	+0, 34		+0, 16		−1, 03		+0, 19
	−0, 70		−0, 08		+0, 72		−0, 04
	−0, 18		+0, 52		+0, 71		−0, 11
4	−0, 35	8	−0, 56	12	+0, 52	16	−0, 07
	−0, 35		+0, 12		−0, 87		−0, 60
	+0, 79		+0, 76		+0, 80		−0, 05
	−0, 17		−0, 23		−0, 24		+0, 72

Stern	Unterschied	Stern	Unterschied	Stern	Unterschied	Stern	Unterschied
17	−0″06	24	−0″17	31	−0″41	38	+0″30
	−0,52		+0,18		+1,11		−0,19
	+0,96		+0,16		−0,59		−0,24
	−0,35		−0,20		+0,09		+0,11
18	−0,23	25	−0,03	32	+0,14	39	+0,90
	−0,49		+0,22		−0,87		+1,71
	+1,09		+0,46		+0,63		−0,82
	−0,34		−0,67		+0,11		−0,69
19	+0,32	26	+0,90	33	+0,19	40	−1,81
	−0,36		+0,46		−0,35		+0,75
	+0,10		−0,06		+0,41		+0,60
	+0,08		−1,32		−0,16		−0,14
20	−0,06	27	−0,14	34	−0,48	41	+0,39
	−0,26		+1,22		+1,17		−0,21
	+0,66		−0,71		−0,62		−0,38
	−0,44		+0,46		−0,07		+0,35
21	−0,22	28	+0,46	35	−0,08	42	+0,09
	−0,85		−0,53		−0,37		+0,25
	+0,63		+0,52		+0,25		−1,02
	+0,37		−0,36		+0,21		+1,11
22	+0,77	29	−0,80	36	−0,14	43	−0,42
	−0,55		−0,53		+1,02		+0,86
	−1,55		+0,58		−0,47		+0,29
	+1,60		+0,10		−0,58		−0,47
23	−0,80	30	−0,83	37	+0,11		
	+0,67		+0,74		+0,54		
	−0,03		−0,21		−0,93		
	+0,03		+0,42		+0,11		

7.

Die Summe der Producte aus den Quadraten dieser 171 Unterschiede in die entsprechende Anzahl der Beobachtungen findet sich = 292,8249. Nach dem bereits angeführten Lehrsatz (Theoria Comb. Observ. Art. 38) hat man als genäherten Werth des mittlern Fehlers einer einfachen Beobachtung die Quadratwurzel aus dem Bruch zu betrachten, dessen Zähler jene Summe, und dessen Nenner der Überschuss der Anzahl der verglichenen Beobachtungsdata über die Anzahl der nach der Methode der kleinsten Quadrate daraus abgeleiteten unbekannten Grössen ist, in unserm Falle 171 − 46 = 125. Es findet sich hieraus jener mittlere Fehler = 1″5308, wenig von dem im 2. Art. gefundenen verschieden. Der mittlere in dem Endresultate für den Breitenunterschied zu befürchtende Fehler würde demnach sein

$$= \frac{1''5308}{\sqrt{217{,}67}} = 0''1038.$$

8.

Bei den bisherigen Rechnungen ist vorausgesetzt, dass alle den verschiedenen Beobachtungen anhängenden Fehler als völlig unabhängig von einander oder als rein zufällig betrachtet werden können. Diese Voraussetzung aber ist offenbar nicht ganz richtig, indem alle α Beobachtungen, welche zu der Bestimmung eines a concurrirt haben, nach der Natur des Instruments sich auf einen und denselben Theilungspunkt beziehen, und also ausser den eigentlichen rein zufälligen Beobachtungsfehlern noch den Fehler der Theilung bei diesem Punkte involviren. Dasselbe gilt von a', b und b'. Die Theilungsfehler sind ihrerseits unbekannte Grössen, die in Beziehung auf die einzelnen 171 Beobachtungsresultate auch als rein zufällig und von einander unabhängig betrachtet werden mögen, da man die Fälle, wo verschiedene derselben sich auf einerlei Theilungspunkt bezogen haben, ihrer geringen Anzahl wegen ignoriren kann. Die Berücksichtigung dieses Umstandes macht nun eine Modification obiger Rechnungen nothwendig, obwohl am Ende in praktischer Rücksicht die Resultate gar nicht geändert werden.

Bezeichnet man den eigentlichen mittlern Beobachtungsfehler, der nur von zufälligen Ursachen mit Ausschluss der Theilungsfehler herrührt, mit m, und den mittlern Theilungsfehler mit μ, so wird der vollständige mittlere Beobachtungsfehler $= \sqrt{(mm + \mu\mu)}$ zu setzen sein, und der mittlere Fehler eines Mittels aus α Beobachtungen, die sich auf einerlei Theilungspunkt beziehen,

$$= \sqrt{\left(\frac{mm}{\alpha} + \mu\mu\right)},$$

oder wenn wir $\mu\mu = mm\theta$ setzen,

$$= m\sqrt{\left(\frac{1}{\alpha} + \theta\right)}.$$

Insofern wir also das Gewicht einer Beobachtung, ohne Theilungsfehler, zur Einheit annehmen, wird das Gewicht von a nunmehro

$$= \frac{\alpha}{1 + \alpha\theta}$$

sein, und eben so die Gewichte von a', b, b' resp.

$$= \frac{\alpha'}{1 + \alpha'\theta}, \qquad \frac{\beta}{1 + \beta\theta}, \qquad \frac{\beta'}{1 + \beta'\theta}.$$

Bei der erstern Combinationsmethode wird man daher das Gewicht des

Resultats für den Breitenunterschied aus den Beobachtungen eines Sterns, wenn man den vorigen Ausdruck

$$\frac{4}{\frac{1}{\alpha}+\frac{1}{\alpha'}+\frac{1}{\beta}+\frac{1}{\beta'}}=p$$

setzt, jetzt

$$=\frac{p}{1+p\theta}$$

zu setzen, und nach Maassgabe dieser Gewichte aus den 42 Bestimmungen das Mittel zu nehmen haben. Bei der zweiten Combinationsmethode hingegen hat man nur jeder der 171 Gleichungen ein Gewicht beizulegen, welches durch eine der Formeln $\frac{\alpha}{1+\alpha\theta}$ u. s. w. bestimmt wird.

Offenbar kann eine Veränderung des Endresultats selbst sowohl, als des mittlern in demselben zu befürchtenden Fehlers nur dadurch eintreten, dass die neuen Gewichte den frühern nicht proportional sind. Bei der vorigen Methode waren nur die Resultate der zahlreichern Beobachtungsreihen etwas zu viel bevorzugt; die Berücksichtigung der Theilungsfehler bringt ihre Gewichte der Gleichheit näher, desto mehr, je grösser die Theilungsfehler vorausgesetzt werden, so dass bei Beobachtungen mit einem Instrumente, wo die Theilungsfehler die eigentlichen Beobachtungsfehler sehr weit überwögen, man sich nur begnügen könnte, alle Bestimmungen als gleich zuverlässig zu betrachten.

9.

Die angezeigten Methoden haben also gar keine Schwierigkeit, sobald nur der Coefficient θ bekannt ist. Man kann zu einer genäherten Kenntniss desselben, auf welche es hier begreiflich nur ankommt, auf einem indirecten Wege gelangen.

Wir bemerken zuvörderst, dass die Beobachtungen selbst ein Mittel darbieten, den eigentlichen mittlern Beobachtungsfehler m mit sehr grosser Zuverlässigkeit zu bestimmen. In der That macht sich derselbe unabhängig von dem Theilungsfehler in den Unterschieden der einzelnen Werthe, aus denen jedes a (oder a', b, b') das Mittel ist, von einander oder von diesem Mittel, bemerkbar, und wenn α sehr gross wäre, so würde die Summe der Quadrate dieser Unterschiede der einzelnen Werthe von a vom Mittel als eine genäherte Bestimmung von $(\alpha - 1)mm$ anzusehen sein. Eine solche einzelne Bestimmung kann nun zwar in unserm Fall, wo α nie grösser als 7 ist, von dem richtigen Werthe sehr abweichen; allein die Summe aller 171 partiellen Summen (für alle a, a', b, b' und für alle Sterne) muss nach den Grundsätzen der Wahrscheinlichkeitsrechnung von

$$(\Sigma(\alpha-1)+\Sigma(\alpha'-1)+\Sigma(\beta-1)+\Sigma(\beta'-1))mm,$$

in unserm Fall von $728mm$, wenig verschieden sein. Wir haben jene Summe der 171 partiellen Summen

$$= 844{,}50$$

gefunden, woraus sich für m der sehr zuverlässige Werth

$$= 1{,}''0770$$

ergibt, bedeutend kleiner als der im 2. und 7. Artikel gefundene. Es bestätigt sich also die Einwirkung der Theilungsfehler vollkommen, um derenwillen die früher herausgebrachten Zahlen kein reines Resultat geben konnten.

10.

In Ermangelung einer directen Kenntniss des mittlern Theilungsfehlers kann man nun θ auf eine indirecte Art so bestimmen, dass beim Gebrauch der ersten Methode, nach dem Verfahren des Art. 2, oder beim Gebrauch der zweiten Methode nach dem Verfahren des Art. 7, der mittlere Fehler einer Beobachtung, deren Gewicht als Einheit angenommen war, wiederum dem gefundenen Werthe von m gleich wird.

Es hat indessen nicht belohnend genug geschienen, solche Versuche so lange zu wiederholen, bis eine vollkommene Übereinstimmung erreicht wäre. Vielmehr schien es hinreichend, nachdem durch anderweitige Betrachtungen erkannt war, dass der letzte Werth von θ nur wenig von 0,2 verschieden ausfallen könnte, diesen Werth bloss der ersten Combinationsmethode unterzulegen, woraus sich dann ergeben hat

Breitenunterschied $= 2^0\,0'\,56{,}''50$

Gewicht dieser Bestimmung $= 104{,}29$

Mittlerer Fehler einer Beobachtung, deren Gewicht die Einheit,

$$= 1{,}''131$$

und daher der mittlere in obigem Endresultate zu befürchtende Fehler

$$= 0{,}''1108.$$

Die Anwendung der zweiten Combinationsmethode, mit demselben Werthe von θ, würde vermuthlich eine noch nähere Übereinstimmung mit obigem Werthe von m hervorgebracht, das Endresultat für den Breitenunterschied vielleicht um $0{,}''01$ vermindert, das Gewicht dieser Bestimmung gewiss etwas weniges vergrössert haben; es wurde aber der Mühe nicht werth gehalten, deshalb diese Rechnung von neuem durchzuführen. Man kann sich also an den gefundenen Breitenunterschied $2^0\,5'\,56''50$ halten, und dessen Fehler als wahrscheinlich zwischen den Grenzen $\pm\,0{,}''07$ enthalten ansehen.

11.

Wenn wir den obigen Werth von θ beibehalten, so ergibt sich der mittlere Theilungsfehler $= m\sqrt{\theta} = 0{,}''48$, daher der sogenannte wahrscheinliche Theilungsfehler der einzelnen Punkte $= 0{,}''32$ gesetzt werden mag. Offenbar bezieht sich dies aber nur auf die unregelmässigen Theilungsfehler, oder auf die Abweichungen der einzelnen Punkte von einer fingirten, sich diesen so genau wie möglich anschliessenden gleichförmigen Theilung, deren absolute Richtigkeit hiebei eigentlich gar nicht in Frage kommen konnte. Oder mit andern Worten, das gefundene Resultat für den Breitenunterschied mit der ihm beigelegten Genauigkeit bezieht sich, streng genommen, nur auf mittlere Sectorgrade, und bleibt von der absoluten Richtigkeit derselben abhängig. Dem Astronomen bietet das Instrument gar kein selbstständiges Mittel dar, diese zu prüfen. Wenn man indessen erwägt, dass die Endpunkte des Bogens von dem Künstler mit äusserster Sorgfalt niedergelegt sind, und dass hier nur von einem kleinen Theile des ganzen Bogens die Rede ist, so wird man zugeben müssen, dass die Unsicherheit des gefundenen Breitenunterschiedes aus dieser Quelle nur um ein sehr Geringes vergrössert werden kann. Einige Controlle für die absolute Richtigkeit der Theilung geben übrigens auch die von mir am Reichenbachschen Meridiankreise beobachteten Zenithdistanzen derselben 43 Sterne, deren Unterschiede von den am Sector beobachteten, bei einer Anordnung nach den Declinationen, keine Spur von Regelmässigkeit zeigen.

12.

Der Platz des Mittelpunkts des Sectors in Göttingen war 1,060 Toisen nördlich und 7,595 Toisen östlich vom Centrum der Axe des REICHENBACHschen Meridiankreises; in Altona hingegen war der Mittelpunkt des Sectors 13,511 Toisen südlich und 2,578 westlich vom Mittelpunkt des dortigen Meridiankreises. Die Reduction des Breitenunterschiedes der Sectorplätze auf den der Meridiankreise ist daher für Göttingen 0,"07 und für Altona 0,"85, und folglich der Breitenunterschied der Sternwarten von Göttingen und Altona in Beziehung auf die Plätze der REICHENBACHschen Meridiankreise

$$= 2^0\,0'\,57{,}''42.$$

13.

Die absolute Polhöhe, welche den oben gegebenen aus den Zenithdistanzen abgeleiteten Declinationen der Sterne zum Grunde gelegt ist, beruht auf 89 Beobachtungen des Nordsterns, am REICHENBACHschen Meridiankreise, in beiden Culminationen, direct und von einer Wasserfläche reflectirt. Da die Beobachtungen von 1824, welche den grössten Theil ausmachen, bisher noch nicht bekannt gemacht sind, so stelle ich hier sämmtliche Beobachtungen zusammen, und bemerke nur, dass meistens die directe Einstellung beim Antritt an den zweiten, vierten (mittelsten) und sechsten Faden, die Einstellung des reflectirten Bildes hingegen beim Antritt an den ersten, dritten, fünften und siebenten Faden gemacht ist. Von diesen auf die Culminationszeit reducirten Zenithdistanzen ist hier das Mittel angegeben, welches bloss von der Refraction nach BESSELS Tafeln befreit ist, also Collimationsfehler und Wirkung der Biegung des Fernrohrs noch einschliesst.

Zenithdistanzen des Nordsterns.

1820. Kreis in Osten.

Mai 13. Untere Culm.	Direct	319°	50′	20,"73	3	Beob.
	Reflectirt	220	5	3,94	4	»
13. Obere Culm.	Direct	323	8	41,51	1	»
	Reflectirt	216	46	44,31	1	»

1824. Kreis in Osten.

Apr. 20.	Obere Culm.	Direct	323°	7′	52″,62	1	Beob.
		Reflectirt	216	48	54,93	2	»
21.	Untere Culm.	Direct	319	52	30,27	3	»
		Reflectirt	220	4	19,32	4	»
21.	Obere Culm.	Direct	323	7	54,16	3	»
		Reflectirt	216	48	54,21	4	»
25.	Untere Culm.	Direct	319	52	30,03	3	»
		Reflectirt	220	4	21,10	4	»
27.	Obere Culm.	Direct	323	7	55,70	3	»
		Reflectirt	216	48	52,93	4	»
28.	Obere Culm.	Direct	323	7	55,40	3	»
		Reflectirt	216	48	52,22	4	»
29.	Untere Culm.	Direct	319	52	29,17	3	»
		Reflectirt	220	4	21,34	4	»
Mai 1.	Untere Culm.	Direct	319	52	28,59	3	»
		Reflectirt	220	4	22,62	4	»
1.	Obere Culm.	Direct	323	7	57,22	3	»
		Reflectirt	216	48	51,66	4	»

Kreis in Westen.

Mai 2.	Untere Culm.	Direct	40°	4′	20″,00	3	Beob.
		Reflectirt	139	52	27,15	4	»
8.	Obere Culm.	Direct	36	48	49,32	3	»
		Reflectirt	143	7	57,63	4	»
9.	Untere Culm.	Direct	40	4	22,93	3	»
		Reflectirt	139	52	25,68	4	»

Die Änderungen der Declination des Nordsterns ergeben sich aus Bessels Tafeln wie folgt:

1820 von der untern Culmination des 13. Mai an gerechnet:

Mai 13. Obere Culm. $-0\overset{''}{,}10$;

1824 von der obern Culmination des 20. April an gerechnet:

Apr.	21. U. C.	$-0\overset{''}{,}13$
	21. O. C.	$-0,26$
	25. U. C.	$-1,29$
	27. O. C.	$-2,04$
	28. O. C.	$-2,32$
	29. U. C.	$-2,45$
Mai	1. U. C.	$-2,93$
	1. O. C.	$-3,03$
	2. U. C.	$-3,14$
	8. O. C.	$-4,64$
	9. U. C.	$-4,77$

14.

Bezeichnet man die Biegung des Fernrohrs, oder die Veränderung der Lage der auf die Ebene des getheilten Kreises projicirten optischen Axe gegen die Eintheilung, vermöge der Einwirkung der Schwere auf sämmtliche verbundene Bestandtheile des Instruments, bei horizontaler Lage der optischen Axe durch f, bei verticaler durch g, und setzt voraus, dass diese Biegung der Schwerkraft proportional ist (was bei der äusserst geringen Grösse der ganzen Wirkung unbedenklich scheint), so wird bei der Neigung der optischen Axe z die Biegung durch $f \sin z + g \cos z$ ausgedrückt werden, so verstanden, dass wenn der Collimationsfehler $= e$ und die abgelesene Zenithdistanz $= z$ ist, die wahre Zenithdistanz

$$= z - e + f \sin(z-e) + g \cos(z-e)$$

sein wird. Wäre das Fernrohr vollkommen symmetrisch, so würde g ganz wegfallen; allein da keine menschliche materielle Arbeit absolut vollkommen ist, und überdies die vollkommene Symmetrie schon durch die Balancirgewichte gewissermaassen gestört wird, so scheint es durchaus nicht ungereimt, die Möglichkeit eines ein oder ein Paar Zehntheile einer Secunde betragenden

Werthes von g zuzugeben, und wenn einmal die Rechnung auf einzelne Zehntheile oder gar Hunderttheile der Secunde genau geführt wird, so würde es inconsequent sein, die Berücksichtigung des zweiten Theils der Biegung, insofern sie möglich ist, zu unterlassen.

15.

Das Complement des halben Unterschiedes der direct und durch Reflexion gemessenen Zenithdistanz zu 90^0 gibt die Zenithdistanz vom Collimationsfehler und von dem ersten Theile der Biegung befreit, also bloss noch den zweiten Theil der Biegung enthaltend, und zwar mit entgegengesetztem Zeichen, [je] nachdem der Kreis in Osten oder Westen ist. Offenbar bezieht sich diese Zenithdistanz auf die Verticale an der Stelle, wo die optische Axe das Wassergefäss trifft, welche, für beide Culminationen des Nordsterns unmerklich verschieden, um 0,"05 nördlicher ist als die Axe des Kreises. Diese Combination ist unserm Zweck auch insofern angemessener, als man der Voraussetzung der Unveränderlichkeit des Collimationsfehlers während der ganzen Dauer der Beobachtungen von 1824 ausweicht. Das Gewicht jener Bestimmung wird, wenn man die Anzahl der directen Beobachtungen $= \alpha$, die der Reflexionsbeobachtungen $= \beta$ setzt, $= \frac{4\alpha\beta}{\alpha+\beta}$, insofern man die Beobachtungsfehler als rein zufällig und von einander unabhängig betrachtet.

16.

Bezeichnen wir nun mit

φ die Polhöhe an dem Platz des Wassergefässes

δ die Declination des Nordsterns in der untern Culmination des 13. Mai 1820

δ' die Declination in der obern Culmination des 20. April 1824,

so geben uns die Beobachtungen folgende Bestimmungen:

für $\delta + \varphi - 0{,}765\,g$

1820 Mai 13 .... 139° 52′ 38,"40 Gewicht 6,86

für $\delta - \varphi + 0{,}800\,g$

1820 Mai 13 .... 36° 49′ 1,"50 Gewicht 2,00

für $\delta'+\varphi-0{,}765\,g$

1824 Apr. 21	139° 54′ 5″,61	Gewicht	6,86
25	139 54 5,76	»	6,86
29	139 54 6,36	»	6,86
Mai 1	139 54 5,91	»	6,86

für $\delta'-\varphi+0{,}800\,g$

1824 Apr. 20	36° 50′ 31″,15	Gewicht	2,67
21	36 50 30,29	»	6,86
27	36 50 30,65	»	6,86
28	36 50 30,73	»	6,86
Mai 1	36 50 30,25	»	6,86

für $\delta'+\varphi+0{,}765\,g$

1824 Mai 2	139° 54′ 6″,71	Gewicht	6,86
9	139 54 6,15	»	6,86

für $\delta'-\varphi-0{,}800\,g$

1824 Mai 8	36° 50′ 30″,48	Gewicht	6,86.

Wir erhalten demnach zur Bestimmung der vier unbekannten Grössen δ, δ', φ, g die sechs Gleichungen

$\delta+\varphi-0{,}765\,g=$	139° 52′ 38″,40	Gewicht	6,86
$\delta-\varphi+0{,}800\,g=$	36 49 1,50	»	2,00
$\delta'+\varphi-0{,}765\,g=$	139 54 5,91	»	27,43
$\delta'-\varphi+0{,}800\,g=$	36 50 30,54	»	30,10
$\delta'+\varphi+0{,}765\,g=$	139 54 6,43	»	13,71
$\delta'-\varphi-0{,}800\,g=$	36 50 30,48	»	6,86.

woraus sich durch die Methode der kleinsten Quadrate*) folgende Werthe ergeben:

$$\delta = 88^0\,20'\,50'',33$$
$$\delta' = 88\;22\;18,28$$
$$\varphi = 51\;31\;47,90$$
$$g = +\,0,17.$$

Das Gewicht der Bestimmung von φ wird hiebei $=60{,}8$.

---

*) Hier etwas bequemer nach dem Verfahren im Supplem. Theor. Comb. Observ.

Um für die Genauigkeit der Beobachtungen einigermaassen einen Maassstab zu haben, substituiren wir diese Werthe in den vierzehn Gleichungen, aus welchen die vorigen sechs zusammengezogen waren; es bleiben dann folgende Fehler übrig:

Fehler	Gewicht der Gleichung
$-0'',30$	6,86
$+1,07$	2,00
$+0,44$	6,86
$+0,29$	6,86
$-0,31$	6,86
$+0,14$	6,86
$-0,63$	2,67
$+0,23$	6,86
$-0,13$	6,86
$-0,21$	6,86
$+0,27$	6,86
$-0,40$	6,86
$+0,16$	6,86
$-0,24$	6,86

Die Summe der Producte der Quadrate dieser Fehler in die Gewichte wird $= 9,6154$; also ein genäherter Werth für den mittlern Fehler einer Beobachtung

$$= \sqrt{\frac{9,6154}{10}} = 0'',981.$$

Der mittlere in dem Endresultat für die Polhöhe zu befürchtende Fehler, so weit er von unregelmässig wirkenden Ursachen herrührt, ist demnach

$$= \frac{0'',981}{\sqrt{60,8}} = 0'',126.$$

Etwas muss aber die Unsicherheit des Resultats allerdings grösser sein, da die Voraussetzung, dass sämmtliche Beobachtungsfehler ohne Ordnung von einander unabhängig sind, nicht ganz richtig ist. Bei gleichnamigen Beobachtungen zu einer Culmination, und bei den gleichnamigen Culminationen an mehrern Tagen liegt nemlich nahe dasselbe Ablesungsresultat zum Grunde, und obgleich, bei der Ablesung durch Verniers, fast immer andere Theilstriche sprechend werden, deren unregelmässige Theilungsfehler also bei unserm Verfahren in den mittlern Fehler einer Beobachtung 0,"981 mit eingeschlossen sind, so ist doch natürlich, dass in den verschiedenen Gegenden des Limbus gewisse ungleiche Durchschnittsfehler vorherrschen müssen. Jedenfalls sind aber dieselben sehr klein. Im Jahre 1826 habe ich mit vier vortrefflichen Mikroskopen von Repsold 30 Theilstriche von 12 zu 12 Grad mit äusserster Sorgfalt geprüft, wobei jeder Theilstrich fast 200 mal, in abgeänderten Combinationen, eingestellt wurde. Das Resultat ist, dass das Mittel der Fehler von zwei diametral entgegengesetzten Theilstrichen, A und $A+180^0$, so weit noch einige Regelmässigkeit zu erkennen ist, durch die Formel

$$-1{,}''23\cos(2A-28^0\,28')-0{,}''22\cos(4A-47^0\,56')$$

möglichst nahe dargestellt wird, dass die dann übrig bleibenden Fehler als regellos erscheinen, und die Quadratwurzel aus dem Mittel ihrer Quadrate $= 0{,}''32$ wird. Ich hatte mir vorgesetzt, diese Prüfung auf die doppelte Anzahl der Theilstriche auszudehnen; allein bei der Geringfügigkeit der sich ergebenden Resultate scheint diese Untersuchung den grossen dazu erforderlichen Zeitaufwand nicht zu verdienen. Es bedarf keiner Erinnerung, dass der erste Theil des regelmässigen Fehlers $-1{,}''23\cos(2A-28^0\,28')$ von selbst wegfällt, wenn, wie bei obigen Beobachtungen immer geschehen ist, alle vier Verniers abgelesen werden. Er enthält hingegen eine reelle Verbesserung, falls man die Theilung nur an zwei gegenüberliegenden Stellen abliest, wie ich gegenwärtig immer thue, seitdem ich mich mit bedeutendem Gewinn für die Feinheit der Ablesung statt der Verniers zweier Repsoldscher Mikroskope bediene.

17.

Zieht man vor, $g=0$ vorauszusetzen, so fällt die Polhöhe um $0{,}''07$ kleiner aus, und das Gewicht dieser Bestimmung wird $=84{,}1$. Anderweitige, an einem andern Orte anzuführende Beobachtungen scheinen übrigens den obigen

Werth von g, dem Zeichen und auch sehr nahe der Grösse nach, zu bestätigen, reichen aber noch nicht hin, über einen so delicaten Gegenstand zu entscheiden.

Den Coefficienten f kann man aus vorliegenden Beobachtungen nicht bestimmen, ohne die Unveränderlichkeit des Collimationsfehlers während der Beobachtungen von 1824 vorauszusetzen. Erlaubt man sich diese Voraussetzung, so hat man 28 Gleichungen, deren gehörige Behandlung

$$\varphi = 51^\circ 31' 47'',89 \text{ mit dem Gewicht } 60,9$$
$$f = \quad + 0,76$$
$$g = \quad + 0,23$$

gibt. Da man gegenwärtig, durch Einstellen des Fernrohrs auf den Nadirpunkt, den Collimationsfehler jede Stunde mit bewundernswürdiger Genauigkeit ohne Umlegen bestimmen kann*), so behalte ich mir weitere Prüfung dieses Gegenstandes vor.

18.

Mit Vorbehalt der durch künftige weitere Untersuchungen noch auszumittelnden Correction, die wohl schwerlich eine halbe Secunde erreichen kann, setze ich daher die Polhöhe

in Göttingen

für den Platz des Wassergefässes bei den Nordsternbeobachtungen	51° 31′ 47″,90
für den Platz des Reichenbachschen Meridiankreises	47,85
für den Platz des Zenithsectors	47,92

(welche letztere zur Reduction der Declinationen der Zenithalsterne zum Grunde gelegt ist)

in Altona

für den Platz des Zenithsectors	53° 32′ 44″,42
für den Platz des Meridiankreises	45,27.

---

*) Ich bediene mich dieses unschätzbaren Mittels, dessen Ausführbarkeit Bohnenberger zuerst gezeigt hat, seit zwei Jahren beständig.

19.

Nach der trigonometrischen Verbindung der Sternwarten von Göttingen und Altona liegt letztere

115163,725 Toisen nördlich
7,211 Toisen westlich

von jener. Diese Zahlen beziehen sich auf die Plätze der Meridiankreise; sie gründen sich auf den Werth der Dreiecksseite Hamburg-Hohenhorn 13841,815 Toisen, und diese auf die von Hrn. Prof. SCHUMACHER in Holstein im Jahr 1820 gemessene Basis. Da jedoch die Vergleichung der dabei gebrauchten Messstangen mit der Normaltoise noch nicht definitiv vollendet ist, so wird obige Entfernung in Zukunft noch in demselben Verhältniss abzuändern sein, wie die Basis selbst, welche Veränderung aber jedenfalls nur sehr gering sein kann. Der mittlere Breitengrad zwischen beiden Sternwarten ergibt sich danach

= 57127,2 Toisen,

merklich grösser, als man nach den mittlern Werthen der in Frankreich und England gemessenen Grade hätte erwarten sollen.

20.

Die hannoversche Gradmessung liefert also einen neuen Beitrag zur Bestätigung der nicht mehr zu bezweifelnden Wahrheit, dass die Oberfläche der Erde keine ganz regelmässige Gestalt hat. Von dieser Unregelmässigkeit haben bereits die Anomalien bei den Theilen der französischen und der englischen Gradmessung Beweise gegeben, noch stärkere die Anomalien bei den Polhöhen mehrerer Örter in Italien. Bei der hannoverschen Gradmessung findet sich ausser der Anomalie zwischen Göttingen und Altona eine noch beträchtlich stärkere bei einem zwischenliegenden Dreieckspunkte, dem Brocken. Wenn man meine Dreiecke als auf der Oberfläche eines elliptischen Sphäroids liegend, dessen Dimensionen die von WALBECK aus der Gesammtheit der bisherigen Gradmessungen abgeleiteten sind, und welches nach unserer besten gegenwärtigen Kenntniss sich am vollkommensten an die wirkliche Gestalt im Ganzen anschliesst (Abplattung $\frac{1}{302,78}$, der dreihundertsechzigste Theil des Erdmeridians = 57009,758 Toisen), berechnet, und dabei von der Polhöhe von Göttingen = 51° 31′ 47″,85 ausgeht, so findet sich die Breite

des Brockens = 51° 48′ 1″,85
von Altona = 53 32 50,79.

Während nun die astronomischen Beobachtungen die Polhöhe von Altona 5″,52 kleiner gegeben haben, geben die von Hrn. von Zach auf dem Brocken angestellten Beobachtungen die Polhöhe dieses Punktes 10—11″ grösser*), ein Unterschied, von dem doch jedenfalls nur ein kleiner Theil dem Instrumente und den in der Rechnung gebrauchten Declinationen zur Last fallen kann. Die Vergleichung des Breitenunterschiedes zwischen Altona und dem Brocken mit der Krümmung, welche dem sich der Erde im Ganzen am besten anschliessenden Sphäroid entspricht, würde daher eine Abweichung von 16″ geben.

Nach unserm Dafürhalten betrachtet man diesen Gegenstand aus einem falschen Gesichtspunkte, wenn man bei solchen Erscheinungen immer nur von Localablenkungen der Lothlinie spricht, und sie also gleichsam nur als einzelne Ausnahmen ansieht. Was wir im geometrischen Sinn Oberfläche der Erde nennen, ist nichts anderes als diejenige Fläche, welche überall die Richtung der Schwere senkrecht schneidet, und von der die Oberfläche des Weltmeers einen Theil ausmacht. Die Richtung der Schwere an jedem Punkte wird aber durch die Gestalt des festen Theils der Erde und seine ungleiche Dichtigkeit bestimmt, und an der äussern Rinde der Erde, von der allein wir etwas wissen, zeigt sich diese Gestalt und Dichtigkeit als höchst unregelmässig; die Unregelmässigkeit der Dichtigkeit mag sich leicht noch ziemlich tief unter die äussere Rinde erstrecken, und entzieht sich ganz unsern Berechnungen, zu welchen fast alle Data fehlen. Die geometrische Oberfläche ist das Product der Gesammtwirkung dieser ungleich vertheilten Elemente, und anstatt vorkommende unzweideutige Beweise der Unregelmässigkeit befremdend zu finden, scheint es eher zu bewundern, dass sie nicht noch grösser ist.

*) Monatl. Corresp. B. X. S. 203. An einem Platze, der etwa 0″,5 südlicher liegt, als der Dreieckspunkt, fand dieser geschickte Beobachter aus 188 Beobachtungen von α Aquilae 51° 48′ 12″,12. Aus Sonnenbeobachtungen fand er 51° 48′ 11″,17.

Wären die astronomischen Beobachtungen einer zehn- oder hundertmal grössern Genauigkeit fähig, als sie gegenwärtig haben, so würden sie diese Unregelmässigkeit ohne Zweifel überall nachweisen.

Bei dieser Lage der Sache hindert aber noch nichts, die Erde im Ganzen als ein elliptisches Revolutionssphäroid zu betrachten, von dem die wirkliche (geometrische) Oberfläche überall bald in stärkern, bald in schwächern, bald in kürzern, bald in längern Undulationen abweicht. Wäre es möglich, die ganze Erde mit Einem trigonometrischen Netze gleichsam zu umspinnen, und die gegenseitige Lage aller Punkte dadurch zu berechnen, so würde das idealische Revolutionssphäroid dasjenige sein, auf welchem berechnet die Richtungen der Verticalen die möglich beste Übereinstimmung mit den astronomischen Beobachtungen gäben. Wenn man gleich von diesem unerreichbaren Ideale immer weit entfernt bleiben wird, so leidet es doch keinen Zweifel, dass die künftigen Jahrhunderte die mathematische Kenntniss der Erdfigur sehr viel werden weiter bringen können. Die Vervielfältigung der Gradmessungen ist aber eigentlich nur der Anfang dazu, woraus nur einzelne Resultate für eine kleine Anzahl in isolirten Linien liegender Punkte hervorgehen: wie viel ergiebiger wird aber die Ausbeute sein, wenn diejenigen trigonometrischen Operationen, welche mit ausgesuchten Hülfsmitteln in verschiedenen Ländern ausgeführt sind, in Verknüpfung kommen und sich zu Einem grossen System abrunden. Vielleicht ist die Aussicht nicht chimärisch, dass einst alle Sternwarten von Europa trigonometrisch unter einander verbunden sein werden, da schon jetzt solche Verbindungen von Schottland bis zum adriatischen Meere und von Formentera bis Fünen vorhanden, wenn gleich bisher nur theilweise öffentlich bekannt gemacht sind. Möchte nur dieser letzte Umstand, mehr als bisher geschehen, beachtet, und kostbare Materialien, die der wissenschaftlichen Welt angehören sollten, dieser nicht entzogen, oder gar der Gefahr des Unterganges preisgegeben werden!

21.

Ein nicht uninteressantes Resultat gibt noch die Vergleichung der aus den Sectorbeobachtungen hervorgegangenen Sterndeclinationen mit ältern Bestimmungen, wo solche vorhanden sind. Von unsern 43 Sternen finden sich

27 in PIAZZIS und 13 in BESSELS BRADLEYschem Catalog. Hier folgt die Vergleichung unserer Bestimmungen (1827) mit den BRADLEYschen (1755) und PIAZZIschen (1800), nach BESSELS neuer Bestimmung der Präcession reducirt; positive Zeichen bedeuten eine nördlichere Stellung aus unserer Bestimmung.

	Bezeichnung	BRADLEY	PIAZZI		Bezeichnung	BRADLEY	PIAZZI
1	24 Canum	+ 0,″2	+ 1,″1	17	P. 15.39	—	— 0,″7
2	83 Ursae	— 1, 5	— 2, 0	25	θ Draconis	+23,″5	+ 8, 6
3	η Ursae	— 2, 4	— 2, 3	27	P. 16.33	—	— 2, 6
4	86 Ursae	— 5, 4	— 0, 8	28	P. 16.56	—	— 2, 6
6	P. 13.289	—	— 1, 3	32	16 Draconis	+ 1, 2	— 3, 7
7	13 Bootis	+ 1, 4	+ 2, 4	36	P. 16.253	—	— 2, 1
8	ϰ Bootis sq.	— 2, 9	— 2, 2	37	P. 16.291	—	+10, 3
9	P. 14.56	—	— 0, 4	38	P. 16.310	—	— 4, 9
10	θ Bootis	—30, 6	—10, 8	39	P. 17.20	—	— 3, 0
11	P. 14.131	—	+ 7, 4	40	P. 17.38	—	— 2, 9
12	P. 14.164	+	+ 0, 1	41	74 Herculis	+ 1, 7	+ 0, 7
13	39 Bootis med.	+ 4, 8	+ 2, 7	42	P. 17.120	—	— 2, 1
14	P. 14.235	—	— 5, 0	43	β Draconis	— 0, 5	— 1, 5
15	44 Bootis med.	+ 1, 9	+ 1, 1				

IV.

BREITENBESTIMMUNG DER STERNWARTE SEEBERG.

Gleichzeitig mit meinen Beobachtungen in Göttingen und Altona wurden dieselben Sterne auf meine Aufforderung auch von Hrn. Hansen, Director der Sternwarte Seeberg bei Gotha, an dem dortigen Ertelschen zweifussigen Meridiankreise beobachtet. Der sich daraus ergebende Breitenunterschied zwischen dieser und der Göttinger Sternwarte erhält ein noch erhöhtes Interesse durch den Umstand, dass erstere vermittelst einiger unter Leitung des Herrn Generallieutenants von Müffling gemessener Dreiecke mit dem hannoverschen Dreieckssystem verbunden ist.

Der Kreis wurde während der Beobachtungen einigemale umgelegt, allein die Bestimmung des Collimationsfehlers wurde unabhängig davon jeden Tag, und meistens jeden Tag zweimal, durch Einstellung auf den Nadirpunkt gemacht, welches schon oben erwähnte Verfahren Hr. Hansen im Herbst 1826 auf hiesiger Sternwarte praktisch kennen gelernt hatte. Die Ablesung geschah nicht mit Verniers, sondern mit Mikroskopen. Folgende Übersicht enthält die Hauptresultate dieser Beobachtungen, indem die erste Columne die Bezeichnung des Sterns, die zweite die Lage des Kreises, die dritte die Anzahl der Beobachtungen, die vierte die von mir auf den Anfang des Jahrs 1827 reducirte Zenithdistanz (nördliche mit positivem Zeichen), die fünfte die Breite, welche aus den oben S. 9 mitgetheilten Declinationen sich ergibt, darstellt.

1	Ost	5	−1° 1′ 53″,14	50° 56′ 4″,76	16	Ost	5	−1° 42′ 19″,87	50° 56′ 6″,55
	West	4	52,80	4,42		West	5	17,05	3,73
2	Ost	5	+4 37 29,41	5,57	17	Ost	5	+0 38 48,22	5,50
	West	6	30,86	4,12		West	5	48,79	4,93
3	Ost	5	−0 45 19,00	5,20	18	Ost	5	+1 38 59,63	6,24
	West	7	17,70	3,90		West	6	61,51	4,36
4	Ost	6	+3 38 50,38	5,17	19	West	2	+3 41 30,38	4,49
	West	6	51,05	4,50	20	Ost	1	+3 33 50,19	4,11
5	Ost	6	+4 29 54,35	4,87		West	1	47,87	6,43
	West	6	54,30	4,92	21	Ost	1	+1 58 31,74	5,35
6	Ost	6	−4 20 26,87	6,01		West	1	32,90	4,19
	West	4	25,92	5,06	22	Ost	1	−4 39 61,37	6,07
7	Ost	6	−0 39 22,12	5,56		West	1	58,90	3,60
	West	4	20,70	4,14	23	Ost	1	+5 24 21,09	5,91
8	Ost	5	+1 40 1,41	6,06		West	1	22,88	4,12
	West	4	3,24	4,23	24	West	1	−0 33 26,54	5,95
9	Ost	5	+5 17 29,69	6,82	25	West	1	+8 5 40,64	6,50
	West	4	33,72	2,79	26	West	1	−0 17 51,91	5,03
10	Ost	5	+1 43 6,51	5,54	27	West	1	−4 35 46,53	3,57
	West	5	8,63	3,42	28	West	1	+2 44 9,48	3,93
11	Ost	5	+2 43 27,76	5,26	29	West	1	+1 31 5,78	5,28
	West	4	28,89	4,13	30	West	2	+4 40 0,22	4,51
12	Ost	5	+2 2 48,89	6,77	31	West	1	−4 57 58,28	4,13
	West	3	50,29	5,37	32	West	1	+2 18 59,76	3,88
13	Ost	5	−1 29 56,73	6,19	33	West	1	−0 39 51,61	5,28
	West	5	56,64	6,10	34	West	1	+6 9 34,85	2,94
14	Ost	5	−0 35 42,51	5,00	35	West	1	−3 59 15,56	4,09
	West	3	42,84	5,33	36	West	2	−4 6 42,83	4,84
15	Ost	5	−2 36 14,46	6,93	37	West	1	+6 0 36,97	5,38
	West	4	12,88	5,35	38	West	1	−1 53 16,75	3,84

Diese sechzig Resultate für die Breite haben nun freilich ungleiche Zuverlässigkeit; allein um die ihnen beizulegenden Gewichte ohne Willkür angeben zu können, müsste das Verhältniss des mittlern eigentlichen Beobachtungsfehlers zum mittlern Theilungsfehler bekannt sein; ist dies Verhältniss wie 1 zu $\sqrt{\theta}$, so wird, wenn man die geringe den Declinationen noch anhängende Unsicherheit nicht beachtet,

$$\frac{n}{1+n\theta}$$

das Gewicht einer auf n Beobachtungen, die sich auf einerlei Theilstrich beziehen, beruhenden Bestimmung sein.

Nimmt man statt dieses Gewichts schlechthin n an, so wird das Mittel aus den 206 Beobachtungen

$$= 50^0\,56'\,5'',16.$$

Inzwischen lassen die Beobachtungen erkennen, dass die Theilungsfehler vergleichungsweise beträchtlich grösser sein müssen, als an dem RAMSDENschen Zenithsector, während die eigentlichen Beobachtungsfehler eher noch etwas kleiner sein mögen. Bei jenem Verfahren werden also die auf einer grössern Anzahl von Beobachtungen beruhenden Bestimmungen vor denen, welchen nur eine oder zwei zum Grunde liegen, viel zu sehr bevorzugt.

Sobald man aber den Einfluss der Theilungsfehler berücksichtigen will, darf auch nicht unbeachtet bleiben, dass die jedesmalige Bestimmung des Collimationsfehlers einen constanten, von den Fehlern der dabei sprechenden Theilstriche abhängenden Fehler involvirt. Es ist aber klar, dass derselbe auf die Polhöhe in entgegengesetztem Sinn wirkt, je nachdem der Kreis östlich oder westlich sich befindet. Man wird daher die auf die verschiedenen Lagen des Kreises sich beziehenden Beobachtungen von einander trennen, aus jeder Reihe, mit Anwendung des Gewichts $\frac{n}{1+n\theta}$ für jede Bestimmung, das Mittel berechnen, und zuletzt aus diesen beiden Mitteln das einfache arithmetische Mittel nehmen müssen.

In Ermangelung einer bestimmten Kenntniss von θ, ist diese Rechnung in den drei Hypothesen $\theta = 0$, $\theta = 1$, $\theta = \infty$ geführt, woraus sich für die Polhöhe ergeben hat:

	$\theta = 0$	$\theta = 1$	$\theta = \infty$
Kreis Ost	$50^0 56' 5'',75$	$50^0 56' 5'',69$	$50^0 56' 5'',71$
Kreis West	4,62	4,65	4,65
Polhöhe	50 56 5,18	50 56 5,17	50 56 5,18

Man sieht also, dass die Berücksichtigung der strengern Grundsätze das erste Resultat gar nicht merklich ändert, und dass man sich an die Zahl $50^0 56' 5'',17$ halten kann.

Bei diesen Rechnungen ist auf die Biegung des Fernrohrs noch keine Rücksicht genommen. Nach Hrn. HANSENS Angabe ist dieselbe im Horizont $= 1'',00$, und zwar von der beobachteten Zenithdistanz abzuziehen, oder nach unserer Bezeichnung $f = -1'',00$. Man sieht, dass bei Berücksichtigung dieser Biegung die Polhöhe aus den nördlich vom Zenith culminirenden Sternen etwas grösser, aus den südlichen kleiner ausfallen, und, weil jene etwas überwiegen, das Mittelresultat um 0,"02 vergrössert werden wird. Der zweite Theil der Biegung, oder die Biegung bei verticaler Stellung, kann, da alle hier vorkommenden Zenithdistanzen nur klein sind, als eine constante Veränderung des Collimationsfehlers betrachtet werden, und wird also bei unserm Verfahren gerade eben so, wie die Theilungsfehler der bei der Bestimmung von jenem sprechenden Theilstriche, von selbst eliminirt.

Wir haben demnach als Definitivwerth für die Polhöhe aus diesen Beobachtungen

$$50^0\,56'\,5'',19.$$

Die erwähnte trigonometrische Verbindung der beiden Sternwarten, nach den oben angeführten Dimensionen des Erdsphäroids berechnet, gibt den Breitenunterschied

$$35'\,41'',86,$$

also mit der oben bestimmten Polhöhe von Göttingen die der Seeberger Sternwarte

$$= 50^0\,56'\,5'',99.$$

Diese bezieht sich auf den Dreieckspunkt, nemlich das Centrum der Axe des Mittagsfernrohrs; das Centrum der Axe des Meridiankreises liegt 1,168 Toisen, oder im Bogen 0,"07 südlicher; die Polhöhe des letztern Punktes ist also, aus Göttingen durch die trigonometrische Verbindung abgeleitet,

$$= 50^0\,56'\,5'',92$$

oder 0,"73 grösser, als aus den astronomischen Beobachtungen.

Für den Längenunterschied folgt übrigens aus der trigonometrischen Verbindung 47′ 9,"20 im Bogen, oder $3^m\,8^s,61$ in Zeit, sehr gut mit unserer Kenntniss aus astronomischen Beobachtungen übereinstimmend. Endlich folgt aus jenen Messungen das Azimuth der Dreiecksseite Seeberg—südliches Meridianzeichen bei Schwabhausen 4,"6 westlich, welches gleichfalls bei der nicht unbeträchtlichen Anzahl der Zwischenpunkte, den Verschiedenheiten, die in den Angaben einiger Winkel der preussischen Messung vorkommen, und der Ungewissheit, ob der Dreieckspunkt sich genau im Meridian befand, wie eine gute Übereinstimmung betrachtet werden kann.

ZUSATZ ZU [ART. 20] S. 48.

Walbecks Bestimmung der Dimensionen des Erdsphäroids befindet sich in einer kleinen Abhandlung: *De forma et magnitudine telluris, ex dimensis arcubus meridiani, definiendis*, wovon aber nur die zwei ersten Bogen im Druck erschienen sind (Åbo, 1819). Walbeck hat die peruanische, die beiden ostindischen, die französische, englische und die neuere lappländische Gradmessung dem Calcül unterworfen und ist meines Wissens bisher der einzige, der dieses Geschäft nach richtigen willkürfreien Grundsätzen ausgeführt hat. Inzwischen hat er bei jeder einzelnen Gradmessung nur den ganzen Bogen, oder die an den Endpunkten beobachteten Polhöhen, in Betracht gezogen, ohne die bei mehrern vorhandenen Zwischenpunkte zu berücksichtigen, und in der Rechnung ist er bei der ersten Potenz der Abplattung stehen geblieben.

Ich habe deshalb den durch mehrere Arbeiten bereits vortheilhaft bekannten Hrn. Dr. Schmidt unlängst zu einer neuen Berechnung dieser sämmtlichen Gradmessungen veranlasst, welche er während des Abdrucks der letzten Bogen gegenwärtiger Schrift vollendet hat. Er hat dabei sowohl die höhern Potenzen der Abplattung, als die an allen Zwischenpunkten beobachteten Polhöhen mit berücksichtigt, auch die hannoversche Gradmessung hinzugezogen, und, nach dem oben S. 50 angedeuteten Princip, dasjenige Ellipsoid bestimmt, auf welchem die astronomisch beobachteten Polhöhen, um mit den geodätischen Messungen in vollkommene Übereinstimmung zu kommen, der möglich geringsten Abänderung bedürfen, d. i. wo die Summe der Quadrate der hiezu erforderlichen Abänderungen ein Minimum wird. Das Resultat dieser Rechnung ist:

Abplattung . . . . $\frac{1}{298,39}$
Dreihundertsechzigster Theil des Erdmeridians . 57010,35 Toisen.

Die beobachteten Polhöhen an den 25 Punkten der sieben Gradmessungen und ihre kleinsten zur vollkommenen Übereinstimmung mit den gefundenen Erddimensionen erforderlichen Abänderungen stellt folgende Übersicht dar:

Peruanische Messung.		
Tarqui	$-$ 3° 4′ 30″,83	$+$2″,05
Cotchesqui	$+$ 0 2 37,83	$-$2,05
Erste ostindische Messung.		
Trivandeporum	$+$11 44 52,59	$-$0,48
Paudree	13 19 49,02	$+$0,47
Zweite ostindische Messung.		
Punnae	8 9 38,39	$-$1,43
Putchapolliam	10 59 48,93	$-$1,18
Dodagoontah	12 59 59,91	$+$3,37
Namthabad	15 6 0,64	$-$0,77
Französische Messung.		
Formentera	38 39 56,11	$+$3,95
Montjouy	41 21 45,45	$+$2,81
Barcelona	41 22 47,16	$+$1,07
Perpignan	42 41 58,01	$-$3,67
Carcassonne	43 12 54,31	$-$0,96
Evaux	46 10 42,19	$-$6,14
Pantheon	48 50 48,94	$-$0,17
Dünkirchen	51 2 8,74	$+$3,12
Englische Messung.		
Dunnose	50 37 7,81	$-$1,73
Greenwich	51 28 39,60	$+$1,00
Blenheim	51 50 27,50	$+$3,02
Arburyhill	52 13 27,79	$+$1,80
Clifton	53 27 31,59	$-$4,07

Hannoversche Messung.

Göttingen	51° 31′ 47,″85	−2,″65
Altona	53 32 45,27	+2,66

Schwedische Messung.

Mallörn	65 31 31,06	+1,40
Pahtavara	67 8 51,41	−1,40

Die Zahlen der letzten Columne sind nun keinesweges wie Fehler der astronomischen Beobachtungen zu betrachten, sondern sie sind die algebraische Summe dieser Fehler und der Unregelmässigkeiten der Richtung der Verticale. Wenn man diese Gesammtabweichungen nach denselben Regeln, wie die zufälligen Fehler, behandelt, so findet sich die mittlere Abweichung 3,″18, und damit der mittlere zu befürchtende Fehler

in dem Nenner der Abplattung . . . . . . 12,5 Einheiten
in dem Werthe des dreihundertsechzigsten Theils
des Erdmeridians 5,0 Toisen.

Den sogenannten wahrscheinlichen Fehler mag man also auf 8 Einheiten bei dem Nenner der Abplattung, und auf 3 Toisen bei dem mittlern Breitengrade schätzen, und diese Fixirung unserer Begriffe über den Grad der Genauigkeit, welchen man der Bestimmung der Dimensionen des Erdsphäroids durch alle bisherigen Breitengradmessungen zuzuschreiben berechtigt ist, hat man als ein wichtiges Resultat dieser verdienstlichen, an einem andern Orte ausführlich bekannt zu machenden Arbeit des Hrn. Dr. SCHMIDT anzusehen.

ANZEIGE.

Göttingische gelehrte Anzeigen. 1828 Juni 16.

Bei Vandenhoeck und Ruprecht: *Bestimmung des Breitenunterschiedes zwischen den Sternwarten von Göttingen und Altona durch Beobachtungen am* RAMSDEN*schen Zenithsector, von* CARL FRIEDRICH GAUSS. 1828. 84 Seiten in 4.

Die von dem Verf. dieser Schrift während der verflossenen Jahre im Königreich Hannover ausgeführten Messungen hatten zunächst den Zweck, die von dem Hrn. Prof. SCHUMACHER in den dänischen Staaten unternommene Gradmessung um zwei Grad weiter nach Süden auszudehnen. Eine Dreieckskette von der südlichen Grenze des Königreichs Hannover bis Hamburg wurde in den Jahren 1821—1823 vollendet und mit dem dänischen Dreieckssystem verbunden. Um daraus ein selbstständiges Resultat als Gradmessung ziehen zu können, war noch die astronomische Bestimmung der Krümmung des ganzen Meridianbogens erforderlich, welche jedoch, wegen der in den folgenden Jahren auf höhern Befehl unternommenen Erweiterung des Dreieckssystems zum Anschluss an die KRAYENHOFFschen Dreiecke, bis zum Jahr 1827 ausgesetzt bleiben musste. Da die Bekanntmachung der trigonometrischen Arbeiten aus mehrern hier nicht anzuführenden Gründen einem grössern Werke vorbehalten bleibt, so hat der Hofr. GAUSS Anlass genommen, jenen astronomischen Theil der Gradmessung jetzt sogleich als ein für sich bestehendes Werk herauszugeben, damit das Endresultat sofort den übrigen Gradmessungen beigefügt und benutzt werden könne.

Vortheilhafter liegende Endpunkte, als diejenigen, welche sich hier von selbst darboten, hätte man sich gar nicht wünschen können. Es sind die

Sternwarten von Göttingen und Altona, beide mit trefflichen Instrumenten ausgerüstet, und beide, durch ein in seiner Art einziges Spiel des Zufalls, so genau in einem und demselben Meridian liegend, dass man, um einen Unterschied aufzustellen, bestimmte Plätze in den Sternwarten angeben muss: auf die Mittelpunkte der Axen der Reichenbachschen Meridiankreise bezogen liegt nemlich die Altonaer Sternwarte nur 7½ Toisen westlicher.

Wenn gleich die Ausdehnung des Bogens, welcher dem Stück des Erdmeridians zwischen diesen beiden Sternwarten am Himmel entspricht, schon aus den absoluten Polhöhen derselben, zu deren Bestimmung die fortgesetzten Beobachtungen fortwährend neue Beiträge liefern, sich ergibt, so war es doch von grosser Wichtigkeit, die Bestimmung des Breitenunterschiedes noch auf eine andere Art, mit einem und demselben Instrument vom ersten Range, zu erhalten, und der Hofr. Gauss konnte dazu den trefflichen Ramsdenschen Zenithsector benutzen, welcher zu ähnlichen Operationen bei der englischen Gradmessung angewandt und bekanntlich von Mudge ausführlich beschrieben ist.

Das Werk zerfällt in vier Abschnitte. Im ersten werden die beobachteten Sterne nachgewiesen. Es ist der eigenthümliche Character der neuern Beobachtungskunst, dass bei wichtigen Anlässen die Anzahl der Beobachtungen sehr vervielfältigt wird, um den Einfluss der Unvollkommenheit der Sinne und der Instrumente (denn absolut vollkommen kann keines sein), so wie der unvermeidlichen von aussen störenden Ursachen, wenn auch nicht wegzuschaffen (denn das ist unmöglich), aber doch auf einen sehr kleinen Theil seiner sonstigen Grösse herabzubringen. Dieser Zweck kann aber nur dadurch erreicht werden, dass man die einzelnen Fehlerquellen bei einer grossen Menge von Beobachtungen auf vielfach verschiedene Art ins Spiel treten lässt. Daher können namentlich die unregelmässigen Theilungsfehler eines nicht wiederholenden Instruments nur durch Beobachtung einer bedeutenden Anzahl von Sternen mit ungleichen Declinationen zur bestmöglichen Ausgleichung gebracht werden, und der Vf. wählte deshalb 43 Sterne in schicklichen Lagen zur Beobachtung aus, von denen manche noch in keinem Sternverzeichnisse vorkommen.

Der zweite Abschnitt hat die Beobachtungen selbst zum Gegenstande, die in Göttingen vom Anfang Aprils bis zur Mitte des Mai, und nachher in Altona während des Junius angestellt wurden, und deren Anzahl sich auf 900 beläuft; sie sind alle einzeln aufgeführt, aber nicht in der ursprünglichen Gestalt des Tagebuchs, was dem Vf. unnöthig schien und den Umfang des Werks auf das Doppelte vergrössert haben würde, sondern sogleich nach den Sternen geordnet, nebst ihren Reductionen auf die mittlere Stellung, für den Anfang des Jahrs 1827.

Der dritte Abschnitt entwickelt die aus den Beobachtungen sich ergebenden Resultate. Das Hauptresultat ist der Breitenunterschied zwischen den beiden Sternwarten, welcher, in Beziehung auf die Plätze der Meridiankreise, nach mehrfachen von verschiedenen Gesichtspunkten ausgehenden Combinationen auf 2° 0′ 57″,42 festgesetzt wird, wobei nur eine wahrscheinliche Unsicherheit von 0″,07 zurückbleibt. Merkwürdig ist die aus den Beobachtungen auf das Evidenteste hervorgehende Veränderung des Collimationsfehlers, welcher bei den Beobachtungen in Göttingen 3″,76, bei den Beobachtungen in Altona 1″,39 betrug, und diese Veränderung auf dem obwohl auf das Vorsichtigste geleiteten Transport erlitten haben muss. Diese Thatsache ist besonders wichtig, um das der ältern lappländischen Gradmessung gebührende Zutrauen zu würdigen, der man mit Recht die Unterlassung des Umwendens des Zenithsectors an jedem Beobachtungsplatze zum Vorwurfe gemacht hat, und bei der die Gleichheit des Collimationsfehlers durch das, was darüber neuerlich in einer sonst sehr schätzbaren Abhandlung vorgebracht ist, keinesweges befriedigend gerechtfertigt wird. Man findet hier ferner die Beobachtungen des Vfs. aus den Jahren 1820 und 1824, welche zur Festsetzung der absoluten Polhöhe der Göttinger Sternwarte dienen; die Vergleichung des aus der hannoverschen Gradmessung folgenden Resultats für den Breitengrad mit den Dimensionen des Erdsphäroids, welche WALBECK 1819 aus sämmtlichen zuverlässigen frühern Gradmessungen abgeleitet hat; die Ansichten des Vfs. von den Unregelmässigkeiten der Erdfigur überhaupt; endlich die Vergleichung der aus gegenwärtigen Beobachtungen folgenden Declinationen der Zenithalsterne mit den BRADLEYschen und PIAZZIschen Bestimmungen. Merkwürdig ist bei einem der kleinern Sterne (PIAZZI 16. 291) eine Differenz von 10″,3 mit PIAZZIS Catalog, in welcher man nach den vom Vf. beigebrachten Gründen eine eigene Bewegung nicht verkennen kann.

Der vierte Abschnitt enthält die Bestimmung der Breite der Sternwarte Seeberg, aus den Beobachtungen, welche der Vorsteher dieser Sternwarte,

Hr. Hansen, nach der mit dem Vf. genommenen Abrede gleichzeitig mit diesem an denselben Zenithalsternen mit dem Ertelschen Meridiankreise gemacht hat. Das auf 206 Beobachtungen gegründete Resultat erhält ein noch erhöhtes Interesse durch den Umstand, dass die Seeberger Sternwarte mit dem hannoverschen Dreieckssysteme durch die unter Leitung des Hrn. Generallieutenants von Müffling gemessenen Dreiecke in Verbindung ist.

Endlich wird am Schluss noch das Resultat einer auf Veranlassung des Vfs. von Hrn. Dr. Schmidt ausgeführten neuen Berechnung sämmtlicher bisherigen zuverlässigen Gradmessungen mitgetheilt, nach ähnlichen Principien zwar, wie der vorhin erwähnten Arbeit von Walbeck zum Grunde liegen, aber mit schärferer Rechnung, mit Berücksichtigung sämmtlicher in den einzelnen Gradmessungen vorkommenden astronomischen Punkte (nicht bloss der Endpunkte), und mit Zuziehung der in gegenwärtigem Werke enthaltenen Resultate der hannoverschen Gradmessung. Man kann diese Bestimmung der Dimensionen des Erdellipsoids als das Zuverlässigste ansehen, was wir bis jetzt aus sämmtlichen Breitengrad-Messungen schliessen können, und es ist interessant, dabei zugleich nach bestimmten Principien unsere Begriffe von dem Grade der Genauigkeit fixirt zu sehen, welcher dadurch bis jetzt erreicht werden kann.

BEMERKUNGEN.

In dem Originaldrucke des Breitenunterschiedes, der auch durch das noch erhaltene Gaussische Manuscript controllirt werden konnte, fanden sich in den Zahlenangaben einige kleine Ungenauigkeiten, die nur zum Theil berichtigt wurden.

Geändert wurde in dem vorstehenden Abdrucke auf S. 9 die Angabe des Originals für

die Declination des Sternes 26: 50° 28′ 13,″12 in 50° 38′ 13,″12
» » » 40: 56 42 21,84 » 56 52 21,74,

da sonst die auf S. 22 und 27 mitgetheilten Beobachtungswerthe für diese Sterne mit den nach der Ausgleichung übrig bleibenden Fehlern auf S. 35 nicht in Übereinstimmung sind.

In dem II. Capitel, den Beobachtungen, sind einigemale kleine Änderungen von 1 bis 2 Hundertstel Secunden in den Endwerthen vorgenommen, um diese mit den Beobachtungswerthen und den Reductionen in Übereinstimmung zu bringen; Voraussetzung war dabei, dass die in die spätere Rechnung eingehenden mittlern Endwerthe hierdurch nicht geändert wurden. Unverbessert mussten die folgenden Stellen bleiben:

S. 21 Bei Stern 25 (θ Draconis), Altona. Limbus West. Juni 16, folgt aus dem Beobachtungswerthe und den beiden Reductionen der Endwerth um 1″ grösser, als angegeben ist.

S. 22 Bei Stern 26, Altona. Limbus Ost. Juni 27, ergibt sich aus dem Beobachtungswerthe und den Reductionen für den Endwerth ... 34,″98 anstatt ... 34,″89. Der letztere Werth ist jedoch bei der Mittelbildung benutzt worden.

S. 26 Bei Stern 36, Göttingen. Limbus West, ist das Mittel der Endwerthe ... 21,″14, für die Rechnung ist der angegebene Werth ... 21,″13 verwendet worden.

S. 27 Bei Stern 40, Altona. Limbus West. Juni 22, ist der Endwerth, aus dem Beobachtungswerthe und den Reductionen abgeleitet, um 0,″10 grösser, als dort angegeben ist.

Beim III. Capitel, Resultate, ist geändert worden:

S. 30 der Breitenunterschied aus den Beobachtungen des Sternes 39, für den im Original 2° 0′ 58,″51 steht, in ... 58,″57, wie sich aus den Werthen von S. 27 ergibt. Der angegebene Werth des Mittels für den Breitenunterschied, S. 30, wird dadurch nicht beeinflusst. Das Gewicht des Resultats ist, wie angegeben, 213,42, wofür sich im Original 213,41 findet.

S. 34 im Art. 6, Z. 8 v. o., die Angabe des Originals für die Verbesserung des Collimationsfehlers in Göttingen: −0,″012 in +0,″012, entsprechend den Werthen 3,″75 auf S. 32, Z. 2 v. o., und 3,″76 auf S. 34, Z. 12 v. o. Die Nachrechnung hat die Richtigkeit des + Zeichens bestätigt.

S. 45 in der Tabelle in der Columne für die Fehler

der erste Werth $-0\rlap{.}''31$ des Originals in $-0\rlap{.}''30$,
der letzte » $-0,23$ » » » $-0,24$;

ferner die Summe der Producte der Quadrate der Fehler in die Gewichte, für die im Original zweimal 9,6184 angegeben ist, in 9,6154.

Nicht geändert ist:

S. 31 bei Stern 9, Altona, das Gewicht des Collimationsfehlers: 4,00, das nach der Anzahl der Beobachtungen auf S. 15 gleich 5,33 sein muss, weil mit dem Werthe 4,00 das Endresultat auf S. 32 abgeleitet worden ist.

Ferner ist zu Art. 7, S. 35, folgendes zu bemerken. Da sich mit der hier angegebenen Summe der Producte aus den Quadraten der im Art. 6 aufgeführten Unterschiede in die entsprechende Anzahl der Beobachtungen: 292,8249 nicht genau der daraus abgeleitete mittlere Fehler einer Beobachtung: $1\rlap{.}''5308$ ergab, so wurde eine Nachrechnung dieser Werthe vorgenommen. Diese lieferte an Stelle des ersten Werthes 291,8422 und damit als mittlern Fehler einer Beobachtung $\pm 1\rlap{.}''5280$ und als mittlern Fehler des Breitenunterschiedes $\pm 0\rlap{.}''1036$ an Stelle von $\pm 0\rlap{.}''1038$ des Originals.

Endlich ist im IV. Capitel in der Tabelle auf S. 53 bei Stern 31 der im Original angegebene Werth der Zenithdistanz: $+4^0\,48'\,58\rlap{.}''28$ in $+4^0\,57'\,58\rlap{.}''28$ umgeändert worden; der letzte Werth ergibt sich rückwärts aus der nebenstehenden Breite und aus der auf S. 9 aufgeführten Declination für den Stern.

Die von Gauss in der Anzeige der Bestimmung des Breitenunterschiedes etc., S. 61, erwähnte Abhandlung zur lappländischen Gradmessung ist wahrscheinlich die von O. A. Rosenberger: Über die, auf Veranstaltung der französischen Academie, während der Jahre 1736 und 1737 in Schweden vorgenommene Gradmessung. (Astr. Nachr. Sechster Band, 1828. S. 1—32).

Krüger, Börsch.

ERDELLIPSOID

UND

GEODÄTISCHE LINIE.

NACHLASS.

[1.]

Das [Erd]ellipsoid.

Es sei a die halbe grosse, b die halbe kleine Axe; eines Orts astronomische Polhöhe φ, die sogenannte verbesserte Polhöhe φ' [und die reducirte Polhöhe ψ]; Abstand vom Mittelpunkt r, von der Erdaxe x, vom Äquator y.

Da sodann vermöge der Gleichung der Ellipse $\frac{xx}{aa}+\frac{yy}{bb}=1$ ist, so kann man

$$x = r\cos\varphi' = a\cos\psi, \qquad y = r\sin\varphi' = b\sin\psi$$

setzen. Nennt man ferner s den elliptischen Bogen zwischen dem Orte und Äquator, so hat man

$$-\sin\varphi\,.\,\mathrm{d}s = \mathrm{d}x, \qquad \cos\varphi\,.\,\mathrm{d}s = \mathrm{d}y,$$

also

$$\sin\varphi\,.\,\mathrm{d}s = a\sin\psi\,.\,\mathrm{d}\psi, \qquad \cos\varphi\,.\,\mathrm{d}s = b\cos\psi\,.\,\mathrm{d}\psi.$$

Hieraus folgt

$$\operatorname{tang}\psi = \frac{b}{a}\operatorname{tang}\varphi, \qquad \operatorname{tang}\varphi' = \frac{bb}{aa}\operatorname{tang}\varphi.$$

Ferner

$$\cos\psi = \frac{a\cos\varphi}{\sqrt{(aa\cos\varphi^2+bb\sin\varphi^2)}} = \sqrt{\frac{\cos\varphi\cos\varphi'}{\cos(\varphi-\varphi')}}, \qquad \cos\varphi' = \frac{aa\cos\varphi}{\sqrt{(a^4\cos\varphi^2+b^4\sin\varphi^2)}}$$

$$\sin\psi = \frac{b\sin\varphi}{\sqrt{(aa\cos\varphi^2+bb\sin\varphi^2)}} = \sqrt{\frac{\sin\varphi\sin\varphi'}{\cos(\varphi-\varphi')}}, \qquad \sin\varphi' = \frac{bb\sin\varphi}{\sqrt{(a^4\cos\varphi^2+b^4\sin\varphi^2)}}$$

$$r = \sqrt{\frac{a^4\cos\varphi^2+b^4\sin\varphi^2}{aa\cos\varphi^2+bb\sin\varphi^2}} = a\sqrt{\frac{\cos\varphi}{\cos\varphi'\cos(\varphi-\varphi')}} = b\sqrt{\frac{\sin\varphi}{\sin\varphi'\cos(\varphi-\varphi')}}$$

$$\frac{a\,d\psi}{\cos\psi^2} = \frac{b\,d\varphi}{\cos\varphi^2}, \quad \text{also } \frac{ds}{d\varphi} = \frac{bb\cos\psi^3}{a\cos\varphi^3} = \frac{aa\sin\psi^3}{b\sin\varphi^3} = \frac{aabb}{(aa\cos\varphi^2 + bb\sin\varphi^2)^{\frac{3}{2}}}$$

$$ee = 1 - \frac{bb}{aa}.$$

Ist ein Quadrant des Erdmeridians $= Q$, so ist ein Quadrant des Äquators [vergl. Band IV, S. 330]

$$= Q.(1 + \tfrac{1}{4}ee + \tfrac{7}{64}e^4 + \tfrac{15}{256}e^6 + \tfrac{579}{16384}e^8 + \tfrac{1515}{65536}e^{10} + \ldots)$$
$$= Q:(1 - \tfrac{1}{4}ee - \tfrac{3}{64}e^4 - \tfrac{5}{256}e^6 - \tfrac{175}{16384}e^8 - \tfrac{441}{65536}e^{10} - \ldots).$$

Für die Abplattung $\frac{1}{310}$ ist $e = \frac{\sqrt{619}}{310}$, $\log e = 8{,}9044836$

$ee \ldots 7{,}808\,9672$ $\quad e^4 \ldots 5{,}617\,9344$ $\quad e^6 \ldots 3{,}426\,9016$

$\frac{1}{4} \ldots 9{,}397\,9400$ $\quad \frac{7}{64} \ldots 9{,}038\,9180$ $\quad \frac{15}{256} \ldots 8{,}767\,8513$

Quadr. des Äqu. [wenn $Q = 10\,000\,000$ Meter gesetzt wird:]

$$\begin{array}{r} 100\,16\,103{,}^{m}015 \\ 45{,}379 \\ 0{,}157 \\ \hline 100\,16\,148{,}^{m}551 \end{array} \ldots\ldots\ 7{,}000\,7008$$

$$\left[\frac{\pi}{2}\right] \ldots 0{,}196\,1199$$

$$\log a = 6{,}804\,5809.$$

Abplattung $= \omega$, $\quad b = a(1-\omega)$, $\quad ee = (2-\omega)\omega$.

$$e = \sin E, \qquad \frac{1-\sqrt{(1-ee)}}{1+\sqrt{(1-ee)}} = \operatorname{tang}\tfrac{1}{2}E^2.$$

Für $\omega = \frac{1}{302{,}68}$ [ist]

$$E = 4^0\,39'\,31{,}''355, \qquad \operatorname{tang}\tfrac{1}{2}E \ldots 8{,}609\,3534$$

$ee \ldots 7{,}819\,3287$ $\quad e^4 \ldots 5{,}638\,6574$ $\quad e^6 \ldots 3{,}457\,9861$

$\frac{1}{4} \ldots 9{,}397\,9400$ $\quad \frac{7}{64} \ldots 9{,}038\,9180$ $\quad \frac{15}{256} \ldots 8{,}767\,8513$

[Für $Q = 10\,000\,000$ Meter ist mithin der Quadrant des Äquators:]

$$
\begin{array}{r}
10\,016\,491{,}^{\mathrm{m}}8250 \\
47{,}5954 \\
0{,}1682 \\
\hline
10\,016\,539{,}^{\mathrm{m}}5886 \ldots\ldots\ldots\ldots\ldots 7{,}000\,7177\,118 \\
\left[\frac{\pi}{2}\right] \ldots\; 0{,}196\,1198\,770 \\
\hline
\log a \text{ (in Metern)} = 6{,}804\,5978\,348
\end{array}
$$

[Da der] Meridianquadrant = 513 0878,3 Toisen [ist, so ist]

$$\log a \text{ (in Toisen)} = 6{,}514\,7893\,106.$$

Zahlen, das Erdsphäroid betreffend.

Abplattung $= \frac{1}{302{,}78}$, $ee = \frac{604{,}56}{(302{,}78)^2}$, $\log ee = 7{,}81918\,5039\,9_{45}$.

[Der Umfang des Meridians ist =] Peripherie des Äquators mal

$$\left(1 - \tfrac{1}{4}ee - \frac{1.3}{4.16}e^4 - \frac{1.3.15}{4.16.36}e^6 - \frac{1.3.15.35}{4.16.36.64}e^8 - \frac{1.3.15.35.63}{4.16.36.64.100}e^{10}\right.$$
$$\left.\left[-\frac{1.3.15.35.63.99}{4.16.36.64.100.144}e^{12} - \frac{1.3.15.35.63.99.143}{4.16.36.64.100.144.196}e^{14}\right] - \ldots\right).$$

$$
\begin{array}{rcr}
\tfrac{1}{4}ee & = & 0{,}00164\,86370\,23537\,4099 \\
\tfrac{3}{64}e^4 & = & 20385\,03026\,5312 \\
\tfrac{5}{256}e^6 & = & 56\,01252\,6094 \\
\tfrac{175}{16384}e^8 & = & 20200\,3209 \\
\tfrac{441}{65536}e^{10} & = & 83\,9236 \\
\tfrac{4851}{1048576}e^{12} & = & 3805 \\
\left[\tfrac{693693}{205520896}e^{14}\right] & = & 18 \\
\hline
 & & 0{,}00165\,06811\,48101\,1773
\end{array}
$$

$$\text{Summe der Reihe} = 0{,}99834\,93188\,51898\,8227$$

$$
\begin{array}{r}
\text{Logarithm.} \ldots\; 9{,}99928\,25259_{92} \\
\frac{20\,000\,000}{\pi} \ldots\ldots\; 6{,}80388\,01229_{70} \\
\hline
\log a = 6{,}80459\,75969_{78}.
\end{array}
$$

[2.]

[Gleichung der Verticalebene des Rotationsellipsoids.]

Für die Örter im Schnitt der Oberfläche des Ellipsoids mit einer Ebene, die bei der Länge 0, Polhöhe φ^0 auf jener senkrecht ist und den nördlichen Theil des dortigen Meridians unter dem Winkel ζ^0 schneidet, ist die Bedingungsgleichung diese:

$$\frac{\cos\varphi\cos\lambda\sin\varphi^0}{\sqrt{(1-ee\sin\varphi^2)}}+\frac{\cos\varphi\sin\lambda\,\mathrm{cotang}\,\zeta^0}{\sqrt{(1-ee\sin\varphi^2)}}-\frac{(1-ee)\sin\varphi\cos\varphi^0}{\sqrt{(1-ee\sin\varphi^2)}}=\frac{ee\cos\varphi^0\sin\varphi^0}{\sqrt{(1-ee\sin\varphi^{0\,2})}}$$

oder einfacher

$$\cos\varphi\cos\lambda\sin\varphi^0+\cos\varphi\sin\lambda\,\mathrm{cotang}\,\zeta^0-(1-ee)\sin\varphi\cos\varphi^0=ee\cos\varphi^0\sin\varphi^0\sqrt{\frac{1-ee\sin\varphi^2}{1-ee\sin\varphi^{0\,2}}}.$$

[3.]

Gleichung des [Rotations]ellipsoids in Beziehung auf eine berührende Ebene:

$$xx(1-ee\sin\varphi^2)+yy(1-ee)+xzee\sin 2\varphi+zz(1-ee\cos\varphi^2)-\frac{2bbz}{a\sqrt{(1-ee\sin\varphi^2)}}=0.$$

[Die x-Axe ist Tangente der Meridianellipse, positiv nach Süden; die z-Axe fällt mit der Richtung der Normalen zusammen und ist positiv nach dem Innern des Ellipsoids.]

[Man hat auch:]

$$\left(\frac{x\sin\varphi-z\cos\varphi}{a}\right)^2+\left(\frac{x\cos\varphi+z\sin\varphi}{b}\right)^2+\frac{yy}{aa}=\frac{2z}{a\sqrt{(1-ee\sin\varphi^2)}}$$

[Setzt man]

$$x=s\cos\delta\cos\theta$$
$$y=s\cos\delta\sin\theta$$
$$z=s\sin\delta,$$

[wo δ der Depressionswinkel und θ das Azimuth ist, so wird]

$$s\left(1+\frac{ee}{1-ee}(\cos\varphi\cos\theta\cos\delta+\sin\varphi\sin\delta)\right)^2\sqrt{(1-ee\sin\varphi^2)}=2a\sin\delta.$$

[Angenähert ist]

$$\sin\lambda=\frac{s\cos\delta\sin\theta\sqrt{(1-ee\sin\varphi^2)}}{a\cos\varphi}.$$

BEMERKUNGEN.

Die Notiz [1] ist einem Handbuche entnommen; die dazu gehörigen Zahlenwerthe fanden sich in zwei andern Handbüchern; die Zahlen, das Ellipsoid betreffend, sind auf die letzte Seite des GAUSSschen Exemplars der »Mathematischen Abhandlungen von Dr. H. F. SCHERK. Berlin, 1825« eingetragen. Der Abplattungswerth $\frac{1}{310}$ war der vom General VON MÜFFLING bei den preussischen Vermessungen zu Grunde gelegte. Wie aus dem Briefe an OLBERS vom 18. April 1822 hervorgeht, hat GAUSS im Anfange seiner Gradmessungsarbeiten aus Versehen an Stelle des WALBECKschen Werthes die Abplattung $\frac{1}{302,68}$ benutzt. In der That finden sich verschiedene Tabellen und Rechnungen, die hierauf beruhen. GAUSS, der anfangs diesen Werth beibehalten wollte, entschloss sich jedoch später (vergleiche den Brief von GAUSS an OLBERS vom 1. März 1827) zu WALBECKS Werth $\frac{1}{302,78}$ überzugehen. Dieser liegt also der Berechnung der GAUSSschen Messungen zu Grunde. Die Länge des Meridianquadranten ist nach WALBECK 5130878,22 Toisen (Dissertatio de forma et magnitudine telluris ex dimensis arcubus meridiani definiendis. Aboae, 1819).

[2] und der erste Theil von [3] gehören demselben Handbuche wie [1] an; der zweite Theil von [3] fand sich auf einem einzelnen Blatte.

KRÜGER, BÖRSCH.

NACHLASS.

[1.]

Begründung meiner Theorie der geodätischen Linie.

[Es bezeichne]

φ Polhöhe, λ Länge, ζ [nordöstliches] Azimuth, s Grösse [einer geodätischen Linie; ferner sei a die halbe grosse Axe und e die Excentricität der Meridianellipse].

Aus bekannten Gründen hat man [wenn r der Radius des Parallelkreises ist]

$$r\sin\zeta = \text{const.},$$

also

$$\frac{1-ee\sin\varphi^2}{\cos\varphi^2\sin\zeta^2} = \text{const.}$$

Man setze

$$\operatorname{cotang}\zeta = t,$$

so ist

$$\frac{(1-ee+ee\cos\varphi^2)(1+tt)}{\cos\varphi^2} = \text{const.} = \frac{(1-ee+ee\cos\varphi'^2)(1+t't')}{\cos\varphi'^2},$$

oder wenn man ee subtrahirt:

$$\frac{1-ee+(1-ee\sin\varphi^2)tt}{\cos\varphi^2} = \frac{1-ee+(1-ee\sin\varphi'^2)t't'}{\cos\varphi'^2}.$$

Macht man also

$$\sqrt{\frac{1-ee\sin\varphi^2}{1-ee}}\cdot\operatorname{cotang}\zeta = \operatorname{cotang}R,$$

so wird

$$\cos\varphi\sin R = \cos\varphi'\sin R' = \text{const.}$$

Man schreibe

$$\sqrt{\frac{1-ee\sin\varphi^2}{1-ee}} = A,$$

so ist

1) $\operatorname{tang}\zeta = A\operatorname{tang}R$

2) $\sin H = \cos\varphi\sin R$

3) $\cos R = \cos\zeta\sqrt{\frac{1-ee\cos H^2}{1-ee}}$

3*) $\sin R = \sin\zeta\sqrt{\frac{1-ee\cos H^2}{1-ee\sin\varphi^2}}$

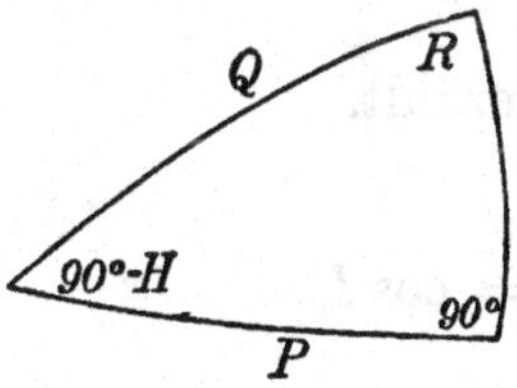

4) $\operatorname{tang}P = \sin\varphi\operatorname{tang}R$

5) $\operatorname{tang}Q = \frac{\operatorname{tang}\varphi}{\cos R}$

6) $\operatorname{tang}H = \frac{\sin P}{\operatorname{tang}\varphi}.$

[Nun ist

$$ds.\cos\zeta = ds.\cos R\sqrt{\frac{1-ee}{1-ee\cos H^2}} = \frac{a(1-ee)}{(1-ee\sin\varphi^2)^{\frac{3}{2}}}d\varphi$$

$$ds.\sin\zeta = ds.\sin R\sqrt{\frac{1-ee\sin\varphi^2}{1-ee\cos H^2}} = \frac{a\cos\varphi}{(1-ee\sin\varphi^2)^{\frac{1}{2}}}d\lambda.$$

Da aber

$$\cos R.dQ = d\varphi$$

$$\sin R.dQ = \cos\varphi.dP$$

ist, so wird]

$$\frac{ds}{a\,dQ} = \frac{\sqrt{(1-ee)}\sqrt{(1-ee\cos H^2)}}{(1-ee\sin\varphi^2)^{\frac{3}{2}}}$$

$$\frac{ds}{a\,dQ} = \frac{\sqrt{(1-ee\cos H^2)}}{1-ee\sin\varphi^2}\frac{d\lambda}{dP},$$

[also]

$$[\mathrm{d}\lambda = \sqrt{\frac{1-ee}{1-ee\sin\varphi^2}}\cdot \mathrm{d}P = \sqrt{\frac{1-ee}{1-ee\sin\varphi^2}}\cdot\frac{\sin H}{\cos\varphi^2}\mathrm{d}Q$$

oder wegen $\sin\varphi = \cos H \sin Q$]

$$\mathrm{d}s = \frac{a\sqrt{(1-ee)}\sqrt{(1-ee\cos H^2)}}{(1-ee\cos H^2\sin Q^2)^{\frac{3}{2}}}\mathrm{d}Q$$

$$\left[\mathrm{d}\lambda = \frac{\sqrt{(1-ee)}\,.\,\sin H}{(1-\cos H^2\sin Q^2)\sqrt{(1-ee\cos H^2\sin Q^2)}}\mathrm{d}Q\right].$$

[2.]

Kürzeste Linie auf dem Sphäroid.

ζ Azimuth, nordöstlich gezählt.

Es sei

$$\frac{\cos\varphi\sin\zeta}{\sqrt{(1-ee\sin\varphi^2)}} = \cos I,$$

welches constant ist,

$$\frac{\operatorname{tang} I}{\sqrt{(1-ee)}} = \operatorname{tang} i$$

[i hat hier dieselbe Bedeutung wie vorher $90^0 - H$]

$$\frac{\operatorname{tang}\varphi}{\operatorname{tang} i} = \sin P, \qquad \left[\frac{\sin\varphi}{\sin i} = \sin Q\right],$$

so ist:

$$\cos P\sin I = \cos\zeta$$

$$\cos P\sin i = \cos R$$

$$\cos R = \frac{\cos\zeta\sqrt{(1-ee\sin i^2)}}{\sqrt{(1-ee)}}$$

$$\sin R = \frac{\sin\zeta\sqrt{(1-ee\sin i^2)}}{\sqrt{(1-ee\sin\varphi^2)}}$$

$$\operatorname{tang} R = \frac{\operatorname{tang}\zeta\sqrt{(1-ee)}}{\sqrt{(1-ee\sin\varphi^2)}},$$

$$\mathrm{d}\lambda = \mathrm{d}P\sqrt{\frac{1-ee}{1-ee\sin\varphi^2}}$$

$$\mathrm{d}s = a\,\mathrm{d}Q\,\frac{1-ee}{(1-ee\cos I^2)^{\frac{1}{2}}(1-ee\sin\varphi^2)^{\frac{3}{2}}}$$

$$= a\,\mathrm{d}Q\,\frac{\sqrt{(1-ee)}\sqrt{(1-ee\sin i^2)}}{(1-ee\sin\varphi^2)^{\frac{3}{2}}}.$$

[Da].

$$d\zeta = ds\frac{\sin\zeta(1-ee\sin\varphi^2)^{\frac{1}{2}}\operatorname{tang}\varphi}{a}\ [= d\lambda : \sin\varphi]$$

[ist, so wird auch]

$$d\zeta = dP.\sin\varphi\sqrt{\frac{1-ee}{1-ee\sin\varphi^2}}$$

[oder wegen $dP.\sin\varphi = dR$]

$$d\zeta = dR\sqrt{\frac{1-ee}{1-ee\sin\varphi^2}}.$$

Man setze

$$\sqrt{\frac{1-ee\sin\varphi^2}{1-ee}} = A$$

$$\frac{a\cos R}{\cos\zeta\sqrt{(1-ee)}} = \frac{a}{\sqrt{(1-ee)}\sqrt{(1-ee\cos I^2)}} = \text{const.} = B,$$

[so ist:]

$$\frac{\operatorname{tang}\zeta}{A} = \operatorname{tang} R$$

$$dQ = \frac{A^3}{B}ds$$

$$d\lambda = \frac{dP}{A}$$

$$d\zeta = \frac{dR}{A}.$$

Zur indirecten Bestimmung von $\varphi'-\varphi$, $R'-R$, ΔP sind folgende Formeln sehr bequem, wo Kürze halber

$$\varphi^* = \tfrac{1}{2}(\varphi+\varphi'), \qquad R^* = \tfrac{1}{2}(R+R')$$

geschrieben ist.

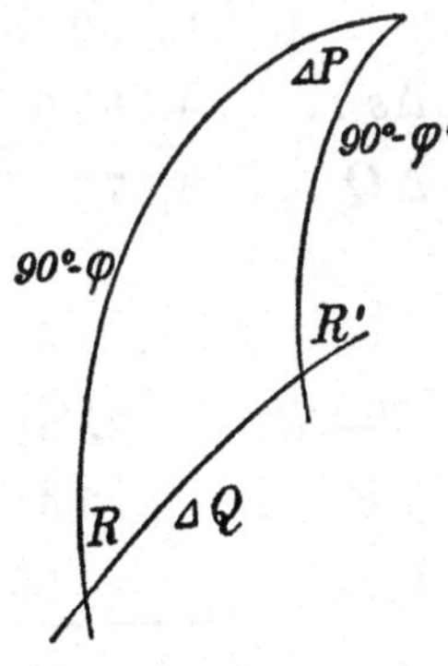

$$\varphi'-\varphi = \alpha.\Delta Q\cos R^*$$

$$R'-R = \beta.\Delta Q\sin R^*\operatorname{tang}\varphi^*$$

$$\Delta P = \gamma.\frac{\Delta Q\sin R^*}{\cos\varphi^*}$$

$$\log\alpha = \frac{\mathrm{III}+2\mathrm{IV}}{3} \qquad \mathrm{I} = \log\sec\tfrac{1}{2}\Delta Q$$

$$\log\beta = \frac{\mathrm{III}+2\mathrm{I}}{3} \qquad \mathrm{II} = \log\sec\tfrac{1}{2}(\varphi'-\varphi)$$

$$\mathrm{III} = \log\sec\tfrac{1}{2}(R'-R)$$

$$\log\gamma = \frac{\mathrm{IV}-\mathrm{I}}{3} = \frac{\mathrm{III}-\mathrm{II}}{3} \qquad \mathrm{IV} = \log\sec\tfrac{1}{2}\Delta P$$

und zur Controlle: $\mathrm{I}+\mathrm{III} = \mathrm{II}+\mathrm{IV}$.

Beispiel.

[Gegeben sind φ, Δs und ζ; die Azimuthe sind in diesem Beispiel südöstlich gezählt. Die Rechnung bezieht sich auf ein Ellipsoid, dessen Abplattung $\frac{1}{302{,}68}$ ist.]

Kirchhesepe	$\varphi = 52^0\,37'\,32'',228$	$\zeta = 284^0\,54'\,46'',185$	$R = 284^0\,55'\,48'',901$
Queckenberg	$\varphi' = 52\;\;32\;\;23{,}593$	$\zeta' = 285\;\;19\;\;35{,}649$	$R' = 285\;\;20\;\;40{,}189$
	$\varphi^* = 52\;\;34\;\;57'',910$		$R^* = 285\;\;\;8\;\;14{,}545$

$A \ldots 0{,}000\,5306.81$

$A' \ldots 0{,}000\,5327.56$

$\operatorname{tang}\zeta \ldots 0{,}574\,5975_n$

$1:A \ldots -5307$

$\operatorname{tang}R \ldots 0{,}574\,0668_n$

$\mathrm{I} = 0{,}000\,0018$

$\mathrm{II} = 1$

$\mathrm{III} = 29$

$\mathrm{IV} = 45$

[$\log a = 6{,}804\,5978$

$\log\rho = 4{,}685\,5749$]

$\cos\zeta \ldots 9{,}410\,5228$

$\cos R \ldots 9{,}411\,0183$

-4955

$\frac{\sqrt{(1-ee)}}{a\rho} \ldots 8{,}508\,3901$

$1:B \ldots 8{,}507\,8946$

$A^{*3} \ldots +15952$

$8{,}509\,4898$

$\Delta s \ldots 4{,}563\,0874$

$\Delta Q \ldots 3{,}072\,5772$

$R'-R \ldots 3{,}173\,5616$

$\Delta P \ldots 3{,}273\,6131$

$1:A^* \ldots -5317$

$\zeta'-\zeta = 1489'',464$

$\lambda = 1875'',346$

$= 31'\,15'',346$

$\Delta Q \ldots 3{,}072\,5772$

$\cos R^* \ldots 9{,}416\,8638$

$2{,}489\,4410$

$\alpha \ldots +40$

$-(\varphi'-\varphi) = 308'',635$

$\Delta Q \ldots 3{,}072\,5772$

$\sin R^* \ldots 9{,}984\,6634_n$

$3{,}057\,2406_n$

$\operatorname{tang}\varphi^* \ldots 0{,}116\,3188$

$\cos\varphi^* \ldots 9{,}783\,6284$

$3{,}173\,5594_n$

$\beta \ldots +22$

$R'-R = 1491'',288$

$3{,}273\,6122$

$\gamma \ldots +9$

$\Delta P = 1877'',643$

Alle diese Vorschriften lassen sich mit viel einfachern vertauschen, wenn man die wahren Azimuthe beibehält und veränderte Polhöhen ψ einführt, so dass $\operatorname{tang}\psi = \sqrt{(1-ee)}.\operatorname{tang}\varphi$ wird.

Hülfstafel für $C.\log\sqrt{(1-ee\sin\varphi^2)}$; $C.\log\sqrt{(1-ee)} = 14372.073$ [in Einheiten der 7. Decimalstelle].

48° 0′	7925.420	50° 0′	8422.342	52° 0′	8913.294	54° 0′	9395.884
4	42.053	4		4	29.528	4	
8	58.683	8	55.284	8	45.753	8	9427.701
12	75.309	12	71.745	12	61.969	12	
16	7991.932	16	8488.200	16	78.175	16	59.469
20	8008.550	20	8504.648	20	8994.371	20	
24	25.163	24	21.088	24	9010.558	24	9491.188
28	41.772	28	37.521	28	26.735	28	
32	58.376	32	53.947	32	42.902	32	9522.856
36	74.976	36	70.366	36	59.059	36	
40	8091.571	40	8586.777	40	75.205	40	54.474
44	8108.162	44	8603.180	44	9091.341	44	
48	24.748	48	19.576	48	9107.467	48	9586.042
52	41.329	52	35.964	52	23.583	52	9601.806
56	57.904	56	52.344	56	39.688	56	17.557
49 0	74.475	51 0	68.716	53 0	55.783	55 0	33.296
4	8191.040	4	8685.080	4	71.868	4	49.022
8	8207.599	8	8701.436	8	9187.941	8	64.734
12	24.154	12	17.784	12	9204.004	12	80.433
16	40.703	16	34.124	16	20.056	16	9696.119
20	57.246	20	50.455	20	36.097	20	9711.791
24	73.783	24	66.778	24	52.127	24	27.450
28	8290.315	28	83.092	28	68.146	28	9743.095
32	8306.840	32	8799.398	32	9284.154		
36	23.360	36	8815.695	36	9300.150		
40	39.876	40	31.984	40	16.135		
44	56.385	44	48.264	44	32.108		
48		48	64.535	48			
52	8389.374	52	80.797	52	64.019		
56		56	8897.050	56			
50 0	8422.342	52 0	8913.294	54 0	9395.884		

[Dieser Tafel liegt die Abplattung $\frac{1}{302{,}68}$ zum Grunde.]

[3.]

Geodätische Linie.

φ . . . . Breite

[ψ . . . . reducirte Breite]

λ . . . . Länge

ζ . . . . [südöstliches] Azimuth }

s . . . . Grösse   } [der geodätischen Linie]

[a . . . . halbe grosse Axe

e . . . . Excentricität].

$$\sqrt{(1-ee)} \cdot \tang \varphi = \tang \psi$$

$$\frac{\cos \varphi}{\sqrt{(1-ee\sin\varphi^2)}} = \cos \psi$$

$$\sin \varphi \sqrt{\frac{1-ee}{1-ee\sin\varphi^2}} = \sin \psi$$

$$(1-ee\sin\varphi^2)(1-ee\cos\psi^2) = 1-ee$$

$$\frac{d\varphi}{\sin\varphi\cos\varphi} = \frac{d\psi}{\sin\psi\cos\psi}$$

$$\frac{\sqrt{(1-ee)}}{1-ee\sin\varphi^2} d\varphi = d\psi.$$

[Es ist]

$$\frac{\cos\varphi\sin\zeta}{\sqrt{(1-ee\sin\varphi^2)}} = \cos I = \text{const.}$$

$$d\lambda \left[= ds \cdot \sin\zeta \frac{\sqrt{(1-ee\sin\varphi^2)}}{a\cos\varphi}\right] = \frac{ds \cdot \sin\zeta}{a\cos\psi}$$

$$-d\varphi = ds \cdot \cos\zeta \frac{(1-ee\sin\varphi^2)^{\frac{3}{2}}}{a(1-ee)}$$

$$-d\psi = \frac{ds \cdot \cos\zeta}{a\sqrt{(1-ee\cos\psi^2)}}.$$

Es sei

$$d\sigma = \frac{ds}{a\sqrt{(1-ee\cos\psi^2)}}, \qquad dl = \frac{d\lambda}{\sqrt{(1-ee\cos\psi^2)}},$$

so wird

$$dl = \frac{d\sigma \cdot \sin\zeta}{\cos\psi}, \qquad -d\psi = d\sigma \cdot \cos\zeta.$$

[Da]

1) $$\cos\psi\sin\zeta = \cos I,$$

[so ist]

$$d\sigma = -\frac{d\psi \,.\, \cos\psi}{\sqrt{(\cos\psi^2 - \cos I^2)}} = -\frac{d\sin\psi}{\sqrt{(\sin I^2 - \sin\psi^2)}}$$

$$\sigma = \operatorname{arc}\cos\frac{\sin\psi}{\sin I} + \text{const.}$$

Setzt man die Constante $= 0$, so wird

2) $$\sin\psi = \cos\sigma \sin I$$

[und daher]

3) $$\operatorname{cotang} I = \operatorname{tang}\zeta \sin\sigma.$$

[Weiter ist]

$$dl = -\frac{d\psi}{\cos\psi}\operatorname{tang}\zeta = -\frac{d\psi \,.\, \cos I}{\cos\psi\sqrt{(\cos\psi^2 - \cos I^2)}}$$

$$= -\frac{\operatorname{cotang} I \,.\, d\operatorname{tang}\psi}{\sqrt{(1 - \operatorname{cotang} I^2 \operatorname{tang}\psi^2)}}.$$

$$l = \operatorname{arc}\cos(\operatorname{cotang} I \operatorname{tang}\psi) + \text{const.}$$

Also wenn man die Constante $= 0$ setzt:

4) $$\operatorname{tang}\psi = \operatorname{tang} I \cos l,$$

[folglich]

5) $$\sin\sigma = \sin l \cos\psi$$

6) $$\operatorname{tang} l = \frac{\operatorname{tang}\sigma}{\cos I}.$$

[Mithin wird]

7) $$dl = \frac{\cos I}{\cos\psi^2}d\sigma = \frac{\cos l^2}{\cos\sigma^2\cos I}d\sigma.$$

Das Integral $\int ds$ wird leicht durch 2 und das Integral $\int d\lambda$ durch 2 und 7 gefunden, nemlich

$$\left[d\lambda = (1 - ee\cos\psi^2)^{\frac{1}{2}}dl = (1 - \tfrac{1}{2}ee\cos\psi^2 - \tfrac{1}{8}e^4\cos\psi^4 - \ldots)\,dl\right]$$

$$d\lambda = dl - \tfrac{1}{2}ee\cos I \,.\, d\sigma\{1 + \tfrac{1}{4}ee(1 - \cos\sigma^2\sin I^2) + \text{etc.}\}$$

$$\left[\frac{ds}{a} = d\sigma - \tfrac{1}{2}ee(1 - \cos\sigma^2\sin I^2)\,d\sigma\{1 + \tfrac{1}{4}ee(1 - \cos\sigma^2\sin I^2) + \text{etc.}\}\right].$$

[Geodätische Übertragung von Breite, Länge und Azimuth.]

[4.]

[Es bezeichne ρ die Grösse des Bogens von einer Secunde in Theilen des Halbmessers, M den Modul des gewählten Logarithmensystems, ferner a die halbe grosse Axe der Meridianellipse des Rotationsellipsoids und e deren Excentricität. Weiter sei

$$\begin{array}{rr}
\tfrac{1}{12}M\rho\rho = \mu & \dfrac{\mu}{1-ee} = E \\
\dfrac{1}{a\rho(1-ee)} = A & \dfrac{M}{12aa(1-ee)} = F \\
\dfrac{1}{a\rho} = B & \dfrac{Mee}{12aa(1-ee)} = G \\
\dfrac{\mu}{2(1-ee)} = C & \tfrac{3}{2}ee\mu = H \\
\dfrac{\mu(1-ee)}{2} = D & \tfrac{5}{2}ee\mu = I]
\end{array}$$

$$\frac{1}{1-ee\sin\varphi^2} = QQ$$

$$\frac{A}{Q^3} = A'$$

$$\frac{B}{Q} = B'$$

$$C(1-3ee+2ee\sin\varphi^2) = C'$$

$$DQ^4(1-8ee\sin\varphi^2) = D'$$

$$\frac{E}{QQ} = E'$$

$$\frac{F}{QQ} = F'$$

$$\frac{G\sin\varphi^2}{QQ} = G'$$

$$HQ^4(1-(2-4ee)\sin\varphi^2 - 3ee\sin\varphi^4) = H'$$

$$IQ^4\left(1+\frac{2-12ee}{5}\sin\varphi^2 + ee\sin\varphi^4\right) = I'.$$

[Sind $\Delta\varphi$, $\Delta\zeta$, $\Delta\lambda$ die Breiten-, Azimuth- und Längendifferenz des Anfangs- und Endpunktes der geodätischen Linie s, ferner φ und ζ die arithmetischen Mittel der Breiten und Azimuthe in beiden Punkten, so ist:]

$$\Delta\varphi = A'.s\cos\zeta \qquad .\,\text{Zahl}\log(E'\Delta\lambda^2 + C'\Delta\zeta^2 - H'\Delta\varphi^2)$$
$$\Delta\zeta = B'.s\sin\zeta\,\text{tang}\,\varphi\,.\,\text{Zahl}\log(F'\,ss + C'\Delta\zeta^2 + I'\Delta\varphi^2)$$
$$\Delta\lambda = B'.s\frac{\sin\zeta}{\cos\varphi} \qquad .\,\text{Zahl}\log(G'ss + C'\Delta\zeta^2 - D'\Delta\varphi^2).$$

[Die Coefficienten A', B', C', D' u. s. w. haben als Argument φ.]

[Beispiel.]

[Übertragung der geographischen Coordinaten von Göttingen, Sternwarte, 1, nach dem Hauptdreieckspunkte Hohehagen, 3. Die Azimuthe sind hier südwestlich gezählt; die Länge ist positiv nach Westen.]

$51^0\ 31'\ 48'',1782 = \varphi_1$	$64^0\ \ 1'\ 17'',5880 = \zeta_1$
$51\ \ 28\ \ 31,3844 = \varphi_3$	$243\ \ 52\ \ 52,6744 = \zeta_3$
$51\ \ 30\ \ \ 9,7813 = \varphi$	$63\ \ 57\ \ \ 5,1312 = \zeta$
$-3\ \ 16,7938 = \Delta\varphi$	$-8\ \ 24,9136 = \Delta\zeta$

s 4,141 3507		
A'..... 8,510 0643		
B'..... 8,508 9486		
$A's$.... 2,651 4150	$B's$..... 2,650 2993	
$\cos\zeta$... 9,642 5960	$\sin\zeta$.... 9,953 4804	
2,294 0110	2,603 7797	
$+5$	$\text{tang}\,\varphi$... 0,099 4371	
$-\Delta\varphi = 196'',7938$	$\cos\varphi$.... 9,794 1237	
	2,703 2168	2,809 6560
	$+3$	$+1$
	$-\Delta\zeta = 504'',9136$	$\Delta\lambda = 645'',1431$

ss.... 8,28270	$\Delta\varphi^2$... 4,58802	$\Delta\zeta^2$... 5,40643	$\Delta\lambda^2$... 5,61931
F.... 1,95052	$-D'$... $4,61510_n$	C'.... 4,62648	E'.... 4,93087
G'.... 9,55683	I' ... 3,24304		
	$-H'$... 2,26361		

$-H'\Delta\varphi^2 = 0.000$	$F'ss = 1.711$	$G'ss = 0.007$
$C'\Delta\zeta^2 = 1.079$	$I'\Delta\varphi^2 = 0.007$	$-D'\Delta\varphi^2 = -0.160$
$E'\Delta\lambda^2 = 3.550$	$C'\Delta\zeta^2 = 1.079$	$C'\Delta\zeta^2 = 1.079$

51°	[log A'	log B'	log $10^7.F'$	log $10^7.G'$	log $10^7.D'$	log $10^7.I'$	log$(-10^7.H')$	log $10^7.C'$	log $10^7.E'$
	8,510....—10	8,5089...—10	1,9505.—10	9,5....—20	4,61...—10	3,24...—10	2,2....—10	4,626..—10	4,9308.—10]
0'	8,510 1012	8,508 9610	1,95055	9,55074	4,61525	3,24181	2,22778	4,62643	4,93089
1	8,510 1000	05		094	25	85	2,22902	4,62643	
2	8,510 0988	8,508 9601		115	24	89	2,23025	4,62644	
3	76	8,508 9597	1,95055	135	24	93	148		
4	63	93	1,95054	155	23	3,24197	271		
5	8,510 0951	8,508 9589		9,55176	4,61523	3,24201	2,23394		
6	8,510 0939	8,508 9585		9,55196	4,61522	3,24206	2,23516		
7	27	81		216	22	10	637	4,62644	
8	14	77		236	21	14	759	4,62645	
9	8,510 0902	73		257	21	18	2,23880		4,93089
10	8,510 0890	8,508 9569		9,55277	4,61520	3,24222	2,24000		4,93088
11	8,510 0878	8,508 9565		9,55297	4,61520	3,24226	2,24121		
12	65	60		318	19	30	241		
13	53	56		338	19	34	360	4,62645	
14	41	52		358	18	38	480	4,62646	
15	8,510 0829	8,508 9548		9,55378	4,61518	3,24242	2,24599		
16	8,510 0816	8,508 9544	1,95054	9,55398	4,61517	3,24246	2,24717		
17	8,510 0804	40	1,95053	419	17	50	836		
18	8,510 0792	36		439	16	55	2,24953		
19	80	32		459	16	59	2,25071	4,62646	
20	8,510 0767	8,508 9528		9,55479	4,61515	3,24263	2,25188	4,62647	
21	8,510 0755	8,508 9524		9,55499	4,61515	3,24267	2,25305		
22	43	20		519	14	71	422		4,93088
23	31	16		539	14	75	538		4,93087
24	18	11		559	13	79	654		
25	8,510 0706	8,508 9507		9,55580	4,61513	3,24283	2,25770	4,62647	
26	8,510 0694	8,508 9503		9,55600	4,61512	3,24287	2,25885	4,62648	
27	81	8,508 9499		620	12	91	2,26000		
28	69	95	1,95053	640	11	95	115		
29	57	91	1,95052	660	11	3,24299	229		
30	8,510 0645	8,508 9487		9,55680	4,61510	3,24303	2,26343		
31	8,510 0633	8,508 9483		9,55700	4,61509	3,24307	2,26457	4,62648	
32	21	79		720	09	11	570	4,62649	
33	8,510 0608	75		740	08	16	684		
34	8,510 0596	71		760	08	20	796		4,93087
35	8,510 0584	8,508 9467		9,55780	4,61507	3,24324	2,26909		4,93086
36	8,510 0572	8,508 9463		9,55800	4,61507	3,24328	2,27021		
37	59	59		820	06	32	133	4,62649	
38	47	54		839	06	36	245	4,62650	
39	35	50		859	05	40	356		
40	8,510 0523	8,508 9446	1,95052	9,55879	4,61505	3,24344	2,27467		
41	8,510 0511	8,508 9442	1,95051	9,55899	4,61504	3,24348	2,27578		
42	8,510 0498	38		919	04	52	688		
43	86	34		939	03	56	798	4,62650	
44	74	30		959	03	60	2,27908	4,62651	
45	8,510 0462	8,508 9426		9,55979	4,61502	3,24364	2,28018		
46	8,510 0450	8,508 9422		9,55999	4,61502	3,24368	2,28127		4,93086
47	37	18		9,56018	01	72	236		4,93085
48	25	14		038	01	76	344		
49	13	10		058	00	80	453	4,62651	
50	8,510 0401	8,508 9406		9,56078	4,61500	3,24384	2,28561	4,62652	
51	8,510 0389	8,508 9402		9,56098	4,61499	3,24388	2,28669		
52	76	8,508 9398		117	99	93	776		
53	64	93	1,95051	137	98	3,24397	884		
54	52	89	1,95050	157	98	3,24401	2,28990		
55	8,510 0340	8,508 9385		9,56176	4,61497	3,24405	2,29097	4,62652	
56	8,510 0328	8,508 9381		9,56196	4,61497	3,24409	2,29204	4,62653	
57	15	77		216	96	13	310		
58	8,510 0303	73		236	96	17	416		
59	8,510 0291	69		255	95	21	521		4,93085
60	8,510 0279	8,508 9365	1,95050	9,56275	4,61495	3,24425	2,29627	4,62653	4,93084

[Bei der Berechnung dieser Tabelle ist der Abplattungswerth $\frac{1}{302,78}$ benutzt worden.]

[5.]

Das Resultat der neuen Methode für die kürzeste Linie auf dem Sphäroid ist [wenn das Azimuth südwestlich und die Länge nach Osten positiv genommen wird]:

$A = \frac{206\,265\,(1-ee\sin\varphi^2)^{\frac{3}{2}}}{a\,(1-ee)}$ [Logarithmus:] $8{,}512\,7017.130-10-\frac{3}{2}C.\log(1-ee\sin\varphi^2)$

$B = \frac{206\,265\,(1-ee\sin\varphi^2)^{\frac{1}{2}}}{a}$ » $8{,}509\,8272.984-10-\frac{1}{2}C.\log(1-ee\sin\varphi^2)$

$\alpha = \frac{\mathrm{Mod}.10^7}{24.206\,265^2}$ » $4{,}628\,7228.053-10$

$\beta = \alpha\cdot\frac{1-ee\sin\varphi^2}{1-ee}$ » $4{,}631\,5972.199-10-\;C.\log(1-ee\sin\varphi^2)$

$\gamma = \frac{\beta}{aa}\cdot 206\,265^2$ » $1{,}651\,2518.167-10-\;C.\log(1-ee\sin\varphi^2)$

$\delta = \frac{\alpha\,(1-ee)}{(1-ee\sin\varphi^2)^2}$ » $4{,}625\,8483.907-10+2C.\log(1-ee\sin\varphi^2)$.

[α, β, γ, δ werden in Einheiten der 7. Decimalstelle erhalten. A und B sind im vorigen Art. mit A' und B' bezeichnet worden. Bei den Zahlenwerthen ist die Abplattung $\frac{1}{302{,}68}$ und dem entsprechend

$$\log(1-ee) = 9{,}997\,1255.854$$

benutzt worden.]

$$\log a = 6{,}804\,5978.348$$

$$\log 206\,264{,}806\ldots = 5{,}314\,4251.332.$$

$$\mathrm{I} = \alpha.\delta\zeta^2 \qquad \log(1) = \mathrm{I}+2\mathrm{II}$$

$$\mathrm{II} = \beta.\delta\lambda^2 \qquad \log(2) = \mathrm{I}+2\mathrm{III}$$

$$\mathrm{III} = \gamma.\,ss \qquad \log(3) = \mathrm{II}-\mathrm{III} = \mathrm{I}-\mathrm{IV}$$

$$\mathrm{IV} = \delta.\delta\varphi^2 \qquad \text{Proxime } \mathrm{I}+\mathrm{III} = \mathrm{II}+\mathrm{IV}.$$

$$\Delta\varphi = -(1)\,A.\,s\cos\zeta$$

$$\Delta\zeta = -(2)\,B.\,s\sin\zeta\,\mathrm{tang}\,\varphi$$

$$\Delta\lambda = -\frac{(3)\,B.\,s\sin\zeta}{\cos\varphi}.$$

Bei diesen Rechnungen sind für ζ und φ die Mittel der Werthe, die an den beiden Punkten Statt finden, zum Grunde zu legen. [Die Coefficienten $A, B, \alpha, \beta, \gamma, \delta$ gehören zu diesem mittlern φ. Die Grösse $\varepsilon = \rho\cdot\frac{AB}{2} = \frac{206265(1-ee\sin\varphi^2)^2}{2aa(1-ee)}$ der Tabelle auf S. 84 dient zur Berechnung des Excesses.]

50°	[log A 8,5101 ... −10	log B 8,5089 ... −10	log β 4,629 .. −10	log γ 1,6495 . −10	log δ 4,629 .. −10	log ε 1,403 .. −10]
0′	8,510 1751	8,508 9856	4,62991	1,64957	4,62922	1,40371
1	39	52				1,40370
2	27	48		1,64957		
3	14	43		1,64956		
4	8,510 1702	39			4,62922	
5	8,510 1690	8,508 9835			4,62923	
6	77	8,508 9831				1,40370
7	65	27				1,40369
8	53	23	4,62991			
9	40	19	4,62990			
10	28	8,508 9815			4,62923	
11	15	8,508 9811			4,62924	
12	8,510 1603	06				1,40369
13	8,510 1591	8,508 9802				1,40368
14	78	8,508 9798				
15	66	8,508 9794		1,64956		
16	54	8,508 9790		1,64955	4,62924	
17	41	86			4,62925	
18	29	82				1,40368
19	17	78				1,40367
20	8,510 1504	8,508 9774				
21	8,510 1492	8,508 9769	4,62990			
22	80	65	4,62989		4,62925	
23	67	61			4,62926	
24	55	57				1,40367
25	43	8,508 9753				1,40366
26	31	8,508 9749				
27	18	45		1,64955		
28	8,510 1406	41		1,64954		
29	8,510 1394	37			4,62926	
30	81	8,508 9732			4,62927	1,40366
31	69	8,508 9728				1,40365
32	57	24				
33	44	20	4,62989			
34	32	16	4,62988			
35	20	8,508 9712			4,62927	
36	8,510 1307	8,508 9708			4,62928	1,40365
37	8,510 1295	04				1,40364
38	83	8,508 9700				
39	70	8,508 9696		1,64954		
40	58	8,508 9691		1,64953		
41	46	8,508 9687			4,62928	
42	34	83			4,62929	1,40364
43	21	79				1,40363
44	8,510 1209	75				
45	8,510 1197	8,508 9671	4,62988			
46	84	8,508 9667	4,62987			
47	72	63			4,62929	
48	60	59			4,62930	
49	48	55				1,40363
50	35	8,508 9650				1,40362
51	23	8,508 9646		1,64953		
52	8,510 1111	42		1,64952		
53	8,510 1098	38			4,62930	
54	86	34			4,62931	
55	74	8,508 9630				1,40362
56	62	8,508 9626				1,40361
57	49	22	4,62987			
58	37	18	4,62986		4,62931	
59	25	14			4,62932	
60	8,510 1012	8,508 9610	4,62986	1,64952	4,62932	1,40361

[Bei der Berechnung dieser Tabelle ist der Abplattungswerth $\frac{1}{302,78}$ benutzt worden.]

[6.]

Vorstehendes [Art. 4 und 5] ist die indirecte Auflösung. Direct ist es so zu machen:

$$\sqrt{(1-ee)}\,.\,\mathrm{tang}\,\varphi = \mathrm{tang}\,\psi$$

$$\sqrt{(1-ee\sin\varphi^2)} = \frac{\cos\varphi}{\cos\psi} = \sqrt{\frac{1-ee}{1-ee\cos\psi^2}}$$

$$S = \frac{s}{a}\sqrt{\frac{1-ee\sin\varphi^2}{1-ee}}$$

[wo s die lineare Länge der kürzesten Linie auf dem Ellipsoid ist]. (Eigentlich soll hier statt φ genommen werden $\frac{1}{2}(\varphi+\varphi')$). Man löse das sphärische Dreieck auf, dessen

Seiten	Winkel
$90^0-\psi$	ζ'
$90^0-\psi'$	$180^0-\zeta$
S	L

[Vergl. Band IV, S. 286 u. f.] Meine Formeln geben hier

$$\sin\tfrac{1}{2}\zeta\sin(45^0-\tfrac{1}{2}\psi-\tfrac{1}{2}S) = \sin\tfrac{1}{2}(\zeta'-L)\sin(45^0-\tfrac{1}{2}\psi')$$
$$\cos\tfrac{1}{2}\zeta\sin(45^0-\tfrac{1}{2}\psi+\tfrac{1}{2}S) = \cos\tfrac{1}{2}(\zeta'-L)\sin(45^0-\tfrac{1}{2}\psi')$$
$$\sin\tfrac{1}{2}\zeta\cos(45^0-\tfrac{1}{2}\psi-\tfrac{1}{2}S) = \sin\tfrac{1}{2}(\zeta'+L)\cos(45^0-\tfrac{1}{2}\psi')$$
$$\cos\tfrac{1}{2}\zeta\cos(45^0-\tfrac{1}{2}\psi+\tfrac{1}{2}S) = \cos\tfrac{1}{2}(\zeta'+L)\cos(45^0-\tfrac{1}{2}\psi'),$$

und es ist dann

$$\mathrm{tang}\,\varphi' = \frac{\mathrm{tang}\,\psi'}{\sqrt{(1-ee)}} \quad \text{[und angenähert]} \quad \varphi-\varphi' = (\psi-\psi')\frac{1-ee\sin\varphi^{*2}}{\sqrt{(1-ee)}}$$
$$= (\psi-\psi')\frac{\sqrt{(1-ee)}}{1-ee\cos\psi^{*2}}$$

$$\lambda = L\sqrt{(1-ee\cos\psi^{*2})} = L\sqrt{\frac{1-ee}{1-ee\sin\varphi^{*2}}}$$

$$[\varphi^* = \tfrac{1}{2}(\varphi+\varphi'), \qquad \psi^* = \tfrac{1}{2}(\psi+\psi').$$

ζ ist südwestlich und ζ' nordöstlich gezählt; λ und L sind nach Westen positiv].

Vortheilhafter sind jedoch hier folgende Formeln:

$$\sin\psi' = \sin\psi\cos S - \cos\psi\sin S\cos\zeta$$
$$\cos\psi'\cos\zeta' = \sin\psi\sin S + \cos\psi\cos S\cos\zeta$$
$$\cos\psi'\sin\zeta' = \cos\psi\sin\zeta.$$

Also

$$\operatorname{cotang}\zeta' = \cos S \operatorname{cotang}\zeta + \frac{\sqrt{(1-ee)}\,.\operatorname{tang}\varphi \sin S}{\sin\zeta}$$

oder näherungsweise:

$$\operatorname{cotang}\zeta' = \operatorname{cotang}\zeta\left(1-\frac{ss}{2aa}\cdot\frac{1-ee\sin\varphi^2}{1-ee}\right)\left(1+\frac{\operatorname{tang}\varphi}{\cos\zeta}\cdot\frac{s}{a}\sqrt{(1-ee\sin\varphi^2)}\right).$$

Ferner

$$\cos\psi'\cos L = \cos\psi\cos S + \sin\psi\sin S\cos\zeta$$
$$\cos\psi'\sin L = \sin S\sin\zeta.$$

Näherungsweise bis zur 2ten Ordnung

$$L = \frac{S\sin\zeta}{\cos\varphi} - \frac{SS\operatorname{tang}\psi}{\cos\psi}\cos\zeta\sin\zeta.$$

Obiges Problem kann auch so aufgelöst werden:

1) $\operatorname{tang}\psi = \sqrt{(1-ee)}\,.\operatorname{tang}\varphi$

2) $\operatorname{tang}u = \operatorname{tang}S\cos\zeta$

3) $\operatorname{tang}L = \frac{\sin u \operatorname{tang}\zeta}{\cos(\psi-u)} = \frac{\operatorname{tang}S\sin p}{\cos(\psi-u)}$

4) $\operatorname{tang}\psi' = \operatorname{tang}(\psi-u)\cos L$

5) $\operatorname{tang}\varphi' = \frac{\operatorname{tang}\psi'}{\sqrt{(1-ee)}}$

6) $\operatorname{tang}p = \operatorname{tang}\zeta\cos S$

7) $\operatorname{tang}q = \operatorname{tang}(\psi-u)\sin\zeta\sin S = \operatorname{tang}L\sin\psi'$

8) $p-q = \zeta'$

9) $\lambda = L\sqrt{\frac{1-ee}{1-ee\sin\varphi^2}}.$

Setzt man

$$\operatorname{tang}(\psi-u) = \sqrt{(1-ee)}\,.\operatorname{tang}(\varphi-w),$$

so ist hinlänglich genau

$$w = (4)A\,.\,s\cos\zeta,$$

$$\left[A = \frac{(1-ee\sin\varphi^2)^{\frac{3}{2}}}{a(1-ee)} \text{ und}\right] \log(4) = \tfrac{1}{3}\frac{ss}{aa}\cdot\frac{1-ee\sin\varphi^2}{1-ee} - \tfrac{1}{3}ww\frac{1-ee}{(1-ee\sin\varphi^2)^2}$$
$$= \mu - \nu.$$

[Ferner ist angenähert]

$$p = \zeta - \tfrac{1}{2}(5)\cdot\frac{1 - ee\sin\varphi^2}{1 - ee}\,\frac{ss}{aa}\cos\zeta\sin\zeta$$

$$\log(5) = \tfrac{5}{4}\mu - \tfrac{3}{2}\nu.$$

[7.]

Musterrechnung.

[Übertragung der geographischen Coordinaten von Mannheim nach Seeberg.]

[Hiebei ist der Abplattungswerth $\frac{1}{302{,}68}$ benutzt worden.

1. Anwendung der Formeln des Art. 5.]

Mannheim	$\varphi = 49^0 29' 12{,}''930$	$\zeta = 224^0 18' \; 2{,}''100$	$\log s = 5{,}358\,6482$
Seeberg	$\varphi' = 50 \; 56 \; \; 5{,}514$	$\zeta' = 226 \; \; 2 \; 41{,}480$	$\Delta\lambda = 2^0 16' 10{,}''868$
	$\varphi^* = 50 \; 12 \; 39{,}222$	$\zeta^* = 225 \; 10 \; 21{,}790$	

s 5,358 6482	s 5,358 6482	α 4,62872	β 4,62990
A 8,510 1594	B 8,508 9799	$\delta\zeta^2$ ... 7,59571	$\delta\lambda^2$ ... 7,82453
$\cos\zeta^*$ ... $9{,}848\,1718_n$	$\sin\zeta^*$ .... $9{,}850\,7902_n$	I = 167.66	II = 284.73
$3{,}716\,9794_n$	$3{,}718\,4183_n$	2II = 569.46	
(1) 737	$\operatorname{tang}\varphi^*$ .. 0,079 4351	2III = 465.46	
	$\cos\varphi^*$ ... 9,806 1553	γ 1,64955	δ 4,62924
	$3{,}797\,8534_n$	ss ... 0,71730	$\delta\varphi^2$ .. 7,43396
$\Delta\varphi = 5212{,}''584$	(2) 633	III = 232.73	IV = 115.66
$\Delta\zeta = 6279{,}380$	$3{,}912\,2630_n$		
$\Delta\lambda = 8170{,}868$	(3) 52		

[2. Anwendung der Formeln des Art. 6.] Directe Methode.

$\operatorname{tang}\varphi$ ...... 0,068 3004 oder genauer: $\frac{1-\sqrt{(1-ee)}}{1+\sqrt{(1-ee)}}\sin(\varphi+\psi) = \sin(\varphi-\psi)$

$\sqrt{(1-ee)}$ ...... $-1\,4372$

$\operatorname{tang}\psi$ 0,066 8632

$\frac{1}{\rho}\cdot\frac{1-\sqrt{(1-ee)}}{1+\sqrt{(1-ee)}}$ 2,533 1319

$\sin(\varphi+\psi)$ 9,994 7628

$+2$

$\varphi-\psi$ 2,527 8949

$\varphi - \psi = 5' 37{,}''206$

$\psi = 49^0 23' 35'',724$	$1:\sqrt{(1-ee)} \ldots\ldots\ldots 0{,}001\ 4372.07$
$90^0 - \psi = 40\ 36\ 24{,}276$	$1:\sqrt{(1-ee\sin\varphi^{*2})} \ldots\ldots\ldots 8474.43$
$45^0 - \frac{1}{2}\psi = 20\ 18\ 12{,}138$	$0{,}000\ 5897.64$
$\frac{1}{2}S = 1\ 1\ 38{,}582$	$a\rho \ldots\ 1{,}490\ 1727.02$
$45^0 - \frac{1}{2}\psi - \frac{1}{2}S = \mathrm{I} = 19^0 16' 33'',556$	$1{,}489\ 5829$
$45^0 - \frac{1}{2}\psi + \frac{1}{2}S = \mathrm{II} = 21\ 19\ 50{,}720$	$s \ldots\ 5{,}358\ 6482$
$\frac{1}{2}\zeta = 112\ 9\ 1{,}050$	$S \ldots\ 3{,}869\ 0653$
	$S = 7397'',164$

$\sin\mathrm{I} \ldots 9{,}518\ 6703$	$\sin\mathrm{II} \ldots 9{,}560\ 8046$	$\frac{1}{2}(\zeta'-L) = 114^0\ 9' 31'',723$
$\sin\frac{1}{2}\zeta \ldots 9{,}966\ 7039$	$\cos\frac{1}{2}\zeta \ldots 9{,}576\ 3844_n$	$\frac{1}{2}(\zeta'+L) = 111\ 53\ 9{,}737$
$\cos\mathrm{I} \ldots 9{,}974\ 9441$	$\cos\mathrm{II} \ldots 9{,}969\ 1810$	$\zeta' = 226\ 2\ 41{,}460$
$\sin\frac{1}{2}\zeta\sin\mathrm{I} \ldots 9{,}485\ 3742$	$\sin\frac{1}{2}\zeta\cos\mathrm{I} \ldots 9{,}941\ 6480$	$-L = 2\ 16\ 21{,}986$
$\cos\frac{1}{2}\zeta\sin\mathrm{II} \ldots 9{,}137\ 1890_n$	$\cos\frac{1}{2}\zeta\cos\mathrm{II} \ldots 9{,}545\ 5654_n$	$= 8181'',986$
$\sin\frac{1}{2}(\zeta'-L) \ldots 9{,}960\ 1922$	$\sin\frac{1}{2}(\zeta'+L) \ldots 9{,}967\ 5138$	$L \ldots\ 3{,}912\ 8588_n$
		$\sqrt{\frac{1-ee}{1-ee\sin\varphi^{*2}}} \ldots -5898$
$\sin(45^0-\frac{1}{2}\psi') \ldots 9{,}525\ 1820$	$\cos(45^0-\frac{1}{2}\psi') \ldots 9{,}974\ 1342$	$\lambda \ldots\ 3{,}912\ 2690_n$
$\psi' = 50^0 50' 31'',424$		$-\lambda = 8170'',883$

$\operatorname{tang}\psi' \ldots 0{,}089\ 1844$	$\frac{1}{\rho}\cdot\frac{1-\sqrt{(1-ee)}}{1+\sqrt{(1-ee)}} \ldots 2{,}533\ 1319$
$\sqrt{(1-ee)} \ldots +1\ 4372$	$\sin(\varphi'+\psi') \ldots 9{,}990\ 7603$
$0{,}090\ 6216$	$+2$
	$2{,}523\ 8924$
$\varphi' = 50^0 56' 5'',536$	$\varphi' - \psi' = 334'',112$

Also Differenzen von den Resultaten der vorigen Methode

beim Azimuth	$-0'',020$
bei der Länge	$+0{,}015$
bei der Polhöhe	$+0{,}022.$

[8.]

[Geodätische Übertragung auf der Kugel.]

[Für die Kugel ist angenähert, wenn R den Bogen des grössten Kreises, dividirt durch den Radius, bezeichnet]

$$\Delta\varphi = R\cos\zeta\frac{\sin\frac{1}{2}R}{\frac{1}{2}R}\cdot\frac{\frac{1}{2}\Delta\varphi}{\sin\frac{1}{2}\Delta\varphi}\sec\tfrac{1}{2}\Delta\lambda$$

$$\Delta\zeta = R\sin\zeta\,\mathrm{tang}\,\varphi\frac{\frac{1}{2}\Delta\zeta}{\sin\frac{1}{2}\Delta\zeta}\cdot\frac{\mathrm{tang}\frac{1}{2}R}{\frac{1}{2}R}$$

$$\Delta\lambda = R\frac{\sin\zeta}{\cos\varphi}\cdot\frac{\sin\frac{1}{2}R}{\frac{1}{2}R}\cdot\frac{\frac{1}{2}\Delta\lambda}{\sin\frac{1}{2}\Delta\lambda}$$

[wobei wieder ζ und φ die Mittel der Azimuthe und Breiten des grössten Kreises in den Endpunkten bedeuten].

[9.]

[Berechnung der linearen Länge der geodätischen Linie und ihrer Azimuthe aus den geographischen Coordinaten.]

[Es sei

r die lineare Länge der geodätischen Linie einer Rotationsfläche
φ_1 die geographische Breite des Anfangspunktes
φ_1+t die geographische Breite des Endpunktes
N das südwestliche Azimuth des Endpunktes im Anfangspunkt
M das nordöstliche Azimuth des Anfangspunktes im Endpunkt
λ der Längenunterschied.

λ wird als positiv angesehen, wenn der Endpunkt westlich vom Anfangspunkt liegt.]

$$\mathrm{d}r = \sqrt{(pp\,\mathrm{d}t^2+\pi\pi\,\mathrm{d}\lambda^2)}$$

$$p = a+bt+\tfrac{1}{2}ctt+\tfrac{1}{6}dt^3+\cdots$$

$$\pi = \alpha+\beta t+\tfrac{1}{2}\gamma tt+\tfrac{1}{6}\delta t^3+\cdots.$$

[Nach den Disqu. gen. c. superf. curv., art. 22, Band IV, S. 249, ist:]

$$\frac{\partial r}{\partial t} = -p\cos M \qquad m\frac{\partial N}{\partial\lambda} = \pi\cos M$$

$$\frac{\partial r}{\partial\lambda} = \pi\sin M = \alpha\sin N \qquad m\frac{\partial N}{\partial t} = p\sin M.$$

[Aus der Gleichung

$$\left(\frac{1}{p}\frac{\partial rr}{\partial t}\right)^2+\left(\frac{1}{\pi}\frac{\partial rr}{\partial\lambda}\right)^2 = 4rr$$

folgt:]

$$\begin{aligned} rr = & \; aatt + \alpha\alpha\lambda\lambda + abt^3 + \alpha\beta t\lambda\lambda \\ & + (\tfrac{1}{3}ac + \tfrac{1}{4}bb)t^4 + \left(\tfrac{1}{6}\tfrac{b\alpha\beta}{a} + \tfrac{1}{3}a\gamma\right)tt\lambda\lambda - \tfrac{1}{12}\tfrac{\alpha\alpha\beta\beta}{aa}\lambda^4 \ldots \end{aligned}$$

[und hiemit, da

$$-r\cos M = \frac{1}{2p}\frac{\partial rr}{\partial t} \quad \text{und} \quad r\sin M = \frac{1}{2\pi}\frac{\partial rr}{\partial \lambda}$$

ist:]

$$\begin{aligned} -r\cos M &= at + \tfrac{1}{2}btt + \tfrac{1}{2}\tfrac{\alpha\beta}{a}\lambda\lambda + \tfrac{1}{6}ct^3 + \left(\tfrac{1}{3}\tfrac{\alpha\gamma}{a} - \tfrac{1}{3}\tfrac{b\alpha\beta}{aa}\right)t\lambda\lambda \ldots \\ r\sin M &= \alpha\lambda \qquad * \qquad + \left(\tfrac{1}{6}\tfrac{b\beta}{a} - \tfrac{1}{6}\gamma\right)tt\lambda - \tfrac{1}{6}\tfrac{\alpha\beta\beta}{aa}\lambda^3 \ldots . \end{aligned}$$

[Aus den Gleichungen

$$\begin{aligned} r\cos N &= -\frac{1}{p}r\cos M\frac{\partial(r\cos N)}{\partial t} + \frac{1}{\pi}r\sin M\frac{\partial(r\cos N)}{\partial\lambda} \\ r\sin N &= -\frac{1}{p}r\cos M\frac{\partial(r\sin N)}{\partial t} + \frac{1}{\pi}r\sin M\frac{\partial(r\sin N)}{\partial\lambda} \\ &= \frac{r\pi}{\alpha}\sin M \end{aligned}$$

ergibt sich weiter:]

$$\begin{aligned} -r\cos N &= at + \tfrac{1}{2}btt - \tfrac{1}{2}\tfrac{\alpha\beta}{a}\lambda\lambda + \tfrac{1}{6}ct^3 + \left(\tfrac{1}{6}\tfrac{b\alpha\beta}{aa} - \tfrac{1}{6}\tfrac{\alpha\gamma}{a} - \tfrac{1}{2}\tfrac{\beta\beta}{a}\right)t\lambda\lambda \ldots \\ r\sin N &= \alpha\lambda \qquad + \beta t\lambda \qquad + \left(\tfrac{1}{6}\tfrac{b\beta}{a} + \tfrac{1}{3}\gamma\right)tt\lambda - \tfrac{1}{6}\tfrac{\alpha\beta\beta}{aa}\lambda^3 \ldots . \end{aligned}$$

[Ferner ist:]

$$\begin{aligned} -\cos M\frac{\partial p}{\partial\lambda} + p\sin M\frac{\partial M}{\partial\lambda} &= \sin M\frac{\partial\pi}{\partial t} + \pi\cos M\frac{\partial M}{\partial t} \\ p\sin M\frac{\partial N}{\partial\lambda} &= \qquad \pi\cos M\frac{\partial N}{\partial t}, \end{aligned}$$

[folglich, da hier $\frac{\partial p}{\partial\lambda} = 0$ ist, und wenn

$$N - M = \Delta$$

gesetzt wird:]

$$\pi r\cos M\frac{\partial\Delta}{\partial t} - pr\sin M\frac{\partial\Delta}{\partial\lambda} = r\sin M\frac{\partial\pi}{\partial t}$$

[oder]

$$\begin{aligned} & (\alpha + \beta t + \tfrac{1}{2}\gamma tt \ldots)\left(at + \tfrac{1}{2}btt + \tfrac{1}{2}\tfrac{\alpha\beta}{a}\lambda\lambda + \tfrac{1}{6}ct^3 + \left(\tfrac{1}{3}\tfrac{\alpha\gamma}{a} - \tfrac{1}{3}\tfrac{b\alpha\beta}{aa}\right)t\lambda\lambda \ldots\right)\frac{\partial\Delta}{\partial t} \\ & + (a + bt + \tfrac{1}{2}ctt \ldots)\left(\alpha\lambda \qquad * \qquad + \left(\tfrac{1}{6}\tfrac{b\beta}{a} - \tfrac{1}{6}\gamma\right)tt\lambda - \tfrac{1}{6}\tfrac{\alpha\beta\beta}{aa}\lambda^3 \ldots\right)\frac{\partial\Delta}{\partial\lambda} \\ = & -(\beta + \gamma t + \tfrac{1}{2}\delta tt \ldots)\left(\alpha\lambda \qquad * \qquad + \left(\tfrac{1}{6}\tfrac{b\beta}{a} - \tfrac{1}{6}\gamma\right)tt\lambda - \tfrac{1}{6}\tfrac{\alpha\beta\beta}{aa}\lambda^3 \ldots\right) \end{aligned}$$

[oder]

$$\left\{1+\frac{\beta}{\alpha}t+\left(\tfrac{2}{3}\frac{\gamma}{\alpha}-\tfrac{1}{6}\frac{b\beta}{a\alpha}\right)tt+\tfrac{1}{6}\frac{\beta\beta}{aa}\lambda\lambda\ldots\right\}$$

$$\left\{at+\tfrac{1}{2}btt+\tfrac{1}{2}\frac{\alpha\beta}{a}\lambda\lambda+\tfrac{1}{6}ct^3+\left(\tfrac{1}{3}\frac{\alpha\gamma}{a}-\tfrac{1}{3}\frac{b\alpha\beta}{aa}\right)t\lambda\lambda\ldots\right\}\frac{\partial\Delta}{\partial t}+(a+bt+\tfrac{1}{2}ctt\ldots)\lambda\frac{\partial\Delta}{\partial\lambda}$$
$$=-(\beta+\gamma t+\tfrac{1}{2}\delta tt\ldots)\lambda,$$

[woraus folgt:]

$$-\Delta=\frac{\beta}{a}\lambda+\frac{a\gamma-b\beta}{2aa}t\lambda+\left(\tfrac{1}{6}\frac{\delta}{a}-\tfrac{1}{4}\frac{b\gamma}{aa}-\tfrac{1}{6}\frac{c\beta}{aa}-\tfrac{1}{6}\frac{\beta\gamma}{a\alpha}+\tfrac{1}{4}\frac{bb\beta}{a^3}+\tfrac{1}{6}\frac{b\beta\beta}{aa\alpha}\right)tt\lambda$$
$$-\frac{\alpha\beta(a\gamma-b\beta)}{12a^4}\lambda^3\ldots\ldots$$

[Setzt man

$$\frac{M+N}{2}=A,$$

also $M=A-\frac{1}{2}\Delta$ und $N=A+\frac{1}{2}\Delta$, so wird zunächst:]

$$r\cos A\sin\tfrac{1}{2}\Delta=\tfrac{1}{2}\beta t\lambda+\tfrac{1}{4}\gamma tt\lambda\ldots$$

$$-r\sin A\sin\tfrac{1}{2}\Delta=\tfrac{1}{2}\frac{\alpha\beta}{a}\lambda\lambda+\left(\tfrac{1}{4}\frac{\alpha\gamma}{a}+\tfrac{1}{4}\frac{\beta\beta}{a}-\tfrac{1}{4}\frac{b\alpha\beta}{aa}\right)t\lambda\lambda\ldots:$$

$$-r\cos A\cos\tfrac{1}{2}\Delta=at+\tfrac{1}{2}btt+\tfrac{1}{6}ct^3+\left(\tfrac{1}{12}\frac{\alpha\gamma}{a}-\tfrac{1}{4}\frac{\beta\beta}{a}-\tfrac{1}{12}\frac{b\alpha\beta}{aa}\right)t\lambda\lambda\ldots$$

$$r\sin A\cos\tfrac{1}{2}\Delta=\alpha\lambda+\tfrac{1}{2}\beta t\lambda+\left(\tfrac{1}{6}\frac{b\beta}{a}+\tfrac{1}{12}\gamma\right)tt\lambda-\tfrac{1}{6}\frac{\alpha\beta\beta}{aa}\lambda^3\ldots,$$

[mithin]

$$-r\cos A=at+\tfrac{1}{2}btt+\tfrac{1}{6}ct^3+\left(\tfrac{1}{12}\frac{\alpha\gamma}{a}-\tfrac{1}{8}\frac{\beta\beta}{a}-\tfrac{1}{12}\frac{b\alpha\beta}{aa}\right)t\lambda\lambda\ldots$$

$$r\sin A=\alpha\lambda+\tfrac{1}{2}\beta t\lambda+\left(\tfrac{1}{6}\frac{b\beta}{a}+\tfrac{1}{12}\gamma\right)tt\lambda-\tfrac{1}{24}\frac{\alpha\beta\beta}{aa}\lambda^3\ldots.$$

[Reducirt man die Coefficienten $a, b, c\ldots, \alpha, \beta, \gamma\ldots$, die zum Argument φ_1 gehören, auf diejenigen Werthe $a', b', c'\ldots, \alpha', \beta', \gamma'\ldots$, die sich auf das Argument $\varphi_1+\frac{1}{2}t$ beziehen, setzt man also $a=a'-\frac{1}{2}b't+\frac{1}{8}c'tt-\frac{1}{48}d't^3\ldots$ u. s. w., so ergibt sich:]

$$-r\cos A=a't+\tfrac{1}{24}c't^3+\left(\tfrac{1}{12}\frac{\alpha'\gamma'}{a'}-\tfrac{1}{8}\frac{\beta'\beta'}{a'}-\tfrac{1}{12}\frac{b'\alpha'\beta'}{a'a'}\right)t\lambda\lambda\ldots$$

$$r\sin A=\alpha'\lambda+\left(\tfrac{1}{6}\frac{b'\beta'}{a'}-\tfrac{1}{24}\gamma'\right)tt\lambda-\tfrac{1}{24}\frac{\alpha'\beta'\beta'}{a'a'}\lambda^3\ldots$$

$$-\Delta=\frac{\beta'}{a'}\lambda+\left(\tfrac{1}{24}\frac{\delta'}{a'}-\tfrac{1}{24}\frac{c'\beta'}{a'a'}-\tfrac{1}{6}\frac{\beta'\gamma'}{a'\alpha'}+\tfrac{1}{6}\frac{b'\beta'\beta'}{a'a'\alpha'}\right)tt\lambda-\frac{\alpha'\beta'(a'\gamma'-b'\beta')}{12a'^4}\lambda^3\ldots.$$

[Für das abgeplattete Rotationsellipsoid ist, wenn zur Abkürzung

$$\varphi_1 + \tfrac{1}{2}t = \varphi$$

$$\sqrt{(1 - ee\sin\varphi^2)} = k$$

gesetzt wird, und a_0 die halbe grosse Axe bezeichnet:

$$a' = \frac{a_0(1-ee)}{k^3}$$

$$b' = a' \cdot \frac{3ee\sin\varphi\cos\varphi}{kk}$$

$$c' = a' \cdot \frac{3ee}{k^4}(1 - (2 - 4ee)\sin\varphi^2 - 3ee\sin\varphi^4)$$

und

$$\alpha' = \frac{a_0\cos\varphi}{k} \quad]$$

$$-\beta' = a'\sin\varphi$$

$$-\gamma' = a'\cos\varphi + b'\sin\varphi$$

$$-\delta' = -a'\sin\varphi + 2b'\cos\varphi + c'\sin\varphi.$$

[Damit ergibt sich:

$$-r\cos A = a't\left\{1 + \tfrac{1}{24}\frac{c'}{a'}tt - \left(\tfrac{1}{12}\frac{\alpha'}{a'}\cos\varphi + \tfrac{1}{8}\sin\varphi^2\right)\lambda\lambda\right\}$$

$$r\sin A = \alpha'\lambda\left\{1 + \left(\tfrac{1}{24}\frac{a'}{\alpha'}\cos\varphi - \tfrac{1}{8}\frac{b'}{\alpha'}\sin\varphi\right)tt - \tfrac{1}{24}\sin\varphi^2.\lambda\lambda\right\}$$

$$\Delta = \lambda\sin\varphi\left\{1 + \left(-\tfrac{1}{24} + \tfrac{1}{6}\frac{a'}{\alpha'}\cos\varphi + \tfrac{1}{12}\frac{b'}{a'}\operatorname{cotang}\varphi\right)tt + \tfrac{1}{12}\frac{\alpha'}{a'}\cos\varphi.\lambda\lambda\right\}$$

oder

$$-r\cos A = \frac{a_0(1-ee)}{k^3}t\left\{1 + \frac{ee}{8k^4}(1 - (2-4ee)\sin\varphi^2 - 3ee\sin\varphi^4)tt\right.$$

$$\left. - \frac{1}{24(1-ee)}(2 + (1-5ee)\sin\varphi^2 + 2ee\sin\varphi^4)\lambda\lambda\right\}$$

$$r\sin A = \frac{a_0\cos\varphi}{k}\lambda\left\{1 + \frac{1}{24k^4}(1-ee)(1-10ee\sin\varphi^2)tt - \tfrac{1}{24}\sin\varphi^2.\lambda\lambda\right\}$$

$$\Delta = \lambda\sin\varphi\left\{1 + \frac{1}{24kk}(3 + 2ee - 5ee\sin\varphi^2)tt + \frac{kk}{12(1-ee)}\cos\varphi^2.\lambda\lambda\right\}.]$$

[10.]

Vollkommen genaue Formeln für ein Dreieck auf dem elliptischen Sphäroid.

φ, φ' Polhöhen; L, $L+\lambda$ Längen zweier Örter P, P'

a Radius des Erdäquators; e Excentricität

A, A' [nordöstliche] Azimuthe [der Verticalschnitte] der Örter P' bezw. P in P bezw. P'

h, h' Höhen derselben Örter über dem Niveau

K Chorde zwischen den beiden auf das Niveau projicirten Örtern

$$\rho = (1 - ee\sin\varphi^2)^{-\frac{1}{2}}, \qquad \rho' = (1 - ee\sin\varphi'^2)^{-\frac{1}{2}}$$

[Man bilde ein] sphärisches Dreieck [dessen]

Seiten	Winkel
$90^0 - \varphi$	$360^0 - B'$
$90^0 - \varphi'$	B
Δ	λ

[Dann ist]

$$\text{cotang}\, B = \text{cotang}\, A + \frac{\cos\varphi}{\cos\varphi'\sin\lambda} \cdot \frac{ee(\rho'\sin\varphi' - \rho\sin\varphi)}{\rho' + \frac{h'}{a}}$$

$$\text{cotang}\, B' = \text{cotang}\, A' + \frac{\cos\varphi'}{\cos\varphi\sin\lambda} \cdot \frac{ee(\rho'\sin\varphi' - \rho\sin\varphi)}{\rho + \frac{h}{a}}$$

[Ferner ist]

$$K = a\sqrt{\{2 - 2\rho\rho'(\cos\varphi\cos\varphi'\cos\lambda + (1-ee)\sin\varphi\sin\varphi') - ee(1-ee)(\rho'\sin\varphi' - \rho\sin\varphi)^2\}}.$$

[11.]

[Übertragung der geographischen Lage vermittelst der Sehne und des Azimuths des Verticalschnittes.]

φ Polhöhe eines Orts p; $x = \cos\varphi$, $y = \sin\varphi$, $\rho = \frac{1}{\sqrt{(1 - ee\sin\varphi^2)}}$

Dasselbe für den Beobachtungsort P: Φ, X, Y, P

λ Längenunterschied der Örter p und P, positiv, wenn P westlich [von p liegt]

K Chorde

δ Depression von P in p

A [südwestliches] Azimuth [der Verticalebene in p nach P].

$$\mathrm{P}X\cos\lambda - \rho x = \frac{K}{a} y\cos\delta\cos A - \frac{K}{a} x\sin\delta$$

$$\mathrm{P}X\sin\lambda = \frac{K}{a}\cos\delta\sin A$$

$$(1-ee)(\mathrm{P}Y - \rho y) = -\frac{K}{a} x\cos\delta\cos A - \frac{K}{a} y\sin\delta.$$

[12.]

[Der Unterschied zwischen dem geodätischen und dem beobachteten Azimuth.]

Ist $V = 0$ die Gleichung einer Fläche, deren Punkte die Coordinaten x, y, z haben, wo V eine gegebene Funktion von x, y, z ist, ferner $ds = \sqrt{(dx^2 + dy^2 + dz^2)}$, so ist, ds als constant betrachtet, für die kürzeste Linie auf dieser Fläche

$$\frac{ddx}{\frac{dV}{dx}} = \frac{ddy}{\frac{dV}{dy}} = \frac{ddz}{\frac{dV}{dz}}.$$

Ich nehme an, dass im Anfangspunkt der Coordinaten die Ebene der x, y zugleich berührende Ebene der Fläche sei, und dass die kürzeste Linie von diesem Punkt ausgehe.

Man hat dann, den Halbmesser der Krümmung in der Ebene der x, z gleich R, den Halbmesser der Krümmung in der Ebene der y, z gleich R' gesetzt und angenommen, dass dies resp. die äussersten Krümmungshalbmesser sind,

$$V = z + \frac{xx}{2R} + \frac{yy}{2R'} + \cdots [= 0],$$

[und wenn] ferner das Azimuth der kürzesten Linie im Anfangspunkt der Coordinaten gleich ζ gesetzt wird:

$$x = s\cos\zeta \quad * \quad -s^3\frac{\cos\zeta}{6R}\left(\frac{\cos\zeta^2}{R} + \frac{\sin\zeta^2}{R'}\right)\cdots$$

$$y = s\sin\zeta \quad * \quad -s^3\frac{\sin\zeta}{6R'}\left(\frac{\cos\zeta^2}{R} + \frac{\sin\zeta^2}{R'}\right)\cdots$$

$$z = \quad * \quad -ss\left(\frac{\cos\zeta^2}{2R} + \frac{\sin\zeta^2}{2R'}\right) - \cdots.$$

Beim Ellipsoid setzen wir

$$\frac{1}{R} = \sqrt{(aa\cos\varphi^2 + bb\sin\varphi^2)}\cdot\left(\frac{\cos\varphi^2}{bb} + \frac{\sin\varphi^2}{aa}\right) = \frac{(1-ee\sin\varphi^2)^{\frac{3}{2}}}{a(1-ee)}$$

$$\frac{1}{R'} = \sqrt{(aa\cos\varphi^2 + bb\sin\varphi^2)}\cdot\left(\frac{\cos\varphi^2}{aa} + \frac{\sin\varphi^2}{aa}\right) = \frac{(1-ee\sin\varphi^2)^{\frac{1}{2}}}{a}$$

$$\frac{1}{\rho} = \frac{1}{a}\left(1 + \frac{ee}{1-ee}\cos\varphi^2\cos\zeta^2\right)\sqrt{(1-ee\sin\varphi^2)}.$$

[Auf dem Rotationsellipsoid ist, wenn das] beobachtete Azimuth $= \mathfrak{Z}$,

$$\zeta = \mathfrak{Z} - \tfrac{1}{12}\frac{ss}{aa}\sin 2\zeta\,\frac{ee\cos\varphi^2(1-ee\sin\varphi^2)}{1-ee}\left(1+\frac{ee\cos\varphi^2}{1-ee}\cos\zeta^2\right).$$

Allgemein [wird], wenn

$$z = axx + 2bxy + cyy + ex^3 + 3fxxy + 3gxyy + hy^3 + \cdots$$

[und θ der Winkel ist, den die geodätische Linie mit der x-Axe bildet,]

$$x = s\cos\theta \quad * \quad -\tfrac{2}{3}s^3(a\cos\theta + b\sin\theta)(a\cos\theta^2 + 2b\cos\theta\sin\theta + c\sin\theta^2)\ldots$$

$$y = s\sin\theta \quad * \quad -\tfrac{2}{3}s^3(b\cos\theta + c\sin\theta)(a\cos\theta^2 + 2b\cos\theta\sin\theta + c\sin\theta^2)\ldots$$

$$z = \quad * \quad ss(a\cos\theta^2 + 2b\cos\theta\sin\theta + c\sin\theta^2)$$

$$+ s^3(e\cos\theta^3 + 3f\cos\theta^2\sin\theta + 3g\cos\theta\sin\theta^2 + h\sin\theta^3)\ldots.$$

[Hieraus folgt für das Bogenelement $d\sigma$ einer beliebigen Curve auf der Fläche

$$d\sigma^2 = ds^2 + mm\,d\theta^2]$$

$$m = s + \tfrac{2}{3}s^3(bb - ac)\ldots.$$

[13.]

[Reduction des astronomischen Azimuthes auf das geodätische.]

Die Correction des beobachteten Azimuthes θ wegen der Höhe h des Objects wird [angenähert]

$$P = \frac{h}{2a\rho}\,\frac{ee}{1-ee}\sin 2\theta\cos\varphi^2\sqrt{(1-ee\sin\varphi^2)}$$

$$= \tfrac{1}{2}B\frac{ee}{1-ee}h\cos\varphi^2\sin 2\theta$$

[$\log B$ ist aus der Tabelle auf S. 84 zu entnehmen].

Correction [des beobachteten Azimuthes auf das Azimuth] der kürzesten Linie:

$$-\tfrac{1}{12}\frac{ss}{aa\rho}\sin 2\theta\frac{ee\cos\varphi^2(1-ee\sin\varphi^2)}{1-ee} = -Q$$

$$\left[\rho = \frac{1}{206\,264{,}8\ldots}\right].$$

[Also ist angenähert]

$$Q = \tfrac{1}{6}\frac{ss}{ha}P.$$

BEMERKUNGEN.

Die Notizen [1] und [3] fanden sich auf einzelnen Blättern; sie sind wahrscheinlich, ebenso wie auch [2], am Ende des zweiten Jahrzehnts im vergangenen Jahrhundert entstanden. [2] ist einem Handbuche entnommen; die in dem Beispiele erwähnten Punkte Kirchhesepe und Queckenberg gehören der hannoverschen Landesvermessung an. Im Beispiele selbst sind einige Rechnungsungenauigkeiten richtig gestellt worden, wodurch die Position von Queckenberg von dem durch GAUSS erhaltenen Werthe etwas abweicht.

Die Formeln zur indirecten Bestimmung von $\varphi'-\varphi$, $R'-R$ und ΔP unter [2] erhält man leicht aus den GAUSSschen Gleichungen:

$$\cos R^* \sin \tfrac{1}{2}\Delta Q = \sin\tfrac{1}{2}(\varphi'-\varphi)\cos\tfrac{1}{2}\Delta P$$

$$\cos\tfrac{1}{2}(R'-R)\cos\tfrac{1}{2}\Delta Q = \cos\tfrac{1}{2}(\varphi'-\varphi)\cos\tfrac{1}{2}\Delta P$$

$$\sin R^* \sin\tfrac{1}{2}\Delta Q = \cos\varphi^* \sin\tfrac{1}{2}\Delta P$$

$$\sin\tfrac{1}{2}(R'-R)\cos\tfrac{1}{2}\Delta Q = \sin\varphi^* \sin\tfrac{1}{2}\Delta P,$$

wenn man berücksichtigt, dass für kleine Winkel angenähert

$$\sin x = x \cos x^{\frac{1}{3}}, \qquad \operatorname{tang} x = x \sec x^{\frac{2}{3}}$$

ist. Aus der ersten Gleichung folgt

$$\varphi'-\varphi = \frac{\cos R^*}{\cos\frac{1}{2}\Delta P}\left(\frac{\cos\frac{1}{2}\Delta Q}{\cos\frac{1}{2}(\varphi'-\varphi)}\right)^{\frac{1}{3}}\Delta Q,$$

und daher mit Hülfe der zweiten Gleichung:

$$\varphi'-\varphi = \cos R^* . \Delta Q(\sec\tfrac{1}{2}(R'-R)\sec\tfrac{1}{2}\Delta P^2)^{\frac{1}{3}}.$$

$R'-R$ ergibt sich aus der 4. und 3. Gleichung:

$$\sin\tfrac{1}{2}(R'-R) = \operatorname{tang}\varphi^* \sin R^* \operatorname{tang}\tfrac{1}{2}\Delta Q$$

$$R'-R = \operatorname{tang}\varphi^* \sin R^* . \Delta Q(\sec\tfrac{1}{2}(R'-R)\sec\tfrac{1}{2}\Delta Q^2)^{\frac{1}{3}}.$$

Die angegebenen Werthe für ΔP findet man aus der 3. Gleichung und aus der 3. und 2. Gleichung.

Die Schlussformel für $d\lambda$ in der Notiz [3] lautet im Original

$$d\lambda = dl - \tfrac{1}{2}\frac{ee}{\cos I}d\sigma\left\{1-\tfrac{1}{4}ee(1-\cos\sigma^2\sin I^2) + \text{etc.}\right\}.$$

Die Formeln unter [4] waren von GAUSS auf die letzte Seite seines Exemplars der »Mathematischen Abhandlungen von Dr. H. F. SCHERK, Berlin, 1825«, eingetragen; die dazu gehörige Tabelle, die sich von 47°—55° erstreckt, und von der S. 82 eine Probe gibt, befand sich auf losen Blättern. Für $\log(-H')$ ist noch eine auf 7 Stellen berechnete Tabelle für dasselbe Intervall vorhanden. Wahrscheinlich sind diese Formeln zur geodätischen Übertragung, die vielleicht durch ein besonderes Verfahren erhalten wurden, vor den etwas einfachern der »Untersuchungen über Gegenstände der höhern Geodäsie«, Art. 23—25 oder Art. 30—33, entstanden. Man erhält aus ihnen die letztern, wenn man berücksichtigt, dass für die Glieder in den Klammern

$$(1-ee\sin\varphi^2)\frac{ss}{aa}+\Delta\zeta^2 = \left(\frac{1-ee}{1-ee\sin\varphi^2}\right)^2\Delta\varphi^2+\Delta\lambda^2$$

$$\Delta\zeta^2 = \Delta\lambda^2\sin\varphi^2,$$

also

$$\frac{1-3ee+2ee\sin\varphi^2}{24(1-ee)}\Delta\zeta^2 = \tfrac{1}{24}\Delta\zeta^2-\frac{ee\sin\varphi^2(1-ee\sin\varphi^2)}{12(1-ee)}\frac{ss}{aa}+\frac{ee(1-ee)\sin\varphi^2}{12(1-ee\sin\varphi^2)^2}\Delta\varphi^2$$

und

$$\frac{1-ee\sin\varphi^2}{12(1-ee)}\Delta\lambda^2 = \tfrac{1}{12}\Delta\zeta^2+\frac{1-ee\sin\varphi^2}{12(1-ee)}\frac{ss}{aa}-\frac{1-ee}{12(1-ee\sin\varphi^2)^2}\Delta\varphi^2$$

ist. Hierbei ist zu $\Delta\varphi$, $\Delta\lambda$, $\Delta\zeta$ der Factor $\rho = \frac{1}{206\,265}$ zuzufügen.

Die Formeln [4] sind von GAUSS zur Berechnung der geodätischen Positionen seiner Hauptdreieckspunkte benutzt worden; Breite, Länge und Azimuth wurden von Göttingen, Sternwarte, aus von Punkt zu Punkt übertragen. Das den Formeln beigefügte Beispiel ist diesen Rechnungen entnommen, die sich auf den letzten Seiten eines Beobachtungs- und Rechnungsheftes für die Gradmessung aus dem Jahre 1825 befinden. Die Bezeichnungen sind in dem Beispiel zugesetzt worden.

Die unter [5] mitgetheilten Formeln, die einem Handbuche entstammen, sind Annäherungen an die Formeln [4]. Zu ihnen gehört eine von 50° bis 54° sich erstreckende, auf dem Abplattungswerthe $\frac{1}{302.78}$ beruhende Tabelle, die in einem besondern Heftchen enthalten ist. Die Tabelle auf S. 84 gibt eine Probe davon.

Bei der Notiz [6] hat GAUSS in der Formel für log hyp (4) als zweites Glied $\frac{1}{8}ww\frac{(1-ee\sin\varphi^2)^2}{1-ee}$, während es heissen muss, wie angegeben ist: $\frac{1}{8}ww\frac{1-ee}{(1-ee\sin\varphi^2)^2}$; ferner heisst die Formel für log hyp (5) bei ihm: $\log(5) = \frac{1}{2}\mu-\frac{2}{3}\nu$.

In den Beispielen [7], die sich in demselben Handbuche wie [5] und [6] befinden, sind die Bezeichnungen für die Zahlenwerthe zugefügt und ausserdem einige kleine Rechenfehler berichtigt worden.

[8] ist einem einzelnen Blatte entnommen.

Die Notiz [9] fand sich auf einem abgerissenen Zettel; theilweise waren die Formeln durcheinander geschrieben. In den Schlussformeln mit mittlern Argumenten sind den Constanten die Accente zugefügt worden. Der Schrift nach zu urtheilen, gehört diese Entwickelung einer spätern Zeit an, als die vorherigen Notizen.

Bei den Formeln unter [10], zur Berechnung der Sehne und der Azimuthe der beiden Verticalschnitte aus den geographischen Positionen zweier Punkte, hat GAUSS in der Formel für K das Glied

$$-ee(1-ee)(\rho'\sin\varphi'-\rho\sin\varphi)^2$$

nicht. In den Formeln unter [11] steht im Original, einem Handbuche, das auch die vorhergehende Notiz enthält, immer K an Stelle von $\frac{K}{a}$, und in der letzten Formel $-Kx\cos\delta$ an Stelle von $-\frac{K}{a}x\cos\delta\cos A$.

Die Entwickelung von x, y, z nach Potenzen von s in dem allgemeinern Falle bei der einem andern Handbuche entlehnten Notiz [12] geschieht mit Hülfe der Differentialgleichungen der kürzesten Linie. Wegen

$$z = axx+2bxy+cyy+\cdots$$

lauten dieselben

$$-\frac{\mathrm{dd}x}{\mathrm{d}s^2} = (2ax+2by+3exx+\cdots)\frac{\mathrm{dd}z}{\mathrm{d}s^2}$$

$$-\frac{\mathrm{dd}y}{\mathrm{d}s^2} = (2bx+2cy+3fxx+\cdots)\frac{\mathrm{dd}z}{\mathrm{d}s^2}.$$

Also ist für den Anfangspunkt

$$\left(\frac{\mathrm{dd}x}{\mathrm{d}s^2}\right)_1 = 0, \qquad \left(\frac{\mathrm{dd}y}{\mathrm{d}s^2}\right)_1 = 0;$$

da ausserdem für diesen

$$\left(\frac{\mathrm{d}x}{\mathrm{d}s}\right)_1 = \cos\theta, \qquad \left(\frac{\mathrm{d}y}{\mathrm{d}s}\right)_1 = \sin\theta$$

ist, so wird mithin zunächst

$$x = s\cos\theta + \tfrac{1}{6}s^3(\ldots), \qquad y = s\sin\theta + \tfrac{1}{6}s^3(\ldots),$$

und daher

$$z = ss(a\cos\theta^2 + 2b\cos\theta\sin\theta + c\sin\theta^2) + s^3(e\cos\theta^3 + 3f\cos\theta^2\sin\theta + 3g\cos\theta\sin\theta^2 + h\sin\theta^3) + \cdots.$$

Aus den Differentialgleichungen folgt jetzt weiter für den Anfangspunkt

$$\left(\frac{\mathrm{d}^3x}{\mathrm{d}s^3}\right)_1 = -4(a\cos\theta + b\sin\theta)(a\cos\theta^2 + 2b\cos\theta\sin\theta + c\sin\theta^2)$$

$$\left(\frac{\mathrm{d}^3y}{\mathrm{d}s^3}\right)_1 = -4(b\cos\theta + c\sin\theta)(a\cos\theta^2 + 2b\cos\theta\sin\theta + c\sin\theta^2),$$

womit die angegebenen Reihen für x und y erhalten werden. Die Differenz des geodätischen und des beobachteten Azimuthes ergibt sich aus der Gleichung:

$$\mathrm{tang}(\theta - Z) = \frac{x\sin\theta - y\cos\theta}{x\cos\theta + y\sin\theta}$$

oder

$$\theta - Z = \tfrac{2}{3}ss(\tfrac{1}{2}(c-a)\sin 2\theta + b\cos 2\theta)(a\cos\theta^2 + 2b\cos\theta\sin\theta + c\sin\theta^2) + s^4(\ldots),$$

aus der für

$$\theta = \zeta, \quad Z = \mathfrak{Z} \quad \text{und} \quad a = \frac{1}{2R}, \quad b = 0, \quad c = \frac{1}{2R'}, \quad \frac{\cos\zeta^2}{R} + \frac{\sin\zeta^2}{R'} = \frac{1}{\rho}$$

und mit den Werthen von R, R', ρ für das Rotationsellipsoid, S. 94, die auf S. 95 gegebene Formel hervorgeht. Auch die Notiz [12] dürfte aus der Zeit um 1820 stammen.

Über die Notiz [13], die sich auf einem einzelnen Blatte befindet, ist der Brief an Olbers vom 14. Mai 1826 zu vergleichen. Die Schlussformel heisst bei Gauss $Q = \frac{1}{6}\frac{ss}{h\rho}P$, weil Gauss in der Formel für $-Q$, aus Versehen, $\frac{ss}{a\rho}$ an Stelle von $\frac{ss}{aa\rho}$ geschrieben und in der Formel für P den Factor $\frac{1}{\rho}$ weggelassen hatte.

Krüger, Börsch.

BRIEFWECHSEL.

[Änderung der Polhöhe mit der Höhe.]

Gauss an J. J. Baeyer. Göttingen, 22. Junius 1853.

Ich habe Ihnen noch meinen verbindlichsten Dank abzustatten für Ihr gütiges Schreiben vom 19. Mai und für die interessanten Mittheilungen, die Verbindung der verschiedenen Dreieckssysteme betreffend. Dass dieser Dank etwas verspätet ist, muss ich damit entschuldigen, dass ich auf die in Ihrem Briefe aufgestellte Frage nicht gleich eine angemessene Antwort geben konnte. Erinnerlich war mir nicht, sie irgend wo berührt gefunden zu haben, und an einigen Plätzen, wo man ein Eingehen darauf wohl hätte erwarten mögen, fand sich nichts. Es blieb mir also nichts übrig, als erst selbst eine Untersuchung darüber anzustellen, wobei ich bald zu der Überzeugung kam, dass hier mit blossen Aperçüs nichts auszurichten ist, sondern eine tiefer eindringende Untersuchung unerlässlich ist.

Was ich in dieser Hinsicht zunächst zu bemerken habe, erläutere ich durch beistehende Figur, die in der Meridianebene des Punktes A gedacht werden muss. Es ist dabei DAE ein Theil der Erdoberfläche (d. i. ihres Schnittes mit der Meridianebene), AB stellt (nach beliebigem Maassstabe) die Gravitation in A vor (d. i. die Anziehung gegen den Erdkörper), BC parallel mit dem Erdäquator nach demselben Maassstabe die Centrifugalkraft, also AC die Schwere.

In der Fortsetzung der Geraden CA nach oben sei ein zweiter Punkt a, daselbst (immer in dem vorigen Maassstabe) ab die Richtung und Grösse der

Gravitation, bc parallel mit BC die Centrifugalkraft, also ac die Schwere in a. Sie bemerken sehr richtig, dass $ab < AB$, hingegen $bc > BC$.

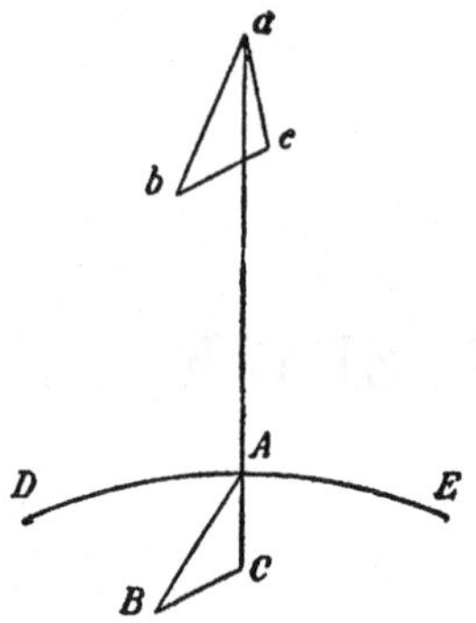

Allein dies ist nicht ausreichend, um über die Verschiedenheit der in A und a beobachteten Richtung der Schwere (Lothlinie) gegen den Äquator zu urtheilen, da man nicht berechtigt ist anzunehmen, dass ab mit AB parallel sei; in der That ist die Ungleichheit der Richtungen von ab und AB von derselben Ordnung, wie die aus den zwei von Ihnen angeführten Ursachen entspringende Ungleichheit der Winkel BAC und bac. Nach einem blossen Aperçü würde man geneigt sein, zu vermuthen, dass die beiden Geraden AB und ab, auf beiden Seiten indefinite fortgesetzt, sich nicht oben, sondern unten schneiden müssten, in welchem Falle dann diese dritte Ursache in demselben Sinne wirken würde, nemlich die Polhöhe in a grösser zu machen als in A. Allein eine tiefer eindringende Untersuchung zeigt, dass diese Präsumption falsch ist, und dass ab mit aAC einen grössern und nicht einen kleinern Winkel macht als AB mit AC, daher also diese dritte Ursache den beiden ersten entgegen wirkt und es auf das Quantitative ankommt, um sicher zu werden, ob nicht gar die Polhöhe in a kleiner wird als in A.

Zu einer solchen Untersuchung fehlte mir nun damals die Zeit, auch abgesehen von einem nicht günstigen Gesundheitszustande. Jedoch habe ich, sobald ich es möglich machen konnte, die Untersuchung für den Fall, wo die Erde wie homogen betrachtet wird, durchgeführt. Das Resultat war, dass die Polhöhe in a um

$$206\,265''\cdot\frac{s}{a_0}\sin 2\varphi\,.\,K$$

grösser ist als in A, wo a_0 den Halbmesser des Äquators, s die Höhe Aa

in obiger Figur, φ die Polhöhe in A, und K einen Coefficienten bedeutet, der aber in der Voraussetzung der Homogeneität schlechthin der Abplattung gleich wird $= \theta$, übrigens aber eben nur auf die erste Ordnung der Abplattung genau ist, was jedenfalls hier vollkommen zureicht. Ich bemerke noch, dass dies K wie aus drei Theilen zusammengesetzt betrachtet werden kann: $+\frac{2}{5}\theta$ in Folge des Umstandes, dass $bc > BC$; $+\frac{4}{5}\theta$ in Folge des Umstandes, dass $ab < AB$ und $-\frac{1}{5}\theta$ in Folge des Nichtparallelismus von ab und AB. Ich wollte Ihnen jedoch dies Resultat nicht gleich mittheilen, weil ich wünschte, die Untersuchung von der Voraussetzung der Homogeneität der Erde unabhängig zu machen. Ganz unabhängig von aller Voraussetzung ist es natürlich nicht möglich, ein Resultat zu erhalten. Meiner weitern Untersuchung sollte aber weiter keine Voraussetzung zum Grunde liegen, als diejenige, der (in einer oder andern Form) der berühmte CLAIRAUTsche Lehrsatz

$$\frac{5}{2}\frac{h}{g} = \theta + \frac{g'-g}{g}$$

zum Grunde liegt, wo g und g' die Schwere am Äquator und Pol und h die Centrifugalkraft am Äquator bedeuten. Die Gültigkeit dieses Lehrsatzes ist nemlich abhängig davon, dass man entweder den Erdkörper aus ähnlichen Schichten zusammengesetzt sich vorstellt (Dichtigkeit in allen Punkten Einer Schicht dieselbe, aber in verschiedenen Schichten beliebig ungleich) oder auch bloss annimmt, die Erde sei ein elliptisches Sphäroid, oder drittens auch nur, dass der Zuwachs der Pendellänge vom Äquator zum Pol dem Quadrate des Sinus der Polhöhe proportional sei. Alles übrigens, indem man Grössen der zweiten Ordnung der Abplattung ignorirt.

Diese weitere Untersuchung habe ich jetzt auch ausgeführt, freilich nicht gerade in der Form einer Zusammensetzung des Resultats aus den gedachten drei Theilen, die sich aber doch darin wiederfinden lassen. Diese drei Theile verhalten sich hier aber nicht mehr wie die Zahlen $+2$, $+4$, -1, sondern die dritte wird einem complicirtern Ausdruck entsprechen. Das Endresultat wird aber merkwürdigerweise sehr einfach, nemlich

$$K = \frac{g'-g}{g},$$

welches also das vorhergehende specielle unter sich begreift, da bekanntlich bei homogener Zusammensetzung des Erdkörpers

$$\theta = \frac{g'-g}{g} = \tfrac{5}{4}\frac{h}{g}$$

wird (die NEWTONsche Abplattung).

Bei dieser neuen umfassenden Form wird, wenn ich mit SABINE

$$\frac{g'-g}{g} = \frac{1}{192,7}$$

setze, die Polhöhe in a

$$= \varphi + 1070''.\frac{s}{a_0}\sin 2\varphi.$$

Also für die höchsten Berge in Schlesien nur etwa $\frac{1}{4}$ Secunde. Ich muss Ihnen indessen offenherzig gestehen, dass ich die ganze Untersuchung nur wie eine theoretische Curiosität betrachten kann, der durchaus alle praktische Bedeutung abgeht. Sie hätte eine solche nur dann, wenn auf der glatten Erdoberfläche DAE eine dünne hohe Säule Aa errichtet wäre, auf deren Gipfel wie am Fuss man die Polhöhe beobachten könnte. In der Wirklichkeit, wo a etwa auf einem hohen Berge liegt, kann man erstlich dem Punkt A gar nicht beikommen, und wenn man es auch könnte, und die Ungleichheit der Richtung der Lothlinie in A und a durch Messungen scharf bestimmen könnte, so hätte man doch gar kein Recht, obige Formel wie diesen Unterschied darstellend zu betrachten, da die Anziehungen der oberhalb des Niveaus von A liegenden Bestandtheile des Erdkörpers viel grössere und einem Calcül gar nicht zu unterwerfende Ungleichheiten in den Endresultaten für die Schwere in A und a hervorbringen werden.

Ich habe mich über diesen Gegenstand im Allgemeinen in meiner Schrift von 1828 über den Breitenunterschied von Göttingen und Altona, p. 73 [vergl. diesen Band, S. 49], bereits so ausgesprochen, dass ich jetzt nichts Besseres darüber zu sagen weiss.

BEMERKUNGEN.

Der vorstehende Brief, von dem eine Abschrift im Gauss-Archiv vorhanden ist, ist abgedruckt in den »Protocollen der Verhandlungen der permanenten Commission der europäischen Gradmessung vom 23. bis 29. September 1869 in Florenz«. (Als Manuscript gedruckt.) S. 30—32.

KRÜGER, BÖRSCH.

NACHLASS.

[1.]

Reduction der sphärischen Dreieckswinkel A, B, C auf die Chordenwinkel $\mathfrak{A}$, $\mathfrak{B}$, $\mathfrak{C}$.

Man beschreibe um das Dreieck einen Kreis.
Also die 3 Vierecke das Maass [der Correctionen].
Man mache

$$\frac{a}{\sin A} = \frac{b}{\sin B} = \frac{c}{\sin C} = \nu$$

$$\nu a \cos A = \alpha, \quad \nu b \cos B = \beta, \quad \nu c \cos C = \gamma.$$

Dann sind die Reductionen

$$\frac{\beta+\gamma}{8}, \quad \frac{\alpha+\gamma}{8}, \quad \frac{\alpha+\beta}{8}.$$

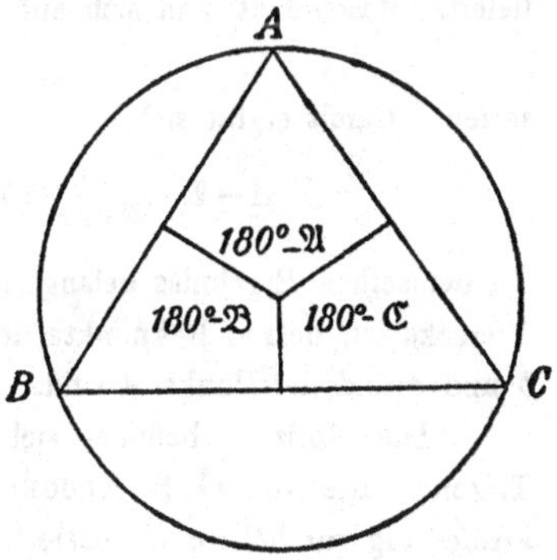

[2.]

[Bedingung dafür, dass 3 Punkte auf der Oberfläche einer Kugel auf einem grössten Kreise liegen.]

Dass drei Punkte auf der Oberfläche einer Kugel, deren Längen und Breiten resp.

$$L, B$$
$$L', B'$$
$$L'', B''$$

sind, in einem grössten Kreise liegen, davon ist die Bedingungsgleichung:

$$\operatorname{tang} B \sin(L'-L'') + \operatorname{tang} B' \sin(L''-L) + \operatorname{tang} B'' \sin(L-L') = 0.$$

BEMERKUNGEN.

Die Notiz [1] ist in ein Rechnungsheft für die hannoversche Gradmessung eingetragen. GAUSS hat hier als Werthe der Correctionen $\frac{\beta+\gamma}{4}$, $\frac{\alpha+\gamma}{4}$, $\frac{\alpha+\beta}{4}$ angegeben. Die Reduction von A auf $\mathfrak{A}$ kann man aus der Gleichung

$$\cos\mathfrak{A} = \sin\frac{b}{2r}\sin\frac{c}{2r}+\cos\frac{b}{2r}\cos\frac{c}{2r}\cos A, \quad (r = \text{Radius der Kugel})$$

erhalten, die entwickelt zunächst

$$A-\mathfrak{A} = \frac{1}{4rr}\cdot\frac{bc}{\sin A}-\frac{1}{8rr}(bb+cc)\operatorname{cotang} A\ldots$$

liefert. Beschränkt man sich auf die Glieder zweiter Ordnung, so kann man

$$bb+cc = aa+2bc\cos A$$

setzen. Damit ergibt sich

$$A-\mathfrak{A} = \frac{1}{8rr}(2bc\sin A-aa\operatorname{cotang} A) = \frac{1}{8rr}(bb\operatorname{cotang} B+cc\operatorname{cotang} C).$$

Zu demselben Ergebniss gelangt man, wenn man bedenkt, dass $A-\mathfrak{A}$ gleich dem Excesse des sphärischen Vierecks ist, dessen Eckpunkte der Pol des Dreiecks, die Fusspunkte der Lothe von diesem auf die Seiten b und c und der Punkt A sind.

Die Notiz [2] befindet sich auf dem letzten Blatte des GAUSSschen Exemplars der »Analytischen Trigonometrie von G. S. KLÜGEL. Braunschweig 1770«. Nach einer von GAUSS gehaltenen Vorlesung: »Anleitung zur höhern Geodäsie«, von der eine Nachschrift vorliegt, gründet sich die Ableitung der in [2] gegebenen Bedingungsgleichung darauf, dass, wenn

$$m = n\sin(\varphi-\Phi)$$
$$m' = n\sin(\varphi'-\Phi)$$
$$m'' = n\sin(\varphi''-\Phi)$$

ist, alsdann

$$m\sin(\varphi'-\varphi'')+m'\sin(\varphi''-\varphi)+m''\sin(\varphi-\varphi') = 0$$

wird. Bedeutet nun i den Neigungswinkel der Ebene des grössten Kreises gegen die Äquatorebene, und werden die Längen $L-L_0$, $L'-L_0$, $L''-L_0$ von dem durch den Durchschnitt beider gehenden Meridian an gezählt, so ist aber

$$\operatorname{tang} B = \operatorname{tang} i\sin(L-L_0)$$
$$\operatorname{tang} B' = \operatorname{tang} i\sin(L'-L_0)$$
$$\operatorname{tang} B'' = \operatorname{tang} i\sin(L''-L_0).$$

KRÜGER, BÖRSCH.

CONFORME DOPPELPROJECTION DES SPHÄROIDS AUF DIE KUGEL UND DIE EBENE.

NACHLASS.

[I.]

DAS ELLIPTISCHE SPHÄROID [AUF DIE KUGEL ÜBERTRAGEN].

[1.]

Die erste Aufgabe ist die Übertragung der Oberfläche des Ellipsoids auf die Kugelfläche.

[Es sei]

φ.... Polhöhe auf dem Sphäroid

ψ.... correspondirende Polhöhe auf der Kugel

e.... Excentricität

a.... Halbmesser des Äquators.

[Dann ist, vergl. Band IV, Art. 13, S. 207 u. f.]

$$\frac{d\psi}{\cos\psi} = \frac{(1-ee)\,d\varphi}{\cos\varphi\,(1-ee\sin\varphi^2)}$$

oder

$$\operatorname{tang}(45^0+\tfrac{1}{2}\psi) = \operatorname{tang}(45^0+\tfrac{1}{2}\varphi)\left(\frac{1-e\sin\varphi}{1+e\sin\varphi}\right)^{\frac{1}{2}e}\cdot\mathrm{Const.}$$

Jede unendlich kleine Figur auf der Kugel wird so der correspondirenden auf dem Sphäroid ähnlich, und gleich, wenn man den Halbmesser der Kugel $r = \frac{a\cos\varphi}{\cos\psi\sqrt{(1-ee\sin\varphi^2)}}$ setzt. Soll r für $\varphi = P$ ein Maximum werden, so setzt man den constanten Multiplicator $= \left(\frac{1+e\sin P}{1-e\sin P}\right)^{\frac{1}{2}e}$, wodurch auf jenem Parallel auch $\psi = P$ wird. Man hat dann eben daselbst die vollkommenste Gleichheit der Figuren, wenn man den Halbmesser der Kugel $= \frac{a}{\sqrt{(1-ee\sin P^2)}}$ setzt. Für andere Parallele sind dann die Lineargrössen auf dem Sphäroid zu denen auf der Kugel wie

$$\frac{\cos\varphi\sqrt{(1-ee\sin P^2)}}{\cos\psi\sqrt{(1-ee\sin\varphi^2)}} : 1 = 1 : n.$$

[Hieraus folgt

$$\frac{\mathrm{d}\log n}{\mathrm{d}\psi} =\Big]\ \frac{\mathrm{d}n}{n\,\mathrm{d}\psi} = \frac{\sin\varphi-\sin\psi}{\cos\psi}.$$

Die Darstellung eines Stückes der geodätischen Linie auf der Kugel wird hier ein kleiner Kreis; setzt man dessen Radius $= R$, so ist

$$\operatorname{cotang} R = \frac{\sin\varphi-\sin\psi}{\cos\psi}\sin\zeta \left[= \frac{\mathrm{d}\log n}{\mathrm{d}\psi}\sin\zeta\right],$$

[wo] ζ [das] Azimuth [der geodätischen Linie bedeutet].

[Die Darstellung ist] concav nach Süden, wenn $\sin\varphi > \sin\psi$ ist.

[2.]

Es sei

$$\sin\varphi = s$$
$$\sin\psi = \sigma,$$

[also]

$$\frac{\mathrm{d}s}{\mathrm{d}\sigma} = \frac{(1-eess)(1-ss)}{(1-ee)(1-\sigma\sigma)} = \frac{1-(1+ee)ss+ees^4}{(1-ee)(1-\sigma\sigma)}$$

$$\frac{\mathrm{dd}s}{\mathrm{d}\sigma^2} = \frac{(1-eess)(1-ss)}{(1-ee)^2(1-\sigma\sigma)^2}\{(2-2ee)\sigma-(2+2ee)s+4ees^3\}$$

u. s. w.

Für [$\varphi =$] $\psi = P$ werden diese Werthe:

$$\frac{\mathrm{d}s}{\mathrm{d}\sigma} = \frac{1-ee\sin P^2}{1-ee}$$

$$\frac{\mathrm{dd}s}{\mathrm{d}\sigma^2} = -\frac{4ee}{(1-ee)^2}(1-ee\sin P^2)\sin P$$

$$\left[\frac{\mathrm{d}^3s}{\mathrm{d}\sigma^3} = -2ee\frac{1-ee\sin P^2}{(1-ee)^3\cos P^2}\{3-ee-(3+13ee)\sin P^2+14ee\sin P^4\}\right].$$

Folglich

$$\sin\varphi = \sin P + \frac{1-ee\sin P^2}{1-ee}(\sin\psi-\sin P) - \frac{2ee}{(1-ee)^2}(1-ee\sin P^2)\sin P(\sin\psi-\sin P)^2 - \cdots$$

[oder]

$$\sin\varphi - \sin\psi = \frac{ee\cos P^2}{1-ee}(\sin\psi - \sin P) - \frac{2ee}{(1-ee)^2}(1 - ee\sin P^2)\sin P(\sin\psi - \sin P)^2$$

$$-\left[\frac{ee}{3(1-ee)^3}\cdot\frac{1-ee\sin P^2}{\cos P^2}\{3 - ee - (3+13ee)\sin P^2 + 14ee\sin P^4\}(\sin\psi - \sin P)^3\right]\ldots.$$

Ferner ist

$$\cos\psi^2 = \cos P^2 - 2\sin P(\sin\psi - \sin P) - [(\sin\psi - \sin P)^2].$$

Also

$$\frac{d\log n}{d\sin\psi}\left[= \frac{\sin\varphi - \sin\psi}{\cos\psi^2}\right]$$

$$= \frac{ee}{1-ee}(\sin\psi - \sin P) - \frac{2e^4\sin P}{(1-ee)^2}(\sin\psi - \sin P)^2 - \frac{e^4(5 - ee(3+14\sin P^2))}{3(1-ee)^3}(\sin\psi - \sin P)^3\ldots$$

und

$$\log n = \frac{ee}{2(1-ee)}(\sin\psi - \sin P)^2 - \frac{2e^4\sin P}{3(1-ee)^2}(\sin\psi - \sin P)^3\ldots$$

$$= \alpha(\sin\psi - \sin P)^2 - \beta(\sin\psi - \sin P)^3\ldots.$$

[Für den Abplattungswerth $\frac{1}{303{,}45..}$ und $P = 51^0\,31'\,48{,}''70$ ist]

$\frac{ee}{1-ee}$	7,821 0885
$\frac{\text{Mod.}}{2}$	9,336 7543
$\log\alpha =$	7,157 8428
$\frac{ee}{1-ee}$	7,821 0885
$\frac{4}{3}$	0,124 9387
$\sin P$	9,893 7263
$\log\beta =$	4,997 5963

[also für briggische Logarithmen]

$$\log n = 0{,}001\,4382.78(\sin\psi - \sin P)^2 - 0{,}000\,0099.45(\sin\psi - \sin P)^3\ldots.$$

[3.]

Ferner ist

$$\frac{ds}{d\psi} = \frac{1-(1+ee)ss+ees^4}{(1-ee)\sqrt{(1-\sigma\sigma)}}$$

$$\frac{dds}{d\psi^2} = \frac{(1-ss)(1-eess)}{(1-ee)^2(1-\sigma\sigma)}\{(1-ee)\sigma - 2(1+ee)s + 4ees^3\}$$

u. s. w.

Also für [$\varphi =$] $\psi = P$:

$$\frac{\mathrm{d}s}{\mathrm{d}\psi} = \frac{(1-ee\sin P^2)\cos P}{1-ee}$$

$$\frac{\mathrm{dd}s}{\mathrm{d}\psi^2} = -\frac{(1-ee\sin P^2)\sin P}{(1-ee)^2}(1+3ee-4ee\sin P^2)$$

$$\left[\frac{\mathrm{d}^3 s}{\mathrm{d}\psi^3} = -\frac{(1-ee\sin P^2)\cos P}{(1-ee)^3}\{1+4ee-e^4-(18ee+14e^4)\sin P^2+28e^4\sin P^4\},\right.$$

folglich]

$$\sin\varphi = \sin P+\frac{(1-ee\sin P^2)\cos P}{1-ee}(\psi-P)-\frac{(1-ee\sin P^2)\sin P}{2(1-ee)^2}(1+3ee-4ee\sin P^2)(\psi-P)^2$$
$$-\left[\frac{(1-ee\sin P^2)\cos P}{6(1-ee)^3}\{1+4ee-e^4-(18ee+14e^4)\sin P^2+28e^4\sin P^4\}(\psi-P)^3\right]\ldots.$$

[Da]

$$\sin\psi = \sin P+\cos P.(\psi-P)-\tfrac{1}{2}\sin P.(\psi-P)^2-[\tfrac{1}{6}\cos P.(\psi-P)^3]\ldots$$

[ist, so wird]

$$\sin\varphi-\sin\psi = \frac{ee\cos P^3}{1-ee}(\psi-P)$$
$$-\frac{ee}{2(1-ee)^2}\sin P\{5-ee-(5+3ee)\sin P^2+4ee\sin P^4\}(\psi-P)^2$$
$$-\left[\frac{ee}{6(1-ee)^3}\cos P\{7-4ee+e^4-(19+18ee-e^4)\sin P^2\right.$$
$$\left.+(46ee+14e^4)\sin P^4-28e^4\sin P^6\}(\psi-P)^3\right]\ldots.$$

[Mit]

$$\cos\psi = \cos P-\sin P.(\psi-P)-[\tfrac{1}{2}\cos P.(\psi-P)^2]\ldots$$

[folgt daher]

$$\frac{\mathrm{d}\log n}{\mathrm{d}\psi}\left[=\frac{\sin\varphi-\sin\psi}{\cos\psi}\right]$$
$$= \frac{ee}{1-ee}\cos P^2.(\psi-P)-\tfrac{1}{2}\frac{ee}{1-ee}\sin P\cos P\left(3+4\frac{ee}{1-ee}\cos P^2\right)(\psi-P)^2$$
$$-\left\{\frac{ee}{1-ee}(\tfrac{2}{3}\cos P^2-\tfrac{1}{2}\sin P^2)-\left(\frac{ee}{1-ee}\right)^2(4\sin P^2-\tfrac{5}{3}\cos P^2)\cos P^2\right.$$
$$\left.-\left(\frac{ee}{1-ee}\right)^3(4\sin P^2-\tfrac{2}{3}\cos P^2)\cos P^4\right\}(\psi-P)^3\ldots.$$

[4.]

[Man setze

$$\psi - P = \frac{x\sqrt{(1 - ee\sin P^2)}}{a}$$

und]

$$\frac{ee}{1-ee} = h;$$

x [sei] nach Süden positiv. [Dann wird]

$$\begin{aligned}\log n = {} & \tfrac{1}{2} h \cos P^2 \frac{xx(1 - ee\sin P^2)}{aa} \\ & + \tfrac{1}{2} h \sin P \cos P (1 + \tfrac{4}{3} h \cos P^2) \frac{x^3 (1 - ee\sin P^2)^{\frac{3}{2}}}{a^3} \\ & - \{h(\tfrac{1}{6}\cos P^2 - \tfrac{1}{3}\sin P^2) - hh(\sin P^2 - \tfrac{5}{12}\cos P^2)\cos P^2 \\ & \qquad - h^3(\sin P^2 - \tfrac{1}{6}\cos P^2)\cos P^4\} \frac{x^4(1 - ee\sin P^2)^2}{a^4}\end{aligned}$$

etc.

[5.]

[Ist ξ der dem x entsprechende Werth auf dem Sphäroid, so ist

$$\frac{d\xi}{dx} = \frac{1}{n} = 1 - \log n + \tfrac{1}{2}(\log n)^2 \ldots,$$

also, wenn noch]

$$r = \frac{a}{\sqrt{(1 - ee\sin P^2)}}$$

[gesetzt wird:]

$$\xi = x - \alpha x^3 - \beta x^4 + \gamma x^5 \ldots;$$

$$\alpha = \frac{h\cos P^2}{6rr}$$

$$\beta = \frac{h \sin P \cos P}{8r^3}(1 + \tfrac{4}{3} h \cos P^2)$$

$$\begin{aligned}\gamma = \frac{1}{r^4}\{ & h(\tfrac{1}{30}\cos P^2 - \tfrac{1}{40}\sin P^2) - hh(\tfrac{1}{5}\sin P^2 - \tfrac{13}{120}\cos P^2)\cos P^2 \\ & - h^3(\tfrac{1}{5}\sin P^2 - \tfrac{1}{30}\cos P^2)\cos P^4\}.\end{aligned}$$

[6.]

Zur Berechnung [von ψ oder φ] kann auch dienen, wenn

$$\varphi = P + \delta$$

gesetzt wird:

$$\psi = P + \frac{1-ee}{1-ee\sin P^2}\delta + \tfrac{3}{4}\frac{ee(1-ee)\sin 2P}{(1-ee\sin P^2)^2}\delta\delta + \text{etc.}$$

$$= \varphi - \frac{ee\cos P^2}{1-ee\sin P^2}\delta + \tfrac{3}{4}\frac{ee(1-ee)\sin 2P}{(1-ee\sin P^2)^2}\delta\delta + \text{etc.};$$

[wenn]

$$\psi = P + \varepsilon$$

gesetzt wird:

$$\varphi = \psi + \frac{ee\cos P^2}{1-ee\sin P^2}\varepsilon - \tfrac{3}{4}\frac{ee(1-ee\sin P^2)\sin 2P}{(1-ee)^2}\varepsilon\varepsilon - \text{etc.}$$

[7.]

[Setzt man]

$$e\sin\varphi = \sin u$$

$$e\sin P = \sin U,$$

[so ist auch]

$$\psi = \varphi - \cos\tfrac{1}{2}(\varphi+\psi) . Ae\log\frac{\operatorname{tang}(45^\circ+\frac{1}{2}u)}{\operatorname{tang}(45^\circ+\frac{1}{2}U)}\ldots,$$

wo

$$A = \frac{206\,265}{\text{Mod.}}.$$

[Für den Abplattungswerth $\frac{1}{302{,}68}$ ist] $\log Ae = 4{,}586\,3052$.

Sehr nahe [ist]

$$\varphi = \psi + \frac{ee}{1-ee}(\psi - P)\cos(\tfrac{1}{4}P + \tfrac{3}{4}\psi)^2,$$

genauer

$$\varphi = \psi + \frac{ee}{1-ee}(\psi - P)\cos(\tfrac{1}{4}P + \tfrac{3}{4}\varphi)^2,$$

noch genauer

$$\varphi = \psi + \frac{ee(\varphi-P)\sqrt[3]{(\cos\frac{1}{2}(\varphi-P)).\cos\frac{1}{2}(\varphi+P)\cos\frac{1}{2}(\varphi+\psi)}}{1-ee\sin\frac{1}{2}(P+\varphi)^2},$$

oder noch genauer, wenn der Nenner $= 1 - ee\sin P\sin\varphi$ [gesetzt wird].

[8.]

Wenn

$$\operatorname{tang}(45^0+\tfrac{1}{2}\psi) = \operatorname{tang}(45^0+\tfrac{1}{2}\varphi)\left(\frac{1-e\sin\varphi}{1+e\sin\varphi}\right)^{\frac{1}{2}e}.\left(\frac{1+e\sin P}{1-e\sin P}\right)^{\frac{1}{2}e}$$
$$= \operatorname{tang}(45^0+\tfrac{1}{2}\varphi).\mathrm{e}^u$$

gesetzt wird, so ist

$$\frac{\mathrm{d}\psi}{\mathrm{d}u} = \left[\cos\psi = \frac{2\operatorname{tang}(45^0+\frac{1}{2}\psi)}{1+\operatorname{tang}(45^0+\frac{1}{2}\psi)^2} =\right] \frac{\cos\varphi}{1+\sin\varphi.u+\frac{1}{2}uu+\frac{1}{6}\sin\varphi.u^3+\frac{1}{24}u^4+\frac{1}{120}\sin\varphi.u^5+\cdots}$$

und hienach

$$\psi = \varphi+\cos\varphi.u-\tfrac{1}{2}\cos\varphi\sin\varphi.uu-\tfrac{1}{6}\cos\varphi\cos 2\varphi.u^3\ldots.$$

[Ferner folgt aus

$$\mathrm{d}u = -\frac{ee\cos\varphi}{1-ee\sin\varphi^2}\mathrm{d}\varphi = -ee(1+ee\sin\varphi^2+e^4\sin\varphi^4+\cdots)\,\mathrm{d}\sin\varphi:]$$
$$-u = ee(\sin\varphi-\sin P)+\tfrac{1}{3}e^4(\sin\varphi^3-\sin P^3)+\tfrac{1}{5}e^6(\sin\varphi^5-\sin P^5)+\cdots$$

oder, $\sin\varphi = \sin P+x = \sigma$ gesetzt,

$$u = -eex-\tfrac{1}{3}e^4(3x\sigma\sigma-3xx\sigma+x^3)-\tfrac{1}{5}e^6(5x\sigma^4-10xx\sigma^3+10x^3\sigma\sigma-5x^4\sigma+x^5)\ldots$$
$$= -\frac{eex}{1-ee\sigma\sigma}-\cdots.$$

[Es ist]

$$\frac{\cos\varphi}{\cos\psi}\left[= \frac{1+\operatorname{tang}(45^0+\frac{1}{2}\psi)^2}{2\operatorname{tang}(45^0+\frac{1}{2}\psi)}\cos\varphi = \cos iu+\sin\varphi\frac{\sin iu}{i}\right]$$
$$= 1+\sin\varphi.u+\tfrac{1}{2}uu+\tfrac{1}{6}\sin\varphi.u^3+\tfrac{1}{24}u^4+\tfrac{1}{120}\sin\varphi.u^5+\cdots,$$
$$\log\frac{\cos\varphi}{\cos\psi} = \sin\varphi.u+\tfrac{1}{2}\cos\varphi^2.uu-\tfrac{1}{3}\cos\varphi^2\sin\varphi.u^3-\cdots$$

[und]

$$\sin\psi = \left[\frac{\operatorname{tang}(45^0+\frac{1}{2}\psi)^2-1}{\operatorname{tang}(45^0+\frac{1}{2}\psi)^2+1} = \frac{\sin\varphi\cos iu+\frac{\sin iu}{i}}{\cos iu+\sin\varphi\frac{\sin iu}{i}} =\right] \frac{\sin\varphi+u+\frac{1}{2}\sin\varphi.uu+\frac{1}{6}u^3+\cdots}{1+\sin\varphi.u+\frac{1}{2}uu+\frac{1}{6}\sin\varphi.u^3+\cdots},$$

$$\sin\varphi-\sin\psi = \left[-\frac{\cos\varphi^2\frac{\sin iu}{i}}{\cos iu+\sin\varphi\frac{\sin iu}{i}} =\right] -\cos\varphi^2.\frac{u+\frac{1}{6}u^3+\frac{1}{120}u^5+\cdots}{1+\sin\varphi.u+\frac{1}{2}uu+\frac{1}{6}\sin\varphi.u^3+\cdots},$$

$$\frac{\sin\varphi-\sin\psi}{\cos\psi} = \left[-\cos\varphi\frac{\sin iu}{i} =\right] -\cos\varphi.(u+\tfrac{1}{6}u^3+\tfrac{1}{120}u^5+\cdots)\left[= \frac{\mathrm{d}\log n}{\mathrm{d}\psi}\right].$$

[9.]

[Für P (Göttingen) $= 51^{0}31'48'',70$ und mit dem Abplattungswerth $\frac{1}{302,68}$ wird:]

φ	$\psi-\varphi$	
48° 0′	+36″,365	
		1,888
10	34,477	
		1,870
20	32,607	
		1,854
30	30,753	
		1,837
40	28,916	
		1,820
50	27,096	
		1,803
49 0	25,293	
		1,786
10	23,507	
		1,770
20	21,737	
		1,752
30	19,985	
		1,736
40	18,249	
		1,718
50	16,531	
		1,702
50 0	14,829	
		1,684
10	13,145	
		1,668
20	11,477	
		1,650
30	9,827	
		1,634
40	8,193	
		1,616
50	6,577	
		1,600
51 0	4,977	
		1,583
10	3,394	
		1,566
20	1,828	
		1,549
30	+0,279	
		1,532
40	−1,253	
		1,516
50	2,769	
		1,499
52 0	4,268	

φ	$\psi-\varphi$	
52° 0′	−4″,268	
		1,482
10	5,750	
		1,465
20	7,215	
		1,449
30	8,664	
		1,432
40	10,096	
		1,415
50	11,511	
		1,399
53 0	12,910	
		1,382
10	14,292	
		1,364
20	15,656	
		1,348
30	17,004	
		1,331
40	18,335	
		1,315
50	19,650	
		1,298
54 0	20,948	
		1,282
10	22,230	
		1,265
20	23,495	
		1,248
30	24,743	
		1,232
40	25,975	
		1,215
50	27,190	
		1,198
55 0	−28,388	

[10.]

Die Correctionen der berechneten Azimuthe [auf der Kugel] wegen Ellipticität sind, [wenn]

beim ersten Punkt: $(\varphi-\psi)\sin\zeta = a$
in der Mitte: » $= b$
beim zweiten Punkt: » $= c$

[und]

$s =$ ganzer Bogen [sowie ζ dessen südwestliches Azimuth ist],

am ersten Punkt: $(\frac{1}{3}b+\frac{1}{6}a)s$
» zweiten » : $-(\frac{1}{3}b+\frac{1}{6}c)s.$

Zum observirten [Azimuth] kommt [also] hinzu

[am ersten Punkt:] $-(\frac{1}{3}b+\frac{1}{6}a)s$
[» zweiten » :] $+(\frac{1}{3}b+\frac{1}{6}c)s.$

BEMERKUNGEN.

Die vorstehenden Formeln für die conforme Übertragung des Erdellipsoids auf die Kugel und auch im Wesentlichen die unter [II] und [III] folgenden Übertragungsformeln von der Kugel auf die Ebene sind in derselben Zeit entstanden wie die Formeln zur conformen Darstellung des Ellipsoids in der Ebene, die dann bei der hannoverschen Gradmessung und Landesvermessung Verwendung fanden. Ihre Entstehungszeit dürfte demnach in das Ende des zweiten Jahrzehnts des vorigen Jahrhunderts zu setzen sein. Die Übertragung des Umdrehungsellipsoids auf die Kugel, wie sie hier gegeben ist, und die sich auf Art. 13 der »Allgemeinen Auflösung der Aufgabe, die Theile einer gegebenen Fläche auf einer andern gegebenen Fläche so abzubilden etc.« gründet, ist später durch die in den »Untersuchungen über Gegenstände der höhern Geodäsie, 1844« mitgetheilte zweite Darstellung, die — wie Gauss selbst sagt (Band IV, S. 262) — für geodätische Anwendungen noch viel mehr geeignet ist, überholt worden.

Die Aufzeichnungen [1], [6], [10], sowie [1], S. 117, bei der stereographischen Projection und [1], S. 123, bei der Mercatorprojection folgen in demselben Handbuche unmittelbar auf einander.

Die Notizen [2], [3], [7], [8] und [9] finden sich zerstreut zwischen Formeln zur conformen Darstellung des Erdellipsoids in der Ebene in einem andern Handbuche; [4] und [5] stehen auf einzelnen Blättern zwischen Zahlenrechnungen.

Bei [3] ist im Original in der Formel für $\frac{\mathrm{d}\log n}{\mathrm{d}\psi}$ in dem mit $(\psi-P)^3$ multiplicirten Gliede: $\frac{2}{3}\cos P^2 + \frac{1}{2}\sin P^2$ an Stelle von: $\frac{2}{3}\cos P^2 - \frac{1}{2}\sin P^2$ angegeben; dem entsprechend steht auch in der Formel für $\log n$ unter [4] im letzten Gliede: $\frac{1}{6}\cos P^2 + \frac{1}{8}\sin P^2$ an Stelle von: $\frac{1}{6}\cos P^2 - \frac{1}{8}\sin P^2$ und in dem Ausdruck für γ unter [5]: $\frac{1}{30}\cos P^2 + \frac{1}{40}\sin P^2$ an Stelle von: $\frac{1}{30}\cos P^2 - \frac{1}{40}\sin P^2$.

In den Formeln für ψ und φ unter [6] hat GAUSS in den letzten Gliedern an Stelle des Faktors $\frac{3}{4}$ den Faktor $\frac{1}{4}$; bei der Formel $\psi = \varphi - (1)\delta + (2)\delta\delta$ des Beispiels auf S. 119 ist daher (und auch wegen eines kleinen Rechenfehlers): $\log(2) = 1{,}86733-10$, wie das Original angibt, durch: $\log(2) = 2{,}35885-10$ ersetzt worden.

Die Unterschiede ψ_1 und ψ_2 zwischen den Azimuthen des Bildes der geodätischen Linie des Sphäroids und den Azimuthen des grössten Kreises auf der Kugel, Art. [10], ergeben sich nach Band IV, S. 278 u. f., aus den Gleichungen:

$$\begin{aligned}\psi_1 &= \tfrac{1}{2}l_1 s + \tfrac{1}{6}\lambda ss\ldots\\ \psi_2 &= -\tfrac{1}{2}l_1 s - \tfrac{1}{3}\lambda ss\ldots\\ &= -\tfrac{1}{2}l_2 s + \tfrac{1}{6}\lambda ss\ldots;\end{aligned}$$

l_1 und l_2 sind die Werthe von $l = \frac{\mathrm{d}n}{n\,\mathrm{d}\psi}\sin\zeta$ im Anfangs- und Endpunkt der geodätischen Linie. Ist l_m der Werth von l in der Mitte, so ist

$$l_m = l_1 + \lambda\frac{s}{2}\cdots = l_2 - \lambda\frac{s}{2}\cdots.$$

Also wird

$$\psi_1 = (\tfrac{1}{6}l_1 + \tfrac{1}{3}l_m)s\ldots,\qquad \psi_2 = -(\tfrac{1}{6}l_2 + \tfrac{1}{3}l_m)s\ldots.$$

Nach [1], S. 108, ist $l = \frac{\sin\varphi - \sin\psi}{\cos\psi}\sin\zeta = (\varphi-\psi)\sin\zeta - \ldots.$

KRÜGER, BÖRSCH.

[II.]

[STEREOGRAPHISCHE PROJECTION DER KUGEL AUF DIE EBENE.]

[1.]

Wird nun ferner die Kugel durch die stereographische Projection auf die Ebene gebracht, so ist die Lage des Orts, dessen Abscisse und Ordinate x, y [sind], folgende. Man mache

$$2r\,\mathrm{tang}(45^0-\tfrac{1}{2}P)+x = A\cos\alpha \qquad y = A\sin\alpha$$
$$2r\,\mathrm{tang}(45^0+\tfrac{1}{2}P)-x = B\cos\beta \qquad y = B\sin\beta.$$

[x ist nach Süden positiv. P ist die geographische Breite des Centralpunktes. Sind n und s die Projectionen der beiden Pole und ist q die Projection eines beliebigen Punktes, dessen Breite ψ und dessen Länge λ ist, so wird also $nq = A$ und $sq = B$; α und β sind die Winkel, die A und B mit der x-Axe bilden.] Sodann ist die Länge des Orts $= \alpha+\beta$ [und zwar wächst die Länge mit y]; und die Breite findet sich aus

$$\mathrm{tang}(45^0+\tfrac{1}{2}\psi) = \frac{B}{A}\mathrm{tang}(45^0-\tfrac{1}{2}P).$$

[Ferner ist]

$$x+y\,\mathrm{tang}\,\tfrac{1}{2}(\alpha-\beta) = 2r\,\mathrm{tang}\,\tfrac{1}{2}(P-\psi).$$

[Die] Neigung des Meridians des Orts gegen die Abscissenaxe [ist] $\alpha-\beta$.

Beispiel.

Es sei P [Marseille] $= 43^0 17' 50''{,}1$; [die Coordinaten der] Insel Planier [sind]:

$$x = +5628{,}56 \text{ Tois.} \qquad y = +5679{,}67 \text{ Tois.}$$

[Für die Berechnung von r ist der Abplattungswerth $\frac{1}{310}$, vergl. S. 68, benutzt worden.]

a (in Toisen) 6,514 7609	y 3,754 3231		
$\sqrt{(1-ee\sin P^2)}$ 9,999 3412	$A\cos\alpha$ 6,452 5266	$\alpha = 6'53''\!,258$	
r 6,515 4197	$B\cos\beta$ 7,181 0749	$\beta = 1\ 17,210$	
$2r$ 6,816 4497	$\frac{B}{A}$ 0,728 5474	$\lambda = 8'10''\!,468$	
$\mathrm{tang}(45^0+\frac{1}{2}P)$ 0,364 7863	$\mathrm{tang}(45^0+\frac{1}{2}P)$ ... 0,364 7863		
$2r\,\mathrm{tang}(45^0-\frac{1}{2}P) =$ 2 829 199	$\mathrm{tang}(45^0+\frac{1}{2}\psi)$ ... 0,363 7611		
$2r\,\mathrm{tang}(45^0+\frac{1}{2}P) =$ 15 178 749	$45^0+\frac{1}{2}\psi = 66^0 35' 57''\!,71$		
$x =$ 5 628,56	$\psi = 43\ 11\ 55,42.$		

Für die umgekehrte Aufgabe dient die Formel

$$x+iy = 2r\frac{\cos\frac{1}{2}\lambda\sin\frac{1}{2}(P-\psi)-i\sin\frac{1}{2}\lambda\cos\frac{1}{2}(P+\psi)}{\cos\frac{1}{2}\lambda\cos\frac{1}{2}(P-\psi)+i\sin\frac{1}{2}\lambda\sin\frac{1}{2}(P+\psi)}.$$

[Hiebei ist λ positiv nach Osten, und wie vorher x nach Süden, y dagegen nach Westen positiv. Ist das nordöstliche Azimuth des durch den Anfangspunkt und den Ort (ψ, λ) gehenden grössten Kreises im Anfangspunkt $= T$, und im Ort $= T'$, so ist

$$\cos\tfrac{1}{2}(T'+T)\sin\tfrac{1}{2}\Delta = \sin\tfrac{1}{2}(\psi-P)\cos\tfrac{1}{2}\lambda$$
$$\sin\tfrac{1}{2}(T'+T)\sin\tfrac{1}{2}\Delta = \cos\tfrac{1}{2}(\psi+P)\sin\tfrac{1}{2}\lambda$$
$$\cos\tfrac{1}{2}(T'-T)\cos\tfrac{1}{2}\Delta = \cos\tfrac{1}{2}(\psi-P)\cos\tfrac{1}{2}\lambda$$
$$\sin\tfrac{1}{2}(T'-T)\cos\tfrac{1}{2}\Delta = \sin\tfrac{1}{2}(\psi+P)\sin\tfrac{1}{2}\lambda.$$

Damit wird

$$x+iy = -2re^{iT}\mathrm{tang}\tfrac{1}{2}\Delta,$$

also

$$x = -2r\,\mathrm{tang}\frac{\Delta}{2}\cos T \qquad y = -2r\,\mathrm{tang}\frac{\Delta}{2}\sin T.]$$

[Beispiel.]

Göttingen:	$P = 51^0 31' 55''$	Länge	$= 27^0 35' 45''$
Brocken:	$\varphi = 51\ 48\ 12$		$28\ 17\ 1$
			$\lambda = +41' 16''$

[Zunächst hat man nach [7], S. 112, und für den Abplattungswerth $\frac{1}{310}$]

$\sin P$ ...	9,893 7368	$\sin\varphi$ ...	9,895 3633	[Man hat auch:]
e	8,904 4836	e	8,904 4836	$\varphi = P + \delta$
$U =$	$3^0 36' 9'',755$	$u =$	$3^0 36' 58'',484$	$\psi = \varphi - (1)\delta + (2)\delta\delta$
$\operatorname{tang}(45^0 + \frac{1}{2}U)$ ...	0,027 3261			(1) ... 7,39837 — 10
$\operatorname{tang}(45^0 + \frac{1}{2}u)$	0,027 4289			(2) ... 2,35885 — 10
	0,000 1028	1028	3,01199	
		e	8,90448	[$\delta = 977''$
		$\frac{206\,265}{\text{Mod.}\,10^7}\cos\varphi$ ...	8,46788	$\psi = \varphi - 2'',42$]
		$\varphi - \psi$	0,38435	

$\varphi - \psi = 2'',42 \qquad \psi = 51^0 48' 9'',58$

$\sin\frac{1}{2}(\psi - P)$	7,37336	$\cos\frac{1}{2}(\psi + P)$	9,79255	$\frac{1}{2}(T' + T) = 57^0 36'\ 0''$
$\cos\frac{1}{2}\lambda$	9,99999	$\sin\frac{1}{2}\lambda$	7,77829	$\frac{1}{2}(T' - T) = \ \ 0\ 16\ 11$
$\cos\frac{1}{2}(\psi - P)$ ...	0,00000	$\sin\frac{1}{2}(\psi + P)$	9,89455	$T = 57\ 19\ 49$
$\sin\frac{1}{2}\lambda\cos\frac{1}{2}(\psi + P)$ ..	7,57084	$\sin\frac{1}{2}\lambda\sin\frac{1}{2}(\psi + P)$ ..	7,67284	
$\cos\frac{1}{2}\lambda\sin\frac{1}{2}(\psi - P)$ ..	7,37335	$\cos\frac{1}{2}\lambda\cos\frac{1}{2}(\psi - P)$ ..	9,99999	
[$\operatorname{tang}\frac{1}{2}(T' + T)$	0,19749	$\operatorname{tang}\frac{1}{2}(T' - T)$	7,67285]	
$\sin\frac{1}{2}(T' + T)$	9,92651	$\cos\frac{1}{2}(T' - T)$	0,00000	
$\sin\frac{1}{2}\Delta$	7,64433	$\cos\frac{1}{2}\Delta$	9,99999	

$2a$	7,105 6109		
$\cos U$	9,999 1408		
$2r$	7,106 4701		
$\operatorname{tang}\frac{1}{2}\Delta$	7,64434		
$2r\operatorname{tang}\frac{1}{2}\Delta$ ...	4,75081	56339 m	$= \sqrt{(xx + yy)}$
$\cos T$	9,73223	— 30411 »	$= x$
$\sin T$	9,92521	— 47427 »	$= y$.

Der Hülfswinkel des Nenners [nemlich $\frac{1}{2}(T' - T)$], doppelt genommen, gibt die Convergenz der Meridiane oder den obigen Winkel $\alpha - \beta$, hier $32' 22''$.

Endlich findet sich die Correction des Azimuths des Orts x', y' vom Orte x, y aus gesehen und geradlinigt berechnet durch die Formel:

$$\operatorname{tang}\text{Corr.} = \frac{x'y - xy'}{4rr + xx' + yy'} \quad \text{genau} = \frac{\frac{2rd}{\operatorname{tang}\frac{1}{2}\delta}\sin\text{Corr.}}{\frac{2rd}{\operatorname{tang}\frac{1}{2}\delta}\cos\text{Corr.}},$$

wenn

d die Distanz in plano

δ » » auf der Kugel [ist].

[2.]

Die stereographische Projection auf den Horizont eines Ortes, dessen Polhöhe B [und dessen] Länge 0 [ist].

Des zu entwerfenden Ortes Polhöhe [sei] β, [seine] Länge λ. [Dann ist]

$$\text{seine Projection, nördlich: } \frac{\sin\beta\cos B - \cos\beta\sin B\cos\lambda}{1+\sin B\sin\beta+\cos B\cos\beta\cos\lambda} = y$$

$$\text{östlich: } \frac{\cos\beta\sin\lambda}{1+\sin B\sin\beta+\cos B\cos\beta\cos\lambda} = x$$

[wenn der Durchmesser der Kugel = 1 angenommen wird].

Oder

$$x = \frac{\cos\beta\sin\lambda}{1+\cos\tfrac{1}{2}\lambda^2\cos(\beta-B)-\sin\tfrac{1}{2}\lambda^2\cos(\beta+B)}$$

$$y = \frac{\cos\tfrac{1}{2}\lambda^2\sin(\beta-B)+\sin\tfrac{1}{2}\lambda^2\sin(\beta+B)}{1+\cos\tfrac{1}{2}\lambda^2\cos(\beta-B)-\sin\tfrac{1}{2}\lambda^2\cos(\beta+B)}$$

$$= \frac{\frac{1}{\cos B}(\sin B+\sin\beta)}{\text{Denomin.}} - \operatorname{tang} B.$$

Der gemeinschaftliche Nenner [wird auch]

$$= 2\cos\tfrac{1}{2}\lambda^2\cos\tfrac{1}{2}(\beta-B)^2+2\sin\tfrac{1}{2}\lambda^2\sin\tfrac{1}{2}(\beta+B)^2.$$

1) Die Meridiane werden Kreise mit dem Radius $\frac{1}{\sin\lambda\cos B}$ aus dem Mittelpunkt:

$$y = -\operatorname{tang} B$$
$$x = \frac{1}{\cos B\operatorname{tang}\lambda}.$$

2) Die Parallelkreise werden Kreise mit dem Radius

$$\tfrac{1}{2}\operatorname{cotang}\tfrac{1}{2}(\beta+B)-\tfrac{1}{2}\operatorname{tang}\tfrac{1}{2}(\beta-B)$$

aus dem Mittelpunkt:

$$y = \tfrac{1}{2}\operatorname{cotang}\tfrac{1}{2}(\beta+B)+\tfrac{1}{2}\operatorname{tang}\tfrac{1}{2}(\beta-B)$$
$$x = 0.$$

[3.]

[Es sei]

$2p$ .... Polardistanz } [eines beliebigen Punktes auf der Kugel]
λ ..... Länge }
$2q$ .... Polardistanz des Centralpunkts;

[ferner sei in der Ebene die x-Axe das Bild des Anfangsmeridians, ihre positive Richtung gehe nach Süden. Die Ordinate y hat dasselbe Vorzeichen wie λ.

Wenn der Durchmesser der Kugel = 1 ist, so wird]

$$x+iy=\frac{\operatorname{tang}p(\cos\lambda+i\sin\lambda)-\operatorname{tang}q}{1+\operatorname{tang}q\operatorname{tang}p(\cos\lambda+i\sin\lambda)}.$$

[Man setze]

$$\begin{aligned}\cos\lambda\operatorname{tang}p-\operatorname{tang}q&=a\cos A\\ \sin\lambda\operatorname{tang}p&=a\sin A\\ 1+\operatorname{tang}q\operatorname{tang}p\cos\lambda&=b\cos B\\ \operatorname{tang}q\operatorname{tang}p\sin\lambda&=b\sin B.\end{aligned}$$

[Dann wird]

$$x+iy=\frac{a}{b}\{\cos(A-B)+i\sin(A-B)\}.$$

Noch einfacher

$$x+iy=\frac{\sin(p-q)\cos\frac{1}{2}\lambda+i\sin(p+q)\sin\frac{1}{2}\lambda}{\cos(p-q)\cos\frac{1}{2}\lambda-i\cos(p+q)\sin\frac{1}{2}\lambda}.$$

BEMERKUNGEN.

Wie schon auf S. 115 erwähnt, ist die Notiz [1] in einem Handbuche enthalten; in den Zahlenbeispielen sind die Bezeichnungen zugefügt und einige kleine Rechnungsungenauigkeiten beseitigt worden. Die Azimuthreduction am Schlusse dieser Notiz kann man wie folgt erhalten. Es sei x nach Süden positiv und y habe dasselbe Vorzeichen wie λ. Alsdann ist

$$x=-2r\operatorname{tang}\frac{\Delta}{2}\cos T=-\rho\cos T,\qquad y=2r\operatorname{tang}\frac{\Delta}{2}\sin T=\rho\sin T,$$

wo also Δ der grösste Kreisbogen ist, der den abzubildenden Punkt mit dem Centralpunkt verbindet, und

T das Azimuth von Δ bedeutet. Ist nun ζ_1 der Winkel zwischen Δ_1 und dem grössten Kreisbogen δ, der (Δ_1, T_1) und (Δ_2, T_2) verbindet, ferner z_1 der Winkel zwischen ρ_1 und d, so ist $-(\zeta_1 - z_1)$ die Reduction des sphärischen auf das ebene Azimuth. Dem Ubergange von der positiven x-Axe zur positiven y-Axe entsprechen hiebei wachsende Azimuthe. Setzt man nun z. B. in die Gleichung

$$\sin(\zeta_1 - z_1) = \sin z_1 (\sin\zeta_1 \operatorname{cotang} z_1 - \cos\zeta_1):$$

$$\sin z_1 = \frac{1}{2r \operatorname{tang}\frac{\Delta_1}{2}\cdot d}(x_1 y_2 - x_2 y_1), \qquad \operatorname{cotang} z_1 = \frac{\rho_1 - \rho_2 \cos(T_2 - T_1)}{\rho_2 \sin(T_2 - T_1)}$$

$$\sin\zeta_1 = \frac{\sin(T_2 - T_1)\sin\Delta_2}{\sin\delta}, \qquad \cos\zeta_1 = \frac{\cos\Delta_2 - \cos\delta\cos\Delta_1}{\sin\delta\sin T_1},$$

so erhält man, indem man noch $\sin\Delta_1 \sin\Delta_2 \cos(T_2 - T_1) = \cos\delta - \cos\Delta_1 \cos\Delta_2$ setzt:

$$-\sin(\zeta_1 - z_1) = \frac{1}{2rd}\operatorname{tang}\frac{\delta}{2}\cdot(x_2 y_1 - x_1 y_2).$$

Die Notiz [2] ist von GAUSS auf das letzte Blatt seines Exemplars des »Lehrbegriffs der gesammten Mathematik. Aufgesetzt von WENCESL. JOH. GUST. KARSTEN etc. Der siebente Theil: Die Optik und Perspectiv. Greifswald, 1775« eingetragen; sie ist von GAUSS mit der Überschrift »ad pag. 718« versehen worden. [3] findet sich auf dem letzten Blatte des GAUSSschen Exemplars der »Beyträge zum Gebrauche der Mathematik etc. von J. H. LAMBERT. Dritter Theil. Berlin, 1772.«

KRÜGER, BÖRSCH.

[III.]

[ÜBERTRAGUNG DER KUGEL AUF DIE EBENE DURCH MERCATORS PROJECTION.]

[1.]

Erstreckt sich die Messung hauptsächlich längs des Meridians bei geringer Ausdehnung gegen Ost und West, so ist Mercators Projection, den Meridian als Hauptkreis betrachtet, zweckmässiger.

Die Hauptaufgaben sind hier folgende.

[Es sei

r ...... Radius der Kugel

P ..... geographische Breite des Anfangspunktes auf dem Hauptmeridian

ψ, λ.... geographische Breite und Länge eines beliebigen Punktes der Kugeloberfläche, dessen rechtwinklige sphärische Coordinaten X, Y sind

x, y ... rechtwinklige Coordinaten des entsprechenden Punktes in der Ebene. x ist positiv nach Süden, y wächst mit dem Längenunterschied λ. $X = \frac{x}{r}$, $\operatorname{tang}(45^0 + \frac{1}{2}Y) = e^{\frac{y}{r}}$.]

I. Verbesserung der Richtungslinie, wie sie berechnet ist:

$$\frac{(x'-x)(y'+2y)}{6rr}.$$

II. Wahre Distanz:

$$\sqrt{\left\{((x'-x)^2+(y'-y)^2)\left(1-\tfrac{1}{6}\frac{yy+yy'+y'y'}{rr}\right)\right\}}.$$

III. Geographische Lage:

$$\operatorname{tang}\lambda = \frac{y\left(1+\frac{yy}{6rr}\right)}{r\cos\left(P-\frac{x}{r}\right)}$$

$$\text{tang Converg. Merid.} = \frac{y}{r}\left(1-\frac{yy}{3rr}\right)\operatorname{tang}\left(P-\frac{x}{r}\right)$$

$$\text{sin Converg. Merid.} = \sin\lambda\sin\left(P-\frac{x}{r}\right)$$

$$\operatorname{tang}\tfrac{1}{2}\left(P-\frac{x}{r}-\psi\right) = \tfrac{1}{2}\frac{y}{r}\left(1-\frac{yy}{12rr}\right)\operatorname{tang}\tfrac{1}{2}\,\text{Converg. Merid.}$$

IV. Die umgekehrte Aufgabe:

$$y = r\sin\lambda\cos\psi.\left(1+\frac{yy}{3rr}\right)$$

$$\text{sin Converg. Merid.} = \frac{y}{r}\left(1+\frac{yy}{6rr}\right)\operatorname{tang}\psi$$

$$= \sin\lambda\sin\psi.\left(1+\frac{yy}{2rr}\right)$$

$$\text{tang Converg. Merid.} = \operatorname{tang}\lambda\sin\psi.$$

[2.]

Convergenz der Meridiane = c.

$$\operatorname{tang}Y = \frac{y}{r}+\tfrac{1}{6}\left(\frac{y}{r}\right)^3+\tfrac{1}{120}\left(\frac{y}{r}\right)^5\ldots$$

$$\sec Y = 1+\tfrac{1}{2}\,\frac{yy}{rr}+\tfrac{1}{24}\left(\frac{y}{r}\right)^4\ldots$$

$$\sin Y = \frac{y}{r}-\tfrac{1}{3}\left(\frac{y}{r}\right)^3+\left[\tfrac{2}{15}\left(\frac{y}{r}\right)^5\right]\ldots$$

$$\operatorname{tang}\lambda = \frac{\frac{y}{r}+\frac{1}{6}\left(\frac{y}{r}\right)^3+\frac{1}{120}\left(\frac{y}{r}\right)^5\ldots}{\cos\left(P-\frac{x}{r}\right)}$$

$$\operatorname{tang}c = \operatorname{tang}\left(P-\frac{x}{r}\right)\cdot\left(\frac{y}{r}-\tfrac{1}{3}\left(\frac{y}{r}\right)^3+\tfrac{2}{15}\left(\frac{y}{r}\right)^5\ldots\right)$$

$$\sin c = \sin\lambda\sin\left(P-\frac{x}{r}\right).$$

[Setzt man]

$$P-\frac{x}{r}-\psi = R,$$

[so wird]

$$\sin\tfrac{1}{2}R = \frac{\sin\frac{1}{2}c}{\cos\frac{1}{2}\lambda}\cdot\tfrac{1}{2}\frac{y}{r}\left(1-\tfrac{5}{24}\frac{yy}{rr}+\tfrac{121}{1920}\left(\frac{y}{r}\right)^4\cdots\right)$$

$$\cos\tfrac{1}{2}R = \frac{\cos\frac{1}{2}c}{\cos\frac{1}{2}\lambda}\left(1-\tfrac{1}{8}\frac{yy}{rr}+\tfrac{17}{384}\left(\frac{y}{r}\right)^4\cdots\right)$$

$$\operatorname{tang}\tfrac{1}{2}R = \operatorname{tang}\tfrac{1}{2}c\,.\,\tfrac{1}{2}\frac{y}{r}\left(1-\tfrac{1}{12}\frac{yy}{rr}+\tfrac{1}{120}\left(\frac{y}{r}\right)^4\cdots\right)$$

$$= \operatorname{tang}\tfrac{1}{2}Y^2\operatorname{tang}\left(P-\frac{x}{r}-\tfrac{1}{2}R\right)$$

$$\sin R = \frac{\sin c}{\cos\frac{1}{2}\lambda^2}\cdot\tfrac{1}{2}\frac{y}{r}\left(1-\tfrac{1}{3}\frac{yy}{rr}+\tfrac{2}{15}\left(\frac{y}{r}\right)^4\cdots\right)$$

$$= \tfrac{1}{2}\frac{\sin c\operatorname{tang} c}{\cos\frac{1}{2}\lambda^2}\operatorname{cotang}\left(P-\frac{x}{r}\right)$$

$$= \operatorname{tang}\tfrac{1}{2}\lambda\operatorname{tang} c\cos\left(P-\frac{x}{r}\right)$$

$$= \frac{\sin\frac{1}{2}\lambda^2\sin 2\left(P-\frac{x}{r}\right)}{\cos c}$$

$$= \tfrac{1}{2}\left(\frac{yy}{rr}\cdots\right)\operatorname{tang}\left(P-\frac{x}{r}\right)$$

$$R = \tfrac{1}{2}\frac{yy}{rr}\operatorname{tang}\left(P-\frac{x}{r}\right)-\left(\frac{y}{r}\right)^4\left(\tfrac{1}{8}\operatorname{tang}\left(P-\frac{x}{r}\right)^2+\tfrac{5}{24}\right)\cdots;$$

[für $r = 1$ ist]

$$\frac{\partial R}{\partial y} = \frac{\sin(P-x)\,.\,(y-\frac{1}{3}y^3+\frac{2}{15}y^5\cdots)}{\sqrt{(\cos(P-x)^2+yy+\frac{1}{3}y^4+\frac{2}{45}y^6\cdots)}}.$$

[3.]

Hülfstafel für log sec Y.

Für $r = 1$ wird [der Logarithmus des Vergrösserungsverhältnisses]

$$\log\sec Y = \tfrac{1}{2}yy-\tfrac{1}{12}y^4+\tfrac{1}{45}y^6-\tfrac{17}{2520}y^8\cdots.$$

Bei dem Werthe von r für Göttingen [mit $P = 51^0\,31'\,48'',70$ und der Abplattung $\frac{1}{302,68}$ ergibt sich aus $r = \frac{a}{\sqrt{(1-ee\sin P^2)}}$: $\log r = 6,805\,4777$] und für 7 Decimalen sind die [briggischen] Log. der Coeff.:

2,725 7989 — 10   8,336 6923 — 30   4,151 7056 — 40   0,023 0111 — 50.

[Damit ist die umstehende Tabelle berechnet worden.]

[y	log sec Y in Einh. d. 7. Dec.	diff.	y	log sec Y in Einh. d. 7. Dec.	diff.	y	log sec Y in Einh. d. 7. Dec.	diff.]
0	0	5.32	250 000	3323.29	271.10	500 000	13283.00	536.06
10 000	5.32	15.95	260 000	3594.39	281.73	510 000	13819.06	546.64
20 000	21.27	26.60	270 000	3876.12	292.34	520 000	14365.70	557.20
30 000	47.87	37.23	280 000	4168.46	302.96	530 000	14922.90	567.77
40 000	85.10	47.86	290 000	4471.42	313.58	540 000	15490.67	578.33
50 000	132.96	58.51	300 000	4785.00	324.19	550 000	16069.00	588.88
60 000	191.47	69.14	310 000	5109.19	334.80	560 000	16657.88	599.44
70 000	260.61	79.77	320 000	5443.99	345.41	570 000	17257.32	610.00
80 000	340.38	90.41	330 000	5789.40	356.02	580 000	17867.32	620.55
90 000	430.79	101.05	340 000	6145.42	366.63	590 000	18487.87	631.09
100 000	531.84	111.69	350 000	6512.05	377.24	600 000	19118.96	641.63
110 000	643.53	122.31	360 000	6889.29	387.83	610 000	19760.59	652.18
120 000	765.84	132.95	370 000	7277.12	398.45	620 000	20412.77	662.71
130 000	898.79	143.58	380 000	7675.57	409.04	630 000	21075.48	673.25
140 000	1042.37	154.21	390 000	8084.61	419.63	640 000	21748.73	683.78
150 000	1196.58	164.84	400 000	8504.24	430.23	650 000	22432.51	694.31
160 000	1361.42	175.48	410 000	8934.47	440.83	660 000	23126.82	704.83
170 000	1536.90	186.10	420 000	9375.30	451.42	670 000	23831.65	715.36
180 000	1723.00	196.74	430 000	9826.72	462.00	680 000	24547.01	725.88
190 000	1919.74	207.36	440 000	10288.72	472.59	690 000	25272.89	736.38
200 000	2127.10	217.99	450 000	10761.31	483.18	700 000	26009.27	746.90
210 000	2345.09	228.61	460 000	11244.49	493.76	710 000	26756.17	757.40
220 000	2573.70	239.24	470 000	11738.25	504.34	720 000	27513.57	767.91
230 000	2812.94	249.86	480 000	12242.59	514.92	730 000	28281.48	778.41
240 000	3062.80	260.49	490 000	12757.51	525.49	740 000	29059.89	788.90
250 000	3323.29		500 000	13283.00		750 000	29848.79	

[4.]

[Ist der] Halbmesser [der Kugel] = 1, [so ist]

$$y = \log\operatorname{tang}(45^0 + \tfrac{1}{2}Y)$$

$$\operatorname{tang}\tfrac{1}{2}iy = i\operatorname{tang}\tfrac{1}{2}Y$$

$$\cos\tfrac{1}{2}iy = \frac{\cos\frac{1}{2}Y}{\sqrt{\cos Y}} = \cos\tfrac{1}{2}Y\sqrt{\cos iy}$$

$$\sin iy = i\operatorname{tang}Y$$

$$\operatorname{tang}iy = i\sin Y$$

$$\cos iy = \frac{1}{\cos Y} = \text{Vergrösserungsverhältniss.}$$

[5.]

[Es sei Q die Polhöhe eines beliebigen Punktes auf der Kugeloberfläche, dessen Ordinate Y ist, und Q^* die Polhöhe des Fusspunktes von Y; ferner sei c die Meridianconvergenz. Dann ist:]

$$\operatorname{tang}\lambda = \frac{\sin iy}{i\cos Q^*} = \frac{\operatorname{tang}c}{\sin Q}$$

$$\sin\lambda = \frac{\operatorname{tang}iy}{i\cos Q} = \frac{\sin c}{\sin Q^*}$$

$$\operatorname{tang}c = \frac{\operatorname{tang}iy}{i}\operatorname{tang}Q^*$$

$$\sin c = \sin\lambda\sin Q^*$$

$$\cos c = \cos\lambda\cos iy$$

$$\operatorname{tang}\tfrac{1}{2}(Q^* - Q) = \operatorname{tang}\tfrac{1}{2}c\,\frac{\operatorname{tang}\frac{1}{2}iy}{i}.$$

[6.]

Um aus

$$\operatorname{tang}iy\ [= i\sin Y]$$

y zu finden, setze man

$$\sin Y = \operatorname{tang}(Y - \delta);$$

dann ist [angenähert]

$$y = \frac{\sin Y}{\cos(Y - \frac{1}{15}\delta)^{\frac{2}{3}}}.$$

[Denn setzt man $\sin Y = s$, so ist:]

$$Y = s + \tfrac{1}{6}s^3 + \tfrac{3}{40}s^5 + \tfrac{5}{112}s^7 \cdots$$

$$Y - \delta = s - \tfrac{1}{3}s^3 + \tfrac{1}{5}s^5 - \tfrac{1}{7}s^7 \cdots,$$

also

$$Y - \tfrac{1}{15}\delta = s + \tfrac{2}{15}s^3 + \tfrac{1}{12}s^5 + \tfrac{9}{280}s^7 \cdots$$

$$\cos(Y - \tfrac{1}{15}\delta) = 1 - \tfrac{1}{2}ss - \tfrac{11}{120}s^4 - \tfrac{257}{3600}s^6 \cdots$$

$$\cos(Y - \tfrac{1}{15}\delta)^{-\frac{2}{3}} = 1 + \tfrac{1}{3}ss + \tfrac{1}{5}s^4 + \tfrac{649}{4050}s^6 \cdots,$$

[mithin

$$\frac{\sin Y}{\cos(Y - \frac{1}{15}\delta)^{\frac{2}{3}}} = \sin Y + \tfrac{1}{3}\sin Y^3 + \tfrac{1}{5}\sin Y^5 + \tfrac{649}{4050}\sin Y^7 \ldots.$$

Genau ist

$$y = \sin Y + \tfrac{1}{3}\sin Y^3 + \tfrac{1}{5}\sin Y^5 + \tfrac{1}{7}\sin Y^7 \ldots].$$

Um $\log y$ aus $\log\sin Y$ abzuleiten [hat man aus der letzten Gleichung]

$$\log y = \log\sin Y + \tfrac{1}{3}\sin Y^2 + \tfrac{13}{90}\sin Y^4 + \tfrac{251}{2835}\sin Y^6 \ldots.$$

[7.]

MERCATORS Projection.

x, x' ..... Abscissen } [zweier Punkte in plano]
y, y' ..... Ordinaten }

Y, Y' .... den Ordinaten entsprechende Bögen [auf der Kugel]

D .... Entfernung der beiden Punkte [auf der Kugel]

[d........ Entfernung der beiden Punkte in der Ebene]

A, A' .... Neigungswinkel von D oder von den Tangenten an den beiden Endpunkten gegen die Abscissenlinie

Halbmesser [der Kugel] = 1.

Bei der Darstellung der Kugeloberfläche in der Ebene nach MERCATORS Projection finden folgende Verhältnisse statt:

$$\sin\tfrac{1}{2}(A+A')\sin\tfrac{1}{2}D = \cos\tfrac{1}{2}(x'-x)\sin\tfrac{1}{2}(Y'-Y)$$

$$\cos\tfrac{1}{2}(A+A')\sin\tfrac{1}{2}D = \sin\tfrac{1}{2}(x'-x)\cos\tfrac{1}{2}(Y'+Y)$$

$$\sin\tfrac{1}{2}(A-A')\cos\tfrac{1}{2}D = \sin\tfrac{1}{2}(x'-x)\sin\tfrac{1}{2}(Y'+Y)$$

$$\cos\tfrac{1}{2}(A-A')\cos\tfrac{1}{2}D = \cos\tfrac{1}{2}(x'-x)\cos\tfrac{1}{2}(Y'-Y)$$

[oder, da

$$\sin\tfrac{1}{2}Y = \frac{1}{i}\frac{\sin\frac{iy}{2}}{\sqrt{\cos iy}}, \qquad \cos\tfrac{1}{2}Y = \frac{\cos\frac{iy}{2}}{\sqrt{\cos iy}} \quad \text{ist,]}$$

$$i\sin\tfrac{1}{2}(A+A')\sin\tfrac{1}{2}D\,.\sqrt{(\cos iy'\cos iy)} = \cos\tfrac{1}{2}(x'-x)\sin\tfrac{1}{2}i(y'-y)$$
$$\cos\tfrac{1}{2}(A+A')\sin\tfrac{1}{2}D\,.\sqrt{(\cos iy'\cos iy)} = \sin\tfrac{1}{2}(x'-x)\cos\tfrac{1}{2}i(y'-y)$$
$$i\sin\tfrac{1}{2}(A-A')\cos\tfrac{1}{2}D\,.\sqrt{(\cos iy'\cos iy)} = \sin\tfrac{1}{2}(x'-x)\sin\tfrac{1}{2}i(y'+y)$$
$$\cos\tfrac{1}{2}(A-A')\cos\tfrac{1}{2}D\,.\sqrt{(\cos iy'\cos iy)} = \cos\tfrac{1}{2}(x'-x)\cos\tfrac{1}{2}i(y'+y);$$

[und hieraus]

$$\operatorname{tang}\tfrac{1}{2}(A+A') = \frac{\operatorname{tang}\frac{1}{2}i(y'-y)}{i\operatorname{tang}\frac{1}{2}(x'-x)}$$
$$\operatorname{tang}\tfrac{1}{2}(A-A') = \frac{1}{i}\operatorname{tang}\tfrac{1}{2}(x'-x)\operatorname{tang}\tfrac{1}{2}i(y'+y).$$

[Da]

$$\log\operatorname{tang}u = \log u + \tfrac{1}{3}uu + \tfrac{7}{90}u^4 + \tfrac{62}{2835}u^6\cdots$$

[ist, so wird zunächst

$$\log\operatorname{tang}\tfrac{1}{2}(A+A') = \log\operatorname{tang}\alpha - \tfrac{1}{12}dd - \tfrac{7}{1440}d^4\cos 2\alpha - \tfrac{31}{725760}(5+3\cos 4\alpha)\cdots,$$

wo]

$$x'-x = d\cos\alpha$$
$$y'-y = d\sin\alpha$$

[gesetzt ist].

Wenn nun

$$\log\operatorname{tang}(t+G) = \log\operatorname{tang}t + g$$

[ist], so wird

$$\frac{dG}{dg} = \tfrac{1}{2}\sin 2(t+G)$$
$$\frac{ddG}{dg^2} = \tfrac{1}{4}\sin 4(t+G)$$
$$\frac{d^3G}{dg^3} = \tfrac{1}{4}\sin 6(t+G) - \tfrac{1}{4}\sin 2(t+G)$$
etc.,

[folglich]

$$G = \tfrac{1}{2}g\sin 2t + \tfrac{1}{8}gg\sin 4t + \tfrac{1}{24}g^3(\sin 6t - \sin 2t)\cdots$$
$$= \tfrac{1}{2}g\sin 2t(1 + \tfrac{1}{2}g\cos 2t + \tfrac{1}{6}gg\cos 4t\ldots).$$

Hienach wird [wenn

$$G = \tfrac{1}{2}(A+A') - a, \qquad t = a, \qquad g = -\tfrac{1}{12}dd - \tfrac{7}{1440}d^4\cos 2a - \ldots$$

gesetzt wird:]

$$\tfrac{1}{2}(A+A') = a - \tfrac{1}{24}dd\sin 2a - \tfrac{1}{2880}d^4\sin 4a - \tfrac{1}{181440}d^6\sin 6a \ldots$$

$$= a - \tfrac{1}{12}(x'-x)(y'-y) - \tfrac{1}{720}(x'-x)(y'-y)((x'-x)^2-(y'-y)^2)\ldots.$$

Aus

$$\operatorname{tang} u = \operatorname{tang} v\,\frac{\operatorname{tang} iw}{i}$$

folgt

$$u = vw\{1 + \tfrac{1}{3}(vv-ww) + \tfrac{2}{45}(3vv-ww)(vv-3ww)\ldots\},$$

[mithin wird für $u = \tfrac{1}{2}(A-A')$, $v = \tfrac{1}{2}(x'-x)$, $w = \tfrac{1}{2}(y'+y)$:]

$$\tfrac{1}{2}(A-A') = \tfrac{1}{4}(x'-x)(y'+y) + \tfrac{1}{48}(x'-x)(y'+y)((x'-x)^2-(y'+y)^2)\ldots.$$

[Wird]

$$x'-x = a$$
$$y'-y = b$$
$$y'+y = c$$

[gesetzt, so ist auch]

$$\tfrac{1}{2}(A+A') = a - \tfrac{1}{12}ab - \tfrac{1}{720}ab(aa-bb)\ldots$$
$$\tfrac{1}{2}(A-A') = \tfrac{1}{4}ac - \tfrac{1}{48}ac(cc-aa)\ldots$$
$$A = a + \frac{2y+y'}{6}a - \tfrac{1}{720}a(15c^3-b^3) + \tfrac{1}{720}a^3(15c-b)\ldots$$
$$\left[A' = a - \frac{y+2y'}{6}a + \tfrac{1}{720}a(15c^3+b^3) - \tfrac{1}{720}a^3(15c+b)\ldots\right].$$

[8.]

Reduction der künstlichen Kugel auf die Ebene.

[Setzt man

$$e^{\frac{1}{2}i(x'-x)} = \xi,$$

so folgt aus den zuerst aufgeführten Gleichungen des Art. 7, S. 128 unten:]

$$\sin\tfrac{1}{2}D\,.\,e^{\frac{1}{2}i(A+A')} = \frac{\xi\xi-1}{2i\xi}\cos\tfrac{1}{2}(Y'+Y) + \frac{i(\xi\xi+1)}{2\xi}\sin\tfrac{1}{2}(Y'-Y)$$

[oder, wenn

$$Y' = 90^0 - p', \qquad Y = 90^0 - p$$

gesetzt wird,]

$$\begin{aligned}\sin\tfrac{1}{2}D.e^{\frac{1}{2}i(A+A')} &= -\tfrac{1}{2}i\xi\{\sin\tfrac{1}{2}(p+p')-\sin\tfrac{1}{2}(p-p')\}\\ &\quad+\tfrac{1}{2}i\xi^{-1}\{\sin\tfrac{1}{2}(p+p')+\sin\tfrac{1}{2}(p-p')\}\\ &= -i\xi\cos\tfrac{1}{2}p\sin\tfrac{1}{2}p'+i\xi^{-1}\sin\tfrac{1}{2}p\cos\tfrac{1}{2}p'\end{aligned}$$

[oder, wegen]

$$e^y = \operatorname{cotang}\tfrac{1}{2}p,$$

$$\begin{aligned}\sin\tfrac{1}{2}D.e^{\frac{1}{2}i(A+A')} &= \frac{-i\xi}{\sqrt{\{(1+e^{2y'})(1+e^{-2y})\}}}+\frac{i\xi^{-1}}{\sqrt{\{(1+e^{-2y'})(1+e^{2y})\}}}\\ &= \frac{-i\xi.e^{\frac{1}{2}(y-y')}+i\xi^{-1}.e^{\frac{1}{2}(y'-y)}}{\sqrt{\{(e^y+e^{-y})(e^{y'}+e^{-y'})\}}}\\ &= \frac{-ie^{\frac{1}{2}(y-y')+\frac{1}{2}i(x'-x)}+ie^{-\{\frac{1}{2}(y-y')+\frac{1}{2}i(x'-x)\}}}{\sqrt{\{(e^y+e^{-y})(e^{y'}+e^{-y'})\}}}\\ &= \frac{2\sin\{\frac{1}{2}(x'-x)+\frac{1}{2}i(y'-y)\}}{\sqrt{\{(e^y+e^{-y})(e^{y'}+e^{-y'})\}}}.\end{aligned}$$

[Ebenso ist]

$$\begin{aligned}\cos\tfrac{1}{2}D.e^{\frac{1}{2}i(A-A')} &= \frac{\xi\xi+1}{2\xi}\cos\tfrac{1}{2}(Y'-Y)+\frac{\xi\xi-1}{2\xi}\sin\tfrac{1}{2}(Y'+Y)\\ &= \frac{\xi\xi+1}{2\xi}\cos\tfrac{1}{2}(p-p')+\frac{\xi\xi-1}{2\xi}\cos\tfrac{1}{2}(p+p')\\ &= \xi\cos\tfrac{1}{2}p\cos\tfrac{1}{2}p'+\xi^{-1}\sin\tfrac{1}{2}p\sin\tfrac{1}{2}p'\\ &= \frac{\xi}{\sqrt{\{(1+e^{-2y})(1+e^{-2y'})\}}}+\frac{\xi^{-1}}{\sqrt{\{(1+e^{2y})(1+e^{2y'})\}}}\\ &= \frac{\xi e^{\frac{1}{2}(y+y')}+\xi^{-1}e^{-\frac{1}{2}(y+y')}}{\sqrt{\{(e^y+e^{-y})(e^{y'}+e^{-y'})\}}}\\ &= \frac{e^{\frac{1}{2}(y+y')+\frac{1}{2}i(x'-x)}+e^{-\{\frac{1}{2}(y+y')+\frac{1}{2}i(x'-x)\}}}{\sqrt{\{(e^y+e^{-y})(e^{y'}+e^{-y'})\}}}\\ &= \frac{2\cos i\{\frac{1}{2}(y+y')+\frac{1}{2}i(x'-x)\}}{\sqrt{\{(e^y+e^{-y})(e^{y'}+e^{-y'})\}}}.\end{aligned}$$

[Man setze einmal]

$$\begin{aligned}x'-x &= \delta\cos\alpha\\ y'-y &= \delta\sin\alpha,\end{aligned}$$

[das andere Mal]

$$x'-x = \varepsilon \sin\beta$$
$$y'+y = \varepsilon \cos\beta,$$

[dann wird, da $\frac{1}{2}(e^y+e^{-y}) = \cos iy = \sec Y$ ist:]

$$\sin\tfrac{1}{2}D\,.\,e^{\frac{1}{2}i(A+A')} = \frac{\sin\left\{\frac{1}{2}\delta(\cos\alpha+i\sin\alpha)\right\}}{\sqrt{(\sec Y \sec Y')}}$$
$$\cos\tfrac{1}{2}D\,.\,e^{\frac{1}{2}i(A-A')} = \frac{\cos\left\{\frac{1}{2}i\varepsilon(\cos\beta+i\sin\beta)\right\}}{\sqrt{(\sec Y \sec Y')}}\,.$$

[Nun ist]

$$\log\sin u = \log u - \tfrac{1}{6}uu - \tfrac{1}{180}u^4 - \tfrac{1}{2835}u^6\ldots$$
$$\log\cos u = \qquad -\tfrac{1}{2}uu - \tfrac{1}{12}u^4 - \tfrac{1}{45}u^6\ldots,$$

[mithin wird für $u = \frac{1}{2}\delta e^{i\alpha}$ beziehungsweise $\frac{1}{2}i\varepsilon e^{i\beta}$:]

$$\tfrac{1}{2}(A+A') = \alpha - \tfrac{1}{24}\delta\delta\sin 2\alpha - \tfrac{1}{2880}\delta^4\sin 4\alpha - \tfrac{1}{181440}\delta^6\sin 6\alpha\ldots$$
$$\tfrac{1}{2}(A-A') = \qquad \tfrac{1}{8}\varepsilon\varepsilon\sin 2\beta - \tfrac{1}{192}\varepsilon^4\sin 4\beta + \tfrac{1}{2880}\varepsilon^6\sin 6\beta\ldots,$$
$$\log\sin\tfrac{1}{2}D = \log\tfrac{1}{2}\delta - \tfrac{1}{24}\delta\delta\cos 2\alpha - \tfrac{1}{2880}\delta^4\cos 4\alpha - [\tfrac{1}{181440}\delta^6\cos 6\alpha]\ldots$$
$$-\tfrac{1}{2}\log(\sec Y \sec Y')$$
$$\log\cos\tfrac{1}{2}D = \qquad \tfrac{1}{8}\varepsilon\varepsilon\cos 2\beta - \tfrac{1}{192}\varepsilon^4\cos 4\beta + [\tfrac{1}{2880}\varepsilon^6\cos 6\beta]\ldots$$
$$-\tfrac{1}{2}\log(\sec Y \sec Y').$$

BEMERKUNGEN.

[1] ist, wie bereits auf S. 115 erwähnt, einem Handbuche entnommen. Die Notiz [2] gehört einem andern Handbuche an; bei ihr sind die Formeln für R und $\frac{\partial R}{\partial y}$ berichtigt worden, die bei GAUSS lauten:

$$R = \tfrac{1}{2}yy\,\mathrm{tang}\left(P-\frac{x}{r}\right) - \left(\tfrac{1}{4}\mathrm{tang}\left(P-\frac{x}{r}\right)^2 + \tfrac{5}{24}\right)y^4 - \text{etc.}$$
$$\frac{\partial R}{\partial y} = \frac{\sin(P-x)\,.\,(y+\frac{1}{6}y^3+\frac{1}{120}y^5\ldots)}{\sqrt{(\cos(P-x)^2+2yy+\frac{2}{3}y^4+\frac{4}{45}y^6\ldots)}}\,.$$

Die Tafel [3] und die Notizen [4], [5], [6] und [8] sind verschiedenen einzelnen Blättern entnommen, auf denen sie zwischen Zahlenrechnungen aus dem Anfang der zwanziger Jahre des letzten Jahrhunderts stehen. Die Notiz [7] ist nach Aufzeichnungen zweier Handbücher und eines einzelnen Zettels zusammengestellt worden; die beiden Formeln für $\frac{1}{2}(A+A')$, S. 130 oben, sind bei ihr geändert worden, im Original heissen sie:

$$\tfrac{1}{2}(A+A') = \alpha - \tfrac{1}{24}dd\sin 2\alpha - \tfrac{1}{1440}d^4\sin 4\alpha - \tfrac{1}{45360}\cdot\tfrac{1}{64}d^6(2387\sin 2\alpha + 1039\sin 6\alpha)$$
$$= \alpha - \tfrac{1}{12}(x'-x)(y'-y) - \tfrac{1}{360}(x'-x)(y'-y)((x'-x)^2-(y'-y)^2).$$

KRÜGER, BÖRSCH.

STEREOGRAPHISCHE DARSTELLUNG DES SPHÄROIDS [IN DER EBENE].

a .... Grosse Halbaxe

ε .... Excentricität

$90^0 - W$ ..... Polhöhe des ersten Centralorts

$90^0 - w$ ..... Polhöhe eines unbestimmten Orts

λ .... dessen westliche Länge

$x + iy = t$ ... [ebene] Coordinaten jenes Orts

$$\left(\frac{1+\varepsilon\cos w}{1-\varepsilon\cos w}\right)^{\frac{1}{2}\varepsilon} = \mathrm{f}(w), \qquad \frac{2a}{\sqrt{(1-\varepsilon\varepsilon\cos w^2)}} = \mathrm{F}(w).$$

$$\operatorname{tang}\tfrac{1}{2}w = b$$

$$\operatorname{tang}\tfrac{1}{2}W = B$$

$$\frac{e^{i\lambda}\mathrm{f}(w)}{\mathrm{f}(W)} = h$$

$$1) \qquad t = \frac{bh - B}{1 + bhB}\cdot \mathrm{F}(W).$$

$x' + iy' = t'$ Coordinaten desselben Orts in Beziehung auf den zweiten Centralort;

b^0, h^0 Bedeutung wie vorher, aber jetzt in Beziehung auf den zweiten Centralort [$(90^0 - w^0, \lambda^0)$; also $b^0 = \operatorname{tang}\frac{1}{2}w^0$, $h^0 = \frac{e^{i\lambda^0}\mathrm{f}(w^0)}{\mathrm{f}(W)}$].

$$2) \qquad t' = \left[\mathrm{F}(w^0)\frac{\frac{bh}{h^0} - b^0}{1 + \frac{bhb^0}{h^0}} = \right]\mathrm{F}(w^0)\frac{1 + b^0Bh^0}{b^0 - Bh^0}\cdot\frac{t - \frac{b^0h^0 - B}{1 + b^0Bh^0}\mathrm{F}(W)}{t + \frac{h^0 + b^0B}{b^0 - Bh^0}\mathrm{F}(W)}.$$

Vergrösserungsverhältniss:

$$\sqrt{\frac{1 - \varepsilon\varepsilon\cos w^2}{1 - \varepsilon\varepsilon\cos W^2}}\cdot\frac{1 + \frac{xx + yy}{(\mathrm{F}(W))^2}}{\cos\frac{1}{2}w^2\cdot\frac{\mathrm{F}(W)}{\mathrm{f}(w)} + \sin\frac{1}{2}w^2\cdot\frac{\mathrm{F}(w)}{\mathrm{f}(W)}}.$$

NB. Es ist nicht nöthig hiebei, d. i. wenn man doch endlich stereographisch in plano darstellen will, die Übertragung des Sphäroids auf die Kugel nach p. 22 zu machen, wo man

$$x = A \operatorname{tang} \tfrac{1}{2}(W-U)$$

hat; man hat dann nemlich die Unbequemlichkeit, keine allgemeine Tafel für U anwenden zu können, sondern es reicht zu, sie nach pag. 21 zu machen, wo dann x die Form erhält

$$x = A' + B' \operatorname{tang} \tfrac{1}{2}(W^* - U).$$

Hier kann dann die allgemeine Tafel für U gebraucht werden.

BEMERKUNGEN.

Die oben angeführten Seitenzahlen (21 und 22) beziehen sich auf die, 1825 im Heft 3 der von H. C. Schumacher herausgegebenen »Astronomischen Abhandlungen« erschienene »Allgemeine Auflösung der Aufgabe: Die Theile einer gegebenen Fläche etc.« Gemeint ist der Art. 13 derselben, Bd. IV, S. 207 u. f. Die obige Notiz selbst, die einem einzelnen Blatte entnommen ist, schliesst sich an den Art. 12, Bd. IV, S. 206, an. Nach dieser wird die conforme Darstellung der Oberfläche des Sphäroids in der Ebene durch die Gleichung

$$x + iy = \mathrm{f}\left(\lambda + i \log\left\{\operatorname{cotang} \tfrac{1}{2} w \left(\frac{1-\varepsilon\cos w}{1+\varepsilon\cos w}\right)^{\frac{1}{2}\varepsilon}\right\}\right) = \mathrm{f}(v)$$

vermittelt. Für die stereographische Projection ist aber

$$\mathrm{f}(v) = k \operatorname{tang}(\operatorname{arc\,tang} e^{iv} - \tfrac{1}{2}W) = k\,\frac{e^{iv} - \operatorname{tang}\frac{1}{2}W}{1 + e^{iv}\operatorname{tang}\frac{1}{2}W}$$

zu setzen, wo $90^\circ - W$ die Breite des dem Augenpunkte diametral gegenüber liegenden Punktes, also des Anfangspunktes der Coordinaten, bedeutet. Für die Kugel ist, vergl. Notiz [3] auf S. 121, wenn $2q$ und $2p$ die Complemente der Breiten des Centralorts und eines beliebigen Punktes sind,

$$x + iy = k\,\frac{e^{iv} - \operatorname{tang} q}{1 + e^{iv}\operatorname{tang} q}, \qquad e^{iv} = e^{i\lambda}\operatorname{tang} p.$$

Krüger, Börsch.

CONFORME ÜBERTRAGUNG
DES SPHÄROIDS
AUF DEN KEGELMANTEL.

NACHLASS.

[CONFORME ÜBERTRAGUNG DES SPHÄROIDS AUF DEN KEGELMANTEL.]

Zur zweiten Darstellungsart des Sphäroids, auf einen Parallelkreis bezogen.

P .... Breite des Hauptparallelkreises
m .... Vergrösserungsverhältniss
λ..... Länge irgend eines Punktes
φ .... dessen Breite
x, y .. Coordinaten seiner Darstellung in plano [nach der Abwickelung des Kegelmantels auf die Ebene]

$$x = r\cos\Theta,\ y = r\sin\Theta$$

R.... Werth von r für $\varphi = P$

$$\mu = \sin P$$
$$e\sin\varphi = \sin u$$
$$e\sin P = \sin U.$$

$$\Theta = \mu\lambda$$
$$R = \frac{a\cos P}{\mu\sqrt{(1-ee\sin P^2)}} = \frac{a\cos P}{\mu\cos U} = \frac{a}{\cos U\operatorname{tang} P}$$
$$\frac{r}{m} = \frac{a\cos\varphi}{\mu\sqrt{(1-ee\sin\varphi^2)}} = \frac{a\cos\varphi}{\mu\cos u}$$
$$\frac{\mathrm{d}r}{r} = -\frac{\mu(1-ee)\,\mathrm{d}\varphi}{(1-ee\sin\varphi^2)\cos\varphi}$$
$$\frac{\mathrm{d}m}{m} = \frac{\sin\varphi-\mu}{\cos\varphi}\cdot\frac{1-ee}{1-ee\sin\varphi^2}\,\mathrm{d}\varphi = \frac{\mathrm{d}r}{r}\left(1-\frac{\sin\varphi}{\mu}\right)$$
$$k = \frac{a\operatorname{tang}(45^\circ+\tfrac{1}{2}P)^{\mu}}{\cos U\operatorname{tang}(45^\circ+\tfrac{1}{2}U)^{\mu e}\operatorname{tang} P}$$

$$r = k \operatorname{tang}(45^0 - \tfrac{1}{2}\varphi)^{\mu} . \left(\frac{1+e\sin\varphi}{1-e\sin\varphi}\right)^{\frac{1}{2}\mu e}$$
$$= k \operatorname{tang}(45^0 - \tfrac{1}{2}\varphi)^{\mu} . \operatorname{tang}(45^0 + \tfrac{1}{2}u)^{\mu e}.$$

Ist ζ das Azimuth eines Elements einer geodätischen Linie gegen den ersten Meridian, so wird

$$d\zeta = \left(1 - \frac{\sin\varphi}{\mu}\right) d\theta = 6 q d\theta.$$

Sind q^0, q' die Werthe von q an den Endpunkten einer geraden Linie in plano, deren Azimuth $= Z$ ist, und ζ^0 und ζ' die Azimuthe der geodätischen Linie an denselben Endpunkten, [ferner] θ^0, θ' die [zu diesen gehörigen] Werthe von θ, so wird

$$Z = \zeta^0 + (2q^0 + q')(\theta' - \theta^0) = 180^0 + \zeta' + (q^0 + 2q')(\theta^0 - \theta').$$

Für $6q$ hat man die Reihen,

$$\log\text{hyp}\frac{r}{R} = \rho \quad \text{und} \quad r = R(1+\delta)$$

gesetzt:

$$[6q =] \frac{(1-ee\mu\mu)(1-\mu\mu)}{(1-ee)\mu\mu}\rho + \frac{(1+ee-2ee\mu\mu)(1-ee\mu\mu)(1-\mu\mu)}{(1-ee)^2\mu\mu}\rho\rho$$
$$- \frac{(1+ee-3(1+4ee+e^4)\mu\mu+15ee(1+ee)\mu^4-14e^4\mu^6)(1-ee\mu\mu)(1-\mu\mu)}{3(1-ee)^3\mu^4}\rho^3 \ldots$$
$$= \frac{(1-ee\mu\mu)(1-\mu\mu)}{(1-ee)\mu\mu}\delta + \frac{(1+3ee-4ee\mu\mu)(1-ee\mu\mu)(1-\mu\mu)}{2(1-ee)^2\mu\mu}\delta\delta$$
$$- \frac{(1+ee-(1+10ee+7e^4)\mu\mu+(9ee+21e^4)\mu^4-14e^4\mu^6)(1-ee\mu\mu)(1-\mu\mu)}{3(1-ee)^3\mu^4}\delta^3 \ldots.$$

Am bequemsten setzt man $q = \alpha(r-R)\sqrt{r}$ (wohl eben so bequem $q = \alpha' r \log\frac{r}{R}$) und $\log m = \frac{\beta(r-R)^2}{\sqrt[3]{r}}$ und gibt die Logarithmen von α [und β] in einer Tafel.

Für die Abplattung $= \frac{1}{302{,}78}$, d. i. das Verhältniss der Axen $= \frac{301{,}78}{302{,}78}$, wird [vergl. S. 69]

$$\log ee = 7{,}819\,1850\,399$$
$$\log\sqrt{(1-ee)} = 9{,}998\,5632\,696$$
$$\log \alpha = 6{,}804\,5975\,970.$$

[Mit diesen Werthen und für P (Göttingen) $= 51^0\,31'\,48'',7$ sind die beiden folgenden Tabellen berechnet worden.]

φ	$\log m$ (Einheiten d. 7. Decim.)	$\log r$	$\log \frac{1}{\sqrt{(1-ee\sin\varphi^2)}}$ (Einheiten d. 7. Decimale)	r (Meter)	$6q = 1 - \frac{\sin\varphi}{\sin P}$	$\log\alpha$	$\log\beta$
						−20	−20
47° 58′ 20″	8149.362	6,738 2224.191	7915.864	547 2961,838	0,051 2376.087	8,964 7419	7,962 0287
48 25 0	6258.626	6,734 2772.859	8026.658	542 3470,546	0,044 6331.717	8,964 7802	7,962 0627
48 51 40	4612.904	6,730 2973.085	8137.252	537 3995,625	0,038 0862.194	8,964 8096	7,962 0902
49 18 20	3214.161	6,726 2816.265	8247.620	532 4534,268	0,031 5971.467	8,964 8304	7,962 1111
49 45 0	2064.452	6,722 2293.517	8357.734	527 5083,660	0,025 1663.435	8,964 8430	7,962 1257
50 11 40	1165.907	6,718 1395.670	8467.569	522 5640,957	0,018 7941.974	8,964 8476	7,962 1336
50 38 20	520.757	6,714 0113.250	8577.096	517 6203,297	0,012 4810.908	8,964 8441	7,962 1351
51 5 0	131.317	6,709 8436.473	8686.291	512 6767,793	0,006 2274.051	8,964 8333	7,962 1302
51 31 40	0.004	6,705 6355.223	8795.127	507 7331,533	0,000 0335.151	8,964 8152	7,962 1188
51 58 20	129.337	6,701 3859.037	8903.578	502 7891,575	0,006 1002.053	8,964 7900	7,962 1007
52 25 0	521.942	6,697 0937.094	9011.617	497 8444,952	0,012 1733.878	8,964 7581	7,962 0761
52 51 40	1180.553	6,692 7578.194	9119.218	492 8988,664	0,018 1856.670	8,964 7202	7,962 0460
53 18 20	2108.021	6,688 3770.740	9226.356	487 9519,681	0,024 1366.806	8,964 6761	7,962 0107
53 45 0	3307.317	6,683 9502.712	9333.004	483 0034,926	0,030 0260.713	8,964 6263	7,961 9676
54 11 40	4781.541	6,679 4761.666	9439.136	478 0531,307	0,035 8534.839	8,964 5713	7,961 9186
54 38 20	6533.927	6,674 9534.689	9544.727	473 1005,674	0,041 6185.684	8,964 5115	7,961 8636
55 5 0	8567.844	6,670 3808.390	9649.754	468 1454,848	0,047 3209.773	8,964 4470	7,961 8019
51 31 48,7	0	6,705 6125.281	8795.718	507 7062,715	0	8,964 8150	7,962 1184

[In der Columne für $6q$ sind von dem Striche ab die Werthe negativ.]

$\log r$	$\log\alpha$	$\log\beta$	$\log r$	$\log\alpha$	$\log\beta$	$\log r$	$\log\alpha$	$\log\beta$	$\log r$	$\log\alpha$	$\log\beta$
	−20	−20		−20	−20		−20	−20		−20	−20
6,670	8,964 4414	7,961 7965	6,687	8,964 6612	7,961 9980	6,704	8,964 8063	7,962 1126	6,721	8,964 8449	7,962 1288
6,671	559	7,961 8106	6,688	721	7,962 0073	6,705	119	165	6,722	434	263
6,672	702	244	6,689	827	161	6,706	170	200	6,723	413	235
6,673	844	381	6,690	8,964 6930	245	6,707	219	232	6,724	386	201
6,674	8,964 4984	514	6,691	8,964 7031	326	6,708	263	260	6,725	354	164
6,675	8,964 5121	642	6,692	130	404	6,709	303	284	6,726	316	123
6,676	257	769	6,693	225	478	6,710	338	305	6,727	273	079
6,677	391	7,961 8892	6,694	316	552	6,711	370	321	6,728	226	7,962 1030
6,678	522	7,961 9012	6,695	405	622	6,712	399	336	6,729	173	7,962 0977
6,679	652	131	6,696	491	690	6,713	423	345	6,730	114	920
6,680	780	246	6,697	573	755	6,714	441	351	6,731	8,964 8051	860
6,681	8,964 5905	359	6,698	653	818	6,715	454	353	6,732	8,964 7981	795
6,682	8,964 6028	469	6,699	729	877	6,716	463	351	6,733	906	725
6,683	150	576	6,700	803	934	6,717	465	346	6,734	825	649
6,684	269	681	6,701	874	7,962 0987	6,718	466	337	6,735	739	567
6,685	386	784	6,702	8,964 7941	7,962 1037	6,719	464	325	6,736	647	478
6,686	500	884	6,703	8,964 8004	083	6,720	458	309	6,737	547	382
6,687	8,964 6612	7,961 9980	6,704	8,964 8063	7,962 1126	6,721	8,964 8449	7,962 1288	6,738	8,964 7442	7,962 0280

BEMERKUNGEN.

Die vorstehende Aufzeichnung, die nebst den beiden Tabellen einem Handbuche entnommen ist, dürfte aus den Jahren 1823 oder 1824 stammen.

In den beiden Formeln für $6q$ sind die Ausdrücke für die Glieder 3. Ordnung geändert worden; bei Gauss lauten sie

$$-\frac{(1+ee-3(1+4ee+e^4)\mu\mu+15(1+ee)(1+ee)\mu^4-14e^4\mu^6)(1-ee\mu\mu)(1-\mu\mu)}{3(1-ee)^3\mu^4}\rho^3$$

und

$$-\frac{(1+ee-(1+6ee+7e^4)\mu\mu+(9ee+21e^4)\mu^4-14e^4\mu^6)(1-ee\mu\mu)(1-\mu\mu)}{3(1-ee)^3\mu^4}\delta^3.$$

In der ersten Tabelle wurden die Bezeichnungen der einzelnen Columnen zugefügt.

Für die geodätische Linie ist

$$\frac{\cos\varphi\sin A}{\sqrt{(1-ee\sin\varphi^2)}} = \text{const}; \qquad (A = \text{Azimuth})$$

also ist auch, wegen

$$\frac{r}{m} = \frac{a\cos\varphi}{\mu\sqrt{(1-ee\sin\varphi^2)}},$$

$$\frac{r}{m}\sin A = \text{const}.$$

Differentiirt man diese Gleichung, so ergibt sich:

$$\operatorname{cotang} A.\mathrm{d}A = \frac{\mathrm{d}m}{m}-\frac{\mathrm{d}r}{r} = -\frac{\sin\varphi}{\mu}.\frac{\mathrm{d}r}{r}$$

oder, da $\operatorname{cotang} A = \frac{\mathrm{d}r}{r\mathrm{d}\Theta}$ und $A = \zeta-\Theta$ ist:

$$\mathrm{d}\zeta = \left(1-\frac{\sin\varphi}{\mu}\right)\mathrm{d}\Theta.$$

Die Azimuthreduction ζ^0-Z erhält man nach Band IV, S. 278, aus der Gleichung

$$\zeta^0-Z = (\tfrac{1}{3}l^0+\tfrac{1}{6}l')s\ldots,$$

wobei hier l^0 und l' die Werthe von $l = -\frac{\mathrm{d}m}{m\mathrm{d}r}\sin\zeta = -\frac{6q}{r}\sin\zeta$ für die Endpunkte sind. Nimmt man für $\frac{\sin\zeta}{r}$ einen mittlern Werth $= \frac{\Theta'-\Theta^0}{s}$ so wird:

$$\zeta^0-Z = -(2q^0+q')(\Theta'-\Theta^0).$$

Krüger, Börsch.

CONFORME ABBILDUNG DES SPHÄROIDS IN DER EBENE.

(PROJECTIONSMETHODE DER HANNOVERSCHEN LANDESVERMESSUNG.)

NACHLASS.

[CONFORME ABBILDUNG DES SPHÄROIDS IN DER EBENE.]

[1.]

[Berechnung der geographischen Breite und Länge aus den ebenen rechtwinkligen Coordinaten.]

[Bei der conformen Übertragung der Sphäroidfläche auf die Ebene wird ein Meridian, der Hauptmeridian, durch eine Gerade, die x-Axe, dargestellt. Jeder Abschnitt auf der Abscissenaxe ist dem Theile des Hauptmeridians gleich, dessen Bild er ist.

Es sei a die halbe grosse Axe und e die Excentricität der Meridianellipse. Einem Punkte auf der Ellipsoidfläche, dessen Breite Φ und dessen Länge λ ist, sollen in der Ebene die rechtwinkligen Coordinaten x, y entsprechen. Zu dem Durchschnitt des Parallelkreises von der Breite Φ mit dem Hauptmeridian gehöre die Abscisse ξ, und zu dem Endpunkt der Abscisse x die Breite φ. ξ und x sind also gleichzeitig auch die entsprechenden Meridianbögen vom Äquator an.]

Es sei ein Linearelement

$$= \sqrt{\{d\Phi^2 + (\Theta(\Phi))^2 d\lambda^2\}};$$

man mache

$$\int \frac{d\Phi}{\Theta(\Phi)} = f(\xi),$$

so wird

$$f(x+iy) = f(\xi)+i\lambda = F(\Phi)+i\lambda.$$

[Für das Sphäroid ist

$$ds^2 = \frac{aa(1-ee)^2}{(1-ee\sin\Phi^2)^3}d\Phi^2+\frac{aa\cos\Phi^2}{1-ee\sin\Phi^2}d\lambda^2$$
$$= \frac{aa(1-ee)^2}{(1-ee\sin\Phi^2)^3}\left\{d\Phi^2+\left(\frac{(1-ee\sin\Phi^2)\cos\Phi}{1-ee}\right)^2 d\lambda^2\right\}.$$

Entwickelt man $f(x+iy)$ nach Potenzen von iy, so ergibt sich:

$$f(\xi) = F(\Phi) = f(x)-\tfrac{1}{2}yyf''(x)+\tfrac{1}{24}y^4 f^{IV}(x)-\ldots$$
$$\lambda = yf'(x)-\tfrac{1}{6}y^3 f'''(x)+\tfrac{1}{120}y^5 f^{V}(x)-\ldots.$$

Für $y = 0$ ist $\Phi = \varphi$, also]

$$F(\varphi) = f(x).$$

[Da $\frac{1}{\Theta(\varphi)} = F'(\varphi)$, so ist]

$$F'(\varphi) = \frac{1-ee}{(1-ee\sin\varphi^2)\cos\varphi}.$$

[x wächst mit φ, also]

$$dx = \frac{a(1-ee)d\varphi}{(1-ee\sin\varphi^2)^{\frac{3}{2}}},$$

[mithin wird]

$$f'(x) = \frac{(1-ee\sin\varphi^2)^{\frac{1}{2}}}{a\cos\varphi},$$

[und weiter]

$$f''(x) = \frac{(1-ee\sin\varphi^2)\sin\varphi}{aa\cos\varphi^2}$$

$$f'''(x) = \frac{(1-ee\sin\varphi^2)^{\frac{3}{2}}}{a^3(1-ee)\cos\varphi^3}\{1+(1-3ee)\sin\varphi^2+ee\sin\varphi^4\}$$

$$\left[= \frac{(1-ee\sin\varphi^2)^{\frac{3}{2}}}{a^3(1-ee)\cos\varphi^3}\{(1-ee)(2-\cos\varphi^2)+ee\cos\varphi^4\}\right]$$

$$f^{IV}(x) = \frac{(1-ee\sin\varphi^2)^2\sin\varphi}{a^4(1-ee)^2\cos\varphi^4}\{5-9ee+(1-4ee+15e^4)\sin\varphi^2+(ee-13e^4)\sin\varphi^4+4e^4\sin\varphi^6\}$$

$$\left[= \frac{(1-ee\sin\varphi^2)^2\sin\varphi}{a^4(1-ee)^2\cos\varphi^4}\{(1-ee)^2(6-\cos\varphi^2)+ee(1-ee)\cos\varphi^4-4e^4\cos\varphi^6\}\right]$$

u. s. w.

[Das Gesetz der Differentiation ist das folgende.]

Man setze

$$\frac{\sqrt{(1-ee\sin\varphi^2)}}{a\cos\varphi} = t, \qquad [\sin\varphi = s]$$

und

$$\mathrm{f}^n(x) = t^n u,$$

so ist

$$\mathrm{f}^{n+1}(x) = t^{n+1}\left\{nus + \frac{\partial u}{\partial s}\cdot\frac{(1-ss)(1-eess)}{1-ee}\right\}$$

oder, wenn man die Potenzen von ee vernachlässigt,

$$\mathrm{f}^{n+1}(x) = t^{n+1}\left\{nus + \frac{\partial u}{\partial s}(1-ss)(1+ee(1-ss))\right\}.$$

So findet man für

n	u
1	1
2	s
3	$1+ss+ee(1-ss)^2$
4	$5s+s^3+ee(1-ss)^2 s$

[Die Substitution der Werthe von $\mathrm{f}'(x)$ und $\mathrm{f}'''(x)$ in der Gleichung für λ gibt:]

$$\lambda = \frac{(1-ee\sin\varphi^2)^{\frac{1}{2}}}{a\cos\varphi}y - \frac{(1-ee\sin\varphi^2)^{\frac{3}{2}}}{6a^3(1-ee)\cos\varphi^3}(2(1-ee)-(1-ee)\cos\varphi^2+ee\cos\varphi^4)y^3\ldots.$$

[Setzt man]

$$\mathrm{F}(\Phi) = \mathrm{F}(\varphi)+\omega,$$

[wo also

$$\omega = -\tfrac{1}{2}yy\mathrm{f}''(x)+\tfrac{1}{24}y^4\mathrm{f}^{\mathrm{IV}}(x)\ldots$$

ist, so wird]

$$\Phi = \mathrm{G}\{\mathrm{F}(\varphi)+\omega\}$$
$$= \varphi + A\omega + B\omega\omega + C\omega^3 + \cdots,$$

[wobei]

$$A = \left[\frac{\mathrm{d}\varphi}{\mathrm{dF}} =\right]\frac{(1-ee\sin\varphi^2)\cos\varphi}{1-ee}.$$

[Wenn

$$-\mathrm{F}'(\varphi) = \frac{\partial\omega}{\partial\varphi}$$

gesetzt wird, so ist aber]

$$1+\frac{\partial A}{\partial\varphi}\cdot\omega+\frac{\partial B}{\partial\varphi}\cdot\omega\omega+\frac{\partial C}{\partial\varphi}\cdot\omega^3\ldots$$
$$= A\mathrm{F}'+2B\mathrm{F}'.\omega+[3C\mathrm{F}'.\omega\omega+4D\mathrm{F}'.\omega^3+]\ldots;$$

[daraus folgt:]

$$\begin{array}{ll} A\mathrm{F}' = 1 & 2B = AA' \\ 2B\mathrm{F}' = A' & 3C = AB' \\ 3C\mathrm{F}' = B' & 4D = AC' \\ \text{etc.} & \text{etc.} \end{array}$$

$$A' = -\frac{\sin\varphi}{1-ee}(1+2ee-3ee\sin\varphi^2)$$

$$B = -\frac{1-ee\sin\varphi^2}{2(1-ee)^2}\sin\varphi\cos\varphi(1+2ee-3ee\sin\varphi^2).$$

[Wird in der Gleichung $\Phi = \varphi + A\omega + B\omega\omega + \cdots$ für ω der Werth eingesetzt, so ist zunächst

$$\Phi = \varphi - \tfrac{1}{2}A\mathrm{f}''(x).yy + \left(\tfrac{1}{24}A\mathrm{f}^{\mathrm{IV}}(x) + \tfrac{1}{4}B(\mathrm{f}''(x))^2\right)y^4\ldots;$$

mit den obigen Werthen für A und B und den Werthen von $\mathrm{f}''(x)$ und $\mathrm{f}^{\mathrm{IV}}(x)$, S. 144, erhält man daher:]

$$\Phi = \varphi - \frac{(1-ee\sin\varphi^2)^2\,\mathrm{tang}\,\varphi}{2aa(1-ee)}yy + \frac{(1-ee\sin\varphi^2)^3\sin\varphi}{24a^4(1-ee)^3\cos\varphi^3}\{5-9ee-(2+7ee-21e^4)\sin\varphi^2$$
$$+(10ee-22e^4)\sin\varphi^4+4e^4\sin\varphi^6\}y^4\ldots$$

[oder]

$$\Phi = \varphi - \frac{(1-ee\sin\varphi^2)^2\,\mathrm{tang}\,\varphi}{2aa(1-ee)}yy + \frac{(1-ee\sin\varphi^2)^3\sin\varphi}{24a^4(1-ee)^3\cos\varphi^3}\{3(1-ee)^2+(2-11ee)(1-ee)\cos\varphi^2$$
$$+10ee(1-ee)\cos\varphi^4-4e^4\cos\varphi^6\}y^4\ldots.$$

[Wenn $\Phi = \varphi - z$ gesetzt wird, so ist

$$\log\mathrm{hyp}\sin\Phi = \log\mathrm{hyp}\sin\varphi - \frac{1}{\mathrm{tang}\,\varphi}z - \frac{1}{2}\frac{1}{\sin\varphi^2}zz\ldots;$$

mithin:]

$$\log\mathrm{hyp}\sin\Phi = \log\mathrm{hyp}\sin\varphi - \frac{(1-ee\sin\varphi^2)^2}{2aa(1-ee)}yy$$
$$+\frac{(1-ee\sin\varphi^2)^3}{12a^4(1-ee)^2}\{1-7ee+5ee\cos\varphi^2-\frac{2e^4}{1-ee}\cos\varphi^4\}y^4\ldots.$$

[2.]

[Berechnung der Meridianconvergenz aus den ebenen rechtwinkligen Coordinaten.]

[Die Meridianconvergenz c ist der Winkel, den das Bild des Meridians mit der Parallelen zur x-Axe bildet. x sei nach Norden positiv, dann ist:

$$\mathrm{tang}\,\mathrm{c} = -\frac{dy}{dx}.$$

Aus der Gleichung, die in der Ebene den Meridian von der Länge λ darstellt:

$$\lambda = \text{const.} = y\,\mathrm{f}'(x) - \tfrac{1}{6}y^3\,\mathrm{f}'''(x)\ldots,$$

folgt aber

$$\frac{\mathrm{d}y}{\mathrm{d}x} = -\frac{y\,\mathrm{f}''(x) - \frac{1}{6}y^3\,\mathrm{f}^{\mathrm{IV}}(x)\ldots}{\mathrm{f}'(x) - \frac{1}{2}yy\,\mathrm{f}'''(x)\ldots},$$

also ist:]

$$\operatorname{tang} c = \frac{y\,\mathrm{f}''(x) - \frac{1}{6}y^3\,\mathrm{f}^{\mathrm{IV}}(x)\ldots}{\mathrm{f}'(x) - \frac{1}{2}yy\,\mathrm{f}'''(x)\ldots}$$

$$\left[= y\frac{\mathrm{f}''(x)}{\mathrm{f}'(x)}\left\{1 - yy\left(\frac{1}{6}\frac{\mathrm{f}^{\mathrm{IV}}(x)}{\mathrm{f}''(x)} - \frac{1}{2}\frac{\mathrm{f}'''(x)}{\mathrm{f}'(x)}\right)\ldots\right\}\right.$$

Daher wird nach S. 144]

$$\operatorname{tang} c = D\cdot\frac{\sqrt{(1 - ee\sin\varphi^2)}}{a}\,y\operatorname{tang}\varphi,$$

wo

$$\log\operatorname{hyp} D = \left(-\frac{1}{6}\frac{\mathrm{f}^{\mathrm{IV}}(x)}{\mathrm{f}''(x)} + \frac{1}{2}\frac{\mathrm{f}'''(x)}{\mathrm{f}'(x)}\right)yy\ldots$$

$$= -\tfrac{1}{3}yy\frac{(1 - ee\sin\varphi^2)^2}{aa(1-ee)^2}(1 - 3ee + 2ee\sin\varphi^2)\ldots$$

[oder genähert]

$$= -\tfrac{1}{3}\frac{yy}{aa}(1 - ee).$$

[Ferner hat man:]

$$c = y\frac{\mathrm{f}''(x)}{\mathrm{f}'(x)} - \tfrac{1}{6}y^3\left\{\frac{\mathrm{f}^{\mathrm{IV}}(x)}{\mathrm{f}'(x)} - \frac{3\,\mathrm{f}''(x)\,\mathrm{f}'''(x)}{(\mathrm{f}'(x))^2} + 2\left(\frac{\mathrm{f}''(x)}{\mathrm{f}'(x)}\right)^3\right\}\ldots$$

[oder, wenn

$$\frac{\mathrm{f}''(x)}{\mathrm{f}'(x)} = \mathrm{h}(x)$$

gesetzt wird,

$$c = y\,\mathrm{h}(x) - \tfrac{1}{6}y^3\,\mathrm{h}''(x)\ldots]$$

$$\mathrm{h}(x) = \frac{(1 - ee\sin\varphi^2)^{\frac{1}{2}}\sin\varphi}{a\cos\varphi}$$

$$\mathrm{h}'(x) = \frac{1 - ee\sin\varphi^2}{aa(1-ee)\cos\varphi^2}\left\{1 - 2ee\sin\varphi^2 + ee\sin\varphi^4\right\}$$

$$\left[\mathrm{h}''(x) = \frac{2(1 - ee\sin\varphi^2)^{\frac{3}{2}}\sin\varphi}{a^3(1-ee)^2\cos\varphi^3}\left\{1 - 3ee + (2ee + 4e^4)\sin\varphi^2 - (ee + 5e^4)\sin\varphi^4 + 2e^4\sin\varphi^6\right\}\right.$$

$$\left.= \frac{2(1 - ee\sin\varphi^2)^{\frac{3}{2}}\sin\varphi}{a^3(1-ee)^2\cos\varphi^3}\left\{(1 - ee)^2 - ee(1-ee)\cos\varphi^4 - 2e^4\cos\varphi^6\right\}\right]$$

Also ist:

$$\mathrm{c} = \frac{\sqrt{(1-ee\sin\varphi^2)}}{a}\operatorname{tang}\varphi\,.\,y - \tfrac{1}{3}\frac{(1-ee\sin\varphi^2)^{\frac{3}{2}}\sin\varphi}{a^3(1-ee)^2\cos\varphi^3}\{1-3ee+(2ee+4e^4)\sin\varphi^2$$
$$-(ee+5e^4)\sin\varphi^4+2e^4\sin\varphi^6\}y^3\ldots$$

[oder]

$$\mathrm{c} = \frac{\sqrt{(1-ee\sin\varphi^2)}}{a}\operatorname{tang}\varphi\,.\,y$$
$$-\tfrac{1}{3}\frac{(1-ee\sin\varphi^2)^{\frac{3}{2}}\sin\varphi}{a^3(1-ee)^2\cos\varphi^3}\{(1-ee)^2 \quad * \quad -ee(1-ee)\cos\varphi^4-2e^4\cos\varphi^6\}y^3\ldots.$$

[Man hat auch, wenn man λ einführt:]

$$\mathrm{c} = \lambda\sin\varphi - \frac{(1-ee\sin\varphi^2)^{\frac{3}{2}}\operatorname{tang}\varphi}{6a^3(1-ee)^2}\{(1-ee)^2-3ee(1-ee)\cos\varphi^2-4e^4\cos\varphi^4\}y^3\ldots.$$

[3.]

Zur numerischen Berechnung sind folgende Formeln am bequemsten. Es sei

$$L = \frac{(1-ee\sin\varphi^2)^{\frac{1}{2}}y}{a\rho\cos\varphi}$$
$$M = \frac{(1-ee\sin\varphi^2)^2\operatorname{tang}\varphi\,.\,yy}{2aa(1-ee)\rho}$$
$$N = \frac{(1-ee\sin\varphi^2)^{\frac{1}{2}}}{a\rho}\operatorname{tang}\varphi\,.\,y.$$

Dann ist

$$\log\lambda = \log L - A.LL$$
$$\log(\varphi-\Phi) = \log M - B.LL$$
$$\log\mathrm{c} = \log N - C.LL,$$

wo die Logarithmen von A, B, C am bequemsten aus einer besondern Tafel mit dem Argument φ genommen werden.

Zur Berechnung dieser Tafel dienen die Formeln:

$$A = H\{0{,}75-\tfrac{1}{4}\cos 2\varphi+\frac{ee}{2(1-ee)}\cos\varphi^4\}$$
$$B = H\{0{,}75+\frac{2-11ee}{4(1-ee)}\cos\varphi^2+\frac{5ee}{2(1-ee)}\cos\varphi^4-\frac{e^4}{(1-ee)^2}\cos\varphi^6\}$$
$$C = H\{1-\frac{ee}{1-ee}\cos\varphi^4-\frac{2e^4}{(1-ee)^2}\cos\varphi^6\},$$

wo

$$H = \tfrac{1}{8} k \rho\rho \, . \, 10^7, \qquad \log H = 5{,}531\,8128 - 10$$

[k = Modul der briggischen Logarithmen; $\rho = \frac{1}{206264{,}8\ldots}$.

Die Correctionen $A.LL$, $B.LL$, $C.LL$ werden in Einheiten der 7. Decimalstelle erhalten. λ, $\varphi - \Phi$ und c erhält man in Secunden.

Der nachfolgenden Tabelle für die Logarithmen von A, B, C liegt der Abplattungswerth $\frac{1}{302{,}68}$ zum Grunde].

φ	log A	log B	log C
	−10	−10	−10
50° 0′	5,431 6218	5,510 4149	5,531 3175
3	8555	2206	95
6	5,432 0889	0263	5,531 3216
9	3222	5,509 8319	36
12	5552	6376	57
15	7881	4432	77
18	5,433 0208	2488	97
21	2532	0544	5,531 3318
24	4854	5,508 8600	38
27	7174	6656	59
30	9494	4712	79
33	5,434 1810	2768	99
36	4124	0823	5,531 3419
39	6438	5,507 8878	39
42	8748	6934	59
45	5,435 1057	4989	79
48	3364	3044	99
51	5668	1100	5,531 3519
54	7971	5,506 9155	38
57	5,436 0271	7210	58
51 0	2570	5265	78
3	4867	3320	98
6	7161	1375	5,531 3617
9	9454	5,505 9430	37
12	5,437 1745	7485	56
15	4033	5540	76
18	6319	3595	95
21	8604	1650	5,531 3714
24	5,438 0886	5,504 9704	34
27	3166	7759	53
30	5444	5814	72
33	7720	3869	91
36	9994	1924	5,531 3810
39	5,439 2266	5,503 9979	30
42	4535	8034	49
45	6803	6089	68

φ	log A	log B	log C
	−10	−10	−10
51° 45′	5,439 6803	5,503 6089	5,531 3868
48	9068	4144	87
51	5,440 1332	2199	5,531 3906
54	3593	0254	24
57	5852	5,502 8310	43
52 0	8109	6365	62
3	5,441 0364	4420	81
6	2616	2476	99
9	4867	0531	5,531 4018
12	7115	5,501 8587	36
15	9361	6643	55
18	5,442 1605	4699	73
21	3847	2755	91
24	6087	0812	5,531 4110
27	8325	5,500 8868	28
30	5,443 0560	6925	46
33	2793	4982	64
36	5024	3039	82
39	7254	1096	5,531 4200
42	9480	5,499 9153	18
45	5,444 1705	7211	36
48	3927	5269	54
51	6148	3327	72
54	8366	1384	89
57	5,445 0581	5,498 9443	5,531 4307
53 0	2795	7501	25
3	5006	5560	43
6	7215	3618	60
9	9422	1677	78
12	5,446 1627	5,497 9737	95
15	3829	7796	5,531 4413
18	6029	5856	30
21	8227	3916	48
24	5,447 0423	1976	65
27	2617	0036	83
30	4808	5,496 8097	5,531 4500

φ	log A	log B	log C
	−10	−10	−10
53° 30′	5,447 4808	5,496 8097	5,531 4500
33	6997	6158	17
36	9184	4219	34
39	5,448 1369	2281	51
42	3551	0343	68
45	5731	5,495 8405	85
48	7909	6468	5,531 4602
51	5,449 0084	4530	19
54	2258	2594	35
57	4428	0657	52
54 0	6597	5,494 8721	5,531 4669
3	8763	6785	86
6	5,450 0927	4850	5,531 4702
9	3089	2915	19
12	5248	0980	35
15	7405	5,493 9046	52
18	9560	7112	68
21	5,451 1712	5179	84
24	3863	3245	5,531 4801
27	6010	1313	17
30	8156	5,492 9380	33
33	5,452 0299	7448	49
36	2440	5516	65
39	4579	3585	81
42	6715	1654	97
45	8849	5,491 9724	5,531 4913
48	5,453 0981	7794	29
51	3110	5865	45
54	5237	3936	60
57	7362	2007	76
55 0	9484	0079	92

[4.]

[Es ist auch]

$$\lambda = A'\frac{\sqrt{(1-ee\sin\varphi^2)}}{a}\cdot\frac{y}{\cos\varphi},$$

wo

$$\log\text{hyp}\,A' = -\tfrac{1}{3}\mathrm{cc} - \tfrac{1}{6}\frac{(1-ee\sin\varphi^2)^2}{aa(1-ee)}yy\ldots$$

oder

$$= -\tfrac{1}{3}\lambda\lambda + \frac{1-ee}{6aa}\left(1-\frac{e^4}{(1-ee)^2}\cos\varphi^4\right)yy\ldots$$

[und angenähert]

$$= -\tfrac{1}{3}\lambda\lambda + \frac{1-ee}{6aa}yy.$$

[Ferner ist]

$$\Phi = \varphi - B'\frac{(1-ee\sin\varphi^2)^2}{2aa(1-ee)}\tang\varphi\,.\,yy,$$

wo [angenähert]

$$\log\text{hyp}\,B' = -\ \tfrac{1}{4}\lambda\lambda - \tfrac{1}{6}\frac{yy}{aa}$$
$$= -\tfrac{5}{12}\lambda\lambda + \tfrac{1}{6}\mathrm{cc}$$
$$= -\ \tfrac{1}{4}\mathrm{cc} - \tfrac{5}{12}\frac{yy}{aa}.$$

Auch kann man setzen

$$\mathrm{c} = C'\frac{\sqrt{(1-ee\sin\varphi^2)}}{a}\tang\varphi\,.\,y,$$

wo

$$\log\text{hyp}\,C' = -\tfrac{1}{3}\mathrm{cc} - \tfrac{1}{3}\left\{\frac{1-ee\sin\varphi^2}{aa} - \frac{ee(1-ee\sin\varphi^2)\cos\varphi^2(1-ee+2ee\cos\varphi^2)}{aa(1-ee)^2}\right\}yy\ldots$$

[oder angenähert

$$= -\tfrac{1}{3}\mathrm{cc} - \tfrac{1}{3}\frac{1-ee}{aa}yy\Big].$$

[5.]

Wenn die Lage der Punkte durch Coordinaten x, y, erstere im Meridian gleichförmig wachsend, dargestellt wird, findet man des Orts Polhöhe Φ, Convergenz seines Meridians c und Länge λ auf folgende Art.

Es sei φ die zur Abscisse x im Meridian gehörige Polhöhe,

$$q = \text{Compl.}\log\sqrt{(1-ee\sin\varphi^2)}$$

$$E = \frac{1-ee}{6aa}\cdot k\,.\,10^7$$

$$H = \frac{k.10^7}{3.206265^2}\,.$$

[k Modul der briggischen Logarithmen

$$\log B = \log\frac{206264{,}8..}{a} - q, \qquad \log A = \log\frac{206264{,}8..}{a(1-ee)} - 3q$$

$$\log C = \log\frac{206264{,}8..}{2aa(1-ee)} - 4q.$$

Für den Abplattungswerth $\frac{1}{302{,}68}$ ist:]

$$\log E = 2{,}24756\,29768 - 10, \qquad \log H = 5{,}53181\,27903 - 10$$

$$\log B = 8{,}50982\,72984 - 10 - q$$

$$\log C = \log\frac{AB}{2.206264{,}8..} = 1{,}40707\,38825 - 10 - 4q.$$

[Zur Berechnung von A und B lässt sich direct die Tabelle von S. 84 benutzen, oder man kann q aus der Tabelle von S. 77 entnehmen.]

$$\text{c} = (1)By\,\text{tang}\,\varphi \qquad \log(1) = -2Eyy - H\text{cc}$$

$$\lambda = (2)B\frac{y}{\cos\varphi} \qquad \log(2) = +\ Eyy - H\lambda\lambda$$

$$\Phi = \varphi - (3)Cyy\,\text{tang}\,\varphi \qquad \log(3) = -\tfrac{3}{4}H\lambda\lambda - Eyy$$

$$= -\tfrac{5}{4}H\lambda\lambda + \tfrac{1}{2}H\text{cc}$$

$$= -\tfrac{3}{4}H\text{cc} - \tfrac{5}{2}Eyy.$$

[log(1), log(2), log(3) werden in Einheiten der 7. Decimalstelle erhalten; c, λ, $\Phi - \varphi$ ergeben sich in Secunden.]

[Berechnung des Vergrösserungsverhältnisses *n*.]

[6.]

[*n* ist das Verhältniss eines Linearelements in der Ebene zu dem entsprechenden Element auf dem Ellipsoid.]

Es sei

$$\begin{aligned} f'(x) &= a \\ f''(x) &= b \\ f'''(x) &= c \\ f^{IV}(x) &= d \end{aligned}$$

etc.

[Man setze

$$\xi = x - w,$$

dann folgt aus

$$f(x+iy) = f(x-w) + i\lambda:]$$

$$f(x) - \tfrac{1}{2}byy + \tfrac{1}{24}dy^4 - \tfrac{1}{720}fy^6 \ldots = f(x) - aw + \tfrac{1}{2}bww - \tfrac{1}{6}cw^3 \ldots.$$

[Setzt man]

$$at = \tfrac{1}{2}byy - \tfrac{1}{24}dy^4 + \tfrac{1}{720}fy^6 \ldots,$$

[so ist]

$$t = w - \frac{b}{2a}ww + \frac{c}{6a}w^3 \ldots$$

[oder umgekehrt]

$$w = t + \frac{b}{2a}tt + \left(\frac{bb}{2aa} - \frac{c}{6a}\right)t^3 \ldots;$$

[mithin wird]

$$w = \frac{b}{2a}yy + \left(\frac{b^3}{8a^3} - \frac{d}{24a}\right)y^4 + \left(\frac{b^5}{16a^5} - \frac{b^3c}{48a^4} - \frac{bbd}{48a^3} + \frac{f}{720a}\right)y^6 \ldots$$

[und]

$$\xi = x - \frac{b}{2a}yy + \frac{aad - 3b^3}{24a^3}y^4 - \frac{a^4f - 15aabbd - 15ab^3c + 45b^5}{720a^5}y^6 \ldots.$$

[Da

$$\begin{aligned} f'(\xi) &= f'(x) - wf''(x) + \tfrac{1}{2}wwf'''(x) - \tfrac{1}{6}w^3f^{IV}(x) + \ldots \\ &= a - bw + \tfrac{1}{2}cww - \tfrac{1}{6}dw^3 + \ldots \end{aligned}$$

ist, so wird]

$$\mathfrak{f}'(\xi) = a\Big\{1 - \tfrac{1}{2}\frac{bb}{aa}yy + \Big(\tfrac{1}{24}\frac{bd}{aa} + \tfrac{1}{8}\frac{bbc}{a^3} - \tfrac{1}{8}\frac{b^4}{a^4}\Big)y^4$$
$$- \Big(\tfrac{1}{720}\frac{bf}{aa} + \tfrac{1}{48}\frac{bcd}{a^3} - \tfrac{1}{12}\frac{b^4c}{a^5} + \tfrac{1}{16}\frac{b^6}{a^6}\Big)y^6 \ldots\Big\}.$$

[Nach S. 144 ist

$$\mathfrak{f}(\xi) = \mathfrak{f}(x) - \tfrac{1}{2}byy + \tfrac{1}{24}dy^4 \ldots$$
$$\lambda = ay - \tfrac{1}{6}cy^3 + \tfrac{1}{120}ey^5 \ldots;$$

setzt man

$$\frac{\partial \mathfrak{f}(\xi)}{\partial x} = \Big]a\Big(1 - \tfrac{1}{2}\frac{c}{a}yy + \tfrac{1}{24}\frac{e}{a}y^4 \ldots\Big) \quad = u$$
$$\Big[\frac{\partial\lambda}{\partial x} = \Big]a\Big(\frac{b}{a}y - \tfrac{1}{6}\frac{d}{a}y^3 + \tfrac{1}{120}\frac{f}{a}y^5 \ldots\Big) = v,$$

[so ist]

$$\frac{u}{\mathfrak{f}'(\xi)} = \frac{\cos \mathrm{c}}{n} = 1 + \Big(-\tfrac{1}{2}\frac{c}{a} + \tfrac{1}{2}\frac{bb}{aa}\Big)yy$$
$$+ \Big(\tfrac{1}{24}\frac{e}{a} - \tfrac{1}{24}\frac{bd}{aa} - \tfrac{3}{8}\frac{bbc}{a^3} + \tfrac{3}{8}\frac{b^4}{a^4}\Big)y^4 \ldots$$
$$\frac{v}{\mathfrak{f}'(\xi)} = \frac{\sin \mathrm{c}}{n} = \frac{b}{a}y - \Big(\tfrac{1}{6}\frac{d}{a} - \tfrac{1}{2}\frac{b^3}{a^3}\Big)y^3 \ldots,$$

[wo wieder c die Meridianconvergenz bedeutet; folglich ergibt sich:]

$$\frac{1}{nn} = 1 + \Big(-\frac{c}{a} + 2\frac{bb}{aa}\Big)yy + \Big(\tfrac{1}{12}\frac{e}{a} - \tfrac{5}{12}\frac{bd}{aa} + \tfrac{1}{4}\frac{cc}{aa} - \tfrac{5}{4}\frac{bbc}{a^3} + 2\frac{b^4}{a^4}\Big)y^4 \ldots$$

[und]

$$2\log n = \Big(\frac{c}{a} - 2\frac{bb}{aa}\Big)yy + \Big(-\tfrac{1}{12}\frac{e}{a} + \tfrac{5}{12}\frac{bd}{aa} + \tfrac{1}{4}\frac{cc}{aa} - \tfrac{3}{4}\frac{bbc}{a^3}\Big)y^4 \ldots.$$

[Der Logarithmus ist hier, wie in den nächsten Artikeln, der hyperbolische.]

[7.]

[Es ist auch]

$$\log n - i\mathrm{c} = \log \mathfrak{f}'(\xi) - \log \mathfrak{f}'(x+iy),$$

[mithin]

$$\log n = \log \mathfrak{f}'(\xi) - \text{Pars Real.} \log \mathfrak{f}'(x+iy).$$

[Nun ist]

$$\log \mathfrak{f}'(\xi) = \log a - \frac{bb}{2aa}yy + \frac{aabd + 3abbc - 6b^4}{24a^4}y^4 \ldots,$$
$$\Big[\mathfrak{f}'(x+iy) = a\Big(1 + i\frac{b}{a}y - \tfrac{1}{2}\frac{c}{a}yy - \tfrac{1}{6}i\frac{d}{a}y^3 + \tfrac{1}{24}\frac{e}{a}y^4 \ldots\Big)$$

$$\log f'(x+iy) = \log a + \tfrac{1}{2}\left(\frac{bb}{aa} - \frac{c}{a}\right)yy + \left(\frac{ae-4bd+3cc}{24aa} - \frac{(bb-ac)^2}{4a^4}\right)y^4 \ldots$$
$$+ i\left(\frac{b}{a}y - \left(\frac{1}{6}\frac{d}{a} - \frac{1}{2}\frac{bc}{aa} + \frac{1}{3}\frac{b^3}{a^3}\right)y^3 \ldots\right)\Big]$$

Pars Real. $\log f'(x+iy) = \log a + \frac{bb-ac}{2aa}yy + \frac{a^3e - 4aabd - 3aacc + 12abbc - 6b^4}{24a^4}y^4 \ldots.$

Also:

$$\log n = \frac{ac-2bb}{2aa}yy - \frac{aae-5abd-3acc+9bbc}{24a^3}y^4 \ldots$$ [vergl. S. 153;

$$c = \frac{b}{a}y - \frac{aad-3abc+2b^3}{6a^3}y^3 \ldots,$$ vergl. S. 147.

Werden in der ersten Gleichung für $a = f'(x)$, $b = f''(x)$, u. s. w. die Werthe von S. 144 eingesetzt, so erhält man:]

$$\log n = \frac{(1-ee\sin\varphi^2)^2}{2aa(1-ee)}yy - \frac{(1-ee\sin\varphi^2)^3}{12a^4(1-ee)^3}\{1-3ee+(ee+15e^4)\sin\varphi^2 - 14e^4\sin\varphi^4\}y^4 \ldots$$

[worin nun wieder a die halbe grosse Axe und e die Excentricität bedeutet].

[8.]

Oder setzt man:

$$\frac{1}{f'(x)} = \theta\,(x) = \alpha = \frac{1}{a}$$
$$\theta'\,(x) = \beta = -\frac{b}{aa} = -\sin\varphi$$
$$\theta''\,(x) = \gamma = \frac{2bb-ac}{a^3}$$
$$\theta'''\,(x) = \delta = \frac{-6b^3+6abc-aad}{a^4}$$
$$\theta^{IV}(x) = \varepsilon = \frac{24b^4-36abbc+6aacc+8aabd-a^3e}{a^5} \quad \text{u. s. w.,}$$

[so wird]

$$\log n = -\frac{\gamma}{2\alpha}yy + \frac{\alpha\alpha\varepsilon - 3\alpha\beta\delta - 3\alpha\gamma\gamma + 3\beta\beta\gamma}{24\alpha^3}y^4 \ldots,$$
$$n = 1 - \frac{\gamma}{2\alpha}yy + \frac{\alpha\alpha\varepsilon - 3\alpha\beta\delta + 3\beta\beta\gamma}{24\alpha^3}y^4 \ldots.$$

[9.]

Man hat auch [wenn man $\frac{1}{f'(\xi)} = \theta(\xi)$ setzt]

$$\frac{\partial\partial\log n}{\partial x^2} + \frac{\partial\partial\log n}{\partial y^2} = -\frac{\theta''(\xi)}{nn\theta(\xi)}.$$

Ist nun

$$\frac{\theta''(\xi)}{\theta(\xi)} = -A - Byy - Cy^4 - \ldots,$$

so ist $\left[\frac{\partial A}{\partial x} = A',\ \frac{\partial A'}{\partial x} = A''\text{, u. s. w. gesetzt}\right]$

$$\log n = \tfrac{1}{2}Ayy + \tfrac{1}{12}(B - AA - \tfrac{1}{2}A'')y^4 + (\tfrac{1}{30}C - \tfrac{1}{360}B'' - \tfrac{7}{180}AB + \tfrac{1}{45}A^3$$
$$+ \tfrac{1}{180}A'A' + \tfrac{1}{120}AA'' + \tfrac{1}{720}A^{\mathrm{IV}})y^6 \ldots.$$

[10.]

[Es ist]

$$\log n = N$$
$$\frac{\partial\partial N}{\partial x^2} + \frac{\partial\partial N}{\partial y^2} = \frac{(1 - ee\sin\Phi^2)^2}{aann(1 - ee)}$$

oder

$$\frac{n\partial\partial n}{\partial x^2} + \frac{n\partial\partial n}{\partial y^2} - \left(\frac{\partial n}{\partial x}\right)^2 - \left(\frac{\partial n}{\partial y}\right)^2 = \frac{(1 - ee\sin\Phi^2)^2}{aa(1 - ee)}.$$

[Beziehungen zwischen x, y und ξ, λ.]

[11.]

[Die Umkehrung der Reihen für ξ und λ in Art. 6 ergibt, da nach Art. 8

$a = \frac{1}{\alpha}$, $b = -\frac{\beta}{\alpha\alpha}$, $c = -\frac{\gamma}{\alpha\alpha} + \frac{2\beta\beta}{\alpha^3}$, $d = -\frac{\delta}{\alpha\alpha} + \frac{6\beta\gamma}{\alpha^3} - \frac{6\beta^3}{\alpha^4}$, u. s. w. ist,]

$$x = \xi - \tfrac{1}{2}\alpha\beta\lambda\lambda + \tfrac{1}{24}(\alpha^3\delta - 2\alpha\alpha\beta\gamma - 5\alpha\beta^3)\lambda^4 \ldots$$
$$y = \alpha\lambda - \tfrac{1}{6}(\alpha\alpha\gamma - 2\alpha\beta\beta)\lambda^3 \ldots.$$

[12.]

Setzt man

$$\int e^{-\vartheta(t)}dt = f(t), \quad \text{[also nach Art. 8: } \theta(t) = e^{\vartheta(t)}\text{]}$$

und

$\vartheta'(x) = \alpha_1$ [so wird]: $f''(x) = (-\alpha_1)f'(x)$

$\vartheta''(x) = \beta_1$ $\quad f'''(x) = (\alpha_1\alpha_1 - \beta_1)f'(x)$

$\vartheta'''(x) = \gamma_1$ $\quad f^{\mathrm{IV}}(x) = (-\alpha_1^3 + 3\alpha_1\beta_1 - \gamma_1)f'(x)$

$\vartheta^{\mathrm{IV}}(x) = \delta_1$ $\quad f^{\mathrm{V}}(x) = (\alpha_1^4 - 6\alpha_1\alpha_1\beta_1 + 4\alpha_1\gamma_1 + 3\beta_1\beta_1 - \delta_1)f'(x)$

[$\vartheta^{\mathrm{V}}(x) = \varepsilon_1$ $\quad f^{\mathrm{VI}}(x) = (-\alpha_1^5 + 10\alpha_1^3\beta_1 - 10\alpha_1\alpha_1\gamma_1 - 15\alpha_1\beta_1\beta_1 + 5\alpha_1\delta_1$
$+ 10\beta_1\gamma_1 - \varepsilon_1)f'(x)$]

etc. $\quad$ etc.,

[und die Reihen für ξ und λ des Art. 6 gehen über in:]

$$\xi = x + \tfrac{1}{2}\alpha_1 yy + (\tfrac{1}{12}\alpha_1^3 + \tfrac{1}{8}\alpha_1\beta_1 - \tfrac{1}{24}\gamma_1)y^4$$
$$+ (\tfrac{1}{45}\alpha_1^5 + \tfrac{5}{72}\alpha_1^3\beta_1 - \tfrac{1}{144}\alpha_1\alpha_1\gamma_1 + \tfrac{1}{48}\alpha_1\beta_1\beta_1 - \tfrac{1}{144}\alpha_1\delta_1 - \tfrac{1}{72}\beta_1\gamma_1 + \tfrac{1}{720}\varepsilon_1)y^6 \ldots$$
$$\lambda = y\mathrm{f}'(x)\{1 - \tfrac{1}{6}(\alpha_1\alpha_1 - \beta_1)yy + \tfrac{1}{120}(\alpha_1^4 - 6\,\alpha_1\alpha_1\beta_1 + 4\,\alpha_1\gamma_1 + 3\,\beta_1\beta_1 - \delta_1)y^4 \ldots\}.$$

[13.]

[Berechnung der ebenen rechtwinkligen Coordinaten aus der geographischen Breite und Länge.]

Bei der umgekehrten Aufgabe [die Coordinaten x, y aus der Breite Φ und der Länge λ zu berechnen] bezeichnen wir durch g die inverse Function von f, so dass $\mathrm{g}(\mathrm{f}(x)) = x$ ist, und setzen $\mathrm{F}(\Phi) = \mathrm{F}$.

Man hat dann

$$[x + iy = \mathrm{g}(\mathrm{F} + i\lambda)$$
$$x = \mathrm{g}(\mathrm{F}) - \frac{\lambda\lambda}{2}\mathrm{g}''(\mathrm{F}) + \frac{\lambda^4}{24}\mathrm{g}^{\mathrm{IV}}(\mathrm{F}) \ldots$$
$$y = \lambda\mathrm{g}'(\mathrm{F}) - \frac{\lambda^3}{6}\mathrm{g}'''(\mathrm{F}) + \frac{\lambda^5}{120}\mathrm{g}^{\mathrm{V}}(\mathrm{F}) \ldots]$$
$$\mathrm{g}(\mathrm{F}) = X,$$

[wenn jetzt X die Abscisse bezeichnet, die zum Durchschnitt des Parallelkreises Φ mit dem Hauptmeridian gehört; nach Art. 1 ist daher $\mathrm{f}(X) = \mathrm{F}(\Phi)$, also $\frac{\mathrm{d}X}{\mathrm{dF}} = \frac{1}{\mathrm{f}'(X)}$. Damit wird:]

$$\mathrm{g}'(\mathrm{F}) = \frac{1}{\mathrm{f}'(X)} = \frac{ac}{p} = h,$$
$$c = \cos\Phi, \qquad s = \sin\Phi, \qquad p = \sqrt{(1 - ee\sin\Phi^2)}$$

[a halbe grosse Axe und e Excentricität].

Zur weitern Differentiation [ist nach S. 144]

$$\frac{\mathrm{d}\Phi}{\mathrm{dF}} = \frac{ppc}{1-ee}\left[= c + \delta c^3; \qquad \frac{ee}{1-ee} = \delta\right]$$

oder wenn man die höhern Potenzen von ee vernachlässigt: $\frac{\mathrm{d}\Phi}{\mathrm{dF}} = c + eec^3$; mithin

$$\frac{ds}{dF} = \frac{pp(1-ss)}{1-ee} \left[= cc+\delta c^4, \qquad \frac{dc}{dF} = -\frac{ppsc}{1-ee} = -s(c+\delta c^3)\right];$$

$$\frac{dh}{dF} = -sh.$$

Ist also ein $g^n(F) = hu$, wo u rationale Function von c ist, so wird

$$\left[g^{n+1}(F) = -sh\left\{u+\frac{du}{dc}(c+\delta c^3)\right\}\right.$$

und, wenn man die höhern Potenzen von ee vernachlässigt,]

$$g^{n+1}(F) = -sh\left\{u+\frac{du}{dc}(c+eec^3)\right\};$$

ist aber

$$g^n F = shu,$$

wo u rationale Function von c ist, so wird

$$\left[g^{n+1}(F) = -h\left\{u(1-2cc-\delta c^4)+\frac{du}{dc}(1-cc)(c+\delta c^3)\right\}\right.$$

und, wenn man die höhern Potenzen von ee vernachlässigt,]

$$g^{n+1}(F) = -h\left\{u(1-2cc-eec^4)+\frac{du}{dc}(1-cc)(c+eec^3)\right\}.$$

Bezeichnet man [also] der Kürze halber $\frac{ee}{1-ee} = \frac{2\omega-1}{(\omega-1)^2}$ mit δ, [wo ω die Abplattung ist,] so werden die successiven Differentialquotienten:

$$[g'(F) = h$$
$$g''(F) = -hs$$
$$g'''(F) = +h(1-2cc-\delta c^4)$$
$$g^{IV}(F) = -hs(1-6cc-9\delta c^4-4\delta\delta c^6)$$
$$g^{V}(F) =]+h(1-20cc+(24-58\delta)c^4+(72\delta-64\delta\delta)c^6+(77\delta\delta-24\delta^3)c^8+28\delta^3c^{10})$$

etc.

Folglich [wenn jetzt x wie auch X, von einem bestimmten Anfangspunkt an, nach Süden positiv genommen werden und y dasselbe Vorzeichen wie λ hat]

$$x = X-\frac{asc}{2\sqrt{(1-eess)}}\lambda\lambda+\frac{asc}{24\sqrt{(1-eess)}}(1-6cc-9\delta c^4-4\delta\delta c^6)\lambda^4\ldots$$

$$y = \frac{ac}{\sqrt{(1-eess)}}\lambda-\frac{ac}{6\sqrt{(1-eess)}}(1-2cc-\delta c^4)\lambda^3$$
$$+\frac{ac}{120\sqrt{(1-eess)}}(1-20cc+(24-58\delta)c^4\ldots)\lambda^5\ldots$$

[oder auch]

$$x = X - \frac{asc}{2p}\lambda\lambda - \frac{asc}{24p(1-ee)^2}(5 - ee - (6+6ee)ss + (9ee+3e^4)s^4 - 4e^4s^6)\lambda^4\ldots$$

$$y = \frac{ac}{p}\lambda + \frac{ac}{6p(1-ee)}(1 - 2ss + ees^4)\lambda^3\ldots$$

[oder]

$$y = \frac{ac}{p}\sin\lambda + \frac{ac^3}{3p(1-ee)}(1 - \tfrac{1}{2}ee - \tfrac{1}{2}eess)\sin\lambda^3\ldots,$$

wofür auch gesetzt werden kann [wenn die höhern Potenzen von ee vernachlässigt werden]

$$y = \frac{ac}{p}\sin\lambda + \frac{ac^3}{3\sqrt{(1-ee)}}\sin\lambda^3.$$

[Mit derselben Vernachlässigung ist:]

$$x = X - \frac{2asc}{p}\sin\tfrac{1}{2}\lambda^2(1 + cc(2 + 3eecc)\sin\tfrac{1}{2}\lambda^2)$$

$$= X - \frac{2asc}{p}\sin\tfrac{1}{2}\lambda^2\left(1 + 2cc\frac{p^3}{(1-ee)^{\frac{3}{2}}}\sin\tfrac{1}{2}\lambda^2\right).$$

[14.]

Berechnung der Meridianconvergenz aus den geographischen Coordinaten.

[Die Meridianconvergenz c ist auch gleich dem Winkel, den im Punkte Φ, λ der Meridian mit der Curve bildet, deren Darstellung in der Ebene eine Parallele zur x-Axe ist. Alsdann ist

$$\operatorname{tang} c = \frac{-\lambda g''(F) + \frac{1}{6}\lambda^3 g^{IV}(F)\ldots}{g'(F) - \frac{1}{2}\lambda\lambda g'''(F)\ldots} = -\lambda\frac{g''(F)}{g'(F)} + \frac{1}{6}\lambda^3\left(\frac{g^{IV}(F)}{g'(F)} - 3\frac{g''(F)g'''(F)}{(g'(F))^2}\right)\ldots]$$

$$\operatorname{tang} c = \lambda\sin\Phi + \tfrac{1}{3}\lambda^3\sin\Phi(1 + 3\delta\cos\Phi^4 + 2\delta\delta\cos\Phi^6)\ldots$$

[oder]

$$\operatorname{tang} c = \operatorname{tang}\lambda\sin\Phi\left\{1 + \tfrac{1}{3}\operatorname{tang}\lambda^2\cos\Phi^4.\, ee\frac{3 - ee - 2ee\sin\Phi^2}{(1-ee)^2}\ldots\right\}$$

$$= \operatorname{tang}\lambda\sin\Phi\left\{1 + \tfrac{1}{3}\operatorname{tang}\lambda^2\cos\Phi^4.\, ee\frac{3(1-ee) + 2ee\cos\Phi^2}{(1-ee)^2}\ldots\right\}$$

[oder auch]

$$c = \lambda\sin\Phi + \tfrac{1}{3}\lambda^3\sin\Phi\cos\Phi^2(1 + 3\delta\cos\Phi^2 + 2\delta\delta\cos\Phi^4)\ldots.$$

[15.]

[Die Reduction des Azimuths auf dem Sphäroid auf das Azimuth in plano.]

Die Correction der beobachteten Azimuthe ist

$$-\alpha(x'-x)\eta+\beta(x'-x)\eta^3+\gamma(y'-y)\eta\eta,$$

wo $\eta=\frac{1}{3}(y'+2y)$.

[x, y sind die ebenen Coordinaten des Beobachtungspunktes, $x'y'$ die Coordinaten des Punktes, nach dem hin das Azimuth bestimmt ist. Die x-Axe ist hiebei nach Süden, die y-Axe nach Westen positiv.]

$$\alpha=\frac{1}{2aa(1-ee)qq}$$

$$\beta=\frac{1-3ee+(ee+15e^4)\sin\varphi^2-14e^4\sin\varphi^4}{6a^4(1-ee)^3q^3}$$

$$\gamma=\frac{ee\sin 2\Phi}{2a^3(1-ee)^2q^{\frac{5}{2}}}$$

$$[q=\frac{1}{1-ee\sin\varphi^2},$$

oder in Secunden und für briggische Logarithmen:]

$$\alpha=\frac{\mathfrak{A}}{qq},\quad \beta=\frac{\mathfrak{B}}{q^3}\{1+\mathfrak{C}\sin\varphi^2-\mathfrak{D}\sin\varphi^4\},\quad \gamma=\frac{\mathfrak{E}\sin 2\Phi}{q^{\frac{5}{2}}}$$

$$[\mathfrak{A}=\frac{1}{2aa(1-ee)\rho}\qquad \log\mathfrak{A}=1{,}407\,0739-10$$

$$\mathfrak{B}=\frac{1-3ee}{6a^4(1-ee)^3\rho}\qquad \log\mathfrak{B}=7{,}317\,8248-30$$

$$\mathfrak{C}=\frac{ee+15e^4}{1-3ee}\qquad \log\mathfrak{C}=7{,}868\,9880-10$$

$$\mathfrak{D}=\frac{14e^4}{1-3ee}\qquad \log\mathfrak{D}=6{,}793\,4664-10$$

$$\mathfrak{E}=\frac{ee}{2a^3(1-ee)\rho}\qquad \log\mathfrak{E}=2{,}424\,6792-20$$

$$\rho=\frac{1}{206264{,}8..}],$$

[wobei der Abplattungswerth $\frac{1}{302{,}68}$ benutzt worden ist. α, β, γ gehören zum Argument $\frac{1}{3}(x'+2x)=x+\frac{1}{3}(x'-x)$].

[Tabelle für $\log \frac{1}{1-ee\sin\varphi^2} = \log q$.]

x (Meter)	$\log \frac{10^7}{1-ee\sin\varphi^2}$	diff.	
+800 000	14014,096	90,289	
78	104,385	90,298	9
76	194,683	90,303	5
74	284,986	90,304	1
72	375,290	90,302	2
+700 000	465,592	90,296	6
68	555,888	90,287	9
66	646,175	90,273	14
64	736,448	90,257	16
62	826,705	90,237	20
+600 000	14916,942	90,214	23
58	15007,156	90,187	27
56	097,343	90,156	31
54	187,499	90,122	34
52	277,621	90,085	37
+500 000	367,706	90,043	42
48	457,749	89,999	44
46	547,748	89,950	49
44	637,698	89,898	52
42	727,596	89,843	55
+400 000	817,439	89,784	59
38	907,223	89,722	62
36	15996,945	89,656	66
34	16086,601	89,587	69
32	176,188	89,514	73
+300 000	265,702	89,437	77
28	355,139	89,357	80
26	444,496	89,274	83
24	533,770	89,187	87
22	622,957	89,096	91
+200 000	712,053	89,002	94
18	801,055	88,905	97
16	889,960	88,803	102
14	16978,763	88,699	104
12	17067,462	88,591	108
+100 000	156,053	88,479	112
8	244,532	88,364	115
6	332,896	88,246	118
4	421,142	88,124	122
2	509,266	87,998	126
0	17597,264		129

x (Meter)	$\log \frac{10^7}{1-ee\sin\varphi^2}$	diff.	
0	17597,264	87,869	129
− 2	685,133	87,737	132
4	772,870	87,601	136
6	860,471	87,461	140
8	17947,932	87,319	142
−100 000	18035,251	87,173	146
12	122,424	87,023	150
14	209,447	86,870	153
16	296,317	86,713	157
18	383,030	86,554	159
−200 000	469,584	86,391	163
22	555,975	86,224	167
24	642,199	86,054	170
26	728,253	85,881	173
28	814,134	85,704	177
−300 000	899,838	85,525	179
32	18985,363	85,341	184
34	19070,704	85,155	186
36	155,859	84,964	191
38	240,823	84,771	193
−400 000	325,594	84,574	197
42	410,168	84,374	200
44	494,542	84,171	203
46	578,713	83,964	207
48	662,677	83,754	210
−500 000	746,431	83,540	214
52	829,971	83,324	216
54	913,295	83,104	220
56	19996,399	82,881	223
58	20079,280	82,655	226
−600 000	161,935	82,425	230
62	244,360	82,193	232
64	326,553	81,957	236
66	408,510	81,717	240
68	490,227	81,474	243
−700 000	571,701	81,230	244
72	652,931	80,980	250
74	733,911	80,728	252
76	814,639	80,473	255
78	895,112	80,214	259
−800 000	20975,326		

[Die Tabelle ist mit dem Abplattungswerth $\frac{1}{302,68}$ berechnet; der Ausgangspunkt für die x hat die Breite $\varphi = 51^0\,31'\,48'',70$.]

[Tabelle zur Berechnung der Azimuthcorrection.]

x (Meter)	φ	$\log\alpha$ 1,....—10	$\log\beta$ 7,....—30	$\log\gamma$ 2,....—20
+ 800 000	44° 20′ 1″,546	1,404 2711	7,31511	2,42106
790 000	25 25,585	621	10	108
780 000	30 49,618	530	09	109
770 000	36 13,646	440	09	110
760 000	41 37,669	350	08	111
+ 750 000	47 1,687	259	07	111
740 000	52 25,700	169	06	110
730 000	44 57 49,708	1,404 2079	05	110
720 000	45 3 13,710	1,404 1988	04	108
710 000	8 37,708	898	03	107
+ 700 000	14 1,701	808	02	105
690 000	19 25,689	718	01	102
680 000	24 49,671	627	00	099
670 000	30 13,649	537	7,31500	096
660 000	35 37,621	447	7,31499	092
+ 650 000	41 1,589	356	98	088
640 000	46 25,551	266	97	084
630 000	51 49,509	176	96	079
620 000	45 57 13,461	1,404 1086	95	073
610 000	46 2 37,408	1,404 0995	94	067
+ 600 000	8 1,350	905	93	061
590 000	13 25,288	815	92	054
580 000	18 49,220	725	92	047
570 000	24 13,147	634	91	039
560 000	29 37,069	544	90	031
+ 550 000	35 0,986	454	89	023
540 000	40 24,898	364	88	014
530 000	45 48,805	274	87	2,42005
520 000	51 12,707	184	86	2,41995
510 000	46 56 36,603	094	85	985
+ 500 000	47 2 0,495	1,404 0004	84	974
490 000	7 24,382	1,403 9914	83	963
480 000	12 48,264	824	83	952
470 000	18 12,140	733	82	940
460 000	23 36,012	644	81	927
+ 450 000	28 59,879	554	80	915
440 000	34 23,740	464	79	902
430 000	39 47,597	374	78	888
420 000	45 11,448	284	77	874
410 000	50 35,295	194	76	859
+ 400 000	47 55 59,136	104	75	844
390 000	48 1 22,973	1,403 9014	75	829
380 000	6 46,804	1,403 8925	74	813
370 000	12 10,631	835	73	797
360 000	17 34,452	745	72	780
+ 350 000	22 58,268	655	71	763
340 000	28 22,080	566	70	746
330 000	33 45,886	476	69	728
320 000	39 9,687	387	68	710
310 000	44 33,484	297	67	693
+ 300 000	48 49 57,275	1,403 8208	7,31467	2,41671

x (Meter)	φ	$\log\alpha$ 1,....—10	$\log\beta$ 7,....—30	$\log\gamma$ 2,....—20
+ 300 000	48° 49′ 57″,275	1,403 8208	7,31467	2,41671
290 000	48 55 21,061	118	66	652
280 000	49 0 44,843	1,403 8029	65	633
270 000	6 8,619	1,403 7939	64	611
260 000	11 32,390	850	63	590
+ 250 000	16 56,157	761	62	569
240 000	22 19,918	671	61	547
230 000	27 43,674	582	60	525
220 000	33 7,426	493	59	502
210 000	38 31,172	404	58	479
+ 200 000	43 54,914	315	58	455
190 000	49 18,650	226	57	431
180 000	49 54 42,381	137	56	406
170 000	50 0 6,108	1,403 7048	55	381
160 000	5 29,829	1,403 6959	54	356
+ 150 000	10 53,546	870	53	330
140 000	16 17,258	781	52	304
130 000	21 40,964	693	51	277
120 000	27 4,666	604	51	250
110 000	32 28,362	515	50	223
+ 100 000	37 52,054	427	49	195
90 000	43 15,741	338	48	166
80 000	48 39,423	250	47	137
70 000	54 3,100	162	46	108
60 000	50 59 26,772	1,403 6073	45	078
+ 50 000	51 4 50,439	1,403 5985	44	048
40 000	10 14,101	897	43	2,41017
30 000	15 37,758	809	43	2,40986
20 000	21 1,410	720	42	954
+ 10 000	26 25,058	632	41	922
0	31 48,700	544	40	890
— 10 000	37 12,337	457	39	857
20 000	42 35,970	369	38	823
30 000	47 59,598	281	37	790
40 000	53 23,221	193	36	755
— 50 000	51 58 46,838	106	36	721
60 000	52 4 10,451	1,403 5018	35	685
70 000	9 34,059	1,403 4931	34	650
80 000	14 57,663	843	33	614
90 000	20 21,261	756	32	577
— 100 000	25 44,855	668	31	540
110 000	31 8,443	581	30	503
120 000	36 32,027	494	29	465
130 000	41 55,606	407	29	426
140 000	47 19,180	320	28	387
— 150 000	52 42,749	233	27	348
160 000	52 58 6,313	146	26	308
170 000	53 3 29,872	1,403 4060	25	268
180 000	8 53,427	1,403 3973	24	227
190 000	14 16,977	886	23	186
— 200 000	53 19 40,521	1,403 3800	7,31422	2,40145

x (Meter)	φ	log α 1,....—10	log β 7,....—30	log γ 2,....—20	x (Meter)	φ	log α 1,....—10	log β 7,....—30	log γ 2,....—20
— 200 000	53°19'40".521	1,403 3800	7,31422	2,40145	— 500 000	56° 1'24".643	1,403 1246	7,31397	2,38676
210 000	25 4, 061	713	22	103	510 000	6 48, 041	163	96	620
220 000	30 27, 597	627	21	060	520 000	12 11, 434	1,403 1079	95	563
230 000	35 51, 127	541	20	2,40017	530 000	17 34, 822	1,403 0996	94	506
240 000	41 14, 653	455	19	2,39974	540 000	22 58, 205	912	93	448
— 250 000	46 38, 173	369	18	930	— 550 000	28 21, 584	829	92	389
260 000	52 1, 689	282	17	885	560 000	33 44, 958	746	92	330
270 000	53 57 25, 200	197	16	840	570 000	39 8, 329	663	91	271
280 000	54 2 48, 707	111	15	795	580 000	44 31, 693	580	90	211
290 000	8 12, 208	1,403 3025	15	749	590 000	49 55, 053	498	89	150
— 300 000	13 35, 705	1,403 2939	14	703	— 600 000	56 55 18, 409	415	88	089
310 000	18 59, 197	854	13	656	610 000	57 0 41, 760	333	87	2,38028
320 000	24 22, 684	768	12	609	620 000	6 5, 106	250	87	2,37966
330 000	29 46, 167	683	11	561	630 000	11 28, 448	168	86	904
340 000	35 9, 644	598	10	513	640 000	16 51, 785	086	85	841
— 350 000	40 33, 117	512	09	464	— 650 000	22 15, 118	1,403 0004	84	777
360 000	45 56, 585	427	09	415	660 000	27 38, 446	1,402 9922	83	713
370 000	51 20, 049	342	08	366	670 000	33 1, 770	840	83	648
380 000	54 56 43, 508	257	07	316	680 000	38 25, 089	759	82	583
390 000	55 2 6, 961	173	06	265	690 000	43 48, 403	677	81	518
— 400 000	7 30, 411	088	05	214	— 700 000	49 11, 713	596	80	452
410 000	12 53, 855	1,403 2003	04	162	710 000	54 35, 018	514	79	385
420 000	18 17, 295	1,403 1919	03	110	720 000	57 59 58, 319	433	78	318
430 000	23 40, 730	834	03	058	730 000	58 5 21, 615	352	78	250
440 000	29 4, 160	750	02	2,39005	740 000	10 44, 907	271	77	182
— 450 000	34 27, 586	666	01	2,38951	— 750 000	16 8, 194	190	76	113
460 000	39 51, 007	582	7,31400	897	760 000	21 31, 476	110	75	2,37044
470 000	45 14, 423	498	7,31399	843	770 000	26 54, 755	1,402 9029	74	2,36974
480 000	50 37, 834	414	98	788	780 000	32 18, 028	1,402 8949	73	904
490 000	55 56 1, 241	330	98	732	790 000	37 41, 297	869	73	833
— 500 000	56 1 24, 643	1,403 1246	7,31397	2,38676	— 800 000	58 43 4, 562	1,402 8788	7,31372	2,36762

[Dieser Tabelle liegt der Abplattungswerth $\frac{1}{302{,}68}$ zum Grunde. Die x sind um $-26{,}264\,\mathrm{m}$ zu corrigiren, wenn für Göttingen $\varphi = 51^{0}\,31'\,47''{,}85$ anstatt $51^{0}\,31'\,48''{,}70$ angenommen wird.]

[Der Unterschied zwischen der Projection der geodätischen Linie und der ihre Endpunkte verbindenden Geraden bei der conformen Darstellung einer krummen Fläche in der Ebene.]

[16.]

Ein sehr fruchtbares Princip für die allgemeine Theorie der krummen Flächen ist folgendes.

Es werden die einzelnen Punkte der krummen Fläche durch zwei veränderliche Grössen p, q auf welche Art man wolle [dargestellt]. Alle Punkte, für welche q constant ist, bilden also auf der Fläche eine Linie, deren Element $du = t dp$ sei, wo t Function von p und q sein wird.

Es werde nun indefinite nach dem Punkte der krummen Fläche, der durch p, q bestimmt wird, eine kürzeste Linie, entweder von einem bestimmten Punkte aus oder senkrecht auf eine gegebene Linie gezogen, deren Länge r also selbst Function von p und q sein wird. Ist nun φ der Winkel, welchen das Element von r mit dem Element du macht, so wird

$$\frac{\partial r}{\partial p} = t \cos \varphi.$$

Es werde nun eine kürzeste Linie in der krummen Fläche, bei der elementähnlichen Darstellung in der Ebene, durch die krumme Linie vorgestellt, deren Punkte durch R, Distanz vom Anfangspunkte, [und] θ, Richtung, bestimmt werden. Das [reciproke] Vergrösserungsverhältniss sei n^*, d. i. correspondirende Elemente in der Ebene und Fläche verhalten sich wie 1 zu n^*.

Es sei ferner

$$n^* = N + aR + bRR + cR^3 + \ldots$$
$$\log n^* = \log N + \alpha R + \beta RR + \gamma R^3 + \ldots,$$

wo $a, b, c, \ldots$; $\alpha, \beta, \gamma, \ldots$ Functionen von θ bedeuten.

Man hat dann [$dn^* = n^* d \log n^*$ oder]

$$(a + 2bR + 3cRR \ldots) = (N + aR + bRR \ldots)(\alpha + 2\beta R + 3\gamma RR \ldots)$$

[und hieraus]

$$a = N\alpha$$
$$2b = 2N\beta + a\alpha$$
$$3c = 3N\gamma + 2a\beta + b\alpha$$
$$\text{etc.}$$

[oder]

$$a = N\alpha$$
$$b = N\beta + \tfrac{1}{2} N\alpha\alpha$$
$$c = N\gamma + N\alpha\beta + \tfrac{1}{6} N\alpha^3$$
$$\text{etc.}$$

Man hat nun nach obigem

$$\frac{\partial r}{\partial R} = n^* \cos\varphi$$

$$\frac{\partial r}{R\partial\theta} = -n^* \sin\varphi,$$

$$\left(\frac{\partial r}{\partial R}\right)^2 + \left(\frac{\partial r}{R\partial\theta}\right)^2 = n^{*2};$$

[ferner ist

$$m\frac{\partial(\theta+\psi)}{\partial R} = n^* \sin\varphi, \qquad m\frac{\partial(\theta+\psi)}{R\partial\theta} = n^* \cos\varphi,$$

wo $m\,\mathrm{d}(\theta+\dot{\psi})$ das Element der Curve constanter r bedeutet; hieraus folgt

$$\frac{\partial(\theta+\psi)}{\partial R}\cos\varphi - \frac{\partial(\theta+\psi)}{R\partial\theta}\sin\varphi = 0$$

oder]

$$\frac{\partial(\theta+\psi)}{\partial R}\cdot\frac{\partial r}{\partial R} + \frac{\partial(\theta+\psi)}{R\partial\theta}\cdot\frac{\partial r}{R\partial\theta} = 0.$$

[ψ und φ bezeichnen die Winkel, die die Darstellung der geodätischen Linie in der Ebene mit R im Anfangs- und im Endpunkte bildet.]

Man findet hieraus, wenn man

$$\frac{\partial a}{\partial\theta} = a', \qquad \frac{\partial b}{\partial\theta} = b', \text{ u. s. w.}; \qquad \frac{\partial a'}{\partial\theta} = a'', \qquad \frac{\partial b'}{\partial\theta} = b'', \text{ u. s. w.}$$

setzt und bemerkt, dass $a'' = -a$ [ist, weil a die Form $C_1\cos\theta + C_2\sin\theta$ hat]:

$$r = NR + \tfrac{1}{2}aRR + \left(\tfrac{1}{3}b - \frac{a'a'}{24N}\right)R^3 + \left(\tfrac{1}{4}c - \frac{a'b'}{24N} + \frac{aa'a'}{48NN}\right)R^4 \ldots;$$

$$n^*\cos\varphi = N + aR + \left(b - \frac{a'a'}{8N}\right)RR + \left(c - \frac{a'b'}{6N} + \frac{aa'a'}{12NN}\right)R^3 \ldots$$

$$-n^*\sin\varphi = \tfrac{1}{2}a'R + \left(\tfrac{1}{3}b' + \frac{aa'}{12N}\right)RR + \left(\tfrac{1}{4}c' + \frac{ab'}{24N} - \frac{a'b''}{24N} + \frac{a'^3}{48NN} - \frac{aaa'}{24NN}\right)R^3 \ldots.$$

Also

$$-\sin\varphi = \frac{a'}{2N}R + \left(\frac{b'}{3N} - \frac{5aa'}{12NN}\right)RR \ldots$$

$$-\varphi = \frac{a'}{2N}R + \left(\frac{b'}{3N} - \frac{5aa'}{12NN}\right)RR \ldots$$

$$= \tfrac{1}{2}\alpha' R + \left(\tfrac{1}{3}\beta' - \tfrac{1}{12}\alpha\alpha'\right)RR \ldots.$$

Es findet sich ferner aus obiger partieller Differentialgleichung

$$-\psi = \frac{a'}{2N}R + \left(\frac{b'}{6N} - \frac{aa'}{12NN}\right)RR \ldots$$

$$= \tfrac{1}{2}\alpha' R + \left(\tfrac{1}{6}\beta' + \tfrac{1}{12}\alpha\alpha'\right)RR \ldots.$$

Es sei, wenn die Lage der Punkte in der Ebene durch x, y ausgedrückt wird, wo $x = R\cos\theta$, $y = R\sin\theta$:

$$\log n^* = \log N - Ax - By - \tfrac{1}{2}Cxx - Dxy - \tfrac{1}{2}Eyy \ldots,$$

so wird hienach:

$$\alpha R = -Ax - By \qquad \alpha' R = Ay - Bx$$
$$\beta RR = -\tfrac{1}{2}Cxx - Dxy - \tfrac{1}{2}Eyy \qquad \beta' RR = (C-E)xy - D(xx-yy)$$
etc. etc.

$$\varphi = +\tfrac{1}{2}Bx + (\tfrac{1}{3}D + \tfrac{1}{12}AB)(xx-yy)$$
$$-\tfrac{1}{2}Ay + (-\tfrac{1}{3}C + \tfrac{1}{3}E - \tfrac{1}{12}AA + \tfrac{1}{12}BB)xy \ldots$$
$$\psi = +\tfrac{1}{2}Bx + (\tfrac{1}{6}D - \tfrac{1}{12}AB)(xx-yy)$$
$$-\tfrac{1}{2}Ay + (-\tfrac{1}{6}C + \tfrac{1}{6}E + \tfrac{1}{12}AA - \tfrac{1}{12}BB)xy \ldots;$$
$$r = N(R + \tfrac{1}{2}\alpha RR + (\tfrac{1}{3}\beta + \tfrac{1}{6}\alpha\alpha - \tfrac{1}{24}\alpha'\alpha')R^3 \ldots)$$
$$\log r = \log NR + \tfrac{1}{2}\alpha R + (\tfrac{1}{3}\beta + \tfrac{1}{24}(\alpha\alpha - \alpha'\alpha'))RR \ldots$$
$$= \log N^0 R + (\tfrac{1}{12}\beta + \tfrac{1}{24}(\alpha\alpha - \alpha'\alpha'))RR \ldots$$
$$= \log N^0 R - \tfrac{1}{24}(C + BB - AA)xx$$
$$-\tfrac{1}{12}(D - 2AB)xy$$
$$-\tfrac{1}{24}(E + AA - BB)yy$$
etc.,

wenn N^0 der Werth von n^* für den Punkt in der Mitte der geraden Linie [also $\log N^0 = \log N + \tfrac{1}{2}\alpha R + \tfrac{1}{4}\beta RR + \ldots$ ist].

Es sei nun

$$[\log n =]\ \log\frac{1}{n^*} = (e + e'x + e''xx + \ldots)(Y+y)^2$$
$$+ (f + f'x + f''xx + \ldots)(Y+y)^4$$
$$+ (g + g'x + g''xx + \ldots)(Y+y)^6$$
etc.,

indem die zweite Coordinate [im Anfangspunkt] $= Y$ [ist], so ist

$$-\log N = eYY + fY^4 + gY^6 \ldots$$
$$A = e'YY + f'Y^4 + g'Y^6 \ldots$$
$$B = 2eY + 4fY^3 + 6gY^5 \ldots$$
$$\tfrac{1}{2}C = e''YY + f''Y^4 + g''Y^6 \ldots$$
$$D = 2e'Y + 4f'Y^3 + 6g'Y^5 \ldots$$
$$\tfrac{1}{2}E = e + 6fYY + 15gY^4 \ldots$$
etc.

Bei der Darstellung der Kugelfläche vom Halbmesser h ist n^* von x unabhängig und

$$\frac{1}{n^*} = 1 + \frac{1}{2}\frac{(Y+y)^2}{hh} + \frac{1}{24}\frac{(Y+y)^4}{h^4}\ldots$$

$$\log\frac{1}{n^*} = \frac{1}{2}\frac{(Y+y)^2}{hh} - \frac{1}{12}\frac{(Y+y)^4}{h^4}\ldots.$$

Also [ist]

$$A = C = D = 0$$

[und]

$$B = \frac{Y}{hh} - \frac{1}{3}\frac{Y^3}{h^4}\ldots.$$

Das Glied $\frac{1}{12}BBxy$ [in φ und ψ] kann also nicht grösser als $\frac{1}{24}\frac{YY}{h^4}RR$ werden, also für $R = \lambda . 100\,000$ m, $Y = \mu . 400\,000$ m [nicht grösser als] $\lambda\lambda . \mu\mu . 0{,}''008$.

Die Glieder von φ und ψ werden [auch beim Sphäroid im Wesentlichen] durch die Formel $\frac{1}{2}Bx - \frac{1}{2}Ay$ erledigt, wenn man die Werthe von B und A resp. für die Punkte der geraden Linie nimmt, die um $\frac{2}{3}$ und $\frac{1}{3}$ ihrer Länge vom Anfangspunkt abstehen. Diese sind oben [Art. 15] mit hinlänglicher Genauigkeit angegeben.

[Sind $A_{\frac{2}{3}}$, $B_{\frac{2}{3}}$ und $A_{\frac{1}{3}}$, $B_{\frac{1}{3}}$ die eben bezeichneten Werthe von A und B, so wird

$$\varphi = \tfrac{1}{2}B_{\frac{2}{3}} . x - \tfrac{1}{2}A_{\frac{2}{3}} . y + \tfrac{1}{6}(Dx - Cy)x + \tfrac{1}{12}(Ax + By)(Bx - Ay)\ldots$$

$$\psi = \tfrac{1}{2}B_{\frac{1}{3}} . x - \tfrac{1}{2}A_{\frac{1}{3}} . y + \tfrac{1}{6}(Dx - Cy)x + \tfrac{1}{12}(Ax + By)(-Bx + Ay)\ldots.]$$

[17.]

Die Generalisirung obiger Grundsätze führt auf folgende Behandlung.

Es seien p, q zwei veränderliche Grössen, die die verschiedenen Punkte der krummen Fläche bestimmen. Die Länge der kürzesten Linie heisse r, die Richtung im Anfange werde durch ψ bezeichnet; endlich sei $\int \rho d\psi$ die Länge der Linie constanter r und ds [das] Element einer Linie auf der krummen Fläche, welches allgemein durch $\sqrt{(Adp^2 + 2Bdpdq + Cdq^2)}$ ausgedrückt werde.

Man setze

$$dr = gdp + hdq$$

$$\rho d\psi = Gdp + Hdq.$$

Hieraus [folgt]:

$$gg+GG=A$$
$$gh+GH=B$$
$$hh+HH=C,$$

also [wird]

$$(A-gg)(C-hh)=(B-gh)^2$$

[oder]

I. $$AC-BB=Ahh-2Bgh+Cgg$$
$$\left[=A\left(\frac{\partial r}{\partial q}\right)^2-2B\frac{\partial r}{\partial p}\frac{\partial r}{\partial q}+C\left(\frac{\partial r}{\partial p}\right)^2.\right.$$

Ferner ist]

$$Ah-Bg=G(Gh-Hg)$$
$$Bh-Cg=H(Gh-Hg),$$

also

$$\frac{G}{\rho}(Cg-Bh)+\frac{H}{\rho}(Ah-Bg)=0,$$

d. i.

II. $$\frac{\partial\psi}{\partial p}(Cg-Bh)+\frac{\partial\psi}{\partial q}(Ah-Bg)=0.$$

Sind die Winkel, welche die Linien constanter p oder q mit den Linien constanter ψ machen, respective M, N, so ist

$$g=\cos\mathrm{N}\sqrt{A}\qquad [G=\sin\mathrm{N}\sqrt{A}$$
$$h=\cos\mathrm{M}\sqrt{C}\qquad H=\sin\mathrm{M}\sqrt{C};$$

mithin]

$$B=\cos(\mathrm{M}-\mathrm{N})\sqrt{AC}.$$

Wenn z. B.

$$p=R\qquad x=R\cos\theta$$
$$q=\theta\qquad y=R\sin\theta$$
$$z=1+tRR+uR^3\ldots$$

ist, wo t, u Functionen von θ sind, [so wird]

$$\mathrm{d}s=\sqrt{\{\mathrm{d}R^2+RR\mathrm{d}\theta^2+\mathrm{d}z^2\}},$$

und

$$A=1+\left(\frac{\partial z}{\partial R}\right)^2,\qquad B=\frac{\partial z}{\partial R}\cdot\frac{\partial z}{\partial\theta},\qquad C=RR+\left(\frac{\partial z}{\partial\theta}\right)^2.$$

[Nach Gleichung I wird alsdann, wenn t', u', ... die Ableitungen von t, u, ... nach θ sind:

$$(1+t't'RR+2t'u'R^3\ldots)\left(\frac{\partial r}{\partial R}\right)^2+(1+4ttRR+12tuR^3\ldots)\left(\frac{\partial r}{R\partial\theta}\right)^2$$
$$-2(2tt'RR+(2tu'+3ut')R^3\ldots)\frac{\partial r}{\partial R}\cdot\frac{\partial r}{R\partial\theta}$$
$$=1+(4tt+t't')RR+(12tu+2t'u')R^3\ldots,$$

woraus sich ergibt:]

$$r = R \quad * \quad +\tfrac{2}{3}ttR^3+\tfrac{3}{2}tuR^4\ldots.$$

[Die Gleichung II gibt hiemit:

$$(1+(2tt+t't')RR+(6tu+2t'u')R^3\ldots)\frac{\partial\psi}{\partial R}$$
$$+(-\tfrac{2}{3}tt'RR-(\tfrac{1}{2}tu'+\tfrac{3}{2}ut')R^3\ldots)\frac{\partial\psi}{R\partial\theta}=0,$$

folglich wird:

$$\psi=\theta+\tfrac{1}{3}tt'RR+(\tfrac{1}{2}ut'+\tfrac{1}{6}tu')R^3\ldots.]$$

Zur Transformation der Coordinaten.

[18.]

Die Grundgleichung ist

$$\mathfrak{f}(x+iy+\omega)-\tfrac{1}{2}\mathfrak{f}(x+iy)+\tfrac{1}{2}\mathfrak{f}(x-iy)=\mathfrak{f}(x+\Omega).$$

Wir schreiben

$$\begin{aligned}\mathfrak{f}'(x)&=a\\ \mathfrak{f}''(x)&=b\\ \mathfrak{f}'''(x)&=c\\ \mathfrak{f}^{\mathrm{IV}}(x)&=d\\ &\text{etc.}\end{aligned}$$

[Dann wird]

$$\mathfrak{f}(x)+a\omega+\tfrac{1}{2}b(\omega\omega+2iy\omega-yy)+\tfrac{1}{6}c(\omega^3+3iy\omega\omega-3yy\omega)$$
$$+\tfrac{1}{24}d(\omega^4+4iy\omega^3-6yy\omega\omega-4iy^3\omega+y^4)\ldots$$
$$=\mathfrak{f}(x)+a\Omega+\tfrac{1}{2}b\Omega\Omega+\tfrac{1}{6}c\Omega^3+\tfrac{1}{24}d\Omega^4\ldots$$

[und hieraus]

$$
\begin{aligned}
x+\Omega = x-\tfrac{b}{2a}yy+\left(\tfrac{d}{24a}-\tfrac{b^3}{8a^3}\right)y^4\ldots \\
+\ \omega\left\{1+\tfrac{b}{a}\ iy-\left(\tfrac{c}{2a}-\tfrac{bb}{2aa}\right)yy-\left(\tfrac{d}{6a}-\tfrac{b^3}{2a^3}\right)iy^3\ldots\right\} \\
+\omega\omega\left\{\left(\tfrac{c}{2a}-\tfrac{bb}{aa}\right)iy-\left(\tfrac{d}{4a}-\tfrac{3bc}{4aa}\right)yy\ldots\right\} \\
+\ \omega^3\left\{\left(\tfrac{d}{6a}-\tfrac{bc}{aa}+\tfrac{b^3}{a^3}\right)iy\ldots\right\} \\
\text{etc.}
\end{aligned}
$$

[19.]

Die Entwickelung beruht auf folgender Aufgabe.

Wenn

$$u-Auu-Bu^3-Cu^4-Du^5-\ldots = p+Aq+Br+Cs+Dt+\cdots,$$

[wo p von derselben Ordnung wie u, q von der Ordnung uu, u. s. w. ist,] so wird:

$$
\begin{aligned}
u = p+A(pp+q)+AA(2p^3+2pq)+\ & A^3(5p^4+6ppq+qq) \\
+\ B(\ p^3+r)\ \ & +AB(5p^4+3ppq+2pr) \\
& +\ C(\ p^4+s) \\
+\ & A^4(14p^5+20p^3q+6pqq) \\
+\ & AAB(21p^5+20p^3q+6ppr+3pqq+2qr) \\
+\ & AC(\ 6p^5+\ 4p^3q+2ps) \\
+\ & BB(\ 3p^5+3ppr) \\
+\ & D(\ p^5+t) \\
& \text{etc.}
\end{aligned}
$$

Allgemein

$$u = \Sigma A^\alpha B^\beta C^\gamma\ldots p^\pi q^\chi r^\rho s^\sigma\ldots\cdot\frac{\Pi(\alpha+\beta+\gamma+\cdots+\pi+\chi+\rho+\sigma+\cdots-1)}{\Pi(\alpha-\chi).\Pi(\beta-\rho).\Pi(\gamma-\sigma)\ldots\Pi\pi.\Pi\chi.\Pi\rho.\Pi\sigma\ldots},$$

wo

$$\alpha,\ \beta,\ \gamma,\ \ldots,\ \pi,\ \chi,\ \rho,\ \sigma,\ \ldots,\ \alpha-\chi,\ \beta-\rho,\ \gamma-\sigma,\ \ldots$$

ganze nicht negative Zahlen sein müssen und

$$1+\alpha+2\beta+3\gamma+\cdots = \pi+2\chi+3\rho+4\sigma+\cdots$$

[ist].

Man hat nun

$$u = \Omega$$

[und]

$$\begin{aligned} p &= -z+(\omega+z) = \omega \\ q &= \quad -(\omega+z)^2 \\ r &= z^3-(\omega+z)^3 \\ s &= \quad -(\omega+z)^4 \\ t &= z^5-(\omega+z)^5 \\ &\text{etc.} \end{aligned}$$

[zu setzen]. Also

$$\begin{aligned} \Omega = \omega - A(2\omega z+zz) &- AA(4\omega\omega z+2\omega zz) \\ &- B(3\omega\omega z+3\omega zz) \\ &- A^3(8\omega^3 z \quad * \quad -4\omega z^3 - z^4) \\ &- AB(12\omega^3 z+9\omega\omega zz \quad * \quad *) \\ &- C(4\omega^3 z+6\omega\omega zz+4\omega z^3+z^4) \\ &- A^4(16\omega^4 z-16\omega^3 zz-24\omega\omega z^3-6\omega z^4) \\ &- AAB(36\omega^4 z \quad * \quad -30\omega\omega z^3-9\omega z^4) \\ &- AC(16\omega^4 z+16\omega^3 zz+8\omega\omega z^3+2\omega z^4) \\ &- BB(9\omega^4 z+9\omega^3 zz \quad * \quad *) \\ &- D(5\omega^4 z+10\omega^3 zz+10\omega\omega z^3+5\omega z^4) \\ &\text{etc.} \end{aligned}$$

Zur Übertragung in die vorigen Zeichen [Art. 18] braucht nun nur noch gesetzt zu werden:

$$\begin{aligned} z &= iy \\ A &= -\frac{b}{2a} \\ B &= -\frac{c}{6a} \\ C &= -\frac{d}{24a} \\ D &= -\frac{e}{120a} \\ &\text{etc.} \end{aligned}$$

[20.]

Auf der Kugel [vom Radius 1 ist nach S. 144, wenn x von einem beliebigen Anfangspunkte an nach Süden positiv gezählt wird,

$$\frac{d\varphi}{dx} = -1, \qquad f'(x) = -\frac{1}{\cos\varphi};$$

setzt man

$$\sin\varphi = s, \qquad \cos\varphi = c,] \qquad \operatorname{tang}\varphi = t,$$

[so wird mithin

$$\begin{aligned}
f''(x) &= +\frac{s}{cc} \quad \text{und daher} & A &= +\tfrac{1}{2}t \\
f'''(x) &= -\frac{1+ss}{c^3} & B &= -\tfrac{1}{6}(1+2tt) \\
f^{IV}(x) &= +\frac{5s+s^3}{c^4} & C &= +\tfrac{1}{24}(5t+6t^3) \\
f^{V}(x) &= -\frac{5+18ss+s^4}{c^5} & D &= -\tfrac{1}{120}(5+28tt+24t^4) \\
f^{VI}(x) &= +\frac{61s+58s^3+s^5}{c^6} & E &= +\tfrac{1}{720}(61t+180t^3+120t^5) \\
f^{VII}(x) &= -\frac{61+479ss+179s^4+s^6}{c^7}] & F &= -\tfrac{1}{5040}(61+662tt+1320t^4+720t^6) \\
& & & \text{etc.};
\end{aligned}$$

[folglich nach Art. 19 oder 20:]

$$\begin{aligned}
x+\Omega = x &+ \tfrac{1}{2}tyy - (\tfrac{5}{24}t+\tfrac{1}{8}t^3)y^4 \ldots \\
&+ \omega\{1-\tfrac{1}{2}(1+tt)yy+(\tfrac{5}{24}+\tfrac{7}{12}tt+\tfrac{3}{8}t^4)y^4 \ldots - i(ty-(\tfrac{5}{6}t+\tfrac{1}{2}t^3)y^3 \ldots)\} \\
&+ \omega\omega\{\tfrac{1}{2}tyy \ldots + i(\tfrac{1}{2}y-(\tfrac{5}{12}+\tfrac{1}{4}tt)y^3 \ldots)\} \\
&+ \omega^3\{-(\tfrac{1}{6}-\tfrac{1}{3}tt)yy \ldots + i(\tfrac{1}{6}ty \ldots)\} \\
&+ \omega^4\{\ldots - i(\tfrac{1}{24}y \ldots)\} \\
&\text{etc.}
\end{aligned}$$

[Reihen zwischen φ, ψ und ω.]

[21.]

[Zur numerischen Berechnung von φ aus x, Art. 1, oder X aus Φ, Art. 13, dienen die nachfolgenden Gleichungen zwischen φ und ψ.

Die Länge des elliptischen Meridianbogens, dessen halbe grosse Axe a und dessen Excentricität e ist, vom Äquator bis zur Breite φ sei x, dann ist:]

$$
\begin{aligned}
\frac{x}{a} = \quad & \varphi\left\{1-\frac{1}{2.2}ee-\frac{1.3}{2.2.4.4}e^4-\frac{1.3.3.5}{2.2.4.4.6.6}e^6-\ldots\right\}\\
& -\frac{1.3}{2.4}\cdot ee\sin 2\varphi\left\{1+\frac{1.3}{2.6}ee+\frac{1.3.3.5}{2.4.6.8}e^4+\frac{1.3.5.3.5.7}{2.4.6.6.8.10}e^6+\ldots\right\}\\
& +\frac{1.3.3.5}{2.4.6.8}\cdot\tfrac{1}{2}e^4\sin 4\varphi\left\{1+\frac{3.5}{2.10}ee+\frac{3.5.5.7}{2.4.10.12}e^4+\frac{3.5.7.5.7.9}{2.4.6.10.12.14}e^6+\ldots\right\}\\
& -\frac{1.3.3.5.5.7}{2.4.6.8.10.12}\cdot\tfrac{1}{3}e^6\sin 6\varphi\left\{1+\frac{5.7}{2.14}ee+\frac{5.7.7.9}{2.4.14.16}e^4+\frac{5.7.9.7.9.11}{2.4.6.14.16.18}e^6+\ldots\right\}\\
& \text{etc.}
\end{aligned}
$$

[oder]

$$
\begin{aligned}
& \frac{x}{a}\left\{1+\tfrac{1}{4}ee+\tfrac{7}{64}e^4+\tfrac{15}{256}e^6+\tfrac{579}{16384}e^8+\cdots\right\}\\
& \quad =\varphi-ee\sin 2\varphi\left\{\tfrac{3}{8}+\tfrac{3}{16}ee+\tfrac{111}{1024}e^4+[\tfrac{141}{2048}e^6+]\cdots\right\}\\
& \qquad +e^4\sin 4\varphi\left\{\tfrac{15}{256}+\tfrac{15}{256}ee+[\tfrac{405}{8192}e^4+]\cdots\right\}\\
& \qquad -e^6\sin 6\varphi\left\{\tfrac{35}{3072}+[\tfrac{35}{2048}ee+]\cdots\right\}\\
& \qquad [+e^8\sin 8\varphi\left\{\tfrac{315}{131072}+\ldots\right\}\\
& \qquad \text{etc.}]
\end{aligned}
$$

[Es sei nun ψ die Breite auf einer Kugel, deren Meridianquadrant dieselbe Länge wie der Meridianquadrant des Sphäroids hat, nemlich 10 000 000 Meter. Die Meridianbögen zwischen dem Äquator und den Breiten φ und ψ auf dem Sphäroid und auf der Kugel sollen ferner von gleicher Länge sein. Alsdann ist

$$\psi=\frac{x\pi}{20\,000\,000}=\frac{x}{a}(1+\tfrac{1}{4}ee+\tfrac{7}{64}e^4+\tfrac{15}{256}e^6+\cdots).$$

Mit dem Abplattungswerth $\frac{1}{302{,}68}$, $\log ee = 7{,}819\,3287$, ergibt sich daher:]

$$
\begin{array}{llr}
\psi=\varphi-511{,}''94191\sin 2\varphi & \log\ldots\ldots & 2{,}709\,2207\\
\quad +\;\; 0{,}52942\sin 4\varphi & & 9{,}723\,80\\
\quad -\;\; 0{,}00068\sin 6\varphi & & 6{,}833\,33\\
\qquad \text{etc.} & &
\end{array}
$$

Für φ [Göttingen] $= 51^0\,31'\,48{,}''7$ wird [hienach] $\psi = 51^0\,23'\,29{,}''768\,245$. [Benutzt man den Abplattungswerth $\frac{1}{302{,}78}$, $\log ee = 7{,}819\,1850$, so erhält man:]

$$
\begin{array}{llr}
\psi=\varphi-511{,}''772\,0192\sin 2\varphi & \log\ldots\ldots & 2{,}70907\,65375\\
\quad +\;\; 0{,}529\,0745\sin 4\varphi & & 9{,}72351\,68\\
\quad -\;\; 0{,}000\,6807\sin 6\varphi & & 6{,}83295\\
\quad +\;\; 0{,}000\,0009\sin 8\varphi & & 3{,}97197\\
\qquad \text{etc.} & &
\end{array}
$$

[22.]

Wenn

$$\alpha = \beta - A\sin 2\beta - B\sin 4\beta - C\sin 6\beta - D\sin 8\beta \ldots$$

ist [worin A von der Ordnung ee, B von der Ordnung e^4, C von der Ordnung e^6, D von der Ordnung e^8, so ist bis einschliesslich der achten Ordnung:]

$$\begin{aligned}\beta = \alpha &+ \sin 2\alpha(A - AB - \tfrac{1}{2}A^3)\\ &+ \sin 4\alpha(B + AA - 2AC - 4AAB - \tfrac{4}{3}A^4)\\ &+ \sin 6\alpha(C + 3AB + \tfrac{3}{2}A^3)\\ &+ \sin 8\alpha(D + 2BB + 4AC + 8AAB + \tfrac{8}{3}A^4).\end{aligned}$$

[Die Umkehrung der Reihe]

$$\begin{aligned}\psi = \varphi &- \sin 2\varphi(\tfrac{3}{8}ee + \tfrac{3}{16}e^4 + \tfrac{111}{1024}e^6 + \tfrac{141}{2048}e^8 \ldots)\\ &+ \sin 4\varphi(\tfrac{15}{256}e^4 + \tfrac{15}{256}e^6 + \tfrac{405}{8192}e^6 \ldots)\\ &- \sin 6\varphi(\tfrac{35}{3072}e^6 + \tfrac{35}{2048}e^8 \ldots)\\ &+ \sin 8\varphi(\tfrac{315}{131072}e^8 \ldots) - \text{etc.}\end{aligned}$$

[ist hienach]

$$\begin{aligned}\varphi = \psi &+ \sin 2\psi(\tfrac{3}{8}ee + \tfrac{3}{16}e^4 + \tfrac{213}{2048}e^6 + \tfrac{255}{4096}e^8 \ldots)\\ &+ \sin 4\psi(\tfrac{21}{256}e^4 + \tfrac{21}{256}e^6 + \tfrac{533}{8192}e^8 \ldots)\\ &+ \sin 6\psi(\tfrac{151}{6144}e^6 + \tfrac{151}{4096}e^8 \ldots)\\ &+ \sin 8\psi(\tfrac{1097}{131072}e^8 \;..) + \text{etc.}\end{aligned}$$

[Da der Meridianquadrant = 10 000 000 Meter sein soll, so ist 1 Meter des Kugelmeridians $= \frac{60.60.90}{10\,000\,000}$ Secunden $= 0'',0324$. Entspricht ψ_0 dem Anfangspunkt der Coordinaten, so entspricht mithin der Abscisse x, wenn x nach Süden positiv ist, die geographische Breite

$$\psi = \psi_0 - 0'',0324\,x.$$

Für die Abplattung $\frac{1}{302,68}$ ist:]

$$\begin{aligned}\varphi = \psi &+ 511'',94157\sin 2\psi \qquad &\log \ldots\ldots 2,709\,2204\\ &+ \quad 0,74092\sin 4\psi &9,869\,77\\ &+ \quad 0,00147\sin 6\psi &7,167\,21\\ &\quad\text{etc.}\end{aligned}$$

[23.]

Es finde zwischen der wahren Polhöhe φ und der fingirten ω folgende Relation statt

$$\frac{d\omega}{\cos\omega} = \frac{d\varphi}{\cos\varphi}\cdot\frac{1-ee}{1-ee\sin\varphi^2},$$

woraus,

$$\sin\varphi = x, \qquad \sin\omega = y$$

gesetzt, folgt:

$$\frac{dy}{(1-ee)(1-yy)} = \frac{dx}{(1-eexx)(1-xx)},$$

also, wenn x und y zugleich verschwinden sollen,

$$\begin{aligned} & y+\tfrac{1}{3}y^3+\tfrac{1}{5}y^5+\tfrac{1}{7}y^7+\tfrac{1}{9}y^9\ldots \\ & \quad = (1-ee)x+\tfrac{1}{3}(1-e^4)x^3+\tfrac{1}{5}(1-e^6)x^5+\tfrac{1}{7}(1-e^8)x^7+\tfrac{1}{9}(1-e^{10})x^9\ldots \\ & \quad = z. \end{aligned}$$

Hieraus [ergibt sich] durch Umkehrung

$$\begin{aligned} x = {} & \frac{z}{1-ee}-\frac{1+ee}{3}\left(\frac{z}{1-ee}\right)^3+\frac{2+7ee+2e^4}{15}\left(\frac{z}{1-ee}\right)^5 \\ & -\frac{17+129ee+129e^4+17e^6}{315}\left(\frac{z}{1-ee}\right)^7 \\ & +\frac{62+824ee+1776e^4+824e^6+62e^8}{2835}\left(\frac{z}{1-ee}\right)^9 \end{aligned}$$

etc.

Durch Substitution des Werthes von z folgt hieraus

$$\begin{aligned} x = {} & \frac{y}{1-ee}-\frac{(3-ee)ee}{3}\left(\frac{y}{1-ee}\right)^3+\frac{(25-17ee+3e^4)e^4}{15}\left(\frac{y}{1-ee}\right)^5 \\ & -\frac{(1008-1039ee+368e^4-45e^6)e^6}{315}\left(\frac{y}{1-ee}\right)^7 \\ & +\frac{(18621-25758ee+13708e^4-3338e^6+315e^8)e^8}{2835}\left(\frac{y}{1-ee}\right)^9 \end{aligned}$$

etc.

Setzt man

$$\frac{ee}{1-ee} = \delta,$$

so verwandelt sich dieser Ausdruck in folgenden:

$$x = (1+\delta)\Big\{y - \frac{3\delta+2\delta\delta}{3}y^3 + \frac{25\delta\delta+33\delta^3+11\delta^4}{15}y^5 - \frac{1008\delta^3+1985\delta^4+1314\delta^5+292\delta^6}{315}y^7 + \frac{18621\delta^4+48726\delta^5+48160\delta^6+21288\delta^7+3548\delta^8}{2835}y^9 \text{ etc.}\Big\}.$$

Hieraus folgt ferner

$$xx = (1+\delta)^2\Big\{yy - \frac{6\delta+4\delta\delta}{3}y^4 + \frac{195\delta\delta+258\delta^3+86\delta^4}{45}y^6 - \frac{3066\delta^3+6056\delta^4+4014\delta^5+892\delta^6}{315}y^8 + \frac{316305\delta^4+830340\delta^5+822217\delta^6+363738\delta^7+60623\delta^8}{14175}y^{10} \text{ etc.}\Big\}$$

[und, indem man den daraus sich ergebenden Ausdruck für $1-xx$ noch mit $(1-yy)(1+yy+y^4+y^6+\ldots)$ multiplicirt,]

$$1-xx = (1-yy)\Big\{1-(2\delta+\delta\delta)yy + \frac{13\delta\delta+14\delta^3+4\delta^4}{3}y^4 - \frac{438\delta^3+737\delta^4+430\delta^5+86\delta^6}{45}y^6 + \frac{7029\delta^4+16182\delta^5+14374\delta^6+5798\delta^7+892\delta^8}{315}y^8 \text{ etc.}\Big\}.$$

Hieraus ferner

$$\sqrt{\frac{1-xx}{1-yy}} = \frac{\cos\varphi}{\cos\omega} = 1 - \frac{2\delta+\delta\delta}{2}yy + \frac{40\delta\delta+44\delta^3+13\delta^4}{24}y^4 - \frac{2304\delta^3+3976\delta^4+2390\delta^5+493\delta^6}{720}y^6$$
$$\text{etc.}$$

Da nun

$$\frac{1-ee\sin\varphi^2}{1-ee} = 1+\delta\cos\varphi^2 = [(1+\delta)-\delta xx =]\,(1+\delta)\Big\{1-(\delta+\delta\delta)yy + \frac{6\delta\delta+10\delta^3+4\delta^4}{3}y^4 - \frac{195\delta^3+453\delta^4+344\delta^5+86\delta^6}{45}y^6 \text{ etc.}\Big\},$$

so wird

$$\frac{d\varphi}{d\omega} = (1+\delta)\Big\{1 - \frac{4\delta+3\delta\delta}{2}yy + \frac{112\delta\delta+160\delta^3+57\delta^4}{24}y^4 - \frac{8064\delta^3+16864\delta^4+11764\delta^5+2739\delta^6}{720}y^6 \text{ etc.}\Big\}.$$

Hienach gibt die Integration

$$[\varphi = \omega + c_1\sin\omega\cos\omega + c_2\sin\omega^3\cos\omega + c_3\sin\omega^5\cos\omega\ldots,$$

also wird,] da

$$\mathrm{d}(\sin\omega\cos\omega) = (1-2yy)\,\mathrm{d}\omega, \qquad \mathrm{d}(\sin\omega^3\cos\omega) = (3yy-4y^4)\,\mathrm{d}\omega,$$
$$\mathrm{d}(\sin\omega^5\cos\omega) = (5y^4-6y^6)\,\mathrm{d}\omega, \text{ etc.}$$

ist,

$$\left[\frac{\mathrm{d}\varphi}{\mathrm{d}\omega} = 1+c_1+(-2c_1+3c_2)yy+(-4c_2+5c_3)y^3+(-6c_3+7c_4)y^4\ldots.\right.$$

Die Vergleichung mit dem vorigen Ausdruck für $\frac{\mathrm{d}\varphi}{\mathrm{d}\omega}$ liefert die Werthe der Coefficienten $c_1, c_2, c_3, \ldots$ und damit]

$$\varphi = \omega+\delta\sin\omega\cos\omega-\frac{7\delta\delta+3\delta^3}{6}\sin\omega^3\cos\omega$$
$$+\frac{224\delta^3+217\delta^4+57\delta^5}{120}\sin\omega^5\cos\omega$$
$$-\frac{17116\delta^4+26576\delta^5+14503\delta^6+2739\delta^7}{5040}\sin\omega^7\cos\omega$$
$$\text{etc.}$$

[24.]

Leichter ist die umgekehrte Aufgabe, [ω aus der Gleichung

$$\frac{\mathrm{d}\omega}{\mathrm{d}\varphi} = \sqrt{\frac{1-yy}{1-xx}\cdot\frac{1-ee}{1-eexx}}$$

abzuleiten,] wo das Resultat folgendes ist:

$$\omega = \varphi-ee\sin\varphi\cos\varphi-\frac{5e^4-e^6}{6}\sin\varphi^3\cos\varphi$$
$$-\frac{104e^6-45e^8+5e^{10}}{120}\sin\varphi^5\cos\varphi-\frac{4948e^8[-3360e^{10}+777e^{12}-61e^{14}]}{5040}\sin\varphi^7\cos\varphi$$
$$\text{etc.}$$

Ferner wird, wenn ψ dem Bogen proportional ist, dieser $= K\psi$, [wo]

$$K = a(1-\tfrac{1}{4}ee-\tfrac{3}{64}e^4-\tfrac{5}{256}e^6-\tfrac{175}{16384}e^8\ldots),$$

[und nach Art. 22]

$$\psi = \varphi-\sin\varphi\;\cos\varphi(\tfrac{3}{4}ee+\tfrac{9}{64}e^4+\tfrac{13}{256}e^6+\tfrac{381}{16384}e^8\ldots)$$
$$-\sin\varphi^3\cos\varphi(\tfrac{15}{32}e^4+\tfrac{5}{48}e^6+\tfrac{335}{8192}e^8\ldots)$$
$$-\sin\varphi^5\cos\varphi(\tfrac{35}{96}e^6+\tfrac{175}{2048}e^8\ldots)$$
$$-\sin\varphi^7\cos\varphi(\tfrac{315}{1024}e^8\ldots)$$
$$\text{etc.};$$

[folglich hat man zunächst:]

$$\begin{aligned}\psi = \omega &+ \sin\varphi\ \cos\varphi\left(\tfrac{1}{4}ee - \tfrac{9}{64}e^4 - \tfrac{13}{256}e^6 - \tfrac{381}{16384}e^8\ldots\right)\\ &+ \sin\varphi^3\cos\varphi\left(\tfrac{35}{96}e^4 - \tfrac{13}{48}e^6 - \tfrac{335}{8192}e^8\ldots\right)\\ &+ \sin\varphi^5\cos\varphi\left(\tfrac{241}{480}e^6 - \tfrac{943}{2048}e^8\ldots\right)\\ &+ \sin\varphi^7\cos\varphi\left(\tfrac{217447}{322560}e^8\ldots\right)\\ &\text{etc.}\end{aligned}$$

Hier ist zureichend, [nach S. 174 und 175] zu setzen:

$$[x =]\ \sin\varphi = \sin\omega\left\{(1+ee+e^4+e^6) - \frac{3ee+8e^4+15e^6}{3}yy + \frac{25e^4+108e^6}{15}y^4 - \frac{16e^6}{5}y^6\right\}$$

$$\cos\varphi = \cos\omega\left\{1 - \frac{2ee+3e^4+4e^6}{2}yy + \frac{10e^4+31e^6}{6}y^4 - \frac{16e^6}{5}y^6\right\},$$

[also]

$$\sin\varphi\cos\varphi = \sin\omega\cos\omega\left\{1+ee+e^4+e^6 - \frac{12ee+31e^4+57e^6}{6}yy + \frac{65e^4+273e^6}{15}y^4 - \frac{146}{15}e^6y^6\right\}$$

$$\sin\varphi^3\cos\varphi = \sin\omega^3\cos\omega\left\{1+3ee+6e^4 - \left[\frac{8ee+37e^4}{2}yy + \frac{38}{3}e^4y^4\right\}\right.$$

$$\sin\varphi^5\cos\varphi = \sin\omega^5\cos\omega\,\{1+5ee-6eeyy\}$$

$$\sin\varphi^7\cos\varphi = \sin\omega^7\cos\omega.$$

Damit wird:

$$\begin{aligned}\psi = \omega &+ \sin\omega\ \cos\omega\left(\tfrac{1}{4}ee + \tfrac{7}{64}e^4 + \tfrac{15}{256}e^6 + \tfrac{579}{16384}e^8\ldots\right)\\ &- \sin\omega^3\cos\omega\left(\tfrac{13}{96}e^4 + \tfrac{3}{16}e^6 + \tfrac{1743}{8192}e^8\ldots\right)\\ &+ \sin\omega^5\cos\omega\left(\tfrac{61}{480}e^6 + \tfrac{10111}{30720}e^8\ldots\right)\\ &- \sin\omega^7\cos\omega\left(\tfrac{49561}{322560}e^8\ldots\right)\\ &\text{etc.}\end{aligned}$$

oder]

$$\begin{aligned}\psi = \omega &+ \sin 2\omega\left(\tfrac{1}{8}ee + \tfrac{1}{48}e^4 + \tfrac{7}{3072}e^6 - \tfrac{83}{92160}e^8\ldots\right)\\ &+ \sin 4\omega\left(\tfrac{13}{768}e^4 + \tfrac{29}{3840}e^6 + \tfrac{833}{368640}e^8\ldots\right)\\ &+ \sin 6\omega\left(\tfrac{61}{15360}e^6 + \tfrac{221}{71680}e^8\ldots\right)\\ &+ \sin 8\omega\left(\tfrac{49561}{41287680}e^8\ldots\right)\\ &\text{etc.}\end{aligned}$$

[Aus der Schlussformel des Art. 23 erhält man]

$$\varphi = \omega + \sin 2\omega\left(\tfrac{1}{2}\delta - \tfrac{7}{24}\delta\delta + \tfrac{1}{6}\delta^3 - \tfrac{4}{45}\delta^4 \ldots\right)$$
$$+ \sin 4\omega\left(\tfrac{7}{48}\delta\delta - \tfrac{41}{240}\delta^3 + \tfrac{335}{2304}\delta^4 \ldots\right)$$
$$+ \sin 6\omega\left(\tfrac{7}{120}\delta^3 - \tfrac{23}{224}\delta^4 \ldots\right)$$
$$+ \sin 8\omega\left(\tfrac{4279}{161280}\delta^4 \ldots\right)$$

etc.

$$\delta = \frac{ee}{1-ee}$$

[und aus der ersten Formel dieses Art.:]

$$\omega = \varphi - \sin 2\varphi\left(\tfrac{1}{2}ee + \tfrac{5}{24}e^4 + \tfrac{3}{32}e^6 + \tfrac{281}{5760}e^8 \ldots\right)$$
$$+ \sin 4\varphi\left(\tfrac{5}{48}e^4 + \tfrac{7}{80}e^6 + \tfrac{697}{11520}e^8 \ldots\right)$$
$$- \sin 6\varphi\left(\tfrac{13}{480}e^6 + \tfrac{461}{13440}e^8 \ldots\right)$$
$$+ \sin 8\varphi\left(\tfrac{1237}{161280}e^8 \ldots\right)$$

etc.

[25.]

[Setzt man

$$\tfrac{1}{4}e = f,$$

also

$$f = \frac{\sqrt{(2n-1)}}{4n},$$

wobei $\frac{1}{n}$ die Abplattung bedeutet, so wird [nach den Art. 22 und 24]:]

$$\psi = \varphi - (6ff + 48f^4 + 444f^6 + 4512f^8 \ldots)\sin 2\varphi$$
$$+ (15f^4 + 240f^6 + 3240f^8 \ldots)\sin 4\varphi$$
$$- \left(\frac{140}{3}f^6 + 1120f^8 \ldots\right)\sin 6\varphi$$
$$+ \left(\frac{315}{2}f^8 \ldots\right)\sin 8\varphi$$

etc.

[Nach S. 172 oder 176 ist $a(1 - \frac{1}{4}ee - \frac{3}{64}e^4 \ldots)\mathrm{d}\psi = \mathrm{d}x$, daher wird]

$$\frac{\mathrm{d}\psi}{\mathrm{d}\varphi}(1 - 4ff - 12f^4 - 80f^6 - 700f^8 \ldots) = \frac{1-16ff}{(1-16ff\sin\varphi^2)^{\frac{3}{2}}}.$$

[Weiter ist]

$$\varphi = \psi + (6ff + 48f^4 + 426f^6 + 4080f^8 \ldots)\sin 2\psi$$
$$+ (21f^4 + 336f^6 + 4264f^8 \ldots)\sin 4\psi$$
$$+ \left(\frac{302}{3}f^6 + 2416f^8 \ldots\right)\sin 6\psi$$
$$+ \left(\frac{1097}{2}f^8 \ldots\right)\sin 8\psi$$
etc.

$$\varphi = \omega + \left(8ff + \frac{160}{3}f^4 + \frac{1024}{3}f^6 + \frac{106496}{45}f^8 \ldots\right)\sin 2\omega$$
$$+ \left(\frac{112}{3}f^4 + \frac{7424}{15}f^6 + \frac{207616}{45}f^8 \ldots\right)\sin 4\omega$$
$$+ \left(\frac{3584}{15}f^6 + \frac{165888}{35}f^8 \ldots\right)\sin 6\omega$$
$$+ \left(\frac{547712}{315}f^8 \ldots\right)\sin 8\omega$$
etc.

$$\omega = \varphi - \left(8ff + \frac{160}{3}f^4 + 384f^6 + \frac{143872}{45}f^8 \ldots\right)\sin 2\varphi$$
$$+ \left(\frac{80}{3}f^4 + \frac{1792}{5}f^6 + \frac{178432}{45}f^8 \ldots\right)\sin 4\varphi$$
$$- \left(\frac{1664}{15}f^6 + \frac{236032}{105}f^8 \ldots\right)\sin 6\varphi$$
$$+ \left(\frac{158336}{315}f^8 \ldots\right)\sin 8\varphi$$
etc.

$$\psi = \omega + \left(2ff + \frac{16}{3}f^4 + \frac{28}{3}f^6 - \frac{2656}{45}f^8 \ldots\right)\sin 2\omega$$
$$+ \left(\frac{13}{3}f^4 + \frac{464}{15}f^6 + \frac{6664}{45}f^8 \ldots\right)\sin 4\omega$$
$$+ \left(\frac{244}{15}f^6 + \frac{7072}{35}f^8 \ldots\right)\sin 6\omega$$
$$+ \left(\frac{49561}{630}f^8 \ldots\right)\sin 8\omega$$
etc.

[und hieraus, indem man die Formel von S. 173, oben, benutzt:]

$$\omega = \psi - \left(2ff + \frac{16}{3}f^4 + 14f^6 - \frac{272}{45}f^8 \ldots\right)\sin 2\psi$$
$$- \left(\frac{1}{3}f^4 + \frac{48}{5}f^6 + \frac{4472}{45}f^8 \ldots\right)\sin 4\psi$$
$$- \left(\frac{34}{15}f^6 + \frac{4528}{105}f^8 \ldots\right)\sin 6\psi$$
$$- \left(\frac{4397}{630}f^8 \ldots\right)\sin 8\psi$$
etc.

[26.]

Zur Berechnung von log cos φ.

Ist

$$p = q + h \sin q,$$

so wird

$$\log \sin p = \log \sin q + h \cos q - \tfrac{1}{2} hh + \tfrac{1}{3} h^3 \cos q - \tfrac{1}{12} h^4 (1 + 2 \cos q^2) \ldots .$$

[Die Logarithmen sind hier wie auch im Art. 27 die hyperbolischen.]

Also,

$$h = a \cos q + b \cos 3q + c \cos 5q + d \cos 7q \ldots$$

gesetzt,

$$\begin{aligned} \log \sin p = \log \sin q & \\ & + (\tfrac{1}{2} a - \tfrac{1}{4} aa + \tfrac{1}{8} a^3 - \tfrac{1}{12} a^4 + \tfrac{1}{8} aab - \tfrac{1}{4} bb \ldots) \\ & + \cos 2q (\tfrac{1}{2} a - \tfrac{1}{4} aa + \tfrac{1}{2} b - \tfrac{1}{2} ab + \tfrac{1}{6} a^3 - \tfrac{23}{192} a^4 + \tfrac{3}{8} aab \ldots) \\ & + \cos 4q (\tfrac{1}{2} b - \tfrac{1}{2} ab + \tfrac{1}{2} c + \tfrac{1}{24} a^3 - \tfrac{1}{24} a^4 + \tfrac{3}{8} aab - \tfrac{1}{2} ac \ldots) \\ & + \cos 6q (\tfrac{1}{2} c - \tfrac{1}{192} a^4 + \tfrac{1}{8} aab - \tfrac{1}{2} ac - \tfrac{1}{4} bb + \tfrac{1}{2} d \ldots) \\ & + \cos 8q (\tfrac{1}{2} d \ldots) \\ & \qquad \text{etc.} \end{aligned}$$

In unserm Fall ist [$p = 90^0 - \varphi$ und $q = 90^0 - \psi$ zu setzen. Alsdann wird, wenn man von der zweiten Reihe zwischen φ und ψ im Art. 25 ausgeht:]

$$\begin{aligned} a &= -12ff - 54f^4 - \tfrac{1144}{3} f^6 - 3367 f^8 \ldots \\ b &= + 42 f^4 + \tfrac{1412}{3} f^6 + 4793 f^8 \ldots \\ c &= - \tfrac{604}{3} f^6 - 3735 f^8 \ldots \\ d &= \phantom{-12ff - 54f^4 - \tfrac{1144}{3} f^6} + 1097 f^8 \ldots \\ & \qquad \text{etc.} \end{aligned}$$

Also:

$$\begin{aligned} \log \cos \varphi = \log \cos \psi & - 6ff - 63 f^4 - \tfrac{2192}{3} f^6 - \tfrac{18059}{2} f^8 \ldots \\ & + \left(6ff + 42 f^4 + \tfrac{946}{3} f^6 + 2450 f^8 \ldots\right) \cos 2\psi \\ & + \left(21 f^4 + \tfrac{944}{3} f^6 + 3711 f^8 \ldots\right) \cos 4\psi \\ & + \left(\tfrac{302}{3} f^6 + 2320 f^8 \ldots\right) \cos 6\psi \\ & + \left(\tfrac{1097}{2} f^8 \ldots\right) \cos 8\psi \\ & \qquad \text{etc.} \end{aligned}$$

[27.]

[Berechnung von $\log(1-ee\sin\varphi^2)$, $\log\frac{(1-ee\sin\varphi^2)^2}{aa(1-ee)}$ und $\frac{a\cos\varphi}{\sqrt{(1-ee\sin\varphi^2)}}$.]

Man hat ferner [wenn man berücksichtigt, dass

$$\begin{aligned}\sin\varphi = & (1+3ff+15f^4+87f^6+528f^8\ldots)\sin\psi\\ & +(3ff+30f^4+264f^6+2235f^8\ldots)\sin 3\psi\\ & +\left(15f^4+\tfrac{790}{3}f^6+3360f^8\ldots\right)\sin 5\psi\\ & +\left(\tfrac{259}{3}f^6+2184f^8\ldots\right)\sin 7\psi\\ & +(531f^8\ldots)\sin 9\psi\\ & \text{etc.}\end{aligned}$$

wird:]

$$\begin{aligned}\log(1-ee\sin\varphi^2) = & -8ff-96f^4-\tfrac{3584}{3}f^6-15424f^8\ldots\\ & +(8ff+64f^4+520f^6+4288f^8\ldots)\cos 2\psi\\ & +\left(32f^4+512f^6+\tfrac{18944}{3}f^8\ldots\right)\cos 4\psi\\ & +\left(\tfrac{488}{3}f^6+3904f^8\ldots\right)\cos 6\psi\\ & +\left(\tfrac{2752}{3}f^8\ldots\right)\cos 8\psi\\ & \text{etc.}\end{aligned}$$

und für den Logarithmen des Krümmungsmaasses:

$$\begin{aligned}-2\log a \quad * \quad & -64f^4-1024f^6-14464f^8\ldots\\ & +(16ff+128f^4+1040f^6+8576f^8\ldots)\cos 2\psi\\ & +\left(64f^4+1024f^6+\tfrac{37888}{3}f^8\ldots\right)\cos 4\psi\\ & +\left(\tfrac{976}{3}f^6+7808f^8\ldots\right)\cos 6\psi\\ & +\left(\tfrac{5504}{3}f^8\ldots\right)\cos 8\psi\\ & \text{etc.}\end{aligned}$$

[Für das Krümmungsmaass selbst ergibt sich:]

$$\begin{aligned}\frac{1}{aa}\cdot\frac{(1-16ff\sin\varphi^2)^2}{1-16ff} = \frac{1}{aa}\{1 & +(16ff+128f^4+1040f^6+8576f^8\ldots)\cos 2\psi\\ & +\left(128f^4+2048f^6+\tfrac{74752}{3}f^8\ldots\right)\cos 4\psi\\ & +(1008f^6+24192f^8\ldots)\cos 6\psi\\ & +\left(\tfrac{23552}{3}f^8\ldots\right)\cos 8\psi \text{ etc.}\}\end{aligned}$$

Es bleibt noch zu entwickeln $\frac{a\cos\varphi}{\sqrt{(1-ee\sin\varphi^2)}}$, welches durch die Formel $-\int d\psi . \sin\varphi$ [multiplicirt mit dem Factor $K = a(1-4ff-12f^4-80f^6-700f^8\ldots)$] erhalten wird.

Wir haben daraus folgenden Werth gefunden:

$$\left[\frac{a\cos\varphi}{K\sqrt{(1-ee\sin\varphi^2)}}=\right](1+3ff+15f^4+87f^6+528f^8\ldots)\cos\psi$$
$$+(ff+10f^4+88f^6+745f^8\ldots)\cos 3\psi$$
$$+\left(3f^4+\frac{158}{3}f^6+672f^8\ldots\right)\cos 5\psi$$
$$+\left(\frac{37}{3}f^6+312f^8\ldots\right)\cos 7\psi$$
$$+(59f^8\ldots)\cos 9\psi$$
etc.

[28.]

[Für $n = 302{,}78$ ist]

$$\log ff = 6{,}615\,0650.573$$

[oder $\log ff\frac{2.10^7}{\pi}$	$=$ 3,418 9451.803;	$\left[\frac{2.10^7}{\pi}ff\right.$	$=$	2623,887 3172
$\log f^4$ »	$=$ 0,034 0102.376;	» f^4	$=$	1,081 4594
$\log f^6$ »	$=$ 6,649 0752.949—10;	» f^6	$=$	0,000 4457
$\log f^8$ »	$=$] 3,264 1403.522—10;	» f^8	$=$]	0,000 0002.

[Bei der nachfolgenden Tabelle ist jedoch angenommen worden]

$$\log\frac{2.10^7}{\pi}ff = 3{,}418\,9411.803; \qquad \frac{2.10^7}{\pi}ff = 2623{,}863\,1498,$$

[dem $n = 302{,}7827\ldots$ entsprechen würde. Auf Grund dieses Werthes von ff ergeben sich zwischen ψ, φ und ω die folgenden Beziehungen, wenn diese Grössen in Metern, also in 10 000 000. Theilen des Quadranten gemessen werden:]

$$\varphi-\psi = 15795{,}^{m}278\,6227\sin 2\psi$$
$$+\ 22{,}860\,7756\sin 4\psi$$
$$+\ 0{,}045\,3131\sin 6\psi$$
$$+\ 0{,}000\,1008\sin 8\psi$$
etc.

$$\begin{aligned}\omega-\psi = &-5253{,}^{m}500\,2000 \sin 2\psi\\ &-\quad 0{,}364\,7702 \sin 4\psi\\ &-\quad 0{,}001\,0182 \sin 6\psi\\ &-\quad 0{,}000\,0013 \sin 8\psi\\ &\quad\text{etc.}\end{aligned}$$

[Mittelst dieser beiden Gleichungen ist die Tabelle auf S. 184 berechnet worden. Die andern Beziehungen zwischen ψ, φ und ω sind:]

$$\begin{aligned}\psi-\omega = &+5253{,}^{m}498\,1263 \sin 2\omega\\ &+\quad 4{,}700\,0528 \sin 4\omega\\ &+\quad 0{,}007\,2875 \sin 6\omega\\ &+\quad 0{,}000\,0145 \sin 8\omega\\ &\quad\text{etc.}\end{aligned}$$

$$\begin{aligned}\omega-\varphi = &-21048{,}^{m}753\,7173 \sin 2\varphi\\ &+\quad 28{,}998\,8622 \sin 4\varphi\\ &-\quad 0{,}049\,9078 \sin 6\varphi\\ &+\quad 0{,}000\,0923 \sin 8\varphi\\ &\quad\text{etc.}\end{aligned}$$

$$\begin{aligned}\varphi-\omega = &+21048{,}^{m}734\,5472 \sin 2\omega\\ &+\quad 40{,}595\,1921 \sin 4\omega\\ &+\quad 0{,}107\,3684 \sin 6\omega\\ &+\quad 0{,}000\,3194 \sin 8\omega\\ &\quad\text{etc.}\end{aligned}$$

$$\begin{aligned}\psi-\varphi = &-15795{,}^{m}286\,7250 \sin 2\varphi\\ &+\quad 16{,}329\,1611 \sin 4\varphi\\ &-\quad 0{,}021\,0061 \sin 6\varphi\\ &+\quad 0{,}000\,0289 \sin 8\varphi\\ &\quad\text{etc.}\end{aligned}$$

Der Radius des Äquators [ist hiebei, wenn $ff, f^4, \ldots$ bereits in Metern ausgedrückt sind,]

$$\frac{20\,000\,000}{\pi} + 4ff + 28f^4 + 240f^6 + 2316f^8 + 24240f^{10} + \cdots = 637\,6723{,}563\,9821\text{m}.$$

ψ (Meter)	φ (Meter)	diff.		ω (Meter)	diff.	
578 0000	579 5312,62571			577 4903,61218		
		9987,75983			10004,03110	
579 0000	580 5300,38554		15068	578 4907,64328		5026
		60915			08136	
580 0000	581 5287,99469		56	579 4911,72464		21
		45859			13157	
581 0000	582 5275,45328		42	580 4915,85621		17
		30817			18174	
582 0000	583 5262,76145		31	581 4920,03795		13
		15786			23187	
583 0000	584 5249,91931		17	582 4924,26982		10
		9987,00769			28197	
584 0000	585 5236,92700		15004	583 4928,55179		04
		9986,85765			33201	
585 0000	586 5223,78465		14990	584 4932,88380		5001
		70775			38202	
586 0000	587 5210,49240		78	585 4937,26582		4996
		55797			43198	
587 0000	588 5197,05037		63	586 4941,69780		91
		40834			48189	
588 0000	589 5183,45871		50	587 4946,17969		88
		25884			53177	
589 0000	590 5169,71755		35	588 4950,71146		83
		9986,10949			58160	
590 0000	591 5155,82704		22	589 4955,29306		78
		9985,96027			63138	
591 0000	592 5141,78731		14908	590 4959,92444		74
		81119			68112	
592 0000	593 5127,59850		14893	591 4964,60556		69
		66226			73081	
593 0000	594 5113,26076		78	592 4969,33637		64
		51348			78045	
594 0000	595 5098,77424		64	593 4974,11682		60
		36484			83005	
595 0000	596 5084,13908		50	594 4978,94687		55
		21634			87960	
596 0000	597 5069,35542		33	595 4983,82647		50
		9985,06801			92910	
597 0000	598 5054,42343		20	596 4988,75557		46
		9984,91981			10004,97856	
598 0000	599 5039,34324		14804	597 4993,73413		40
		77177			10005,02796	
599 0000	600 5024,11501		14788	598 4998,76209		4935
		9984,62389			10005,07731	
600 0000	601 5008,73890			599 5003,83940		

[Der Tabelle liegt der Abplattungswerth $\frac{1}{302,7827..}$ zum Grunde.]

[29.]

Berechnung der [ebenen rechtwinkligen] Coordinaten [aus den geographischen Coordinaten mit Hülfe der Reihen zwischen φ, ψ und ω].

Proberechnung für Varel.

$$\left.\begin{aligned} \lambda &= 1^0\,48'\,24'',7109 \\ \Phi &= 53^0\,23'\,57'',0322 \end{aligned}\right\}$$ [Coordinaten von Varel; für Göttingen ist $\lambda = 0$ angenommen.]

$$\left[= \frac{53{,}399\,175\,611}{90} \cdot 10^7\right] = 5933241{,}735\,\mathrm{m}.$$

Daraus [indem man mit dem Werthe von Φ in die Columne für φ der vorhergehenden Tabelle eingeht und das zugehörige ω entnimmt:]

$$\Omega = 5913075{,}164\,\mathrm{m} = 53^0\,13'\,3'',6353.$$

[Man kann Ω auch aus der Reihe für $\omega-\varphi$, S. 183, berechnen.

Es seien nun x', y' die rechtwinkligen Coordinaten des Punktes in der Ebene, der dem Punkte Ω, λ auf der Kugel, die den gleichen Meridianumfang wie das Sphäroid hat, entspricht, wenn die Kugel conform auf die Ebene übertragen wird, derart jedoch, dass der Meridian $\lambda = 0$ Hauptmeridian wird. Hiebei ist also $\mathrm{f}(x'+iy') = \int \frac{d\Omega}{\cos\Omega} + i\lambda = \log\mathrm{hyp}\,\mathrm{tang}\,(45^0 + \tfrac{1}{2}\Omega) + i\lambda$. Zur Berechnung von x', y' kann man sich der Formeln für MERCATORS Projection bedienen:

$$\mathrm{tang}\,c = \mathrm{tang}\,\lambda\,\sin\Omega$$
$$\sin Q = \sin\lambda\cos\Omega$$
$$\left.\mathrm{tang}\,Q = \frac{\sin c}{\mathrm{tang}\,\Omega}\right]$$
$$\mathrm{tang}\,\tfrac{1}{2}(x'-\Omega) = \mathrm{tang}\,\tfrac{1}{2}c\,\mathrm{tang}\,\tfrac{1}{2}Q$$
$$[x'-\Omega = \tfrac{1}{2}(Q+y')\,\mathrm{tang}\,\tfrac{1}{2}c\ldots$$
$$y' = Q + \frac{Q^3}{6rr} + \frac{Q^5}{24r^4} + \cdots,$$

wo $r = \frac{20\,000\,000}{\pi}$ ist].

$\sin\Omega$ 9,903 5870	$\cos\Omega$ 9,777 2648	$\sin c$ 8,402 3953
$\mathrm{tang}\,\lambda$ 8,498 9469	$\sin\lambda$ 8,498 7309	$\mathrm{tang}\,\Omega$ . . . 0,126 3223
$\mathrm{tang}\,c$ 8,402 5339	$\sin Q$ 8,275 9957	$\mathrm{tang}\,Q$ . . . 8,276 0730
$c = 1^0\,26'\,50'',3465$	$Q\ [= 1^0\,4'\,54'',4540]$	
	$= 120199{,}197\,\mathrm{m}.$	

[Q^3	15,239 705	Q^5	25,3995
$6rr$	14,385 912	$24r^4$ ..	28,5957
	0,853 793		6,8038
	7,1416		0,0006

$$y' - Q = 7{,}142\,\mathrm{m}.$$

Um y' aus Q zu erhalten, kann man auch die folgende Tabelle, Art. 30, benutzen. Man geht bei derselben mit dem Werthe für Q in die Columne für x ein und entnimmt das zugehörige y.]

$$y' = 120206{,}339\,\mathrm{m}.$$

[Weiter ist]

tang $\frac{1}{2}$c	8,101 4346	
$\frac{1}{2}(Q+y')$ ...	5,079 9145	
	3,181 3491	1518,270 m
	$\Omega =$	5913075,164
	$x' =$	5914593,434 m [= 53° 13′ 52″,8273].

[Wenn nun x, y die ebenen Coordinaten sind, die dem Sphäroidpunkte Φ, λ entsprechen, so ist

$$\mathrm{f}(x+iy) = \int \frac{(1-ee)\,\mathrm{d}\Phi}{(1-ee\sin\Phi^2)\cos\Phi} + i\lambda = \mathrm{f}(\psi)+i\lambda, \quad \text{oder} \quad x+iy = \mathrm{g}(\mathrm{f}(\psi)+i\lambda),$$

wo ψ die Länge des Meridianbogens vom Äquator bis zur Breite Φ bedeutet; für $\lambda = 0$ ist $y = 0$ und $x = \psi$. Es bezeichne ferner ω die Länge des Meridianbogens vom Äquator bis zur Breite Ω auf der Kugel; für $\lambda = 0$ ist $y' = 0$ und $x' = \omega$. Da nun aber

$$\mathrm{g}(\mathrm{f}(\psi)) = \psi = \omega + A\sin 2\omega + B\sin 4\omega + C\sin 6\omega + \cdots$$

ist, worin nach S. 179

$$A = 2ff + \tfrac{16}{3}f^4 + \tfrac{28}{3}f^6 - \cdots, \qquad B = \tfrac{13}{3}f^4 + \tfrac{464}{15}f^6 + \cdots, \qquad C = \tfrac{244}{15}f^6 + \cdots, \text{ u. s. w.},$$

so wird mithin allgemein:

$$\mathrm{g}(\mathrm{f}(\psi)+i\lambda) = x+iy = x'+iy' + A\sin 2(x'+iy') + B\sin 4(x'+iy') + C\sin 6(x'+iy') \ldots.$$

Setzt man

$$\mathfrak{x} = x' + A\sin 2x' + B\sin 4x' + C\sin 6x' + \cdots,$$

wo $\mathfrak{x}$ sich aus der vorhergehenden Tabelle, S. 184, ergibt (zu dem Werthe von x' in der Columne für ω sucht man das dazu gehörige $\mathfrak{x}$ in der Columne für ψ), so wird

$$x-\mathfrak{x}+i(y-y') = -2A\sin 2x' \sin iy'^2 + iA\cos 2x'\frac{\sin 2iy'}{i}$$
$$-2B\sin 4x' \sin 2iy'^2 + iB\cos 4x'\frac{\sin 4iy'}{i}$$
$$-2C\sin 6x' \sin 3iy'^2 + iC\cos 6x'\frac{\sin 6iy'}{i}$$
etc.

Man kann y' auch durch Q ersetzen; es ist

$$\tang Q = \frac{\sin iy'}{i}.]$$

Setzt man $\tang Q = t$, so wird

$$x = \mathfrak{x} + 2A\sin 2x'.tt$$
$$+8B\sin 4x'.(tt+t^4)$$
etc.

$$y = y' + 2A\cos 2x'.t\sqrt{(1+tt)}$$
$$+4B\cos 4x'.(t+2t^3)\sqrt{(1+tt)}$$
etc.

[Nach S. 183 ist für den Abplattungswerth $\frac{1}{302,7827\ldots}$: $A = 5253,498\,1263$ m, $B = 4,700\,0528$ m, $C = 0,007\,2875$ m.

Die Berechnung von x, y soll nun vermittelst der zuerst gegebenen Formel erfolgen. Dabei ist

$$\log\frac{\sin i.ny'}{i} = \log ny' + \frac{k}{6}(ny')^2 - \frac{k}{180}(ny')^4\ldots,\quad n = 1, 2, 3, \ldots,$$

wo y' bereits durch den Kugelradius r dividirt ist; k bezeichnet den Modul der briggischen Logarithmen. Die Berechnung von $\log\frac{\sin i.ny'}{i}$ kann auch nach der Vorschrift des Art. 30 erfolgen.]

A........ 3,720 4486
$\sin 2x'$.... 9,981 8206
$\cos 2x'$.... $9,452\,3858_n$

$A\sin 2x'$	3,702 2692	$A\cos 2x'$	$3,172\,8344_n$
$\sin iy'^2$	$6,552\,1460_n$	$\frac{\sin 2iy'}{i}$	8,577 1804
2	0,301 0300		$1,750\,0148_n$
	$0,555\,4452_n$		

$$
\begin{array}{ll}
B\ldots\ldots\ldots & 0{,}672\,1028 \\
\sin 4x'\ldots\ldots & 9{,}735\,2364_n \\
\cos 4x'\ldots\ldots & 9{,}923\,9583_n.
\end{array}
$$

$$
\begin{array}{llll}
B\sin 4x'\ldots & 0{,}407\,3392_n & B\cos 4x'\ldots & 0{,}596\,0611_n \\
\sin 2iy'^2\ldots\ldots & 7{,}154\,3608_n & \frac{\sin 4iy'}{i}\ldots\ldots & 8{,}878\,5200 \\
2\ldots\ldots\ldots & 0{,}301\,0300 & & 9{,}474\,5811_n \\
 & 7{,}862\,7300 & &
\end{array}
$$

$$
\begin{array}{ll}
C\ldots\ldots\ldots & 7{,}86258 \\
\sin 6x'\ldots\ldots & 9{,}81354_n \\
\cos 6x'\ldots\ldots & 9{,}88032
\end{array}
$$

$$
\begin{array}{llll}
C\sin 6x'\ldots & 7{,}67612_n & C\cos 6x'\ldots & 7{,}74290 \\
\sin 3iy'^2\ldots\ldots & 7{,}50680_n & \frac{\sin 6iy'}{i}\ldots\ldots & 9{,}05513 \\
2\ldots\ldots\ldots & 0{,}30103 & & 6{,}79803 \\
 & 5{,}48395 & &
\end{array}
$$

[Das zu]

$$x' = 5914593{,}434\,\mathrm{m}$$

[gehörige $\mathfrak{x}$ ergibt sich, wie bereits erwähnt ist, aus der Tabelle auf S. 184 oder indem man die Reihe für $\psi-\omega$ des Art. 28 benutzt.]

$$
\begin{array}{rlrl}
\mathfrak{x} = & 5919629{,}003\,\mathrm{m} & y' = & 120206{,}339\,\mathrm{m} \\
+ & 3{,}593 & - & 56{,}236 \\
- & 0{,}007 & - & 0{,}298 \\
- & 0{,}000 & + & 0{,}001 \\
x = & 5919632{,}589\,\mathrm{m} & y = & 120149{,}806\,\mathrm{m} \\
\text{Göttingen } [51^0\,31'\,48''{,}00] = & 5710161{,}658 & & \\
\text{Varel} = & 209470{,}931\,\mathrm{m}. & &
\end{array}
$$

[30.]

Die [folgende] Tafel dient zur Berechnung der hyperbolischen Functionen; bezeichnet man die Glieder der beiden Columnen mit x, y, so ist

$$i \operatorname{tang} x = \sin iy$$

$$\log \operatorname{tang} \tfrac{1}{2}(90^0 + x) = \tfrac{1}{2} k\pi y : 10^7 \quad [k = \text{Modul der briggischen Logarithmen}]$$

$$\log \tfrac{1}{2} k\pi : 10^7 = 2{,}833\,9042 - 10.$$

Für grössere y, ausserhalb der Tafel, kann man setzen:

$$\log\sec\psi = \tfrac{1}{2}k\pi y : 10^7$$

$$\frac{\sin iy}{i} = \frac{\sin\psi^2}{2\cos\psi} = \tfrac{1}{2}\operatorname{tang}\psi\sin\psi,$$

oder man sucht in meiner Logarithmentafel

$k\pi y : 10^7 = \mathrm{C}$	$[k\pi y : 10^7 =]\ \mathrm{B}$
$\log\frac{\sin iy}{i} = \tfrac{1}{2}\mathrm{C} - \mathrm{B} - \log 2$	$[\log\frac{\sin iy}{i} = -\mathrm{A} - \tfrac{1}{2}\mathrm{B} - \log 2$
$= \mathrm{A} - \tfrac{1}{2}\mathrm{C} - \log 2$	$= \tfrac{1}{2}\mathrm{B} - \mathrm{C} - \log 2$
$= \tfrac{1}{2}(\mathrm{A} - \mathrm{B}) - \log 2$	$=] - \tfrac{1}{2}(\mathrm{A} + \mathrm{C}) - \log 2$

Man hat

$$y = x + \tfrac{1}{6}x^3 + \tfrac{1}{24}x^5 + \tfrac{61}{5040}x^7 \ldots$$

$$x = y - \tfrac{1}{6}y^3 + \tfrac{1}{24}y^5 - \tfrac{61}{5040}y^7 \ldots.$$

[Für die Berechnung der nachstehenden Tabelle sind in diesen beiden Reihen x und y durch $\frac{x}{r}$ und $\frac{y}{r}$ mit $r = \frac{20000000}{\pi}$ zu ersetzen.]

x (Meter)	y (Meter)	diff.		
0	0		0	
		10000,00411		2468
10 000	10000,00411		2468	
		02879		2466
20 000	20000,03290		4934	
		07813		2469
30 000	30000,11103		7403	
		15216		2467
40 000	40000,26319		9870	
		25086		2467
50 000	50000,51405		12337	
		37423		2469
60 000	60000,88828		14806	
		52229		2468
70 000	70001,41057		17274	
		69503		2467
80 000	80002,10560		19741	
		10000,89244		2470
90 000	90002,99804		22211	
		10001,11455		2467
100 000	100004,11259		24678	
		1,36133		2471
110 000	110005,47392		27149	
		1,63282		2469
120 000	120007,10674		29618	
		1,92900		2469
130 000	130009,03574		32087	
		2,24987		2470
140 000	140011,28561		34557	
		2,59544		2472
150 000	150013,88105		37029	
		2,96573		2470
160 000	160016,84678		39499	
		3,36072		2472
170 000	170020,20750		41971	
		3,78043		2472
180 000	180023,98793		44443	
		4,22486		2472
190 000	190028,21279		46915	
		10004,69401		2474
200 000	200032,90680		49389	

x (Meter)	y (Meter)	diff.		
200 000	200032,90680	10004,69401	49389	2474
210 000	210038,09470	5,18790	51862	2473
220 000	220043,80122	5,70652	54337	2475
230 000	230050,05111	6,24989	56813	2476
240 000	240056,86913	6,81802	59287	2474
250 000	250064,28002	7,41089	61765	2478
260 000	260072,30856	8,02854	64242	2477
270 000	270080,97952	8,67096	66719	2477
280 000	280090,31767	10009,33815	69199	2480
290 000	290100,34781	10010,03014	71679	2480
300 000	300111,09474	10,74693	74159	2480
310 000	310122,58326	11,48852	76640	2481
320 000	320134,83818	12,25492	79124	2484
330 000	330147,88434	13,04616	81608	2484
340 000	340161,74658	13,86224	84091	2483
350 000	350176,44973	14,70315	86576	2485
360 000	360192,01864	15,56891	89064	2488
370 000	370208,47819	16,45955	91552	2488
380 000	380225,85326	17,37507	94040	2488
390 000	390244,16873	18,31547	96531	2491
400 000	400263,44951	19,28078	99021	2490
410 000	410283,72050	20,27099	101514	2493
420 000	420305,00663	21,28613	104008	2494
430 000	430327,33284	22,32621	106503	2495
440 000	440350,72408	23,39124	108999	2496
450 000	450375,20531	24,48123	111497	2498
460 000	460400,80151	25,59620	113996	2499
470 000	470427,53767	26,73616	116497	2501
480 000	480455,43880	27,90113	118998	2501
490 000	490484,52991	29,09111	121502	2504
500 000	500514,83604	30,30613	124006	2504
510 000	510546,38223	31,54619	126514	2508
520 000	520579,19356	32,81133	129021	2507
530 000	530613,29510	34,10154	131531	2510
540 000	540648,71195	35,41685	134042	2511
550 000	550685,46922	36,75727	136555	2513
560 000	560723,59204	38,12282	139070	2515
570 000	570763,10556	39,51352	141586	2516
580 000	580804,03494	40,92938	144104	2518
590 000	590846,40536	42,37042	146625	2521
600 000	600890,24203	10043,83667	149146	2521

x (Meter)	y (Meter)	diff.		
600 000	600890,24203	10043,83667		2521
			149146	
610 000	610935,57016	45,32813		2524
			151670	
620 000	620982,41499	46,84483		2525
			154195	
630 000	631030,80177	48,38678		2528
			156723	
640 000	641080,75578	10049,95401		

[31.]

[Berechnung der Länge und Breite aus den ebenen Coordinaten.]

Ist

$$p = q - h\sin q,$$

so wird [für hyperbolische Logarithmen]

$$\log\operatorname{tang}\tfrac{1}{2}p = \log\operatorname{tang}\tfrac{1}{2}q - h - \tfrac{1}{2}hh\cos q$$
$$- \tfrac{1}{6}h^3(2-\sin q^2) - \tfrac{1}{24}h^4\cos q\,(6-\sin q^2)\ldots.$$

Ist

$$h = a\cos q + b\cos 3q + c\cos 5q + d\cos 7q + \cdots,$$

so wird

$$\begin{aligned}\log\operatorname{tang}\tfrac{1}{2}p = {} & \log\operatorname{tang}\tfrac{1}{2}q \\ & -\cos q\;\,(a+\tfrac{3}{8}aa+\tfrac{1}{4}ab+\tfrac{1}{4}bb+\tfrac{11}{48}a^3+\tfrac{9}{32}aab+\tfrac{235}{1536}a^4\ldots) \\ & -\cos 3q(b+\tfrac{1}{8}aa+\tfrac{1}{2}ab+\tfrac{1}{4}ac+\tfrac{3}{32}a^3+\tfrac{7}{16}aab+\tfrac{121}{1536}a^4\ldots) \\ & -\cos 5q(c+\tfrac{1}{4}ab+\tfrac{1}{8}bb+\tfrac{1}{2}ac+\tfrac{1}{96}a^3+\tfrac{1}{4}\,aab+\tfrac{9}{512}\,a^4\ldots) \\ & -\cos 7q(d+\tfrac{1}{8}bb\,+\tfrac{1}{4}ac+\tfrac{1}{32}aab+\tfrac{1}{1536}a^4\ldots)\end{aligned}$$

etc.

[Man setze $p = 90^0+\omega$ und $q = 90^0+\psi$. Zunächst erhält man, wenn man von der letzten Reihe zwischen ω und ψ im Art. 25 ausgeht:]

$$\begin{aligned} a &= -4ff - 10f^4 - \frac{40}{3}f^6 + \frac{1247}{9}f^8\ldots \\ b &= \qquad\qquad + \frac{2}{3}f^4 + \frac{44}{3}f^6 + \frac{1897}{15}f^8\ldots \\ c &= \qquad\qquad\qquad\quad - \frac{68}{15}f^6 - \frac{3253}{45}f^8\ldots \\ d &= \qquad\qquad\qquad\qquad\qquad + \frac{4397}{315}f^8\ldots \end{aligned}$$

etc.

Daraus wird zuletzt abgeleitet (in unsern Zeichen)

$$\log\operatorname{tang}(45^0+\tfrac{1}{2}\omega)=\log\operatorname{tang}(45^0+\tfrac{1}{2}\psi)$$
$$-\left(4ff+4f^4-\tfrac{4}{3}f^6-132f^8\ldots\right)\sin\psi$$
$$-\left(\tfrac{8}{3}f^4+\tfrac{52}{3}f^6+104f^8\ldots\right)\sin 3\psi$$
$$-\left(\tfrac{88}{15}f^6+\tfrac{232}{3}f^8\ldots\right)\sin 5\psi$$
$$-\left(\tfrac{400}{21}f^8\ldots\right)\sin 7\psi.$$

[Nun ist für den Abplattungswerth $\frac{1}{302,7827\ldots}$ nach S. 183:]

$4ff =$	10495, 452 5992 m						
$4f^4 =$	4, 325 7581	$\frac{8}{3}f^4 =$	2, 883 8387 m				
$-\frac{4}{3}f^6 =$	−0, 000 5943	$\frac{52}{3}f^6 =$	0, 007 7258	$\frac{88}{15}f^6 =$	0, 002 6149 m		
$-132f^8 =$	−0, 000 0242	$104f^8 =$	0, 000 0191	$\frac{232}{3}f^8 =$	0, 000 0142	$\frac{400}{21}f^8 =$	0, 000 0035 m
	10499, 777 7388 m		2, 891 5836 m		0, 002 6291 m		0, 000 0035 m

[oder] in Secunden [(1 m = 0″,0324)]

340″,192 7987	0″,093 6873	0″,000 0852	0″,000 0001.

[Da] man hat

$$[\operatorname{tang}(45^0+\tfrac{1}{2}(x+iy))=\frac{\cos x+\sin iy}{\cos iy-\sin x}=\frac{\cos iy+\sin x}{\cos x-\sin iy},$$

so wird]

$$\log\operatorname{tang}(45^0+\tfrac{1}{2}(x+iy))=\log\sqrt{\frac{\cos iy+\sin x}{\cos iy-\sin x}}+i\operatorname{arc\,tang}\frac{\sin iy}{i\cos x}\cdot$$

Entspricht Ω also der Polhöhe des Orts, dessen Coordinaten x, y sind, und ist λ dessen Länge, so hat man

$$[\log\operatorname{tang}(45^0+\tfrac{1}{2}\Omega)+i\lambda=\log\operatorname{tang}(45^0+\tfrac{1}{2}(x+iy))$$
$$-D\sin(x+iy)-E\sin 3(x+iy)-F\sin 5(x+iy)\ldots,$$

wo $D, E, F, \ldots$ die Coefficienten der Reihe für $\log\operatorname{tang}(45^0+\frac{1}{2}\omega)$ sind. Sind $D, E, F, \ldots$ in Secunden gegeben, so ist mithin, $\rho=\frac{1}{206265}$ gesetzt, und für briggische Logarithmen, deren Modul k sei:

$$\lambda=\frac{1}{\rho}\operatorname{arc\,tang}\frac{\sin iy}{i\cos x}-D\cos x\frac{\sin iy}{i}-E\cos 3x\frac{\sin 3iy}{i}-\ldots$$

$$\log\operatorname{tang}(45^0+\tfrac{1}{2}\Omega)=\log\sqrt{\frac{\cos iy+\sin x}{\cos iy-\sin x}}-k\rho(D\sin x\cos iy+E\sin 3x\cos 3iy+\cdots).$$

Mit den angegebenen Werthen für $D, E, F, \ldots$ erhält man daher:]

$$\lambda = \frac{1}{\rho}\,\text{arc tang}\,\frac{\sin iy}{i\cos x} - 340{,}''192\,7987\cos x\,\frac{\sin iy}{i}$$
$$- \quad 0{,}''093\,6873\cos 3x\,\frac{\sin 3iy}{i}$$
$$- \quad 0{,}''000\,0852\cos 5x\,\frac{\sin 5iy}{i}$$
$$- \quad 0{,}''000\,0001\cos 7x\,\frac{\sin 7iy}{i}$$
$$\text{etc.}$$

$$\log\text{tang}\,(45^0 + \tfrac{1}{2}\Omega) = \log\sqrt{\frac{\cos iy + \sin x}{\cos iy - \sin x}}$$
$$-\,0{,}000\,716\,2824\sin x\cos iy$$
$$-\,0{,}000\,000\,1973\sin 3x\cos 3iy$$
$$-\,0{,}000\,000\,0002\sin 5x\cos 5iy$$
$$\text{etc.}$$

[Vermittelst der Tabelle auf S. 184 ergibt sich dann zu Ω das zugehörige Φ.]

[32.]

[Die Darstellung der Oberfläche des Sphäroids in der Ebene wird] durch folgende zwei Formeln ausgedrückt:

$$1)\qquad \text{cotang}\,\tfrac{1}{2}p\left(\frac{1-e\cos p}{1+e\cos p}\right)^{\frac{1}{2}e}\cdot(\cos\lambda + i\sin\lambda) = \text{cotang}\,\tfrac{1}{2}P\left(\frac{1-e\cos P}{1+e\cos P}\right)^{\frac{1}{2}e}$$

$$2)\qquad x + iy = \int\frac{a(1-ee)\,\mathrm{d}P}{(1-ee\cos P^2)^{\frac{3}{2}}},$$

wo a und $a\sqrt{(1-ee)}$ die beiden Halbaxen des Ellipsoids sind [und $p = 90^0 - \Phi$ gesetzt ist.

Setzt man

$$\text{cotang}\,\tfrac{1}{2}p\left(\frac{1-e\cos p}{1+e\cos p}\right)^{\frac{1}{2}e} = \text{cotang}\,\tfrac{1}{2}q$$

und]

$$\text{cotang}\,\tfrac{1}{2}q\,(\cos\lambda + i\sin\lambda) = \text{cotang}\,\tfrac{1}{2}Q,$$

[sowie]

$$Q = R + iS,$$

[so wird]

$$\operatorname{tang}\tfrac{1}{2}q(\cos\lambda - i\sin\lambda) = \operatorname{tang}\tfrac{1}{2}(R+iS)$$
$$\operatorname{tang}\tfrac{1}{2}q(\cos\lambda + i\sin\lambda) = \operatorname{tang}\tfrac{1}{2}(R-iS).$$

[Hieraus folgt:

$$2\operatorname{tang}\tfrac{1}{2}q\cos\lambda = \frac{\sin R}{\frac{1}{2}(\cos R+\cos iS)}, \qquad -2i\operatorname{tang}\tfrac{1}{2}q\sin\lambda = \frac{\sin iS}{\frac{1}{2}(\cos R+\cos iS)},$$
$$1-\operatorname{tang}\tfrac{1}{2}q^2 = \frac{\cos R}{\frac{1}{2}(\cos R+\cos iS)}, \qquad 1+\operatorname{tang}\tfrac{1}{2}q^2 = \frac{\cos iS}{\frac{1}{2}(\cos R+\cos iS)};$$

mithin]

$$\operatorname{tang}R = \frac{2\cos\lambda\operatorname{tang}\frac{1}{2}q}{1-\operatorname{tang}\frac{1}{2}q^2} = \cos\lambda\operatorname{tang}q$$
$$\operatorname{tang}iS = -\frac{2i\sin\lambda\operatorname{tang}\frac{1}{2}q}{1+\operatorname{tang}\frac{1}{2}q^2} = -i\sin\lambda\sin q$$

[oder]

$$S = \tfrac{1}{2}\log\frac{1-\sin\lambda\sin q}{1+\sin\lambda\sin q}.$$

BEMERKUNGEN.

Eine zusammenhängende Darstellung der conformen Abbildung des Sphäroids in der Ebene, die als Projectionsmethode der hannoverschen Gradmessung und Landesvermessung diente, hat sich im Nachlass nicht gefunden. Die vorstehenden Entwickelungen sind mit Hülfe der Aufzeichnungen in zwei Handbüchern und einer Reihe einzelner Blätter, die vielleicht von GAUSS als Rechenpapiere bei der Ableitung seiner Formeln benutzt wurden, zusammengestellt worden.

Das Handbuch: »Den astronomischen Wissenschaften gewidmet« enthält die Formeln zur Berechnung der geographischen Coordinaten, der Meridianconvergenz und des Vergrösserungsverhältnisses aus den ebenen rechtwinkligen Coordinaten. Direct entnommen sind ihm die Artikel [4], [9], [10], [11], ferner die Artikel über die Azimuthreduction [15] mit der Tabelle für $\log \mathfrak{q}$, [16], [17] und die über die Transformation der Coordinaten [18], [19], [20]. Aus verschiedenen Stellen dieses Handbuches sind die Artikel [7], [13] und [14] zusammengesetzt.

Ein zweites Handbuch mit dem Titel: »Kleine Aufsätze aus verschiedenen Theilen der Mathematik« lieferte die Artikel [5], [26], [27] und [31]; für [27] wurde ausserdem noch ein einzelnes Blatt benutzt.

Die Artikel [1], [2], [6], [8], [21] und [22] sind nach Aufzeichnungen des ersten Handbuches und denen einzelner Blätter zusammengestellt worden.

Einzelnen Blättern entnommen sind [3] mit der dazu gehörigen Tabelle, [12], [23], [29] und [32], sowie die zweite Tabelle zu [15], die hier vollständig mitgetheilt ist, weil keine andere, auf einem andern Abplattungswerth als 1:302,68 beruhende, dafür vorhanden ist. Diese Tabelle befindet sich in einem besondern Heftchen. Die Bezeichnungen der einzelnen Columnen sind hier, wie auch bei der ersten Tabelle zu [15], zugefügt worden; GAUSS hatte über die erste Columne geschrieben: Corrige −26,264, was, wie bereits erwähnt ist, einer Verkleinerung der Ausgangsbreite um 0,″85 entspricht. Die Tabelle zu [28], von der vorstehend nur ein Auszug gegeben ist — sie erstreckt sich im Original von $\psi = 5000000$ m bis $\psi = 6500000$ m — und die Tabelle unter [30] befinden sich auf demselben Blatte.

Die Artikel [24], [25] und [28] endlich sind nach Aufzeichnungen auf verschiedenen Blättern zusammengesetzt.

In den einzelnen Artikeln ist eine Anzahl von Änderungen vorgenommen worden.

Bei [2]: An Stelle der letzten Formel für c hat GAUSS auf einem einzelnen Blatte

$$c = \lambda \sin\varphi - \frac{(1-ee\sin\varphi^2)^{\frac{3}{2}}\tang\varphi}{6a^3(1-ee)^2}\left\{1-ee+ee(3+ee)\cos\varphi^2+4e^4\cos\varphi^4\right\}y^3.$$

» [4]: Bei der Formel für c fehlt bei ihm im Ausdruck für log hyp C' das Glied

$$-\tfrac{1}{8}\frac{1-ee\sin\varphi^2}{aa}yy.$$

» [7]: An Stelle der ersten Formel steht im Original

$$N+i\log\mathrm{Conv.} = \log f'(\xi) - \log f'(x+iy), \qquad N = \log n,$$

was aber wohl nur ein Schreibfehler ist.

Bei [8]: Die letzte Formel, die sich auf einem einzelnen Blatte befindet, heisst dort

$$n = 1 - \frac{\gamma}{2\alpha}yy + \frac{\alpha\alpha\varepsilon - 6\alpha\beta\delta + 6\beta\beta\gamma}{24a^3}y^4.$$

» [9]: In der Formel für $\log n$ fehlt bei Gauss im Coefficienten von y^6 das Glied $\frac{1}{720}A^{\mathrm{IV}}$.

» [11]: Im Original steht an Stelle der angegebenen Formeln für x und y:

$$x = \xi - \tfrac{1}{2}\alpha\beta\lambda\lambda + \tfrac{1}{24}(\alpha\beta^3 + 4\alpha\alpha\beta\gamma + \alpha^3\delta)\lambda^4$$
$$y = \alpha\lambda - \tfrac{1}{6}(\alpha\alpha\gamma + \alpha\beta\beta)\lambda^3.$$

» [12]: Der Factor von y^6 in der Formel für ξ lautet auf einem Zettel, der mit andern bei Gauss Tode auf seinem Schreibtische lag,

$$\tfrac{1}{48}\alpha_1^5 + \tfrac{5}{144}\alpha_1^3\beta_1 - \tfrac{1}{144}\alpha_1\alpha_1\gamma_1 + \tfrac{1}{48}\alpha_1\beta_1\beta_1 + \tfrac{1}{72}\beta_1\gamma_1 - \tfrac{1}{144}\alpha_1\delta_1 + \tfrac{1}{720}\varepsilon_1.$$

» [13]: In dem Ausdrucke für $g^{\mathrm{V}}(F)$ und entsprechend in der ersten Formel für y bei dem Factor von λ^5, S. 157, lautet der Werth in der Klammer im Original:

$$(1 - 20cc + (24 - 57\delta)c \;+ \cdots),$$

während es heissen muss, wie vorn angegeben ist:

$$(1 - 20cc + (24 - 58\delta)c^4 + \cdots).$$

» [15]: An Stelle von $\log\mathfrak{B} = 7{,}317\,8248 - 30$ hat Gauss: $\log\mathfrak{B} = 7{,}317\,8148 - 30$; infolge dessen sind in der zweiten Tabelle des Art. [15], S. 161 und 162, die Werthe für $\log\beta$ um eine Einheit der letzten Stelle zu erhöhen.

» [16]: Der Coefficient von R^3 in der Formel für $-n^*\sin\varphi$, S. 164, lautet im Original

$$\tfrac{1}{8}c' + \frac{ab'}{24N} - \frac{a'b''}{24N} + \frac{a'^3}{48NN} + \frac{aaa'}{24NN}.$$

Gauss schreibt in der Formel für $\log n^*$, S. 165 oben, die Glieder zweiter Dimension

$$-Cxx - 2Dxy - Eyy;$$

dazu passt aber die folgende Entwickelung nicht.

» [17]: Für r, S. 168, ist im Original angegeben

$$r = R + \tfrac{2}{3}ttR^3 + (\tfrac{3}{2}tu - \tfrac{1}{2}t^4)R^4 \ldots;$$

dem zufolge lautet weiter die Differentialgleichung für ψ

$$(1 + (2tt + t't')RR + (6tu - 2t^4 + 2t'u')R^3 \ldots)\frac{\partial\psi}{\partial R}$$
$$+ (-\tfrac{2}{3}tt'R - (\tfrac{1}{2}tu' + \tfrac{3}{2}t'u + 2t't^3)RR \ldots)\frac{\partial\psi}{\partial\theta} = 0,$$

woraus sich dann ergibt:

$$\psi = \theta + \tfrac{1}{3}tt'RR + ((\tfrac{1}{2}u + \tfrac{2}{3}t^3)t' + \tfrac{1}{6}tu')R^3 \ldots.$$

» [20]: Gauss hat in der Formel für $x + \Omega$ im Factor von ω

$$1 - \tfrac{1}{2}(1 + tt)yy + (\tfrac{5}{24} - \tfrac{13}{24}tt - \tfrac{15}{8}t^4)y^4 \ldots.$$

» [23]: Im Original heisst der Coefficient von y^9 in der Formel für x, S. 175,

$$\frac{18621\delta^4 + 48826\delta^5 + 48160\delta^6 + 21288\delta^7 + 3548\delta^8}{2835},$$

und dem entsprechend der Coefficient von y^{10} in der Formel für xx:

$$\frac{316305\delta \;+ 831340\delta^5 + 822217\delta^6 + 363738\delta^7 + 60623\delta^8}{14175};$$

In der darauf folgenden Formel für $1-xx$ hat das Original als Coefficienten von y^8:

$$\frac{7029\delta^4+16182\delta^5+21574\delta^6+5798\delta^7+892\delta^8}{315}.$$

Bei [24]: Der Factor von $\sin\varphi^5\cos\varphi$ in der zweiten Formel für ψ, S. 177 oben, heisst im Original:

$$\tfrac{241}{480}e^6-\tfrac{3777}{80420}e^8.$$

Als Ausdruck für $\sin\varphi\cos\varphi$, S. 177, gibt Gauss an:

$$\sin\omega\cos\omega\left(1+ee+e^4+e^6-\frac{12ee+25e^4+39e^6}{6}yy+\frac{65e^4+258e^6}{15}y^4-\frac{146}{15}e^6y^6\right)$$

Die Formel für ψ, durch ω ausgedrückt, S. 177 unten, lautet im Original:

$$\begin{aligned}\psi = \omega &+ \sin 2\omega\left(\frac{1}{8}ee-\frac{13}{192}e^4+\frac{173}{1024}e^6+\frac{29029}{368640}e^8\ldots\right)\\ &-\sin 4\omega\left(\frac{47}{768}e^4-\frac{293}{3840}e^6+\frac{1220619}{884736}e^8\ldots\right)\\ &+\sin 6\omega\left(\frac{979}{15360}e^6-\frac{4124089}{10321920}e^8\ldots\right)\\ &-\sin 8\omega\left(\frac{12895751}{123863040}e^8\ldots\right).\end{aligned}$$

Bei Gauss heisst der Factor von $-\sin 2\varphi$ in der letzten Formel, die ω als Function von φ liefert, S. 178,

$$\tfrac{1}{2}ee+\tfrac{5}{24}e^4+\tfrac{3}{32}e^6+\tfrac{281}{11520}e^8.$$

» [26]: Im Original steht an Stelle der ersten beiden Zeilen im Ausdruck für $\log\cos\varphi$:

$$\begin{aligned}\log\cos\varphi = \log\cos\psi-6ff-63f^4-\frac{2192}{3}f^6-\frac{17559}{2}f^8\ldots\\ +\left(6ff+42f^4+\frac{946}{3}f^6+2200f^8\ldots\right)\cos 2\psi.\end{aligned}$$

» [28]: Gauss hat in der Formel, die ψ als Function von ω darstellt, S. 183,

$$4{,}800\,0528\sin 4\omega$$

an Stelle von $4{,}700\,0528\sin 4\omega$,

und dem entsprechend in der Rechnung bei [29], S. 188, $\log B = 0{,}681\,2460$ an Stelle von $\log B = 0{,}672\,1028$. Dadurch wird bei ihm der Werth von y, S. 188, um 0,007 m kleiner als vorn angegeben ist.

Der bei den Entwickelungen unter [28] benutzte Werth

$$\log\frac{2.10^7}{\pi}ff = 3{,}418\,9411.803,$$

der auch der Tabelle, S. 184, die den Übergang von ψ zu φ und ω vermittelt, zu Grunde liegt, ist wahrscheinlich durch einen Schreibfehler bei Gauss entstanden. Auf einem einzelnen Blatte ist nemlich dem eben angegebenen Werthe von $\log\frac{2.10^7}{\pi}ff$ beigefügt: $n = 302{,}78$. Das trifft aber nicht zu, sondern zu diesem Werthe der Abplattung gehört

$$\log\frac{2.10^7}{\pi}ff = 3{,}418\,9451.803.$$

Bei [31]: In der zweiten Formel für $\log\operatorname{tang}\frac{1}{2}p$, S. 191, steht im Original:

im Coefficienten von $-\cos q$ an Stelle von $\frac{11}{48}a^3$: $\frac{11}{24}a^3$
» » » $-\cos 3q$ » » » $\frac{3}{32}a^3$: $\frac{3}{16}a^3$
» » » $-\cos 5q$ » » » $\frac{1}{96}a^3$: $\frac{1}{48}a^3$.

Infolge dessen heisst es bei Gauss:

$$\log\operatorname{tang}(45^\circ+\tfrac{1}{2}\omega) = \log\operatorname{tang}(45^\circ+\tfrac{1}{2}\psi)-\left(4ff+4f^4+\frac{40}{3}f^6-22f^8\ldots\right)\sin\psi$$
$$-\left(\frac{8}{3}f^4+\frac{34}{3}f^6+59f^8\ldots\right)\sin 3\psi-\left(\frac{98}{15}f^6+\frac{247}{3}f^8\ldots\right)\sin 5\psi-\left(\frac{400}{21}f^8\ldots\right)\sin 7\psi.$$

Als numerische Werthe der Coefficienten dieser Reihe gibt Gauss an:

10494,784 2962 m; 2,888 891 3195 m; 0,002 927 170 360 m; 0,000 003 499 170 05 m;
340,″031 0112; 0,″093 600 078 75; 0,″000 094 840 32; 0,″000 000 113 373 11;

und als Schlussformeln:

$$\lambda = \operatorname{arc\,tang}\frac{\sin iy}{i\cos x}$$
$$-340{,}''031\,0112\cos x\frac{\sin iy}{i}-0{,}''093\,6001\cos 3x\frac{\sin 3iy}{i}-0{,}''000\,0948\cos 5x\frac{\sin 5iy}{i}-0{,}''000\,0001\cos 7x\frac{\sin 7iy}{i},$$
$$\log\operatorname{tang}(45^\circ+\tfrac{1}{2}\Omega) = \log\sqrt{\frac{\cos iy+\sin x}{\cos iy-\sin x}}$$
$$-0{,}000\,715\,9403\sin x\cos iy-0{,}000\,000\,1971\sin 3x\cos 3iy-0{,}000\,000\,0002\sin 5x\cos 5iy.$$

Bei [32]: Im Ausdruck für S, S. 194, fehlt im Original der Factor $\frac{1}{2}$.

Zu den Formeln selbst möge noch folgendes bemerkt werden.

Die Grundformeln der Gaussschen Entwickelung, Art. [1], erhält man, indem man die Ebene conform auf das Sphäroid überträgt. Die Aufgabe ist also die Umkehrung der im Art. 12 der »Allgemeinen Auflösung der Aufgabe: Die Theile einer gegebnen Fläche auf einer andern gegebnen Fläche so abzubilden, dass die Abbildung dem Abgebildeten in den kleinsten Theilen ähnlich wird«, Bd. IV, S. 205 u. f., behandelten Übertragung. Es tritt aber hier die Bedingung hinzu, dass die Strecken auf der Abscissenaxe in der Ebene den entsprechenden Bögen eines bestimmten Meridians, des Hauptmeridians, gleich sein sollen. Sind x, y die rechtwinkligen Coordinaten eines Punktes in der Ebene, Φ, λ die geographischen Coordinaten des entsprechenden Punktes auf dem Sphäroid, so ist im Anschluss an Art. 12:

$$\omega = \mathrm{d}x^2+\mathrm{d}y^2,$$

und die Differentialgleichung $\omega = 0$ gibt $x \pm iy = \text{const.}$

Ferner ist

$$\Omega = \frac{aa(1-ee)^2}{(1-ee\sin\Phi^2)^3}\mathrm{d}\Phi^2+\frac{aa\cos\Phi^2}{1-ee\sin\Phi^2}\mathrm{d}\lambda^2$$
$$= \frac{aa\cos\Phi^2}{1-ee\sin\Phi^2}\left\{\left(\frac{1-ee}{(1-ee\sin\Phi^2)\cos\Phi}\right)^2\mathrm{d}\Phi^2+\mathrm{d}\lambda^2\right\};$$

die Differentialgleichung $\Omega = 0$ ergibt mithin

$$\frac{1-ee}{(1-ee\sin\Phi^2)\cos\Phi}\mathrm{d}\Phi \pm i\mathrm{d}\lambda = 0,$$

oder wenn

$$1)\qquad \frac{(1-ee\sin\Phi^2)\cos\Phi}{1-ee} = \Theta(\Phi)$$

gesetzt wird,

$$\frac{d\Phi}{\Theta(\Phi)} \pm i d\lambda = 0,$$

deren Integral

$$\int\frac{d\Phi}{\Theta(\Phi)} \pm i\lambda = \text{const.},$$

oder

$$2)\qquad F(\Phi) = \int\frac{d\Phi}{\Theta(\Phi)} = \log\text{hyp}\,\text{tang}(45^\circ + \tfrac{1}{2}\Phi) + \tfrac{1}{2}e\log\text{hyp}\frac{1-e\sin\Phi}{1+e\sin\Phi}$$

gesetzt:

$$F(\Phi) \pm i\lambda = \text{const.}$$

ist.

Zu der Breite Φ soll der Meridianbogen ξ gehören, vom Äquator ab gerechnet, so dass also auch

$$3)\qquad F(\Phi) = f(\xi) = \int\frac{d\Phi}{\Theta(\Phi)}$$

ist.

Bedeutet $\mathfrak{F}$ eine willkürliche Function, so wird mithin die Ebene conform auf das Ellipsoid übertragen durch die Gleichung

$$f(\xi) + i\lambda = \mathfrak{F}(x+iy).$$

Nun soll aber jede Strecke auf der Abscissenaxe gleich dem entsprechenden Meridianbogen sein. Für $\lambda = 0$ muss also $\xi = x$ und $y = 0$ sein; folglich wird

$$f(x) = \mathfrak{F}(x).$$

Mithin lautet die Ubertragungsgleichung:

$$4)\qquad f(\xi) + i\lambda = F(\Phi) + i\lambda = f(x+iy).$$

Die Ableitung der Formeln für das Vergrösserungsverhältniss, Art. [6] bis [10], kann wie folgt geschehen.

Da

$$df(\xi) = \frac{d\Phi}{\Theta(\Phi)} = \frac{(1-ee)d\Phi}{\cos\Phi(1-ee\sin\Phi^2)}$$

$$f'(\xi) = \frac{1-ee}{\cos\Phi(1-ee\sin\Phi^2)}\cdot\frac{(1-ee\sin\Phi^2)^{\frac{3}{2}}}{a(1-ee)} = \frac{\sqrt{(1-ee\sin\Phi^2)}}{a\cos\Phi},$$

wobei ξ mit Φ wächst, also nach Norden positiv angenommen ist, so wird

$$\frac{1}{nn} = \frac{\Omega}{\omega} = \left(\frac{1}{f'(\xi)}\right)^2\frac{(df(\xi))^2 + d\lambda^2}{dx^2+dy^2} = \left(\frac{1}{f'(\xi)}\right)^2\frac{d(f(\xi)+i\lambda)}{d(x+iy)}\cdot\frac{d(f(\xi)-i\lambda)}{d(x-iy)}$$

$$= \left(\frac{1}{f'(\xi)}\right)^2\left\{\left(\frac{\partial\lambda}{\partial x}\right)^2 + \left(\frac{\partial\lambda}{\partial y}\right)^2\right\}.$$

Führt man die Meridianconvergenz c ein, so ist zunächst $\text{tang}\,c = -\frac{dy}{dx}$, wo $\frac{dy}{dx}$ aus der Gleichung $\lambda = \text{const.}$ erhalten wird; mithin ist

$$\frac{1}{\cos c^2} = \frac{\left(\frac{\partial\lambda}{\partial x}\right)^2+\left(\frac{\partial\lambda}{\partial y}\right)^2}{\left(\frac{\partial\lambda}{\partial y}\right)^2}, \qquad \frac{1}{\sin c^2} = \frac{\left(\frac{\partial\lambda}{\partial x}\right)^2+\left(\frac{\partial\lambda}{\partial y}\right)^2}{\left(\frac{\partial\lambda}{\partial x}\right)^2},$$

und daher

$$1)\quad \begin{cases} \dfrac{\partial\lambda}{\partial y} = \dfrac{\partial f(\xi)}{\partial x} = \dfrac{1}{n} f'(\xi)\cos c = u \\ \dfrac{\partial\lambda}{\partial x} = -\dfrac{\partial f(\xi)}{\partial y} = \dfrac{1}{n} f'(\xi)\sin c = v. \end{cases}$$

Einfacher ergeben sich diese Formeln, wenn man bedenkt, dass in der Ebene (vorausgesetzt dass x nach Norden positiv ist und y mit λ wächst) für das Bild eines Elements des Parallelkreises:

$$2)\quad \frac{n.a\cos\Phi}{\sqrt{(1-ee\sin\Phi^2)}}d\lambda = \frac{n}{f'(\xi)}d\lambda = dx\sin c + dy\cos c$$

ist.

Aus 1) erhält man:

$$3)\quad \frac{1}{nn} = \left(\frac{u}{f'(\xi)}\right)^2+\left(\frac{v}{f'(\xi)}\right)^2.$$

Vermittelst dieser Formel hat Gauss in [6] das Vergrösserungsverhältniss berechnet.

Man hätte dasselbe noch etwas leichter durch die aus 3) sich ergebende Formel

$$4)\quad \frac{1}{nn} = \left(\frac{\partial\xi}{\partial x}\right)^2+\left(\frac{\partial\xi}{\partial y}\right)^2$$

erhalten. Direct findet man diese Formel, indem man für das Bild eines Elements des Meridians ansetzt:

$$\frac{n.a(1-ee)}{\sqrt{(1-ee\sin\Phi^2)^3}}d\Phi = n d\xi = dx\cos c - dy\sin c,$$

woraus folgt

$$\frac{\partial\xi}{\partial x} = \frac{1}{n}\cos c, \qquad \frac{\partial\xi}{\partial y} = -\frac{1}{n}\sin c.$$

Nach 1) ist ferner

$$\frac{1}{f'(\xi)}\left\{\frac{\partial f(\xi)}{\partial x}+i\frac{\partial\lambda}{\partial x}\right\} = \frac{1}{n}(\cos c + i\sin c)$$

oder

$$\frac{f'(x+iy)}{f'(\xi)} = \frac{1}{n}e^{ic},$$

oder wenn

$$\log n = N$$

gesetzt wird,

$$5)\quad N - ic = \log f'(\xi) - \log f'(x+iy).$$

Den hieraus folgenden Werth

$$N = \log f'(\xi) - \text{Pars Real.} \log f'(x+iy)$$

erhält man auch sofort aus der zuerst angegebenen Formel auf der vorigen Seite. Nach dieser wird

$$n = \frac{f'(\xi)}{\sqrt{\{f'(x+iy)f'(x-iy)\}}}.$$

Wird die Gleichung 5) zweimal nach x und y differentiirt, so findet man wegen 4), wenn man ausserdem berücksichtigt, dass

$$\frac{\partial\partial \mathfrak{f}(\xi)}{\partial x^2}+\frac{\partial\partial \mathfrak{f}(\xi)}{\partial y^2}=0$$

ist:

6) $$\frac{\partial\partial c}{\partial x^2}+\frac{\partial\partial c}{\partial y^2}=0$$

und

7) $$\frac{\partial\partial N}{\partial x^2}+\frac{\partial\partial N}{\partial y^2}=\frac{1}{nn}\,\frac{\mathfrak{f}'''(\xi)\,\mathfrak{f}'(\xi)-2(\mathfrak{f}''(\xi))^2}{(\mathfrak{f}'(\xi))^2}=-\frac{1}{nn}\,\frac{\theta''(\xi)}{\theta(\xi)},$$

wo

$$\theta(\xi)=\frac{1}{\mathfrak{f}'(\xi)}=\frac{a\cos\Phi}{\sqrt{(1-ee\sin\Phi^2)}}$$

ist.

Da hienach $\theta'(\xi)=-\sin\Phi$ und $\theta''(\xi)=-\cos\Phi\,\frac{(1-ee\sin\Phi^2)^{\frac{3}{2}}}{a(1-ee)}$ ist, da ferner

$$r=\frac{a(1-ee)}{\sqrt{(1-ee\sin\Phi^2)^3}},\qquad r'=\frac{a}{\sqrt{(1-ee\sin\Phi^2)}},$$

so wird

8) $$\frac{\partial\partial N}{\partial x^2}+\frac{\partial\partial N}{\partial y^2}=\frac{1}{rr'nn}.$$

Vergl. Band VIII, S. 385.

Zu der in den Art. [15] und [16] gegebenen Azimuthreduction ist noch folgendes zu bemerken (vergl. den Brief an SCHUMACHER vom 25. Junius 1831). GAUSS versteht unter dem Azimuth in plano des Punktes x_2, y_2 im Punkte x_1, y_1 den Winkel, welchen die beide Punkte verbindende gerade Linie mit der durch x_1, y_1 gezogenen Parallelen zur x-Axe bildet. Das Azimuth auf dem Sphäroid ist dagegen der Winkel, den die geodätische Linie in dem Punkte, der x_1, y_1 entspricht, mit derjenigen Curve bildet, deren Darstellung in der Ebene eine Parallele zur Abscissenaxe ist. Ist x nach Süden positiv, und bezeichnet im Punkte $(x_1 y_1)$: T das astronomische Azimuth, t das Azimuth auf dem Sphäroid, θ das Azimuth in plano, c die Meridianconvergenz, und ψ den Winkel, den das Bild der geodätischen Linie mit der Geraden durch $(x_1 y_1)$ und $(x_2 y_2)$ bildet, so ist

$$T=t-c,\qquad \theta=t-\psi.$$

Die unter [15] aufgeführten Formeln zur Reduction des Azimuthes auf dem Sphäroid auf das Azimuth in plano ergeben sich aus der im Art. [16], S. 166, abgeleiteten Gleichung für ψ, wenn darin die Glieder zweiter Ordnung vernachlässigt werden. Alsdann ist

$$\psi=\tfrac{1}{2}B_{\frac{1}{3}}.(x_2-x_1)-\tfrac{1}{2}A_{\frac{1}{3}}.(y_2-y_1).$$

Die Coordinaten x_1, y_1 entsprechen dem Anfangspunkte und die Coordinaten x_2, y_2 dem Endpunkte der geodätischen Linie. Um die Coefficienten $A_{\frac{1}{3}}$ und $B_{\frac{1}{3}}$ zu erhalten, ist $\log n$ als Function der Coordinaten darzustellen. Es sei x, y ein beliebiger Punkt, dem auf dem Ellipsoid ein Punkt mit der Breite φ entspreche. Setzt man dann

1) $$\tfrac{1}{2}\,\frac{(1-ee\sin\varphi^2)^2}{aa(1-ee)}=\alpha$$

$$2) \qquad \tfrac{1}{12}\frac{(1-ee\sin\varphi^2)^3}{a^4(1-ee)^3}\left\{1-3ee+(ee+15e^4)\sin\varphi^2-14e^4\sin\varphi^4\right\} = \beta,$$

so ist nach Art. [7], S. 154:

$$\log n = \alpha yy - \beta y^4 + \cdots.$$

Es sei x nach Süden positiv, so dass

$$3) \qquad \frac{\partial\alpha}{\partial x} = \frac{\partial\alpha}{\partial\varphi}\cdot\frac{d\varphi}{dx} = +\frac{ee\sin 2\varphi(1-ee\sin\varphi^2)^{\frac{5}{2}}}{a^3(1-ee)^2} = \gamma$$

wird. Für einen Punkt $x+x'$, $y+y'$ ist mithin:

$$\log n = (\alpha+\gamma x'+\cdots)(yy+2yy'+y'y') - (\beta+\cdots)(y^4+4y^3y'+\cdots)+\cdots$$
$$= \alpha yy - \beta y^4 + \cdots + (\gamma yy - \cdots)x' + (2\alpha y - 4\beta y^3+\cdots)y' \ldots.$$

Also ist nach [16], S. 165, mit der angegebenen Vernachlässigung:

$$A = \gamma yy, \qquad B = 2\alpha y - 4\beta y^3.$$

Folglich wird für den Punkt, dessen Coordinaten

$$x_1 + \tfrac{1}{3}(x_2 - x_1) = \xi$$
$$y_1 + \tfrac{1}{3}(y_2 - y_1) = \eta$$

sind:

$$A_{\frac{1}{3}} = \gamma\eta\eta, \qquad B_{\frac{1}{3}} = 2\alpha\eta - 4\beta\eta^3,$$

wobei jetzt α, β, γ zur Abscisse ξ gehören.

Damit ergibt sich aber für ψ:

$$\psi = (\alpha\eta - 2\beta\eta^3)(x_2 - x_1) - \tfrac{1}{2}\gamma\eta\eta(y_2 - y_1)$$

oder

$$4) \qquad -\psi = -\alpha\eta(x_2 - x_1) + 2\beta\eta^3(x_2 - x_1) + \tfrac{1}{2}\gamma\eta\eta(y_2 - y_1).$$

α, 2β, $\frac{1}{2}\gamma$ sind dieselben Grössen wie α, β, γ auf S. 159.

An Stelle der Formeln für die MERCATORsche Projection bei der Übertragung der Kugelfläche in der Ebene, Art. [29], S. 185, kann man sich auch der Formeln des Art. [13] bedienen, wenn man in ihnen $\delta = 0$ setzt. Gehört zu dem Punkte x', y' in der Ebene der Punkt Ω, λ auf der Kugel, so ist der Gleichung

$$x' + iy' = g(F(\Omega) + i\lambda), \qquad F(\Omega) = \int\frac{d\Omega}{\cos\Omega} = \log\text{hyp}\tan(45^\circ + \tfrac{1}{2}\Omega),$$

entsprechend, wenn jetzt x' nach Norden positiv genommen wird, und wenn unter ω der Meridianbogen vom Äquator bis zur Breite Ω verstanden wird $\left(\omega = 10\,000\,000 \cdot \dfrac{\Omega^0}{90^0}\right)$:

$$x' = \omega + \frac{r}{4}\sin 2\Omega.\lambda\lambda + \frac{r}{48}\sin 2\Omega(6\cos\Omega^2 - 1)\lambda^4 \ldots$$

$$y' = r\cos\Omega.\lambda + \frac{r}{6}\cos\Omega\cos 2\Omega.\lambda^3 + \frac{r}{120}\cos\Omega(1 - 20\cos\Omega^2 + 24\cos\Omega^4)\lambda^5 \ldots;$$

$$r = \frac{20\,000\,000}{\pi}.$$

Für

$$\Omega = 53^\circ 13' 3'',6353 \qquad \lambda = 1^\circ 48' 24'',7109 = 6504'',7109$$
$$2\Omega = 106\ 26\ 7,2706$$

ist

λ	3,813 2279 992	r	6,803 8801	r	6,80388	6	0,77815
1 : 206264,8	4,685 5748 668	$\lambda\lambda$	6,997 6057	λ^4	3,99521	$\cos\Omega^2$	9,55453
	8,498 8028 660	$\frac{1}{4}$	9,397 9400	$\frac{1}{48}$	8,31876		0,33268
		$\sin 2\Omega$	9,981 8818	$\sin 2\Omega$	9,98188		2,1512
			3,181 3076		0,06115		1,1512
					9,16088		

$$+1518,1250$$
$$+\quad 0,1448$$

$\omega = 5913075,164$ m $\qquad x' - \omega = +1518,270$ m $\qquad x' = 5914593,434$ m.

r	6,803 8801 230	$\frac{1}{6}$	9,22185	20	1,30103	24	1,38021
λ	8,498 8028 660	r	6,80388	$\cos\Omega^2$	9,55453	$\cos\Omega^4$	9,10906
$\cos\Omega$	9,777 2647 719	λ^3	5,49641		0,85556	·	0,48927
	5,079 9477 609	$\cos\Omega$	9,77726		+1	1 : 120	7,92082
	120211,982	$\cos 2\Omega$	$9,45168_n$		−7,1707	r	6,80388
	−5,637		$0,75108_n$		+3,0851	λ^5	2,49401
	−0,005				−3,0856		$0,48934_n$
$y' =$	+120206,340 m.						$7,70805_n$

Zu Art. [30] sei bemerkt: Die GAUSSsche Logarithmentafel (v. ZACHS Monatliche Correspondenz. XXVI. Band. Gotha 1812, S. 498—528) gibt

$$A = \log n, \qquad B = \log\left(1+\frac{1}{n}\right), \qquad C = \log(1+n),$$

wo n eine positive Zahl bedeutet. $A + B = C$.

Setzt man $C = 2\log\sec\psi = \frac{k\pi y}{10^7}$, so wird $A = 2\log\operatorname{tang}\psi$, $B = -2\log\sin\psi$; und setzt man $B = 2\log\sec\psi = \frac{k\pi y}{10^7}$, so wird $A = -2\log\operatorname{tang}\psi$, $C = -2\log\sin\psi$. Damit findet man die angegebenen Werthe für $\log\frac{\sin iy}{i} = \log\frac{\sin\psi^2}{2\cos\psi}$.

Die beiden Formeln unter [32] erhält man wie folgt.

Setzt man $\Phi = 90^\circ - p$, so ist nach 2) und 3), S. 199, wenn der Anfangspunkt der Coordinaten einem bestimmten Punkte des Hauptmeridians entspricht:

$$1) \qquad f(\xi) = \log\text{hyp}\left(\operatorname{cotang}\frac{p}{2}\cdot\left(\frac{1-e\cos p}{1+e\cos p}\right)^{\frac{1}{2}e}\right) - K,$$

wo K der Werth des Logarithmus für den Anfangspunkt ist; also wird

$$\mathfrak{f}(\xi)+i\lambda = \log\text{hyp}\left\{\text{cotang}\frac{p}{2}\cdot\left(\frac{1-e\cos p}{1+e\cos p}\right)^{\frac{1}{2}e}.(\cos\lambda+i\sin\lambda)\right\}-K.$$

Dabei ist ξ auch die Länge des Meridianbogens vom Anfangspunkte bis zur Breite $90^\circ-p$, der ebenso wie die Abscissen, nach Süden positiv gezählt werden soll; mithin

$$2)\qquad \xi = \int\frac{a(1-ee)\,dp}{\sqrt{(1-ee\cos p^2)^3}}.$$

Setzt man nun

$$3)\qquad \text{cotang}\frac{P}{2}\cdot\left(\frac{1-e\cos P}{1+e\cos P}\right)^{\frac{1}{2}e} = \text{cotang}\frac{p}{2}\cdot\left(\frac{1-e\cos p}{1+e\cos p}\right)^{\frac{1}{2}e}.(\cos\lambda+i\sin\lambda),$$

wobei für $\lambda = 0$: $P = p$, sowie $y = 0$ und $x = \xi$ ist, so wird wegen $\mathfrak{f}(\xi)+i\lambda = \mathfrak{f}(x+iy)$:

$$4)\qquad \mathfrak{f}(x+iy) = \log\text{hyp}\left(\text{cotang}\frac{P}{2}\cdot\left(\frac{1-e\cos P}{1+e\cos P}\right)^{\frac{1}{2}e}\right)-K;$$

folglich muss der Gleichung 2) entsprechend:

$$5)\qquad x+iy = \int\frac{a(1-ee)\,dP}{\sqrt{(1-ee\cos P)^2}}$$

sein.

Die Entwickelungen zu den Artikeln [1]—[15], [21] und [22] sind wahrscheinlich in der Zeit zwischen 1816 und 1820 entstanden, während die übrigen Artikel aus den Jahren 1825—1827 zu stammen scheinen.

KRÜGER.

BRIEFWECHSEL.

[Über die Formeln für die hannoversche Landesvermessung.]

Gauss an Schumacher. Göttingen, 18. April 1830.

...... Es scheint mir bei Ihren Messungen, insofern Sie sich auf Eine der beiden in meinem frühern Briefe erörterten Methoden beschränken wollen, am angemessensten, wenn Sie Ihre Resultate für die Lage der einzelnen Punkte in der Coordinaten-Form berechnen, aus welchen Sie nachher für alle Punkte, für welche Sie es nöthig finden, die Längen und Breiten berechnen können. Bei diesem Gange bedarf es nur weniger und compendieuser Hülfstafeln: in der That können alle dann nöthigen Hülfstafeln auf Einer Octav-Seite Platz finden. Auch ist das Characteristische dann sehr leicht zu lernen. Es wird unter zwei Capitel kommen.

I. Modificationen, welche die Berechnung der Coordinaten deshalb erhalten muss, weil die Oberfläche der Erde kein Planum ist. Dies erfordert eine kleine Abhandlung, und die Ausführung eine kleine Hülfstafel.

II. Methode, um aus den gegebenen Coordinaten eines Punkts zu berechnen: 1) dessen Länge, 2) dessen Breite, 3) die Richtung seines Meridians im Coordinatensystem.

Dies wird eine zweite Abhandlung und mehrere kleine Hülfstafeln erfordern. Heute will ich mit diesem Capitel den Anfang machen.

Abstand eines Punktes vom Äquator, nicht in Toisen oder anderm ähnlichen Maass, sondern durch $\frac{1}{90}$, $\frac{1}{90.60}$, $\frac{1}{90.60.60}$ des ganzen Erdquadranten gemessen, bezeichne ich durch ψ; desselben Punkts Breite durch φ. Eine Aufgabe ist nun, φ aus ψ zu finden.

Ich verrichte dies durch eine Tafel, die mit dem Argument ψ sogleich $\varphi-\psi$ gibt. Ich habe diese Tafel mit SCHMIDTS neuester Abplattung $\frac{1}{297,732}$ von 51^0 bis 56^0 berechnet und theile Ihnen solche hier mit.

ψ	$\varphi-\psi$
51° 0′	8′ 28″,78
10	28,14
20	27,47
30	26,79
40	26,10
50	25,38
52 0	8 24,65
10	23,90
20	23,13
30	22,35
40	21,55
50	20,73
53 0	8 19,90
10	19,05
20	18,18
30	17,30
40	16,40
50	15,48
54 0	8 14,54

ψ	$\varphi-\psi$
54° 0′	8′ 14″,54
10	13,59
20	12,63
30	11,64
40	10,64
50	9,62
55 0	8 8,59
10	7,54
20	6,47
30	5,39
40	4,29
50	3,17
56 0	8 2,04

Wollen Sie diese Tafel weiter ausdehnen, oder auf mehr Decimalstellen berechnen, so dient dazu folgende Formel:

$$\begin{aligned}\varphi = \psi &+ 520'',463\,3364 \sin 2\psi \\ &+ 0,766\,0757 \sin 4\psi \\ &+ 0,001\,5444 \sin 6\psi \\ &+ 0,000\,0035 \sin 8\psi.\end{aligned}$$

Wie man das ψ für irgend einen Punkt im Hauptmeridian aus dessen x und dem Werthe von ψ, welcher dem Anfangspunkte entspricht, ψ^0, findet, bedarf keiner Anleitung, da dies auf einer einfachen Regel de tri beruht.

Natürlich ist diese vorgängige Rechnung nach der Wahl der Lineareinheit mehr oder weniger expeditiv. Ich habe daher (und aus andern Gründen) zu meiner Lineareinheit den 10000000. Theil des Erdquadranten gewählt, den ich Kürze halber Meter nenne, der aber von dem Mètre légal verschieden ist. Mein Meter beträgt nach SCHMIDTS Dimensionen $443^{\text{lin}}{,}29849$. Ich brauche daher nur

$$\psi = \psi^0 - 0'',0324 . x \; [= \psi^0 - 0',00054 . x]$$

zu setzen. Wenn Sie Toisen wählen, so müssen Sie

$$\psi = \psi^0 - 1^0 . \frac{x}{57008{,}551}$$

schreiben.

Das ψ^0 können Sie, wenn φ^0 gegeben ist, auch vermittelst obiger Hülfstafel leicht indirect finden. Für Göttingen setze ich

$$\psi^0 = 51^0\,23'\,20'',6082,$$

welchem $\varphi^0 = 51^0\,31'\,47'',85$ entspricht.

Ist also z. B. $x = -115163{,}725$ Toisen, so wird

$$\begin{array}{rrrr} \psi = & 51^0 & 23' & 20'',6082 \\ + & 2 & 1 & 12{,}4074 \\ \hline = & 53 & 24 & 33{,}02 \end{array}$$

Aus der Tafel findet man hiemit:

$$\varphi = 53^0\,32'\,50'',80.$$

Dies ist die Breite Ihres Meridiankreises, wenn sie aus der Breite des meinigen mit SCHMIDTS Erddimensionen abgeleitet wird.

Dies weicht von meiner astronomischen Bestimmung um $5'',53$ ab, welche $5'',53$ die Summe der Unregelmässigkeiten der Erdfigur in Göttingen und Altona (eigentlich richtiger die algebraische Differenz) sind. Der Breite $53^0\,32'\,45'',27$ würde entsprechen $\psi = 53^0\,24'\,27'',48$, und wenn man daher jenen Unterschied gleich vertheilen wollte, so könnte man auch setzen:

für Göttingen: $\psi = 51^0\,23'\,17'',84$
für Altona: $\psi = 53\;\;24\;\;30{,}25$.

Was nun die Hauptaufgabe betrifft, so bezeichne ich die gegebenen Coordinaten [mit] x, y; die (nach obiger Vorschrift berechnete) Breite desjenigen Punkts, dessen Coordinaten x und 0 sind, mit φ; die gesuchte Länge mit λ (vom Hauptmeridian gerechnet); die gesuchte Breite mit Φ; den Winkel, welchen der Meridian des Orts mit der Linie gleicher y macht (die Convergenz der Meridiane), mit c.

Es lassen sich dann diese drei Grössen durch Reihen von folgender Form ausdrücken:

$$\lambda = \alpha y - \beta y^3 + \gamma y^5 - \text{etc.}$$
$$\Phi = \varphi - \alpha' yy + \beta' y^4 - \gamma' y^6 + \text{etc.}$$
$$\mathrm{c} = \alpha'' y - \beta'' y^3 + \gamma'' y^5 - \text{etc.},$$

wo die Coefficienten α, α', α'', β, etc. von φ abhängig sind. Man hat jedoch nie nöthig über y^4 hinauszugehen in den Fällen, auf welche ich den Gebrauch der Coordinatenmethode beschränke, und in dieser Voraussetzung finde ich es vortheilhafter, die Form der Reihen etwas abzuändern. Ich setze nemlich $\alpha y = l$, und mache dann:

$$\lambda = \frac{l}{A}$$
$$\Phi = \varphi - \frac{\alpha' yy}{B}$$
$$\mathrm{c} = \frac{\alpha'' y}{C},$$

wo A, B, C nur sehr wenig grösser sein werden als 1. Die briggischen Logarithmen werden nun schlechthin zu setzen sein:

$$\log A = Dll$$
$$\log B = Ell$$
$$\log C = Fll,$$

wo D, E, F Functionen von φ sind, z. B. $D = \frac{\beta k}{\alpha^3}$, wenn k der Modulus der briggischen Logarithmen ist, oder wenn man $\log A$ gleich in Einheiten der siebenten Decimale ausgedrückt verlangt, $D = \frac{10^7 . \beta k}{\alpha^3}$ (so ist's in meiner unten copirten Tafel zu verstehen).

Man bedarf also nur noch einer zweiten Hülfstafel, die man so einrichten könnte, dass sie mit dem Argument φ angäbe die Logarithmen von α, α', α'', D, E und F. Es ist aber vortheilhafter, auch hier eine kleine Abänderung zu treffen. Es ist nemlich, die Excentricität $= e$, den Halbmesser des Erdäquators $= a$ gesetzt,

$$\alpha = \frac{\sqrt{(1-ee\sin\varphi^2)}}{a\cos\varphi}\cdot 206265$$

$$\alpha' = \frac{(1-ee\sin\varphi^2)^2 . \operatorname{tang}\varphi}{2aa(1-ee)}\cdot 206265$$

$$\alpha'' = \frac{\sqrt{(1-ee\sin\varphi^2)}}{a}\cdot \operatorname{tang}\varphi . 206265.$$

Ich schreibe daher:

$$\frac{206265.\sqrt{(1-ee\sin\varphi^2)}}{a} = G$$

$$\frac{206265.(1-ee\sin\varphi^2)^2}{2aa(1-ee)} = H,$$

und nehme in meine Tafel statt der Logarithmen von α, α', α'' diejenigen von G und H auf; auf diese Weise erspare ich theils Eine Columne, theils erhalte ich den Vortheil, dass die Werthe dieser Logarithmen sich sehr langsam ändern, und ich daher in der Tafel das Argument φ nur von 10 zu 10 Minuten wachsen zu lassen brauche, während eine Tafel für $\log\alpha$, etc. selbst einen unerträglich grossen Umfang haben müsste, wenn sie bequem sein sollte. Die ganze Rechnung beruht daher auf den Formeln[*)]

1) $$l = \frac{Gy}{\cos\varphi},$$

2) $$\log A = Dll$$

3) $$\log B = Ell$$

4) $$\log C = Fll;$$

5) $$\lambda = \frac{l}{A}$$

6) $$\Phi = \varphi - \frac{Hyy\operatorname{tang}\varphi}{B}$$

7) $$c = \frac{Gy\operatorname{tang}\varphi}{C}.$$

Diese Tafel habe ich von $\varphi = 51^0$ bis $\varphi = 55^0$ berechnet und theile Ihnen solche mit, wobei jedoch zu bemerken ist, dass, wenn Sie eine andere Lineareinheit wählen, z. B. Toisen, Ihr $\log G$ um den Logarithmen des Verhältnisses (um $\log\frac{864}{443{,}29849}$) grösser sein muss als der meinige, und Ihr $\log H$ um das doppelte grösser. Wollen Sie etwa künftig die Tafel auch weiter

[*) Vergl. Art. 3, S. 148.]

ausdehnen, so werde ich Ihnen gern die Formeln für *D*, *E* und *F* mittheilen (für *G* und *H* sind sie schon oben angegeben).

Zur Erläuterung setze ich die Berechnung eines Beispiels her, und zwar doppelt, einmal in Delambrescher Breite, das andere Mal in der Gestalt, wie ich selbst die Rechnung zu schreiben pflege, wobei alles überflüssige weggelassen wird. . . . .

Zweite Hülfstafel.

φ	log *G*	log *H*	log *D*	log *E*	log *F*
	— 10	— 10	— 10	— 10	— 10
51° 0′	8,508 9341	1,403 5727	5,43626	5,50708	5,53135
10	299	561	703	643	36
20	258	395	779	578	36
30	216	229	855	513	37
40	175	1,403 5063	5,43931	448	38
50	133	1,403 4898	5,44006	383	38
52 0	8,508 9092	1,403 4733	5,44082	5,50317	5,53139
10	051	568	157	252	40
20	8,508 9010	403	231	187	40
30	8,508 8969	239	306	122	41
40	928	1,403 4074	380	5,50057	41
50	887	1,403 3910	454	5,49992	42
53 0	8,508 8846	1,403 3747	5,44528	5,49927	5,53143
10	805	583	602	862	43
20	764	420	675	797	44
30	723	257	748	732	44
40	683	1,403 3095	821	667	45
50	642	1,403 2932	894	602	46
54 0	8,508 8602	1,403 2770	5,44966	5,49537	5,53146
10	561	609	5,45038	472	47
20	521	447	110	407	47
30	481	286	182	342	48
40	440	1,403 2125	253	278	48
50	400	1,403 1965	324	213	49
55 0	8,508 8360	1,403 1805	5,45395	5,49148	5,53149

Anmerkung. Bei früher von mir mitgetheilten Coordinaten ist die Einheit $\frac{1}{10000000}$ des Erdquadranten nach Walbecks Dimensionen; um jene also in solche zu verwandeln, bei denen die Einheit $\frac{1}{10000000}$ des Erdquadranten nach Schmidts neuesten zum Grunde liegt, müssen jene erst mit $\frac{57009758}{57008551}$ oder mit $1+\frac{1}{47232}$ multiplicirt werden.

Breite Musterrechnung für Neuwerk.

$x = -266575{,}038 \qquad y = +95076{,}254$

$$\frac{54}{100000}x = -\begin{cases}133{,}287\,519\\ 10{,}663\,002\end{cases}$$
$$= -\;143',950\,521$$
$$-0{,}00054x = 2^0\,23'\,57'',03$$
$$\psi^0 = 51\;23\;20{,}61$$
$$\psi = 53\;47\;17{,}64$$
$$\varphi-\psi = 8\;15{,}73$$
$$\varphi = 53\;55\;33{,}37$$
$$-\frac{Hyy\,\mathrm{tang}\,\varphi}{B} = -\;31{,}40$$
$$\Phi = 53^0\,55'\;1'',97$$

y 4,978 0721
G ...... 8,508 8620 — 10

Gy 3,486 9341
cos φ .... 9,769 9904 — 10
3,716 9437
A....... 0,000 0764

λ 3,716 8673
$\lambda = 5210'',355$
$= 1^0\,26'\,50'',355$
yy 9,956 1442
tang φ ... 0,137 5588
H ...... 1,403 2842 — 10
1,496 9872
B....... 0,000 0850
1,496 9022
Zahl = 31,398
Gy 3,486 9341
tang φ ... 0,137 5588
3,624 4929
C....... 0,000 0923
c 3,624 4006
c = 4211'',149
$= 1^0\,10'\,11'',15$

ll 7,43389
D..... 5,44934 — 10
2,88323
$Dll = 764$

ll 7,43389
E..... 5,49566 — 10
2,92955
$Ell = 850$

ll 7,43389
F..... 5,53146 — 10
2,96535
$Fll = 923$

Concise Musterrechnung.
Neuwerk.

−266575,038	+95076,254	
133,287 519	4,978 0721	7,43389
10,663 002	8,508 8620	5,44934
143,950 521	3,486 9341	5,49566
2° 23′ 57″,03	9,769 9904	5,53146
51 23 20,61	0,137 5588	
53 47 17,64	9,956 1442	5210″,355
8 15,73	1,403 2842	1° 26′ 50″,355
53 55 33,37	3,716 9437	4211″,149
−31,40	−764	1° 10′ 11″,15
53° 55′ 1″,97	1,496 9872	
	−850	
	3,624 4929	
	−923	

GAUSS an SCHUMACHER. Göttingen, 30. April 1830.

...... Ich fahre jetzt fort mit dem, was die Hülfstafeln betrifft; heute nur die Formeln für die übrigen drei Columnen, die bei Berechnung der Länge, Breite und Convergenz gebraucht werden, ich weiss aber nicht, ob ich sie in meinem vorigen Briefe mit D, E und F bezeichnet habe.

Zahlen, deren Logarithmen angesetzt werden:

Länge .... $[D =]\ h\left(\frac{3}{4} - \frac{1}{4}\cos 2\varphi + \frac{ee}{2(1-ee)}\cos\varphi^4\right)$

Breite .... $[E =]\ h\left(\frac{3}{4} + \frac{2-11ee}{4(1-ee)}\cos\varphi^2 + \frac{5ee}{2(1-ee)}\cos\varphi^4 - \frac{e^4}{(1-ee)^2}\cos\varphi^6\right)$

Convergenz $[F =]\ h\left(1 - \frac{ee}{1-ee}\cos\varphi^4 - \frac{2e^4}{(1-ee)^2}\cos\varphi^6\right)$.

Hier ist $h = \frac{k.10^7}{3.(206265)^2}$; k = Modulus = 0,434 2945
$\log h = 5,531\,8128 - 10$.

Es ist zu bemerken, dass diese Formeln vollständig sind, d. i. es sind keine unendliche Reihen, sondern nur diese Glieder. . . . . .

Um Ihr Vertrauen zu SCHMIDTS Rechnung zu vergrössern, bemerke ich, dass er die zwei Hauptelemente der Erddimensionen viermal berechnet hat, aber nur Einmal hat er wegen Rechnungsfehlers von neuem gerechnet. Nemlich

1) Zahlen in meiner Breitenbestimmung etc.
Diese hatten einen Rechnungsfehler enthalten, den er später verbesserte; daher

2) die Zahlen in seiner Geographie und in Ihren A. N.
Erst später machte ich ihn aufmerksam auf die Correction der in Ostindien gebrauchten Maassstäbe; daher die

3) Rechnung, deren Resultat in der Vorrede des Buchs.
Endlich hat er seitdem eine vierte Rechnung gemacht, nicht wegen eines Rechnungsfehlers, sondern um die ihm erst nachher bekannt gewordenen Resultate von STRUVES Gradmessung mit unter die Data aufzunehmen. Das Resultat

4) ist mir von ihm handschriftlich mitgetheilt und dasselbe, was meinen neuen Hülfstafeln zum Grunde liegt, nemlich

$$\text{Abplattung} = \frac{1}{297{,}732}; \qquad \frac{\text{Erdquadrant}}{90} = 57008{}^{\text{t}}\!,551.$$

. . . . . .

GAUSS an SCHUMACHER. Göttingen, 17. Mai 1831.

. . . . . . Es gibt mehrere Wege, um aus den Breiten und Längen die Coordinaten zu berechnen, die, jeder an seiner Stelle, ihre eigenthümlichen Vorzüge haben; für den Fall, wozu Sie solcher Rechnungen bedürfen, ist es am bequemsten, sich der Reihen zu bedienen, die dann so schnell convergiren, dass sehr wenige Glieder hinreichen.

Entsprechen die Coordinaten x, y der Breite φ und Länge λ, so ist die Form diese[*)]:

$$x = A - A'\lambda\lambda - A''\lambda^4 - \text{etc.}$$
$$y = B\lambda + B'\lambda^3 + \text{etc.},$$

[*) Vergl. Art. 13, S. 158.]

wo A, A', A'', etc.; B, B', etc. Functionen von φ sind, deren numerische Werthe man für diejenigen runden Grade (oder halben Grade etc.) zu berechnen hat, welche innerhalb der Karte vorkommen.

Zur Berechnung von A bedürfen Sie meiner Anleitung nicht, da sie lediglich von der Rectification eines elliptischen Bogens abhängt. Ist nemlich φ^0 die Polhöhe desjenigen Orts, von wo an man die Coordinaten x südlich zählt; u^0 dessen wirkliche Distanz vom Äquator und u indefinite die Äquatordistanz des Parallelkreises φ (beide, u, u^0, in derjenigen Einheit ausgedrückt, die man für die Coordinaten gewählt hat), so ist $A = u^0 - u$. Sie können dazu auch eine Ihnen schon früher mitgetheilte Hülfstafel benutzen[*)]. Die Werthe der andern Coefficienten können Sie nach folgenden Formeln berechnen, die absolut genau sind.

$$A' = \frac{asc}{2p}$$

$$A'' = \frac{asc}{24(1-ee)^2 p}(5 - ee - (6 + 6ee)ss + (9ee + 3e^4)s^4 - 4e^4 s^6)$$

$$B = \frac{ac}{p}$$

$$B' = \frac{ac}{6(1-ee)p}(1 - 2ss + ees^4).$$

Wobei folgendes zu bemerken ist.

Es bedeuten:

a den Halbmesser des Äquators, e die Excentricität;

$$\left.\begin{array}{l} c = \cos\varphi \\ s = \sin\varphi \\ p = \sqrt{(1 - eess)} \end{array}\right\} \text{Kürze halber;}$$

ferner ist für λ der Bogen $57^0 17' 45''$ als Einheit angenommen: will man also etwa zuletzt die Coordinaten von Grad zu Grad für λ berechnen, so wird man wohl thun, gleich anfangs dem Coefficienten B den Factor $\frac{1}{57,296} = \frac{3600}{206265} = \frac{\pi}{180}$ beizufügen und ebenso die Coefficienten A', B', A'' sogleich mit der zweiten, dritten, vierten Potenz von $\frac{\pi}{180}$ zu multipliciren.

Die Formeln fallen etwas einfacher aus, wenn man $\frac{ee}{1-ee} = m$ setzt und jene danach umschmelzt. In dieser Form habe ich sie selbst zu meinen

[*) Seite 206.]

Rechnungen angewandt, allein nicht aufgehoben[*)]; ich überlasse also die sehr kleine Arbeit jener Umformung Ihnen selbst. Indem ich $\varphi^0 = 51^0\,31'\,47'',85$ annehme, für die Abplattung Herrn SCHMIDTS letzte Bestimmung zum Grunde lege und zur Lineareinheit den 10 000 000. Theil des Erdquadranten in dieser Gestalt wähle, finde ich, $\lambda = n$ Grad gesetzt:

φ	$x =$	$y =$
51^0	$+\ 58947{,}1 - 475{,}95nn - 0{,}0167n^4$	$70180{,}0n - 0{,}737n^3$
52^0	$-\ 52287{,}0 - 472{,}16nn - 0{,}0154n^4$	$68660{,}7n - 0{,}840n^3$
53^0	$-163539{,}8 - 467{,}79nn - 0{,}0140n^4$	$67120{,}2n - 0{,}936n^3$
54^0	$-274811{,}2 - 462{,}85nn - 0{,}0127n^4$	$65559{,}1n - 1{,}026n^3$
55^0	$-386100{,}9 - 457{,}34nn - 0{,}0114n^4$	$63977{,}8n - 1{,}109n^3$.

......

GAUSS an SCHUMACHER. Göttingen, 25. Junius 1831.

...... Was die Berechnung der Coordinaten betrifft, so kommt es auf zwei Aufgaben an, nemlich:

1) Aus der wirklichen Länge R einer kürzesten Linie auf dem Sphäroid, deren Endpunkte in der Darstellung resp. die Coordinaten x, y; x', y' haben, die Entfernung [in] der Darstellung, d. i. die Grösse $r = \sqrt{((x'-x)^2 + (y'-y)^2)}$ zu finden. Hier ist die Auflösung der umgekehrten Aufgabe. Es ist für alle Ihre Fälle mit hinreichender Genauigkeit

$$\log R = \log r - k \cdot \frac{(1 - ee\sin\varphi^2)^2}{2aa(1-ee)} \cdot \frac{yy + yy' + y'y'}{3}.$$

Da man dabei y und y' nicht sehr genau zu kennen braucht, so ist dazu die vorläufige Berechnung der Coordinaten, die man so macht, als ob alles in plano wäre, zureichend, und so dient die Formel auch für die Aufgabe, r R aus zu finden. k ist der Modulus der briggischen Logarithmen.

Zur wirklichen Berechnung setzte ich die Formel in folgende Gestalt:

$$\log r = \log R + \{\alpha(y+y')^2 + \beta(y-y')^2\}q,$$

wo

$$\alpha = \frac{k}{4.206265}, \qquad \beta = \frac{k}{12.206265}, \qquad q = 206265 \cdot \frac{(1 - ee\sin\varphi^2)^2}{2aa(1-ee)};$$

[*) Diese Formeln findet man im Art. 13, S. 157 unten.]

hier ist

$$\log\alpha = 3{,}72130 - 10$$
$$\log\beta = 3{,}24418 - 10.$$

Für q habe ich eine Hülfstafel, die bloss von x abzuhängen braucht, und die, wie ich glaube, ich Ihnen schon einmal mitgetheilt habe [*)]. Offenbar sind α, β von der Maasseinheit unabhängig, aber nicht q, wofür eine Hülfstafel nicht bloss von der Maasseinheit, sondern auch von dem Anfang der x abhängig ist. Die meinige müssten Sie also, wenn Sie eine andere Einheit und einen andern Anfangspunkt brauchen, erst transformiren.

Übrigens erhalten Sie so $\log r - \log R$ als Decimalbruch; wollen Sie den Werth gleich in Einheiten der 7. Decimale haben, so brauchen Sie nur $\log\alpha = 0{,}72130$, $\log\beta = 0{,}24418$ anzuwenden.

2) Aus einem im Punkte P gemessenen Winkel zwischen PP' und PP'' den Winkel zu finden, welcher ihm in der Darstellung correspondirt. Auch hier tritt wieder die umgekehrte Aufgabe an die Stelle.

Sphäroid	Zeichnung in plano
$\circ P$	$\circ p$
$P''\circ$	$p''\circ$
$\circ P'$	$\circ p'$

Es seien die Coordinaten von p, p', p'' respective

$$x,\quad x',\quad x'',$$
$$y,\quad y',\quad y'',$$

dann ist:

$$\begin{aligned} P'PP'' = p'pp'' &- q^{*}\,(x'-x)\left(\frac{2y+y'}{3}\right) \\ &+ q^{**}(x''-x)\left(\frac{2y+y''}{3}\right). \end{aligned}$$ (gibt das Gesuchte in Secunden)

Sie können für q^{*}, q^{**} den Werth von q anwenden, welcher dem Argument x correspondirt; wollen Sie genauer gehen, so ist für q^{*} das Argument $\frac{2x+x'}{3} = x + \frac{1}{3}(x'-x)$ und für q^{**} das Argument $\frac{2x+x''}{3} = x + \frac{1}{3}(x''-x)$. Ich selbst setze immer $\frac{2y+y'}{3}$ in die Form $y + \frac{1}{3}(y'-y)$, etc. Sie sehen, dass dann das ganze Verfahren darauf hinausläuft, erst jedem gemessenen Azimuth (von

[*) Seite 210, wo $H = q$ ist.]

P nach P') die Correction $-q(x'-x)(y+\frac{1}{3}(y'-y))$ beizufügen, woraus das entsteht, was ich Azimuth in plano nenne. Unter Azimuth auf dem Sphäroid verstehe ich hier aber nicht das astronomische Azimuth, d. i. nicht den Winkel mit dem wirklichen Meridian, sondern mit einer Linie, die dem Fundamentalmeridian parallel ist, oder strenger, mit einer Linie auf dem Sphäroid, die in der Darstellung in plano eine Parallele mit der Abscissenlinie gibt.

Azimuth in plano ist also immer $\operatorname{arc\,tang}\frac{y'-y}{x'-x}$.

Nachdem jene Correctionen angewandt sind, so hat man mit allen Winkeln so zu rechnen, als ob alles in plano wäre, und wie dann die Coordinaten zu berechnen sind, darüber bedürfen Sie keiner Vorschriften. Offenbar ist auch für diese Rechnung eine genäherte Kenntniss von x, y, x', etc. hinreichend, wie man sie erhält, wenn man anfangs ohne Correction rechnet; will man alles in den 0,"001 harmonisch haben, so kann man allenfalls die Rechnung, nachdem x, y, etc. schärfer bekannt sind, retouchiren.

Übrigens sehen Sie leicht, dass die obige Rechnung 1), d. i. Übergang von R auf r, nur bei Einer Linie zu machen ist (der Basis), nachher hat die Kenntniss der einzelnen Linien auf dem Sphäroid, allgemein zu reden, kein Interesse, es sei denn, dass man wieder zu einer neuen Basis gelangt, wo da der verkehrte Weg (von r nach R) anzuwenden ist. Ohnehin ist in allen Ihren Fällen R und r immer sehr nahe gleich, jedenfalls hat der Unterschied auf das Centriren der Winkel keinen merklichen Einfluss; in dem westlichsten Theile von Westphalen habe ich zwar Rücksicht darauf genommen, aber bloss zur Ehre der Rechnung, denn wirklich bringt es auch da nichts.

GAUSS an SCHUMACHER. Göttingen, 9. December 1838.

Die verlangte Formel ist folgende[*)]:

$$\begin{aligned}\varphi = \psi &+ (6ff + 48f^4 + 426f^6 + 4080f^8 \ldots)\sin 2\psi \\ &+ (21f^4 + 336f^6 + 4264f^8 \ldots)\sin 4\psi \\ &+ \left(\tfrac{302}{3}f^6 + 2416f^8 \ldots\right)\sin 6\psi \\ &+ \left(\tfrac{1097}{2}f^8 \ldots\right)\sin 8\psi \\ &\text{etc.}\end{aligned}$$

[*) Vergl. Art. 25, S. 179.]

Es hat mich, da ich mich seit ziemlich vielen Jahren mit diesen Dingen nicht beschäftigt habe, erst viel Suchens gekostet, bis ich die Formel wieder aufgefunden habe, und nachher neuen Suchens oder vielmehr Rechnens, um die Bedeutung des f zu ermitteln, die dem Blatt nicht beigeschrieben war. Es ist aber $f = \frac{1}{4}e$, wo e die Excentricität der erzeugenden Ellipse bedeutet; oder, wenn die Abplattung $\frac{1}{n}$ ist, d. i. $\frac{\text{Erdaxe}}{\text{Durchm. d. Äquators}} = \frac{n-1}{n}$, so ist $f = \frac{\sqrt{(2n-1)}}{4n}$. Ich habe dieses f deswegen gebraucht, weil, wenn ich e gebraucht hätte, sämmtliche Coefficienten Brüche geworden wären, da sie hier grösstentheils ganze Zahlen sind. Die numerische Rechnung hatte ich durchgehends mit Logarithmen auf 10 Decimalen geführt.

BEMERKUNGEN.

Die ersten beiden und der letzte der vorstehenden Briefe sind nach den im Gauss-Archiv befindlichen Originalen abgedruckt, während für die Briefe vom 17. Mai und 25. Juni 1831 nach den Originalen angefertigte Copien benutzt wurden. Im Abdruck sind einige Schreib- und kleinere Rechenfehler berichtigt worden. Der Brief vom 9. December 1838 ist die Antwort auf eine Bitte SCHUMACHERS, ihm die Ableitung der im Briefe vom 18. April 1830 gegebenen numerischen Formel für $\varphi - \psi$ mitzutheilen. Die GAUSSsche Angabe

$$\varphi = \psi + 520{,}''469\,3364 \sin 2\psi \text{ etc.}$$

enthält jedoch einen Rechenfehler, wie auch das noch vorhandene Blatt zeigt, das GAUSS zur Rechnung benutzt hatte; es muss heissen, wie S. 206 angegeben ist:

$$\varphi = \psi + 520{,}''463\,3364 \sin 2\psi \text{ etc.}$$

Dadurch wird auch die letzte Stelle in der dort gegebenen Tabelle für $\varphi - \psi$ unsicher; ferner erhält man für Göttingen $\psi^0 = 51^\circ 23' 20{,}''6082$, S. 207, an Stelle von ... $20{,}''6024$, wie es im Original heisst.

KRÜGER, BÖRSCH.

TRIGONOMETRISCHE PUNKTBESTIMMUNG.

NACHLASS.

[1.]

Endresultat für den Ort eines Punktes in einer Ebene, der von drei bekannten aus angeschnitten ist.

Es bedeuten 10, 20, 30 die drei beobachteten Richtungen [nach P] und α, β, γ die entsprechenden Entfernungen.

Die drei einzelnen Resultate aus den Combinationen 2—3, 1—3, 1—2 seien A, B, C, zugleich die Winkel des durch jene gebildeten Dreiecks; die ihnen gegenüber stehenden Seiten a, b, c.

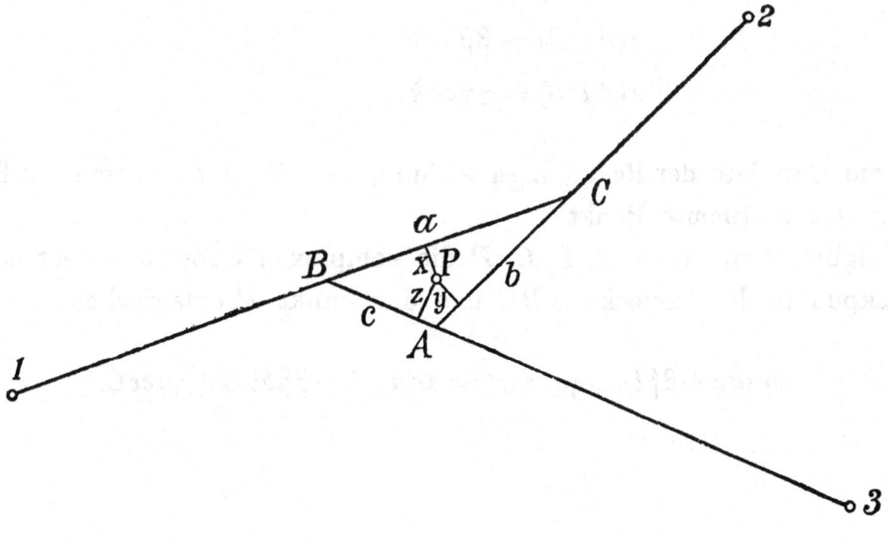

Perpendikel von dem gesuchten Orte auf a, b, c seien x, y, z. S doppelter Flächeninhalt des Dreiecks.

Es sind dann

$$\frac{x}{\alpha},\quad \frac{y}{\beta},\quad \frac{z}{\gamma}$$

die übrig bleibenden Fehler, also

$$\frac{xx}{\alpha\alpha}+\frac{yy}{\beta\beta}+\frac{zz}{\gamma\gamma}\quad \text{Minimum}$$

und

$$ax+by+cz = S.$$

Also werden x, y, z proportional den Grössen $\alpha\alpha a$, $\beta\beta b$, $\gamma\gamma c$;

$$x = \frac{\alpha\alpha a S}{\alpha\alpha a a+\beta\beta b b+\gamma\gamma c c},$$

etc.

[Bezeichnet (ABC) die Fläche des Dreiecks ABC, u. s. f., so ist

$$\begin{aligned} S = 2(ABC) &= (\alpha\alpha a a+\beta\beta b b+\gamma\gamma c c)k \\ 2(BPC) &= \alpha\alpha a a k \\ 2(APC) &= \beta\beta b b k \\ 2(APB) &= \gamma\gamma c c k, \end{aligned}$$

wo k die Correlate der Bedingungsgleichung ist. P ist der durch die Perpendikel x, y, z bestimmte Punkt.

Folglich wird, wenn A, B, C, P die complexen Grössen bedeuten, denen die Eckpunkte des Dreiecks ABC und der Punkt P entsprechen:

$$(\alpha\alpha a a+\beta\beta b b+\gamma\gamma c c)P = \alpha\alpha a a A+\beta\beta b b B+\gamma\gamma c c C.]$$

Es folgt hieraus, dass das Endresultat*)

$$\frac{\alpha\alpha a a A + \beta\beta b b B + \gamma\gamma c c C}{\alpha\alpha a a + \beta\beta b b + \gamma\gamma c c}$$

also ein Mittel aus den drei partiellen Resultaten A, B, C ist, indem man diesen die Gewichte

$$\alpha\alpha a a, \qquad \beta\beta b b, \qquad \gamma\gamma c c$$

beilegt, oder

$$\alpha\alpha \sin A^2, \qquad \beta\beta \sin B^2, \qquad \gamma\gamma \sin C^2.$$

Offenbar ist hier A zugleich der Winkel zwischen 20 und 30, u. s. f.

[2.]

Bestimmung der Lage eines Punktes P^0 aus der Lage dreier anderer: P, P', P'', wo jener beobachtet.

A, A', A'' .... beobachtete Azimuthe
[δA, $\delta A'$, $\delta A''$ .... ihre Verbesserungen]

---

*) Es ist nemlich leicht nachzuweisen, dass allgemein

$$P(ABC) = A(BPC) + B(APC) + C(APB)$$

ist.

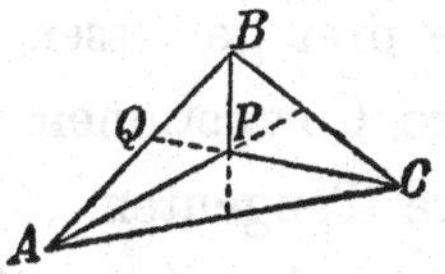

Weil

$$Q(AB) = A(BQ) + B(AQ)$$

[ist, wo (AB) die Strecke AB, u. s. w. bedeutet, so wird]

$$Q(ABC) = A(BQC) + B(AQC)$$

[und

$$Q(ABP) = A(BQP) + B(AQP);$$

mithin

$$Q(APBC) = A(BPC) + B(APC).$$

Da ferner]

$$P(CQ) = Q(PC) + C(PQ)$$

[ist, so hat man auch

$$P(ABC) = Q(APBC) + C(APB),$$

woraus sich die zuerst angegebene Beziehung ergibt].

g, g', g'' .... Gewichte [der Verbesserungen]
$A+\alpha, A'+\alpha', A''+\alpha''$ ... berechnete Azimuthe aus einer genäherten Lage
r, r', r'' .... Entfernungen [nach der genäherten Lage für den Punkt P^0].

Man setze

$$r\sin(A''-A') = l, \qquad r'\sin(A-A'') = l', \qquad r''\sin(A'-A) = l'';$$

$$\frac{l\alpha+l'\alpha'+l''\alpha''}{\frac{ll}{g}+\frac{l'l'}{g'}+\frac{l''l''}{g''}} = k.$$

Dann sind die verbesserten Azimuthe:

$$[A+\delta A =]\ A+\frac{lk}{g}$$
$$[A'+\delta A' =]\ A'+\frac{l'k}{g'}$$
$$[A''+\delta A'' =]\ A''+\frac{l''k}{g''}.$$

[3.]

Ausgleichung dreier Schnitte.

$a+ib, a'+ib', a''+ib''$ die Beobachtungsplätze
t, t', t'' .... die drei gemessenen Azimuthe
dt, dt', dt'' .... ihre Correctionen
$\theta, \theta', \theta''$ .... ihre Tangenten
$x+iy$ .... der zu bestimmende Ort
X .... genäherter Werth von x

$$x = X+\xi.$$

Formeln.

1) $$\begin{cases} Y = b+\theta(X-a) \\ Y' = b'+\theta'(X-a') \\ Y'' = b''+\theta''(X-a'') \end{cases}$$

2) $$r = \frac{X-a}{\cos t}, \qquad r' = \frac{X-a'}{\cos t'}, \qquad r'' = \frac{X-a''}{\cos t''}$$

3) $$l = r\sin(t''-t'), \qquad l' = r'\sin(t-t''), \qquad l'' = r''\sin(t'-t)$$

4) $\lambda = \frac{mlr}{\cos t}, \quad \lambda' = \frac{ml'r'}{\cos t'}, \quad \lambda'' = \frac{ml''r''}{\cos t''}.$

m ist eine nach Belieben angenommene Grösse, die man am schicklichsten so wählt, dass die kleinste der drei Zahlen λ, λ', λ'' gleich 1 wird.

5) $$\begin{cases} y = Y + \theta\,\xi + \lambda\,\varphi \\ y = Y' + \theta'\xi + \lambda'\varphi \\ y = Y'' + \theta''\xi + \lambda''\varphi \end{cases}$$

[sind] die Gleichungen, aus deren Combination y, ξ, φ bestimmt werden.

6) $\mu = 206265 m\varphi$

7) $dt = \mu l, \quad dt' = \mu l', \quad dt'' = \mu l''.$

[Die Gewichte der Beobachtungen sind hiebei einander gleich angenommen.]

Man kann dieselben Formeln gebrauchen, wenn man von einem genäherten Werthe von y ausgeht. Es treten dann nur (ausser den sich von selbst verstehenden Vertauschungen von a mit b und von X mit Y, [ξ mit η,] x mit y) an die Stelle der Tangenten und Cosinus von t, t', t'' ihre Cotangenten und Sinus, und μ muss $= -206265 m\varphi$ gesetzt werden.

Beispiel zu Fall 2. (Red. aufs Planum schon angebracht)

	[a	b	t]
Hamburg	−224765,616 m	− 2368,668 m	84° 44′ 59″,228
Horneburg	−220411,663	+23705,056	248 7 57,643
Stade	−230811,734	+30884,678	300 11 46,416
York		$Y = +17377,200$	

θ [=cotang t]	8,963 2724	9,603 5071	9,764 8676$_n$
$Y-b$	4,295 4762	3,801 2566$_n$	4,130 5743$_n$
$\sin t$	9,998 1741	9,967 5708$_n$	9,936 6685$_n$
r	4,297 3021	3,833 6858	4,193 9058
	$\sin(t''-t')$ ... 9,896 91	$\sin(t-t'')$ ... 9,763 38	$\sin(t'-t)$ ... 9,456 33
$r:\sin t$	4,299 1280	3,866 1150$_n$	4,257 2373$_n$
l	4,194 21	3,597 07	3,650 24
$lr:\sin t$	8,493 34	7,463 18$_n$	7,907 48$_n$
m	2,536 82$_n$	2,536 82$_n$	2,536 82$_n$

$a =$	$-224765{,}616$	$-220411{,}663$	$-230811{,}734$
$[\theta(Y-b)] =$	$+\ 1814{,}465$	$-\ 2539{,}591$	$+\ 7860{,}351$
$X =$	$-222951{,}151$	$-222951{,}254$	$-222951{,}383$
$\theta\eta =$	$+\ 0{,}09189\eta$	$+0{,}40134\eta$	$-0{,}58193\eta$
$\lambda\varphi =$	$-10{,}7192\varphi$	$+1{,}00000\varphi$	$+2{,}7816\varphi.$

[Die Auflösung der Gleichungen

$$x = X + \theta\eta + \lambda\varphi$$
$$x = X' + \theta'\eta + \lambda'\varphi$$
$$x = X'' + \theta''\eta + \lambda''\varphi$$

gibt:]

$\eta = -0{,}110,\quad \varphi = +0{,}01169,\quad x = -222951{,}286\,\text{m},$

$\varphi \ldots\ 8{,}06795 \qquad y = Y + \eta = +\ 17377{,}090$

$-206265\,m \ldots\ 7{,}85125$

$$dt = +1\overset{''}{,}298,\qquad dt' = +0\overset{''}{,}328,\qquad dt'' = +0\overset{''}{,}371.$$

Man kann die obige Methode auch dahin abändern, dass man

$$l = \frac{r}{\cos t}(\theta'' - \theta'),\qquad l' = \frac{r'}{\cos t'}(\theta - \theta''),\qquad l'' = \frac{r''}{\cos t''}(\theta' - \theta)$$

setzt, wodurch noch wenigstens ein Logarithm erspart wird.

[4.]

[Zur Ausgleichung dreier Schnitte.]

Allgemein [seien die Fehlergleichungen]

$$ax + by + m = e$$
$$a'x + b'y + m' = e'$$
$$a''x + b''y + m'' = e''.$$

a, b, m, a', u. s. w. gegeben; x, y gesucht, so dass

$$ee + e'e' + e''e'' = \Sigma$$

ein Minimum werde.

Man setze

$$a = b\theta \qquad m = bn$$
$$a' = b'\theta' \qquad m' = b'n'$$
$$a'' = b''\theta'' \qquad m'' = b''n'';$$
$$(n-N)(\theta''-\theta')+(n'-N)(\theta-\theta'')+(n''-N)(\theta'-\theta) = h,$$

N eine willkürliche Grösse;

$$\frac{\theta''-\theta'}{b} = f, \qquad \frac{\theta-\theta''}{b'} = f', \qquad \frac{\theta'-\theta}{b''} = f'',$$

[so folgt aus den Fehlergleichungen die Bedingungsgleichung:

$$fe+f'e'+f''e'' = h].$$

Dann ist [wenn mit Rücksicht hierauf Σ zum Minimum gemacht wird:]

$$1) \qquad e = fg, \qquad e' = f'g, \qquad e'' = f''g$$
$$g = \frac{h}{ff+f'f'+f''f''}$$

und

$$\Sigma = gh;$$

[ferner erhält man aus den Fehlergleichungen:]

$$2) \qquad \begin{aligned} (\theta''-\theta')x+(n''-n') &= \left(\frac{f''}{b''}-\frac{f'}{b'}\right)g \\ (\theta-\theta'')x+(n-n'') &= \left(\frac{f}{b}-\frac{f''}{b''}\right)g \\ (\theta'-\theta)\,x+(n'-n) &= \left(\frac{f'}{b'}-\frac{f}{b}\right)g. \end{aligned}$$

Aus einer dieser Gleichungen wird x bestimmt.

Endlich y aus einer der folgenden:

$$3) \qquad \begin{aligned} \theta\,x+y+n &= \frac{e}{b} = \frac{f}{b}g \\ \theta'x+y+n' &= \frac{e'}{b'} = \frac{f'}{b'}g \\ \theta''x+y+n'' &= \frac{e''}{b''} = \frac{f''}{b''}g. \end{aligned}$$

Die Vorschriften für die Ausgleichung [dreier Schnitte] können [daher] auch so dargestellt werden, [da hiebei, wie aus $y-b = (x-a)\operatorname{tang}(t+\mathrm{d}t)$ folgt, die Fehlergleichungen die Form haben

$$Y+\eta-b = (X+\xi-a)\left(\operatorname{tang} t+\frac{\mathrm{d}t}{206265\cos t^2}\right),$$

oder $\tang t = \theta$ gesetzt,

$$\frac{dt}{206265} = \frac{\cos t^2}{X-a}\{-\theta\xi + y - (b+\theta(X-a))\}:]$$

* 1) $Y = b + \theta(X-a)$

* 2) $\rho = \frac{X-a}{\cos t^2}$

* 3) $f = \rho(\theta'' - \theta')$

* 4) $\nu = \rho f$

5) $-h = (\theta''-\theta')(Y-N) + (\theta-\theta'')(Y'-N) + (\theta'-\theta)(Y''-N)$

6) $g = \frac{h}{ff + f'f' + f''f''}$

* 7) $\mathfrak{Y} = Y + \nu g$

8) $y = \mathfrak{Y} + \theta\xi = \mathfrak{Y}' + \theta'\xi = \mathfrak{Y}'' + \theta''\xi$

* 9) $dt = 206265 fg$

10) $dt^2 + dt'^2 + dt''^2 = 206265^2 gh.$

Die mit * bezeichneten Formeln 1), 2), 3), 4), 7), 9) gelten jede für drei. In Formel 5) ist N willkürlich; man nimmt dafür eine der Grössen Y, Y', Y'' an.

Aus zweien der Formeln 8) werden ξ und y bestimmt.

[5.]

[Bestimmung eines Nebenpunktes (Schessel) aus den Beobachtungen auf Hauptdreieckspunkten (Litberg, Wilsede, Bottel, Bullerberg und Brüttendorf).]

[Es seien x, y genäherte Werthe der Coordinaten des zu bestimmenden Punktes, ferner a_i, b_i die Coordinaten der festen Punkte und T_i die auf die Ebene reducirten Azimuthe in diesen Punkten. Setzt man

$$x - a_i = r_i \cos t_i, \qquad y - b_i = r_i \sin t_i$$

und

$$-206265 \cdot \frac{y-b_i}{r_i r_i} = \alpha_i, \qquad 206265 \cdot \frac{x-a_i}{r_i r_i} = \beta_i$$

$$t_i - T_i = n_i,$$

so haben die Fehlergleichungen, wenn dx, dy die Verbesserungen der Näherungswerthe x, y sind, die Form:

$$v_i = n_i + \alpha_i \mathrm{d}x + \beta_i \mathrm{d}y.$$

Ist p_i das dazu gehörige Gewicht, so lauten mithin die Normalgleichungen:

$$[p\alpha\alpha]\mathrm{d}x + [p\alpha\beta]\mathrm{d}y + [p\alpha n] = 0$$
$$[p\alpha\beta]\mathrm{d}x + [p\beta\beta]\mathrm{d}y + [p\beta n] = 0.]$$

[i	a_i	b_i	Beobachtete Azimuthe	Reduction auf d. Ebene	T_i]
1 Litberg	−206866,630 m	+ 21895,743 m	20° 14′ 5″,596	− 1″,522	[4″,074
2 Wilsede	− 182381,889	+ 210,307	90 34 52, 1	+ 0, 008	52, 108
3 Bottel	− 168158,341	+ 44014,670	222 15 49, 801	+ 1, 457	51, 258
4 Bullerberg	− 181819,664	+ 35400,829	259 15 12, 587	+ 0, 075	12, 662
5 Brüttendorf	− 193340,040	+ 45266,609	306 22 9, 726	− 1, 090	8, 636]
Schessel: x = − 182691,501		y = + 30807,073			

	Litberg	Wilsede	Bottel	Bullerberg	Brüttendorf
[$y - b_i$	3,949 9425	4,485 6742	4,120 8238$_n$	3,662 1679$_n$	4,160 1544$_n$
$x - a_i$	4,383 3688	2,490 8178$_n$	4,162 3601$_n$	2,940 4353$_n$	4,027 2900
cos t_i	9,972 3342		9,869 2616$_n$		
sin t_i		9,999 9778		9,992 3161$_n$	9,905 9100$_n$
r_i	4,411 0346	4,485 6964	4,293 0985	3,669 8518	4,254 2444
$r_i r_i$	8,822 0692	8,971 3928	8,586 1970	7,339 7036	8,508 4888
1 : 206265 ..	4,685 5749	4,685 5749	4,685 5749	4,685 5749	4,685 5749
$r_i r_i$: 206265.	3,507 6441	3,656 9677	3,271 7719	2,025 2785	3,194 0637
α_i	0,442 30$_n$	0,828 71$_n$	0,849 05	1,636 89	0,966 09
β_i ....]	0,875 72	8,833 85$_n$	0,890 59$_n$	0,915 16$_n$	0,833 23

$t_i = 20^0\,14'\,4'',823,\ 90^0\,34'\,47'',151,\ 222^0\,15'\,51'',324,\ 259^0\,15'\,13'',643,\ 306^0\,22'\,9'',500$

[n_i =	+ 0,749	− 4,957	+ 0,066	+ 0,981	+ 0,864
α_idx =	− 2,769 dx	− 6,741 dx	+ 7,064 dx	+ 43,340 dx	+ 9,249 dx
β_idy =]	+ 7,511 dy	− 0,068 dy	− 7,773 dy	− 8,225 dy	+ 6,811 dy.

[Die Fehlergleichung für Wilsede hat das Gewicht $p_2 = \frac{1}{25}$ erhalten, den übrigen Fehlergleichungen ist gleiches Gewicht, $p_i = 1$, gegeben worden.]

$p\alpha\alpha$	$p\alpha\beta$	$p\alpha n$	$p\beta\beta$	$p\beta n$	pnn
7,666	− 20,798	− 2,074	56,421	+ 5,626	0,5610
1,818	+ 0,018	+ 1,337	0,000	+ 0,014	0,9829
49,900	− 54,909	+ 0,466	60,420	− 0,513	0,0044
1878,360	− 356,492	+ 42,517	67,658	− 8,069	0,9624
85,542	+ 62,997	+ 7,991	46,394	+ 5,884	0,7465
2023,286	− 369,184	+ 50,237	230,893	+ 2,942	3,2572
			67,363	− 9,166	1,2473
			163,530	+ 12,108	2,0099

$\left[\frac{[p\beta n.1]^2}{[p\beta\beta.1]} = \right] 0,8965$

$\left[[pvv] = \right] 1,1134$

$\big[[p\alpha\alpha] \ldots\ldots 3,30606$

$[p\alpha\beta] \ldots\ldots 2,56724_n$ $\quad \left[\frac{[p\alpha\beta]}{\sqrt{[p\alpha\alpha]}} \ldots\ldots 0,91421_n\right.$

$[p\alpha n] \ldots\ldots 1,70102$ $\quad \left.\frac{[p\alpha n]}{\sqrt{[p\alpha\alpha]}} \ldots\ldots\right] 0,04799$

$\sqrt{[p\alpha\alpha]} \ldots\ldots 1,65303$

$[p\beta\beta.1] \ldots 2,21360$

$[p\beta n.1] \ldots 1,08307$ $\quad \left[\frac{[p\beta n.1]}{\sqrt{[p\beta\beta.1]}} \ldots\right] 9,97627$

$\sqrt{[p\beta\beta.1]} \ldots 1,10680$

$dy \ldots\ldots 8,86947_n$

$\frac{[p\alpha\beta]}{[p\alpha\alpha]} \ldots\ldots \Big] 9,26118_n$

$\left[\frac{[p\alpha\beta]}{[p\alpha\alpha]} dy = + 0,01351\right.$

$\left.\frac{[p\alpha n]}{[p\alpha\alpha]} = \right] + 0,02483$

$dx = - 0,038$

$dy = - 0,074.$

[Die Coordinaten von Schessel sind mithin:

$$x = -182691,539\,\mathrm{m}$$
$$y = +\ \ 30806,999 \quad .]$$

[Die nach der Ausgleichung übrig bleibenden Fehler sind:]

$[t_i - T_i =$	$+0,749$	$-4,957$	$+0,066$	$+0,981$	$+0,864$
$\alpha_i dx =$	$+0,1052$	$+0,2562$	$-0,2684$	$-1,6469$	$-0,3515$
$\beta_i dy =$	$-0,5558$	$+0,0050$	$+0,5752$	$+0,6087$	$-0,5040$
$v_i =]$	$+0,298$	$-4,696$	$+0,373$	$-0,057$	$+0,009.$

[6.]

Astronomische Nachrichten. Band I. Nr. 6, S. 81—86. 1823.

Anwendung der Wahrscheinlichkeitsrechnung auf eine Aufgabe der praktischen Geometrie.

Ihrem Wunsche zufolge schicke ich Ihnen die Vorschriften zur Anwendung der Methode der kleinsten Quadrate auf die Aufgabe der praktischen Geometrie: Die Lage eines Punktes aus den an demselben gemessenen horizontalen Winkeln zwischen andern Punkten von genau bekannter Lage zu finden. Der Gegenstand ist zwar ganz elementarisch, und jeder, der den Geist der Methode der kleinsten Quadrate kennt, kann sich die Vorschriften leicht selbst entwickeln: inzwischen wird jene Aufgabe, als eine der nützlichsten in der praktischen Geometrie, auch wohl oft von solchen Personen benutzt werden können, die nicht ganz in jenem Falle sind, und denen daher die Mittheilung der Formeln nicht unlieb ist.

Die Coordinaten eines der bekannten Punkte seien a, b, jene von Norden nach Süden, diese von Osten nach Westen positiv gezählt — ob die Abscissenlinie wahrer Meridian ist oder nicht, ist hier gleichgültig; ebenso x, y genäherte Coordinaten des zu bestimmenden Punkts, und $\mathrm{d}x$, $\mathrm{d}y$ deren noch unbekannte Verbesserungen. Man bestimme φ und r nach den Formeln

$$\operatorname{tang}\varphi = \frac{b-y}{a-x}, \qquad r = \frac{a-x}{\cos\varphi} = \frac{b-y}{\sin\varphi},$$

indem man φ in demjenigen Quadranten wählt, der r positiv macht, und setze noch

$$\alpha = \frac{206265.(b-y)}{rr}, \qquad \beta = -\frac{206265.(a-x)}{rr}.$$

Dann ist das Azimuth des ersten Punkts, vom zweiten aus gesehen (die Richtung der Abscissenlinie als 0 betrachtet),

$$= \varphi + \alpha\,\mathrm{d}x + \beta\,\mathrm{d}y,$$

wo die beiden letzten Theile in Secunden ausgedrückt sind.

In Beziehung auf einen zweiten Punkt von bekannter Lage sollen φ', α', β', in Beziehung auf einen dritten φ'', α'', β'', u. s. w. dasselbe bedeuten, was φ, α, β in Beziehung auf den ersten sind.

Sind die Winkelmessungen an dem zu bestimmenden Orte auf Einmal mit einem Theodolithen ohne Repetition gemacht, indem bei unverrücktem Instrument das Fernrohr nach der Reihe auf die verschiedenen bekannten Punkte geführt ist, so sollten, wenn h, h', h'', u. s. w. die dabei abgelesenen Winkel bedeuten, die Ausdrücke

$$\varphi - h + \alpha \, \mathrm{d}x + \beta \, \mathrm{d}y$$
$$\varphi' - h' + \alpha' \, \mathrm{d}x + \beta' \, \mathrm{d}y$$
$$\varphi'' - h'' + \alpha'' \, \mathrm{d}x + \beta'' \, \mathrm{d}y$$

u. s. w.

durch die Substitution der wahren Werthe von $\mathrm{d}x$ und $\mathrm{d}y$ alle einerlei Werth bekommen, wenn die Beobachtungen absolut genau wären; und wenn man also drei derselben unter sich gleich setzte, würde man durch Elimination die Werthe von $\mathrm{d}x$ und $\mathrm{d}y$ erhalten. Sind überhaupt nur drei bekannte Punkte beobachtet, so lässt sich auch nichts weiter thun; ist aber ihre Anzahl grösser, so werden die Fehler der Winkelmessungen am vollkommensten ausgeglichen, indem man alle obigen Ausdrücke addirt, die Summe mit der Anzahl dividirt, die Differenz zwischen diesem Quotienten und jedem einzelnen Ausdruck $= 0$ setzt, und diese Gleichungen nach der bekannten Vorschrift der Methode der kleinsten Quadrate behandelt.

Sind hingegen die Winkelmessungen unabhängig von einander gemacht, so gibt jede derselben sofort eine Gleichung zwischen den unbekannten Grössen $\mathrm{d}x$ und $\mathrm{d}y$, und alle diese Gleichungen sind dann nach der Methode der kleinsten Quadrate zu combiniren, wobei man, wenn man will, auch noch auf die etwa ungleiche Zuverlässigkeit der Winkel Rücksicht nehmen kann. Wäre also z. B. der Winkel zwischen dem ersten und zweiten Punkte $= i$, zwischen dem zweiten und dritten $= i'$, u. s. w. gefunden, immer von der Linken zur Rechten gerechnet, so hätte man die Gleichungen

$$\varphi' - \varphi - i + (\alpha' - \alpha)\mathrm{d}x + (\beta' - \beta)\mathrm{d}y = 0$$
$$\varphi'' - \varphi' - i' + (\alpha'' - \alpha')\mathrm{d}x + (\beta'' - \beta')\mathrm{d}y = 0$$

u. s. w.

Haben diese Winkelmessungen gleiche Zuverlässigkeit, so bildet man aus diesen Gleichungen zwei Normalgleichungen, die erste, indem man jene der Ordnung nach mit den respectiven Coefficienten von dx, d. i. die erste mit $\alpha'-\alpha$, die zweite mit $\alpha''-\alpha'$, u. s. w., multiplicirt und alles addirt; die andere, indem man dasselbe durch Multiplication mit den Coefficienten von dy ausführt und gleichfalls addirt. Ist hingegen die Winkelmessung von ungleicher Genauigkeit, und z. B. die erste auf μ, die andere auf μ', u. s. w. Repetitionen gegründet, so müssen die Gleichungen beide Male vor der Addition auch erst noch mit diesen Zahlen μ, μ', u. s. w. respective multiplicirt werden. Aus den so gefundenen beiden Normalgleichungen werden dann dx und dy durch Elimination gefunden. (Diese Vorschriften sind nur um derer willen beigefügt, denen die Methode der kleinsten Quadrate noch unbekannt ist, und für die vielleicht auch die Erinnerung noch nöthig sein könnte, dass bei jenen Multiplicationen die algebraischen Zeichen von $\alpha'-\alpha$, u. s. w. sorgfältig beachtet werden müssen.) Endlich bemerke ich noch, dass hiebei nur die Fehler der Winkelmessungen ausgeglichen werden sollen, indem die Coordinaten der bekannten Punkte als genau angesehen werden.

Ich erläutere diese Vorschriften für den zweiten Fall noch an den mir von Ihnen mitgetheilten Winkelmessungen auf der Holkensbastion bei Copenhagen, obwohl, wie es scheint, die zuletzt angezeigte Voraussetzung dabei nicht genau genug stattfindet; bei so kleinen Entfernungen haben kleine Unrichtigkeiten von einigen Zehntheilen eines Fusses in den gegebenen Coordinaten einen sehr viel grössern Einfluss, als die Fehler in den Winkelmessungen, und man darf sich daher nicht wundern, dass nach möglichster Ausgleichung der Winkel Differenzen zurückbleiben, die viel grösser sind, als bei den Beobachtungen der Winkel als möglich angenommen werden kann. Für den gegenwärtigen Zweck, wo nur ein Rechnungsbeispiel gegeben werden soll, kann dies jedoch gleichgültig sein.

Winkel auf Holkensbastion*).

Friedrichsberg—Petri	73° 35′ 22,″8
Petri—Erlösersthurm	104 57 33,0

*) Die Coordinaten der Punkte und die Winkel auf Holkensbastion beruhen beide auf Herrn Capit. v. CAROCS Messungen. *S*[*chumacher*].

Erlöserstthurm—Friedrichsberg	181° 27′ 5″,0
Friedrichsberg—Frauenthurm	80 37 10,8
Frauenthurm—Friedrichsthurm	101 11 50,8
Friedrichsthurm—Friedrichsberg	178 11 1,5.

Coordinaten, von der Copenhagener Sternwarte gerechnet, in Pariser Fuss.

Petri	+ 487,7	+ 1007,7
Frauenthurm	+ 710,0	+ 684,2
Friedrichsberg	+ 2430,6	+ 8335,0
Erlöserstthurm	+ 2940,0	− 3536,0
Friedrichsthurm	+ 3059,3	− 2231,2.

Als genäherte Coordinaten des Beobachtungsplatzes wurden angenommen:

$$x = +2836{,}44, \qquad y = +444{,}33.$$

Und damit fanden sich die Azimuthe:

Petri	$166^\circ\,30'\,42''{,}56 + 19{,}92\,dx + 83{,}04\,dy$
Frauenthurm	$173\;\;33\;\;50{,}54 + 10{,}80\,dx + 95{,}78\,dy$
Friedrichsberg	$92\;\;56\;\;39{,}46 + 26{,}07\,dx + \;\;1{,}34\,dy$
Erlöserstthurm	$271\;\;29\;\;25{,}38 - 51{,}79\,dx - \;\;1{,}35\,dy$
Friedrichsthurm	$274\;\;45\;\;41{,}39 - 76{,}56\,dx - \;\;6{,}38\,dy.$

Der berechnete Winkel Friedrichsberg—Petri ist daher

$$73^\circ\,34'\,3''{,}10 - 6{,}15\,dx + 81{,}70\,dy,$$

welches, mit dem beobachteten verglichen, die Gleichung

$$-79{,}70 - \;\;6{,}15\,dx + \;\;81{,}70\,dy = 0$$

gibt. Ebenso erhält man die fünf andern Gleichungen

$$+69{,}82 - \;\;71{,}71\,dx - \;\;84{,}39\,dy = 0$$
$$+\;\;9{,}08 + \;\;77{,}86\,dx + \;\;\;\;2{,}69\,dy = 0$$
$$+\;\;0{,}28 - \;\;15{,}27\,dx + \;\;94{,}44\,dy = 0$$
$$+\;\;0{,}05 - \;\;87{,}36\,dx - 102{,}16\,dy = 0$$
$$-\;\;3{,}43 + 102{,}63\,dx + \;\;\;\;7{,}72\,dy = 0.$$

Aus der Verbindung dieser sechs Gleichungen erhält man, indem man den Beobachtungen gleiche Zuverlässigkeit beilegt, die beiden Normalgleichungen

$$+29640\,dx + 14033\,dy = +4170$$
$$+14033\,dx + 33219\,dy = +12384,$$

und hieraus die Werthe

$$dx = -0{,}04, \qquad dy = +0{,}39,$$

oder die verbesserten Coordinaten der Holkensbastion

$$+2836{,}40 \quad \text{und} \quad +444{,}72.$$

Die nach Substitution dieser Werthe von dx und dy zwischen den berechneten und beobachteten Winkeln zurückbleibenden Unterschiede sind noch viel zu gross, um den Messungen zugeschrieben werden zu können, und beweisen, was oben bemerkt ist, dass die Coordinaten der bekannten Punkte nicht auf Zehntheile des Fusses zuverlässig waren, weshalb denn freilich auch die gefundene Verbesserung selbst diesmal etwas zweifelhaft bleibt.

Die bei dieser Rechnung zum Grunde gelegten genäherten Coordinaten der Holkensbastion waren durch die directe Methode aus dem vierten und fünften der obigen Winkel berechnet. Obgleich diese directe Methode als ein ziemlich erschöpfter Gegenstand zu betrachten ist, so setze ich sie doch der Vollständigkeit wegen hier auch noch her, in derjenigen Gestalt, in welcher ich sie anzuwenden pflege.

Es seien a, b die Coordinaten des ersten bekannten Punkts (man wählt denselben aus den drei bekannten nach Gefallen); die des zweiten seien in die Form

$$a + R\cos E, \qquad b + R\sin E$$

gebracht, und die des dritten in dieselbe:

$$a + R'\cos E', \qquad b + R'\sin E'.$$

Die gesuchten Coordinaten des Beobachtungspunkts bezeichne man durch

$$a + \rho\cos\varepsilon, \qquad b + \rho\sin\varepsilon.$$

Ferner sei der hier beobachtete Winkel zwischen dem ersten und zweiten

Punkte $= M$, der zwischen dem ersten und dritten $= M'$; ich setze voraus, dass diese Winkel von der Linken zur Rechten genommen, und dass sie, falls sie so über 180^0 betragen haben, erst um 180^0 vermindert sind, oder was dasselbe ist, dass, wenn ein Winkel in der verkehrten Ordnung unter 180^0 betrug, statt seiner das Complement zu 180^0 genommen ist*). Ich mache ferner

$$\frac{R}{\sin M} = n, \qquad \frac{R'}{\sin M'} = n'$$
$$E - M = N, \qquad E' - M' = N'$$

(wo nöthigenfalls vorher 360^0 addirt wird).

Dies vorausgesetzt, hat man die beiden Gleichungen

$$\rho = n \sin(\varepsilon - N), \qquad \rho = n' \sin(\varepsilon - N'),$$

welche, wenn sie so geschrieben werden:

$$\frac{1}{n} = \frac{1}{\rho}\sin(\varepsilon - N), \qquad \frac{1}{n'} = \frac{1}{\rho}\sin(\varepsilon - N'),$$

unter die Aufgabe Theor. Mot. C. C. p. 82 [**)] gehören. Die eine der dort gegebenen Auflösungen führt zu folgender Regel:

Ich nehme an, dass n' grösser, wenigstens nicht kleiner, als n ist, welches erlaubt ist, da es willkürlich ist, welchen Punkt man als den zweiten oder dritten betrachten will. Es sei

$$\frac{n}{n'} = \operatorname{tang} \zeta$$
$$\frac{\operatorname{tang} \frac{1}{2}(N' - N)}{\operatorname{tang}(45^0 - \zeta)} = \operatorname{tang} \psi.$$

Sodann wird

$$\varepsilon = \tfrac{1}{2}(N + N') + \psi,$$

und nachdem ε gefunden ist, wird ρ durch eine der obigen Formeln, oder besser durch beide, berechnet.

In unserm Beispiele haben wir, den Frauenthurm als den ersten, Friedrichsberg vorläufig als den zweiten und den Friedrichsthurm als den dritten Punkt betrachtet:

---

*) Die Absicht davon ist, die folgenden Grössen n, n' immer positiv zu machen, und dadurch weniger Aufmerksamkeit auf die algebraischen Zeichen nöthig zu haben.

[**) Band VII, Seite 100.]

$a = +710{,}0 \qquad b = +684{,}2$

$E = 77^0\, 19'\, 31{,}''91 \qquad E' = 308^0\, 51'\, 45{,}''78$

$\log R = 3{,}894\,4206 \qquad \log R' = 3{,}573\,3549$

$M = 99^0\, 22'\, 49{,}''20 \qquad M' = 101^0\, 11'\, 50{,}''80$

(zufolge obiger Anm.)

$N = 337^0\, 56'\, 42{,}''71 \qquad N' = 207^0\, 39'\, 54{,}''98$

$\log n = 3{,}900\,2671 \qquad \log n' = 3{,}581\,7019.$

Da hier $n > n'$, so vertauschen wir die Ordnung und setzen

$N = 207^0\, 39'\, 54{,}''98 \qquad N' = 337^0\, 56'\, 42{,}''71$

$\log n = 3{,}581\,7019 \qquad \log n' = 3{,}900\,2671.$

Hienächst findet sich ferner

$\zeta = 25^0\, 39'\, 3{,}''49, \qquad \psi = 80^0\, 45'\, 31{,}''50, \qquad \varepsilon = 353^0\, 33'\, 50{,}''34$

und $\log \rho = 3{,}330\,3996$, und die Coordinaten der Holkensbastion: $+2836{,}444$ und $+444{,}327$.

NACHLASS.

[7.]

[Bestimmung der Lage des Punktes X durch Beobachtung der Winkel α und β zwischen 3 gegebenen Punkten A, B, C.]

[Aus

$$\frac{BA}{BX}\cdot\frac{BX}{BC}\cdot\frac{BC}{BA} = 1$$

folgt

$$\frac{\sin XCB}{\sin BAX} = \frac{\sin C}{\sin A} = \frac{c\sin\beta}{a\sin\alpha}.\ ]$$

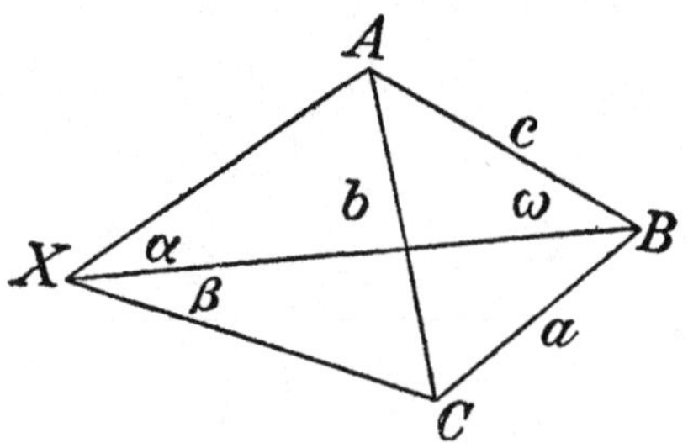

[Setzt man

$$180^0 - A =]\ \alpha+\omega = \lambda, \qquad [C = 360^0-(A+\varepsilon),]$$

$$\alpha+\beta+B = \varepsilon$$

$$\operatorname{tang}\varphi = \sqrt{\frac{c\sin\beta}{a\sin\alpha\cos\varepsilon}},$$

dann ist

$$\operatorname{tang}\lambda = \operatorname{tang}\varepsilon\cos\varphi^2,$$

$$BX = \frac{c\sin\lambda}{\sin\alpha}.$$

[8.]

Orientirung des Messtisches.

Drei Örter A, B, C sind auf dem M[ess]t[isch] durch a, b, c vorgestellt; die geraden Linien Aa, Bb, Cc schneiden einander in den Punkten α, β, γ.

In b auf ab und in γ auf $a\gamma$ errichtete Senkrechte schneiden einander in e; in c auf ac und in β auf $a\beta$ Senkrechte schneiden einander in f; man verbinde e und f und fälle darauf aus a das Perpendikel aM. So ist M auf dem Messtisch der Standpunkt.

[9.]

Aufgabe der praktischen Geometrie.

A, B, C, D sind vier Punkte in einer horizontalen Ebene; B, C, D liegen in gerader Linie und

$$BC = CD.$$

Es seien die Azimuthe der Linien

$$\begin{aligned} DB & \ldots f \\ AB & \ldots f+g-\delta \\ AC & \ldots f+g-x \\ AD & \ldots f+g+\delta. \end{aligned}$$

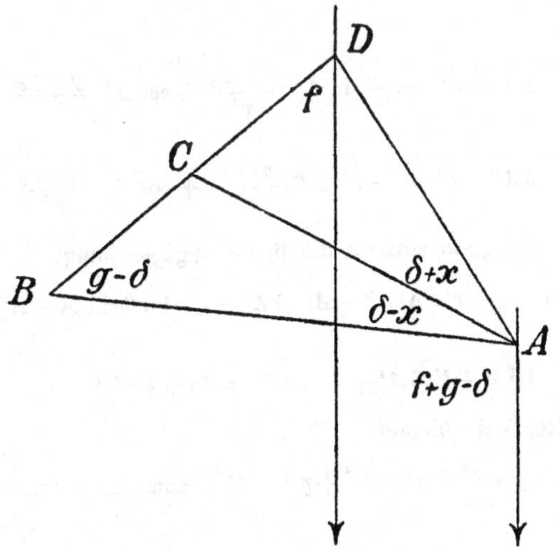

$$\left[\frac{AC}{BC} = \frac{AC}{CD} \quad \text{oder} \quad \frac{\sin(g-\delta)}{\sin(\delta-x)} = \frac{\sin(g+\delta)}{\sin(\delta+x)}.\right]$$

Sodann ist

$$\operatorname{tang} x = \frac{\operatorname{tang} \delta^2}{\operatorname{tang} g},$$

$$\sin x = \frac{\sin \delta^2 \cos(g-x)}{\sin g},$$

oder proxime

$$x = 206265'' \sin \delta^2 \operatorname{cotang} g.$$

BEMERKUNGEN.

Die Notizen [1] und [9], [3] und [4], sowie [8] wurden 3 verschiedenen Handbüchern entnommen; [2] und [7] sind auf die letzten Seiten von Logarithmentafeln eingetragen; [5] entstammt einem Rechnungsblatte zur hannoverschen Gradmessung.

Die Formeln des Art. [2], die auch bei Art. [3] benutzt sind, lassen sich wie folgt ableiten. Es seien x, y die Coordinaten des zu bestimmenden Punktes; x_0, y_0 die Coordinaten für eine genäherte Lage desselben; a, b, a', b', a'', b'' die Coordinaten der Beobachtungsplätze; r, r', r'' die Entfernungen dieser Plätze vom Punkte $(x_0 y_0)$. Dann erhält man durch Differentiation der Gleichung

$$\operatorname{tang}(A+\alpha) = \frac{y_0-b}{x_0-a},$$

indem man $dx_0 = x-x_0$, $dy_0 = y-y_0$, $A+\alpha+d(A+\alpha) = A+\delta A$ setzt, die Fehlergleichung:

$$\delta A - \alpha = -\sin A . \frac{x-x_0}{r} + \cos A . \frac{y-y_0}{r}.$$

Ebenso ergibt sich

$$\delta A' - \alpha' = -\sin A' . \frac{x-x_0}{r'} + \cos A' . \frac{y-y_0}{r'}$$

und

$$\delta A'' - \alpha'' = -\sin A'' . \frac{x-x_0}{r''} + \cos A'' . \frac{y-y_0}{r''}.$$

Eliminirt man $x-x_0$, $y-y_0$, so entsteht die Bedingungsgleichung:

$$r \sin(A'-A'') . (\delta A-\alpha) + r' \sin(A''-A) . (\delta A'-\alpha') + r'' \sin(A-A') . (\delta A''-\alpha'') = 0$$

oder

$$l . \delta A + l' . \delta A' + l'' . \delta A'' = l\alpha + l'\alpha' + l''\alpha''.$$

Macht man nun mit Rücksicht hierauf

$$g . \delta A^2 + g' . \delta A'^2 + g'' . \delta A''^2 \quad \text{zum Minimum,}$$

so wird

$$\delta A = \frac{lk}{g}, \qquad \delta A' = \frac{l'k}{g'}, \qquad \delta A'' = \frac{l''k}{g''};$$

$$k = \frac{l\alpha + l'\alpha' + l''\alpha''}{\frac{ll}{g} + \frac{l'l'}{g'} + \frac{l''l''}{g''}}.$$

Hienach ist

$$y - b = (x-a)\,\mathrm{tang}\,(A + \delta A) = (x-a)\,\mathrm{tang}\,A + \frac{r.\delta A}{\cos A} = (x-a)\,\mathrm{tang}\,A + \frac{rlk}{g\cos A}.$$

In dem Zahlenbeispiel unter [3] sind einige kleine Fehler berichtigt worden, wodurch hier die Werthe der Coordinaten für York etwas abweichend von den im Coordinatenverzeichnisse, Band IV, S. 436, angegebenen Werthen erhalten wurden.

Ebenso ist in dem unter [5] aufgeführten Beispiele für Vorwärtseinschneiden ein kleines Versehen richtig gestellt worden. Die beobachteten Azimuthe auf den festen Punkten und die Coordinaten sind auch in den »Abrissen u. s. w.«, Band IV, S. 454, 456 und 457, angegeben.

Zur Bestimmung von Nebenpunkten wurde von GAUSS sowie von den ihm beigegebenen Officieren gewöhnlich das Verfahren des Art. [5] angewandt. Die Rechnungen dafür sind aber fast ganz allein von GAUSS, und zwar in der angegebenen Weise, ausgeführt worden. In dem Arbeitsbericht für 1830 an das hannoversche Ministerium heisst es: »Bei der hiesigen trigonometrischen Vermessung habe ich bisher diesen Theil des Geschäfts [Verarbeitung der Messungen zu Resultaten] ganz allein auf mich genommen. Meine Berichte über die Arbeiten von 1828 und 1829 geben eine Ubersicht über den Umfang des in diesen Jahren geleisteten. Ohne hier in umständliche Details einzugehen, darf ich doch nicht unbemerkt lassen, dass mir die Verarbeitung nur dadurch möglich geworden ist, dass ich ihr meine ganze mir von meinen unmittelbaren Dienstgeschäften gebliebene Zeit gewidmet habe.« Und in dem am 8. Februar 1838 erstatteten Bericht an das Ministerium sagt GAUSS: »Zu einer trigonometrischen Messung sind zweierlei ganz verschiedenartige Arbeiten erforderlich, die Ausführung der Messungen an den betreffenden Plätzen im Felde, und ihre Verarbeitung zu Resultaten durch Combination und Calcül im Zimmer. Den zweiten Theil des Geschäfts habe ich bisher ganz auf mich selbst genommen.« Nur zwei Monate des Winters 1830/31 hat ihn sein Sohn, der Lieutenant J. GAUSS, dabei unterstützt; in den letzten Jahren der hannoverschen Landesvermessung scheint auch Professor GOLDSCHMIDT geholfen zu haben. Einem von diesem ausgearbeiteten »geodätischen Calcül nach GAUSS« aus dem Jahre 1835, der eine »kurze Darstellung nach von GAUSS gegebenen Privatmittheilungen« bieten will, sind die nachstehenden Ausführungen entnommen:

»Bei der Festsetzung der Nebenpunkte fangen wir damit an, diejenigen zu bestimmen, welche sich aus den Hauptdreieckspunkten allein scharf bestimmen lassen, so dass 1) die Richtungen sich nicht unter zu spitzen Winkeln schneiden und 2) man gewiss ist, dass die angeführten Azimuthe sich wirklich auf den Punkt quaestionis beziehen, indem es bei ausgedehnten Operationen leider nur zu häufig vorkommt, dass eine Namensverwechselung stattfindet. Hat man indessen den Punkt aus mehr als 2 Hauptpunkten bestimmt, oder auf dem Punkte selbst gemessen, so kann eine solche Verwechselung nicht wohl stattfinden. So setzt man nun diese Nebenpunkte fest, indem man, wenn man scharfe Resultate haben will, nicht nur alle Hauptdreieckspunkte, sondern auch die nach und von andern schon bestimmten Nebenpunkten gemachten Schnitte mit hinzuzieht. Es entriren dabei 3 unbekannte Grössen, die Coordinaten des Punktes und die daselbst stattfindende Orientirung. Man berechnet nun auch diese Elemente für die übrigen Nebenpunkte. Sollte vielleicht es nachher noch für gut gefunden werden, neue Nebenpunkte einzuführen, indem es vielleicht bei der anfänglichen Disposition übersehen wurde, dass dieses Einführen rathsam wäre, so hat man doch nicht nöthig, sich auf diejenigen Stationen zu begeben, von denen ab die neuen

Punkte geschnitten werden könnten; es genügt, von diesen Punkten andere, die schon festgesetzt sind, einzuschneiden, doch muss die Anzahl derselben wenigstens 3 sein. Hat man 4 geschnitten, so ist eine Controlle da; harmoniren indessen diese 4 nicht, was ebenfalls nicht selten ist, indem eine Verwechselung gar leicht vorfallen kann, so weiss man nicht, wo der Fehler liegt; und deshalb ist es besser, 5 oder noch mehr einzuschneiden. .... Überhaupt ist es nicht genug zu empfehlen, jeden Punkt, so oft es nur irgend angeht, einzuschneiden, selbst wenn man nicht Willens ist, die Schnitte nach der Methode der kleinsten Quadrate zu vereinigen, indem man auf diese Art sicher vor Fehlern ist, und ein Punkt, auch wenn er weder Haupt- noch Nebenpunkt ist, sobald er scharf bestimmt ist, häufig dazu dienen kann, die Identität eines andern Punktes zu bestimmen. Hat man nun auch für die Nebenpunkte die Coordinaten berechnet, so geht es an die Bestimmung der übrigen eingeschnittenen Punkte. GAUSS führt darüber, nachdem alle Rechnungen abgemacht sind, folgendes Protocoll.

A	*B*			
Krückeberg	−71364,939	+45842,386		
a	*b*	*c*	*d*	*e*
Süntel	−70637,258	+37481,447	94° 58′ 27″,964	−0,885
Klütberg	−63179,059	+41387,660	151 26 44,009	−1,553
Wittekindstein	−80356,285	+71875,835	289 3 13,703	−0,329
Pagenburg	−75427,470	+50454,707	311 22 31,882	+0,448
Sachsenhagen, Schloss	−96486,713	+46075,741		
Wittekindstein	−80356,285	+71875,835	237 59 11,516	
Bergkirchen	−99061,252	+47440,144	332 4 3,954.	

A ist der Ort, dessen Coordinaten bestimmt werden; diese Coordinaten sind sub *B* angegeben. *a* gibt die Namen der Örter, aus welchen *A* bestimmt ist; *b*, *c* ihre Coordinaten; *d* das beobachtete Azimuth; *e* die Differenz des aus den Coordinaten berechneten und des beobachteten Azimuths, eine Columne, die also wegfällt, sobald wir nicht mehr Data haben, als zur Bestimmung des Punkts quaestionis nöthig sind. Geordnet werden die einzelnen in diesem Protocoll aufgenommenen Punkte nicht, doch thut man wohl, etwas Raum überzulassen, um Bemerkungen, die sich später ergeben, und Schnitte, die erst nach dem Berechnen und Eintragen aufgefunden wurden, nachzutragen. Übrigens trägt man die Punkte in dieses Protocoll in der Reihenfolge ein, in welcher sie berechnet sind. In den Tableaux streicht man die Schnitte, die schon zur Berechnung gedient haben, an, um besser übersehen zu können, welche Schnitte noch unerledigt sind.«

Im Nachlass ist noch eine grosse Anzahl solcher Protocolle vorhanden. In dem Arbeitsberichte für 1844 sagt GAUSS: »Die Resultate [Coordinaten] sind jedes Jahr nach Verarbeitung der Messungen in Verzeichnisse gebracht, und solcher partiellen Verzeichnisse sind sechzehn vorhanden, welche zusammen etwas über 3000 Bestimmungen enthalten, so jedoch, dass die Anzahl der Punkte selbst etwa um den 7. Theil kleiner sein mag, indem viele Punkte, die in einem spätern Jahre nach dem Hinzukommen neuer Data schärfer oder zuverlässiger bestimmt werden konnten, in mehr als einem Verzeichnisse auftreten. .... Zu grösserer Sicherheit und bequemern Gebrauch habe ich jetzt angefangen, die partiellen Verzeichnisse in Eines zu verschmelzen, welches demnach etwa 2600 Punkte enthalten wird.« (Band IV, S. 413).

In dem Abdruck der aus den Astr. Nachr. entnommenen Abhandlung, Art. 6, sind mehrere Druck- und Rechenfehler berichtigt worden.

KRÜGER.

AUSGLEICHUNG
EINFACHER FIGUREN.

31*

NACHLASS UND BRIEFWECHSEL.

[1.]

Ausgleichung eines Vierecks.

0, 1, 2, 3 . . . die vier Punkte

01 . . . . sowohl Länge als Richtung der Linie 01

C^{01}, u. s. w. Ausgleichungen, wodurch alles verträglich wird,

$$C^{01} = [\tfrac{1}{2}(C^{01}+C^{10})+\tfrac{1}{2}(C^{01}-C^{10}) =]\ S^{01}+D^{01},$$

wo

$$S^{01} = S^{10}, \qquad D^{01} = -D^{10};$$

u. s. w.

[Man setze]

$$\log\text{hyp}\,\frac{\sin(30-31)\sin(10-12)\sin(20-23)}{\sin(32-30)\sin(13-10)\sin(21-20)} = \lambda^{0}$$

$$12.13.\sin(12-13) = T^{0}$$

$$02.03.\sin(03-02) = T'$$

$$03.13.\sin(30-31) = T''$$

$$02.12.\sin(21-20) = T'''.$$

Es bedeuten hier T^{0}, T', T'', T''' die vier doppelten Dreiecke; man bemerke, dass allemal zwei Permutationen zugleich gemacht werden müssen: so entsteht T' aus T^{0}, wenn 0 mit 1 und 2 mit 3 vertauscht wird. Es ist [da T^{0} und T'' das entgegengesetzte Vorzeichen von T' und T''' haben]

$$0 = T^{0}+T'+T''+T'''.$$

Ebenso entstehen λ', λ'', λ''' aus λ^{0}.

Man hat dann

$$[0 = \lambda^0 + \frac{\sin(13-12)}{\sin(10-12)\sin(13-10)} C^{10} - \text{cotang}(10-12).C^{12} - \text{cotang}(13-10).C^{13}$$
$$+ \frac{\sin(21-23)}{\sin(20-23)\sin(21-20)} C^{20} - \text{cotang}(21-20).C^{21} - \text{cotang}(20-23).C^{23}$$
$$+ \frac{\sin(32-31)}{\sin(30-31)\sin(32-30)} C^{30} - \text{cotang}(30-31).C^{31} - \text{cotang}(32-30).C^{32}$$

oder

$$0 = \lambda^0 - \frac{01^2.T^0}{T''T'''} C^{10} - \tfrac{1}{2}\frac{01^2+12^2-02^2}{T'''} C^{12} - \tfrac{1}{2}\frac{01^2+13^2-03^2}{T''} C^{13}$$
$$- \frac{02^2.T^0}{T'T'''} C^{20} - \tfrac{1}{2}\frac{02^2+12^2-01^2}{T'''} C^{21} - \tfrac{1}{2}\frac{02^2+23^2-03^2}{T'} C^{23}$$
$$- \frac{03^2.T^0}{T'T''} C^{30} - \tfrac{1}{2}\frac{03^2+13^2-01^2}{T''} C^{31} - \tfrac{1}{2}\frac{03^2+23^2-02^2}{T'} C^{32}$$

oder]

$$\begin{aligned}
-T'T''T'''\lambda^0 = & -T^0T'\,.01^2.S^{01} + T^0T'\,.01^2.D^{01}\\
& -T^0T''.02^2.S^{02} + T^0T''.02^2.D^{02}\\
& -T^0T'''.03^2.S^{03} + T^0T'''.03^2.D^{03}\\
& -T'T'''.13^2.S^{13} + T'T'''.(03^2-01^2)D^{13}\\
& -T'T''.12^2.S^{21} + T'T''.(01^2-02^2)D^{21}\\
& -T''T'''.23^2.S^{32} + T''T'''.(02^2-03^2)D^{32}\\
= & \qquad \Sigma^0 \qquad + \qquad \Delta^0.
\end{aligned}$$

Σ', Σ'', Σ''' werden identisch gleich Σ^0. λ^0, λ', λ'', λ''' sind den T^0, T', T'', T''' proportional, wenn die Winkelsummen schon ausgeglichen sind. Hingegen werden Δ', Δ'', Δ''' numerisch dem Δ^0 gleich werden müssen, wenn die letztere Ausgleichung conservirt wird. Symmetrisch hat man diesen Werth

$$\begin{aligned}
\tfrac{1}{4}(\Delta^0+\Delta'+\Delta''+\Delta''') = \tfrac{1}{4}\{ & \;T^0T'\,D^{01}(12^2+13^2-02^2-03^2)\\
& +T^0T''\,D^{02}(12^2+23^2-01^2-03^2)\\
& +T^0T'''D^{03}(13^2+23^2-01^2-02^2)\\
& +T'T'''D^{13}(03^2+23^2-01^2-12^2)\\
& +T'T''\,D^{21}(01^2+13^2-02^2-23^2)\\
& +T''T'''D^{32}(02^2+12^2-03^2-13^2)\}.
\end{aligned}$$

Jedes $\Delta = H^{01}D^{01} + H^{02}D^{02} + \cdots$ gesetzt, wird in die Form gebracht, wo die Summe der Quadrate der Coefficienten ein Minimum wird, indem man schreibt

$$\text{anstatt } H^{01} \ldots\ldots\ldots \tfrac{1}{4}(2H^{01}-H^{20}-H^{30}+H^{21}+H^{31})$$
$$\text{»} \quad H^{02} \ldots\ldots\ldots \tfrac{1}{4}(2H^{02}-H^{10}-H^{30}+H^{12}+H^{32})$$

u. s. w.,

wo $H^{\alpha\beta} = -H^{\beta\alpha}$.

[Addirt man nemlich zu dem Ausdrucke für Δ^0 die 3 Winkelgleichungen, welche T', T'', T''' entsprechen und die bereits ausgeglichen sein sollen, nachdem man sie mit den Factoren $\frac{1}{2}\mu_1$, $\frac{1}{2}\mu_2$, $\frac{1}{2}\mu_3$ multiplicirt hat, so wird Δ^0 nicht geändert. (Die Constante λ^0 muss natürlich jetzt auch mit den Werthen berechnet sein, die die Ausgleichung der Winkelgleichungen ergeben hat). Es ist also auch, da hienach die Winkelgleichungen lauten

$$0 = -C^{02}+C^{03}-C^{23}+C^{20}-C^{30}+C^{32} = 2(-D^{02}+D^{03}+D^{32}), \text{ u. s. w.:}$$
$$\Delta^0 = H^{01}D^{01}+H^{02}D^{02}+H^{03}D^{03}+H^{13}D^{13}+H^{21}D^{21}+H^{32}D^{32}$$
$$+\mu_1(-D^{02}+D^{03}+D^{32})+\mu_2(-D^{01}+D^{03}-D^{13})$$
$$+\mu_3(-D^{01}+D^{02}+D^{21}).$$

Bestimmt man nun μ_1, μ_2, μ_3 in der Weise, dass die Summe der Quadrate der Coefficienten von D^{01}, D^{02}, u. s. w. ein Minimum wird, so wird

$$3\mu_1+\mu_2-\mu_3 = H^{02}-H^{03}-H^{32}$$
$$\mu_1+3\mu_2+\mu_3 = H^{01}-H^{03}+H^{13}$$
$$-\mu_1+\mu_2+3\mu_3 = H^{01}-H^{02}-H^{21},$$

also

$$\mu_1 = \tfrac{1}{4}(H^{02}-H^{03}-H^{13}-H^{21}-2H^{32})$$
$$\mu_2 = \tfrac{1}{4}(H^{01}-H^{03}+2H^{13}+H^{21}+H^{32})$$
$$\mu_3 = \tfrac{1}{4}(H^{01}-H^{02}-H^{13}-2H^{21}-H^{32});$$

damit ergibt sich:

$$\begin{aligned}4\Delta^0 = &\;(\;2H^{01}+H^{02}+H^{03}-H^{13}+H^{21}\quad *\;)D^{01}\\ &+(\;H^{01}+2H^{02}+H^{03}\quad *\;-H^{21}+H^{32})D^{02}\\ &+(\;H^{01}+H^{02}+2H^{03}+H^{13}\quad *\;-H^{32})D^{03}\\ &+(-H^{01}\quad *\;+H^{03}+2H^{13}-H^{21}-H^{32})D^{13}\\ &+(\;H^{01}-H^{02}\quad *\;-H^{13}+2H^{21}-H^{32})D^{21}\\ &+(\;*\;+H^{02}-H^{03}-H^{13}-H^{21}+2H^{32})D^{32}\end{aligned}$$

Dieser Ausdruck lässt sich in den folgenden umwandeln:

$$\begin{array}{rllllllll}
4\Delta^0 = & \{ & * & +02^2.T^0T'' & +03^2.T^0T''' & -12^2.T'T'' & -13^2.T'T''' & * & \}D^{01} \\
+ & \{ & +01^2.T^0T' & * & +03^2.T^0T''' & -12^2.T'T'' & * & -23^2.T''T''' & \}D^{02} \\
+ & \{ & +01^2.T^0T' & +02^2.T^0T'' & * & * & -13^2.T'T''' & -23^2.T''T''' & \}D^{03} \\
+ & \{ & -01^2.T^0T' & +02^2.T^0T'' & * & * & -13^2.T'T''' & +23^2.T''T''' & \}D^{21} \\
+ & \{ & +01^2.T^0T' & * & -03^2.T^0T''' & +12^2.T'T'' & * & -23^2.T''T''' & \}D^{13} \\
+ & \{ & * & -02^2.T^0T'' & +03^2.T^0T''' & -12^2.T'T'' & +13^2.T'T''' & * & \}D^{32}.
\end{array}$$

Zu dem gleichen Werthe gelangt man, wenn man die entsprechenden Entwickelungen für $\Delta', \Delta'', \Delta'''$ macht; man erkennt dies auch daraus, dass für die Vertauschungen, die Δ^0 in $\Delta', \Delta'', \Delta'''$ überführen, die rechten Seiten der obigen und der vorhergehenden Gleichung ungeändert bleiben, wenn man berücksichtigt, dass $D^{ik} = -D^{ki}$ ist. Δ^0 geht z. B. in Δ' über, wenn man 0 mit 1, 2 mit 3 und ebenso ^{0} mit $'$ und $''$ mit $'''$ vertauscht. Es ist mithin, vorausgesetzt, dass die Winkelgleichungen des Dreiecks vor Aufstellung der Seitengleichungen bereits ausgeglichen waren:

$$T'T''T'''\lambda^0 = T^0T''T'''\lambda' = T^0T'T'''\lambda'' = T^0T'T''\lambda'''$$

oder

$$\frac{\lambda^0}{T^0} = \frac{\lambda'}{T'} = \frac{\lambda''}{T''} = \frac{\lambda'''}{T'''}.]$$

[2.]

Gleichung zwischen den Seiten und Diagonalen eines Vierecks.

Zwischen den Seiten und T', T'', T''' gibt es die Gleichungen

$$\begin{aligned}
0 &= 2.01^2.T' + (01^2+02^2-12^2)T'' + (01^2+03^2-13^2)T''' \\
0 &= (01^2+02^2-12^2)T' + 2.02^2.T'' + (02^2+03^2-23^2)T''' \\
0 &= (01^2+03^2-13^2)T' + (02^2+03^2-23^2)T'' + 2.03^2.T'''.
\end{aligned}$$

Schreibt man dafür

$$\begin{aligned}
0 &= AT' + cT'' + bT''' \\
0 &= cT' + BT'' + aT''' \\
0 &= bT' + aT'' + CT''',
\end{aligned}$$

so wird

$$ABC + 2abc = aaA + bbB + ccC,$$

welches die zwischen den sechs Seiten stattfindende Bedingungsgleichung ist.

Entwickelt gibt dies:

$$\begin{aligned} & 01^2.23^2\{02^2+03^2+12^2+13^2\}-01^4.23^2-01^2.23^4 \\ & +02^2.13^2\{01^2+03^2+12^2+23^2\}-02^4.13^2-02^2.13^4 \\ & +03^2.12^2\{01^2+02^2+13^2+23^2\}-03^4.12^2-03^2.12^4 \\ & =01^2.02^2.12^2+01^2.03^2.13^2+02^2.03^2.23^2+12^2.13^2.23^2. \end{aligned}$$

[3.]

[Über die Wahl der Bedingungsgleichung aus den Seitenverhältnissen.]

Gauss an Gerling. Göttingen, 11. Februar 1824.

...... Zur Prüfung des Vierecks haben Sie eine Bedingungsgleichung mit acht Factoren; es ist aber nur eine mit sechsen nöthig, die auf 4 verschiedene Arten eingekleidet werden kann:

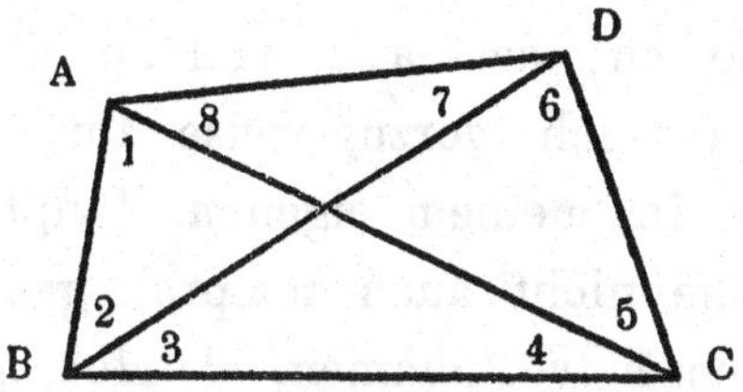

$$\left.\begin{aligned} \sin 1 . \sin 3 . \sin(6+7) &= \sin(2+3) . \sin 6 . \sin 8 \\ \sin 3 . \sin 5 . \sin(8+1) &= \sin(4+5) . \sin 8 . \sin 2 \\ \sin 5 . \sin 7 . \sin(2+3) &= \sin(6+7) . \sin 2 . \sin 4 \\ \sin 7 . \sin 1 . \sin(4+5) &= \sin(8+1) . \sin 4 . \sin 6. \end{aligned}\right\} ✡$$

Am vortheilhaftesten ist es, die 1te, 2te, 3te oder 4te Form anzuwenden, je nachdem das Dreieck *ABD*, *ABC*, *BCD*, *ACD* am grössten ist.

Es ist mir nicht recht deutlich, wie Sie sich die Art, eine gemessene Diagonalrichtung zu benutzen, gedacht haben[*)]. Es folgt ja daraus, dass, wenn sechs Grössen A, B, C, D, E, F gemessen wären, zwischen deren Correctionen eine Bedingungsgleichung

$$\partial A-\partial B+\partial C-\partial D+\partial E-\partial F = \text{Quant. data}$$

[*) Gerling glaubte, noch zwei Winkelgleichungen, je mit dem Absolutgliede Null, ansetzen zu müssen, wenn in einem Viereck die eine Diagonale nur einseitig beobachtet ist.]

stattfinden würde, nunmehro, weil die sechste, *F*, nicht gemessen ist, die Bedingungsgleichung

$$\partial A - \partial B + \partial C - \partial D + \partial E = 0$$

stattfinden müsse. Vielmehr ist eine solche Bedingungsgleichung durchaus unzulässig, und die beiden, die Sie anführen, addirt, würden sogar etwas in directem Widerspruch mit dem Übrigen stehendes geben.

Alle Diagonal-Einschnitte können lediglich durch diejenigen Bedingungsgleichungen mit benutzt werden, die solche Gleichungen, wie die oben mit ✡ bezeichneten, an die Hand geben. Es macht dabei gar keinen Unterschied, ob der Einschnitt auch reciprok stattgefunden hat oder nicht; es kommt bloss im ersten Fall noch diejenige Bedingungsgleichung hinzu, die aus der Winkelsumme des Einen Dreiecks entsteht (die aus dem andern [Dreiecke] ist dann implicite schon in den übrigen enthalten), welche im andern [Falle] wegfällt.

Übrigens wiederhole ich, dass alles viel einfacher in derjenigen Behandlungsmethode ausfällt, die ich vorzugsweise für meine Messungen gewählt habe. Übrigens kommt in meinem eigenen Hauptdreieckssystem gar keine solche Diagonale vor, die nicht auch reciprok gemessen wäre; die wenigen der Art, die an den Grenzen vorkommen, als Hohehagen—Meisner, etc., verschiedene neue Dreieckspunkte, Syk und Hohenhorn, habe ich gar nicht ins System aufgenommen, sondern bisher alle Ausgleichung nur auf die vollständige Messung gegründet, die andern Punkte aber gleichsam als Nebenpunkte betrachtet, in Beziehung auf welche die Lage meiner Hauptpunkte als absolut genau betrachtet ist. . . . . . .

Gauss an Gerling. Göttingen, 19. Januar 1840.

. . . . . . Das Durchlesen Ihrer schönen Schrift über Ihre ΔΔ hat mich veranlasst, mich etwas wieder in die Sache hineinzudenken, und einige Bemerkungen werden vermuthlich für Sie nicht ohne Interesse sein. Obgleich ich Ihnen vorausgesagt hatte, dass, bei der Zickzack-Behandlung der Bedingungsgleichungen nach zwei Gruppen, Sie nur eine langsame Convergenz haben würden, so war ich doch etwas verwundert, dass Sie nach einem Ihrer Briefe

15-mal alles durchgemacht haben (nach dem Buche 13-mal; ich weiss nicht, wie diese Discordanz zu erklären ist). Bei meinem eigenen Gradmessungssystem hatte ich gegen 50 Bedingungsgleichungen der zweiten und 12 von der dritten Art; aber hier war die Convergenz sehr schnell, so dass schon die dritte [Rechnung] in der $\frac{1}{1000}''$ stehende Resultate gab. Aber freilich wäre dies nicht möglich gewesen ohne einen besondern Kunstgriff, den Sie, wie mir scheint, nicht benutzt haben. Ob ich ihn Ihnen vor 15 Jahren angezeigt habe (in einem Ihrer Briefe beziehen Sie sich auf damals gemachte Mittheilungen), weiss ich nicht, ich bin aber auch ungewiss, ob ich damals ihn schon selbst ausgeübt hatte; meine grossen Ausgleichungsrechnungen sind, glaube ich, Anfang 1826 gemacht, ich habe aber nirgends eine Zeit notirt. Ich will versuchen, Ihnen eine Idee davon zu geben, obwohl eine ausführliche Entwickelung eine ziemlich starke Abhandlung geben könnte.

Ich nehme also an, die Ausgleichung auf die von den Winkelsummen abhängigen Bedingungsgleichungen sei schon einmal gemacht, und man wolle nun auf die Bedingungsgleichungen durch Seitenverhältnisse übergehen. Ich betrachte Kürze halber bloss ein Vierpunktsystem 0.1.2.3. Ist von den vier $\Delta\Delta$ 123 das grösste, so benutzen Sie die Formel $\frac{01}{02}\cdot\frac{02}{03}\cdot\frac{03}{01} = 1$ (hier sind 01, u. s. w. Seiten: von jetzt an bezeichne ich aber mit 01 den Winkel, welchen diese Seite mit der Zerolinie in 0 macht). Jene Gleichung gibt Ihnen unmittelbar eine Bedingungsgleichung zwischen 9 Correctionen; es erscheinen nemlich nicht mit: d01, d02, d03. Hätten Sie die Formel $\frac{10}{12}\cdot\frac{12}{13}\cdot\frac{13}{10} = 1$ gebraucht, so hätten Sie eine Bedingungsgleichung zwischen 9 andern Correctionen erhalten; es würden nemlich d10, d12, d13 gefehlt haben. Diese beiden Bedingungsgleichungen sind also nicht identisch, aber man kann die eine aus der andern ableiten, wenn man diejenigen Bedingungsgleichungen der zweiten Art, welche dem Viereck angehören, mit zuzieht. Hier tritt nun ein Fall ein, der oft vorkommt, und wo ein nicht genug zu preisender Rath seine Anwendung findet. Nemlich wenn bei einer Untersuchung die Bestandtheile symmetrisch vorliegen, und man kann auf mehr als Eine Weise zum Ziel kommen, wovon die eine so gut scheint wie die andere, und wo man also sich im Fall von Buridans Esel befindet, so soll man keinen dieser Wege wählen, sondern einen andern suchen, wo allen Bestandtheilen gleiches Recht wiederfährt. Darüber lassen sich freilich keine allgemeinen Regeln geben, wie das zu machen ist. Im gegenwärtigen Fall muss man darauf ausgehen, die Bedingungsgleichung

$$\alpha d10+\beta d12+\gamma d13+\delta d20+\varepsilon d21+\zeta d23+\eta d30+\theta d31+\varkappa d32=\lambda$$

so abzuändern, dass alle Correctionen darin sind; das ist nun sehr leicht gethan, man braucht nur

$$\begin{aligned} x(d01-d10+d12-d21+d20-d02)&=0\\ y(d01-d10+d13-d31+d30-d03)&=0\\ z(d12-d21+d23-d32+d31-d13)&=0 \end{aligned}$$

hinzu zu addiren, indem man x, y, z nach Gefallen wählt. Aber so sind wir noch um nichts gebessert, wenn wir nicht wissen, wie wir wählen sollen. Ich sage: wählt x, y, z so, dass die Summe der 12 Quadrate von den Coefficienten in der entstehenden Gleichung ein Minimum bildet, also

$$(x+y)^2+x^2+y^2+(\alpha-x-y)^2+(\beta+x+z)^2+\text{etc.}=\text{Minimum},$$

woraus Sie x, y, z mit leichter Mühe bestimmen.

Es lässt sich beweisen (freilich wird etwas künstliche Rechnung für diesen Beweis erfordert):

I. Dass man, wenn man dieses Geschäft viermal ausführte, nemlich zweitens ausgehend von $\frac{10}{12}\cdot\frac{12}{13}\cdot\frac{13}{10}=1$, dann von $\frac{20}{21}\cdot\frac{21}{23}\cdot\frac{23}{20}=1$ und viertens von $\frac{30}{31}\cdot\frac{31}{32}\cdot\frac{32}{30}=1$, man 4 Endgleichungen erhält, die, genau besehen, identisch unter einander sind, d. i. die sämmtlichen 13 Theile (den absoluten mit gezählt) sind in allen proportional. Der Rath, die erste Entwickelung, auf das grösste Dreieck gegründet [zu nehmen], hat bloss zum Zweck, alles in den grössten Zahlen zu erhalten, die wirklich resp. den Flächen der $\Delta\Delta$ 123, 023, 013, 012 proportional sind. Ich pflege übrigens der Sicherheit wegen alle 4 zu entwickeln.

Bei der Form 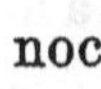 geben zwei zu einander addirt dieselbe Summe wie die beiden andern; bei der Form 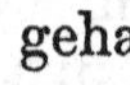 ist Eine die Summe der drei andern. Ich addire alle 4, natürlich so gefasst, dass absolute Addition stattfindet.

So erhellt, dass der Symmetrie ihr volles Recht wiederfahren ist. Übrigens gibt es hiebei noch Abkürzung der Arbeit, die ich übergehe, da die Arbeit, gegen das ganze Geschäft gehalten, jedenfalls ganz unbedeutend ist.

II. Aber es ist nicht bloss wegen der Symmetrie. Existirte bloss Ein solches Viereck, so würde hier der grosse Vortheil gewonnen, dass die Ausgleichung in dieser Form die Ausgleichung der 4 (unabhängig von einander bloss 3) Bedingungsgleichungen [der 2. Art], welche dies Viereck darbietet, gar nicht stört. Gibt es mehrere solche Vierecke, die von einander getrennt sind (keine Seite gemein haben), wie in meinem System mehrfach der Fall war, so bleibt derselbe Vortheil für alle diese; es werden dann immer nur die Winkelsummen in den angrenzenden ΔΔ gestört. Aber ich bin überzeugt, dass, selbst bei einem so verschränkten System wie das Ihrige, auf diesem Wege eine sehr bedeutend schnellere Ausgleichung gewonnen sein würde.

Ich glaube, es wird Ihnen Vergnügen machen, dieses Verfahren einmal auch nur auf Eines Ihrer Vierecke anzuwenden. Bei 5-Ecken, 6-Ecken, etc. ist es übrigens ganz analog.

Mir war wirklich dies Verfahren beinahe aus dem Gedächtniss gekommen, so dass ich es erst bei der Inspection alter Rechnungen von 1826 wieder fand. Denn bei den spätern ΔΔ, wie auch dieses Jahr bei den Messungen im Bremischen, gehe ich etwas anders zu Werke, da sie den grossen Zeitaufwand nicht verdienen. Ich gleiche erst bloss die Winkelsummen scharf aus, worin ich eine solche Fertigkeit habe, dass ich z. B. für die sehr verschränkte Bremer Messung nur Eine Stunde dazu brauche. Dann gehe ich zu den Bedingungsgleichungen der 3. Art (Seitenverhältnisse), die ich so behandle, dass, während ihnen genau Genüge geleistet wird, jene Winkelsummen durchaus gar nicht wieder gestört werden. Dies gibt zwar nicht das absolute Minimum der Quadratsumme, bleibt aber jedenfalls nicht viel davon zurück und bringt alles in vollkommene Übereinstimmung. Bei den westphälischen Messungen habe ich das Verfahren wohl so modificirt, dass ich das Geschäft mehrere Male durchmachte, was sich so einrichten lässt, dass man der absoluten kleinsten Quadratsumme immer näher kommt, je öfter man wiederholt. Indessen ist es ganz unmöglich, dies Verfahren in der Kürze zu beschreiben.

[4.]

Zur Ausgleichung der Winkel im Viereck.

Es seien die 4 Punkte a, b, c, d;

A doppelter Inhalt des Dreiecks bcd
[B » » » » cda
C » » » » dab
D » » » » abc].

Der Winkel bcd werde mit Ac bezeichnet, und so die übrigen.

Man setze

$$\log\frac{\sin Bc.\sin Cd.\sin Db}{\sin Bd.\sin Cb.\sin Dc} = \alpha$$

$$\log\frac{\sin Cd.\sin Da.\sin Ac}{\sin Ca.\sin Dc.\sin Ad} = \beta$$

$$\log\frac{\sin Da.\sin Ab.\sin Bd}{\sin Db.\sin Ad.\sin Ba} = \gamma$$

$$\log\frac{\sin Ab.\sin Bc.\sin Ca}{\sin Ac.\sin Ba.\sin Cb} = \delta.$$

Man hat dann [wenn die Winkelsummen in den Dreiecken bereits ausgeglichen sind:]

$$\frac{\alpha}{A} = \frac{\beta}{B} = \frac{\gamma}{C} = \frac{\delta}{D} = \mu,$$

[und angenähert nach Art. 1, indem man die Richtungsverbesserungen C^{01} und C^{10}, u. s. w., die jetzt mit ∂ab und ∂ba, u. s. w. bezeichnet werden, einander gleich setzt und gleichzeitig A für $-T^{0}$, B für T', C für $-T''$ und D für T''' schreibt,]

$$M\mu = \frac{ab^2}{CD}\cdot\partial ab - \frac{ac^2}{BD}\cdot\partial ac + \frac{ad^2}{BC}\cdot\partial ad + \frac{bc^2}{AD}\cdot\partial bc - \frac{bd^2}{AC}\cdot\partial bd + \frac{cd^2}{AB}\cdot\partial cd;$$

$$M = \frac{206265}{k}, \qquad k = \text{Modulus der briggischen Logarithmen}$$

$$\log M = 5{,}676\,6408.$$

Beispiel.

Viereck: Deister, Lichtenberg, Garssen, Falkenberg.
d c b a

[Die Ausgleichung der Winkelsummen der 4 Dreiecke des Vierecks in der Ebene hatte die nachstehenden Werthe ergeben.]

[Ab	47° 18′ 46″,567	[Ba	34° 33′ 59″,066	[Ca	57° 33′ 17″,328	[Da	22° 59′ 18″,262
Ac	66 1 16,315	Bc	55 34 13,347	Cb	99 14 52,202	Db	146 33 38,770
Ad]	66 39 57,118	Bd]	89 51 47,587	Cd]	23 11 50,470	Dc]	10 27 2,968
	180 0 0,000		180 0 0,000		180 0 0,000		180 0 0,000

[Die angenäherten Werthe der Logarithmen der Seiten sind:

ab . . . 4,44961	bc . . . 4,78266
ac . . . 4,93218	bd . . . 4,78052
ad . . . 4,84854	cd . . . 4,68605.

Damit ergibt sich:]

$\log A = 9{,}42951$	$\sin Cd$ . . . 9,595 3854	$\sin Ca$ . . . 9,926 2936
$\log B = 9{,}53459$	$\sin Da$ . . . 9,591 6709	$\sin Dc$ . . . 9,258 6170
$\log C = 9{,}22445$	$\sin Ac$ . . . 9,960 8017	$\sin Ad$ . . . 9,962 9423
$\log D = 8{,}97346$	9,147 8580	9,147 8529

[$\beta = 0{,}000\,0051$]

[β 4,70757	[ab^2 . . . 8,89922	[ac^2 9,86436	[ad^2 9,69708
B 9,53459	CD . . . 8,19791	BD . . . 8,50805	BC 8,75904
μ 5,17298	0,70131	1,35631	0,93804
M 5,67664	bc^2 9,56532	bd^2 9,56104	cd^2 9,37210
$M\mu$ . .] 0,84962	AD . .] 8,40297	AC . .] 8,65396	AB . . .] 8,96410
	1,16235	0,90708	0,40800

$$7''{,}073 = 5{,}027\,\partial ab - 22{,}715\,\partial ac + 8{,}670\,\partial ad + 14{,}533\,\partial bc - 8{,}074\,\partial bd + 2{,}559\,\partial cd.$$

[Hieraus erhält man für die Verbesserungen

$$\partial ab = 5{,}027\,\varkappa, \qquad \partial ac = -22{,}715\,\varkappa, \quad \text{u. s. w.},$$

wo

$$899{,}35\,\varkappa = 7{,}073,$$

also

$$\log \varkappa = 7{,}89567 - 10$$

ist.]

$$\partial ab = +0'',0395$$
$$\partial ac = -0,1786$$
$$\partial ad = +0,0682$$
$$\partial bc = +0,1143$$
$$\partial bd = -0,0635$$
$$\partial cd = +0,0201.$$

[Die Winkelverbesserungen sind daher

$$\partial Ab = -\partial bc + \partial bd = -0'',178$$
$$\partial Ac = -\partial cd + \partial bc = +0,094$$
$$\partial Ad = -\partial bd + \partial cd = +0,084$$
u. s. w.

Mit dem gegebenen Werthe der Seite *cd* (Lichtenberg—Deister) als Ausgangswerth für die Seitenberechnung ergibt sich mithin die folgende Zusammenstellung:]

[Station	Winkel	log sin	Log. der Seiten]
Garssen	47° 18' 46'',389	9,866 3270	4,686 0451
Lichtenberg	66 1 16,409	9,960 8018	4,780 5199
Deister	66 39 57,202	9,962 9424	4,782 6605
Falkenberg	34 33 59,313	9,753 8603	4,686 0451
Lichtenberg	55 34 13,148	9,916 3595	4,848 5443
Deister	89 51 47,539	9,999 9988	4,932 1836
Falkenberg	57 33 17,357	9,926 2937	4,780 5199
Garssen	99 14 52,305	9,994 3182	4,848 5444
Deister	23 11 50,338	9,595 3848	4,449 6110
Falkenberg	22 59 18,044	9,591 6698	4,782 6605
Garssen	146 33 38,695	9,741 1930	4,932 1837
Lichtenberg	10 27 3,261	9,258 6204	4,449 6111

[5.]

Viereck zwischen 4 Punkten 1. 2. 3. 4.

Bedingungsgleichung wird so formirt: Product der Perpendikel auf die Seite 12 aus den Punkten 3 und 4 sei $p'p'$, etc.; dann ist, Richtung der Seite 12 mit a [ihre Verbesserung mit $da = d12$] bezeichnet und $p'p' = A$ gesetzt, und so mit den übrigen:

$$0 = \frac{da}{A} + \frac{db}{B} + \cdots$$

[oder]

$$0 = d12 - \frac{\sin 142 \sin 321}{\sin 314 \sin 132} d13 + \frac{\sin 213 \sin 421}{\sin 314 \sin 142} d14$$

$$+ \frac{\sin 213 \sin 421}{\sin 324 \sin 132} d23 - \frac{\sin 214 \sin 321}{\sin 324 \sin 142} d24 + \left\{ \begin{array}{l} \dfrac{\sin 214 \sin 321}{\sin 143 \sin 432} d34 \\ \text{oder } \dfrac{\sin 213 \sin 421}{\sin 431 \sin 243} d34. \end{array} \right.$$

[6.]

[Ausgleichung eines Polygons.]

Schliesst eine Anzahl von n Dreiecken um Einen Punkt zusammen und ist

A Correction der Summe der Winkel a, a', a'' im ersten Dreieck
B » » » b, b', b'' » zweiten »
C » » » c, c', c'' » dritten »
u. s. w.,

und S die Correction der Summe der Winkel $a+b+c+$etc. [die um den Punkt herum liegen], so corrigirt man

$$a \quad \text{um } \frac{n-1}{3n} A - \frac{1}{3n} B - \frac{1}{3n} C - \cdots + \frac{1}{n} S$$

$$\left.\begin{array}{l} a' \\ a'' \end{array}\right\} \text{ jeden um } \frac{2n+1}{6n} A + \frac{1}{6n} B + \frac{1}{6n} C + \cdots - \frac{1}{2n} S$$

u. s. w.

[Vorausgesetzt ist hiebei, dass man nur die Winkelgleichungen, nicht aber die Seitengleichung, in Rücksicht zieht, und dass alle Winkelbeobachtungen gleiches Gewicht, 1, haben.]

Diese Vorschrift kann auch auf folgende Art eingekleidet werden.

1) Man verbessere zuerst jeden Winkel im ersten Dreieck um $\frac{1}{3}A$, im zweiten um $\frac{1}{3}B$, u. s. w.

2) Sodann nochmals die um den Einen Punkt herum liegenden, so dass sie schliessen.

3) Dann bringe man noch die Hälfte dieser andern Correction mit entgegengesetztem Zeichen auf jeden der übrigen Winkel.

Der mittlere noch zu befürchtende Fehler [eines jeden $a, b, c, \ldots$ ist gleich]

$$m\sqrt{\frac{2n-2}{3n}}$$

[und eines jeden $a', b', a'', b'', \ldots$ gleich]

$$m\sqrt{\frac{4n-1}{6n}}.$$

[m ist der mittlere Fehler der Gewichtseinheit.]

[7.]

Gewicht von Höhenbestimmungen.

Mit einem Anfangspunkt P ist eine Reihe anderer [Punkte] p, p', p'', $p''', \ldots p^{(n)}$, u. s. f. so verbunden, dass die Höhenunterschiede Pp, Pp', pp', pp'', $p'p''$, $p'p'''$, $p''p'''$, $p''p^{\text{IV}}$, u. s. f., also die Unterschiede jeder Höhe von den Höhen der beiden vorhergehenden und der beiden folgenden, mit gleicher Zuverlässigkeit beobachtet sind. Dann ist das Gewicht der Bestimmung des Höhenunterschiedes zwischen P und $p^{(n)}$ nach der Methode der kleinsten Quadrate

$n =$	0	1	2	3	4	5	6	7	8	9
Gewicht:	$\frac{1}{1}$	$\frac{3}{2}$	$\frac{8}{8}$	$\frac{21}{24}$	$\frac{55}{75}$	$\frac{144}{224}$	$\frac{377}{663}$	$\frac{987}{1932}$	$\frac{2584}{5576}$	$\frac{6765}{15950}$.

Die Zähler sind die Coefficienten der Reihe aus der Entwickelung des Bruchs

$$\frac{1}{1-3x+xx}$$

und folglich in der Formel

$$\tfrac{1}{5}(3r^{n+1}-2r^n-2r^{-n}+3r^{-n-1})$$

begriffen, wo

$$2r=3+\sqrt{5} \quad \text{oder} \quad r=2,6180340$$
$$\log r=0,4179752$$

ist; ebenso entstehen die Nenner aus der Entwickelung des Bruchs

$$\frac{(1-x)^2}{(1+x)(1-3x+xx)^2}$$

und werden also dargestellt durch die Formel

$$\tfrac{1}{25}\{(3n+7)r^{n+1}-(2n+2)r^n-(2n+2)r^{-n}+(3n+7)r^{-n-1}+(-1)^n 8\}.$$

Der Grenzausdruck für das Gewicht wird

$$\frac{25}{5n+5+4\sqrt{5}}.$$

BEMERKUNGEN.

Die Notiz [1] und der grösste Theil von [2], sowie die Notiz [7] befinden sich in demselben Handbuche. [6] gehört einem andern Handbuche an. Das Schlussergebniss von [2] steht auf der letzten Seite des GAUSSschen Exemplars von CARNOTS Geometrie der Stellung, übersetzt von SCHUMACHER. Erster Theil, 1810.

Wenn in einem Viereck mit Hülfe von 3 Winkelgleichungen, in der Weise wie unter [3] im Briefe an GERLING vom 19. Januar 1840 angegeben ist, die Seitengleichung umgeformt wird, so lässt sich leicht zeigen (vergl. II, S. 253), dass die durch die Ausgleichung des Vierecks sich ergebenden Verbesserungen sich zusammensetzen aus den Verbesserungen, welche die Ausgleichung mit Rücksicht auf 3 Winkelgleichungen allein, und den Verbesserungen, welche die Ausgleichung der umgeformten Seitengleichung allein erfordert. Denn bildet man aus den Winkelgleichungen und der umgeformten Seitengleichung die Ausdrücke für die Correlaten und mit diesen die Normalgleichungen, so hängen die den Winkelgleichungen entsprechenden Normalgleichungen mit der Normalgleichung, die aus der umgeformten Seitengleichung entsteht, nicht zusammen. Vorausgesetzt ist dabei, dass die Factoren, mit denen die Winkelgleichungen multiplicirt sind, bevor sie zur ursprünglichen Seitengleichung addirt wurden, so bestimmt werden, dass die Summe der Quadrate der Coefficienten in der neu entstandenen Seitengleichung ein Minimum wird. Es ist hiebei nicht nöthig, dass die constanten Glieder der Winkelgleichungen, die zur Umformung der Seitengleichung benutzt werden, vorher durch Ausgleichung auf Null gebracht sind. Ist aber das letztere der

Fall, so muss die Constante der Seitengleichung natürlich mit den Werthen berechnet werden, die die Ausgleichung der Winkelgleichungen geliefert hat.

Die Aufzeichnung unter [4] ist einem zur hannoverschen Gradmessung gehörigen Rechnungshefte entnommen. Die Seitengleichungen in der angegebenen Form sind dort bei einer Ausgleichung der aus den Jahren 1821 bis 1823 stammenden Dreiecke bis zur Seite Hamburg-Timpenberg angesetzt worden. Nachdem zuerst die Winkelsummen der Dreiecke ausgeglichen sind, erfolgt die Ausgleichung der von den Seitenverhältnissen herrührenden abgekürzten Bedingungsgleichungen. Die Winkelsummen der Dreiecke werden durch diese Ausgleichung nicht geändert. Auf dieses Verfahren bezieht sich wohl der Schluss des unter [3] mitgetheilten Briefes an GERLING vom 19. Januar 1840. Für numerische Rechnungen erhält man diese Seitengleichung ebenso bequem, wenn man die Coefficienten ihrer Verbesserungen in gewöhnlicher Weise entweder mittelst logarithmischer Differenzen oder mittelst der Cotangenten der zugehörigen Winkel bildet, und alsdann die Verbesserung der Richtung hi gleich der Verbesserung der Richtung ih setzt.

Die erste Formel des Art. [5] befindet sich in demselben Rechnungshefte wie [4], während die zweite Formel auf das Vorsatzblatt einer Logarithmentafel eingetragen ist. Wenn das Product der Perpendikel von den Punkten 3 und 4 auf die Seite 12 durch P_{12}, das Product der Perpendikel aus 2 und 4 auf 13 durch P_{13}, u. s. w. bezeichnet wird, ferner d12, d13, u. s. w. die Richtungsänderungen von 12, 13, u. s. w. bedeuten, so lautet, wenn das Viereck ausgeglichen ist, nach Art. [4] die Seitengleichung in der angenäherten Form:

$$\frac{\mathrm{d}12}{P_{12}} - \frac{\mathrm{d}13}{P_{13}} + \frac{\mathrm{d}14}{P_{14}} + \frac{\mathrm{d}23}{P_{23}} - \frac{\mathrm{d}24}{P_{24}} + \frac{\mathrm{d}34}{P_{34}} = 0.$$

Hieraus ergibt sich sofort die zweite Formel des Art. [5]. Im Original hat das Glied mit d14 der letztern das Minusvorzeichen, während die übrigen Glieder sämmtlich positiv sind; es ist jedoch dieser Formel von GAUSS zugefügt: »Vorbehaltlich der Vorzeichen.«

Zu der Notiz [7] sei noch folgendes bemerkt. Ist

$$-N_{i-1} + 3N_i - N_{i+1} = 0,$$

wobei $N_0 = 0$ und $N_1 = 1$ ist, so wird das reciproke Gewicht des Höhenunterschiedes durch die Formel

$$\frac{(5n+17)N_{n+1} - 8N_n + (-1)^n 8}{25 N_{n+1}}$$

erhalten, aus der, wegen $\lim\limits_{n=\infty} \dfrac{N_n}{N_{n+1}} = \dfrac{3-\sqrt{5}}{2}$, als Grenzausdruck

$$\frac{5n+5+4\sqrt{5}}{25}$$

folgt.

KRÜGER.

STATIONSAUSGLEICHUNGEN.

NACHLASS UND BRIEFWECHSEL.

[1.]

[Stationsausgleichung für] Zeven aus sämmtlichen Messungen von 1824 und 1825 (ohne die vom 4. und 5. August).

[Annahme für die Azimuthe.]

1	Steinberg	$1^0\,17'\,45'',262+a$
	Brüttendorf, Centr.	17 21 48,275
2	— Strich	$17\;21\;58,264+f$
	Bremen, Centr.	53 26 10,871
3	— Heliotrop	$53\;26\;13,375+b$
4	Brillit	$124\;13\;47,128+c$
5	Selsingen	$152\;47\;56,646+d$
6	Litberg	$246\;0\;49,110+e$
7	Wilsede	$288\;22\;42,653+f$

[Beobachtete Winkel	Anzahl der Repetitionen	Kreis l.	Kreis r.	Beobachtungswerthe]
1.3	57 =	35+	22	$52^0\;8'\;27'',798$
1.4	68	40	28	122 56 1,603
1.5	9	2	7	151 30 11,417
3.4	132	70	62	70 47 33,506
3.5	16	2	14	99 21 44,047
4.5	12	*	12	28 34 8,541
4.7	48	30	18	164 8 54,719
6.7	45	15	30	42 21 53,578
6.1	53	29	24	115 16 56,075

[Beobachtete Winkel	Anzahl der Repetitionen	Kreis *l.*	Kreis *r.*	Beobachtungswerthe]
6.3	2 =	2 +	*	167° 25′ 25,″500
7.1	27	5	22	72 55 1,408
7.2	20	10	10	88 59 15,611
7.3	3	3	*	125 3 29,167
3.4 + 3.1	$\frac{1}{2}$	*	$\frac{1}{2}$	18 39 5,500.

[Die Ausdrücke für die Fehler der Beobachtungswerthe sind alsdann:]

$$+0{,}''315 - a + b$$
$$+0{,}263 - a + c$$
$$-0{,}033 - a + d$$
$$+0{,}247 - b + c$$
$$-0{,}776 - b + d$$
$$+0{,}977 - c + d$$
$$+0{,}806 - c + f$$
$$-0{,}035 - e + f$$
$$+0{,}077 + a - e$$
$$-1{,}235 + b - e$$
$$+1{,}201 + a - f$$

* *

$$+1{,}555 + b - f$$
$$+0{,}140 + a - 2b + c.$$

[Wenn diesen Ausdrücken die Repetitionszahlen für die zugehörigen Winkel als Gewichte beigelegt werden, so ergeben sich die nachstehenden Normalgleichungen:]

$$[0 = +1{,}036 + 214{,}5a - 58b - 67{,}5c - 9d - 53e - 27f$$
$$0 = -0{,}178 - 58\,a + 212b - 133\,c - 16d - 2e - 3f$$
$$0 = +0{,}146 - 67{,}5a - 133b + 260{,}5c - 12d \;\; * \; - 48f$$
$$0 = -0{,}989 - 9\,a - 16b - 12\,c + 37d \;\; * \;\; *$$
$$0 = -0{,}036 - 53\,a - 2b \;\; * \;\; * + 100e - 45f$$
$$0 =] +0{,}021 - 27\,a - 3b - 48\,c \;\; * \; - 45e + 123f.$$

[Zu ihrer Auflösung hat man das folgende Tableau, bei dem die Werthe der Constanten und der Unbekannten in Einheiten der 3. Decimalstelle der Secunde zu verstehen sind.]

$d=+27$	$a=-4$	$b=+2$	$e=-2$	$f=-2$	$e=-1$
+793	− 65	−181	− 75	−21	+32
−610	−378	+ 46	+ 50	+56	+58
−178	+ 92	−174	−174	−78	−78
+ 10	+ 46	+ 14	+ 14	+14	+14
− 36	+176	+172	− 28	+62	−38
+ 21	+129	+123	+213	−33	+12.

a	− 4
b	+ 2
c	0
d	+27
e	− 3
f	− 2.

[2.]

[Stationsausgleichung für] Brillit.

[Annahme für die Azimuthe.]

1	19° 41′ 57,″982 + a	Bremen, Heliotrop
2	49 19 52,539 + b	Garlste
3	124 0 37,967 + c	Bremerlehe, Heliotrop
4	304 13 51,679 + d	Zeven, Heliotrop.

[Beobachtungstableau.]

[Gemessene Winkel	Anzahl der Repetitionen]	[Kreis] $l.$	$r.$	dir.	suppl.
1.2	42	22	20	21	21
2.3	48	24	24	24	24
4.1	44	23	21	23	21
4.2	40	20	20	20	20
4.3	24	7	17	13	11.

Mit Rücksicht auf die constante Verbesserung der Winkel $= x'$, steht das Tableau so:

[Winkel	Repetitionszahl	Beobachtungswerth]
1.2	21	$29^0 37' 53'',381 + x'$
	21	$55,845 - x'$
2.3	24	$74\ 40\ 44,844 + x'$
	24	$46,021 - x'$
4.1	21	$75\ 28\ 5,631 + x'$
	20	$7,050 - x'$
	3	$6,333 + \frac{1}{3}x'$ [*)]
4.2	15	$105\ 6\ 0,317 + x'$
	15	$1,533 - x'$
	10	$0,450 \quad *$ [**)]
4.3	13	$179\ 46\ 45,962 + x'$
	11	$46,522 - x'$.

[Wird] $x' = +0'',723 + x$ [gesetzt, so lauten die Ausdrücke für die Beobachtungsfehler der Winkel:]

$$+0'',453 - a + b - x$$
$$-0,565 - a + b + x$$
$$-0,139 - b + c - x$$
$$+0,130 - b + c + x$$
$$-0,051 + a - d - x$$
$$-0,024 + a - d + x$$
$$-0,271 + a - d - \tfrac{1}{3}x$$
$$-0,180 + b - d - x$$
$$+0,050 + b - d + x$$
$$+0,410 + b - d \quad *$$
$$-0,397 + c - d - x$$
$$+0,489 + c - d + x,$$

[aus denen, wenn die zugehörigen Repetitionszahlen als Gewichte angenommen

[*) Im Beobachtungsbuche ist dieser Messung zugefügt:] »1. und 3. [Repetition] direct, 2. Supplement.«

[**) Zu dieser Messung ist im Beobachtungsbuche bemerkt:] »abwechselnd dir. und Suppl.; 1. 3. 5. 7. 9. direct, 2. 4. 6. 8. 10. Supplement.«

werden, sich die nachstehenden Normalgleichungen ergeben:]

$$\begin{aligned}
[0 &= -0{,}070 + 185\tfrac{1}{3}x - 2a \quad * \quad - 2c + 4d \\
0 &= -0{,}012 - 2x + 86a - 42b \quad * \quad - 44d \\
0 &= +0{,}014 \quad * \quad - 42a + 130b - 48c - 40d \\
0 &= +0{,}002 - 2x \quad * \quad - 48b + 72c - 24d \\
0 &=] -0{,}004 + 4x - 44a - 40b - 24c + 108d.
\end{aligned}$$

[Ihre Auflösung beeinflusst die dritte Decimalstelle der Secunde in den angenommenen Werthen nicht mehr; mithin sind diese auch zugleich die Ausgleichungswerthe.]

Summe der [mit den zugehörigen Repetitionszahlen multiplicirten] Quadrate [der Fehler]: 19,052630.

[Mittleres Fehlerquadrat:] $\frac{1}{8} \cdot 19{,}052630 = 2{,}381579.$

[Mittlerer Fehler der Gewichtseinheit:] $\sqrt{2{,}381579} = \pm 1'',543236.$

[Nach der Ausgleichung ist das] Gewicht von $x' = +0'',723 + x$ gleich 185,1624; [daher]

E. m. $\left[= \frac{1{,}543}{\sqrt{185{,}16}}\right] = \pm 0'',113$

E. pr. $[= \pm 0{,}113 \cdot 0{,}674 \ldots] = \pm 0{,}076.$

Bei den neuen Messungen in Zeven ist

Bremen—Brillit 25 [Rep.]	direct	70° 47′ 32″,810	50 [Rep.] . . 70° 47′ 33″,660
25 »	Supplement	34,510	

$x = 0'',850.$

[3.]

Wilsede

aus sämmtlichen Messungen von 1822 und 1824.

[Annahme.]

1	Falkenberg	7° 51′ 9″,430 + a
2	Elmhorst	46 31 36,382 + b
3	Steinberg	67 11 27,430 + c
4	Bottel	72 0 39,776 + d
5	Bullerberg	89 5 3,816 + e

6	Brüttendorf	103° 40′ 9″,194 + f
7	Zeven	108 22 39,286 + g
8	Litberg	138 28 9,283 + h
9	Hamburg	183 29 1,167 + i
10	Syk	204 28 34,438 + k
11	Hohenhorn	219 29 33,893 + l
12	Lüneburg	253 20 5,387 + m
13	Nindorf	275 29 13,209 + n
14	Timpenberg	283 5 9,299 + o
15	Wulfsode	298 29 57,926 + p
16	Breithorn	330 3 15,798 + q
17	Hauselberg	334 25 35,152 + r.

[Beobachtete Winkel	Gewichte	Beobachtungswerthe	Fehlerausdrücke]
1 . 5	7	81° 13′ 53″,429	+ 0″,957 − a + e
1 . 6	20	95 49 0,287	− 0,523 − a + f
2 . 3	40	20 39 50,369	+ 0,679 − b + c
2 . 6	8	57 8 33,469	− 0,657 − b + f
2 . 7	29	61 51 3,103	− 0,199 − b + g
2 . 8	68	91 56 33,140	− 0,239 − b + h
2 . 9	3	136 57 24,167	+ 0,618 − b + i
3 . 6	10	36 28 41,225	+ 0,539 − c + f
3 . 7	11	41 11 10,773	+ 1,083 − c + g
3 . 8	11	71 16 42,455	− 0,602 − c + h
3 . 9	12	116 17 32,417	+ 1,320 − c + i
4 . 5	15	17 4 23,800	+ 0,240 − d + e
4 . 6	20	31 39 29,687	− 0,269 − d + f
4 . 7	5	36 21 59,300	+ 0,210 − d + g
5 . 6	20	14 35 4,863	+ 0,515 − e + f
6 . 7	18	4 42 30,458	− 0,366 − f + g
6 . 8	50	34 48 0,125	− 0,036 − f + h
7 . 8	41	30 5 30,067	− 0,070 − g + h
8 . 9	30	45 0 52,592	− 0,708 − h + i

[Beobachtete Winkel	Gewichte	Beobachtungswerthe	Fehlerausdrücke]
8.12	10	114° 51′ 56,″275	$-0,''171-h+m$
9.10	30	20 59 33,575	$-0,304-i+k$
9.11	50	36 0 32,745	$-0,019-i+l$
9.12	58	69 51 3,840	$+0,380-i+m$
9.17	20	150 56 34,762	$-0,777-i+r$
10.11	20	15 0 59,912	$-0,457-k+l$
11.17	21	114 56 1,738	$-0,479-l+r$
12.13	30	22 9 7,983	$-0,161-m+n$
12.14	15	29 45 3,917	$-0,005-m+o$
12.15	2	45 9 52,875	$-0,336-m+p$
12.17	27	81 5 29,213	$+0,552-m+r$
12.1	20	114 31 3,413	$+0,630-m+a$
12.4	12	178 40 34,521	$-0,132-m+d$
13.14	4	7 35 56,812	$-0,722-n+o$
13.16	20	54 34 2,687	$-0,098-n+q$
14.15	72	15 24 48,837	$-0,210-o+p$
14.16	52	46 58 6,423	$+0,076-o+q$
14.17	21	51 20 25,464	$+0,389-o+r$
15.16	54	31 33 17,733	$+0,139-p+q$
15.17	52	35 55 37,356	$-0,130-p+r$
15.1	38	69 21 11,941	$-0,437-p+a$
16.17	10	4 22 18,400	$+0,954-q+r$
17.1	55	33 25 34,273	$+0,005-r+a$
(2.3)+(2.7)	$\frac{1}{2}$	82 30 55,250	$-1,298-2b+c+g$
(2.7)+(6.7)	$\frac{1}{2}$	66 33 34,000	$-1,004-b-f+2g$
(6.8)+9(7.8)	$\frac{1}{10}$	305 37 28,000	$+2,062-f-9g+10h$
(6.4)+3(6.8)	$\frac{1}{4}$	72 44 27,500	$+3,349+d-4f+3h.$

[Den Fehlerausdrücken entsprechen mit Rücksicht auf die zugehörigen Gewichte die folgenden Normalgleichungen:]

[0 = +0,030	+140a	*	*	*	− 7e	− 20 f	*	*	*	*	*	− 20m	*	*	− 38p	*	− 55r
0 = +0,065	*	+150,5b	−41 c	*	*	− 7,5f	− 31 g	− 68 h	− 3i	*	*	*	*	*	*	*	*
0 = −0,010	*	− 41 b	+84,5c	*	*	− 10 f	− 10,5g	− 11 h	− 12i	*	*	*	*	*	*	*	*
0 = −0,016.75	*	*	*	+52,25d	−15e	− 21 f	− 5 g	+ 0,75h	*	*	*	− 12m	*	*	*	*	*
0 = −0,001	− 7a	*	*	−15 d	+42e	− 20 f	*	*	*	*	*	*	*	*	*	*	*
0 = −0,071.2	− 20a	− 7,5b	−10 c	−21 d	−20e	+150,6f	− 18,1g	− 54 h	*	*	*	*	*	*	*	*	*
0 = −0,034.8	*	− 31 b	−10,5c	− 5 d	*	− 18,1f	+114,6g	− 50 h	*	*	*	*	*	*	*	*	*
0 = −0,020.25	*	− 68 b	−11 c	+ 0,75d	*	− 54 f	− 50 g	+222,25h	− 30i	*	*	− 10m	*	*	*	*	*
0 = +0,024	*	− 3 b	−12 c	*	*	*	*	− 30 h	+203i	−30k	−50l	− 58m	*	*	*	*	− 20r
0 = +0,020	*	*	*	*	*	*	*	*	− 30i	+50k	−20l	*	*	*	*	*	*
0 = −0,031	*	*	*	*	*	*	*	*	− 50i	−20k	+91l	*	*	*	*	*	− 21r
0 = −0,013	− 20a	*	*	−12 d	*	*	*	− 10 h	− 58i	*	*	+174m	−30n	− 15o	− 2p	*	− 27r
0 = +0,018	*	*	*	*	*	*	*	*	*	*	*	− 30m	+54n	− 4o	*	− 20q	*
0 = +0,036	*	*	*	*	*	*	*	*	*	*	*	− 15m	− 4n	+164o	− 72p	− 52q	− 21r
0 = +0,068	− 38a	*	*	*	*	*	*	*	*	*	*	− 2m	*	− 72o	+218p	− 54q	− 52r
0 = −0,042	*	*	*	*	*	*	*	*	*	*	*	*	−20n	− 52o	− 54p	+136q	− 10r
0 =] −0,021	− 55a	*	*	*	*	*	*	*	− 20i	*	−21l	− 27m	*	− 21o	− 52p	− 10q	+206r.

[Durch die Auflösung dieser Normalgleichungen wird die Tausendstel Secunde in den angenommenen Werthen für die Azimuthe nicht mehr beeinflusst.

Mittlerer Fehler eines einmal gemessenen Winkels =] $\pm 2'',5106$.

[4.]

{Ausgleichung der auf dem Windberge gemessenen Winkel
[vom Art.-Lieut. F. Hartmann].

	Zielpunkte	[Annahme]
1	Kirchhesepe	37° 1′ 38″,0
2	Kloster ter Apel	91 23 46,2 + *a*
3	Onstwedde	119 22 52,6 + *b*
4	Leer	174 5 30,3 + *c*
5	Bassel	205 42 28,0 + *d*
6	Molbergen	276 35 42,5 + *e*
7	Queckenberg, Signal	339 44 55,9 + *f*.

[Winkel	Annahme		Beobachtung]
1.2	54° 22′ 8″,2	+ *a*	= 54° 22′ 7″,575
1.3	82 21 14,6	* + *b*	= 82 21 13,925
1.4	137 3 52,3	* * + *c*	= 137 3 52,650
1.5	168 40 50,0	* * * + *d*	= 168 40 49,575
6.1	120 25 55,5	* * * * − *e*	= 120 25 55,400
7.1	57 16 42,1	* * * * * − *f*	= 57 16 41,900
2.3	27 59 6,4	− *a* + *b*	= 27 59 6,237
2.4	82 41 44,1	− *a* * + *c*	= 82 41 45,100
2.5	114 18 41,8	− *a* * * + *d*	= 114 18 41,465
2.6	185 11 56,3	− *a* * * * + *e*	= 185 11 55,500
7.2	111 38 50,3	+ *a* * * * * − *f*	= 111 38 51,240
3.4	54 42 37,7	* − *b* + *c*	= 54 42 37,625
3.5	86 19 35,4	* − *b* * + *d*	= 86 19 36,900
3.6	157 12 49,9	* − *b* * * + *e*	= 157 12 50,350
7.3	139 37 56,7	* + *b* * * * − *f*	= 139 37 58,450

4.5	31° 36′ 57,″7	* *−c+d	=	31° 36′ 56,″275
4.6	102 30 12,2	* *−c *+e	=	102 30 13,050
4.7	165 39 25,6	* *−c * *+f	=	165 39 26,450
5.6	70 53 14,5	* * *−d+e	=	70 53 14,900
5.7	134 2 27,9	* * *−d *+f	=	134 2 29,475
6.7	63 9 13,4	* * * *−e+f	=	63 9 13,255.

[Fehlerausdrücke für die beobachteten Winkel:]

+0,″625	+a
+0,675	*+b
−0,350	* *+c
+0,425	* * *+d
+0,100	* * * *−e
+0,200	* * * * *−f
+0,163	−a+b
−1,000	−a *+c
+0,335	−a * *+d
+0,800	−a * * *+e
−0,940	+a * * * *−f
+0,075	*−b+c
−1,500	*−b *+d
−0,450	*−b * *+e
−1,750	*+b * * *−f
+1,425	* *−c+d
−0,850	* *−c *+e
−0,850	* *−c * *+f
−0,400	* * *−d+e
−1,575	* * *−d *+f
+0,145	* * * *−e+f.

Normalgleichungen.

$$0 = -0{,}613 + 6a - b - c - d - e - f$$
$$0 = +0{,}963 - a + 6b - c - d - e - f$$
$$0 = -1{,}000 - a - b + 6c - d - e - f$$
$$0 = +2{,}660 - a - b - c + 6d - e - f$$
$$0 = -1{,}145 - a - b - c - d + 6e - f$$
$$0 = +0{,}210 - a - b - c - d - e + 6f$$

[woraus folgt, da $0 = +1{,}075 + a + b + c + d + e + f$ wird:

$$a = -0{,}''066 \qquad c = -0{,}''011 \qquad e = +0{,}''010$$
$$b = -0{,}291 \qquad d = -0{,}534 \qquad f = -0{,}183,$$

und hiemit als mittlerer Winkelfehler: $\pm\, 0{,}''96$].

Bemerkung. Die Winkel sind mit dem 8-zölligen alten Reichenbach-schen Theodolithen gemessen worden, ich pointirte indessen mit meinem eigenen Fernrohr von 40-maliger Vergrösserung; jeder einzelne Winkel wurde 20-mal repetirt, Ablesungen von 5 zu 5, und zwar wurden erst 5 vorwärts, dann 5 rückwärts gemessen. Die Hemmung des Nonienkreises und das Einstellen des Fernrohrs geschah mit der rechten Hand (Klemme des Nonienkreises rechts). Die Beweglichkeit des Armes mit dem Versicherungsfernrohr wurde durch das Anziehen der Schrauben, welche durch das Band gehen, ganz aufgehoben; die Kugel und Mutter von der Micrometerschraube an der Klemme des eingetheilten Kreises wurden so fest gepresst, dass wenigstens kein Spielraum übrig blieb; die Kugel und Mutter von der Micrometerschraube des Nonienkreises wurden nicht ganz so stark, aber hinlänglich fest geklemmt. Die Hemmung des Nonienkreises geschah mit vieler Vorsicht, und es wurde nur so fest geklemmt, dass sich durch den Schwung bei dem Herumführen des ganzen Instruments der Nonienkreis nicht verstellen konnte. Der verticale Faden und die optische Axe wurden fast jeden Tag berichtigt; das Nivellement erhielt sich fast durchaus unveränderlich, die Aufstellung war sehr fest.}

[5.]

[Beobachtungen auf] Breithorn [1822].

Sept. 13. Nachmittags.

Z[enith-]D[istanz] der Oberfläche des Hauselberg-Steines.

[Rep.	Ables. an 4 Nonien]		
0	101° 41′ 22″.22″.22″.24″ = 101° 41′ 22″,50	90° 1′ 47″,9625.	
20	102 17 22.23.20.22 = 102 17 21,75		

Z.-D. der Oberfläche des Escheder Steines [*)].

0	102 17 22. etc. = 102 17 21,75	90 10 36,375.	
20	105 49 28.30.30.29 = 105 49 29,25		

Theodolith. Kreis links.

Eschede, Stein — Hauselberg, Stein.

0	283 13 63.59.70.65 = 283 14 4,25	121 56 7,900.	
10	62 35 21.24.29.19 = 62 35 23,25		

Eschede, Stein — Falkenberg, Stein (schwer von naher Baumspitze zu unterscheiden).

0	62 35 21. etc. = 62 35 23,25	93 38 25,850.	
10	278 59 39.38.47.43 = 278 59 41,75		

Eschede, Stein — Hauselberg, Stein.

0	278 59 39. etc. = 278 59 41,75	121 56 9,525	121° 56′ 8″,925.
10	58 21 15.19.20.14 = 58 21 17,00		
20	197 42 39.37.39.46 = 197 42 40,25	8,325	

Wilseder Signalbaum — Hauselberg, Stein.

0	197 42 39. etc. = 197 42 40,25	27 28 1,000.	
2	142 46 40.38.37.38 = 142 46 38,25		

[*) Der Punkt Eschede ist später Scharnhorst genannt.]

Sept. 14. Vormittags 11^h. Sehr stark undulirende Luft.

Z.-D. des Wilseder Heliotrops.

0	108° 47′ 14″.11″.17″.17″ = 108° 47′ 14″,75	90° 7′ 46″,500	90° 7′ 43″,083.
2	289 2 45.50.49.47 = 289 2 47,75	7 22,125	
4	109 17 29.35.33.31 = 109 17 32,00	8 0,625	
6	289 33 29.38.35.31 = 289 33 33,25		

Z.-D. des Escheder Heliotrops.

0	289 33 29. etc. = 289 33 33,25	90 11 14,812	90 11 14,333.
4	290 18 29.38.33.30 = 290 18 32,50	11 23,500	
8	291 4 5. 9. 6. 6 = 291 4 6,50	11 4,687	
12	291 48 23.30.24.24 = 291 48 25,25		

Z.-D. des Wilseder Heliotrops (von 2^h an). Luft etwas besser.

0	291 48 23. etc. = 291 48 25,25	90 6 44,250	90 6 30,337.
8	292 42 19.23.18.17 = 292 42 19,25	6 21,062	
20	293 58 30.33.34.31 = 293 58 32,00		

Theodolith. Kreis rechts.

Wilsede [Heliotrop] — Hauselberg, Stein.

0	322 46 31.32.34.35 = 322 46 33,00	27 27 14,200.
5	185 30 26.22.17.23 = 185 30 22,00	

Wilsede, Heliotrop — Eschede, Stein.

0	185 30 26. etc. = 185 30 22,00	149 23 18,6875.
4	307 57 4. 6.10. 9 = 307 57 7,25	

Wilsede, Heliotrop — Hauselberg, Stein.

0	307 57 4. etc. = 307 57 7,25	27 27 12,300.
5	170 41 6. 9. 1. 7 = 170 41 5,75	

Wilsede [Heliotrop] — Eschede, Heliotrop.

0	170^0	$41'$	$6''$ etc.	=	170^0	$41'$	$5'',75$	$149^0\ 23'\ 19'',125$	
2	231	54	30.24.26.30	=	231	54	27,50	20,325	
12	178	0	68.63.59.67	=	178	1	4,25	18,321	
19	212	17	58.53.54.59	=	212	17	56,00	20,321	
26	246	34	37.30.35.33	=	246	34	33,75	22,214	$149^0\ 23'\ 20'',300.$
33	280	50	59.57.59.58	=	280	50	58,25	20,500	
35	342	4	14.20.17.18	=	342	4	17,25	20,167	
38	253	54	20.14.19.14	=	253	54	16,75	22,750	
39	104	30	60.56.51.49	=	104	30	54,00		

Sept. 15. Theodolith. Kreis links.

Wilsede [Heliotrop] — Eschede, Stein. Papier-Streifen 0,0475 m westl. vom Centr., beträgt $0'',873$.

0	284	30	48.51.61.54	=	284	30	53,50	149 23 17,650.
10	230	37	58.52.59.59	=	230	37	57,00	

Eschede (wie oben) — Falkenberg, Stein.

0	230	37	58. etc.	=	230	37	57,00	93 38 24,906.
8	259	45	13.13.22.17	=	259	45	16,25	

Eschede (wie oben) — Hauselberg, Stein.

0	259	45	13. etc.	=	259	45	16,25	121 56 6,600.
5	149	25	49.51.47.50	=	149	25	49,25	

Sept. 16.

Z.-D. des Falkenberg-Heliotrops. Die ersten 20 [Rep.] Vorm. von $9\frac{3}{4}$—$10\frac{3}{4}^h$, an den übrigen Nachm. $2^h\ 40^m$ fortgefahren.

0	293	58	29.36.34.29	=	293	58	32,00	90 2 39,500	
2	114	3	49.54.50.51	=	114	3	51,00	44,375	
4	294	9	19.23.19.18	=	294	9	19,75	44,625	
6	114	14	50.50.48.48	=	114	14	49,00	49,375	
8	294	20	26.33.27.25	=	294	20	27,75	44,500	90 2 44,400.
10	114	25	54.58.58.57	=	114	25	56,75	49,250	
12	294	31	35.35.35.36	=	294	31	35,25	47,281	
20	294	53	50.58.55.51	=	294	53	53,50	40,750	
22	114	59	14.18.14.14	=	114	59	15,00	41,125	
30	115	20	41.50.42.43	=	115	20	44,00		

Theodolith. Kreis rechts.

Falkenberg, Heliotrop — Wilsede, Heliotrop.

0	329° 25′ 48″.49″.50″.49″ = 329° 25′ 49″,00	55° 44′ 51″,750		
1	25 10 39.46.38.40 = 25 10 40,75	53,500		
2	80 55 40.35.33.29 = 80 55 34,25	53,833		
5	248 10 21.10.16.16 = 248 10 15,75	53,812		
9	111 9 58.53.47.46 = 111 9 51,00	53,875	55° 44′ 54″,385.	
19	308 38 48.47.52.52 = 308 38 49,75	54,375		
27	34 38 7. 7. 4. 1 = 34 38 4,75	55,125		
35	120 37 33.25.22.23 = 120 37 25,75	55,000		
49	181 6 19.15.10.19 = 181 6 15,75	53,750		
52	348 20 57.59.53.59 = 348 20 57,00			

Falkenberg, Heliotrop — Hauselberg, Stein.

0	348 20 57. etc. = 348 20 57,00	28 17 42,275.
11	299 35 41.41.41.45 = 299 35 42,00	

Wilsede [Heliotrop] — Hauselberg, Stein.

0	299 35 41. etc. = 299 35 42,00	27 27 12,625.
6	134 52 30.29.21.25 = 134 52 26,25	

Einfache Winkel.

122° 36′ 6″	Hauselberg, Stein	
121 26 22	Tempelbäume 1	
121 25 47	— 2	
121 25 26	— 3	
121 23 37	— 4	
121 22 49	— 5	
121 22 17	— 6	
121 20 54	— 7	

Mehrere wurden nicht geschnitten; theils weil es schon zu spät geworden war (die Sonne längst unter dem Horizont), theils weil die Tempelbäume nicht genug von den Wichelbäumen zu unterscheiden waren, zu welchen letztern vielleicht schon einer oder der andere der geschnittenen gehören mag.

[6.]

[Über Stationsausgleichungen.]

GAUSS an GERLING. Göttingen, 26. December 1823.

Mein Brief ist zu spät zur Post gekommen und mir zurückgebracht. Ich erbreche ihn daher wieder, um noch die praktische Anweisung zur Elimination beizufügen. Freilich gibt es dabei vielfache kleine Localvortheile, die sich nur ex usu lernen lassen.

Ich nehme Ihre Messungen auf Orber-Reisig zum Beispiel[*)].

Ich mache zuerst

$$[\text{Richtung nach}]\ 1 = 0,$$

nachher aus 1.3

$$3 = 77^0\, 57'\, 53'',107$$

(ich ziehe dies vor, weil 1.3 mehr Gewicht hat als 1.2);

dann aus

$$\left.\begin{array}{r|c|l} 13 & 1.2 & 2 = 26^0\,44'\;\;7'',423 \\ 50 & 2.3 & 2 = \qquad\quad\;\; 6,507 \end{array}\right\}\; 2 = 26^0\,44'\;\;6'',696;$$

endlich aus

$$\left.\begin{array}{r|c|l} 26 & 1.4 & 4 = 136^0\,21'\;13'',481 \\ 6 & 2.4 & 4 = \qquad\qquad\;\; 8,529 \\ 78 & 3.4 & 4 = \qquad\qquad 11,268 \end{array}\right\}\; 4 = 136^0\,21'\,11'',641.$$

Ich suche, um die Annäherung erst noch zu vergrössern, aus

[*) Die von GERLING mitgetheilten Winkelmessungen waren (nach einem in GAUSS' Nachlass befindlichen Blatte), wenn 1 Berger Warte, 2 Johannisberg, 3 Taufstein und 4 Milseburg bezeichnet:

Rep.	Winkel
13	$1.2 = 26^0\,44'\;7'',423$
28	$1.3 = 77\;57\;53,107$
26	$1.4 = 136\;21\;13,481$
50	$2.3 = 51\;13\;46,600$
6	$2.4 = 109\;37\;1,833$
78	$3.4 = 58\;23\;18,161.$]

13	1.2	1 = − 0″,727	
28	1.3	1 = 0	1 = − 0″,855.
26	1.4	1 = − 1,840	

Da jede gemeinschaftliche Änderung aller Richtungen erlaubt ist, so lange es nur die relative Lage gilt, so ändere ich alle vier um + 0″,855 und setze

$$\begin{aligned} 1 &= 0^0\ \ 0'\ \ 0'',000 + a \\ 2 &= 26\ \ 44\ \ \ 7,551 + b \\ 3 &= 77\ \ 57\ \ 53,962 + c \\ 4 &= 136\ \ 21\ \ 12,496 + d. \end{aligned}$$

Es ist beim indirecten Verfahren sehr vortheilhaft, jeder Richtung eine Veränderung beizulegen. Sie können sich davon leicht überzeugen, wenn Sie dasselbe Beispiel ohne diesen Kunstgriff durchrechnen, wo Sie überdies die grosse Bequemlichkeit, an der Summe der absoluten Glieder = 0 immer eine Controlle zu haben, verlieren. Jetzt formire ich die vier Bedingungsgleichungen und zwar nach diesem Schema (bei eigener Anwendung und wenn die Glieder zahlreicher sind, trenne ich wohl die positiven und negativen Glieder), [wobei die Constanten in Einheiten der dritten Decimalstelle angesetzt sind:]

ab	− 1664	ba	+ 1664	ca	+ 23940	da	− 25610
ac	− 23940	bc	+ 9450	cb	− 9450	db	+ 18672
ad	+ 25610	bd	− 18672	cd	− 29094	dc	+ 29094.

Die Bedingungsgleichungen sind also:

$$\begin{aligned} 0 &= + 6 + 67a - 13b - 28c - 26d \\ 0 &= - 7558 - 13a + 69b - 50c - 6d \\ 0 &= - 14604 - 28a - 50b + 156c - 78d \\ 0 &= + 22156 - 26a - 6b - 78c + 110d; \end{aligned}$$

$$\text{Summe} = 0.$$

Um nun indirect zu eliminiren, bemerke ich, dass, wenn 3 der Grössen a, b, c, d gleich 0 gesetzt werden, die vierte den grössten Werth bekommt, wenn d dafür gewählt wird. Natürlich muss jede Grösse aus ihrer eigenen Gleichung, also d aus der vierten, bestimmt werden. Ich setze also $d = -201$

und substituire diesen Werth. Die absoluten Theile werden dann: $+5232$, -6352, $+1074$, $+46$; das Übrige bleibt dasselbe.

Jetzt lasse ich b an die Reihe kommen, finde $b=+92$, substituire und finde die absoluten Theile: $+4036$, -4, -3526, -506. So fahre ich fort, bis nichts mehr zu corrigiren ist. Von dieser ganzen Rechnung schreibe ich aber in der Wirklichkeit bloss folgendes Schema:

	$d=-201$	$b=+92$	$a=-60$	$c=+12$	$a=+5$	$b=-2$	$a=-1$
$+6$	$+5232$	$+4036$	$+16$	-320	$+15$	$+41$	-26
-7558	-6352	-4	$+776$	$+176$	$+111$	-27	-14
-14604	$+1074$	-3526	-1846	$+26$	-114	-14	$+14$
$+22156$	$+46$	-506	$+1054$	$+118$	-12	0	$+26.$

Insofern ich die Rechnung nur auf das nächste 2000[tel] [der] Secunde führe, sehe ich, dass jetzt nichts mehr zu corrigiren ist. Ich sammle daher

$a=-60$	$b=+92$	$c=+12$	$d=-201$
$+5$	-2		
-1			
-56	$+90$	$+12$	-201

und füge die Correctio communis $+56$ bei, wodurch wird:

$$a=\quad 0 \qquad b=+146 \qquad c=+68 \qquad d=-145,$$

also die Werthe [der Richtungen]

1	0° 0′ 0″,000
2	26 44 7,697
3	77 57 54,030
4	136 21 12,351.

Fast jeden Abend mache ich eine neue Auflage des Tableaus, wo immer leicht nachzuhelfen ist. Bei der Einförmigkeit des Messungsgeschäfts gibt dies immer eine angenehme Unterhaltung; man sieht dann auch immer gleich, ob etwas zweifelhaftes eingeschlichen ist, was noch wünschenswerth bleibt, etc. Ich empfehle Ihnen diesen Modus zur Nachahmung. Schwerlich werden Sie je wieder direct eliminiren, wenigstens nicht, wenn Sie mehr als 2 Unbekannte haben. Das indirecte Verfahren lässt sich halb im Schlafe ausführen, oder man kann während desselben an andere Dinge denken.

. . . . . .

Gauss an Schumacher. Göttingen, 22. December 1827.

Die Einheit in meinem Coordinatenverzeichnisse ist 443,307885 [Pariser] Linien; der Logarithm zur Reduction auf Toisen

$$= 9{,}710\,1917.$$

Inzwischen gründet sich das absolute nur auf Ihre Basis, oder vielmehr auf die von Caroc mir angegebene Entfernung zwischen Hamburg und Hohenhorn, log = 4,141 1930, wofür ich also genommen habe: 4,431 0013. Sollte nach der Definitivbestimmung Ihrer Stangen Ihre Basis, und damit die obige Angabe der Entfernung Hamburg-Hohenhorn, eine Veränderung erleiden, so werden in demselben Verhältnisse auch alle meine Coordinaten zu verändern sein.

In der Form der Behandlung ist ein wichtiges Moment, dass von jedem Beobachtungsplatz ein Tableau aufgestellt wird, worin alle Azimuthe (in meinem Sinn) geordnet enthalten sind. Man hat so zum bequemsten Gebrauch fertig alles, was man von den Beobachtungen nöthig hat, so dass man nur ausnahmsweise, um diesen oder jenen Zweifel zu lösen, zu den Originalprotocollen recurrirt. .... Ist der Standpunkt von dem Zielpunkt verschieden, so reducire ich keinesweges die Beobachtungen auf letztern (Centrirung), da sie ohne diese Reduction ebenso bequem gebraucht werden können (insofern nemlich von vielen Schnitten untergeordneter Punkte die Rede ist, die nicht wieder Standpunkte sind).

Die Bildung eines solchen Tableaus beruht nun wieder auf mehrern Momenten, wozu eine Anweisung nur auf mehrere Briefe vertheilt werden kann, daher Sie vielleicht wohl thun, dieses Tableau erst selbst gleichsam zu studiren und mit den Beobachtungen zusammenzuhalten, damit Sie mir besonders angeben können, worüber Sie Erläuterung wünschen. Diesmal bemerke ich nur, dass zu jener Bildung zwei Hauptstücke vorkommen, nemlich:

I. Bildung eines Tableaus, welches sich bloss aus den Messungen an dem Platze ergibt, und welches also noch nicht orientirt ist.

II. Orientirung des Tableaus durch Hinzufügung einer Constanten. Dabei bemerke ich, dass ich das erste Tableau der Bequemlichkeit wegen gern so einrichte, dass es wenigstens sehr nahe orientirt ist.

In das erste Tableau braucht man nicht alle Richtungen einzutragen, sondern kann sich begnügen, nur diejenigen aufzunehmen, die auf solchen Winkelmessungen beruhen, die einander auf irgend eine Art controlliren, und von den übrigen eben nur solche, die nöthig sein können, um die absolute Orientirung zu erhalten. Im gegenwärtigen Fall bestehen erstere aus [den Richtungen]

1	Neuenfelde	⊙
2	Altenwerder	⊙
3	Altona, Heliotrop	⊙
4	Hamburg	⊙
5	Wilhelmsburg	⊙

letztere aus [den Richtungen nach] dem Pfahl, dem Meridianpfahl und etwa nach Rönneberg. Ich würde unter letztere auch Harburg aufgenommen haben, wenn es mit Repetition geschnitten wäre.

Die sämmtlichen auf die Punkte ⊙ sich beziehenden Messungen sind*)

1.2	5	41°	4′	39″,700	A
1.3	4	45	11	31,400	A
1.4	4	54	45	31,562	A
1.5	5	85	36	40,200	A
2.3	1	4	6	50,750	A
2.5	10	44	32	2,275	A
3.4	28	9	34	1,973	A
3.5	2	40	25	10,000	A
4.5	20	30	51	9,255	A

*) Ich habe die Mittel zum Theil etwas anders genommen als Herr PETERS.

Um das Tableau I für die Punkte ○ zu erhalten, muss erst noch ein anderes genähertes vorausgehen, wo die Messungen A noch nicht ausgeglichen sind. Damit es wenigstens ungefähr orientirt werde, bemerke ich, dass mein früheres Tableau für Altona folgendes enthält:

Harburg......... 344° 52′ 54″,294
Meridianpfahl.... 359 59 56,741.

Es ist also Vahrendorf

aus Harburg	344° 52′ 54″,294	
	28 41 26,413	
	13 34 20,707	15 Beob., denen ich nur halben Werth beilege.
aus Meridianpfahl	359 59 56,741	
	13 34 23,400	
	13 34 20,141	43 Beob.
	13° 34′ 20″,225	Mittel.

Es würde also vom Vahrendorfer Pfahl aus das Azimuth von Altona 193° 34′ 20″,225 sein, wenn die Erde ein Plan wäre; wegen der Krümmung ist aber eine kleine Reduction nöthig, die aber erst berechnet werden kann, wenn die Lage von Vahrendorf bekannt ist; dazu noch die Centrirung auf den Beobachtungsplatz, die gleichfalls noch nicht berechnet werden kann, aber negativ ist.

(Durch Versehen hatte ich hier unrecht [positiv] geschrieben und danach die Wahl der ersten Zahl gesetzt. Dies ist aber im Tableau I ganz gleichgültig, da dies bloss die relative Lage enthielt. Man fängt gern gleich nahe an, um mit kleinen Zahlen nachher zu thun zu haben.)

Man mag also damit anfangen, Altona = 193° 34′ 30″,000 zu setzen. Um nun erst genäherte Werthe für die übrigen Richtungen zu erhalten, verhalte ich mich so:

3 = 193° 34′ 30″,000
1.3 = 45 11 31,400
1 = 148° 22′ 58″,600.

Dann ferner

$$\begin{array}{rl} 4 \text{ aus } 3+3.4 = & 203^0\ 8'\ 31''\!,973 \quad 28 \text{ Mess.} \\ » \quad 1+1.4 = & \qquad\quad 30{,}162 \quad 4 \\ \text{Mittel: } 4 = & 203^0\ 8'\ 31''\!,747. \end{array}$$

Dann

$$\begin{array}{rl} 5 \text{ aus } 3+3.5 = & 233^0\ 59'\ 40''\!,000 \quad 2 \\ » \quad 1+1.5 = & \qquad\quad 38{,}800 \quad 5 \\ » \quad 4+4.5 = & \qquad\quad 41{,}002 \quad 20 \\ \text{Mittel: } 5 = & 233^0\ 59'\ 40''\!,520. \end{array}$$

Endlich

$$\begin{array}{rl} 2 \text{ aus } 1+1.2 = & 189^0\ 27'\ 38''\!,300 \quad 5 \\ » \quad 3-2.3 = & \qquad\quad 39{,}250 \quad 1 \\ » \quad 5-2.5 = & \qquad\quad 38{,}245 \quad 10 \\ [\text{Mittel: } 2] = & 189^0\ 27'\ 38''\!,325. \end{array}$$

Diese Bestimmungen müssen nun aber zu sämmtlichen A nach der Methode der kleinsten Quadrate erst strenge ausgeglichen werden, wobei Eine der fünf Grössen als unveränderlich betrachtet werden kann. Es ist am vortheilhaftesten, den Ort dazu zu wählen, der am öftesten geschnitten ist, also diesmal 4. Die vier übrigen bedürfen noch Correctionen, die ich mit a, b, c, d bezeichne, also schreibe

$$\begin{array}{rl} 1 = & 148^0\ 22'\ 58''\!,600 + a \\ 2 = & 189\ \ 27\ \ 38{,}325 + b \\ 3 = & 193\ \ 34\ \ 30{,}000 + c \\ 4 = & 203\ \ \ 8\ \ 31{,}747 \quad * \\ 5 = & 233\ \ 59\ \ 40{,}520 + d. \end{array}$$

Die 9 Messungen A geben nun folgende Bedingungsgleichungen:

Gewicht 5	$0 = +0''\!,025 - a + b$	Gewicht 10	$0 = -0''\!,080 - b + d$
4	$0 = 0 - a + c$	28	$0 = -0{,}226 - c$
4	$0 = +1{,}585 - a$	2	$0 = +0{,}520 - c + d$
5	$0 = +1{,}720 - a + d$	20	$0 = -0{,}482 + d,$
1	$0 = +0{,}925 - b + c$		

die nach der Methode der kleinsten Quadrate aufgelöst werden müssen. Es gibt aber dabei mancherlei Kunstgriffe, die sich nicht ohne viele Weitläuftigkeit schriftlich werden mittheilen lassen, die aber von sehr grosser Wichtigkeit sind. Das Weitere muss ich mir auf einen andern Brief versparen. Auch ist heute die Zeit zu kurz, das definitive Tableau noch abzuschreiben.

. . . . . .

GAUSS an SCHUMACHER. Göttingen, 7. Januar 1828.

Ich fahre heute fort, Ihnen die weitere Behandlung der Vahrendorfer Messungen mitzutheilen.

Die Elimination aus den 4 Normalgleichungen gibt folgende Resultate:

$$a = +1{,}''061$$
$$b = +0{,}520$$
$$c = -0{,}024$$
$$d = +0{,}304$$

und damit ein neues Tableau der Azimuthe, in welches ich auch noch den Pfahl, den Meridianpfahl und Rönneberg, Signal, mit aufnehme, da die beiden letztern Richtungen auch mit Repetition gemessen sind.

Pfahl	63° 57′ 32″
Neuenfelde.	148 22 59,661
Altenwerder	189 27 38,845
Altona, Heliotrop . .	193 34 29,976
Hamburg	203 8 31,747
Wilhelmsburg	233 59 40,824
Meridianpfahl	261 12 32,414
Rönneberg	278 15 23,322.

Dieses Tableau ist nun aber noch nicht orientirt, obwohl schon nahe. Die genaue Orientirung wird in gegenwärtigem Fall am besten durch Altona erhalten. Allein es ist dazu nöthig:

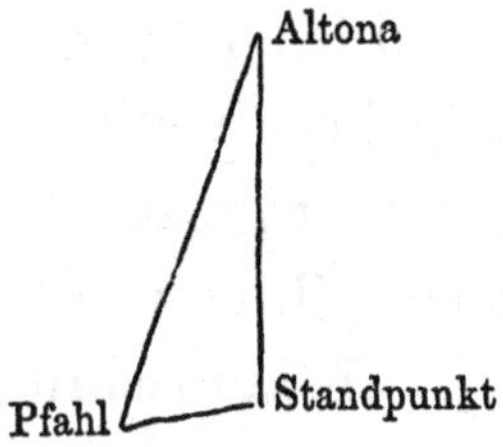

I. Der Winkel in Altona zwischen den Richtungen nach dem Pfahl und Standpunkt;

II. eine kleine Correction wegen der Krümmung der Erde, welche bewirkt, dass der Unterschied der Richtung Altona-Standpunkt und Standpunkt-Altona nicht genau 180^0 ist. Beide Berichtigungen können aber erst berechnet werden, wenn die Lage des Standpunkts schon näherungsweise wenigstens bekannt ist. Man mag diese also erst suchen, indem man jene beiden einstweilig ignorirt. Dazu bedarf es nun keiner Anleitung; Sie mögen nach Gefallen das Δ Altona, Standpunkt, Hamburg oder Altona, Standpunkt, Rönneberg, etc. dazu anwenden. Ich bemerke nur, dass um I. zu berechnen, bloss die Entfernung Altona-Standpunkt nöthig ist; in obigem Dreieck sind dann 2 Seiten und ein Winkel bekannt. Ich finde nun

log (Altona-Standpunkt) = 4,09915	Der Winkel in Altona = 18″,551
log (Standpunkt-Pfahl) = 0,16643	und also, da in Altona
Winkel [im] Standpunkt = $129^0 36' 58''$	Azimuth des Pfahls = $13^0 34' 20'',225$,
	ebendaselbst
	Azimuth des Standpunkts = $13^0 34' 1'',674$.

Ad II. bemerke ich, dass zu dieser Correction die genäherten Coordinaten vom Standpunkt erforderlich sind.

Sind die von Altona a, b,

vom Standpunkt x, y,

so ist die Correction $= -A(x-a)(y+b)$,

wo A eine Grösse ist, die eigentlich Function von x ist, genauer von $\frac{1}{2}(x+a)$, aber sich sehr langsam ändert[*)].

Für Altona ist $\log A = 1{,}40336 - 10$

» Lysabbel » » $= 1{,}40323 - 10$.

Die Rechnung steht also so:

$a = -224495{,}3 \qquad b = +\ 16{,}4$

$x = -212281{,}4 \qquad y = +2963{,}7$ (sind übrigens schon gute Coordinaten)

[*) Vergl. S. 216/217, wo q für A geschrieben ist. Die Correction ist, wenn A für beide Punkte gleich angenommen wird: $-A(x-a)\frac{2b+y}{3} + A(a-x)\frac{2y+b}{3}$.]

$$
\begin{array}{lll}
x-a = +12213{,}9 & \log \ldots\ldots & 4{,}08686 \\
y+b = +\ 2980{,}1 & \log \ldots\ldots & 3{,}47423 \\
 & \log(-A) \ldots & 1{,}40336_n - 10 \\
\hline
 & & 8{,}96445_n - 10.
\end{array}
$$

$$\text{Zahl} = \quad -0{,}''092.$$

$$\text{Azimuth in Altona} = 13^0\,34'\,1{,}''674$$
$$180$$
$$\text{Azimuth von Altona} = 193^0\,34'\,1{,}''582.$$

Obiges Tableau bedarf also, um orientirt zu sein, einer Correction von $-28{,}''394$ und steht also so:

Pfahl.........	63^0	$57'$	$4''$
Neuenfelde....	148	22	31,267
Altenwerder...	189	27	10,451

etc.

BEMERKUNGEN.

Eine Zusammenstellung der endgültigen Ausgleichungen von Stationsbeobachtungen, deren Ergebnisse in die Netzausgleichung eingeführt sind, ist nicht vorhanden. Die Resultate der Stationsausgleichungen selbst sind mitgetheilt, Band IV, S. 449 u. f., in den »Abrissen der auf den verschiedenen Stationen der Gradmessung, 1821, 1822, 1823, und deren Fortsetzung bis Jever, 1824, 1825, festgelegten Richtungen.« Doch zeigen die Richtungswerthe, welche GAUSS für die Netzausgleichung benutzt hat (wie aus der Dreieckszusammenstellung der beobachteten Winkel im folgenden Abschnitt hervorgeht) noch kleine Abweichungen von jenen, die von den Reductionen wegen der Höhe des anvisirten Objects und wegen der Abweichung der geodätischen Linie vom Verticalschnitt herrühren (vergl. dazu den später folgenden Brief an OLBERS vom 14. Mai 1826), bei manchen Richtungen aber auch noch in Centrirungsbeträgen ihren Grund haben müssen.

Die mitgetheilten Stationsausgleichungen für Zeven und Brillit, [1] und [2], die nicht die endgültigen sind, wurden einem Handbuche entnommen, in welches GAUSS im Ganzen 8 Ausgleichungen von Stationsbeobachtungen eingetragen hatte. An Stelle der angegebenen Constanten in der dritten und vierten Normalgleichung für Zeven hatte GAUSS irrthümlich $+0{,}346$ und $-1{,}189$; infolge dessen weicht sein Auflösungstableau von dem vorstehend gegebenen ab. Je nach dem Stande der Beobachtungen sind die Ausgleichungen von GAUSS mehrmals wiederholt (vergl. S. 280, unten); so ist die hier mitgetheilte Ausgleichung für die Station Wilsede, Notiz [3], die vierte, die sich in einem Beobachtungs- und Rechnungshefte für die hannoversche Gradmessung befand. Ihr Ergebniss stimmt mit der Angabe unter den »Abrissen etc.«, Band IV, S. 454, überein, wenn man hier die Orientirung um $-0\rlap{.}''665$ verändert. Berechnet man nach Art. 13, S. 95, für Wilsede die Correctionen der beobachteten Richtungen wegen der Meereshöhe des eingestellten Objects und wegen der Abweichung der geodätischen Linie vom Verticalschnitt, so erhält man für die Richtung nach Falkenberg (150,8 m): $+0\rlap{.}''001$, nach Elmhorst (90,0 m): $+0\rlap{.}''003$, für die Richtungen nach Steinberg (72,3 m), Bottel (52,4 m), Bullerberg (53,3 m), Brüttendorf (49,6 m) und Zeven (44,8 m) je $0\rlap{.}''000$, für die Richtung nach Litberg (65,5 m): $-0\rlap{.}''001$, nach Hamburg (144,9 m): $0\rlap{.}''000$, nach Lüneburg (99,1 m): $+0\rlap{.}''002$, nach Nindorf (116,7 m): $-0\rlap{.}''001$, nach Timpenberg (117,1 m): $-0\rlap{.}''002$, nach Wulfsode (104,5 m): $-0\rlap{.}''003$, nach Breithorn (120,5 m): $-0\rlap{.}''002$ und nach Hauselberg (120,4 m): $-0\rlap{.}''002$. Die eingeklammerten Werthe der Meereshöhen sind einem GAUSSschen Handbuche entnommen. Werden diese Correctionen an die Ausgleichungsergebnisse angebracht, so folgen die für Wilsede in die Netzausgleichung eingeführten Werthe.

Sämmtliche noch vorhandenen Stationsausgleichungen finden sich theils in kleinen Beobachtungs- und Rechnungsheften zur Gradmessung, theils auf losen Blättern zerstreut. Die Form der Ausgleichung ist bei allen Hauptdreieckspunkten so, wie bei Zeven oder Wilsede, in wenigen Fällen wie bei Brillit (vergl. die Briefe an OLBERS vom Juli 1825, an SCHUMACHER vom 14. August 1825 und an BESSEL vom 29. October 1843).

Eine symmetrische Anordnung der Messungen hat auf keinem Hauptdreieckspunkte stattgefunden. Nur auf einigen Nebenpunkten scheinen alle Winkel-Combinationen beobachtet zu sein. Die Beobachtungen auf dem Windberge, Notiz [4], von dem Artillerie-Lieutenant F. HARTMANN, einem der Gehülfen GAUSS' bei der Triangulation, geben ein Beispiel dafür. (Auf dem Original, einem einzelnen Blatte, ist von HARTMANN noch hinzugefügt: »Wegen Abgang der Post nicht vollständig. Den Winkel 7.3 will ich noch einmal messen, vielleicht hat diese Wiederholung auch auf den Winkel 3.5 einen günstigen Einfluss«. Sie ist aber nach dem Beobachtungsbuche nicht erfolgt.) Die Messungen auf dem Windberge haben im Juni 1830 stattgefunden.

In welcher Weise GAUSS beobachtet hat, zeigt der Auszug aus einem Beobachtungshefte für den Gradmessungspunkt Breithorn, Notiz [5].

Über das bei der hannoverschen Triangulation angewandte Verfahren gibt auch der nachfolgende Auszug aus dem bereits erwähnten Heftchen mit dem Titel: »Geodätischer Calcül nach GAUSS« von Prof. GOLDSCHMIDT Auskunft. GOLDSCHMIDT hat GAUSS wahrscheinlich, wie schon früher mitgetheilt ist, in den letzten Jahren der Landesvermessung bei den Rechnungen unterstützt; 1834 hat er bei dem Lieutenant GAUSS an den Messungen für die Detailaufnahme Theil genommen.

»Bei der Triangulirung selbst wird zuerst eine mässige Anzahl von Punkten, die den aufzunehmenden Raum so bedecken, dass sie eine weite Aussicht haben, ausgewählt. Von diesen Hauptpunkten nimmt man nur so viele, als gerade nöthig sind, um die sogenannten Punkte zweiter Ordnung, von denen wir sogleich reden werden, zu bestimmen; ihre Entfernung wird übrigens so gross genommen, als das Terrain und die Stärke der anzuwendenden Fernrohre es nur irgend gestatten. Auf jedem der ausgewählten Hauptdreieckspunkte schneidet man nun alle überhaupt sichtbaren Objecte, deren Bestimmung mit im Plane liegt, ein, misst aber hauptsächlich die Winkel unter den übrigen hier sichtbaren Hauptpunkten mit vielfacher Repetition, ebenso misst man die Winkel zwischen den ausgewählten Nebenpunkten und den Hauptpunkten.

Die Hauptdreieckspunkte dienen dazu, dem ganzen Systeme eine feste Haltung zu geben, und deshalb wählt man nur wenige derselben, und nimmt lieber ihre Entfernung so gross als möglich, um weniger Zwischenstationen zu haben, bei denen sich die begangenen Fehler immer mehr und mehr anhäufen könnten.

Die geringe Menge der ausgewählten Hauptdreieckspunkte würde es uns aber unmöglich machen, alle von ihnen umschlossenen Punkte mit Genauigkeit zu bestimmen, selbst wenn das Terrain es verstattete, nach allen festzusetzenden Punkten zu visiren, denn es würde hiebei nicht zu vermeiden sein, dass viele Punkte durch sehr spitze Dreiecke bestimmt werden müssten, in denen bekanntlich ein sehr kleiner beim Messen der Winkel begangener Fehler die Lage des Punktes ungemein abändern würde. Dies ist der Grund, warum man noch eine grössere Anzahl von Nebenpunkten auswählt.

Diese wählt man so, dass sie 1) zur Bestimmung aller überhaupt festzusetzenden Punkte genügen, 2) dass sie womöglich aus den Hauptdreieckspunkten sich mit Schärfe bestimmen lassen, wobei man indessen nicht zu ängstlich zu sein braucht, denn wenn ein solcher Punkt sich nicht aus Hauptdreieckspunkten bestimmen lässt, so kann man ihn durch Nebenpunkte bestimmen; doch ist es, der Orientirung halber, immer gut, wenigstens einen Hauptdreieckspunkt einzuschneiden. Ubrigens schneidet man auch von den Nebenpunkten alle überhaupt sichtbaren Objecte, die mit bestimmt werden sollen, ein, die Haupt- und Nebenpunkte mit mehrfacher Repetition und Ablesung, die übrigen Punkte, welche keine Standpunkte sind, allenfalls nur einmal.

Dies ist die allgemeine Übersicht der Triangulation; jetzt einige ins Einzelne gehende Bemerkungen. Durch Drehung des Alhidadenkreises wird immer eine, wenn auch geringe Drehung des eingetheilten Kreises herbeigeführt, und hiedurch können constante Fehler entstehen, dergestalt, dass man, beim Messen von der Linken zur Rechten, den Alhidadenkreis immer auf dem kürzesten Wege nach dem Object hin bewegend, die Winkel immer zu klein finden würde. (Bei der Discutirung der Messungen, die Lieutenant Gauss 1833 in Westphalen vorgenommen, habe ich den mittlern hieraus sich ergebenden Fehler etwa 1,"5, bei den Messungen vom Hauptmann Müller 3" gefunden.) Um dies zu compensiren, führt Gauss den Alhidadenkreis ebenso oft auf dem kürzesten als auf dem längsten Wege in die Richtung des zweiten Objects.

Messungen der Winkel von einem Standpunkte aus.

Wir wählen zuerst einige Punkte aus, die eine für ein scharfes Pointiren geeignete Gestalt haben. Die Anzahl derselben darf, wenn man scharfe Resultate haben will, wohl nicht unter 4 und, wenn unnöthige Weitläuftigkeit vermieden werden soll, nicht über 6 sein. Am gerathensten ist es, wenn dieselben Hauptpunkte des Systems sind und zu gleicher Zeit den Horizont in gleiche Theile theilen. Doch braucht man nicht zu ängstlich rücksichtlich dieser Bedingungen zu sein. Man misst nun die Winkel zwischen je zweien dieser Objecte, indem man alle möglichen Combinationen macht. Nachher gleicht man die gefundenen Werthe nach der Methode der kleinsten Quadrate aus. Jeden andern festzusetzenden Punkt vergleichen wir nun mit einer der so bestimmten Richtungen; wenn er schärfer bestimmt werden soll, durch mehrmalige Repetition, vielleicht auch vergleichen wir ihn mit zweien; geben diese nicht dasselbe Resultat, so wendet man auch hier die Methode der kleinsten Quadrate an. Wie dies geschieht, wollen wir sogleich angeben.

Die Anwendung der Methode der kleinsten Quadrate wollen wir an einem Beispiele zeigen. Vom Standpunkt Hoheegge wurden Enegerloh (1), Dörenberg (2), Nonnenstein (3), Hünenburg (4) als Vergleichungspunkte ausgewählt und folgende Winkel, jeder mit 20-maliger Repetition, gemessen:

$$
\begin{aligned}
1.2 &= 77^\circ\,42'\,38{,}''313\\
1.3 &= 162\;\;40\;\;\;2{,}500\\
2.3 &= 84\;\;57\;\;24{,}750\\
3.4 &= 107\;\;59\;\;41{,}375\\
4.1 &= 89\;\;20\;\;16{,}438\\
4.2 &= 167\;\;\;2\;\;53{,}025.
\end{aligned}
$$

Man nehme jetzt die Azimuthe der 4 Punkte 1, 2, 3, 4, d. h. man beziehe alle auf eine und dieselbe Fundamentalrichtung; ob diese wirklich der Meridian ist, ist hiebei ganz gleichgültig, doch thut man wohl, diese Richtung nicht allzuweit vom Meridian zu entfernen, um nachher keine zu grosse Correction wegen der Orientirung anbringen zu müssen. Näherungsweise kann man sich ja immer die Richtung des Meridians allenfalls mit der Boussole verschaffen (wie Hartmann dieses auf dem Harze da that, wo er kein Azimuth kannte). Ein genäherter Werth des Azimuths von 1 ist $41^\circ 25' 0'',0$; wären alle Winkel, von denen 1 ein Schenkel ist, richtig gemessen, so wären die Azimuthe von

$$\begin{aligned} 2 &= 119^\circ\ 7'\ 38'',313 \\ 3 &= 204\ \ 5\ \ 2,500 \\ 4 &= 312\ \ 4\ \ 43,562. \end{aligned}$$

Berechnet man z. B. 3 nicht aus 1 und 1.3, sondern aus 2 und 2.3, so findet man $3 = 2 + 2.3 = 204^\circ 5' 3'',063$, also von dem oben angegebenen Werthe verschieden; wir müssen also bei 2, 3, 4 noch Correctionen anbringen. 2, 3, 4 sind nur genähert, und wir lassen der leichtern Rechnung halber die Decimaltheile der Secunde weg, indem wir diese mit in der Correction enthalten sein lassen; dann ist

$$\begin{aligned} 1 &= 41^\circ\ 25'\ 0'',0 \\ 2 &= 119\ \ 7\ \ 38,0+x \\ 3 &= 204\ \ 5\ \ 2,0+y \\ 4 &= 312\ \ 4\ \ 43,0+z. \end{aligned}$$

Berechnet man hieraus die Winkel, so ist:

	Calc.	Obs.	Obs.-Calc.	
1.2	$= 77^\circ 42' 38'',0+x$	$38'',313$	$-0'',313+x = \varepsilon'$	Fehlergleichungen.
1.3	$= 162\ 40\ 2,0+y$	2,500	$-0,500+y = \varepsilon''$	
2.3	$= 84\ 57\ 24,0-x+y$	24,750	$-0,750-x+y = \varepsilon'''$	
3.4	$= 107\ 59\ 41,0-y+z$	41,375	$-0,375-y+z = \varepsilon^{IV}$	
4.1	$= 89\ 20\ 17,0-z$	16,438	$+0,562-z = \varepsilon^{V}$	
4.2	$= 167\ 2\ 55,0+x-z$	53,025	$+1,975+x-z = \varepsilon^{VI}$	

Bildet man hieraus nach der Methode der kleinsten Quadrate die Fundamentalgleichungen, so ist

$$\begin{aligned} +2{,}412+3x-y-z &= 0 \\ -0{,}875-x+3y-z &= 0 \\ -2{,}912-x-y+3z &= 0. \end{aligned}$$

Gleichungen dieser Form lassen sich am besten auf folgende Art lösen; addirt man sie, so ist

$$-1{,}375+x+y+z = 0,$$

und addirt man diese zu jeder einzelnen Fundamentalgleichung, so kommt:

$$\begin{aligned} +1{,}037+4x &= 0 \qquad & x &= -0{,}259 \\ -2{,}250+4y &= 0 \qquad & y &= +0{,}563 \\ -4{,}287+4z &= 0 \qquad & z &= +1{,}072. \end{aligned}$$

Diese leichte Eliminationsmethode lässt sich bei den symmetrischen Fundamentalgleichungen, auf welche diese Aufgabe jedesmal führt, wenn alle Combinationen unter den Richtungen und zwar alle mit gleicher Repetition gemessen sind, jedesmal anwenden. Wir finden also die verbesserten Azimuthe:

						Calc.			Calc.-Obs.
1.	41° 25′	0″,000			1.2	77° 42′	37″,741		−0″,572
2.	119	7	37,741		1.3	162 40	2,563		+0,063
3.	204	5	2,563		2.3	84 57	24,822		+0,072
4.	312	4	44,072	und hieraus	3.4	107 59	41,509		+0,134
					4.1	89 20	15,928		−0,510
					4.2	167 2	53,669		+0,644.

Sind die Winkel nicht alle mit einer gleichen Anzahl Repetitionen gemessen, so dass sie also verschiedene Gewichte haben, so muss man jeden Beitrag der Fehlergleichungen für ε', ε'', ε''',... zu den Fundamentalgleichungen mit dem Gewicht, d. h. mit der Zahl, welche der Anzahl der Repetitionen proportional ist, multipliciren. Um auch hierüber ein Beispiel anzuführen, nehmen wir die von [Lieutenant] GAUSS in Neuenkirchen gemessenen Winkel.

1. Dörenberg 2. Quekenberg 3. Quackenbrück 4. Mordkuhlenberg.

Er fand

		Pond.		Azimuthe
1.2	93° 9′ 2″,875	5	1.	6° 25′ 58″,000 [*)]
1.3	147 10 10,938	1	2.	99 35 0,875 + b
2.3	54 1 4,125	5	3.	153 36 5,656 + c
3.4	86 21 14,875	5	4.	239 57 22,453 + d
4.1	126 28 33,625	5		

	Calc.-Obs.	Pond.
1.2	0″,000 + b	5
1.3	− 3,282 + c	1
2.3	+ 0,656 − b + c	5
3.4	+ 1,922 − c + d	5
4.1	+ 1,922 − d	5.

Bildet man die Fundamentalgleichungen, indem man die Beiträge der obigen Fehlergleichungen mit ihren resp. Gewichten multiplicirt, so findet man

$$
\begin{array}{l}
-3{,}280 + 10b - 5c \quad * = 0 \\
-9{,}612 - 5b + 11c - 5d = 0 \\
0 \quad * - 5c + 10d = 0,
\end{array}
$$

und jetzt werden nach bekannten Regeln b, c, d gefunden, und damit die obigen Werthe der Azimuthe verbessert.

Hat man auf diese Art die zwischen den Hauptrichtungen gemessenen Winkel ausgeglichen, so bestimmt man mit ihnen die übrigen, die, wie schon gesagt, beim Einschneiden mit einer der angenommenen Hauptrichtungen verbunden werden. Ist z. B. ein Punkt A mit der Hauptrichtung 1, deren Azimuth wir 1 nennen, verbunden, indem der Winkel $1.A$ gemessen ist, so haben wir das Azimuth von $A = 1 + 1.A$;

[*) In einem Vorlesungsheft über höhere Geodäsie, das dieses Beispiel auch enthält, ist der Richtung nach 1 gleichfalls eine Verbesserung gegeben, so dass die Summe der Normalgleichungen gleich Null wird.]

wäre dagegen $A.1$ gemessen, so würde das Azimuth $1-A.1$ sein. Ist der Punkt A auch noch mit einer andern Hauptrichtung verbunden, z. B. mit 2, so haben wir

$$A' = 1+1.A$$
$$A'' = 2+2.A.$$

Geben beide Bestimmungen denselben Werth für A, so ist natürlich weiter keine Rechnung nöthig; ist dies nicht der Fall, so nimmt man aus beiden mit Berücksichtigung des verschiedenen Gewichts das Mittel. Wäre nemlich $1.A$ p'-mal, $2.A$ dagegen p''-mal repetirt, so ist der wahrscheinlichste Werth von $A = \frac{A'p'+A''p''}{p'+p''}$.

Die Messungen eines jeden Tages müssen ohne Ausnahme noch denselben Tag mit Tinte eingetragen werden, wobei indessen GAUSS nicht die einzelnen Nonien, sondern sogleich das Mittel aus allen angibt. Das Protocoll hat nach ihm folgende Gestalt:

(1833) den 21. Sept. Wittekindstein.
Die Luft heiter und rein.
Hünenburg — Nonnenstein

(Rep.)	(abgelesen)	(5-facher Winkel)	(aus allen sich ergebender einfacher Winkel)
0	113° 5′ 19″,250		
5	341 18 40,725	228° 13′ 21″,475	
10	209 32 0,050	19,325	
15	77 45 18,125	18,075	
20	305 58 43,750	25,625	45° 38′ 40″,225
		etc.	

GAUSS hat auf den Stationen auch gleich die Ausgleichung der Winkel und die Aufstellung des ersten Tableaus vorgenommen. Diese Aufstellung geschieht folgendermaassen. Nachdem eine vorläufige Orientirung festgesetzt und die Ausgleichung der Hauptrichtungen vorgenommen, werden nach der oben angegebenen Methode die Azimuthe sämmtlicher eingeschnittener Objecte berechnet und nach ihrer Grösse geordnet; dieses Tableau hat also folgende Gestalt:

Wittekindstein

....	
Deister	270 29 32,770
Hattendorf	273 3 53,768
Pagenburg	282 57 28,391
Schaumburg (kleine rothe Spitze)	283 43 54,766
Schaumburg (höhere Spitze)	283 55 39,766
etc.	etc.

Die cursiv geschriebenen Punkte geben die Hauptrichtungen an.

Bei Hauptdreieckspunkten wie bei Nebenpunkten wird häufig der Fall vorkommen, dass der Punkt, auf welchen man von andern Stationen ab pointirt hat, nicht zum Standpunkt genommen werden kann, weil die Localität die Aufstellung des Instruments auf diesem Platze nicht gestattet. In einem solchen Falle muss ein in der Nähe liegender schicklicher Punkt für die Aufstellung des Instruments gewählt und dann eine Centrirung vorgenommen werden, um die von den übrigen Standpunkten nach dem Punkt quaestionis genommenen Richtungen mit den hier gemessenen Winkeln vergleichen zu können. Diese Centrirung kann auf doppelte Art angebracht werden, entweder indem man die Azimuthe nach dem Orte hin so corrigirt, dass sie sich auf den Standpunkt beziehen, oder dass man die vom Standpunkte ab gemessenen Winkel auf den Zielpunkt reducirt. Übrigens ist es am einfachsten, nicht die gemessenen Winkel, sondern die aus ihnen sich ergebenden Azimuthe zu centriren. Um die Centrirung wirklich vornehmen zu können, wird die Kenntniss der sogenannten Centrirungselemente erfordert, d. h. die Entfernung des Zielpunkts vom Standpunkt und das Azimuth dieser Richtung. Ist 1 der Zielpunkt, 2 der Standpunkt und P der entferntere Punkt, auf den man pointirt hat, so ist, wenn wir die Azimuthe durch ein darüber gesetztes $\frown$, die Entfernungen durch — bezeichnen:

$$\widehat{2P} = \widehat{1P} + \frac{206265''.\overline{21}}{\overline{2P}} \sin(\widehat{1P} - \widehat{12}) = \widehat{1P} + \frac{206265''.\overline{21}}{\overline{2P}} \sin(\widehat{21} - \widehat{1P})$$

$$= \widehat{1P} + \frac{206265''.\overline{21}}{\overline{1P}} \sin(\widehat{2P} - \widehat{12}) = \widehat{1P} + \frac{206265''.\overline{21}}{\overline{1P}} \sin(\widehat{21} - \widehat{2P}),$$

wobei es sich von selbst versteht, dass die Längen $\overline{21}$, $\overline{1P}$ oder $\overline{21}$, $\overline{2P}$ mit demselben Maasse gemessen sein müssen. Bei dieser Reduction ist also die Kenntniss der Länge $\overline{1P}$ oder $\overline{2P}$ erforderlich, und da diese erst durch Messungen an beiden Stationen definitiv ausgemittelt wird, so scheint es, dass man sich hier in einem Cirkel bewegte; da indessen die Correction $\frac{206265''.\overline{21}}{\overline{2P}} \sin(\widehat{1P} - \widehat{12})$ immer nur sehr gering sein wird, indem das Verhältniss $\frac{\overline{21}}{\overline{2P}}$ sehr klein ist, so reicht eine oberflächliche Kenntniss von $\overline{1P}$, die man sich jedesmal auch ohne Kenntniss der Messungen in 2 verschaffen kann, zur Bestimmung der Correction hin. —

Die Berechnung der Correction der Centrirung macht also durchaus keine Schwierigkeit, sobald man die Centrirungselemente kennt; die Bestimmung von diesen kann in manchen Fällen mit Schwierigkeiten verknüpft sein, und es lässt sich im Allgemeinen nichts darüber sagen. Der Beobachter wird in jedem vorkommenden Falle die zweckmässigste Methode selbst auffinden müssen. Wir wollen hier nur den Fall vornehmen, wo man von 1 nach 2 wirklich messen kann; dann bestimmt GAUSS das Azimuth, indem er über die Mitte des Theodolithen einen feinen Gegenstand, etwa eine Stecknadel, bringt, dann das Auge in das Alignement dieser Stecknadel und des Punktes 2 bringt, und nun sich den Punkt des Horizonts merkt, welcher dieser Richtung entspricht, und wenn hier kein passendes Object sein sollte, durch den Gehülfen eine Stange hinsetzen lässt; dann misst er den Winkel zwischen irgend einem von 1 sichtbaren Hauptpunkte und dieser Stange und erhält hierdurch das Azimuth von 2; übrigens ist eine Kenntniss desselben bis auf 2—4 Minuten fast in allen Fällen hinreichend. Lässt sich dies Verfahren nicht anwenden, vielleicht weil 2 in 1 nicht sichtbar ist, so wählt man zwei Punkte s, s', von denen 1 und 2 gesehen werden können, und pointirt aus diesen Punkten 1 und 2; man kann die Orientirung für die beiden gewählten Punkte durch Einschneiden derselben aus 1 finden, und indem man nun die Entfernung ss' misst, erhält man durch eine leichte Rechnung die Lage von 1 und 2 in Bezug auf s, s', und hieraus sowohl $\overline{12}$ als $\widehat{12}$.«

In den Briefen an SCHUMACHER unter [6] sind einige Schreibfehler verbessert worden.

KRÜGER.

ZUR NETZAUSGLEICHUNG.

NACHLASS UND BRIEFWECHSEL.

[1.]

[Anzahl der Bedingungsgleichungen in einem Dreieckssystem.]

Ein System von p Punkten durch l Linien verbunden, gibt

$l - p + 1$ Bedingungsgleichungen aus Winkelverhältnissen,

$l - 2p + 3$ aus Seitenverhältnissen; zusammen also

$2l - 3p + 4$.

Bei den Messungen von 1824 ist $p = 13$, $l = 29$, also respective 17 und 6 Bedingungsgleichungen.

Für das ganze System ist $p = 33$, $l = 75$; wir haben also

43 Bedingungsgleichungen der ersten,

12 Bedingungsgleichungen der zweiten Art.

[2.]

Die 33 Hauptdreieckspunkte und ihre Verbindungen.

1	Göttingen	1 . . . 2. 3
2	Merid.-Zeichen	2 . . . 1. 3. 4
3	Hohehagen	3 . . . 1. 2. 4. 5. 6
4	Hils	4 . . . 2. 3. 5. 7. 8
5	Brocken	5 . . . 3. 4. 6. 7
6	Inselsberg	6 . . . 3. 5
7	Lichtenberg	7 . . . 4. 5. 8. 9. 10
8	Deister	8 . . . 4. 7. 9. 10
9	Garssen	9 . . . 7. 8. 10. 11
10	Falkenberg	10 . . . 7. 8. 9. 11. 12. 13. 14. 15. 19

11	Scharnhorst	11 . . . 9. 10. 12
12	Breithorn	12 . . . 10. 11. 13. 15
13	Hauselberg	13 . . . 10. 12. 14. 15
14	Wulfsode	14 . . . 10. 13. 15. 16
15	Wilsede	15 . . . 10. 12. 13. 14. 16. 17. 18. 19. 20. 21. 22. 23. 24. 25. 26
16	Timpenberg	16 . . . 14. 15. 17. 21
17	Nindorf	17 . . . 15. 16. 18. 21
18	Lüneburg	18 . . . 15. 17. 21
19	Elmhorst	19 . . . 10. 15. 20. 22
20	Litberg	20 . . . 15. 19. 21. 23. 25
21	Hamburg	21 . . . 15. 16. 17. 18. 20
22	Bullerberg	22 . . . 15. 19. 23. 24
23	Brüttendorf	23 . . . 15. 20. 22. 24. 25. 27
24	Bottel	24 . . . 15. 22. 23. 26. 27
25	Zeven	25 . . . 15. 20. 23. 26. 27. 28
26	Steinberg	26 . . . 15. 24. 25. 27
27	Bremen	27 . . . 23. 24. 25. 26. 28. 29
28	Brillit	28 . . . 25. 27. 29. 30
29	Garlste	29 . . . 27. 28. 30. 31
30	Bremerlehe	30 . . . 28. 29. 31. 32
31	Varel	31 . . . 29. 30. 32. 33
32	Langwarden	32 . . . 30. 31. 33
33	Jever	33 . . . 31. 32.

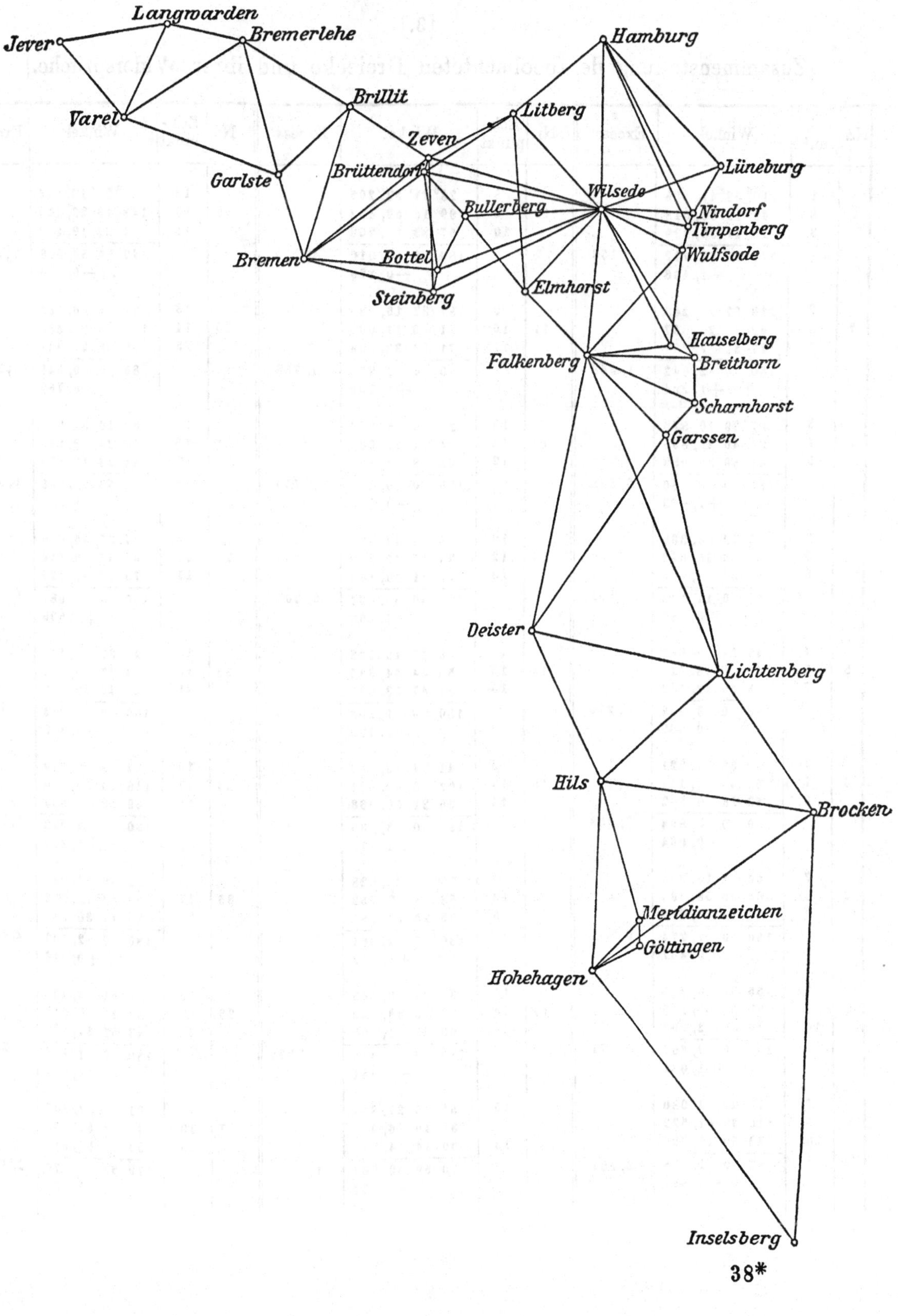
Langwarden
Jever
Bremerlehe
Varel
Brillit
Garlste
Zeven
Brüttendorf
Bullerberg
Bremen
Bottel
Steinberg
Litberg
Hamburg
Lüneburg
Wilsede
Nindorf
Timpenberg
Wulfsode
Elmhorst
Hauselberg
Falkenberg
Breithorn
Scharnhorst
Garssen
Deister
Lichtenberg
Hils
Brocken
Meridianzeichen
Göttingen
Hohehagen
Inselsberg

[3.]

[Zusammenstellung der beobachteten Dreiecke und ihrer Widersprüche.]

Nr.	Eckpunkt	Winkel	Excess	Nr.	Eckpunkt	Winkel	Excess	Nr.	Eckpunkt	Winkel	Excess
	1	115° 58′ 47,″435			8	23° 11′ 52,″206			12	27° 27′ 12,″046	
1	2	48 19 36, 048		10	9	99 14 52, 452		19	13	148 10 28, 108	
	3	15 41 35, 239			10	57 33 19, 258			15	4 22 19, 354	
		179 59 58, 722	0,″158			180 0 3, 916	4,″245			179 59 59, 508	0,″321
		−1, 436				−0, 329				−0, 813	
	2	119 37 29, 268			9	87 32 16, 986			13	34 25 46, 752	
2	3	42 31 25, 667		11	10	21 0 11, 004		20	14	109 38 36, 566	
	4	17 51 7, 707			11	71 27 33, 968			15	35 55 37, 227	
		180 0 2, 642	1, 348			180 0 1, 958	0, 758			180 0 0, 545	1, 295
		+1, 294				+1, 200				−0, 750	
	3	52 29 10, 876			10	22 10 9, 986			14	80 10 54, 559	
3	4	84 40 26, 895		12	11	64 11 24, 606		21	15	15 24 48, 626	
	5	42 50 30, 659			12	93 38 25, 839			16	84 24 15, 820	
		180 0 8, 430	6, 568			180 0 0, 431	0, 759			179 59 59, 005	0, 349
		+1, 862				−0, 328				−1, 344	
	3	86 13 58, 366			10	8 0 47, 395			15	7 35 56, 080	
4	5	53 6 45, 642		13	12	28 17 42, 299		22	16	96 37 6, 464	
	6	40 39 30, 165			13	143 41 29, 140			17	75 46 59, 128	
		180 0 14, 173	14, 853			179 59 58, 834	0, 202			180 0 1, 681	0, 176
		−0, 680				−1, 368				+1, 505	
	4	49 57 22, 853			10	86 27 13, 323			15	99 36 8, 130	
5	5	46 6 58, 013		14	12	55 44 54, 345		23	16	54 37 5, 482	
	7	83 55 42, 742			15	37 47 53, 635			21	25 46 48, 333	
		180 0 3, 608	4, 270			180 0 1, 303	2, 442			180 0 1, 945	2, 401
		−0, 662				−1, 139				−0, 456	
	4	73 58 37, 221			10	41 4 16, 563			15	22 9 7, 819	
6	7	53 43 20, 111		15	13	102 33 49, 504		24	17	118 24 2, 410	
	8	52 18 6, 562			14	36 21 56, 963			18	39 26 51, 803	
		180 0 3, 894	3, 958			180 0 3, 030	1, 257			180 0 2, 032	0, 712
		−0, 064				+1, 773				+1, 320	
	7	66 1 19, 295			10	78 26 25, 928			15	92 0 12, 041	
7	8	66 39 58, 909		16	13	68 8 2, 752		25	17	59 48 13, 692	
	9	47 18 49, 070			15	33 25 34, 281			21	28 11 36, 976	
		180 0 7, 274	6, 807			180 0 2, 961	1, 919			180 0 2, 709	2, 493
		+0, 467				+1, 042				+0, 216	
	7	55 34 16, 315			10	37 22 9, 365			15	69 51 4, 222	
8	8	89 51 51, 115		17	14	73 16 39, 603		26	18	66 17 19, 916	
	10	34 34 2, 262			15	69 21 11, 508			21	43 51 37, 728	
		180 0 9, 692	8, 671			180 0 0, 476	1, 957			180 0 1, 866	3, 243
		+1, 021				−1, 481				−1, 377	
	7	10 27 2, 980			10	51 5 27, 894			15	91 56 32, 897	
9	9	146 33 41, 522		18	15	38 40 26, 954		27	19	48 13 34, 654	
	10	22 59 16, 996			19	90 14 4, 919			20	39 49 51, 619	
		180 0 1, 498	2, 382			179 59 59, 767	1, 604			179 59 59, 170	2, 325
		−0, 884				−1, 837				−3, 155	

Nr.	Eck-punkt	Winkel	Excess	Nr.	Eck-punkt	Winkel	Excess	Nr.	Eck-punkt	Winkel	Excess
	15	42° 33′ 27,″431			15	4° 49′ 12,″346			24	87° 50′ 59,″267	
28	19	84 47 57, 993		36	24	118 47 2, 512		44	26	84 1 37, 540	
	22	52 38 34, 441			26	56 23 44, 550			27	8 7 19, 939	
		179 59 59, 865	1,″693			179 59 59, 408	0,″475			179 59 56, 746	0,″384
		−1, 828				−1, 067				−3, 638	
	15	45 0 51, 885			15	41 11 11, 856			25	52 8 25, 642	
29	20	84 52 57, 836		37	25	72 55 2, 636		45	26	74 31 34, 625	
	21	50 6 11, 565			26	65 53 47, 465			27	53 20 2, 799	
		180 0 1, 286	2, 487			180 0 1, 957	3, 739			180 0 3, 066	2, 677
		−1, 201				−1, 782				+0, 389	
	15	34 48 0, 088			16	42 0 0, 982			25	70 47 36, 223	
30	20	101 28 7, 642		38	17	135 35 12, 820		46	27	33 44 16, 825	
	23	43 43 53, 705			21	2 24 48, 643			28	75 28 6, 218	
		180 0 1, 435	2, 191			180 0 2, 445	0, 269			179 59 59, 266	2, 207
		−0, 756				+2, 176				−2, 941	
	15	30 5 29, 996			17	58 35 48, 718			27	34 29 55, 787	
31	20	107 32 36, 600		39	18	105 44 11, 719		47	28	29 37 54, 644	
	25	42 21 53, 525			21	15 40 0, 752			29	115 52 10, 501	
		180 0 0, 121	1, 921			180 0 1, 189	1, 461			180 0 0, 932	1, 207
		−1, 800				−0, 272				−0, 275	
	15	14 35 5, 378			20	6 4 28, 958			28	74 40 45, 427	
32	22	129 39 39, 937		40	23	42 34 30, 482		48	29	62 1 7, 722	
	23	35 45 16, 305			25	131 20 59, 151			30	43 18 7, 460	
		180 0 1, 620	1, 040			179 59 58, 591	0, 176			180 0 0, 609	1, 908
		+0, 580				−1, 585				−1, 299	
	15	17 4 24, 040			22	107 11 26, 358			29	55 8 33, 295	
33	22	123 8 53, 705		41	23	37 43 48, 676		49	30	72 2 17, 413	
	24	39 46 43, 583			24	35 4 44, 497			31	52 49 7, 348	
		180 0 1, 328	1, 205			179 59 59, 531	0, 592			179 59 58, 056	2, 976
		+0, 123				−1, 061				−4, 920	
	15	31 39 29, 418			23	59 44 38, 189			30	44 10 12, 284	
34	23	73 29 4, 981		42	24	78 30 30, 141		50	31	31 37 2, 215	
	24	74 51 28, 080			27	41 44 55, 085			32	104 12 45, 160	
		180 0 2, 479	2, 837			180 0 3, 415	2, 046			179 59 59, 665	1, 214
		−0, 358				+1, 369				−1, 549	
	15	4 42 30, 092			23	140 27 52, 643			31	64 45 53, 786	
35	23	86 18 24, 187		43	25	36 4 22, 652		51	32	56 15 43, 900	
	25	88 59 5, 626			27	3 27 47, 775			33	58 58 23, 815	
		179 59 59, 905	0, 446			180 0 3, 070	0, 228			180 0 1, 501	1, 461
		−0, 541				+2, 842				+0, 040	

[Zwischen den Widersprüchen in den folgenden Dreiecken (ebenso zwischen den dazu gehörigen Normalgleichungen des Art. 4) bestehen die Beziehungen:

$7+10 = 8+9$ $\qquad$ $22+25 = 23+38$ $\qquad$ $34 = 32+33+41$

$14 = 13+16+19$ $\qquad$ $24+26 = 25+39$ $\qquad$ $37+45 = 34+35+36$

$15+17 = 16+20$ $\qquad$ $30+40 = 31+35$ $\qquad$ $+42+43+44.$]

[4.]

[Normalgleichungen, die den Winkelgleichungen entsprechen.]

[Bezeichnen (1.2), (1.3), (2.3), u. s. w. die Verbesserungen der Richtungsbeobachtungen 1.2, 1.3, 2.3, u. s. w., so ergeben sich für die 51 Dreiecke die folgenden Bedingungsgleichungen:

$$+(1.2)-(2.1)+(2.3)-(3.2)+(3.1)-(1.3)-1{,}436=0$$
$$+(2.4)-(4.2)+(4.3)-(3.4)+(3.2)-(2.3)+1{,}294=0$$

u. s. w.

Unter diesen sind aber nur 43 von einander unabhängig. Die Correlaten der Bedingungsgleichungen seien, den Dreiecksnummern entsprechend: (1), (2), (3), u. s. w. Dann ist, gleiche Gewichte für die Richtungen vorausgesetzt, und wenn die Bedingungsgleichungen, die aus den Seitenverhältnissen entstehen, unberücksichtigt bleiben:

$$(1.2)=-(2.1)=+(1)$$
$$(1.3)=-(3.1)=-(1)$$
$$(2.3)=-(3.2)=+(1)-(2)$$
$$(2.4)=-(4.2)=+(2)$$
$$(3.4)=-(4.3)=-(2)-(3)$$

u. s. w.

Nur die Richtung 24.26 (Bottel—Steinberg) hat das Gewicht $\frac{1}{4}$ erhalten; ihre Verbesserung ist demnach

$$(24.26)=4(36)-4(44).$$

Substituirt man diese Werthe in den Bedingungsgleichungen, so erhält man die Normalgleichungen:

$$6(1)-2(2)\qquad -1{,}436=0$$
$$-2(1)+6(2)+2(3)+1{,}294=0$$

u. s. w.

Da es sich hier nur um die Berechnung der Correlaten handelt, so können diese Gleichungen sämmtlich durch 2 dividirt werden. Es ergeben sich somit die nachstehenden Gleichungen zur Bestimmung der Correlaten.]

1. $0 = -0,718 \quad +3(1)-(2)$
2. $0 = +0,647 \quad -(1)+3(2)+(3)$
3. $0 = +0,931 \quad +(2)+3(3)-(4)-(5)$
4. $0 = -0,340 \quad -(3)+3(4)$
5. $0 = -0,331 \quad -(3)+3(5)-(6)$
6. $0 = -0,032 \quad -(5)+3(6)-(7)-(8)$

(7. $0 = +0,233.5 -(6)+3(7)+(8)+(9)-(10)$)

8. $0 = +0,510.5 -(6)+(7)+3(8)-(9)+(10)$
9. $0 = -0,442 \quad +(7)-(8)+3(9)+(10)-(11)$
10. $0 = -0,164.5 -(7)+(8)+(9)+3(10)-(11)$
11. $0 = +0,600 \quad -(9)-(10)+3(11)-(12)$
12. $0 = -0,164 \quad -(11)+3(12)-(13)-(14)$

(13. $0 = -0,684 \quad -(12)+3(13)+(14)-(15)-(16)-(19)$)

14. $0 = -0,569.5 -(12)+(13)+3(14)+(16)+(17)-(18)+(19)$

(15. $0 = +0,886.5 -(13)+3(15)+(16)-(17)+(20)$)

16. $0 = +0,521 \quad -(13)+(14)+(15)+3(16)+(17)-(18)-(19)-(20)$
17. $0 = -0,740.5 +(14)-(15)+(16)+3(17)-(18)+(20)-(21)$
18. $0 = -0,918.5 -(14)-(16)-(17)+3(18)-(27)-(28)$
19. $0 = -0,406.5 -(13)+(14)-(16)+3(19)+(20)$
20. $0 = -0,375 \quad +(15)-(16)+(17)+(19)+3(20)-(21)$
21. $0 = -0,672 \quad -(17)-(20)+3(21)-(22)-(23)$
22. $0 = +0,752.5 -(21)+3(22)+(23)-(24)-(25)+(38)$
23. $0 = -0,228 \quad -(21)+(22)+3(23)+(25)+(26)-(29)-(38)$
24. $0 = +0,660 \quad -(22)+3(24)+(25)-(26)+(39)$
25. $0 = +0,108 \quad -(22)+(23)+(24)+3(25)+(26)-(29)+(38)-(39)$
26. $0 = -0,688.5 +(23)-(24)+(25)+3(26)-(29)+(39)$
27. $0 = -1,577.5 -(18)+3(27)+(28)-(29)+(30)+(31)$
28. $0 = -0,914 \quad -(18)+(27)+3(28)-(32)+(33)$
29. $0 = -0,600.5 -(23)-(25)-(26)-(27)+3(29)-(30)-(31)$
30. $0 = -0,378 \quad +(27)-(29)+3(30)+(31)-(32)-(34)+(35)-(40)$
31. $0 = -0,900 \quad +(27)-(29)+(30)+3(31)-(35)-(37)+(40)$
32. $0 = +0,290 \quad -(28)-(30)+3(32)-(33)+(34)-(35)-(41)$
33. $0 = +0,061.5 +(28)-(32)+3(33)+(34)-(36)-(41)$

(34. $0 = -0,179 \quad -(30)+(32)+(33)+3(34)-(35)-(36)+(41)-(42)$)

(35. 0 = − 0,270.5 + (30) − (31) − (32) − (34) + 3 (35) + (37) + (40) − (43))
36. 0 = − 0,533.5 − (33) − (34) + $\frac{9}{2}$(36) + (37) − $\frac{5}{2}$(44)
37. 0 = − 0,891 − (31) + (35) + (36) + 3(37) − (45)
(38. 0 = + 1,088 + (22) − (23) + (25) + 3 (38) − (39))
(39. 0 = − 0,136 + (24) − (25) + (26) − (38) + 3 (39))
40. 0 = − 0,792.5 − (30) + (31) + (35) + 3 (40) − (43)
41. 0 = − 0,530.5 − (32) − (33) + (34) + 3 (41) − (42)
42. 0 = + 0,684.5 − (34) − (41) + 3 (42) − (43) − (44)
43. 0 = + 1,421 − (35) − (40) − (42) + 3 (43) + (45) − (46)
(44. 0 = − 1,819 − $\frac{5}{2}$(36) − (42) + $\frac{9}{2}$(44) + (45))
45. 0 = + 0,194.5 − (37) + (43) + (44) + 3 (45) − (46)
46. 0 = − 1,470.5 − (43) − (45) + 3 (46) − (47)
47. 0 = − 0,137.5 − (46) + 3 (47) − (48)
48. 0 = − 0,649.5 − (47) + 3 (48) − (49)
49. 0 = − 2,460 − (48) + 3 (49) − (50)
50. 0 = − 0,774.5 − (49) + 3 (50) − (51)
51. 0 = + 0,020 − (50) + 3 (51).

[Die eingeklammerten Normalgleichungen entsprechen den 8 abhängigen Bedingungsgleichungen; bei der Auflösung sind die Correlaten (7), (13), (15), (34), (35), (38), (39), (44) gleich Null zu setzen.]

[5.]

Bedingungsgleichungen der zweiten Art.

[Nachdem die Dreieckswidersprüche ausgeglichen sind, werden die Bedingungsgleichungen aufgestellt, die von den Seitenverhältnissen herrühren.

Für das Viereck 7. 8. 10. . . . . . 9 ist, wenn 9 als Centralpunkt gewählt wird:

im Dreieck	ausgegl. Winkel	$\frac{1}{3}$ Excess	log sin	Verbesserung]
7	auf 7 : 66° 1′ 19″,151	−2″,269	9,960 8021.983 +	9.36 { (7.9) − (7.8) }
	8 : 66 39 58,666	−2,269	9,962 9416.342 +	9.08 { (8.7) − (8.9) }
9	10 : 22 59 17,428	−0,794	9,591 6628.409 +	49.63 { (10.7) − (10.9) }
	7 : 10 27 3,217	−0,794	9,258 6108.427 +	114.15 { (7.9) − (7.10) }

[im Dreieck	ausgegl. Winkel	½ Excess	log sin	Verbesserung]
10 auf 8 :	23° 11′ 52″,167	−1″,415	9,595 3867.516	+ 49.13{(8.9)−(8.10)}
10 :	57 33 19,333	−1,415	9,926 2943.910	+ 13.39{(10.8)−(10. 9)}
			9,997 8605.641	
			0,333 0519.982	
			9,669 0923.606	
			+49.229	
			(vorher +57)[*)]	

[mithin lautet die Seitengleichung für 7. 8. 10. . . . . . 9 :]

$$0 = +49{,}229 - 9{,}36(7.8) - 104{,}79(7.9) + 114{,}15(7.10)$$
$$- 9{,}08(8.7) + 58{,}21(8.9) - 49{,}13(8.10)$$
$$+ 49{,}63(10.7) - 13{,}39(10.8) - 36{,}24(10.9).$$

[Diese Gleichung wird umgeformt: Wenn nemlich bei der Ausgleichung einer Figur ausser einer Anzahl von Winkelgleichungen, deren absolute Glieder Null sind, nur eine Seitengleichung zu erfüllen ist, so kann man dies durch Ausgleichung einer einzigen Gleichung erreichen. Und zwar wird diese Gleichung dadurch erhalten, dass man die Winkelgleichungen, nachdem man sie mit gewissen Factoren multiplicirt hat, zur Seitengleichung addirt. Diese Factoren sind so zu bestimmen, dass die Summe der Quadrate der Coefficienten in der umgeformten Seitengleichung ein Minimum wird. Addirt man also die bereits ausgeglichenen Winkelgleichungen der Dreiecke 7, 9, 10:

$$+(7.9) - (9.7) + (9.8) - (8.9) + (8.7) - (7.8) = 0$$
$$+(7.9) - (9.7) + (9.10) - (10.9) + (10.7) - (7.10) = 0$$
$$+(8.9) - (9.8) + (9.10) - (10.9) + (10.8) - (8.10) = 0,$$

nachdem man sie mit x, y, z multiplicirt hat, zur obigen Seitengleichung, so ergibt sich zunächst:

$$0 = +49{,}229 - (9{,}36 + x)(7.8) - (104{,}79 - x - y)(7.9) + (114{,}15 - y)(7.10)$$
$$- (9{,}08 - x)(8.7) + (58{,}21 - x + z)(8.9) - (49{,}13 + z)(8.10)$$
$$- (x + y)(9.7) + (x - z)(9.8) + (y + z)(9.10)$$
$$+ (49{,}63 + y)(10.7) - (13{,}39 - z)(10.8) - (36{,}24 + y + z)(10.9),$$

[*) Der eingeklammerte Werth, +57, wird erhalten, wenn die Seitengleichung mit den beobachteten Winkelwerthen des Art. 3 berechnet wird.]

und macht man jetzt die Summe der Quadrate der Coefficienten der Verbesserungen zum Minimum, so muss

$$6x+2y-2z=+162,7$$
$$2x+6y+2z=+133,1$$
$$-2x+2y+6z=-130,2$$

sein.] Es findet sich

$$x=+\ 7,76$$
$$y=+29,21$$
$$z=-28,85,$$

und die hienach verbesserte Bedingungsgleichung:

$$\text{I.}\quad 0=+49,229-17,12(\ 7.8)-67,82(\ 7.9)+84,94(\ 7.10)$$
$$-\ 1,32(\ 8.7)+21,60(\ 8.9)-20,28(\ 8.10)$$
$$-36,97(\ 9.7)+36,61(\ 9.8)+\ 0,36(\ 9.10)$$
$$+78,84(10.7)-42,24(10.8)-36,60(10.\ 9).$$

[Im Folgenden werden nur die ursprünglichen und die umgeformten Seitengleichungen mitgetheilt. Die Überschrift gibt immer die Figur an, zu welcher die betreffende Seitengleichung gehört, und die Dreiecke, deren Winkelgleichungen zu ihrer Umformung herangezogen werden. Für die Factoren x, y, z werden die Dreiecksnummern geschrieben.]

10. 12. 15 ..... 13; Dreiecke 13, 16, 19.

$$0=-52,512+149,57(10.12)-153,88(10.13)+\ 4,31(10.15)$$
(vorher + 25)
$$+\ 39,11(12.10)-\ 79,64(12.13)+\ 40,53(12.15)$$
$$+\ 31,90(15.10)+275,39(15.12)-307,29(15.13).$$

Es findet sich

$$13=-10,99,\qquad 16=-10,52,\qquad 19=+69,91,$$

und die hienach ergänzte Bedingungsgleichung:

$$\text{II.}\quad 0=-52,512+138,58(10.12)-153,41(10.13)+\ 14,83(10.15)$$
$$+\ 50,10(12.10)-160,54(12.13)+110,44(12.15)$$
$$-\ 0,47(13.10)+\ 80,90(13.12)-\ 80,43(13.15)$$
$$+\ 21,38(15.10)+205,48(15.12)-226,86(15.13).$$

10. 14. 15 ..... 13; Dreiecke 15, 16, 20.

$$0 = -24{,}795 + 19{,}85\,(10.13) - 24{,}16\,(10.14) + 4{,}31\,(10.15)$$
(vorher − 3)
$$-28{,}59\,(14.10) + 36{,}11\,(14.13) - 7{,}52\,(14.15)$$
$$+31{,}90\,(15.10) - 60{,}96\,(15.13) + 29{,}06\,(15.14).$$

Es findet sich

$$15 = +2{,}02, \qquad 16 = -12{,}98, \qquad 20 = +17{,}28,$$

und die hienach ergänzte Bedingungsgleichung:

$$\text{III.}\quad 0 = -24{,}795 + 8{,}89\,(10.13) - 26{,}18\,(10.14) + 17{,}29\,(10.15)$$
$$+10{,}96\,(13.10) + 19{,}30\,(13.14) - 30{,}26\,(13.15)$$
$$-26{,}57\,(14.10) + 16{,}81\,(14.13) + 9{,}76\,(14.15)$$
$$+18{,}92\,(15.10) - 30{,}70\,(15.13) + 11{,}78\,(15.14).$$

15. 17. 21 ..... 16; Dreiecke 22, 23, 38.

$$0 = +244{,}621 + 161{,}39\,(15.16) - 157{,}83\,(15.17) - 3{,}56\,(15.21)$$
(vorher − 136)
$$-5{,}33\,(17.15) + 26{,}82\,(17.16) - 21{,}49\,(17.21)$$
$$+43{,}59\,(21.15) - 543{,}19\,(21.16) + 499{,}60\,(21.17).$$

Es findet sich

$$22 = -114{,}19, \qquad 23 = -15{,}66, \qquad 38 = +214{,}69,$$

und die hienach ergänzte Bedingungsgleichung:

$$\text{IV.}\quad 0 = +244{,}621 + 31{,}54\,(15.16) - 43{,}64\,(15.17) + 12{,}10\,(15.21)$$
$$+129{,}85\,(16.15) + 100{,}50\,(16.17) - 230{,}35\,(16.21)$$
$$-119{,}52\,(17.15) - 73{,}68\,(17.16) + 193{,}20\,(17.21)$$
$$+27{,}93\,(21.15) - 312{,}84\,(21.16) + 284{,}91\,(21.17).$$

15. 18. 21 ..... 17; Dreiecke 24, 25, 39.

$$0 = -153{,}010 + 52{,}46\,(15.17) - 51{,}72\,(15.18) - 0{,}74\,(15.21)$$
(vorher − 114)
$$-25{,}59\,(18.15) + 31{,}52\,(18.17) - 5{,}93\,(18.21)$$
$$+39{,}28\,(21.15) - 114{,}35\,(21.17) + 75{,}07\,(21.18).$$

Es findet sich

$$24 = -14{,}27, \qquad 25 = -17{,}47, \qquad 39 = +36{,}75,$$

und die hienach ergänzte Bedingungsgleichung:

$$\text{V.}\quad 0 = -153{,}010 + 20{,}72\,(15.17) - 37{,}45\,(15.18) + 16{,}73\,(15.21)$$
$$+ 31{,}74\,(17.15) + 22{,}48\,(17.18) - 54{,}22\,(17.21)$$
$$- 39{,}86\,(18.15) + 9{,}04\,(18.17) + 30{,}82\,(18.21)$$
$$+ 21{,}81\,(21.15) - 60{,}13\,(21.17) + 38{,}32\,(21.18).$$

10. 14. 16. 21. 20. 19 ..... 15; Dreiecke 17, 21, 23, 29, 27, 18.

$$0 = +51{,}578 + 27{,}57\,(10.14) - 44{,}56\,(10.15) + 16{,}99\,(10.19)$$
(vorher +52)
$$+ 6{,}33\,(14.10) - 9{,}97\,(14.15) + 3{,}64\,(14.16)$$
$$+ 2{,}06\,(16.14) - 17{,}01\,(16.15) + 14{,}95\,(16.21)$$
$$- 0{,}09\,(19.10) - 18{,}72\,(19.15) + 18{,}81\,(19.20)$$
$$- 27{,}13\,(20.15) + 25{,}24\,(20.19) + 1{,}89\,(20.21)$$
$$- 61{,}19\,(21.15) + 43{,}59\,(21.16) + 17{,}60\,(21.20).$$

Es findet sich

$$17 = -7{,}40,\quad 21 = +2{,}09,\quad 23 = +10{,}93,\quad 29 = -5{,}71,\quad 27 = -3{,}16,\quad 18 = +3{,}63$$

und die hienach ergänzte Bedingungsgleichung:

$$\text{VI.}\quad 0 = +51{,}578 + 20{,}17\,(10.14) - 33{,}53\,(10.15) + 13{,}36\,(10.19)$$
$$+ 13{,}73\,(14.10) - 19{,}46\,(14.15) + 5{,}73\,(14.16)$$
$$- 11{,}03\,(15.10) + 9{,}49\,(15.14) + 8{,}84\,(15.16)$$
$$+ 6{,}79\,(15.19) + 2{,}55\,(15.20) - 16{,}64\,(15.21$$
$$- 0{,}03\,(16.14) - 25{,}85\,(16.15) + 25{,}88\,(16.21)$$
$$+ 3{,}54\,(19.10) - 25{,}51\,(19.15) + 21{,}97\,(19.20)$$
$$- 29{,}68\,(20.15) + 22{,}08\,(20.19) + 7{,}60\,(20.21)$$
$$- 44{,}55\,(21.15) + 32{,}66\,(21.16) + 11{,}89\,(21.20).$$

15. 20. 23 ..... 25; Dreiecke 31, 35, 40.

$$0 = -76{,}113 + 36{,}33\,(15.20) + 255{,}65\,(15.23) - 291{,}98\,(15.25)$$
(vorher −185)
$$- 6{,}66\,(20.15) - 197{,}84\,(20.23) + 204{,}50\,(20.25)$$
$$+ 1{,}36\,(23.15) - 22{,}92\,(23.20) + 21{,}56\,(23.25).$$

Es findet sich

$$31 = -19{,}16,\qquad 35 = +119{,}26,\qquad 40 = -93{,}01,$$

und die hienach ergänzte Bedingungsgleichung:

VII. $$\begin{aligned}0 = -76{,}113 &+ 17{,}17\,(15.20) + 136{,}39\,(15.23) - 153{,}56\,(15.25)\\ &+ 12{,}50\,(20.15) - 104{,}83\,(20.23) + 92{,}33\,(20.25)\\ &+ 120{,}62\,(23.15) - 115{,}93\,(23.20) - 4{,}69\,(23.25)\\ &- 138{,}42\,(25.15) + 112{,}17\,(25.20) + 26{,}25\,(25.23).\end{aligned}$$

15. 23. 24 ..... 22; Dreiecke 32, 33, 41.

$$\begin{aligned}0 = +63{,}032 &- 149{,}58\,(15.22) + 80{,}92\,(15.23) + 68{,}66\,(15.24)\\ \text{(vorher } +98) \quad &+ 29{,}24\,(23.15) - 56{,}45\,(23.22) + 27{,}21\,(23.24)\\ &+ 25{,}29\,(24.15) - 55{,}27\,(24.22) + 29{,}98\,(24.23).\end{aligned}$$

Es findet sich

$$32 = -18{,}79, \qquad 33 = +16{,}52, \qquad 41 = -0{,}49,$$

und die hienach ergänzte Bedingungsgleichung:

VIII. $$\begin{aligned}0 = +63{,}032 &- 114{,}27\,(15.22) + 62{,}13\,(15.23) + 52{,}14\,(15.24)\\ &- 35{,}31\,(22.15) + 18{,}30\,(22.23) + 17{,}01\,(22.24)\\ &+ 48{,}03\,(23.15) - 74{,}75\,(23.22) + 26{,}72\,(23.24)\\ &+ 41{,}81\,(24.15) - 72{,}28\,(24.22) + 30{,}47\,(24.23).\end{aligned}$$

19. 20. 23. 22 ..... 15; Dreiecke 27, 30, 32, 28.

$$\begin{aligned}0 = -25{,}870 &+ 16{,}89\,(19.15) - 18{,}81\,(19.20) + 1{,}92\,(19.22)\\ \text{(vorher } -17) \quad &+ 29{,}51\,(20.15) - 25{,}24\,(20.19) - 4{,}27\,(20.23)\\ &+ 1{,}39\,(22.15) + 16{,}07\,(22.19) - 17{,}46\,(22.23)\\ &- 51{,}25\,(23.15) + 22{,}01\,(23.20) + 29{,}24\,(23.22).\end{aligned}$$

Es findet sich

$$27 = +3{,}33, \qquad 30 = +11{,}16, \qquad 32 = -16{,}71, \qquad 28 = -11{,}62,$$

und die hienach ergänzte Bedingungsgleichung:

IX. $$\begin{aligned}0 = -25{,}870 &+ 8{,}29\,(15.19) + 14{,}49\,(15.20) + 5{,}09\,(15.22) - 27{,}87\,(15.23)\\ &+ 8{,}60\,(19.15) - 22{,}14\,(19.20) + 13{,}54\,(19.22)\\ &+ 15{,}02\,(20.15) - 21{,}91\,(20.19) + 6{,}89\,(20.23)\\ &- 3{,}70\,(22.15) + 4{,}45\,(22.19) - 0{,}75\,(22.23)\\ &- 23{,}38\,(23.15) + 10{,}85\,(23.20) + 12{,}53\,(23.22).\end{aligned}$$

15. 25. 27. 24 ..... 23; Dreiecke 35, 43, 42, 34.

$$\begin{aligned} 0 = &+332{,}394 - 289{,}80\,(15.23) + 255{,}65\,(15.25) + 34{,}15\,(15.24) \\ &\text{(vorher } +36) \quad + 5{,}70\,(24.15) - 9{,}98\,(24.23) + 4{,}28\,(24.27) \\ &+ 0{,}37\,(25.15) - 29{,}27\,(25.23) + 28{,}90\,(25.27) \\ &- 371{,}54\,(27.23) + 347{,}95\,(27.25) + 23{,}59\,(27.24). \end{aligned}$$

Es findet sich

$35 = -48{,}79, \quad 43 = +85{,}19, \quad 42 = -26{,}30, \quad 34 = +26{,}35,$

und die hienach ergänzte Bedingungsgleichung:

$$\begin{aligned} \text{X.} \quad 0 = &+332{,}394 - 214{,}66\,(15.23) + 7{,}80\,(15.24) + 206{,}86\,(15.25) \\ &- 75{,}14\,(23.15) + 52{,}65\,(23.24) + 133{,}98\,(23.25) \\ &- 111{,}49\,(23.27) \\ &+ 32{,}05\,(24.15) - 62{,}63\,(24.23) + 30{,}58\,(24.27) \\ &+ 49{,}16\,(25.15) - 163{,}25\,(25.23) + 114{,}09\,(25.27) \\ &- 260{,}05\,(27.23) - 2{,}71\,(27.24) + 262{,}76\,(27.25). \end{aligned}$$

15. 23. 27. 26 ..... 24; Dreiecke 34, 42, 44, 36.

$$\begin{aligned} 0 = &-305{,}978 + 34{,}15\,(15.23) - 283{,}83\,(15.24) + 249{,}68\,(15.26) \\ &\text{(vorher } -268) \quad + 6{,}24\,(23.15) - 18{,}52\,(23.24) + 12{,}28\,(23.27) \\ &+ 13{,}99\,(26.15) - 16{,}19\,(26.24) + 2{,}20\,(26.27) \\ &+ 23{,}59\,(27.23) - 171{,}12\,(27.24) + 147{,}53\,(27.26). \end{aligned}$$

Es findet sich, [wenn man beachtet, dass die in XI wie auch in der folgenden Bedingungsgleichung XII vorkommende Verbesserung (24.26) das Gewicht $\frac{1}{4}$ hat]

$34 = -26{,}82, \quad 42 = +17{,}56, \quad 44 = -2{,}46, \quad 36 = +48{,}60,$

und die hienach ergänzte Bedingungsgleichung:

$$\begin{aligned} \text{XI.} \quad 0 = &-305{,}978 + 7{,}33\,(15.23) - 208{,}41\,(15.24) + 201{,}08\,(15.26) \\ &+ 33{,}06\,(23.15) - 62{,}90\,(23.24) + 29{,}84\,(23.27) \\ &- 75{,}42\,(24.15) + 44{,}38\,(24.23) + 102{,}12\,\frac{(24.26)}{2} \\ &- 20{,}02\,(24.27) \\ &+ 62{,}59\,(26.15) - 67{,}25\,(26.24) + 4{,}66\,(26.27) \\ &+ 6{,}03\,(27.23) - 151{,}10\,(27.24) + 145{,}07\,(27.26). \end{aligned}$$

23. 24. 26. 25 ..... 27; Dreiecke 42, 44, 45, 43.

$$\begin{aligned}0 = +10{,}719 &- 12{,}28\,(23.24) + 25{,}51\,(23.25) - 13{,}23\,(23.27)\\ \text{(vorher } +39) &- 4{,}28\,(24.23) - 0{,}79\,(24.26) + 5{,}07\,(24.27)\\ &- 28{,}90\,(25.23) + 16{,}37\,(25.26) + 12{,}53\,(25.27)\\ &- 2{,}20\,(26.24) + 5{,}83\,(26.25) - 3{,}63\,(26.27).\end{aligned}$$

Es findet sich

$$42 = -5{,}14, \qquad 44 = -3{,}53, \qquad 45 = +5{,}92, \qquad 43 = -17{,}05,$$

und die hienach ergänzte Bedingungsgleichung:

$$\begin{aligned}\text{XII.}\quad 0 = +10{,}719 &- 7{,}14\,(23.24) + 8{,}46\,(23.25) - 1{,}32\,(23.27)\\ &- 9{,}42\,(24.23) + 5{,}48\,\frac{(24.26)}{2} + 6{,}68\,(24.27)\\ &- 11{,}85\,(25.23) + 10{,}45\,(25.26) + 1{,}40\,(25.27)\\ &- 5{,}73\,(26.24) + 11{,}75\,(26.25) - 6{,}02\,(26.27)\\ &- 11{,}91\,(27.23) - 1{,}61\,(27.24) + 11{,}13\,(27.25)\\ &+ 2{,}39\,(27.26).\end{aligned}$$

[6.]

[Normalgleichungen, die den Seitengleichungen entsprechen.]

[Die Bedingungsgleichungen des vorhergehenden Artikels hängen durch gemeinschaftliche Verbesserungen wie folgt zusammen:

I	mit	keiner
II	»	III, VI
III	»	II, VI
IV	»	V, VI
V	»	IV, VI
VI	»	II, III, IV, V, VII, IX
VII	»	VI, VIII, IX, X, XI, XII
VIII	»	VII, IX, X, XI, XII
IX	»	VI, VII, VIII, X, XI
X	»	VII, VIII, IX, XI, XII
XI	»	VII, VIII, IX, X, XII
XII	»	VII, VIII, X, XI.

Aus den 12 Bedingungsgleichungen aus den Seitenverhältnissen ergeben sich für die Verbesserungen die folgenden Ausdrücke, wenn $A, B, \ldots, M$ die Correlaten der Gleichungen I, II, ..., XII bedeuten:

$$
\begin{array}{ll}
(7.8) = -17{,}12\,A & (10.12) = +138{,}58\,B \\
(7.9) = -67{,}82\,A & (10.13) = -153{,}41\,B + 8{,}89\,C \\
(7.10) = +84{,}94\,A & (10.14) = \quad * \quad -26{,}18\,C + 20{,}17\,F \\
(8.7) = -\ 1{,}32\,A & (10.15) = +\ 14{,}83\,B + 17{,}29\,C - 33{,}53\,F \\
\text{u. s. w.} & (10.19) = \quad * \quad\quad * \quad +13{,}36\,F \\
 & \qquad\qquad \text{u. s. w.}
\end{array}
$$

Werden diese Werthe der Verbesserungen in die Bedingungsgleichungen eingesetzt, so erhält man die Normalgleichungen:]

$$0 = +\ 49{,}229 + 25034{,}2\,A$$

$$
\begin{aligned}
0 &= -\ 52{,}512 + 190599\,B + 8690{,}5\,C \quad * \quad * \quad -\ 733{,}0\,F \\
0 &= -\ 24{,}795 + 8690{,}5\,B + 4994{,}7\,C \quad * \quad * \quad -\ 1759{,}42\,F \\
0 &= +244{,}621 \quad * \quad * \quad +319933\,D - 31493\,E - 20702{,}3\,F \\
0 &= -153{,}010 \quad * \quad * \quad -\ 31493\,D + 14744{,}5\,E - 1250{,}04\,F \\
0 &= +\ 51{,}578 - 733{,}0\,B - 1759{,}42\,C - 20702{,}3\,D - 1250{,}04\,E + 10026{,}51\,F - 327{,}22\,G - 1542{,}13\,I
\end{aligned}
$$

$$
\begin{aligned}
0 &= -\ 76{,}113 - 327{,}22\,F + 122589\,G + 14267{,}2\,H - 8163{,}9\,I - 81824\,K + 4987{,}3\,L - 350{,}74\,M \\
0 &= +\ 63{,}032 \quad * \quad +\ 14267{,}2\,G + 38017\,H - 4255{,}8\,I - 15700\,K - 12305{,}1\,L - 477{,}81\,M \\
0 &= -\ 25{,}870 - 1542{,}13\,F - 8163{,}9\,G - 4255{,}8\,H + 3438{,}56\,I + 7739{,}4\,K - 977{,}22\,L \quad * \\
0 &= +332{,}394 \quad * \quad -\ 81824\,G - 15700\,H + 7739{,}4\,I + 312374\,K - 19289{,}1\,L + 9819{,}25\,M \\
0 &= -305{,}978 \quad * \quad +\ 4987{,}3\,G - 12305{,}1\,H - 977{,}22\,I - 19289{,}1\,K + 160725\,L + 1292{,}98\,M \\
0 &= +\ 10{,}719 \quad * \quad -\ 350{,}74\,G - 477{,}81\,H \quad * \quad +\ 9819{,}25\,K + 1292{,}98\,L + 1020{,}37\,M.
\end{aligned}
$$

[7.]

[Die Verbesserungen.]

[Die 4-malige alternirende Ausgleichung in 2 Gruppen, indem zuerst die Winkelgleichungen allein, dann die hiedurch geänderten Seitengleichungen allein, darauf von neuem die verbesserten Winkelgleichungen u. s. f. in Betracht gezogen wurden, hat die folgenden Verbesserungen geliefert:]

(1.3) = −0″,225
(1.2) = +0,225

(2.1) = −0,225
(2.3) = +0,267
(2.4) = −0,042

(3.4) = +0,337
(3.2) = −0,267
(3.5) = −0,310
(3.1) = +0,225
(3.6) = +0,015

(4.3) = −0,337
(4.8) = +0,073
(4.7) = −0,061
(4.5) = +0,283
(4.2) = +0,042

(5.6) = −0,015
(5.3) = +0,310
(5.4) = −0,283
(5.7) = −0,012

(6.3) = −0,015
(6.5) = +0,015

(7.4) = +0,061
(7.8) = +0,183
(7.10) = −0,395
(7.9) = +0,139
(7.5) = +0,012

(8.10) = +0,176
(8.9) = +0,044
(8.7) = −0,146
(8.4) = −0,073

(9.8) = −0,160
(9.10) = +0,212
(9.11) = −0,122
(9.7) = +0,070

(10.8) = −0″,051
(10.19) = −1,046
(10.15) = +0,214
(10.14) = +0,542
(10.13) = −0,210
(10.12) = +0,321
(10.11) = +0,301
(10.9) = −0,140
(10.7) = +0,069

(11.9) = +0,122
(11.10) = −0,301
(11.12) = +0,179

(12.11) = −0,179
(12.10) = −0,312
(12.13) = +0,113
(12.15) = +0,378

(13.10) = +0,295
(13.15) = −0,304
(13.14) = +0,125
(13.12) = −0,117

(14.13) = +0,046
(14.10) = −0,806
(14.15) = +0,237
(14.16) = +0,525

(15.10) = −0,020
(15.19) = −0,136
(15.26) = −0,401
(15.24) = −0,180
(15.22) = +0,399
(15.23) = +0,093
(15.25) = −0,320
(15.20) = +0,625
(15.21) = +0,318
(15.18) = +0,108
(15.17) = +0,304
(15.16) = −0,301
(15.14) = −0,131

(15.12) = −0″,361
(15.13) = +0,001

(16.14) = −0,528
(16.15) = +0,359
(16.21) = +0,548
(16.17) = −0,379

(17.16) = +0,386
(17.15) = +0,225
(17.21) = −0,620
(17.18) = +0,008

(18.17) = +0,338
(18.15) = −0,958
(18.21) = +0,620

(19.22) = −0,207
(19.20) = −1,176
(19.15) = +0,346
(19.10) = +1,037

(20.23) = +0,118
(20.25) = +0,448
(20.21) = −0,954
(20.15) = −0,242
(20.19) = +0,630

(21.15) = +0,148
(21.20) = +0,946
(21.18) = +0,140
(21.17) = −0,496
(21.16) = −0,738

(22.24) = −0,256
(22.23) = +0,152
(22.15) = −0,317
(22.19) = +0,421

(23.27) = +0,479
(23.25) = −0,462
(23.20) = −0,048

(23.15) = −0″,182
(23.22) = +0,013
(23.24) = +0,201

(24.26) = −0,472
(24.27) = +0,500
(24.23) = −0,183
(24.22) = +0,282
(24.15) = −0,482

(25.26) = +0,260
(25.23) = +0,523
(25.27) = −0,960
(25.28) = +0,648
(25.20) = −0,318
(25.15) = −0,153

(26.27) = −0,676
(26.25) = −0,353
(26.24) = +0,097
(26.15) = +0,934

(27.29) = −0,547
(27.28) = −0,100
(27.25) = +0,484
(27.23) = +0,068
(27.24) = −0,898
(27.26) = +0,993

(28.27) = +0,101
(28.29) = −0,310
(28.30) = +0,857
(28.25) = −0,648

(29.31) = −1,373
(29.30) = +0,516
(29.28) = +0,310
(29.27) = +0,547

(30.31) = +0,570
(30.32) = +0,803
(30.28) = −0,857

$(30.29) = -0'',516$ $(31.33) = -0'',261$ $(32.31) = +0'',542$ $(33.32) = -0'',261$
$(31.32) = -0{,}542$ $(32.33) = +0{,}261$ $(33.31) = +0{,}261$
$(31.30) = -0{,}570$ $(32.30) = -0{,}803$
$(31.29) = +1{,}373$

[Für jede Station ist die Summe der Verbesserungen Null; bei der Station 24 ist jedoch zu beachten, dass die Richtungsverbesserung (24.26) das Gewicht $\frac{1}{4}$ hat.

Der mittlere Fehler einer Richtung wird hienach]

$$\sqrt{\frac{31{,}332385}{55}} = \pm\, 0'',7548.$$

[Bildet man aus den Richtungsverbesserungen die Winkelverbesserungen, und corrigirt mit diesen die beobachteten Winkelwerthe des Art. 3, so erhält man die in der folgenden Tabelle zusammengestellten ausgeglichenen Dreieckswinkel.]

[8.]

Ausgleichungswerthe.

Nr.	Eck-punkt	Ausgeglichene Winkel	Log. der Seiten	Nr.	Eck-punkt	Ausgeglichene Winkel	Log der Seiten
	1	115° 58′ 47″,885	4,221 7939		7	66° 1′ 19″,251	4,780 5184
1	2	48 19 36, 540	4,141 3507	7	8	66 39 58, 719	4,782 6578
	3	15 41 35, 731	3,700 2059		9	47 18 48, 840	4,686 0435
	2	119 37 28, 959	4,674 4426		7	55 34 15, 737	4,848 5425
2	3	42 31 25, 063	4,565 1592	8	8	89 51 50, 793	4,932 1822
	4	17 51 7, 328	4,221 7939		10	34 34 2, 142	4,686 0435
	3	52 29 10, 229	4,741 3374		7	10 27 3, 514	4,449 6103
3	4	84 40 26, 275	4,840 0752	9	9	146 33 41, 664	4,932 1822
	5	42 50 30, 066	4,674 4426		10	22 59 17, 205	4,782 6579
	3	86 13 58, 691	5,025 2012		8	23 11 52, 074	4,449 6103
4	5	53 6 45, 967	4,929 1248	10	9	99 14 52, 824	4,848 5425
	6	40 39 30, 195	4,840 0752		10	57 33 19, 347	4,780 5184
	4	49 57 23, 197	4,627 7548		9	87 32 16, 652	4,472 3562
5	5	46 6 58, 284	4,601 5606	11	10	21 0′ 10, 563	4,027 1430
	7	83 55 42, 791	4,741 3374		11	71 27 33, 545	4,449 6103
	4	73 58 37, 087	4,686 0435		10	22 10 9, 966	4,049 9728
6	7	53 43 20, 233	4,609 6711	12	11	64 11 25, 086	4,427 5939
	8	52 18 6, 635	4,601 5606		12	93 38 25, 706	4,472 3562

Nr.	Eck-punkt	Ausgeglichene Winkel	Log. der Seiten	Nr.	Eck-punkt	Ausgeglichene Winkel	Log. der Seiten
	10	8° 0′ 47,″926	3,799 4467		15	91° 56′ 33,″658	4,641 7790
13	12	28 17 42, 724	4,330 9664	27	19	48 13 36, 176	4,514 6418
	13	143 41 29, 552	4,427 5939		20	39 49 52, 491	4,448 5652
	10	86 27 13, 430	4,639 3854		15	42 33 27, 966	4,378 4286
14	12	55 44 55, 035	4,557 4996	28	19	84 47 58, 546	4,546 4777
	15	37 47 53, 976	4,427 5939		22	52 38 35, 179	4,448 5651
	10	41 4 15, 811	4,375 5210		15	45 0 51, 578	4,479 3245
15	13	102 33 49, 334	4,547 4347	29	20	84 52 58, 548	4,627 9981
	14	36 21 56, 111	4,330 9665		21	50 6 12, 363	4,514 6418
	10	78 26 25, 504	4,581 0258		15	34 48 0, 620	4,431 4071
16	13	68 8 2, 153	4,557 4996	30	20	101 28 8, 002	4,666 2301
	15	33 25 34, 260	4,330 9664		23	43 43 53, 571	4,514 6418
	10	37 22 9, 693	4,359 4169		15	30 5 30, 941	4,386 2524
17	14	73 16 40, 646	4,557 4996	31	20	107 32 37, 290	4,665 3954
	15	69 21 11, 619	4,547 4347		25	42 21 53, 690	4,514 6418
	10	51 5 29, 154	4,448 5652		15	14 35 5, 072	4,180 9050
18	15	38 40 26, 838	4,353 3054	32	22	129 39 39, 468	4,666 2300
	19	90 14 5, 610	4,557 4996		23	35 45 16, 500	4,546 4777
	12	27 27 12, 311	4,581 0257		15	17 4 24, 619	4,208 1702
19	13	148 10 28, 295	4,639 3853	33	22	123 8 53, 766	4,663 2795
	15	4 22 19, 716	3,799 4468		24	39 46 42, 819	4,546 4777
	13	34 25 47, 181	4,359 4169		15	31 39 29, 691	4,401 6104
20	14	109 38 36, 757	4,581 0257	34	23	73 29 5, 364	4,663 2795
	15	35 55 37, 359	4,375 5210		24	74 51 27, 781	4,666 2300
	14	80 10 54, 847	4,355 0834		15	4 42 29, 679	3,580 5419
21	15	15 24 48, 796	3,786 0195	35	23	86 18 24, 467	4,665 3953
	16	84 24 16, 707	4,359 4169		25	88 59 6, 302	4,666 2301
	15	7 35 55, 484	3,489 9371		15	4 49 12, 567	3,667 1184
22	16	96 37 5, 726	4,365 6888	36	24	118 47 2, 522	4,685 4190
	17	75 46 58, 967	4,355 0834		26	56 23 45, 387	4,663 2795
	15	99 36 7, 511	4,710 5482		15	41 11 11, 937	4,523 5773
23	16	54 37 5, 671	4,627 9981	37	25	72 55 3, 049	4,685 4191
	21	25 46 49, 219	4,355 0834		26	65 53 48, 752	4,665 3953
	15	22 9 8, 015	4,139 0825		16	42 0 0, 055	4,691 0661
24	17	118 24 2, 193	4,506 9703	38	17	135 35 11, 814	4,710 5482
	18	39 26 50, 507	4,365 6888		21	2 24 48, 401	3,489 9371
	15	92 0 12, 027	4,691 0660		17	58 35 49, 346	4,638 8717
25	17	59 48 12, 847	4,627 9981	39	18	105 44 12, 001	4,691 0660
	21	28 11 37, 620	4,365 6888		21	15 40 0, 116	4,139 0825
	15	69 51 4, 012	4,638 8717		20	6 4 29, 288	3,580 5420
26	18	66 17 21, 494	4,627 9981	40	23	42 34 30, 896	4,386 2524
	21	43 51 37, 736	4,506 9703		25	131 20 59, 992	4,431 4071

Nr.	Eckpunkt	Ausgeglichene Winkel	Log. der Seiten	Nr.	Eckpunkt	Ausgeglichene Winkel	Log. der Seiten
	22	107° 11′ 26,″766	4,401 6104		27	34° 29′ 56,″234	4,391 5208
41	23	37 43 48, 864	4,208 1702	47	28	29 37 54, 233	4,332 5030
	24	35 4 44, 962	4,180 9050		29	115 52 10, 738	4,592 5466
	23	59 44 38, 467	4,514 6326		28	74 40 46, 594	4,539 5811
42	24	78 30 29, 458	4,569 4338	48	29	62 1 7, 516	4,501 3055
	27	41 44 54, 119	4,401 6104		30	43 18 7, 801	4,391 5208
	23	140 27 51, 702	4,603 2978		29	55 8 35, 184	4,552 3905
43	25	36 4 21, 169	4,569 4339	49	30	72 2 18, 499	4,616 5702
	27	3 27 47, 359	3,580 5418		31	52 49 9, 291	4,539 5811
	24	87 51 0, 239	4,516 6908		30	44 10 12, 517	4,408 9936
44	26	84 1 38, 313	4,514 6326	50	31	31 37 2, 187	4,285 4226
	27	8 7 21, 830	3,667 1184		32	104 12 46, 511	4,552 3905
	25	52 8 24, 422	4,516 6908		31	64 45 53, 505	4,432 4893
45	26	74 31 34, 948	4,603 2978	51	32	56 15 43, 619	4,395 9568
	27	53 20 3, 308	4,523 5773		33	58 58 24, 337	4,408 9936
	25	70 47 37, 831	4,592 5466				
46	27	33 44 17, 409	4,362 0207				
	28	75 28 6, 967	4,603 2978				

[Der Anschluss an die Seite 21 (Hamburg)—Hohenhorn, deren Logarithmus 4,431 0013 ist, wird durch die folgenden Dreiecke hergestellt.]

Station	Beobachtet	Verb.	Ausgegl.	Log. der Seiten
Wilsede	55° 59′ 39,″315	+0,″521	39,″836	4,568 1158
Nindorf	92 39 53, 189	−0, 694	52, 495	4,649 1015
Hohenhorn	31 20	*	29, 841	4,365 6888
Wilsede	33 50 31, 496	+0, 325	31, 821	4,403 1466
Lüneburg	101 8 31, 093	+1, 748	32, 841	4,649 1015
Hohenhorn	45 0	*	57, 357	4,506 9703
Wilsede	36 0 32, 726	−0, 535	32, 191	4,431 0012
Hamburg	76 16 12, 988	+0, 308	13, 296	4,649 1015
Hohenhorn	67 43 18, 070	−0, 740	17, 330	4,627 9981
Nindorf	25 44 9, 221	+0, 477	9, 698	4,403 1465
Lüneburg	140 35 22, 896	+0, 452	23, 348	4,568 1157
Hohenhorn	13 40	*	27, 516	4,139 0824
Nindorf	32 51 39, 497	+0, 151	39, 648	4,431 0013
Hamburg	48 4 36, 012	−0, 336	35, 676	4,568 1156
Hohenhorn	99 3	*	47, 171	4,691 0660
Lüneburg	34 51 11, 177	+0, 170	11, 347	4,431 0013
Hamburg	32 24 35, 260	+0, 300	35, 560	4,403 1463
Hohenhorn	112 44 13, 940	+0, 747	14, 687	4,638 8717

[9.]

[Die Azimuthe der Seiten des sphäroidischen und des ebenen Dreieckssystems.]

Dreiecks-seite	Azimuth auf dem Sphäroid	Reduction auf die Ebene	Azimuth in plano
1.3	64° 1′ 17,″588	— 0,″064	17,″524
1.2	180 0 5,473	— 0,000	5,473
2.1	0 0 5,473	+ 0,000	5,473
2.3	48 19 42,013	— 0,116	41,897
2.4	167 57 10,972	+ 0,233	11,205
3.4	185 48 16,602	+ 1,292	17,894
3.2	228 19 41,665	+ 0,233	41,898
3.5	238 17 26,831	— 0,661	26,170
3.1	244 1 17,396	+ 0,127	17,523
3.6	324 31 25,522	+ 0,698	26,220
4.3	5 48 18,997	— 1,103	17,894
4.8	157 11 52,438	+ 1,228	53,666
4.7	231 10 29,525	— 0,172	29,353
4.5	281 7 52,722	+ 0,279	53,001
4.2	347 57 11,669	— 0,465	11,204
5.6	5 10 37,734	+ 11,555	49,289
5.3	58 17 23,701	+ 2,468	26,169
5.4	101 7 53,767	— 0,765	53,002
5.7	147 14 52,051	— 3,504	48,547
6.3	144 31 29,797	— 3,577	26,220
6.5	185 10 59,992	— 10,703	49,289
7.4	51 10 28,524	+ 0,830	29,354
7.8	104 53 48,757	— 0,247	48,510
7.10	160 28 4,494	— 2,843	1,651
7.9	170 55 8,008	— 3,072	4,936
7.5	327 14 45,733	+ 2,812	48,545
8.10	195 1 57,965	+ 2,992	60,957
8.9	218 13 50,039	+ 1,320	51,359
8.7	284 53 48,758	— 0,247	48,511
8.4	337 11 55,393	— 1,728	53,665
9.8	38 13 51,187	+ 0,173	51,360
9.10	137 28 44,011	— 0,396	43,615
9.11	225 1 0,663	— 0,312	0,351
9.7	350 55 2,347	+ 2,589	4,936
10.8	15 2 2,898	— 1,940	0,958
10.19	136 45 40,438	+ 0,428	40,866
10.15	187 51 9,592	+ 0,317	9,909
10.14	225 13 19,285	— 0,201	19,084
10.13	266 17 35,096	— 0,007	35,089
10.12	274 18 23,022	+ 0,019	23,041
10.11	296 28 32,988	+ 0,124	33,112
10.9	317 28 43,551	+ 0,063	43,614
10.7	340 28 0,756	+ 0,896	1,652

Dreiecks-seite	Azimuth auf dem Sphäroid	Reduction auf die Ebene	Azimuth in plano
11.9	45° 0′ 59,″990	+ 0,″360	60,″350
11.10	116 28 33,535	— 0,421	33,114
11.12	180 39 58,621	— 0,610	58,011
12.11	0 39 57,400	+ 0,611	58,011
12 10	94 18 23,106	— 0,064	23,042
12.13	122 36 5,830	— 0,170	5,660
12.15	150 3 18,141	— 1,367	16,774
13.10	86 17 35,057	+ 0,032	35,089
13.15	154 25 37,210	— 0,936	36,274
13.14	188 51 24,391	— 1,037	23,354
13.12	302 36 5,505	+ 0,155	5,660
14.13	8 51 22,245	+ 1,109	23,354
14.10	45 13 18,356	+ 0,726	19,082
14.15	118 29 59,002	— 0,365	58,637
14.16	198 40 53,849	— 0,301	53,548
15.10	7 51 10,076	— 0,168	9,908
15.19	46 31 36,914	— 0,343	36,571
15.26	67 11 27,694	— 0,718	26,976
15.24	72 0 40,261	— 0,533	39,728
15.22	89 5 4,880	— 0,017	4,863
15.28	103 40 9,952	+ 0,422	10,374
15.25	108 22 39,631	+ 0,549	40,180
15.20	138 28 10,572	+ 0,461	11,033
15.21	183 29 2,150	— 0,070	2,080
15.18	253 20 6,162	— 0,234	5,928
15.17	275 29 14,177	+ 0,042	14,219
15.16	283 5 9,661	+ 0,093	9,754
15.14	298 29 58,457	+ 0,179	58,636
15.12	330 3 16,100	+ 0,673	16,773
15.13	334 25 35,816	+ 0,459	36,275
16.14	18 40 53,236	+ 0,311	53,547
16.15	103 5 9,943	— 0,188	9,755
16.21	157 42 15,614	— 1,847	13,767
16.17	199 42 15,669	— 0,163	15,506
17.16	19 42 15,338	+ 0,166	15,504
17.15	95 29 14,305	— 0,085	14,220
17.21	155 17 27,152	— 1,813	25,339
17.18	213 53 16,498	— 0,737	15,761
18.17	33 53 14,948	+ 0,811	15,759
18.15	73 20 5,455	+ 0,474	5,929
18.21	139 37 26,949	— 1,778	25,171
19.22	141 43 37,352	+ 1,213	38,565
19.20	178 17 59,722	+ 2,332	62,054
19.15	226 31 35,898	+ 0,675	36,573

Dreiecks-seite	Azimuth auf dem Sphäroid	Reduction auf die Ebene	Azimuth in plano	Dreiecks-seite	Azimuth auf dem Sphäroid	Reduction auf die Ebene	Azimuth in plano
19.10	316°45′ 41,″508	— 0,″643	40,″865	26.27	106°46′ 1,″849	+ 1,″329	3,″178
				26.25	181 17 36, 797	+ 3, 772	40, 569
20.23	59 56 19, 945	— 1, 017	18, 928	26.24	190 47 40, 162	+ 0, 515	40, 677
20.25	66 0 49, 233	— 0, 734	48, 499	26.15	247 11 25, 549	+ 1, 427	26, 976
20.21	233 35 13, 395	+ 0, 626	14, 021				
20.15	318 28 11, 943	— 0, 909	11, 034	27.29	165 11 47, 806	+ 4, 115	51, 921
20.19	358 18 4, 434	— 2, 380	2, 054	27.28	199 41 44, 040	+ 6, 712	50, 752
				27.25	233 26 1, 449	+ 3, 970	5, 419
21.15	3 29 1, 919	+ 0, 162	2, 081	27.23	236 53 48, 808	+ 3, 386	52, 194
21.20	53 35 14, 282	— 0, 259	14, 023	27.24	278 38 42, 927	— 0, 816	42, 111
21.18	319 37 24, 183	+ 0, 988	25, 171	27.26	286 46 4, 757	— 1, 581	3, 176
21.17	335 17 24, 299	+ 1, 040	25, 339				
21.16	337 42 12, 700	+ 1, 066	13, 766	28.27	19 41 57, 054	— 6, 301	50, 753
				28.29	49 19 51, 287	— 2, 820	48, 467
22.24	32 13 58, 597	— 1, 324	57, 273	28.30	124 0 37, 881	+ 3, 231	41, 112
22.23	139 25 25, 363	+ 1, 128	26, 491	28.25	304 13 50, 087	— 1, 862	48, 225
22.15	269 5 4, 831	+ 0, 034	4, 865				
22.19	321 43 40, 010	— 1, 447	38, 563	29.31	112 10 2, 694	+ 3, 738	6, 432
				29.30	167 18 37, 878	+ 7, 220	45, 098
23.27	56 53 55, 046	— 2, 854	52, 192	29.28	229 19 45, 394	+ 3, 073	48, 467
23.25	197 21 46, 748	+ 0, 413	47, 161	29.27	345 11 56, 132	— 4, 211	51, 921
23.20	239 56 17, 644	+ 1, 283	18, 927				
23.15	283 40 11, 215	— 0, 839	10, 376	30.31	59 21 11, 034	— 4, 590	6, 444
23.22	319 25 27, 715	— 1, 224	26, 491	30.32	103 31 23, 551	+ 1, 093	24, 644
23.24	357 9 16, 579	— 2, 859	13, 720	30.28	304 0 44, 734	— 3, 624	41, 110
				30.29	347 18 52, 535	— 7, 436	45, 099
24.26	10 47 41, 191	— 0, 512	40, 679				
24.27	98 38 41, 430	+ 0, 682	42, 112	31.33	142 58 5, 691	+ 6, 295	11, 986
24.23	177 9 10, 888	+ 2, 833	13, 721	31.32	207 43 59, 196	+ 6, 676	65, 872
24.22	212 13 55, 850	+ 1, 423	57, 273	31.30	239 21 1, 383	+ 5, 061	6, 444
24.15	252 0 38, 669	+ 1, 059	39, 728	31.29	292 10 10, 674	— 4, 243	6, 431
25.26	1 17 44, 318	— 3, 750	40, 568	32.31	27 44 12, 319	— 6, 447	5, 872
25.23	17 21 47, 571	— 0, 409	47, 162	32.33	83 59 55, 938	— 0, 840	55, 098
25.27	53 26 8, 740	— 3, 320	5, 420	32.30	283 31 25, 808	— 1, 165	24, 643
25.28	124 13 46, 571	+ 1, 654	48, 225				
25.20	246 0 47, 579	+ 0, 920	48, 499	33.32	263 59 54, 194	+ 0, 904	55, 098
25.15	288 22 41, 269	— 1, 090	40, 179	33.31	322 58 18, 531	— 6, 546	11, 985

[Zur Orientirung des Dreiecksnetzes diente das Azimuth der Seite Göttingen, Sternwarte (Theodolithplatz von 1823)—Nördliches Meridianzeichen.]

[10.]

[Briefwechsel zur Netzausgleichung.]

GAUSS an OLBERS. Göttingen, 2. November 1823.

...... Ich habe nunmehro die mühsame Ausgleichung meiner sämmtlichen Messungen von 1821—1823, so weit sie die Hauptdreiecke betrifft, vollendet, so dass nun nicht nur die Summen der Winkel der einzelnen Dreiecke, sondern auch die Verhältnisse der Seiten in den gekreuzten Vierecken und Fünfecken genau zu einander passen, und zwar nach den strengen Principien der Wahrscheinlichkeitsrechnung sine ira et studio, und ohne alle Willkürlichkeit. Es scheint nicht, dass man das letztere von den Messungen anderer Geodäten sagen könne. Im ganzen Systeme sind 76 Richtungen, d. i. 38 jede hinwärts und herwärts. Bei keiner von ihnen hat die Ausgleichung 1″ betragen; die grösste ist 0″,813 bei der Richtung von Nindorf nach Hamburg, wo das Pointiren auf den Michaelisthurm bei der heerrauchartigen Atmosphäre und der Phasenstörung immer sehr schwierig war; die nächst grösste ist 0″,788 bei der Richtung von Lüneburg nach Wilsede, wo zwar der Zielpunkt Heliotroplicht, aber die Aufstellung auf einem hölzernen Stativ in der Laterne des Thurmes gewiss nicht von der Solidität war, wie auf Steinpostamenten, und das Gewicht des Beobachters nach seiner verschiedenen Stellung Einfluss auf das Instrument gehabt haben mag. Der mittlere Fehler aller Richtungen, so verstanden wie in meiner Theoria Combinationis, ist 0″,486.

Es bilden sich in dem ganzen System 26 Dreiecke, in denen ich alle Winkel gemessen habe. Der grösste Fehler der Summe der Winkel ist jetzt 2″,175 bei dem Dreieck Nindorf-Hamburg-Timpenberg, wo die Richtung von Nindorf nach Hamburg vorzüglich Schuld haben mag. Der nächst grösste Fehler ist, wie schon oben erwähnt, bei dem Dreiecke Brocken-Hohehagen-Hils; er beträgt 1″,806, und die Richtung vom Hils zum Brocken wird nun noch vorzüglich Schuld sein.

......

Gauss an Olbers. Zeven, 6. Julius 1824.

...... Die neuen Messungen vom Jahr 1823 [haben] einige obwohl sehr kleine Modificationen in dem ganzen System hervorgebracht*).

......

Gauss an Olbers. Göttingen, 14. Mai 1826.

...... Ich bin eine beträchtliche Zeit mit der Ausgleichung meines Winkelsystems beschäftigt gewesen, eine, weil ich alle Willkür ausschliessen wollte, sehr beschwerliche Arbeit, da dabei alles unter einander zusammenhängt, und gewissermaassen die Messungen in Jever auf die in Göttingen reagiren. Es hat vielleicht noch niemals jemand eine so complicirte Elimination ausgeführt, wo 55 Gleichungen ebenso viele unbekannte Grössen involvirten. Heute bin ich damit fertig geworden, so dass nun alle 150 Richtungen, die das System enthält, so ausgeglichen sind, mit den möglich kleinsten Änderungen, dass sie genau mit einander harmoniren. Es sind unter den 150 fünf, die über 1″ haben geändert werden müssen (die grössten 1″,373, nemlich Garlste-Varel und Varel-Garlste), und der sogenannte mittlere Richtungsfehler wird 0″,755, viel grösser, als nach der schönen Übereinstimmung der Messungen auf jeder Station unter sich, zulässig ist, so dass ich das Dasein der Lateral-Refraction in den flachen Gegenden gar nicht bezweifeln kann; in den höhern Gegenden sind die Ausgleichungen immer viel kleiner. —

Es war eine langweilige Arbeit, alle Messungen erst genau vorzubereiten, da ich nichts vernachlässigen wollte, und die kleinen Reductionen der Consequenz wegen doch überall zugezogen werden sollten. Bessel hat, so viel ich weiss, zuerst öffentlich von derjenigen gesprochen, die daher rührt, dass der Winkel der kürzesten Linie von dem Winkel der Verticalebene differirt; allein er hat dabei bloss die Punkte als auf der Oberfläche des Sphäroids betrachtet:

---

*) Auch ist in meiner jetzigen Rechnung Walbecks Abplattung genau zum Grunde gelegt, während bei der vorigen, wie Sie wissen, durch Versehen eine obwohl äusserst kleine Differenz statthatte.

meistens beträgt diese Reduction nur ein Paar Tausendtheile einer Secunde; wollte ich sie aber einmal zuziehen, so durfte ich eine andere nicht übergehen, die gewöhnlich viel grösser (obgleich auch noch unbedeutend) ist, und daher rührt, dass die Punkte, die in Einer Verticallinie liegen, nicht in Einer Verticalebene erscheinen, so dass eine von der Höhe abhängige Reduction hervorgeht. Diese hat immer das entgegengesetzte Zeichen von BESSELS Correction und ist schon bei mässigen Höhen immer grösser, oft 4-mal, 8-mal so gross, so dass jene immer destruirt und weit überflügelt wird. Der grösste Betrag in meinem System ist von Lichtenberg zum Brocken, wo er $-0\overset{''}{,}041$ ausmacht. — Die genaue Berechnung der 51 Dreiecke selbst wird jetzt ein leichtes Spiel sein.

. . . . .

Ich habe mich heute noch etwas in dem System der KRAYENHOFFschen Dreiecke im Innern von Holland umgesehen. Ich sehe immer mehr, wie wenig ich Ursache habe, mich über meinen grössten Richtungsfehler von $1\overset{''}{,}4$ zu beunruhigen. Wenn man KRAYENHOFFS Messungen oberflächlich prüft, d. i. die Summen der 3 Dreieckswinkel und den Gyrus horizontis, so findet man überall so schöne Übereinstimmung, dass man verleitet wird, diesen Messungen eine Genauigkeit beizulegen, von der sie doch sehr weit entfernt sind. Nichts ist dazu zweckmässiger als die Verbindungen von mehr als 3 Punkten, die verknüpfte Dreiecke geben. Hier findet man häufig viel grössere Differenzen.

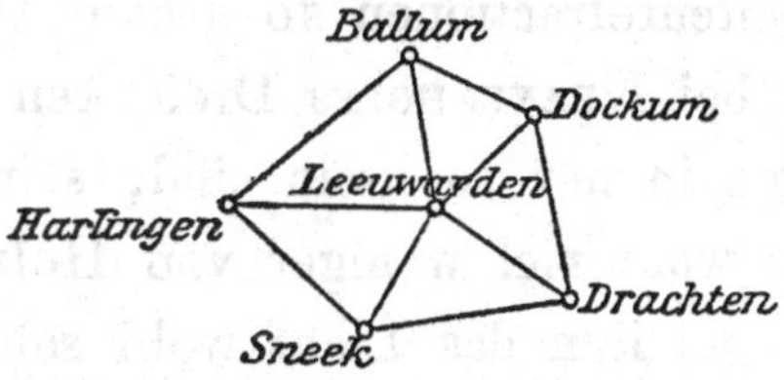

Z. B. das System von 6 Punkten [*)] gibt den Gyrus horizontis von Leeuwarden vortrefflich, auf $2\overset{''}{,}197$ genau; die Summen der Winkel in den 5 Dreiecken fehlen resp.

$1\overset{''}{,}432$
0,714
0,759
2,842
2,590,

[*) Vergl. Band IV, S. 82/87.]

also auch erträglich. Aber wenn man die Seitenverhältnisse prüft, so findet man, dass die Messungen sich nicht vereinigen lassen, ohne an den 10 Winkeln in der Peripherie viel grössere Änderungen zu machen; nach der Methode der kleinsten Quadrate müsste man sie um 3",8, 3",6, 3",6, 3",3, 3",0, 2",7, 2",7, 1",9, 1",1, 0",8 ändern; wollte man die Änderungen so klein wie möglich haben, so müsste man sie alle 10 gleich und jede = 3" setzen*). Man sieht also, dass bei solchen Messungen die Summe der 3 Dreieckswinkel oft über 10" fehlen müsste. Davon sind die aufgestellten Zahlen aber weit entfernt, und also [ist] gewiss, dass wenigstens immer nur so *ausgesucht* ist, dass *diese* Prüfung harmonirt, wodurch aber offenbar oft geschehen muss, dass die Winkel eher verdorben als verbessert werden, und ein ganz falscher Maassstab für ihre Genauigkeit hervorgeht. Um die Genauigkeit von Messungen gehörig würdigen zu können, darf nichts willkürlich ausgeschlossen werden. Die leichten Prüfungen durch die Summen der 3 Dreieckswinkel und den Gyrus horizontis sind wohl gar zu verführerisch, wenn auch nicht gerade zu verfälschen, doch zum Wählen und Ausschliessen, was nicht viel besser ist. Leider bieten andere Messungen, wie die von DELAMBRE, sonst fast gar keine Prüfungen dar, als die erwähnten, sonst möchte man wohl oft ähnliche Discordanzen finden.

Bei meinem System habe ich die Satisfaction gehabt, dass die Prüfungen der einen und der andern Art Differenzen geben, die ganz von einerlei Ordnung sind. Dass die Seitenrefractionen *so* grosse Wirkungen geben, wie die Disharmonien, die sich bei KRAYENHOFFS Dreiecken zeigen, ist mir doch bedenklich, da seine Seiten immer so klein sind, seine Stationen hoch in der Luft, und Holland auch wohl viel weniger von Holz coupirt, wie mein nördliches Terrain, so dass bei ihm das Licht wohl selten oder nie so knapp an Hindernissen wegstrich, wie so sehr oft in dem letztern. Ich möchte also die Anomalien eher den Messungen selbst zuschreiben.

---

*) KRAYENHOFFS eigene Ausgleichung, die aber nicht klar aufgestellt ist, sondern erst herausgesucht werden muss, enthält hier zum Theil noch viel grössere Änderungen z. B. von 6",253 an dem einen Winkel in Drachten, 5",530 an einem Winkel in Dockum, etc.

GAUSS an GERLING. Göttingen, 2. Mai 1837.

...... Was die Berechnung der geodätischen Messungen betrifft, so habe ich zwar die Elimination bei meinen eigenen Hauptdreiecken von Göttingen bis Jever, gegen 40 Dreiecke zwischen 33 Punkten, ganz vollständig und nach aller Strenge ausgeführt. Es blieb dies aber damals eine sehr beschwerliche langwierige Arbeit trotz der Kunstgriffe, die ich dabei freilich angewandt habe. Allein diese Ihnen genügend zu erklären, würde ein kleines Buch, und um dieses auszuarbeiten, erst ein Wiederhineinstudiren von meiner Seite nöthig sein, woran ich jetzt gar nicht denken kann.

Bei den später von meinem Sohn, HARTMANN und MÜLLER ausgeführten Dreiecken, in Westphalen, Lüneburgschen, Harz und Wesergegend, sowie den vorjährigen, habe ich von der äussersten Strenge etwas nachgelassen, und es so gemacht, dass ich

1) die Winkelbedingungen allein in Betracht zog und danach scharf ausglich. Dann
2) zu diesen ausgeglichenen Zahlen die neue Ausgleichung suchte, welche die Seitenverhältnisse erfordern [*)].

Will man sich die Mühe geben, dies Verfahren alternirend wiederholt anzuwenden, bis man zu stehenden Resultaten kommt, was ich bereits im Supplementum etc. p. 28 [**)] anempfohlen habe, so gelangt man, wie dort bewiesen ist, genau zu denselben Resultaten, als wenn man alle Bedingungen auf Einmal berücksichtigte.

......

GAUSS an GERLING. Göttingen, 5. Junius 1838.

Nach einem Theorem, wovon ich nicht bestimmt weiss, ob ich es Ihnen früher schon mitgetheilt habe, muss man, wenn in einem Dreieckssystem p Punkte durch l Linien verbunden sind, gleichviel ob die Richtungen der letztern bloss einseitig oder hin und zurück festgelegt sind, ausser den Bedin-

[*) Vergl. S. 253.]
[**) Band IV, S. 77/79.]

gungsgleichungen der (ersten und) zweiten Klasse [den Horizontabschlüssen und den Winkelgleichungen] noch $l-2p+3$ von einander unabhängige Bedingungsgleichungen erhalten. Weder mehr noch weniger. Es kann sich zwar fügen, dass diese nicht alle in die Form der dritten Klasse [der Seitengleichungen] gebracht werden können, z. B. bei einem Dreieckskranze.

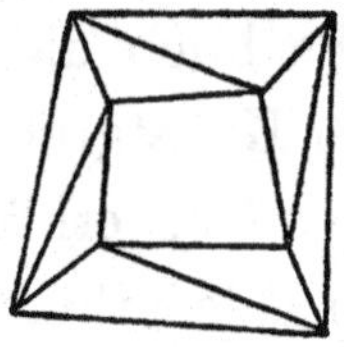

Allein ich nehme auf diese Ausnahme keine Rücksicht, da sie bei Ihrem System unnöthig ist.

Ich zähle nun

$p = 24$ Punkte

$l = 66$, nemlich 22 einseitige Richtungen,

44 conjugirte Richtungen,

so dass 21 Bedingungsgleichungen quaestionis da sein müssen, und so viele haben Sie wirklich. Die Unabhängigkeit kann man prüfen, wenn man die p schicklich ordnet, wobei ich von der Ordnung Ihrer Zahlen 1 .... 112 zum Theil habe abgehen müssen, und das nemliche Theorem wiederholt anwendet, indem man p successive vollständig werden lässt. Auch diese Prüfung haben Ihre 21 Gleichungen bestanden. In Ihren Zahlen ist einige Confusion; 24 und 61 fehlen, so dass zusammen (wie oben $22+2.44) = 110$ Richtungen herauskommen, und 112 steht am unrechten Platze.

Nach dieser Prüfung zweifle ich nicht, dass Sie Ihre 21 Gleichungen dreist serviren können.

Habe ich übrigens recht gezählt, so müssen Sie 24 Bedingungsgleichungen der 2ten Klasse haben.

Nur auf einen Umstand bei der Ausführung muss ich Sie noch aufmerksam machen. Habe ich es vielleicht schon früher gethan, so entschuldigen Sie meine Vergessenheit mit der guten Absicht.

Sie weichen in der Aufstellung Ihrer Tableaus darin von meiner Form ab, dass Sie alle Richtungen von einer derselben an zählen, während ich von einer gewissermaassen willkürlichen, richtiger von einer dem System fremden, an zähle. Sie dürfen daher bei der Ausführung nicht vergessen, dass sämmtliche Richtungen gleich zuverlässig, oder richtiger, gleich unzuverlässig sind, und dass Sie also Ihr jedesmaliges 0 mit unter die Correctionsbedürftigen setzen müssen. Der Erfolg wird übrigens immer der sein, dass die Summe aller Correctionen an Einem Standpunkt = 0 wird.

Ich bewundere aber Ihre Intrepidität, eine so grosse Eliminationsarbeit zu übernehmen. Ich würde einen gleichen Muth nicht gehabt haben. Bei meinen 33 Punkten war die Anzahl der Bedingungsgleichungen 3ter Klasse [der Seitengleichungen] viel kleiner (ich glaube 7)[*)]; das Eliminiren, indem man zuerst nur die der 2ten Klasse [der Winkelgleichungen] berücksichtigt, war trotz der grossen Zahl auf indirectem Wege leicht und Fehler der Rechnung unmöglich, und der Umstand, dass sämmtliche Richtungen hin und zurück gemessen waren, verstattete sehr erleichternde Modificationen und ein schnelles Hingelangen zu stehenden Resultaten. Ich fürchte, dass letzteres bei Ihnen in viel geringerm Grade stattfinden wird[**)]. Wollen Sie aber einmal den Zweck, so gibt es kein Mittel als Aufmerksamkeit und Geduld.

Hätte ich selbst diese Rechnungen zu führen gehabt, so würde ich die drei Plätze, wo nicht gemessen ist, gar nicht in das System aufgenommen haben, nicht weil ich es missbillige, sondern weil ich die grosse Arbeit gescheut haben würde. Würden alle nur einseitig beobachteten Richtungen ausgeschlossen, so würde die Compensation des Systems sehr leicht sein, aber freilich gewinnt bei Ihrer Unternehmung die Sicherheit durch vollständige Berücksichtigung sehr bedeutend. . . . . .

Das Arrangement bei den Vierecken ist übrigens an sich willkürlich, und nur um die Willkür abzuschneiden, befolge ich die von Ihnen citirte Regel[***)], die weiter keinen Vorzug hat, als den von Ihnen richtig errathenen.

[*) Es sind deren 12.]

[**) Vergl. S. 250/251.]

[***) Vergl. den Brief an GERLING vom 11. Februar 1824, S. 249. GERLING hatte in Bezug darauf (am 2. Juni 1838) geschrieben: »Ich habe mir von dem Grunde der Regel bis jetzt keine andere Rechenschaft geben können, als dass auf diese Weise verhältnissmässig die grössten Coefficienten zum Vorschein kommen.«]

GAUSS an GERLING. Göttingen, 14. November 1838.

...... Rücksichtlich der Formeln für die Anzahl der Bedingungsgleichungen habe ich gar nichts gegen die Bekanntmachung. Allein es ist mir jetzt unmöglich, die Ausnahmsfälle auf eine präcise und erschöpfende Art zu bezeichnen, und ich weiss auch nicht, ob dies überhaupt möglich sein wird, ohne tiefer eingreifende Entwickelungen damit zu verbinden. S[ine] m[editatione] dürfte es zureichen zu sagen, dass wenn in einem System von p Punkten, zwischen denen es l Verbindungslinien gibt, die Richtung jeder Verbindungslinie an beiden Endpunkten gemessen, d. i. an eine andere Richtungslinie des Systems geknüpft ist, es

$l-p+1$ von einander unabhängige Bedingungsgleichungen aus blossen Winkelsummen und ausserdem noch

$l-2p+3$ andere Bedingungsgleichungen geben muss, die in den gewöhnlichsten Fällen sämmtlich unter die Kategorie der in dem Supplem. Theor. p. 31 unter III [*)] angeführten fallen.

[*) Band IV, S. 81.]

BEMERKUNGEN.

Von der Netzausgleichung ist nur eine Anzahl loser, nicht numerirter Blätter vorhanden. Eine vollständige in alle Einzelheiten gehende Wiederherstellung an der Hand derselben — wenn sie überhaupt möglich ist — würde mit umständlichen Rechnungen verknüpft sein.

Direct entnommen sind diesen Blättern Art. [2], die Normalgleichungen des Art. [4], die Seitengleichungen im Art. [5] und die Tabelle unter [9], der nur die Bezeichnungen der Columnen zugefügt sind; nach ihnen zusammengestellt sind Art. [3], die Tabellen der Art. [7] und [8], sowie die Normalgleichungen des Art. [6]. Die Notiz [1] ist einem Beobachtungs- und Rechnungsheft zur hannoverschen Gradmessung aus dem Jahre 1825 entnommen.

Der Gang des Gaussschen Ausgleichungsverfahrens ist folgender. Nachdem aus den Winkelgleichungen, der Methode der kleinsten Quadrate entsprechend, die Normalgleichungen, S. 303 und 304, hergestellt waren, hat Gauss diese (auf indirectem Wege, vergl. S. 325) aufgelöst und daraus die Verbesserungen berechnet, die die Dreieckswinkelgleichungen allein erfüllen. Mit den erstmalig verbesserten Winkelwerthen wurden die 12 Seitengleichungen in der Gauss eigenthümlichen Weise aufgestellt, S. 304—311. Durch die modificirte Seitengleichung erreicht Gauss, dass, wenn sie nicht mit einer andern zusammen hängt, immer nur die Winkelsummen der angrenzenden, nicht aber die der innern Dreiecke der Figur, auf die sich die Seitengleichung bezieht, durch die Ausgleichung beeinflusst werden; vergl. den Brief an Gerling vom 19. Januar 1840, S. 253. Aus den umgeformten Seitengleichungen wurden die 12 Normalgleichungen, S. 312, hergeleitet, durch deren Auflösung neue Werthe der Verbesserungen der Richtungen erhalten werden, welche die Seitengleichungen allein erfüllen. Nach dieser ersten Ausgleichung werden wieder die neu entstandenen Widersprüche der Dreiecke ausgeglichen, mit den gefundenen Verbesserungen von neuem die Seitengleichungen und die zugehörigen Normalgleichungen aufgestellt, die sich jetzt von den vorigen nur in den constanten Gliedern unterscheiden. Durch ihre Auflösung ergeben sich wieder neue Werthe der Richtungsverbesserungen. In dieser Weise hat Gauss die Ausgleichung noch zweimal wiederholt. Dies Verfahren führt, wie im Supplementum theor. comb. observ. Art. 19 gezeigt ist, zu denselben Werthen, wie die Ausgleichung sämmtlicher Winkel- und Seitengleichungen in einem Gusse. Dass die Rechnung so bald stehende Resultate ergeben hat, liegt nach Gauss an der von ihm gewählten Form der Seitengleichungen, vergl. S. 251.

Substituirte man die Verbesserungen des Art. [7] in allen 51 Winkelgleichungen, so würde, wie man aus der Zusammenstellung des Art. [8] ersieht, bei 11 Gleichungen der Fehler 0, bei 18 Gleichungen der Fehler 0,″001, bei 18 Gleichungen der Fehler 0,″002 und bei 4 Gleichungen der Fehler 0,″003 sein.

Die von den Punkten 28 bis 33 ausgehenden Richtungen haben von Gauss nochmals Correctionen erhalten, deren Herkunft nicht ersichtlich ist. Wahrscheinlich rühren sie von einer nachträglichen Änderung der beiden beobachteten Winkel in Langwarden um 0,″128 und 0,″015 her. Jedenfalls sind die unter [7] mitgetheilten Verbesserungen, die zur Ableitung der folgenden Tabellen benutzt wurden, diejenigen, welche sich aus seiner Ausgleichung ergeben haben.

Aus den 51 Dreieckswidersprüchen w_i erhält man für den mittlern Richtungsfehler m nach der Näherungsformel $m^2 = \frac{1}{6.51}\sum_1^{51} w_i^2$:

$$m = \pm 0,''643.$$

Bei dem Anschluss des Punktes Hohenhorn an das Dreiecksnetz, S. 316, vermittelst der Figur Hohenhorn. 21. 15. 17. 18 sind die Seitenverhältnisse und die Winkel der Gradmessung festgehalten worden. Die Dreiecksseite Hamburg-Hohenhorn diente der hannoverschen Grad- und Landesvermessung als Basis; vergl. Bestimmung des Breitenunterschiedes etc., S. 48, sowie den Brief an SCHUMACHER vom 22. December 1827, S. 281.

Zu der Tabelle, Art. [9], ist folgendes zu bemerken. Die Darstellung einer Dreiecksseite $i.k$ in der Ebene bilde mit der Geraden durch ihren Anfangs- und Endpunkt die Winkel $\psi_{i.k}$ und $\psi_{k.i}$. Bezeichnet dann T das astronomische Azimuth, t das Azimuth auf dem Sphäroid, Θ das Azimuth in plano und $\mathfrak{c}$ die Meridianconvergenz, so ist (vergl. S. 201):

$$1)\qquad t_{i.k} = T_{i.k} + \mathfrak{c}_i$$

$$2)\qquad \Theta_{i.k} = t_{i.k} - \psi_{i.k}, \quad \Theta_{k.i} = \Theta_{i.k} \pm 180^\circ, \quad t_{k.i} = \Theta_{k.i} + \psi_{k.i}.$$

Die Berechnung von ψ erfolgt nach der Formel des Art. 15, S. 159; vergl. auch S. 216/217. Diese Formel, wie die zur Reduction der sphäroidischen Dreiecksseite auf die ebene, verlangt die Kenntniss angenäherter Coordinaten der Dreieckspunkte, die man sich durch eine vorläufige Berechnung von geringer Schärfe verschaffen muss.

Ist also in dem sphäroidischen Dreiecksnetz das astronomische Azimuth einer Dreiecksseite bekannt, so kann man durch successive Anwendung der Gleichungen (2) und mit Hülfe der Winkel des Netzes t und Θ für alle Seiten berechnen. Nun ist aber für alle Punkte des Hauptmeridians $\mathfrak{c} = 0$. Geht daher die Dreiecksseite 1.2, deren Azimuth beobachtet ist, von einem Punkte desselben aus, so ist

$$3)\qquad t_{1.2} = T_{1.2}.$$

Zur Orientirung des hannoverschen Dreieckssystems dient die Seite Göttingen, Theodolithplatz 1823—Nördliches Meridianzeichen; ihr Azimuth ist nach Art. [9]: $T_{1.2} = t_{1.2} = 5''\!,473$. In einem Briefe an GERLING vom 26. December 1823 (vergl. auch GERLING, Beiträge zur Geographie Kurhessens etc., S. 69) gibt GAUSS dafür $5''\!,471$ an. Aus den Coordinaten des Theodolithplatzes von 1823 auf der Göttinger Sternwarte: $x = -5{,}507$ m, $y = 0$, und des nördlichen Meridianzeichens: $x = -5019{,}756$ m, $y = -0{,}133$ m, Band IV, S. 416/417, folgt ebenfalls das Azimuth $= 5''\!,471$.

Sind nun die ebenen Azimuthe berechnet, wie es in der Tabelle unter [9] geschehen ist, so kann man aus ihnen die Winkel der ebenen Dreiecke zusammenstellen und alsdann, wenn die lineare Länge einer Dreiecksseite bekannt ist, die Längen aller übrigen Dreiecksseiten berechnen. Man hat demnach nur einmal nöthig, von einer sphäroidischen Dreiecksseite auf eine ebene zu reduciren. Diese Übertragung geschieht nach der auf S. 215 gegebenen Formel; wendet man sie auf alle sphäroidischen Dreiecksseiten an, so gelangt man gleichfalls zu den ebenen Dreiecksseiten.

Wenn aber die Seiten der ebenen Dreiecke und ihre Azimuthe bekannt sind, so lassen sich aus ihnen leicht successive die ebenen rechtwinkligen Coordinaten der Dreieckspunkte berechnen.

Die auf S. 299 gegebene Karte des der Ausgleichung unterworfenen Dreiecksnetzes ist die Copie einer von GAUSS dem hannoverschen Cabinetsministerium eingereichten Zeichnung. Aus Versehen sind im Original die Richtungen Wilsede-Brüttendorf und Timpenberg-Hamburg fortgelassen; dagegen enthält dasselbe noch den Anschluss der Punkte Hohenhorn und Lauenburg, sowie den der Punkte Wangeroog und Neuwerk.

Über die Ausgleichung der in den ersten Jahren der Gradmessung beobachteten Dreiecke sind die später folgenden Briefe an BESSEL vom 5. November 1823 und an BOHNENBERGER vom 16. November 1823 zu vergleichen.

KRÜGER.

DREIECKSKRANZ UM OLDENBURG.

NACHLASS.

Zur Ausgleichung des Dreieckskranzes, der das Oldenburgsche umgibt.

Das ursprüngliche Tableau, angeschlossen an die Seite Zeven-Steinberg, [deren] vorausgesetztes Azimuth in plano: 1° 17′ 40,″568, log Dist: 4,523 5878, steht so, alle Azimuthe aufs Planum reducirt:

	[Ebener Beobachtungsw.]	[1. Ausgl.]
	1. Zeven	
2	1° 17′ 39,″871	40,″568
21	53 26 5, 943	5, 235.5
20	124 13 47, 140	47, 150.5
	2. Steinberg	
3	36 16 55, 159	57, 067
21	106 46 4, 198	2, 987
1	181 17 41, 266	40, 569
	3. Asendorf	
5	25 49 22, 245	24, 092
4	98 13 54, 829	55, 023
21	159 2 46, 795	46, 682
2	216 16 58, 976	57, 068
	4. Twistringen	
6	47 24 55, 642	56, 367.5
21	200 32 28, 288	27, 951
3	278 13 55, 217	55, 023
5	330 2 34, 130	33, 935.5
	5. Knickberg	
7	37 16 32, 547	33, 219.5
6	87 27 23, 007	23, 987
4	150 2 33, 742	33, 936.5
3	205 49 25, 941	24, 094

	[Ebener Beobachtungsw.]	[1. Ausgl.]
	6. Mordkuhlenberg	
8	16° 10′ 32,″113	32,″784
9	88 47 59, 913	61, 059.5
10	160 48 58, 348	59, 114.5
4	227 24 57, 094	56, 368.5
5	267 27 24, 968	23, 988
7	332 14 35, 728	34, 849.5
	7. Nonnenstein	
8	73 3 40, 746	40, 540
6	152 14 33, 970	34, 848.5
5	217 16 33, 892	33, 219.5
	8. Dörenberg	
9	155 5 19, 362	19, 827
6	196 10 33, 455	32, 784
7	253 3 40, 334	40, 540
	9. Quekenberg	
11	159 44 54, 268	55, 012.5
10	210 48 6, 055	6, 922
6	268 48 2, 206	1, 059.5
8	335 5 20, 293	19, 828

	[Ebener Beobachtungsw.]	[1. Ausgl.]
	10. Krapendorf	
9	30° 48′ 7,″788	6,″921
11	98 33 4, 402	4, 679
12	172 39 16, 470	17, 826.5
6	340 48 59, 881	59, 114.5
	11. Windberg	
13	174 6 1, 682	2, 017.5
12	214 9 23, 903	24, 589
10	278 33 4, 956	4, 679
9	339 44 55, 757	55, 012.5
	12. Westerstede	
11	34 9 25, 276	24, 590
13	86 4 31, 500	31, 113
14	130 8 55, 475	55, 597.5
15	178 53 40, 498	41, 124
16	223 18 2, 675	4, 356
10	352 39 19, 183	17, 826.5
	13. Leer	
14	186 16 22, 030	21, 978.5
12	266 4 30, 726	31, 113
11	354 6 2, 354	2, 018.5

	[Ebener Beobachtungsw.]	[1. Ausgl.]
	14. Aurich	
13	6° 16′ 21,″927	21,″978.5
15	249 39 8, 645	8, 716
12	310 8 55, 720	55, 597.5
	15 Jever	
14	69 39 8, 787	8, 716
17	263 59 50, 022	50, 186.5
16	322 58 6, 388	6, 920.5
12	358 53 41, 751	41, 125
	16. Varel	
12	43 18 6, 038	4, 357
15	142 58 7, 453	6, 920.5
17	207 44 1, 620	1, 240
18	239 21 2, 220	2, 335.5
19	292 10 0, 264	2, 742

	[Ebener Beobachtungsw.]	[1. Ausgl.]
	17. Langwarden	
16	27° 44′ 0,″860	1,″240
15	83 59 50, 352	50, 187.5
18	283 31 20, 848	20, 632.5
	18. Bremerlehe	
16	59 21 2, 451	2, 335.5
17	103 31 20, 418	20, 633.5
20	304 0 38, 544	38, 541.5
19	347 18 42, 192	42, 094.5
	19. Garlste	
16	112 10 5, 220	2, 742
18	167 18 41, 997	42, 094.5
20	229 19 45, 572	46, 317
21	345 11 48, 789	50, 424.5

	[Ebener Beobachtungsw.]	[1. Ausgl.]
	20. Brillit	
21	19° 41′ 48,″938	49,″691
19	49 19 47, 063	46, 318
18	124 0 38, 541	38, 543.5
1	304 13 47, 159	47, 148.5
	21. Bremen	
4	20 32 27, 614	27, 951
19	165 11 52, 061	50, 425.5
20	199 41 50, 445	49, 692
1	233 26 4, 528	5, 235.5
2	286 46 1, 776	2, 987
3	339 2 46, 529	46, 682

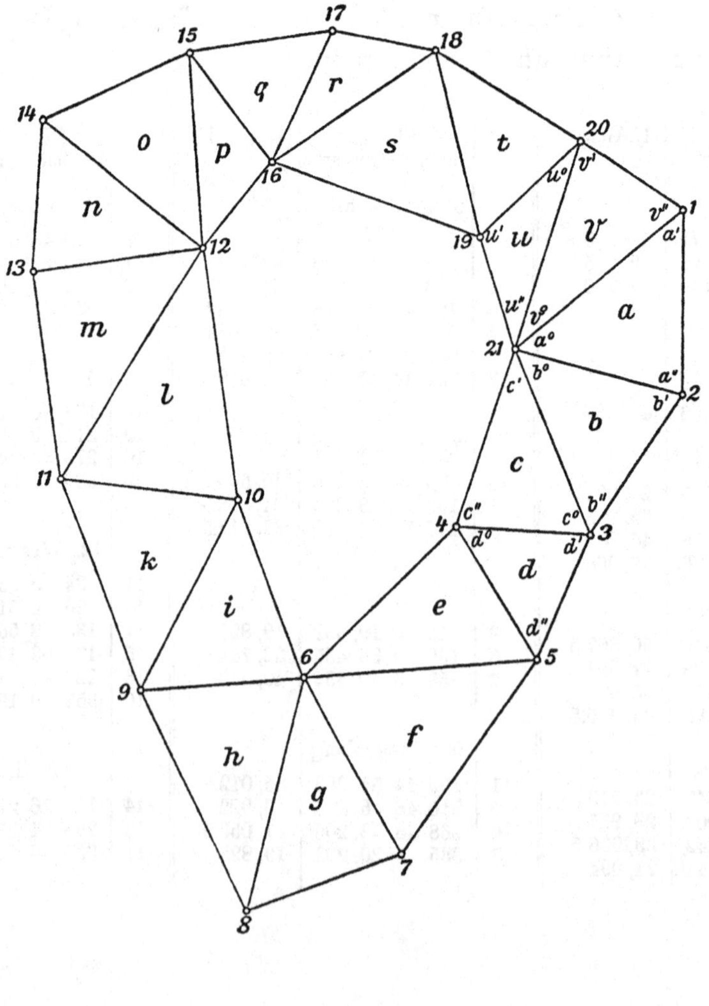

Die 21 Dreiecke und das Siebeneck haben folgende Fehler der Winke summen.

Dreieck 21. 1. 2,	a : + 0,388	Dreieck 12. 13. 14,	n : − 1,122
» 21. 2. 3,	b : + 5,973	» 12. 14. 15,	o : − 0,866
» 21. 3. 4,	c : − 0,020	» 12. 15. 16,	p : − 1,045
» 3. 5. 4,	d : + 3,696	» 15. 17. 16,	q : + 0,025
» 4. 5. 6,	e : + 0,121	» 16. 17. 18,	r : − 1,421
» 5. 7. 6,	f : + 1,142	» 16. 18. 19,	s : − 4,920
» 6. 7. 8,	g : − 3,512	» 18. 20. 19,	t : − 1,299
» 6. 8. 9,	h : − 0,020	» 19. 20. 21,	u : − 0,274
» 6. 9. 10,	i : + 2,493	» 20. 1. 21,	v : − 2,941
» 9. 11. 10,	k : − 0,798	Siebeneck	
» 10. 11. 12,	l : − 0,786	4. 6. 10. 12. 16. 19. 21,	w : + 17,963.
» 11. 13. 12,	m : + 0,073		

Die Bedingungsgleichungen sind hienach folgende:

$$21.1 + 1.2 + 2.21 = +0{,}388$$

u. s. w.

$$4.6 + 6.10 + 10.12 + 12.16 + 16.19 + 19.21 + 21.4 = +17{,}963.$$

Hier bedeutet 21.1 die an [die Richtungsbeobachtung] 21.1 anzubringende Correction minus die an 1.21 anzubringende, u. s. w.

Indem die Correlaten der Bedingungsgleichungen mit den correspondirenden grossen Buchstaben A, B, C, u. s. w. bezeichnet werden, hat man für jene die 22 Gleichungen:

$-V+3A-B$	$=+0{,}388$	$-G+3H-I$	$=-0{,}020$
$-A+3B-C$	$=+5{,}973$	$-H+3I-K-W$	$=+2{,}493$
$-B+3C-D-W$	$=-0{,}020$	$-I+3K-L$	$=-0{,}798$
$-C+3D-E$	$=+3{,}696$	$-K+3L-M-W$	$=-0{,}786$
$-D+3E-F-W$	$=+0{,}121$	$-L+3M-N$	$=+0{,}073$
$-E+3F-G$	$=+1{,}142$	$-M+3N-O$	$=-1{,}122$
$-F+3G-H$	$=-3{,}512$	$-N+3O-P$	$=-0{,}866$

$-O+3P-Q-W=-1{,}045$

$-P+3Q-R\quad=+0{,}025$

$-Q+3R-S\quad=-1{,}421$

$-R+3S-T-W=-4{,}920$

$-S+3T-U\quad=-1{,}299$

$-T+3U-V-W=-0{,}274$

$-U+3V-A\quad=-2{,}941$

$-C-E-I-L-P-S-U+7W=+17{,}963,$

woraus sich folgende Werthe ergeben:

$$W=+4{,}756$$

$A=+1{,}394$	$E=+3{,}305$	$I=+3{,}223$	$N=-0{,}103$	$R=-0{,}431$
$B=+3{,}816$	$F=+1{,}345$	$K=+1{,}489$	$O=+0{,}142$	$S=-0{,}200$
$C=+4{,}082$	$G=-0{,}412$	$L=+2{,}043$	$P=+1{,}394$	$T=-0{,}005$
$D=+3{,}694$	$H=+0{,}930$	$M=+0{,}671$	$Q=+0{,}329$	$U=+1{,}485$
				$V=-0{,}021.$

Die Correctionsdifferenzen hängen damit folgendermaassen zusammen:

Für eine Aussenseite $1.2=A$; für eine Innenseite $21.4=W-C$; für eine Zwischenseite $21.1=A-V$. [Bezeichnet (1.2) die Verbesserung der Richtung von 1 nach 2 u. s. w., so ist $+(1.2)=-(2.1)=\frac{1}{2}\times 1.2=\frac{1}{2}A$, $(21.4)=-(4.21)=\frac{1}{2}W-\frac{1}{2}C$, u. s. w.]

Übrigens sind diese Werthe bereits zum Grunde gelegt, um das vorstehende Tableau [S. 331/332, 1. Columne], so gut mit 3 Decimalen angeht, auf absolute Orientirung zu bringen.

Rein angewandt, geben jene Correlaten ein einmal compensirtes neues Tableau, [das in der ersten Zusammenstellung in der Spalte: »1. Ausgleichung« enthalten ist. Vermittelst desselben ergibt sich folgende Dreiecksübersicht:]

[Dreieck	Eckpunkt	Winkel	log s]
a	*21	53° 19′ 57″,751.5	4,523 5878
	1	52 8 24, 667.5	4,516 7105
	2	74 31 37, 582	4,603 3177
b	*21	52 16 43, 695	4,490 1366
	2	70 29 5, 920	4,566 2678
	3	57 14 10, 386	4,516 7105
c	21	41 29 41, 269	4,397 5879
	*3	60 48 51, 659	4,517 4043
	4	77 41 27, 072	4,566 2678
d	3	72° 24′ 30″,931	4,459 3405
	5	55 46 50, 157.5	4,397 5879
	*4	51 48 38, 912.5	4,375 5480
e	4	77 22 22, 432	4,640 2697
	*5	62 35 9, 949.5	4,599 1700
	6	40 2 27, 619.5	4,459 3405
f	5	50 10 50, 767.5	4,568 27[illegible]8
	7	65 1 58, 371	4,640 2697
	*6	64 47 10, 861.5	4,639 3947

[Dreieck	Eck-punkt	Winkel	log s]
	*6	43°55′57,″934.5	4,486 4942
g	7	79 10 54, 308.5	4,637 4634
	8	56 53 7, 756	4,568 2778
	*6	72 37 28, 275.5	4,655 4820
h	8	41 5 12, 957	4,493 4658
	9	66 17 18, 768.5	4,637 4634
	6	72 0 58, 055	4,587 5500
i	*9	57 59 54, 137.5	4,537 7168
	10	49 59 7, 806.5	4,493 4658
	9	51 3 11, 909.5	4,535 7345
k	11	61 11 50, 333.5	4,587 5500
	*10	67 44 57, 758	4,611 2986
	10	74 6 13, 147.5	4,697 5200
l	*11	64 23 40, 090	4,669 5596
	12	41 30 6, 763.5	4,535 7345
	11	40 3 22, 571.5	4,506 3533
m	13	88 1 30, 905.5	4,697 5200
	*12	51 55 6, 523	4,593 8266
	*12	44 4 24, 484.5	4,429 4936
n	13	79 48 9, 134.5	4,580 2315
	14	56 7 26, 381	4,506 3533
	*12	48 44 45, 527.5	4,481 2969
o	14	60 29 46, 881.5	4,544 8795
	15	70 45 27, 591	4,580 2315

[Dreieck	Eck-punkt	Winkel	log s]
	12	44°24′23,″232	4,396 0301
p	*15	35 55 34, 204.5	4,319 5384
	16	99 40 2, 563.5	4,544 8795
	15	58 58 16, 734	4,409 0498
q	17	56 15 48, 947.5	4,396 0301
	*16	64 45 54, 319.5	4,432 5558
	*16	31 37 1, 095.5	4,285 4630
r	17	104 12 40, 607.5	4,552 4361
	18	44 10 18, 298	4,409 0498
	16	52 49 0, 406.5	4,539 6066
s	*18	72 2 20, 241	4,616 6102
	19	55 8 39, 352.5	4,552 4361
	18	43 18 3, 553	4,391 5346
t	20	74 40 52, 225.5	4,539 6066
	*19	62 1 4, 222.5	4,501 3244
	19	115 52 4, 107.5	4,592 5563
u	*20	29 37 56, 627	4,332 5166
	21	34 29 59, 266.5	4,391 5346
	20	75 28 2, 542.5	4,603 3021
v	1	70 47 41, 915	4,592 5563
	*21	33 44 15, 543.5	4,362 0234

[Indem man von den Punkten 1 oder 2 ausgeht (Band IV, S. 458), kann man jetzt mit Hülfe der Formeln

$$x_\nu - x_\mu = s_{\mu.\nu} \cos \tau_{\mu.\nu} \qquad y_\nu - y_\mu = s_{\mu.\nu} \sin \tau_{\mu.\nu},$$

in denen $\tau_{\mu.\nu}$ das Azimuth der Seite $s_{\mu.\nu}$ bezeichnet, die ebenen Coordinaten der Punkte des Kranzsystems berechnen. Man erhält:]

[Dreiecks-punkt	x (Meter)	y (Meter)]
21	− 173074,708	+ 76350,926
1	− 196973,309	+ 44130,578
2	− 163594,034	+ 44884,912
3	− 138675,054	+ 63178,019

[Dreieckspunkt	x (Meter)	y (Meter)]
4	— 142251,677	+ 87900,386
5	— 117302,389	+ 73520,724
6	— 115364,146	+ 117156,400
7	— 82615,970	+ 99921,647
8	— 73684,811	+ 129246,257
9	— 114711,937	+ 148300,127
10	— 147940,705	+ 128490,294
11	— 153046,113	+ 162443,404
12	— 194283,391	+ 134463,972
13	— 192087,067	+ 166477,506
14	— 218810,103	+ 163540,108
15	— 229342,324	+ 135140,342
16	— 209472,265	+ 120150,094
17	— 232173,634	+ 108214,579
18	— 227661,782	+ 89453,677
19	— 193865,475	+ 81844,596
20	— 209919,630	+ 63160,451
21	— 173075,289	+ 76350,558
1	— 196973,026	+ 44131,372
	Unterschiede	
21	— 0,581	— 0,368
1	+ 0,283	+ 0,794

Behuf der zweiten Ausgleichung werden folgende Bezeichnungen gebraucht.

m', m'', m^0 die drei Winkel des Dreiecks m; nemlich m'', m' resp. den Übergangsseiten gegenüberstehend, m^0 zwischenliegend, in obigem Tableau mit Stern bezeichnet.

Durch die Zahlen sind Kürze halber die complexen Plätze bezeichnet [also ist z. B. $21 = x_{21} + iy_{21}$, wo $i = \sqrt{-1}$].

Man hat

$$1)\quad -\frac{\delta(1-21)}{1-21} = \operatorname{cotang} a'.\delta a' - \operatorname{cotang} a''.\delta a'' + \operatorname{cotang} b'.\delta b' - \operatorname{cotang} b''.\delta b'' + \operatorname{cotang} c'.\delta c' - \operatorname{cotang} c''.\delta c'' + \cdots + \operatorname{cotang} v'.\delta v' - \operatorname{cotang} v''.\delta v'' = \mu.$$

$$2)\quad -\delta 1 = (1-21)\{\cotang v'.\delta v' - \cotang v''.\delta v'' + \cotang a'.\delta a' - \cotang a''.\delta a'' + \cotang b'.\delta b' - \cotang b''.\delta b'' + \mathrm{i}(\delta v^0 + \delta a^0 + \delta b^0)\}$$

$$+(1-3)\ \{\cotang c'.\delta c' - \cotang c''.\delta c'' - \mathrm{i}.\delta c^0\}$$

$$+(1-4)\ \{\cotang d'.\delta d' - \cotang d''.\delta d'' + \mathrm{i}.\delta d^0\}$$

$$+(1-5)\ \{\cotang e'.\delta e' - \cotang e''.\delta e'' - \mathrm{i}.\delta e^0\}$$

$$+(1-6)\ \{\cotang f'.\delta f' - \cotang f''.\delta f'' + \cotang g'.\delta g' - \cotang g''.\delta g'' + \cotang h'.\delta h' - \cotang h''.\delta h'' + \mathrm{i}(\delta f^0 + \delta g^0 + \delta h^0)\}$$

$$+(1-9)\ \{\cotang i'.\delta i' - \cotang i''.\delta i'' - \mathrm{i}.\delta i^0\}$$

$$+(1-10)\{\cotang k'.\delta k' - \cotang k''.\delta k'' + \mathrm{i}.\delta k^0\}$$

$$+\ldots\ldots$$

$$+(1-20)\{\cotang u'.\delta u' - \cotang u''.\delta u'' - \mathrm{i}.\delta u^0\}.$$

Hier ist

$$\begin{aligned}
\delta v' &= (20.21)-(20.1)\\
\delta v'' &= (1.20)-(1.21)\\
\delta v^0 &= (21.1)-(21.20)\\
\delta a' &= (1.21)-(1.2)\\
\delta a'' &= (2.1)-(2.21)\\
\delta a^0 &= (21.2)-(21.1)
\end{aligned}$$

u. s. w.

[wo wie vorher (1.2), (1.21), u. s. w. die Richtungsverbesserungen bedeuten].

Es wird hienach die Bedingungsgleichung aus den Seitenverhältnissen folgende [da $\delta 21 = -0{,}581 - \mathrm{i}.0{,}368$, $\delta 1 = +0{,}283 + \mathrm{i}.0{,}794$ und $\delta \log s_{1.21} = -0{,}000\,0156$, also]

$$\frac{+0{,}000\,0156}{0{,}43429\ldots}.206265 = +7{,}4091 = \mu$$

$$-206265.\delta 21 = +119839 + \mathrm{i}.75905 = \nu'$$

$$-206265.\delta\ 1 = -\ 58373 - \mathrm{i}.163774 = \nu''.$$

[ist:]

[Corr.	Coefficient]	[Corr.	Coefficient]
(1.2)	$-(1-21)a'$	(12.10)	$+(1-11)l''$
(1.21)	$+(1-21)(v''+a')$	(12.11)	$-(1-11)l''-(1-12)\mathrm{i}$
(1.20)	$-(1-21)v''$	(12.15)	$-(1-15)p'+(1-12)\mathrm{i}$
(2.3)	$-(1-21)b'$	(12.16)	$+(1-15)p'$
(2.21)	$+(1-21)(a''+b')$	(13.14)	$-(1-12)n'$
(2.1)	$-(1-21)a''$	(13.12)	$+(1-12)(m''+n')$
(3.5)	$-(1-4)d'$	(13.11)	$-(1-12)m''$
(3.4)	$+(1-4)d'+(1-3)\mathrm{i}$	(14.15)	$-(1-12)o'$
(3.21)	$+(1-21)b''-(1-3)\mathrm{i}$	(14.12)	$+(1-12)(n''+o')$
(3.2)	$-(1-21)b''$	(14.13)	$-(1-12)n''$
(4.21)	$+(1-3)c''$	(15.17)	$-(1-16)q'$
(4.3)	$-(1-3)c''-(1-4)\mathrm{i}$	(15.16)	$+(1-16)q'+(1-15)\mathrm{i}$
(4.5)	$-(1-5)e'+(1-4)\mathrm{i}$	(15.12)	$+(1-12)o''-(1-15)\mathrm{i}$
(4.6)	$+(1-5)e'$	(15.14)	$-(1-12)o''$
(5.7)	$-(1-6)f'$	(16.12)	$+(1-15)p''$
(5.6)	$+(1-6)f'+(1-5)\mathrm{i}$	(16.15)	$-(1-15)p''-(1-16)\mathrm{i}$
(5.4)	$+(1-4)d''-(1-5)\mathrm{i}$	(16.18)	$-(1-18)s'+(1-16)\mathrm{i}$
(5.3)	$-(1-4)d''$	(16.19)	$+(1-18)s'$
(6.4)	$+(1-5)e''$	(17.18)	$-(1-16)r'$
(6.5)	$-(1-5)e''-(1-6)\mathrm{i}$	(17.16)	$+(1-16)(q''+r')$
(6.9)	$-(1-9)i'+(1-6)\mathrm{i}$	(17.15)	$-(1-16)q''$
(6.10)	$+(1-9)i'$	(18.20)	$-(1-19)t'$
(7.8)	$-(1-6)g'$	(18.19)	$+(1-19)t'+(1-18)\mathrm{i}$
(7.6)	$+(1-6)(f''+g')$	(18.16)	$+(1-16)r''-(1-18)\mathrm{i}$
(7.5)	$-(1-6)f''$	(18.17)	$-(1-16)r''$
(8.9)	$-(1-6)h'$	(19.16)	$+(1-18)s''$
(8.6)	$+(1-6)(g''+h')$	(19.18)	$-(1-18)s''-(1-19)\mathrm{i}$
(8.7)	$-(1-6)g''$	(19.20)	$-(1-20)u'+(1-19)\mathrm{i}$
(9.11)	$-(1-10)k'$	(19.21)	$+(1-20)u'$
(9.10)	$+(1-10)k'+(1-9)\mathrm{i}$	(20.1)	$-(1-21)v'$
(9.6)	$+(1-6)h''-(1-9)\mathrm{i}$	(20.21)	$+(1-21)v'+(1-20)\mathrm{i}$
(9.8)	$-(1-6)h''$	(20.19)	$+(1-19)t''-(1-20)\mathrm{i}$
(10.6)	$+(1-9)i''$	(20.18)	$-(1-19)t''$
(10.9)	$-(1-9)i''-(1-10)\mathrm{i}$	(21.19)	$+(1-20)u''$
(10.11)	$-(1-11)l'+(1-10)\mathrm{i}$	(21.20)	$-(1-20)u''-(1-21)\mathrm{i}$
(10.12)	$+(1-11)l'$	(21.3)	$-(1-3)c'+(1-21)\mathrm{i}$
(11.13)	$-(1-12)m'$	(21.4)	$+(1-3)c'$
(11.12)	$+(1-12)m'+(1-11)\mathrm{i}$		
(11.10)	$+(1-10)k''-(1-11)\mathrm{i}$		
(11.9)	$-(1-10)k''$		

Dieses abgekürzte Tableau bezieht sich zunächst auf die Bedingungsgleichung für ν''. Es ist nemlich ν'' äqual dem Aggregat von 77 Theilen, wovon der erste

$$= -(1-21)\,\mathrm{cotang}\, a'.(1.2),$$

der zweite

$$= +(1-21)(\mathrm{cotang}\, v''+\mathrm{cotang}\, a')(1.21)$$

u. s. w.

Die Bedingungsgleichung für ν' findet sich, wenn man überall anstatt 1 21 schreibt, wodurch also die Glieder 1, 2, 3, 4, 5, 6, 10 und 70 wegfallen.

Endlich findet sich die Bedingungsgleichung für μ, wenn man überall den ersten Factor (resp. 1—21, 1—3, 1—4, u. s. w.), imgleichen die imaginären Theile herauswirft.

Auf der folgenden Seite folgen nun die 3 Bedingungsgleichungen (für μ und die beiden Theile von ν') in Zahlen nebst den Logarithmen der Coefficienten.

BEMERKUNGEN.

Die vorstehende unvollendete Ausgleichung ist die einzige Eintragung in ein Handbuch, das den Titel führt: »Rechnungen in Beziehung auf die trigonometrischen Messungen«. Sie ist dadurch bemerkenswerth, dass hier zum ersten Male die Polygongleichungen für ein Kranzsystem aufgestellt werden. Die 3 Polygongleichungen bestehen aus der Winkelgleichung für das innere Polygon des Kranzes und aus den beiden Bedingungsgleichungen dafür, dass die Coordinaten eines Punktes wieder dieselben Werthe erhalten, wenn man längs eines von Seiten des Kranzsystems gebildeten Linienzuges zu ihm zurückkehrt. Diese beiden Bedingungen werden durch die Gleichung 2), S. 337, dargestellt, die man wie folgt ableiten kann.

Rechnet man vom Punkte 1 aus die rechtwinkligen Coordinaten längs des Linienzuges 1. 21. 3. 4. 5. 6. 9. 10. 11. 12. 15. 16. 18. 19. 20 für die Punkte 21 und 1, so erhält man (vor der Ausgleichung) im allgemeinen nicht wieder die Ausgangswerthe für 21 und 1, sondern man gelangt zu Werthen, die den Punkten 21* und 1* entsprechen mögen. Wird die Lage des Punktes k durch $z_k = x_k + i y_k$ bezeichnet, so ist

$$z_1{*} - z_1 = (z_{21} - z_1) + (z_3 - z_{21}) + (z_4 - z_3) + \cdots + (z_{20} - z_{19}) + (z_{21}{*} - z_{20}) + (z_1{*} - z_{21}{*}).$$

Um $z_1{*}$ in z_1 überzuführen, wird der Linienzug einer differentiellen Änderung seiner Seiten und Winkel unterworfen, wobei der Punkt 1 als fest angenommen wird:

$$\delta z_1{*} = \delta(z_{21} - z_1) + \delta(z_3 - z_{21}) + \cdots + \delta(z_1{*} - z_{21}{*}).$$

Ist $s_{\lambda.\mu}$ die Länge und $\tau_{\lambda.\mu}$ das Azimuth der Seite $\lambda.\mu$, so ist aber

$$z_\mu - z_\lambda = s_{\lambda.\mu} e^{i\tau_{\lambda.\mu}}$$

und

$$\delta(z_\mu - z_\lambda) = (z_\mu - z_\lambda)(\delta \log s_{\lambda.\mu} + i.\delta\tau_{\lambda.\mu}),$$

also wird

1) $$\delta z_1{*} = \Sigma(z_\mu - z_\lambda)\delta \log s_{\lambda.\mu} + i\Sigma(z_\mu - z_\lambda)\delta\tau_{\lambda.\mu},$$

wo die Summen sich auf die Punkte des Linienzuges beziehen. Der Logarithmus ist hier, wie auch weiterhin, der hyperbolische.

Bezeichnet man für den Augenblick den Winkel, den die auf einander folgenden Seiten $\lambda.\mu$ und $\mu.\nu$ bilden, durch w_μ, so ist aber

$$\tau_{\mu.\nu} = \tau_{\lambda.\mu} + w_\mu \pm 180^\circ$$

und daher

$$\delta\tau_{\mu.\nu} = \delta\tau_{\lambda.\mu} + \delta w_\mu;$$

mithin wird für den Linienzug, indem man vermittelst dieser Gleichung successive alle $\delta\tau$ durch $\delta\tau_{1.21}$ ausdrückt:

$$\Sigma(z_\mu - z_\lambda)\delta\tau_{\lambda.\mu} = (z_1{*} - z_1)\delta\tau_{1.21} + (z_1{*} - z_{21})\delta w_{21} + (z_1{*} - z_3)\delta w_3 + \cdots + (z_1{*} - z_{20})\delta w_{20} + (z_1{*} - z_{21}{*})\delta w_{21}{*}.$$

$z_1{*} - z_1$ kann gegen die andern Differenzen $z_1{*} - z_\lambda$ als eine kleine Grösse erster Ordnung angesehen werden, also darf man das erste Glied gegen die übrigen vernachlässigen, und statt z_1* und $z_{21}*$ darf man in den Coefficienten z_1 und z_{21} schreiben. Da ferner nach der Figur auf S. 332

$$w_{21} = a^0 + b^0, \quad w_3 = 360^0 - c^0, \quad w_4 = d^0, \quad w_5 = 360^0 - e^0, \quad w_6 = f^0 + g^0 + h^0, \text{ u. s. w.,}$$
$$w_{20} = 360^0 - u^0, \quad w_{21} = v^0$$

ist, so ergibt sich:

$$2) \quad \Sigma(z_\mu - z_\lambda)\delta\tau_{\lambda.\mu} = (z_1 - z_{21})(\delta a^0 + \delta b^0 + \delta v^0) - (z_1 - z_3)\delta c^0 + (z_1 - z_4)\delta d^0 - (z_1 - z_5)\delta e^0$$
$$+ (z_1 - z_6)(\delta f^0 + \delta g^0 + \delta h^0) + \cdots - (z_1 - z_{20})\delta u^0.$$

Auch die erste Summe in der Gleichung (1) lässt sich umformen.
Aus

$$\frac{s_{21.3}}{s_{1.21}} = \frac{\sin b'}{\sin b''} \cdot \frac{\sin a'}{\sin a''}$$
$$\frac{s_{3.4}}{s_{21.3}} = \frac{\sin c'}{\sin c''}$$

u. s. w.

folgt:

$$\delta \log s_{21.3} = \delta \log s_{1.21} + \text{cotang}\, a'.\delta a' - \text{cotang}\, a''.\delta a'' + \text{cotang}\, b'.\delta b' - \text{cotang}\, b''.\delta b''$$
$$\delta \log s_{3.4} = \delta \log s_{21.3} + \text{cotang}\, c'.\delta c' - \text{cotang}\, c''.\delta c''$$
$$\cdots\cdots\cdots\cdots\cdots$$
$$\delta \log s_{20.21*} = \delta \log s_{19.20} + \text{cotang}\, u'.\delta u' - \text{cotang}\, u''.\delta u''$$
$$\delta \log s_{21*.1*} = \delta \log s_{20.21*} + \text{cotang}\, v'.\delta v' - \text{cotang}\, v''.\delta v''.$$

Daher wird:

$$\Sigma(z_\mu - z_\lambda)\delta \log s_{\lambda.\mu} = (z_1* - z_1)\delta \log s_{1.21} + (z_1* - z_{21})(\text{cotang}\, a'.\delta a' - \text{cotang}\, a''.\delta a'' + \text{cotang}\, b'.\delta b' - \text{cotang}\, b''.\delta b'')$$
$$+ (z_1* - z_3)(\text{cotang}\, c'.\delta c' - \text{cotang}\, c''.\delta c'') + \cdots + (z_1* - z_{20})(\text{cotang}\, u'.\delta u' - \text{cotang}\, u''.\delta u'')$$
$$+ (z_1* - z_{21}*)(\text{cotang}\, v'.\delta v' - \text{cotang}\, v''.\delta v''),$$

oder, wenn man wie vorher für z_1* und $z_{21}*$ wieder z_1 und z_{21} schreibt,

$$3) \quad \Sigma(z_\mu - z_\lambda)\delta \log s_{\lambda.\mu} = (z_1 - z_{21})(\text{cotang}\, a'.\delta a' - \text{cotang}\, a''.\delta a'' + \text{cotang}\, b'.\delta b' - \text{cotang}\, b''.\delta b''$$
$$+ \text{cotang}\, v'.\delta v' - \text{cotang}\, v''.\delta v'') + (z_1 - z_3)(\text{cotang}\, c'.\delta c' - \text{cotang}\, c''.\delta c'')$$
$$+ (z_1 - z_4)(\text{cotang}\, d'.\delta d' - \text{cotang}\, d''.\delta d'') + \cdots + (z_1 - z_{20})(\text{cotang}\, u'.\delta u' - \text{cotang}\, u''.\delta u'')$$

Mithin folgt aus der Gleichung (1), wenn die Winkelverbesserungen in Secunden gegeben sind:

$$4) \quad \left\{ \begin{aligned} 206265.\delta z_1* = (z_1 - z_{21}) & \{\text{cotang}\, v'.\delta v' - \text{cotang}\, v''.\delta v'' + \text{cotang}\, a'.\delta a' - \text{cotang}\, a''.\delta a'' \\ & + \text{cotang}\, b'.\delta b' - \text{cotang}\, b''.\delta b'' + \text{i}(\delta v^0 + \delta a^0 + \delta b^0)\} \\ + (z_1 - z_3) & \{\text{cotang}\, c'.\delta c' - \text{cotang}\, c''.\delta c'' - \text{i}.\delta c^0\} \\ + (z_1 - z_4) & \{\text{cotang}\, d'.\delta d' - \text{cotang}\, d''.\delta d'' + \text{i}.\delta d^0\} \\ & \cdots\cdots\cdots\cdots \\ + (z_1 - z_{20}) & \{\text{cotang}\, u'.\delta u' - \text{cotang}\, u''.\delta u'' - \text{i}.\delta u^0\}. \end{aligned} \right.$$

Sollen nun die Punkte 1 und 1* zusammen fallen, so muss

$$z_1* + \delta z_1* - z_1 = 0, \quad \delta z_1* = z_1 - z_1* = -\delta z_1$$

gesetzt werden, wenn das vorgesetzte δ eine positiv anzubringende Verbesserung bedeutet.

Die Seitengleichung 1) auf S. 336 ist die Bedingung dafür, dass der Werth der Seite $s_{1.21}$ wieder erhalten wird, wenn durch das Kranzsystem hindurch gerechnet wird. Es ist

$$\frac{s_1{}^*{}_{.21}{}^*}{s_{1.21}} = \frac{\sin a'}{\sin a''}\cdot\frac{\sin b'}{\sin b''}\cdots\frac{\sin v'}{\sin v''},$$

also

$$\delta \log s_1{}^*{}_{.21}{}^* = -\delta \log s_{1.21} = -\frac{\delta z_1 - \delta z_{21}}{z_1 - z_{21}} = \text{cotang}\, a'.\delta a' - \text{cotang}\, a''.\delta a'' + \cdots$$
$$+ \text{cotang}\, v'.\delta v' - \text{cotang}\, v''.\delta v''.$$

Für den briggischen Logarithmus und wenn die Verbesserungen $\delta a'$, $\delta a''$, etc. in Secunden erhalten werden sollen, ist die linke Seite dieser Gleichung mit $\frac{206265}{\text{Mod.}}$ zu multipliciren.

In den Formeln 1) und 2), S. 336 und 337, steht im Original

$$\frac{\delta(1-21)}{1-21} \text{ und } \delta 1 \quad \text{an Stelle von} \quad -\frac{\delta(1-21)}{1-21} \text{ und } -\delta 1.$$

Im Jahre 1834 hat GAUSS (nach dem »Generalbericht über die mitteleuropäische Gradmessung für das Jahr 1865«, S. 22/23) dem oldenburgschen Vermessungsdirector v. SCHRENCK die 21 sphäroidischen, auf 180°+Excess abgestimmten Dreiecke des Kranzes um Oldenburg mitgetheilt. In einem Schreiben vom 3. August 1835 sagt GAUSS dazu (nach dem angegebenen Generalbericht, S. 23/24):

»Was nun aber die relative Genauigkeit der Dreiecke betrifft, so sind Ew. Hochw. im Irrthum, wenn Sie die Dreiecke 2—8 [in der Figur auf S. 332 sind dies die Dreiecke *q, p, o, n, m, l, k*] den übrigen 9—21 und 1 [in der Figur *i* bis *a*, *v* bis *r*] entgegenstellen. Der Gegensatz soll vielmehr so sein: 3—16 [in der Figur *p* bis *b*] viel ungenauer, als 17—21 [*a, v, u, t, s*] und 1 [*r*] und 2 [*q*]. Die letztern 7 Dreiecke habe ich selbst gemessen mit 12-zölligen Theodolithen, grösster Sorgfalt, Heliotroplicht ohne Ausnahme die Zielpunkte bildend, und unter möglichster Sorge für Festigkeit der Standpunkte, wovon 3 zu ebener Erde. Dagegen sind die 14 andern Dreiecke zu anderm Zwecke, mit schwächerm Instrument (8-zölligem Theodolith), viel geringerm Zeitaufwand, ohne Anwendung von Heliotroplicht und mitunter auf sehr ungünstigen Standpunkten gemessen, wie z. B. die Thürme von Twistringen und Asendorf und vielleicht auch einige der andern Thürme. Indem ich daher die 7 ersten Dreiecke für so scharf gemessen halte, wie das der Zustand der Kunst nur verstattet, würde ich die Genauigkeit der 14 übrigen nur $\frac{1}{2}$ so gross, oder ihr Gewicht nur $\frac{1}{4}$ so gross ansetzen.«

Wenn man die Winkelsumme des Siebenecks 4. 6. 10. 12. 16. 19. 21 aus den von GAUSS an v. SCHRENCK mitgetheilten Winkeln bildet, so beträgt (Generalbericht, S. 24) der Schlussfehler 14,''900.

KRÜGER.

ZUR
HANNOVERSCHEN TRIANGULATION.

[I.]

BRIEFWECHSEL

ZUR HANNOVERSCHEN TRIANGULATION.

[1.]

GAUSS an SCHUMACHER. Göttingen, 5. Julius 1816.

Vor allen Dingen meinen herzlichen Glückwunsch zu der herrlichen grossen Unternehmung, welche Sie mir in Ihrem letzten Briefe ankündigen. Diese Gradmessung in den k. dänischen Staaten wird uns, an sich schon, über die Gestalt der Erde schöne Aufschlüsse geben. Ich zweifle indessen gar nicht, dass es in Zukunft möglich zu machen sein wird, Ihre Messungen durch das Königreich Hannover südlich fortzusetzen. In diesem Augenblicke kann ich zwar einen solchen Wunsch in Hannover noch nicht in Anregung bringen, da erst die Astronomie selbst noch so grosser Unterstützung bedarf: allein ich bin überzeugt, dass demnächst unsere Regierung, die auch die Wissenschaften gern unterstützt, dem glorreichen Beispiele Ihres trefflichen Königs folgen werde. Wir würden dann schon einen respectabeln Meridianbogen von $6\frac{1}{2}$ Grad haben, und leicht würden sich dann auch noch diese Operationen mit den bayerischen Dreiecken in Verbindung setzen lassen. Letztere sind gewiss mit grösster Sorgfalt gemessen, und es ist zu beklagen, dass sie der Publicität entzogen werden.

Über die Art, die gemessenen Dreiecke im Calcül zu behandeln, habe ich mir eine eigene Methode entworfen, die aber für einen Brief viel zu weitläuftig sein würde. In Zukunft, falls ich bis dahin, wo Sie Ihre Dreiecke gemessen haben, sie nicht schon öffentlich bekannt gemacht haben sollte, werde ich mit Ihnen darüber umständlich conferiren: ja ich erbiete mich, die Berechnung der Hauptdreiecke selbst auf mich zu nehmen.

Bei dem zweiten Theile Ihrer Unternehmung, der Messung des Längengrades, habe ich nur einen kleinen Zweifel. Ich meinte nemlich, dass die Länder der dänischen Monarchie eher flach zu nennen sind, wenigstens keine hohe Berge haben. Ist diese Voraussetzung gegründet, und sind Sie dann dadurch genöthigt, zur Bestimmung des astronomischen Längenunterschiedes einen Zwischenpunkt oder gar mehrere zu nehmen, so wird jener Bestimmung, auch wenn sie noch so geschickte Gehülfen und Hülfsmittel haben, doch immer eine kleine Ungewissheit ankleben.

Einen grossen Vortheil haben Sie in dem Umstande, dass Dänemark schon einmal trigonometrisch vermessen ist; ich meine natürlich nicht in den gemessenen Winkeln selbst, die weit davon entfernt sind, sich zu einer Gradmessung zu qualificiren, sondern weil jene Operationen Ihnen das Auswählen der Stationspunkte ungemein erleichtern werden. Dies Aufsuchen würde mir bei einer ähnlichen Arbeit gerade das Unangenehmste sein, weil dabei so viele Zeit umsonst verloren wird. Ich habe mir viele Mühe gegeben (in ähnlichen Rücksichten auf künftige Operationen), die von Epailly im Hannoverschen gemessenen Winkel zu erhalten, aber ohne Erfolg.

...... Mir war eine interessante Aufgabe eingefallen, nemlich:

> »**allgemein** eine gegebene Fläche so auf einer andern (gegebenen) zu projiciren (abzubilden), dass das Bild dem Original in den kleinsten Theilen ähnlich werde.«

Ein specieller Fall ist, wenn die erste Fläche eine Kugel, die zweite eine Ebene ist. Hier sind die stereographische und die merkatorsche Projection particuläre Auflösungen. Man will aber die allgemeine Auflösung, worunter alle particulären begriffen sind, für jede Art von Flächen.

Es soll hierüber in dem Journal philomathique bereits von Monge und Poinsot gearbeitet sein (wie Burckhardt an Lindenau geschrieben hat), allein da ich nicht genau weiss, wo, so habe ich noch nicht nachsuchen können, und weiss daher nicht, ob jener Herren Auflösungen ganz meiner Idee entsprechen und die Sache erschöpfen. Im entgegengesetzten Fall schiene mir dies einmal eine schickliche Preisfrage für eine Societät zu sein. ......

GAUSS an SCHUMACHER. Göttingen, 10. September 1818.

Ich eile Ihnen anzuzeigen, dass ich von unserm Minister ARNSWALDT den Auftrag erhalten, die zur Verbindung einer hannoverschen Triangulirung mit der Ihrigen nöthigen Messungen in Lüneburg vorzunehmen und dazu das Nöthige mit Ihnen zu verabreden. Er macht zugleich mir Hoffnung, dass demnächst auch die Fortsetzung selbst wohl zu Stande kommen werde, und es freut mich, dass diese nun durch die in Lüneburg vorzunehmenden Operationen gesichert werden kann. . . . . . .

GAUSS an SCHUMACHER. Göttingen, 20. Mai 1820.

. . . . . . In dieser Ungewissheit [*)] adressire ich diesen Brief nach Copenhagen und wünsche sehnlich, dass er Sie treffen und bald treffen möge: er soll Ihnen nemlich die Nachricht anzeigen, dass in Folge eines Schreibens vom Grafen VON MÜNSTER aus London, als Antwort meines vor einem Jahre von Ihnen gefälligst besorgten Briefes [**)],

»der König die Fortsetzung der Gradmessung durch das Königreich Hannover genehmigt hat«.

. . . . . .

GAUSS an SCHUMACHER. Göttingen, 4. März 1821.

. . . . . . Es war früher meine Absicht, von Hamburg anzufangen und so von Norden nach Süden zu messen, allein da ich leider so sehr durch die Schreibfaulheit und Unzuverlässigkeit aller Künstler, mit denen ich zu thun habe, hingehalten werde, und bis jetzt noch gar nichts von den nöthigen Hülfsmitteln in Händen habe, so würden die daraus erwachsenden Verlegenheiten noch viel grösser sein, wenn ich jenen Plan befolgte. Dieser und noch verschiedene andere wichtige Gründe nöthigen und bewegen mich zu dem umgekehrten Plan, von Süden nach Norden zu messen. . . . . . .

[*) Über SCHUMACHERS Aufenthalt.]

[**) Abgedruckt in Band IV, S. 482/483.]

GAUSS an SCHUMACHER. Wulfsode, 18. September 1822.

...... So viel eine vorläufige Inspection des Terrains urtheilen lässt, würde es nicht unmöglich sein, die ganze Linie von Breithorn bis Eschede [Scharnhorst] (11220 Meter lang) unmittelbar zu messen. Welch eine herrliche Basis wäre dies! ......

GAUSS an SCHUMACHER. [Göttingen, Januar 1825.]

...... Wenn ich alle grössern und kleinern Durchhaue aus den Jahren 1821—1824 zusammen zähle, von solchen, wo vielleicht ein Dutzend Bäume gefällt sind, bis zu den grössten, so mögen etwa 16 oder 17 Durchhaue vorgekommen sein. Der Allergrösste, nach der Ausdehnung, war im Becklinger Holz unweit der Strasse von Bergen nach Soltau. ......

GAUSS an SCHUMACHER. Dangast, 1 Stunde von Varel, 20. Junius 1825.

...... Ich selbst pflege [beim Heliotrop] durch die drei Fussspitzen einen Kreis zu beschreiben, dessen Centrum als Zielpunkt betrachtet wird. Bei meinen beiden neuesten Heliotropen ist noch das Centrum selbst durch eine Spitze bezeichnet, welches viel Bequemlichkeit verschafft. ......

GAUSS an SCHUMACHER. Göttingen, 14. Januar 1829.

Da wir noch wenig darüber wissen, ob die Figur der Erde von der Figur des mittlern Ellipsoids in längern oder in kürzern Undulationen abweicht, so bin ich jedenfalls der Meinung, dass man am besten thut, immer das mittlere Ellipsoid zum Grunde zu legen.

Wenn ich jedoch es nicht gerade unbedingt verwerfen will, einmal ein osculirendes Ellipsoid zum Grunde zu legen, so kann ich dies doch nur da für zulässig halten, wo man Mittel hat, ein osculirendes Ellipsoid zu bestimmen, d. i. ein solches, in dem die Krümmung sowohl im Sinne des Meridians, als in dem darauf senkrechten Sinn der wirklichen Gestalt so nahe wie möglich kommt. Dies ist aber bloss aus der Verbindung von Messungen in beiderlei Sinn zu erhalten (Breiten- und Längen-Gradmessung). ......

Wenn ein Meridian nicht wirklich elliptisch ist, so kann man allerdings eine Ellipse berechnen, die sich an zwei Stücke eines Bogens anschliesst, und man mag dies meinethalben eine osculirende Ellipse nennen; allein durch Umdrehung dieser Ellipse um ihre kleine Axe*) entsteht keine Fläche, die man osculirendes Ellipsoid nennen darf, oder mit andern Worten, zwischen dem wirklichen Werth des Längengrads und demjenigen Längengrad, den man auf dem durch Umdrehung jener osculirenden Ellipse [entstandenen Ellipsoid] berechnet, ist gar kein Zusammenhang. Durch Verwechselung beider setzt man sich den grössten Fehlern aus. . . . . .

[2.]

GAUSS an BESSEL. Göttingen, 26. December 1821.

. . . . . . Der vorige Sommer ist grösstentheils mit Vorbereitungen zum Trianguliren und dem Trianguliren selbst zugebracht. . . . . Die Winkel in Sternwarte, Meridianzeichen, Hohehagen, Hils, Brocken sind gemessen; nur am letzten Punkte ist der Winkel zwischen Inselsberg und andern Punkten missglückt, weil das unerhört schlechte Wetter während der Zeit, wo dort der Heliotrop war, fast alles Beobachten untersagte. Nur einmal auf eine halbe Stunde konnte die Richtung kümmerlich gemessen werden, was aber mit andern frühern ebenso kümmerlichen Messungen, wo einmal auf das Haus, das andere Mal auf ENCKES Sextanten-Viceheliotrop 3 Minuten vor Sonnenuntergang pointirt wurde, nicht gut harmonirt.

Der Umstand, dass ich nur Einen Heliotrop zu meiner Disposition hatte, hielt ungemein auf. Bei meinem Aufenthalt auf dem Hils musste der Heliotrop successive von Lichtenberg zum Meridianzeichen, dem Brelingerberg und Deister übergehen; ebenso wie ich auf dem Brocken war, reiste jener von Lichtenberg zum Hils, Hohehagen, Inselsberg. Die wenigsten der Winkel haben also unmittelbar gemessen werden können; ich hatte auf diesen beiden

*) Von der man nur sagen kann, dass sie der Erdaxe parallel ist, ohne mit ihr zusammen zu fallen, ja von der sie in der Regel weit abstehen wird.

Stationen mehrere andere an sich sichtbare Punkte ausgewählt und maass allezeit, was sich eben messen liess. Ich sehe aus dem 4. Bande der Base du système métrique, dass die Franzosen in Spanien es ebenso gemacht haben; sie haben aber die Messungen nicht richtig combinirt. Wenn ich im nächsten Jahre meine Triangulirung fortsetze, wird es besser gehen, indem ich zwei Heliotrope mehr haben werde. Meinen zum Viceheliotrop eingerichteten Sextanten habe ich immer bei mir geführt und zu telegraphischen Zeichen gebraucht. Es geht damit ganz vortrefflich, nur dass, weil jener Viceheliotrop auf Winkelabstände unter etwa 138° begrenzt ist, ich nicht immer zu jeder Tageszeit ihn brauchen konnte; künftiges Jahr würde ich zu diesem Zweck in der Regel einen der Heliotrope bei mir behalten.

Die grösste Entfernung, wo das Heliotroplicht mit blossen Augen gesehen, ist die vom Brocken zum Hohehagen, indem am letztern Orte meine auf dem Brocken gegebenen telegraphischen Zeichen so gesehen wurden; die Entfernung ist 9⅓ geographische Meilen; es gehören dazu aber wohl günstige Umstände. Bei Entfernungen bis 6 Meilen habe ich (trotz des Verlustes an Licht beim Gebrauch der Lorgnette), wenn die Umstände nur leidlich günstig waren, das Heliotroplicht mit blossem Auge bequem gesehen, ebenso in den Vormittagsstunden das Heliotroplicht vom Hils zum Brocken (7½ Meilen). Die Spiegelfläche ist 2½ Quadratzoll, bei den beiden neuen Heliotropen habe ich 6¼ Quadratzoll genommen; mässigen kann man das Licht leicht, bei grossen Entfernungen kann es aber doch Fälle geben, wo das stärkere Licht angenehm ist; so drang einen Tag das Licht vom Brelingerberg zum Hils nur kurze Zeit durch, obgleich (oder vielmehr richtiger weil) ein völlig wolkenloser Himmel war. An solchen Tagen ist in der Regel die Durchsichtigkeit der Atmosphäre am geringsten; ich erinnere mich eines solchen Tages, wo das Heliotroplicht vom Deister zwar recht gut zu sehen war, aber nicht benutzt werden konnte, weil keiner der übrigen Gegenstände, selbst nicht einmal das nur wenig über eine Meile entfernte Einbeck gesehen werden konnte.

Einen sehr wesentlichen Vorzug hat das Heliotroplicht vor jedem andern Signale, worüber ich oft artige Erfahrungen gemacht habe; nemlich das Heliotroplicht sieht man desto besser, je stärker man vergrössert, irdische Signale hingegen (bei grossen Entfernungen) desto schlechter, denn bei letztern ist es vorzüglich die Blässe, die das Sehen hindert; von Hannover habe ich

z. B. auf dem Brocken, obgleich ich den Platz nach Höhe und Azimuth genau wusste, niemals eine Spur sehen können. An dem Tage, wo ich das kümmerliche Heliotroplicht vom Inselsberg erhielt (bloss Schuld des Wetters, denn bei einigermaassen günstiger Luft musste das Heliotroplicht von $2\frac{1}{2}$ Quadratzoll Fläche noch überreichlich hell sein), sah ich dies zwar im Fernrohr des Theodolithen noch ziemlich gut, konnte damit aber keine Spur vom Umriss des Berges erkennen; dagegen sah mein Gehülfe diesen Umriss ganz leidlich in einem an sich sehr elenden Fernrohr von schwacher Vergrösserung, konnte damit aber das Heliotroplicht nur selten sehen. Die Sache erklärt sich leicht; auch bei der stärksten Vergrösserung bleibt das Heliotroplicht ein Punkt und dessen Licht ist immer dasselbe, aber der Grund ist desto düsterer, je stärker man vergrössert etc.

Grosse Signale habe ich nur zwei gebaut, auf dem Hohehagen und Hils, und vermuthlich wäre auch dies unterblieben, wenn mein Heliotrop sechs Wochen früher vollendet gewesen wäre. Das Hils-Signal projicirt sich vom Brocken aus gegen nahen dunkeln Hintergrund; während des ganzen Monats, den ich auf dem Brocken zubrachte, habe ich jenes nur zweimal überhaupt sehen und nur auf etwa zwei Minuten so sehen können, dass ein Winkel sich hätte messen lassen; das Hohehagen-Signal projicirt sich gegen die entferntern Casselschen Berge, war öfters zu sehen und auch ein paar Mal zu beobachten, obwohl ich, hätte ich nicht den Heliotrop dahin geschickt, auch meine Winkelmessung nicht voll bekommen hätte. Ausser der schweren Sichtbarkeit, Kosten und Zeitaufwand haben die Signalthürme noch eine sehr unglückliche Seite, den Reiz, welchen sie dem rohen Muthwillen zur Zerstörung darbieten. Leider ist mein Hohehagen-Signal seit kurzem fast ganz verwüstet, und ich werde glücklich sein, wenn ich nur den Punkt mit hinreichender Schärfe wiederfinden kann.

Gauss an Bessel. Göttingen, 15. November 1822.

...... Die ausserordentlichen Schwierigkeiten, ein Dreiecksnetz in der Lüneburger Heide zu führen, kannte ich schon aus Epaillys Bericht, der es geradezu für unmöglich erklärt und seine Dreiecke, um den südlichen Theil von

Hannover mit Hamburg zu verbinden, über Bremen, die Weser herunter und so die Elbe wieder herauf geführt hat. Und doch hatte er grosse Vortheile vor mir voraus; er beobachtete durchaus oben in seinen Signalthürmen, wo er sich viel leichter weitere Aussicht verschaffen konnte als ich, der überall zu ebener Erde gemessen hat; er brauchte beim Aushauen der Waldungen viel weniger auf Schonung Rücksicht zu nehmen; überall freier Transport, freie Arbeiter, etc., während ich alles ohne Ausnahme mit baarem Gelde bezahlen muss und oft die Kosten so sehr sehr weit über meine Vermuthung hinausgehen sehe; er hatte eine ganze Brigade von Ingenieurs zu Gehülfen, etc. Diese Erwägungen liessen mich meine erste Recognoscirungsreise nicht ohne Ängstlichkeit vornehmen (gegen Ende Aprils). Anfangs ging es selbst besser als ich erwartet hatte; ich fand, dass Garssen und Falkenberg sich unmittelbar mit Deister und Lichtenberg verbinden liessen; aber bei den Untersuchungen, wie von jenen beiden Punkten die Dreiecke weiter nördlich bis Lüneburg geführt werden könnten, fand ich das Terrain so widerspenstig, dass ich mehrere Male die Möglichkeit eines glücklichen Erfolgs bezweifelte und befürchtete, das ganze Unternehmen aufgeben zu müssen. Das Land überall flach, keine dominirende Punkte, überall Holz, theils in grossen Waldungen, wie der Hassel, der Lüsing, das Becklinger Holz, etc., theils in unzählbaren kleinern Kämpen, die sich schachbrettartig vor einander schieben. Die Versuche meines Gehülfen, auf der Westseite etwas brauchbares aufzufinden, waren ganz ohne Erfolg; mir selbst gelang es endlich nach den beschwerlichsten Versuchen, gleichsam im Herzen der Heide zwei Dreiecke 9. 10. 12 [Falkenberg-Hauselberg-Wulfsode] und 10. 12. 13 [Hauselberg-Wulfsode-Wilsede] zu etabliren; allein ich überzeugte mich zugleich, dass ich bei dieser Gattung von Arbeiten bald unterliegen würde, und setzte daher die weitere Aufsuchung einer Möglichkeit, diese Dreiecke mit den südlichern zu verknüpfen und weiter nördlich fortzuführen, auf die spätere Zeit hinaus, wo ich stärkeres Gehülfenpersonal (ich hatte nur einen Officier zur ersten Reise mitgenommen) und alle meine Instrumente bei mir haben würde. Ich fing daher Mitte Junius die wirklichen Messungen in Lichtenberg an, und meine Hoffnung ist später auch so ziemlich erfüllt. Da es ganz unmöglich befunden wurde, Garssen vermittelst Durchhaus mit Hauselberg zu verknüpfen, so wurde nach langem Suchen noch ein nördlicherer Punkt 14 [Scharnhorst] gefunden, der mehr Hoffnung darbot. Allein später zeigte sich dies absolut unmöglich, da der Wald zwischen 10 [Hauselberg] und 14 [Scharnhorst] auf zu hohem oder vielmehr nicht genug niedrigem Terrain lag, und ich musste mich glücklich schätzen, noch einen andern Punkt, Breithorn, zu finden, womit es endlich gelang. Inzwischen war auch die Linie 9.13 [Falkenberg-Wilsede] vermittelst eines sehr bedeutenden Durchhaus geöffnet und so hätte nun 10 [Hauselberg], wenn man 11 [Breithorn] früher gekannt hätte, ganz wegbleiben können. Allein ich behielt jenen Punkt mit bei, und halte es für einen überaus schätzbaren Vortheil, dass in meinem Systeme drei Vierecke vorkommen, in denen alle sechs Richtungen wirklich hin und zurück gemessen sind. Nachdem alle Winkel vorher in jedem Dreieck zur gehörigen Summe gehörig ausgeglichen waren, bedurfte es nur noch sehr kleiner Modificationen, meistens unter 0,"1, um diese drei Vierecke in volle Harmonie zu bringen. Es wäre zu wünschen, dass man bei jeder Messung solche Prüfungen hätte. Es gibt Messungen, wobei die Summen der drei Winkel überall zum Bewundern stimmen, und wo eine solche Prüfung zeigt, dass manche Winkel um 2" bis 3" gewiss unrichtig sind. In der That ist die Prüfung vermittelst der Summe der Winkel à la portée von jedermann; die durch Diagonalen ist es weniger, so leicht sie auch für einen Mathematiker ist, und man kann sich der Vermuthung nicht erwehren, dass die erstere Prüfung zuweilen dazu gedient haben mag, wenn auch nicht die Beobachtungen zu verfälschen, doch etwas zu wählen (man bemerkt eine Tendenz dazu selbst bei Delambre). Nördlich von Wulfsode ist zum Glück noch der Timpenberg gefunden, der unmittelbar mit Hamburg verbunden werden kann; der versuchte Durchhau von Timpenberg nach Lüneburg ist missglückt, weil das Land dazwischen zu wenig deprimirt war. Die Richtungen von 10 nach 11 und von 11 nach 14 haben grosse Durchhaue erfordert. Immer machte ich es mir zum Gesetz, mit der Rechnung allen Messungen, wie ich sie erhalten hatte, gleichen Schritt zu halten (bis auf die allerletzte Zeile), und nur dadurch ist es möglich geworden, alle Durchhaue mit der äussersten Präcision so durchzuführen, dass auch nicht Ein Stamm ohne Noth gefällt ist, oder die Unmöglichkeit der Durchhaue so früh wie möglich bestimmt zu erkennen. So wusste ich z. B. die Depression, unter der 14 [Scharnhorst] in 10 [Hauselberg] oder 20 [Lüneburg in 19 [Timpenberg] erscheinen musste, genau voraus; für den ersten

Fall war schon das Terrain vor dem Holz zu hoch, im zweiten, nachdem ein schmaler Spalt 2000 Schritt weit fortgeführt war. Ich habe von Wilsede aus noch einen Punkt [Nindorf] 3000 Meter nördlich von Timpenberg festgelegt, der unmittelbar mit 20 [Lüneburg], 21 [Lauenburg], 23 [Hamburg] communicirt und wahrscheinlich mit 19 [Timpenberg] verknüpft werden kann, aber die ganze Strecke dahin muss durchgehauen werden. Auf Timpenberg habe ich die Winkel zwischen 12 [Wulfsode], 13 [Wilsede], 23 [Hamburg] erst vorläufig gemessen, alle südlichern Punkte sind absolvirt sowie Wilsede. Bei Scharnhorst bin ich zuletzt gewesen; dieser Punkt liesse sich vermittelst leichter Durchhaue mit Lichtenberg und Deister unmittelbar verbinden, wodurch Garssen entbehrlich würde; allein es wäre unmöglich gewesen, die Brauchbarkeit jenes Punkts zu Anfang auszumitteln. Dieser Punkt wie mehrere andere sind ganz unscheinbare Plätze, von denen man gar nicht vermuthen sollte, dass sie so vielen Werth haben. Bei vielen Richtungen, z. B. von Lichtenberg nach Garssen und von Lichtenberg nach Falkenberg, geht die Linie so knapp über die Zwischenhindernisse, dass [der Zielpunkt] bei gewöhnlicher Refraction nur wenige Secunden sich darüber erhebt und nur zuweilen 30″ bis 40″ erreichte; von Falkenberg nach Wulfsode und vice versa kam das Licht bei schwächerer Refraction gar nicht herüber und hob sich immer erst in den spätern Nachmittagsstunden herauf. Vom Lichtenberg selbst sah ich auf dem Falkenberg selten etwas und vice versa, das Heliotroplicht schwebte fast immer im freien Himmel (Distanz 85542 Meter); der grossen Distanz ungeachtet stimmen die Messungen ebenso gut oder vielmehr fast besser als auf ganz kleinen Distanzen von 10000 Meter Entfernung, wo das Heliotroplicht noch immer fast zu stark ist, wenngleich der Spiegel bis auf eine Öffnung von wenigen Quadratmillimetern bedeckt war. Um an Zeit zu gewinnen, habe ich öfters auch selbst in Distanzen von 3 bis 4 bis 5 Meilen auf meine steinernen Postamente, 3½ Fuss hoch, selbst pointirt. Dadurch sind die Messungen hin und wieder etwas weniger genau geworden, als wenn ich bloss Heliotroplicht gebraucht hätte, allein dann wäre ich in diesem Jahre lange nicht so weit gekommen. Der grösste Fehler der Summe der drei Winkel war in diesem Jahre 1,″76, auch überhaupt*) der grösste nächst dem

*) In 19 Dreiecken.

im Dreieck 4. 5. 6 [Hohehagen-Hils-Brocken], wo er 3,″7 beträgt und hauptsächlich dem schwierigen Pointiren auf den Brockenhaus-Thurm zuzuschreiben ist, welcher bei Sonnenschein nie gut geschnitten werden kann wegen der Phase. Gern mässe ich die Winkel dieses Dreiecks, wenn es die Zeit erlaubte, noch einmal nach. In diesem Jahre hatte ich oft drei Heliotrope zugleich in Activität, deren einen mein Sohn besorgte; es ist in der That ein prachtvoller Anblick. Die Nachricht, welche ein gewisser Schubach über die Heliotrope im [Astronomischen] Jahrbuch 1825 gegeben hat, beruht auf einem Irrthum und hat gar nichts mit meinen Heliotropen gemein; diese sind künstliche Instrumente, deren Einrichtung mir erst sehr viele Mühe gekostet hat, die nun aber auch, wie ich glaube, nichts zu wünschen übrig lassen. Ich habe von beiden Einrichtungen, die unter sich ganz verschieden sind, Exemplare für den General Müffling hier anfertigen lassen, auch Gerling hat zwei erhalten; vielleicht kann ich bald in Schumachers Astronomischen Nachrichten Abbildungen davon geben. Zum Telegraphiren und um bei grossen Entfernungen den gegenüberstehenden Heliotropen erst die Richtung zu zeigen, brauchte ich oft einen grossen Spiegel von einem Fuss Quadrat, welcher wieder auf andere Art gelenkt wurde. Der Anblick davon ist nach der Beschreibung meiner Gehülfen höchst prachtvoll gewesen; auf vier Meilen weit hat es dem blossen Auge zuweilen wehe gethan, lange hinzusehen. — Doch jetzt genug hievon.

Ihre Art, geodätische Beobachtungen zu behandeln, habe ich mit Vergnügen in Schumachers Astronomischen Nachrichten gesehen. Sie wissen, dass dieser Gegenstand mich schon vor vielen Jahren beschäftigt hat. Da Ihren Arbeiten nicht leicht etwas beigefügt werden kann, so würde, hätten unsere Wege sich begegnet, jene Bekanntmachung meine eigene Arbeit überflüssig gemacht haben. Allein die Art, wie ich diesen Gegenstand behandelt habe, ist von der Ihrigen durch und durch verschieden, und so werde ich also in Zukunft bei Bekanntmachung meiner Messungen auch meine theoretischen Arbeiten ausführlich entwickeln. Ich hoffe darin manches unerwartete geben zu können. Aber diese Untersuchungen hängen mit einem reichen, fast unerschöpflich reichen Felde zusammen, und ich fühle oft mit inniger Wehmuth, bei dieser wie bei so vielen andern Gelegenheiten, wie meine äussern Verhältnisse mich an weitaussehenden theoretischen Arbeiten hindern. Wenn solche ganz gedeihen sollen, muss man sich ihnen ganz hingeben können und nicht durch so heterogene Arbeiten wie Collegia lesen, alles kleinliche Detail beim Observiren und Rechnen der Beobachtungen, etc. etc. stündlich gehindert werden. . . . . . .

Die Fatigen im heissen Sommer sind oft äusserst angreifend für mich gewesen, zuweilen so, dass ich glaubte, ich würde ihnen erliegen. Auch das ist eine grosse Beschwerde bei den Arbeiten in der öden Lüneburger Heide, dass man öfters nur ein schlechtes Unterkommen und doch selbst ein solches nur meilenweit vom Arbeitspunkte haben kann. Bei kühlem Wetter, welches meiner Constitution besser zusagt, befand ich mich im allgemeinen immer leidlich wohl, und jetzt kann ich über mein Befinden nicht klagen. . . . . .

Sie können aus obigem Bericht selbst sehen, was zur Vollendung meiner Triangulirung noch fehlt, aber einen eigentlichen Plan für nächsten Sommer kann ich jetzt noch nicht machen, es wird dabei auch vieles auf SCHUMACHERS Cooperation ankommen. Es wäre möglich, dass ich, wenn ich mich bloss auf das Indispensable beschränke, schon im April und Mai die Dreiecke beendige und dann hieher zurückkomme; vielleicht im Julius hier und im August an einem nördlichern Punkte (Celle, Harburg, Hamburg?) mit dem Zenithsector messe. Es könnte aber auch sein, wenn ich die Kosten nicht zu scheuen brauche, dass ich noch den ganzen Sommer auf die Triangulirung wende, um alles zur möglich grössten Vollkommenheit zu bringen.

Vor einigen Tagen habe ich aus München ein Universalinstrument erhalten, das ich vor zwei Jahren vorzüglich behuf der Azimuthe bestellt hatte. Inzwischen scheint nach meiner vorläufigen Reduction das von meinem Passageninstrument entlehnte und bis Hamburg übertragene Azimuth von dem, was mir SCHUMACHER mitgetheilt hat (er hat auch vorläufig den Winkel zwischen Lüneburg und Wilsede, von wo ich ihm Heliotroplicht zusenden liess, gemessen), noch nicht 1",5 zu differiren und also eine Azimuthmessung von meiner Seite an andern Punkten wohl ziemlich überflüssig zu sein. Ob ich mich veranlasst sehen werde, mit dem Universalinstrument auch Polhöhen an mehrern Punkten zu messen, wird sich zeigen, wenn ich das Instrument erst eine Zeit lang gebraucht habe. Es ist gut gearbeitet, scheint mir aber für den Gebrauch nicht recht bequem zu sein, besonders für ein kurzsichtiges Auge, welches zum Ablesen bei den Stellkreisen nicht gut zu kann. Auf alle Fälle muss es sehr ermüdend sein, viel damit zu beobachten. Meine Horizontalwinkel habe ich alle mit einem 12-zölligen Theodolithen gemessen, der ein sehr vortreffliches Instrument ist. Mit dem Zenithsector habe ich im vorigen Winter nur wenige Messungen gleichsam zur Probe gemacht; optische Kraft und Bequemlichkeit des Gebrauchs stehen dem REICHENBACHschen Meridiankreis sehr nach.

Meine Gradmessung als solche kann eigentlich für sich allein kein sehr wichtiges Resultat liefern; ich weiss aber nicht, wann die Vollendung der SCHUMACHERschen zu hoffen ist. So viel ich weiss, hat er seine Dreiecke erst etwa ein Drittel der ganzen Länge geführt, auch die Zenithsector-Messungen in Skagen sind bloss von seinem Gehülfen CAROC gemacht. Die genaue Länge seiner Basis (circa 6000 Meter) kenne ich noch nicht; erst in diesem Herbst wollte er sie mit Hamburg verbinden, in seinem letzten Briefe erwähnt er aber gar nichts davon. Ich könnte nun zwar selbst eine Basis messen und die Linie von Breithorn bis Scharnhorst scheint in ihrer ganzen Länge (11220 Meter) keine unübersteigliche Hindernisse darzubieten. Allein auch abgesehen von den grossen Kosten gestehe ich, mich vor einer so höchst langweiligen Arbeit zu scheuen. Meinen trigonometrischen Messungen habe ich immer eine interessante Seite abgewinnen können, da ihre tägliche Reduction immer einige Unterhaltung gab*). Ich schnitt überdies auch alle sichtbaren Objecte bei Gelegenheit, um mich für die Landesgeographie nützlich zu beweisen, und ich muss sagen, dass ich dieses Geschäft mit seinen täglichen Ausgleichungen so lieb gewann, dass das Bemerken, Ausmitteln und Berechnen eines neuen Kirchthurms wohl ebenso viel Vergnügen machte, wie das Beobachten eines neuen Gestirns. (Vor Gott ist's am Ende auch wohl einerlei, ob wir die Lage eines Kirchthurms auf einen Fuss oder die eines Sterns auf eine Secunde bestimmt haben.) Allein bei einer Basismessung, sobald sie einmal im Gange ist, sehe ich für den Verstand auch gar nichts, was ihn reizen oder unterhalten könnte, und man muss sich bei einer vielleicht zwei Monate dauernden angestrengten täglichen Arbeit lediglich mit dem Gedanken auf-

*) Meine Beobachtungsmanier war, immer zu messen, was sich eben gut messen liess, ohne Rücksicht, ob es ein unmittelbarer Dreieckswinkel war. An manchen Stationen nahm ich einige Hülfspunkte, um auch dann nicht müssig zu sein, wenn nur Ein Heliotrop leuchtete. Die Franzosen haben, wie ich sehe, etwas ähnliches in Spanien gethan, aber die Messungen ganz unrichtig ausgeglichen.

recht halten, dass es eben doch einmal geschehen muss, um zuletzt eine Zahl zu haben.

Die grosse Genauigkeit im Messen horizontaler Winkel durch Heliotroplicht auf die ungeheuersten Distanzen, und die Genauigkeit, womit man durch Universalinstrumente absolute Azimuthe messen kann, lassen mich glauben, dass man gegenwärtig eine Längengradmessung in schicklichem Terrain mit viel Vortheil ausführen könnte, indem man den Längenunterschied nicht auf Zeitbestimmung, sondern auf die Convergenz der Meridiane gründete. Von den Pyrenäen sieht man den Mont Ventoux, von diesem die Alpen, von diesen bis Steiermark, von da bis Ungarn, etc. Freilich wächst hiebei die Genauigkeit nicht wie beim Meridianbogen, wie die ganze Länge des Bogens (den eigentlich geodätischen Theil kann man dabei als fehlerfrei betrachten); also wenn man sich Stücke von ungefähr gleicher Grösse denkt, wächst beim Breitengrade die Genauigkeit wie die Anzahl der Stücke, beim Längengrade ebenfalls, wenn der Längenunterschied der Endpunkte astronomisch, z. B. durch Sternbedeckungen, beobachtet wird; hingegen bei der Convergenz der Meridiane nur wie die Quadratwurzel der Zahl der Stücke (ungefähr); allein ich glaube doch, dass bei sehr grossen Stücken dies Verfahren mehr Genauigkeit gibt, als man z. B. erhalten kann, wenn man den Längenunterschied durch Pulversignale vermittelst Zeitbestimmung sucht. Am vortheilhaftesten wäre dies Verfahren in nördlichen Gegenden, wenn es dort sehr grosse Fernsichten gibt. Sollten diese nicht in Norwegen und Schweden oder in einigen Gegenden von Russland zu finden sein?

...... Ich bin jetzt noch beim Ausgleichen, was ich leider einmal ganz umsonst gemacht habe, da durch ein Versehen von einer Station ein fehlerhaftes Tableau aufgenommen war. Bei meiner Behandlung reagirt gewissermaassen jeder z. B. in Wilsede gemessene Winkel auf alle übrigen bis Göttingen hin. Ich werde Ihnen künftig einige Resultate anzeigen. Nach vorläufiger Rechnung, Göttingen zu $51^{0}31'48''.7$ angenommen, fällt Hamburg in $53^{0}33'1''.76$, und $0^{0}2'2''.97$ östlich von Göttingen, das Absolute vorläufig auf ZACHS Basis gestützt.

......

GAUSS an BESSEL. Göttingen, 5. November 1823.

...... Ich habe einen Theil des Jahrs damit zugebracht, den noch übrigen Theil meiner trigonometrischen Messungen im Norden: von Timpenberg, Nindorf, Lüneburg bis Hamburg zu absolviren; dann auch vorläufig die weiter westlich liegende Gegend, nach Bremen zu, zu recognosciren, da unser Gouvernement eine weitere Fortsetzung der Messungen nach Westen zu, bis zur holländischen Grenze und zum Anschluss an die KRAYENHOFFschen Dreiecke, wünscht; endlich zuletzt habe ich noch einmal den Brocken und Hohehagen besucht, da theils die Winkel des Dreiecks Hohehagen-Hils-Brocken im Jahr 1821 unter sehr ungünstigen Umständen gemessen, theils jetzt noch die damals missglückte Verbindung des Brockens mit dem Inselsberg zu effectuiren war, sowie auch jetzt noch der hessische Dreieckspunkt Meisner angeknüpft werden sollte. Ich habe diese Zwecke meistens zu meiner Zufriedenheit erreicht; nur den Hils hätte ich gern auch noch einmal besucht, um den Winkel dort genauer zu messen; die vorgerückte Jahreszeit hat mich aber daran gehindert. Diesen Umstand abgerechnet, kann ich jetzt die Triangulirung zur Gradmessung, so weit sie zu meinem Ressort gehört, als geendigt ansehen. Astronomische Beobachtungen sind noch keine weiter gemacht, als die zur Orientirung meiner ersten Dreiecksseite gehören. Ob ich den oben erwähnten Plan der Fortsetzung der Messungen nach Westen noch ausführe, ist übrigens noch sehr ungewiss. Es ist manches dafür, manches, fast noch mehr, dagegen, auch abgesehen davon, dass vielleicht noch die Möglichkeit einer Änderung meiner äussern Lage eintreten könnte [*)].

...... Ich habe das System meiner Hauptdreiecke in diesen Tagen sorgfältig ausgeglichen, so dass nicht nur die Summe der Winkel jedes einzelnen Dreiecks, sondern auch die Verhältnisse der Seiten in den gekreuzten Vierecken und Fünfecken genau harmoniren, und zwar ohne alle Willkür, ohne Auswählen, ohne Ausschliessen, alles nach der Strenge der Probabilitätsrechnung. Es sind zusammen 26 Dreiecke, worin alle Winkel von mir selbst beobachtet sind.

[*) Es handelte sich um die Berufung nach Berlin.]

Die grösste Summe der Fehler ist 2",2 in einem Dreiecke, wo bei einer Seite das Pointiren sehr schwierig war; die nächst grösste ist 1",8. Keine der 76 vorkommenden Richtungen ist bei der Ausgleichung um eine ganze Secunde geändert; die grösste Änderung beträgt 0",813 bei der oben erwähnten Seite von Nindorf nach Hamburg. Was ich nach meiner neuen Probabilitätstheorie den mittlern Fehler nenne, bei den Richtungen, ist 0",48.

Gauss an Bessel. Göttingen, 20. November 1824.

...... Ich habe in diesem Jahre 12 Stationen besucht und bin mit den Dreiecken bis an die Weser (der entfernteste Punkt auf der Garlster Heide zwischen Osterholz und Vegesack) gekommen. Die dritten Winkelpunkte liess ich anfangs immer zurück, und als ich nach der Mitte Augusts Bremen verliess, hatte ich noch 6 Plätze zu besuchen. Mit allen ging es noch erträglich, aber bei dem letzten, dem Wilseder Berge, quälte mich das schlechte Wetter so, dass ich trotz einem dreiwöchentlichen Aufenthalt nicht ganz zu meiner Zufriedenheit fertig wurde; ich musste zuletzt einen Schlusstermin setzen und kam Ende Octobers nach Göttingen zurück.

Ich behalte mir vor, Ihnen künftig ausführlicher über den Erfolg der Messungen, die grossen Schwierigkeiten, mit denen ich zu kämpfen gehabt (eine davon, das ewige Moorbrennen, wird Ihnen selbst noch im Gedächtniss sein), und manche interessante Phänomene, die sich dabei ergeben haben, zu schreiben. ......

Gauss an Bessel. Göttingen, 12. März 1826.

...... Den grössten Theil des vorigen Sommers habe ich im Bremischen und Oldenburgschen mit meinen Messungen zugebracht. ......

Was meine Messungen betrifft, so habe ich deren trigonometrischen Theil, wenigstens dem Buchstaben nach, vollendet; meine Seite Varel-Jever schliesst sich an die Krayenhoffschen Dreiecke. Ob sie aber wirklich geendigt sind, weiss ich selbst noch nicht. Meine Winkelmessungen in Jever geben ganz enorme Unterschiede von den Krayenhoffschen, die bis auf 15" gehen. Ihre Quelle kann ich nicht mit Gewissheit angeben. Meine eigenen Winkel verbürge ich bis auf eine Secunde. Die Differenzen würden sich erklären lassen, wenn ich annehmen dürfte, dass KRAYENHOFFS Centrum der Station von dem meinigen (ich habe eine Etage tiefer beobachtet) ein Meter entfernt liegt. Die Aufschlüsse, die ich von KRAYENHOFF erhalten habe, sind unbefriedigend in Rücksicht auf das Centriren; im allgemeinen aber geht daraus hervor, dass seine Winkelmessungen in dortiger Gegend lange nicht die Schärfe haben wie die meinigen. Er hat in Ostfriesland ein schlechteres Instrument gebraucht; aus vielen Winkelreihen hat er immer nur diejenigen beibehalten, die am besten zu passen schienen (ohne anzugeben, wie viel die andern abwichen) und selbst unter den beibehaltenen in Jever finden sich Differenzen von 4." Unter diesen Umständen scheint es mir nicht rathsam, meine Messungen in Ostfriesland weiter auszudehnen. Seine südlichern Messungen sind besser, und eine Verbindung meiner Dreiecke über das Osnabrücksche nach Bentheim würde ohne Zweifel zuverlässigere Resultate geben können. Allein der wankende Zustand meiner Gesundheit hat mich bisher muthlos gemacht, auf solche Operationen, die noch eine ein- oder anderthalbjährige Campagne erfordern würden, anzutragen, und in diesem Sommer wird schwerlich etwas erhebliches darin geschehen können. . . . . . .

GAUSS an BESSEL. Göttingen, 20. November 1826.

. . . . . . Die Verarbeitung der Materialien zu dem beabsichtigten Werke über meine Messungen kostet mich viele Zeit. Meine Hauptdreiecke, 33 Punkte befassend, sind zwar längst fertig berechnet, aber die Berechnung der vielen geschnittenen Nebenpunkte, die für die Geographie eines bedeutenden Theils von Norddeutschland wichtig sind, macht viel Arbeit, da jene bisher entweder noch gar nicht oder nur provisorisch berechnet waren. Mein Verzeichniss enthält jetzt etwa 250 Punkte, alle aus dem nördlichern Theil meiner Messungen. Da meine Dreiecke durch die kurhessischen mit den bayerischen und württembergschen zusammenhängen, und letztere mir auch von BOHNENBERGER gefällig mitgetheilt sind (ebenso wie die darmstädtschen von ECKHARDT), so ist es mir sehr unangenehm, dass alle meine Bemühungen, die bayerischen zu erhalten, bisher vergeblich gewesen sind. SCHUMACHER erzählte mir, dass SOLDNER ihm gesagt hätte, der Grund, warum die Commission in München meine Bitte um die Mittheilung nicht erfüllt habe, sei, weil man annehme, dass ich über diese Dreiecke Rechnungen anstellen wolle! Ebenso ist mir's mit den östreichschen gegangen. Auch General VON MÜFFLING sollte doch seine Dreiecke östlich von Seeberg, die Berlin anschliessen und sich bis über Schlesien erstrecken, bekannt machen.

Noch viel mehr Verlegenheit macht mir der weit ausgedehntere theoretische Theil, der so vielfach in andere Theile der Mathematik eingreift. Ich sehe hier kein anderes Mittel, als mehrere grosse Hauptparthien von dem Werke abzutrennen, damit sie selbstständig und in gehöriger Ausführlichkeit entwickelt werden können. Gewissermaassen habe ich damit schon in meiner Schrift über die Abbildung der Flächen unter Erhaltung der Ähnlichkeit der kleinsten Theile den Anfang gemacht; eine zweite Abhandlung, die ich vor ein paar Monaten der königlichen Societät übergeben habe, und die hoffentlich bald gedruckt werden wird, enthält die Grundsätze und Methoden zur Ausgleichung der Messungen (beiläufig ist daraus indirect auch ersichtlich, wie weit die KRAYENHOFFschen Messungen von derjenigen Genauigkeit entfernt sind, die man ihnen mit Unrecht beigelegt hat). Vielleicht werde ich zunächst erst noch eine dritte Abhandlung ausarbeiten, die mancherlei neue Lehrsätze über krumme Flächen, kürzeste Linien, Darstellung krummer Flächen in der Ebene, u. s. w. entwickeln wird. Hätten alle diese Gegenstände in mein projectirtes Werk aufgenommen werden sollen, so hätte ich entweder manches ungründlich abfertigen oder dem Werk ein sehr buntscheckiges Ansehen geben müssen......

GAUSS an BESSEL. Göttingen, 1. April 1827.

...... Ich denke in diesem Frühjahr die Amplitudo des Bogens zwischen Göttingen und Altona mit dem Zenithsector zu messen und bin selbst begierig auf das Resultat. Eine Reihe Beobachtungen, die an den Meridiankreisen Anfangs 1824 gemacht war, gab $2^0 1' 58''$; die Polhöhen, wie ich die meinige nach den besten Beobachtungen annehme und wie SCHUMACHER die seinige angibt, geben eher 1 oder $1\frac{1}{2}$ Secunden weniger; die geodätischen Messungen hingegen unter Voraussetzung der gleichförmigen Gestalt der Erde und WALBECKS Dimensionen geben 4 oder 5 Secunden mehr, und fast genau ebenso viel, wie dies letztere Resultat, geben ganz gleichzeitige Zenithdistanzen von Zenithalsternen, die ich hier und NEHUS in Altona am Meridiankreise beobachtet haben, indem der Nullpunkt mit Collimatoren bestimmt war. NEHUS ist jetzt hier, mir bei den Sectorbeobachtungen zu helfen; er hat einen REPSOLDschen pensilen Collimator mitgebracht, bis jetzt aber halte ich die Methode des Nadirpunkts durch Quecksilberreflexion für bedeutend genauer; doch, denke ich, wird jene Methode sich noch verbessern lassen. . . . . .

GAUSS an BESSEL. Göttingen, 9. April 1830.

. . . . . . Noch viel mehr Zeit haben mir seit Mai 1829 die trigonometrischen Messungen geraubt, wenn ich gleich keinen unmittelbaren Antheil an den Geschäften im Felde diesmal genommen habe. Noch diese Stunde bin ich nicht ganz (obwohl Gott Lob beinahe) mit Verarbeitung der vorigjährigen Messungen fertig, wobei ich jeder Hülfe entbehre. Doch habe ich dabei viel Freude über die zu meiner grössten Zufriedenheit ausgefallene Art gehabt, wie mein Sohn seinen Antheil an diesen Geschäften ausgeführt hat. Er hat ganz allein ein grosses Dreiecksnetz von der Weser bis zur holländischen Grenze (über das Osnabrücksche, auch mit mehrmaliger Berührung preussischen Gebiets, wobei ihm von Seiten der dortigen Behörden sehr liberal Vorschub geleistet ist) geführt, wodurch ausser den Hauptpunkten noch gegen 250 andere festgelegt sind. Die — von einem andern Officier — im Fürstenthum Hildesheim gemachten trigonometrischen Messungen sind gleichfalls so gut wie vollendet, so dass alle Messtischblätter (53, wovon etwa ein Viertel bereits aufgenommen ist) mit festen Punkten versehen werden können. . . . . .

[3].

GAUSS an BOHNENBERGER. Göttingen, 16. November 1823.

Mit Vergnügen habe ich aus Ihrem Briefe einiges von Ihren Messungen erfahren, und möchte nichts lieber, als dass diese Antwort Veranlassung geben möchte, etwas ausführlicheres darüber mitgetheilt zu erhalten.

Was zuerst die Heliotrope betrifft, so habe ich zwei ganz verschiedene Arten anfertigen lassen, die auf ganz verschiedenen Principien beruhen; die zweite Einrichtung finde ich aber am vortheilhaftesten..... Durch die Möglichkeit, wo es sonst das Terrain erlaubt, die grössten Dreiecke anzuwenden, überall gleich anfangen zu können, ohne erst die so viel Zeit und Geld kostenden Signale errichten zu müssen, wird die kleine Ausgabe [für die Heliotrope] vielfach erspart, obwohl dies der geringste Vortheil ist; die Messungen werden dadurch einer Schärfe fähig, auf die man bei Signalen und Kirchthürmen selten rechnen darf. Meine schlechtesten Dreiecke (relativ gesprochen) sind die, worin Thürme die Zielpunkte waren. So viel von den Heliotropen.

Was die Messungen selbst betrifft, so wünsche ich nichts sehnlicher, als bald die Verbindung mit Ihnen zu haben. Ich habe jetzt meine Dreiecke mit den kurhessischen zusammengehängt, wovon beiliegende Zeichnung Ihnen einen Begriff gibt [*)]. Zwar ist von den hessischen Dreiecken nur erst ein Theil wirklich gemessen, aber schon genug, um alle Punkte bis zum Feldberg mit den meinigen wenigstens vorläufig zu verknüpfen. Meine nördlicher liegenden Dreiecke kennen Sie aus SCHUMACHERS Astronomischen Nachrichten, I. Nr. 24, die in diesem Jahr noch dazu gekommenen nördlichen Punkte werden Sie wenigstens für den Augenblick nicht interessiren.

Ich vermuthe nun, dass hiedurch und die darmstädtschen und die bayerischen Dreiecke meine Messungen mit den Ihrigen verbunden sind, besitze aber von den letztern noch gar keine, von den erstern nur einige fragmentarische Angaben. Sollten Sie in vollständigerm Besitze sein, so verpflichten Sie mich ausserordentlich durch Mittheilung, ebenso wie von Ihren eigenen Dreiecken. Nur wünschte ich die Winkel zwar auf die Centra reducirt, aber ohne Fehlerausgleichung zu erhalten **). Ich möchte gern alles nach gleichför-

[*) Eine Zeichnung liegt der im Gauss-Archiv befindlichen Copie des Originals nicht bei.]

**) Übrigens allenfalls ohne alle weitern Rechnungsresultate.

miger Methode berechnen. Die Verknüpfung mit Tübingen, Mannheim und München interessirt mich um so dringender, da, im Vertrauen gesagt, die ersten Messungen SCHUMACHERS in Altona, wo er eine schöne kleine Sternwarte mit einem dem meinigen, SOLDNERschen und BESSELschen ganz gleichen REICHENBACHschen Meridiankreise errichtet hat, eine Polhöhe gegeben haben, die 5″ von der von Göttingen durch die Dreiecke übertragenen differirt. Bei der Rechnung habe ich die Dimensionen der Erde, die WALBECK aus dem Ensemble aller guten Gradmessungen abgeleitet hat, gebraucht: Abpl. $\frac{1}{302,78}$. Übrigens aber sind meine Rechnungsmethoden so gänzlich von den sonst angewandten verschieden, dass ich in einem Briefe Ihnen keinen Begriff davon geben kann. Ich habe die Absicht, wenn meine Messungen erst vollendet sind, diese Methoden zu einem grössern Werke zu verarbeiten und durch Anwendung auf die hannoverschen und die damit zusammenhängenden Messungen zu erklären. Unser Gouvernement ist geneigt, die hannoverschen Messungen weiter westlich auszudehnen, wodurch sie mit den KRAYENHOFFschen und dadurch mit den französischen und englischen in Zusammenhang kommen. KRAYENHOFFS Messungen sind bekanntlich gedruckt; dies sollte mit allen guten Triangulirungen geschehen; die grossen Dreiecke gehören gewissermaassen der ganzen cultivirten Mit- und Nachwelt an, um so mehr, je mehr sie nach und nach unter sich in Zusammenhang kommen. Die MÜFFLINGschen Dreiecke hängen zwar mit der französischen Gradmessung auch schon durch TRANCHOTS Dreiecke zusammen; allein diese sind nicht gedruckt, also für das Publicum so gut wie gar nicht vorhanden, und General VON MÜFFLING selbst besitzt sie nur in ungenügender Form (vermuthlich die fatalen Chordenwinkel zu 180⁰ schon abgeglichen). Leider finde ich, dass die Menschen so wenig zur Communication geneigt sind; ich habe mir auf officiellem diplomatischen und auf nicht officiellem Privatwege viele Mühe gegeben, aus Paris die von EPAILLY 1804 und 1805 im Hannoverschen gemachten Messungen zu erhalten, aber nichts als Ausflüchte, eine blosse Namenangabe der Stationen und eine Zeichnung der Dreiecke erhalten, 2 oder 3 Zahlangaben nicht gerechnet, die, wie aus meinen Messungen folgt, entschieden grob unrichtig sind. Lassen Sie uns eine Ausnahme davon machen. Ich wiederhole nochmals meine Bitte um eine Mittheilung Ihrer Messungen, und um freundschaftliche Mittheilung dessen, was Sie von fremden mit den unsrigen zusammenhängenden haben, insofern ich es direct nicht erhalten kann, und erbiete mich gern ad reciproca.

Wie schön wäre es, wenn einmal alle über Europa, von Schottland bis zum Banat und von Copenhagen bis Genua und Formentera, sich erstreckenden Messungen in Ein zusammenhängendes System gebracht werden könnten. Ich möchte gern nach Kräften dazu vorbereiten, allein wenn man über die Mitte seines Lebens hinaus ist, muss man bei einem so ausgedehnten Gegenstand je eher je lieber anfangen.

Gerlings Messungen sind mit einem 12-zölligen Ertelschen Theodolithen gemacht, ganz dem meinigen und Schumacherschen gleich*). Bei meinen Messungen habe ich gefunden, dass das, was ich in meiner Abhandlung in den neuesten Göttinger Commentationes »Theoria combinationis observationum etc.« den mittlern Fehler nenne, aus mehrern Stationen, gute und weniger gute Messungen durch einander gerechnet, etwa $= \frac{3{,}''5}{\sqrt{n}}$ ist, $n =$ Anzahl der Repetitionen. Bei sehr fester Aufstellung, sehr günstiger (d. i. nicht zitternder) Luft und ausschliesslich heliotropischen Zielpunkten ist er aber beträchtlich kleiner. Meine sämmtlichen Messungen geben bisher 76 Hauptrichtungen (38 hin und 38 zurück) und aus der Ausgleichung der Fehler fand sich, dass der mittlere Fehler einer Hauptrichtung $= 0{,}''47$ war. Es bilden sich daraus zusammen 26 Dreiecke, worin alle Winkel von mir gemessen sind; darunter mehrere, die gekreuzte Vierecke und Fünfecke geben, und die Ausgleichung ist ohne Willkür, ohne Auswählen und ohne Ausschliessen gemacht, nach strengen Gründen der Wahrscheinlichkeits-Rechnung, so dass zuletzt alles genau zu einander passt. Solche gekreuzte Vierecke würden bei manchen Messungen ein trefflicher Probirstein sein, wo man findet, dass die Summen der Winkel zwar überall vortrefflich passen, so dass selten ein Dreieck viel über 1″ fehlt, wo aber jene Prüfung (die nicht in dem Grade à la portée von jedermann ist, wie das Berechnen eines sphärischen Excesses), wenn sie angewandt werden kann, zuweilen ganz entschieden zeigt, dass Fehler von 2″, 3″ oder darüber in einzelnen Winkeln vorhanden sind. Der grösste Fehler in der Summe der noch nicht ausgeglichenen Winkel bei meinen 26 Dreiecken war $2{,}''2$, wo eine Richtung auf den sehr schwer zu schneidenden und bei Sonnenschein nicht ganz phasenfreien Michaelisthurm in Hamburg ging; der nächst grösste $1{,}''8$ in einem Dreiecke, wo auch eine Richtung auf einen äusserst schwer zu sehen-

*) Derselbe hat auch 3 Heliotrope, von Herrn Rumpf, nach der zweiten Einrichtung.

den nicht heliotropischen Zielpunkt ging. Ich hatte gewünscht, die letztere betreffende Station noch einmal zu besuchen und die Richtung durch Heliotroplicht zu nehmen, konnte aber in diesem Jahre nicht mehr dazu kommen. Das grosse Dreieck Hohehagen-Brocken-Inselsberg ist unter den 26 nicht begriffen, der Winkel auf dem Inselsberg ist von GERLING gemessen, und meinen Messungen auf dem Brocken war das Wetter sehr ungünstig, so dass ich den Inselsberg nur 15-mal habe schneiden können (1823); verbunden mit den 15 Schnitten von 1821, die weniger als 1″ von jenen differiren, geben sie aber doch einen vortrefflichen Schluss dieses grossen Dreiecks. — In einem Lande wie Württemberg und Kurhessen, wo es so viele hohe Punkte gibt, ist das Messen ein Vergnügen, und die grössten Dreiecke leicht aufzufinden. Ebenso im südlichen Theile des Hannoverschen. Aber im nördlichen, der Lüneburger Heide, habe ich unsägliche Schwierigkeiten gehabt, und eine im vorigen Sommer nach Westen, gegen Bremen zu, unternommene Recognoscirung hat noch keine Resultate für die Möglichkeit nur leidlich guter Dreiecke gegeben. Durch hohe Gerüste liessen sich die Schwierigkeiten zwar wohl überwinden, aber ich fürchte mich vor den grossen Kosten an Geld und Zeit und noch mehr vor der Einbusse solider Aufstellung. Weiter südlich durch das Osnabrücksche nach Bentheim liesse sich vermuthlich leichter durchkommen, die Messungen würden dann aber dem grössten Theile nach über fremdes Gebiet gehen müssen.

---

[4].

GAUSS an OLBERS. Göttingen, 13. Januar 1821.

...... Sollte es in Zukunft bei der wirklichen Messung mit allen äussern Umständen besser gehen, als es bisher den Anschein hat, so glaube ich, dass ich wohl Freude an der Arbeit haben könnte, und dann würde ich mich auch recht gern einer Erweiterung der Triangulation nach Westen, falls sie mir aufgetragen würde, unterziehen. Die Anschliessung an die KRAYENHOFFschen Dreiecke ist allerdings wünschenswerth, allein wo sind denn diese zu finden? Ich weiss nicht, ob sie irgendwo gedruckt sind, und der schlechte Erfolg mit den EPAILLYschen Dreiecken macht mich ganz muthlos. Auch LAPLACE, an den ich vor etwa 9 Wochen geschrieben habe, hat mir gar nicht geantwortet. Meiner Meinung nach sollten alle gut gemessenen Dreiecke 1. Ordnung als etwas betrachtet werden, worauf das ganze Publicum Anspruch hat, und nach und nach sollte ganz Europa mit solchen Dreiecken überzogen werden. Ich habe mir schon seit Jahren eine eigene Methode entworfen, wie solche Messungen am zweckmässigsten behandelt werden können; denn alles, was ich darüber gelesen habe, finde ich herzlich werthlos. So haben sich z. B. viele Mathematiker grosse Mühe mit der Aufgabe gegeben, aus Abständen vom Meridian und Perpendikel die Länge und Breite zu berechnen, mit Rücksicht auf die elliptische Gestalt der Erde, während, so viel ich weiss, niemand vorher gefragt hat:

1. wie denn jene Abstände, so verstanden, wie man sie gewöhnlich versteht, aus der Messung mit ebenso grosser Schärfe gefunden werden können; denn es scheint, dass die meisten diese Rechnung wie in der Ebene führen, oder doch ganz unrichtige oder unbrauchbare Vorschriften dafür geben;

2. ob es denn überhaupt nur zweckmässig sei, die *so verstandenen Abstände* zu gebrauchen, da es entschieden ist, dass, wenn man sie hinlänglich scharf aus den Dreiecken ableiten will, dies nur durch höchst beschwerliche Rechnungen geschehen kann, so wie man aus ihnen nur mit vieler Mühe wieder zu den Längen und Breiten herabsteigt. Das Ganze würde nur ein »die Pferde hinter den Wagen spannen« sein. »Soll etwas brauchbares *zwischen* die Dreiecke und die Längen und Breiten gesetzt werden, so muss es etwas ganz anderes wie jene, so wie gewöhnlich verstanden, Coordinaten sein.« Wie dies bei meiner Theorie geschieht, kann ich hier freilich nicht umständlich ausführen; nur so viel bemerke ich, dass das, was ich zwischen die Dreiecke und die Längen und Breiten setze, *diejenigen Coordinaten sind, 1) mit denen am zweckmässigsten jeder Punkt in einer Ebene dargestellt werden kann.* Diese Coordinaten folgen höchst bequem und leicht aus den gemessenen Dreiecken, und ohne eine sehr genaue Kenntniss der Abplattung der Erde vorauszusetzen, und 2) aus ihnen folgt wieder ebenso leicht die Länge und Breite, natürlich indem man die Abplattung kennen muss. Ich habe die Absicht, diese Theorie, wo nicht früher, doch mit meinen künftigen Messungen bekannt zu machen und bitte vorerst, diese angedeuteten Ideen noch für sich zu behalten. Sehr gern würde ich sie nicht bloss auf die hannoverschen Dreiecke, sondern auf alle andern damit in Verbindung kommenden anwenden

und so eine Description géométrique eines grossen Theils von Europa geben, wenn ich durch Mittheilung gehörig unterstützt würde. Aber!!

Herr v. MÜFFLING hat mir doch seine 15 Dreiecke vom Rhein bis Seeberg mitgetheilt. Vorläufig, aber freilich nur sehr roh, habe ich bereits Göttingen angeschlossen. Nemlich 1812 habe ich auf dem Hanstein, dessen Lage gegen Göttingen näherungsweise aus meinen Winkelmessungen in hiesiger Gegend folgt, die Winkel zwischen Göttingen, Brocken und der Boineburg (2. MÜFFLINGscher Punkt) gemessen, freilich auf mehrere Minuten ungewiss; doch glaube ich, dass die Eintragung Göttingens, die hieraus folgt, wohl auf 100 Meter beinahe zuverlässig ist. Es folgt daraus: Längenunterschied zwischen der Göttinger und Seeberger Sternwarte in Zeit $3^m 8^s{,}7$, was sehr nahe mit den astronomischen Bestimmungen zutrifft. Paris wäre hienach, wenn es $33^m 35^s$ westlich von Seeberg liegt, $30^m 26^s{,}3$ westlich von Göttingen. Die neue Sternwarte liegt $1^s{,}9$ östlich von der alten, die ich früher immer $30^m 23\frac{1}{2}^s$ von Paris setzte.

GAUSS an OLBERS. Göttingen, 18. April 1822.

...... Bei allen meinen Rechnungen liegen folgende Dimensionen der Erde zum Grunde

$$a = 3\,271\,821 \text{ [Toisen]}$$
$$b = 3\,261\,011 \quad \text{»}$$
$$\text{Abpl.} = \frac{1}{302{,}68}. \text{ [*)]}$$

Eigentlich hatte ich ganz WALBECKS Resultat annehmen wollen: $\frac{1}{302{,}78}$. Durch einen Schreibfehler hatte ich aber jene schon vor längerer Zeit der Berechnung von mancherlei Hülfstafeln untergelegt, und hielt es um so weniger der Mühe werth, diese deshalb umzuarbeiten, da der Unterschied weit unter der durch alle Gradmessungen zu erreichenden Genauigkeit liegt.

GAUSS an OLBERS. Zeven, 4. Julius 1824.

...... Für weiteres Fortschreiten sind die Aussichten äusserst schlecht. Nach meiner frühern Hoffnung Bremen zu umgehen, wird nicht thunlich sein, da

[*) Siehe die Briefe an OLBERS vom 6. Julius 1824, S. 320 Anmerkung, und vom 1. März 1827, S. 378.]

der Weierberg mit Brüttendorf nicht zu verbinden ist. Aber auch gar nichts anderes rechtliches lässt sich mit Brüttendorf im Nordwesten oder Norden verbinden. MÜLLERS Recognoscirung von Bremervörde bis Osterholz hat durchaus gar kein Resultat gegeben. Der einzige Punkt wäre bei Wentel, der aber an Bremen wohl nur einen Winkel von etwa 12°, an Brüttendorf einen von 46°, an Wentel von 122° p[raeterpro]pter geben würde, und wo ich auch noch gar nicht weiss, ob das Opfer, was ich durch ein so schlechtes Dreieck brächte

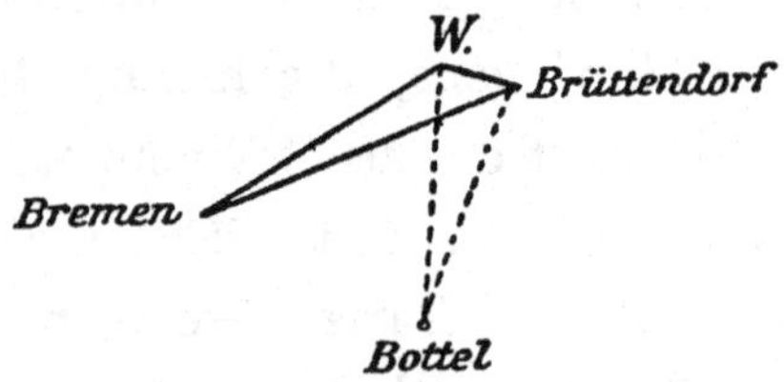

(und welches etwas gebessert würde, wenn sich Wentel zugleich mit Bottel verbinden liesse), durch eine einigermaassen rechtliche Aussicht nach Nordwesten von Wentel aus compensirt würde. Am Ende werde ich also doch vielleicht den Steinberg noch mit zuziehen müssen, um mich südöstlich um Bremen herum zu drehen, oder Bremen nur wie eine vorgeschobene Zunge betrachten und die Verbindung mit KRAYENHOFF nördlich über Stade, oder südlich über Osnabrück suchen müssen. Das erstere allein zu thun, ist wegen der unerhört schlechten Beschaffenheit der nordöstlichen KRAYENHOFFschen Dreiecke (worüber ich Ihnen früher einmal geschrieben) auch wohl bedenklich. Sehr wünschte ich Ihre Ansicht darüber zu haben ......

GAUSS an OLBERS. Zeven, 8. Julius 1824.

Ihre beiden letzten gütigen Briefe habe ich richtig erhalten ......

Der erstere hat mich rücksichtlich aller meiner Messungen sehr niedergeschlagen. Da Sie das Dreieck Bremen-Brüttendorf-Wentel wegen des zu spitzen Winkels an Bremen, verwerfen, so brechen Sie dadurch zugleich den Stab über die, wie es scheint, einzig mögliche Art, auf der andern Seite um Bremen herum zu kommen; denn in dem Dreieck Bremen-Bottel-Steinberg wird der Winkel in Bremen noch viel spitzer sein. Sie setzen zwar mit Ihrer gewohnten Güte hinzu, dass doch bei jenem Dreieck die Genauigkeit deswegen nicht bedeutend leiden würde, weil ich in meine Messungen eine so grosse Schärfe lege. Allein dieser Grund, dessen Wahrheit ich jetzt auf sich beruhen lassen will, kann mich durchaus im geringsten nicht beruhigen. Nach meinem Grundsatze soll man immer, so genau man nur kann, beobachten; der Grad der Genauigkeit in den Beobachtungen, gleichviel wie gross oder wie klein er sein mag, bedingt immer wieder den Grad der Genauigkeit, die man von den Resultaten fordern darf, und die Genauigkeit der Beobachtungen kann nach meiner Meinung ein an sich schlechtes Dreieck durchaus nicht gut machen; wenigstens wäre sonst überflüssig gewesen, die übrigen guten Dreiecke mit derselben Schärfe zu messen. Höchstens kann dadurch dann das ganze System wieder in Parallele mit andern an sich viel schlechtern Messungen zurückkommen.

Ich habe es bisher für ein blosses Vorurtheil gehalten, wenn man Dreiecke mit sehr kleinen Winkeln der Genauigkeit für nachtheilig hielt, insofern die den spitzen Winkeln gegenüberliegenden Seiten keine Übergangsseiten abgeben; ich habe solche kleinwinkelige Dreiecke bloss desswegen für minder gut gehalten, weil man damit auf einmal nicht viel weiter kommt, also mehr Zeit und Kosten gebraucht, als wenn man auf einmal viel fortschreiten kann; und auch dieser Grund fällt ganz weg, wenn die Aufsuchung und Instandsetzung eines grossen Dreiecks vielleicht doppelt so viel Zeit kostet, als die Messung zweier Dreiecke zusammen, die eben dahin führen, und wovon das eine einen sehr spitzen Winkel hat. Demungeachtet habe ich nicht ganz nach diesem Princip gehandelt, sondern ein Dreieck mit einem kleinen Winkel nie eher adoptirt, als bis ich fast alle Möglichkeiten erschöpft hatte, es zu vermeiden (nur diejenige Möglichkeit nicht, die zu schlechten Messungen selbst geführt hätte, d. i. Zachs hohe Thürme); nicht weil ich geglaubt hätte, dadurch an Genauigkeit etwas zu gewinnen, sondern aus dem wohl verzeihlichen Wunsche, dem System so viel möglich, ausser dem innern Gehalt, auch Schönheit und Ründung zu geben.

Da ich nun aber Sie durch das, was ich in einem frühern Briefe darüber schrieb, nicht überzeugt habe, sondern da Sie den Nachtheil, der für die Genauigkeit aus dem spitzen Winkel sonst entstehen würde, durch die Schärfe der Messungen gut gemacht verlangen, was nach meiner Ansicht unmöglich ist, so werde ich selbst in meiner bisherigen Ansicht ganz irre und zweifelhaft, ob sie nicht ganz unrichtig gewesen, und darf wenigstens auf keinen Fall hoffen, andere von der Richtigkeit derselben zu überzeugen. Was namentlich das Dreieck Bremen-Brüttendorf-Wentel betrifft, so hätte ich mich selbst sehr ungern dazu entschlossen, weil es nicht schön ist, und auf einmal nicht viel weiter bringt; rücksichtlich der Genauigkeit aber (ganz abgesehen davon, wie genau die Winkelmessungen an sich sind), würde ich dasselbe, seine Winkel zu $12^0, 46^0, 122^0$ angenommen, vollkommen einem andern gleichgestellt haben, dessen Winkel $76^0, 46^0, 58^0$ gewesen wären.

Gauss an Olbers. Göttingen, 19. Februar 1825.

Ich schicke Ihnen mein vollständiges Höhenverzeichniss [*)]. Bei Hamburg ist eine kleine Veränderung von ± 2,7 Fuss vorgenommen, da Schumacher mir den Höhenunterschied zwischen dem Knopf und den Fenstern des Cabinets, den ich früher zu 47,9 Fuss nach Benzenbergs Kupfer[stich] angenommen hatte, nach Sonnins Kupfer[stich] zu 53,3 angibt; ich habe also einstweilen den Knopf (meinen Zielpunkt) um 2,7 höher, die Fenster 2,7 [Fuss] tiefer gesetzt als vorher. Dadurch wird dann auch Schumachers Barometer 2,7 [Fuss] tiefer als vorher, also gegen Göttingen — 357,8 [Fuss] und gegen Ihr Barometer + 70,4 [Fuss] = 11,73 Toisen. Der Unterschied mit Ihrer Barometerbestimmung ist also jetzt ganz unbedeutend. Doch wird dies noch etwas modificirt werden, da ich auch auf einigen Stationen den Fussboden der Laterne zum Zielpunkt gebraucht habe, dessen Tiefe unter dem Knopfe mir Schumacher nicht mitgetheilt hat, und überhaupt sollte wohl die relative Höhe der drei Punkte ordentlich trigonometrisch gemessen werden (aus einem nahen Standpunkte).

[*) In Gauss' Nachlass ist das Original dieses Verzeichnisses vorhanden; demselben ist das folgende zugefügt:]

»Die Höhen bei den Hauptpunkten beziehen sich, mit Ausnahme von Göttingen, Lüneburg und Hamburg, wo das Nähere besonders bemerkt ist, allemal auf diejenige Fläche, auf welcher der Repetitionskreis gestanden hat. Bei den meisten Plätzen ist dies ein aufgemauertes steinernes Postament von $3\frac{1}{2}$ Fuss Höhe über der Erde, zuweilen ein paar Zoll mehr, zuweilen weniger. Nur beim Meridianzeichen beträgt diese Höhe etwas mehr, nemlich 5 Fuss«.

Relative Höhen.

		Pariser Fuss
1	Göttingen, Sternwarte, Fussboden	0
2	Nördl. Meridianzeichen (Oberfl. des Postaments)	+ 201,0
3	Hohehagen (Postamentsoberfläche)	+1072,6
4	Hils (P.)	+ 841,2
5	Brockenhaus (Marmortisch auf dem Thurm)	+3061,7
6	Lichtenberg (P.)	+ 274,1
7	Deister, Calenberg (P.)	+ 468,2
8	Garssen (P.)	— 242,5
9	Falkenberg (P.)	— 15,5
10	Scharnhorst (P.)	— 190,6
11	Breithorn (P.)	— 109,0
12	Hauselberg (P.)	— 109.2
13	Wulfsode (P.)	— 158,5
14	Timpenberg (P.)	— 120,1
15	Nindorf (P.)	— 120,0
16	Lüneburg, Michaelis, Fussboden der Laterne	— 243,2
17	— — Knopf	— 178,6
18	— — Spitze	— 168,3
19	— Johannis, Knopf	— 109,5
20	— — Spitze	— 101,4
21	— Nicolai, Knopf	— 199,3
22	— — Spitze	— 188,4
23	— Lamberti, Knopf	— 215.7
24	— — Spitze	— 207,7
25	— Höchste Stelle des Kalkberges	— 291,6
26	— Platz nahe vor dem N.W. Thor	— 393,1
27	Lüne, Klosterthurm, Knopf	— 331.2
28	— — Spitze	— 325,0
29	Hamburg, Michaelisthurm, Knopf	— 31,2

		Pariser Fuss
30	Hamburg, Michaelisthurm, Fenster des ob. Cab.	— 84,5
31	Wilsede (P.)	+ 45,8
32	Elmhorst (P.)	—202,9
33	Litberg (P.)	—278,1
34	Bullerberg (P.)	—315,7
35	Bottel (P.)	—318,5
36	Steinberg (P.)	—257,9
37	Brüttendorf (P.)	—326,3
38	Zeven, Kirchthurm, Fussboden der Laterne	—347,0
39	— — Knopf	—323,8
40	— — Spitze	—316,8
41	— Garten beim Posthause, nahe der Aue	—430,5
42	— Platz auf dem Felde beim südlichen Eingang des Dorfs	—419,4
43	Bremen, Ansgarius, Fussboden der Laterne	—227,7
44	— — Knopf	—172,1
45	— — Spitze	—156,6
46	— Liebenfrauen, Knopf	—215,4
47	— Dom, Knopf	—244,2
48	— — Spitze	—232,4
49	— Martini, Knopf	—281,7
50	— Gymnasium, Knopf	—315,9
51	— Strassenpflaster am Domhof unweit des alten Museums	—453,8
52	— Windmühlenberg am Herdner Thor	—443,3
53	— Garten beim Hause des Hrn. Dr. Olbers	—452,7
54	— Fussboden in Hrn. Dr. Olbers Observ.	—430,7
55	— Barometer-Gefäss, daselbst	—428,2
56	Brillit (P.)	—342,2
57	Garlster Haide (P.)	—328,7

GAUSS an OLBERS. Göttingen, 25. Februar 1825.

...... Jetzt noch ein paar Worte über das geodätische Nivellement. Ich bin zwar selbst mit mir über diesen Gegenstand ganz auf dem Reinen, allein ich weiss nicht, ob ich mich in der Kürze so darüber werde erklären können, dass ich Sie sofort zur Übereinstimmung bringen werde.

Ich habe immer geglaubt, dass der Ausdruck »Localattraction« sehr übel gewählt ist und leicht verkehrte Ansichten veranlassen kann. Man sollte sagen, dass die Richtungen der Schwere nicht mit dem Gange, der bei einem gleichförmigen Sphäroid stattfinden würde, Schritt halten. Die Richtung der Schwere ist das Totalproduct der Anziehung aller Bestandtheile des Erdkörpers (und der Centrifugalkraft), und bei dessen unregelmässiger Zusammensetzung in Rücksicht der Dichtigkeit, sowie bei den Unebenheiten auf der Oberfläche wird jene nicht dieselbe sein können, wie bei einem regelmässigen Sphäroid. Allein wie auch die Zusammensetzung sei, immer wird durch jeden Punkt eine Fläche, die ganz um die Erde herum geht, gelegt werden können, auf welcher die Richtung der Schwere genau senkrecht ist, und die Oberfläche einer zusammenhängenden ruhigen Flüssigkeit würde dieselbe vorstellen. Diese Fläche ist es, die eine Horizontalfläche heisst (couche de niveau); den Punkten dieser Fläche legt man gleiche Höhe bei, ohne sich im mindesten darum zu bekümmern, ob oder wie viel sie von einem elliptischen Sphäroid abweichen, und die Höhen über dieser Fläche gibt sowohl das Barometer als die trigonometrische Messung an, so dass beide immer mit einander übereinstimmen müssen. Dabei wird bloss vorausgesetzt*), dass auf jeder Dreieckslinie die Richtung der Schwere sich nach dem Gesetz der Stetigkeit ändert (obgleich vielleicht schneller oder langsamer als bei dem elliptischen Sphäroid), und diese Voraussetzung kann nur dann eine kleine Unrichtigkeit hervorbringen, wenn an der einen Dreiecksstation eine wahre Localattraction stattfindet, die bloss örtlich und auf einen kleinen Raum beschränkt

*) und natürlich auch, dass alle Zenithdistanzen reciprok gemessen werden, was bei meiner Messung ohne Ausnahme gilt. Bei einseitigen Messungen ist Ihre Bemerkung vollkommen gegründet, da man dabei die Amplitude sphäroidisch berechnen muss.

(ausserhalb desselben unmerklich) ist. Allein ich halte mich überzeugt, dass, den Brocken höchstens ausgenommen, eine solche Localattraction im ganzen Umfange meiner und der SCHUMACHERschen Dreiecke nicht statthat. . . . . .

GAUSS an OLBERS. Göttingen, 9. October 1825.

. . . . . . Ich habe dieser Tage angefangen, in Beziehung auf mein künftiges Werk über Höhere Geodäsie, einen (sehr) kleinen Theil dessen, was die krummen Flächen betrifft, in Gedanken etwas zu ordnen. Allein ich überzeuge mich, dass ich bei der Eigenthümlichkeit meiner ganzen Behandlung des Zusammenhanges wegen gezwungen bin, sehr weit auszuholen, so dass ich sogar meine Ansicht über die Krümmungshalbmesser bei planen Curven vorausschicken muss. Ich bin darüber fast zweifelhaft geworden, ob es nicht gerathener sein wird, einen Theil dieser Lehren, der ganz rein geometrisch (in analytischer Form) ist und Neues mit Bekanntem gemischt in neuer Form enthält, erst besonders auszuarbeiten, ihn vielleicht von dem Werke abzutrennen und als eine oder zwei Abhandlungen in unsere Commentationen einzurücken. Indessen kann ich noch vorerst die Form der Bekanntmachung auf sich beruhen lassen, und werde einstweilen in dem zu Papier bringen fortfahren.

. . . . . .

GAUSS an OLBERS. Göttingen, 2. April 1826.

. . . . . . Rücksichtlich meiner Messungen kann ich für mich allein wenig beschliessen. Mein Auftrag ist im Grunde rücksichtlich des trigonometrischen Theils vollendet, und ich dachte, insofern SCHUMACHER mich gehörig unterstützen will, im Spätsommer die Zenithsector-Beobachtungen vorzunehmen. Der wankende Zustand meiner Gesundheit schreckt mich ab, auf erweiterte trigonometrische Messungen anzutragen; inzwischen habe ich vor kurzem, unter uns gesagt, in einem Schreiben an MÜNSTER erklärt, dass ich bereit bin, meine Kräfte auch noch künftig darauf zu wenden, falls solche gefordert werden sollten.

Meine theoretischen Arbeiten lassen bei ihrem so sehr grossen Umfange leider noch viele Lücken; am leichtesten wäre mir geholfen, wenn ich mir erlaubte, mit der Bekanntmachung meiner Messungen zwar alle meine Rechnungseinrichtungen zu verbinden, aber deren Ableitung aus ihren höhern Gründen für ein ganz getrenntes Werk für glücklichere zukünftige Zeiten aufsparte. Dann wäre nirgends ein Anstoss. Vors erste werde ich die scharfe Ausgleichung meiner 32 Punkte, die 51 Dreiecke und 146 Richtungen liefern, vornehmen. Die Höhenausgleichung (ein sehr viel leichteres Geschäft) habe ich in diesen Tagen vollendet......

GAUSS an OLBERS. Göttingen, 14. Januar 1827.

...... Ich glaube Ihnen schon früher gemeldet zu haben, dass ich es ganz unthunlich gefunden habe, dasjenige Werk, welches ich über meine Messungen in Zukunft zu geben denke, auch in theoretischer Rücksicht ganz selbstständig zu machen, wenn ich nicht wenigstens einen grossen Theil des Theoretischen vorher anderswo besonders behandle. Es wird schon voluminös, die Gründe meiner Operationen zu entwickeln, aber, wenn ich mich so ausdrücken darf, die Gründe der Gründe können nicht in das Werk selbst kommen, ohne es ganz buntscheckig und doch unbefriedigend zu machen. Ich habe mich daher entschlossen, verschiedene theoretische Materien erst abgesondert in einzelnen Abhandlungen zu entwickeln, wodurch es auch allein möglich wird, diese bedeutenden neuen Capitel der Mathematik mit einem gewissen Grade von Vollständigkeit auszuführen. Gewissermaassen ist meine Preisschrift über die Transformation der Flächen die erste dieser Abhandlungen; die zweite habe ich vor einigen Monaten der k. Societät übergeben als Supplementum theoriae combinationis observationum etc. Sie enthält die Principien, die als Grundlage der Ausgleichung der Beobachtungen angewandt werden müssen, und selbst einige Beispiele von KRAYENHOFFS und meinen Messungen. ......

GAUSS an OLBERS. Göttingen, 1. März 1827.

...... Meine Abhandlung, oder vielleicht richtiger, meine erste Abhandlung über die krummen Flächen habe ich vollendet; ich werde sie aber der Societät noch nicht übergeben, da doch auf die Ostermesse kein Band herauskommt. Die beiden von mir 1825 und 1826 übergebenen Abhandlungen über die biquadratischen Reste und Suppl. theor. combin. observ. sind noch nicht zu drucken angefangen. Jene Abhandlung enthält zur unmittelbaren Benutzung in meinem künftigen Werk über die Messung eigentlich nur ein paar Sätze, nemlich 1) was zur Berechnung des Excesses der Summe der 3 Winkel über 180^0 in einem Dreiecke auf einer nicht sphärischen Fläche, wo die Seiten kürzeste Linien sind, erforderlich ist, 2) wie in diesem Fall der Excess auf die drei Winkel ungleich vertheilt werden muss, damit die Sinus den Seiten gegenüber proportional werden. In praktischer Rücksicht ist dies zwar ganz unwichtig, weil in der That bei den grössten Dreiecken, die sich auf der Erde messen lassen, diese Ungleichheit in der Vertheilung unmerklich wird; aber die Würde der Wissenschaft erfordert doch, dass man die Natur dieser Ungleichheit klar begreife. Und so kann man allerdings hier, wie öfters, ausrufen: Tantae molis erat! um dahin zu gelangen. — Wichtiger aber als die Auflösung dieser 2 Aufgaben ist es, dass die Abhandlung mehrere allgemeine Principien begründet, aus denen künftig, in einer speciellern Untersuchung, die Auflösung von einer Menge wichtiger Aufgaben abgeleitet werden kann.

Ich komme noch einmal auf den im Anfange dieses Briefes erwähnten Gegenstand zurück. Ich habe bei allen meinen Hülfstafeln und Rechnungen Walbecks Abplattung $\frac{1}{302,78}$ zum Grunde gelegt; aber ich glaube, dass die sämmtlichen bisherigen Gradmessungen, wenn man ihre Data vollständig aufnähme, zeigen würden, dass die Sabinesche Abplattung $\frac{1}{289}$ sich beinahe ebenso gut damit würde vereinigen lassen, und es scheint mir, dass alle bisher vorhandenen Gradmessungen noch viel zu kleine Ausdehnung haben, um die Abplattung in engere Grenzen einzuschliessen. Was gewiss ist, ist, dass die Erde ein unregelmässiger Körper ist; die Polhöhen der Örter (ganz abstrahirt von Beobachtungsfehlern) schwanken immer mehrere Secunden (vielleicht hie und da ziemlich viele Secunden) um die Werthe, die man unter Voraussetzung irgend eines regelmässigen Ellipsoids berechnet, und ebenso schwanken die wirklichen Pendellängen um die berechneten (das mittlere Schwanken der Pendellängen vielleicht $\frac{1}{30}$ englische Linie). Aber eben deshalb können Gradmessungen von kleiner Ausdehnung wenig zur Kenntniss der mittlern Gestalt der Erde beitragen, namentlich halte ich den lappländischen

Bogen für viel zu klein. Um so wichtiger, däucht mir, ist es, dass nach und nach alle scharfen Triangulirungen in Europa in Einen Zusammenhang gebracht werden. Ich habe jetzt Hoffnung, die bayerischen Dreiecke mitgetheilt zu erhalten. Wenn erst alle europäischen Sternwarten von Åbo bis Palermo und von Nicolajef bis Dublin durch Dreiecke zusammenhängen, so dass ihre relativen Lagen gegen einander mit aller Genauigkeit, die die feinsten geodätischen Messungen verschaffen können, bestimmt sind, so wird man, d. i. so werden unsere Nachkommen, alles mit viel mehr Sicherheit beurtheilen können. . . . . .

Gauss an Olbers. Göttingen, 14. Junius 1830.

. . . . . . Die Zeit, die mir in diesem Sommer zu eigener Arbeit übrig bleibt, denke ich der Fortsetzung meiner Abhandlung über die biquadratischen Reste zu widmen, damit diese Arbeit, deren erste Anfänge sich schon von 1805 her datiren, ihrer Vollendung näher komme. Sie wird wenigstens noch zwei ausgedehnte Abhandlungen erfordern; vorerst werde ich es aber bei einer bewenden lassen, und die erste mir dann wieder zu Theil werdende Musse erst wieder einem andern Gegenstande widmen, wahrscheinlich den theoretischen Methoden der höhern Geodäsie. Es ist seit geraumer Zeit mein Schicksal gewesen, immer solche Arbeiten aufzunehmen, bei denen sich in der Darstellung nicht schnell fortschreiten lässt. . . . . .

Gauss an Olbers. Göttingen, 2. September 1837.

. . . . . . Gerling, der seine trigonometrischen Messungen in Hessen jetzt beendigt hat, hat jetzt noch eine Operation veranstaltet, die zur Bestimmung des Längenunterschiedes zwischen Göttingen und Mannheim dienen soll. Es werden Signale auf zwei Bergen, Meisner und Feldberg, gegeben; erstere sind in meiner, letztere in der Mannheimer Sternwarte sichtbar; beide aber zugleich auf einem Zwischenberge bei Marburg, wo Gerling mit einem Kesselschen Chronometer beobachtet. Die Signale sind Pulverzeichen bei Nacht und heliotropische bei Tage. Das Wetter ist nicht günstig; hier sind zwar bisher schon ziemlich viele Zeichen von beiderlei Art beobachtet, aber GERLING hatte nach seinem letzten Briefe noch fast nichts vom Feldberge her gesehen. ......

[5.]

GAUSS an GERLING. Göttingen, 5. October 1821.

Meinen herzlichen Glückwunsch zu dem von Ihnen übernommenen Geschäft. Es freut mich, dass es in Ihre Hände kommt, da Sie es sich zur Pflicht machen werden, das ganze Triangelnetz mit aller möglichen Sorgfalt auszuführen. Ich halte dies für etwas überaus wünschenswerthes, und beklage es immer, wenn man schon bei den Triangeln der ersten Ordnung geizig überlegt, durchaus nichts mehr an Genauigkeit anwenden zu wollen, als für den allerletzten Zweck unumgänglich nöthig ist. Die genaueste Kenntniss der relativen Lagen der interessantesten Punkte eines Landes kann in vielfacher Beziehung nützlich sein, auch ganz abgesehen davon, dass eine Detailvermessung darauf am besten zu stützen ist. Es wäre gewiss äusserst wichtig, wenn der grösste Theil von Europa vollständig mit Einem Netz überzogen wäre, und nach und nach werden wir dahin kommen; jeder Staat sollte es sich zur Ehre rechnen, seinen Antheil daran so gut zu liefern, dass er würdig sei, neben den besten zu stehen.

Ich sollte glauben, dass Sie gut thun würden, den Meisner auch mit zu einem Dreieckspunkt zu wählen; Sie werden denselben unmittelbar mit wenigstens 5 meiner Dreieckspunkte in Verbindung setzen können, und wahrscheinlich mit ebenso viel MÜFFLINGschen dazu. Ich werde gern dabei hülfreiche Hand bieten, und insofern es sich nur irgend einrichten lässt, die diesseitigen Beobachtungen dahin machen. Die Heliotrope erleichtern solche Arbeiten ausserordentlich, und es bedarf auf dem Meisner weiter keiner Anlage, als dass ein steinernes Postament von circa $1\frac{3}{4}$ Fuss Quadrat und 3 Fuss Höhe über der Erde gesetzt werde, um Heliotrop und Theodolithen darauf zu stellen, und dass vielleicht einige Bäume gefällt werden, falls ohne das die freie Aussicht nicht vollständig erreicht werden kann. . . . . . Von Hannover aus ist mir gar keine Communication Ihre Triangulirung betreffend zugegangen; ich habe daher den Köterberg, der sonst vortrefflich zum genauen Anschluss des Hercules gedient hätte, ausgeschlossen. Inzwischen habe ich die Richtung der Linie Hohehagen-Hercules zu den andern dortigen sorgfältig gemessen. . . . . . .

Gauss an Gerling. Göttingen, 21. Februar 1822.

. . . . . . Wenn der Anschluss an die Göttinger Sternwarte und der an den Inselsberg nicht auf Einem Platze auf dem Meisner geschehen kann, so dürfen Sie nun beide Plätze anwenden. Es ist dabei gar nicht viel Vermehrung der Arbeit; denn nach den Principien der Wahrscheinlichkeitsrechnung brauchen Sie die Winkel zwischen den Objecten, die an beiden Punkten sichtbar sind, insofern Sie sie an beiden messen, an jedem nur halb so oft zu repetiren, als Sie gethan haben würden, wenn Sie nur Einen Standpunkt gebraucht hätten. Die gegenseitige Lage beider Punkte gegen einander mit der grössten Schärfe und doch ohne überflüssige Mühe zu erhalten, wird Ihnen nicht schwer fallen. . . . . . .

Gauss an Gerling. Göttingen, 7. November 1822.

. . . . . . Bei sehr flacher Incidenz, wo auch zuletzt die Möglichkeit der Lenkung aufhört, habe ich immer mit dem herrlichsten Erfolg doppelte Reflexion anwenden lassen, indem nicht die Sonne selbst, sondern ein auf der Erde an schicklicher Stelle aufgestellter Handspiegel den Heliotrop speiste. Ich empfehle Ihnen diesen Kunstgriff zur Nachahmung. . . . . . .

In einem bergigen Lande ist es eine Lust zu messen, desto grösser, je grösser die Entfernungen sind, die beim Gebrauch der Heliotropen gar keine Grenzen haben. Mein grosser Spiegel, 1 Quadratfuss, war sogar durch den dichten Moorbrandsqualm, der mehrere Quadratmeilen bedeckte, von Lichtenberg nach Falkenberg, fast 12 Meilen, durchgedrungen, welcher Qualm freilich für die winzigen Heliotropspiegel zu dicht gewesen war. . . . . . .

GAUSS an GERLING. Göttingen, 27. Julius 1823.

...... Ich habe mir von REPSOLD noch ein neues Ocular für meinen Theodolithen verfertigen lassen, mit Spinnenfäden von fast unglaublicher Feinheit, 29″ von einander abstehend. (Die in dem ERTELschen Ocular, auch schon recht fein, aber viel dicker als jene, sind 36″ von einander.) Bei Beobachtung entfernter blasser irdischer Gegenstände ist jene Einrichtung äusserst vortheilhaft; leider bekam ich sie nur erst post festum. Der in Nindorf, Timpenberg und Lüneburg fast immer bei dem heerrauchigen Zustand der Luft sehr blass aussehende Hamburger Thurm hat mich sehr geplagt, ebenso wie der Lüneburger in Hamburg, und im allgemeinen sind die Messungen in jenen Gegenden nicht ganz so scharf wie die frühern, wozu übrigens auch das ewige Schwanken der Thürme mit beigetragen hat. Der Michaelis-Thurm in Hamburg ist, so lange ich dagewesen bin, nie ruhig gewesen; die horizontalen pendelartigen Schwankungen gehen oft über ½ Minute. Dieser Thurm ist von allen meinen Dreieckspunkten als Standpunkt und (den Brocken abgerechnet) auch als Zielpunkt der allerschlechteste gewesen. REPSOLD verfertigt auch neue Libellen von ausserordentlicher Vollkommenheit, die er anstatt mit Weingeist mit Naphtha füllt. Sie kommen sehr viel schneller als die andern zur Ruhe.

GAUSS an GERLING. Göttingen, 11. August 1823.

...... Ihr Ausdruck, wenn ich vom Brocken aus auf Heliotroplicht pointiren wolle und nicht das Häuschen vorzöge etc., scheint auf einiges Missverständniss der Motive, um derenwillen ich zum zweiten Male auf den Brocken gehen könnte, hinzudeuten. Die scharfe Bestimmung der Richtung zum Inselsberg ist in der That ein Hauptzweck, und von Pointiren auf das Haus kann bei dieser Entfernung und der geringen Höhe und Irregularität desselben gar keine Rede sein. Heliotroplicht vom Inselsberg zum Brocken ist also natürlich die Conditio sine qua non meines Hingehens.

Dieser Eine Grund allein würde mich jedoch noch nicht wegen des abermaligen Besuchs rechtfertigen. Meine Winkelmessungen 1821 nach meinen eigenen Hauptpunkten waren bei dem ambulirenden Heliotrop und ungünstigen Wetter zu dürftig und des Ganzen nicht völlig würdig ausgefallen; daher ich diese durch gleichzeitige Besetzung mit Heliotropen wiederholen, wie nachher auch noch einmal zum Hohehagen und Hils zurückzukehren wünschte.

So wie ich nun mit grösstem Vergnügen vom Brocken und Hohehagen zum Inselsberg Licht für Licht zu schicken erbötig bin, so bin ich doch nicht im Stande, Ihnen einen meiner Heliotropen hiebei abzulassen; denn wenn ich Hohehagen, Hils und vielleicht Lichtenberg durch einen ambulirenden besetzen müsste, so käme ich nicht weiter als 1821.

Es scheinen mir nun mehrere Wege, wie hier durchzukommen ist, denkbar:

1) Kommen wir gleichzeitig resp. zum Inselsberg und Brocken und schicken uns gegenseitig Licht, so wie mein Gehülfe Ordre haben soll, Ihnen von Zeit zu Zeit Licht vom Hohehagen, und der Ihrige mir vom Meisner zu schicken, so kann ich unter Begünstigung des Wetters, wie es Anfang September häufig ist, in wenigen Tagen, vielleicht in dreien, auf dem Brocken fertig werden, den Gehülfen mit dem Heliotrop dort lassen (der fortwährend Ihnen zum Inselsberg Licht schickt, so wie der auf dem Hohehagen), zum Hohehagen eilen, Ihnen Zeichen meiner Ankunft geben und wieder in ein paar Tagen (unter Gunst des Wetters) dort das zum Inselsberg gehörige absolviren, worauf Sie dann über Ihren Inselsberg-Heliotrop nach Gefallen disponiren können. Vom Hohehagen erhalten Sie dann beständig Licht, so lange ich da bin, und wenn Sie es noch bedürfen, ab und an, so bald ich auf dem Hils bin.

In Beziehung auf diesen Plan wird also alles darauf ankommen, ob Sie die Verbindung mit dem Brocken und den hannoverschen Dreiecken für wichtig genug halten, die Besetzung des Knills und der Milseburg mit Heliotropen so lange aufzuschieben, bis jener effectuirt ist.

2) Obgleich der oben angezeigte Weg mir der liebste wäre, insofern dadurch die Verbindung der Messungen am vollkommensten effectuirt wird, so könnten Sie doch den Inselsberg-Heliotrop allenfalls schon früher abgeben, nemlich so bald ich den Brocken verlasse, was durch Signale kundgemacht werden kann. In Beziehung auf die Richtung Hohehagen-Inselsberg müsste ich mich dann mit dem begnügen, was ich 1821 durch Enckes Helio-

trop erhalten habe. Es versteht sich, dass Sie die Lage des neuen Steins und Heliotropplatzes gegen das Haus auf das schärfste bestimmen müssten. Ich wiederhole jedoch, dass es besser sein würde, wenn ich den Winkel vom Inselsberg zum Brocken auf dem Hohehagen unmittelbar erhalten könnte.

3) Am allerbesten wäre es wohl, wenn Sie sogleich sich noch einen dritten Heliotrop anschafften. Der kleine Aufwand würde gewiss reichlich durch den Genauigkeits- und Zeitgewinn überwogen, den Sie künftig davon haben würden. Dies ginge jetzt um so leichter an, da Rumpf eben einen neuen Heliotrop fertig stehen hat. Er hat nemlich einen für Schumacher verfertigt (und bereits abgesandt) und bei der Gelegenheit, weil, wie er sagt, es sich leichter arbeiten lässt, sogleich zwei auf einmal gearbeitet. Der zweite ist also in diesem Augenblick noch disponibel, obwohl nicht zu zweifeln ist, dass er auch sonst leicht Gelegenheit finden wird, ihn abzusetzen. (Bei mir sind bereits mehrere Anfragen aus dem Auslande eingegangen.) Ich habe Hrn. Rumpf ersucht, diesen Heliotrop theils ganz versendungsfertig zu machen, theils ihn nicht eher an sonst jemand wegzugeben, bis Ihre Erklärung darauf erfolgt sein würde. Wenn Sie darauf reflectiren, so ist vielleicht das sicherste und kürzeste, ihn nach dem Meisner schicken oder abholen zu lassen.

4) Ich könnte auch etwas früher nach dem Brocken, als Sie nach dem Inselsberge, abgehen; Sie müssten auf der Milseburg also suchen, die Richtung zum Inselsberg vor allen andern zu erhalten, damit von dem zu verabredenden Tage an, wo ich auf dem Brocken eintreffe, Ihr Gehülfe vom Inselsberg mir fortwährend Licht zum Brocken schickt. So würden Sie Ihren Heliotrop auf dem Inselsberg eine kürzere Zeit nach Ihrer eigenen Ankunft zu behalten nöthig haben.

Sollte aber alles dieses mit Ihren Plänen nicht vereinbar sein, so würde ich von der ganzen Expedition, für dies Jahr wenigstens, abstrahiren müssen (in welchem Fall ich aber um möglichst baldige Benachrichtigung bitte, damit ich und meine Gehülfen uns danach einrichten können); auch weiss ich nicht, ob ich im künftigen Jahre im Stande sein würde, mich in demselben Maasse einrichten zu können wie diesmal. Diesmal nemlich erbiete ich mich, die Zeit des Anfangs ganz Ihnen zu überlassen. Zeigen Sie mir nur den Tag genau an, von welchem an Sie mir zuverlässig Licht vom Inselsberg zum Brocken geben werden. An dem Tage bin ich bestimmt da, und im Fall 1,

2, 3 schicke ich Ihnen auch sogleich Heliotroplicht; im Fall 4, sobald Ihr Licht das einfache Attentionszeichen gibt, nach gewöhnlichen Uhrschlägen von 0^s4, nemlich

0 0^s4 0^s8 1^s2 1^s6 2^s0

etc.

Doch bemerke ich dabei, dass die Bedeckungen immer recht vollständig sein und eher etwas länger dauern müssen als die Öffnungen; ich meine so:

0 0^s4 0^s8 1^s2 1^s6 2^s0

etc.

Andere Zeichen gebe ich mit Zahlen, also zum Beispiel die Zahl 3, nach folgendem Schema:

Ich Attentionszeichen von unbestimmter Anzahl, bis

Sie dieselben erwiedern und zwar so lange, bis

Ich aufhöre, worauf Sie auch aufhören und Acht geben. Inzwischen mag etwa $\frac{1}{4}$ Minute gewartet werden. Dann gebe ich das Zeichen selbst und zwar so:

0 1^s6 2^s0 3^s6 4^s0 5^s6 6^s0 7^s6

.... offen bedeckt offen offen offen offen....

Nr. 1 Nr. 2 Nr. 3

Die Zahl also $= n$ gesetzt, wechseln

$n+1$ mal bedeckt, 4 Schläge lang,

mit n mal offen, 1 Schlag lang (quasi n Blitze);

vorher und nachher, wie bestimmt, infinite quasi offen.

Nachher wiederholen Sie dasselbe Manöver umgekehrt; nur, insofern nicht lange Unterbrechung stattgefunden hat, ohne meine Erwiederung Ihres Attentionszeichens abzuwarten, sondern nachdem Sie dasselbe etwa 10 bis 20-mal gemacht haben, pausiren Sie (offen) $\frac{1}{4}$ Minute lang und geben das Zeichen.

Doppelte Zeichen, z. B. 3.3, werden durch doppeltes Attentionszeichen angekündigt (0^s8 offen und 0^s8 zu), und nachdem die erste Zahl gegeben ist, etwa 5 bis 10^s lang offen gelassen und dann die zweite Zahl gegeben, also

	$6^s{,}0$ — $7^s{,}6$	$12^s{,}0$ — $13^s{,}6$	$14^s{,}0$ — $15^s{,}6$	$16^s{,}0$ — $17^s{,}6$	$18^s{,}0$ — $19^s{,}6$	
.... wie vorher	Nr. 3	1*		2*	3*	...... offen

Den Tag des Anfangs überlasse ich, wie schon gesagt, Ihnen. Nur muss ich so früh davon benachrichtigt werden, dass ich nach Empfang Ihres Briefes noch wenigstens 4 bis 5 Tage habe, um meine Gehülfen in Hannover zu beordern (denn jetzt ruhen die Geschäfte ganz), damit diese auch zur rechten Zeit am Platze sind.

Noch Einen Umstand muss ich erwähnen. Die Gehülfen auf dem Hohehagen und Meisner und eventualiter, sobald ich auf dem Hohehagen bin, der auf dem Brocken, haben nach 2 Richtungen Licht zu schicken, also alternative.

Sie werden das nun pro aequo vertheilen, einmal einem 1 Stunde oder 2, dann dem andern. Allein es wird gut sein, dass solche jedesmal, wo sie die Absicht haben zu wechseln, dies etwa 5 Minuten vorher durch ein $\frac{1}{2}$ Minute dauerndes Attentionszeichen ankündigen, damit [d]er [Beobachter] durch das plötzliche Abbrechen nicht in einer Beobachtungsreihe im Stiche gelassen zu werden risquire, sondern sie erst gehörig schliessen könne. Während ich auf dem Hohehagen bin, könnte Ihr Gehülfe mir auch wohl vom Meisner aus zuweilen Licht geben. Inzwischen werde ich vermuthlich auch den Stein selbst pointiren können, sobald ich einmal weiss, wo er steht, wenn er, warum ich bitte, schwarz gefärbt ist (mit Theer). Doch muss dann der Gehülfe nicht unmittelbar am Stein stehen. Geben Sie ihm also auf, dann, besonders immer wenn die Sonne nicht scheint, und, wenn sie scheint, jedesmal, nachdem der Heliotrop eben eingestellt ist, sich auf ein Dutzend Schritte von der Richtung zum Hohehagen seitwärts zu halten. Vielleicht geben Sie ihm auch auf, schon früher einmal Licht nach Göttingen zu schicken. Es soll vom 18. d. M. an täglich zwischen 2 und $2\frac{1}{2}$ Uhr aufgepasst und Empfang von Licht durch Erwiederung angezeigt werden. Ich fürchte aber, dass Ihr Gehülfe Mühe haben wird, die Richtung heraus zu finden. Wüsste ich die Stelle, so würde ich das Licht durch eigenes herlocken. Bis jetzt kann ich aber auf dem Gipfel mit dem Teleskop nichts Steinähnliches sehen. Die höchste Stelle des Meisner ist hier als ein (im verticalen Sinn) schmaler Saum, und als kahle Blösse über Holz her sichtbar.

In dem Fall Nr. 4 würden Sie Ihre Ankunft auf dem Inselsberg dem Gehülfen auf dem Hohehagen durch einmalige Lichtsendung kund thun. Er liegt $98^0 28'$ links von der Seeberger Sternwarte.

Ich gebe Ihnen anheim, ob Sie auch, wenn ich auf dem Hils bin, mir noch einmal Licht vom Meisner dahin schicken lassen wollen. Es würde immer zur vollständigen Verbindung beitragen. Herausfordern wollte ich das selber schon, da ich bis dahin den Platz scharf genug kennen werde.

Wenn es möglich ist, soll das Heliotroplicht, von dem Platz, wo ich eben selbst messe, im genauen Alignement mit dem Dreieckspunkt sein; geht dies z. B. auf dem Brocken nicht an, so wird natürlich die Abweichung genau gemessen.

Am Hercules habe ich vom Hohehagen aus den Kopf pointirt; vom Brocken aus ist der Hercules nur 4-mal geschnitten und auf die ganze Station oder richtiger auf die ganze pyramidalische Spitze des Oktogons pointirt. — Vom Hohehagen aus ist zwar der Knill unsichtbar; ich vermuthe aber, dass Amöneburg sichtbar ist, vielleicht auch Hohelohr. . . . . .

GAUSS an GERLING. Göttingen, 1. September 1823.

. . . . . . Ich habe Ihnen nur den Modus meines Telegraphirens angezeigt; bestimmte bleibende Werthe haben die Zahlzeichen nicht, ebenso wenig wie a und x, y, z in der Algebra; die Bedeutungen werden immer für solche Umstände, als sich eben im voraus erwarten lassen, vorher verabredet. Ich besorge indess, dass das Telegraphiren wenigstens mit dem Meisner-Heliotrop sehr bedenklich sein würde, denn es scheint mir, dass er sehr unvollkommen berichtigt sein muss. Besonders in der Stunde von $2-3^h$ (wo doch die übrigen Gegenstände gewöhnlich zu stark wallen, um etwas brauchbares messen zu können)*), habe ich allezeit die Erfahrung gemacht, dass das Licht, wenn es im besten Leuchten ist, plötzlich abgebrochen wird, dann eine Zeit lang ganz unsichtbar bleibt, und dann allmählig äusserst klein anfängt und zuletzt erst den vollen Glanz erhält, aber leider nur kurze Zeit behält (manchmal nur $\frac{1}{4}$ Minute); unter solchen Umständen ist aber an zuverlässiges Telegraphiren nicht zu denken.

*) Nemlich zwischen 6 und 7^h habe ich es seltener beachtet, weil ich keine Zeit für Messung verlieren wollte.

Ich habe 1822 einen ähnlichen Fall mit dem damals auf dem Deister befindlichen ältesten Heliotrop gehabt, dessen Rectification vermuthlich durch unsanften Transport gelitten hatte. Ich half damals durch ein Palliativmittel. Es wurden nemlich öfters Versuche gemacht, indem ich zuerst dem Lieutenant HARTMANN durch ein bestimmtes Zeichen andeutete, dass die Versuche gemacht werden sollten. Dann liess er das Sonnenbild zu oft wiederholten Malen in verschiedenen Höhen durch das Fadenkreuz gehen,

und ich zeigte ihm den Augenblick, wo ich sein volles Licht zuerst sah, durch Eröffnung meines Heliotrops, und den Schluss des vollen Lichts durch Bedeckung an. Es versteht sich, dass dabei mein Heliotrop immer beinahe central die Sonne auf dem Fadenkreuz hatte, um ganz gewiss zu sein, dass mein Licht völlig hinkomme. Meinerseits waren also 3 Personen nöthig: Einer, der immer den Heliotrop fast central unterhielt, ein Zweiter, der mit dem Fernrohr (die Distanz war 8½ Meilen) den jenseitigen Heliotrop beobachtete und ein Dritter, der auf des Zweiten Zurufen den Spiegel des Heliotrops öffnete oder bedeckte (bloss durch Vortreten mit seinem Körper). Ich wollte dies recht gern auch mit Ihnen thun. Das 3-fache Attentionszeichen (1ˢ2 zu, 1ˢ2 offen, 1ˢ2 zu, etc. etc.) könnte die Intention des Versuchs andeuten (den man immer nur macht, wenn wenig Gefahr von Wolkenbedeckung stattfindet), und zwar gibt der das Zeichen zuerst, der den Heliotrop des andern prüfen will. Da Gelehrten gut predigen ist, so brauche ich wohl nichts über die Benutzung der Versuche beizufügen. Bei ähnlicher Winkelstellung ist dies Mittel fast so gut wie wirkliche Berichtigung, da derjenige, der den geprüften Heliotrop hat, weiss, wie er das Sonnenbild durchgehen lassen muss, und ob er umstellen muss, ehe die Sonne ausgetreten ist, oder nachdem sie schon ein Stück ausgetreten, etc. Bei dem neuen Heliotrop wird hoffentlich die Berichtigung gut sein.

Was Sie mir von dem Unterschiede Ihres Zeichengebens mit dem meinigen schreiben, ist mir nicht ganz deutlich. Etwas durchaus wesentliches scheint mir zu sein, dass das Attentionszeichen nothwendig erst erwiedert sein muss, ehe das wirkliche Zeichen gegeben wird, ob aber jenes und dieses Zeichen mit einem besondern Fernrohr oder in Ermangelung eines solchen mit dem Heliotropfernrohr beobachtet wird, ist wohl eines und dasselbe.

Der Modus meiner Zeichen ist von mir öfters verändert, derjenige, den ich Ihnen geschrieben, scheint mir der zweckmässigste. Allein ich habe leider versäumt, mir selbst eine Abschrift zu machen, und erinnere schon jetzt bloss aus dem Gedächtniss mich nicht mehr ganz genau. Lassen Sie mir also doch gütigst diese Stelle meines Briefes copiren. . . . . .

GAUSS an GERLING. Göttingen, 5. September 1823.

. . . . . . Unbedingt wünsche ich, dass Sie den Heliotrop [auf dem Inselsberg] genau in das Alignement mit dem Theodolithenplatz stellen und das Zelt so viel wie möglich symmetrisch aufschlagen. Könnten Sie der dem Brocken zugekehrten Seite eine dunkle Farbe geben, so wäre es so viel besser. Ich hoffe, dass der dortige Heliotrop das Zelt weit überschreien soll; allein ich habe 1822 doch den Fall gehabt, dass das weisse Zelt in Scharnhorst meine Beobachtungen in Garssen einen ganzen Tag unbrauchbar machte, obwohl dabei zu bemerken, dass erstens das Zelt mir seine Südseite, von der Sonne beleuchtet, zukehrte, zweitens das Heliotroplicht sehr geschwächt war, welches beides hier wegfällt. Inzwischen möchte ich doch aus Vorsicht den Heliotrop nicht excentrisch aufgestellt wissen, da sonst das Zelt wohl ein wenig beitragen könnte, den Winkel zu verfälschen. Ich vermuthe, wenn z. B. das Zelt $\frac{1}{40}$ so viel Glanz hat wie der Heliotrop, und dieser so weit absteht, dass die Distanz $4''$ gross sein solle, der Winkel um $0''\!,1$ verfälscht werden wird. . . . . . .

GAUSS an GERLING. Göttingen, 3. October 1823.

. . . . . . Erlauben Sie mir noch einige Bemerkungen. . . . . . .

1) Beim Vergleichen zweier Punkte fange ich jedesmal von demjenigen an, von dem ich am meisten befürchte, dass er versagen könnte.

2) Ist der zweite Punkt Heliotroplicht und nicht die allergrösste Hoffnung, dass er nicht versagen wird, so lese ich öfters ab als gewöhnlich. Wo diese Furcht nur äusserst gering war, habe ich wohl zuweilen mehr als 10, d. i. 15, ja wohl 20 Messungen gemacht, ehe ich wieder ablas. Inzwischen setzt man dabei immer viel aufs Spiel. Ist viel Besorgniss des Versagens des zweiten Punktes, so lese ich wohl nach der dritten, ja nach der zweiten oder gar bei jeder Beobachtung ab. Dasselbe auch, wenn der erste Punkt etwas lange ausbleibt.

3) Bin ich in einer Beobachtungsreihe begriffen, wo der erste Punkt geschnitten ist, so lasse ich gern, ehe ich die Alhidade löse, durch ein Handfernrohr nachsehen, ob der zweite Punkt sichtbar ist; versagt er aber, nachdem schon gelöst ist und kommt nicht wieder, so ist deswegen doch die Messung nicht verloren; ich schneide dann im Nothfall einen dritten Punkt ein und bekomme so gemischte Winkel. Bei meinem diesmaligen Brockenbesuch ist indessen dieser Fall nur Einmal eingetreten, indem ich 2-mal (Ilefeld-Hohehagen) + 2-mal (Ilefeld-Hils) nahm. Solche gemischte Winkel werden im System ebenso gut und ganz pro rata benutzt wie reine. Im Jahr 1821 habe ich viele gemischte Winkel, später seltener. Ich habe daher auch an den meisten Stationen, ausser den Hauptrichtungen, Hülfsrichtungen; besonders im Jahre 1821, wo ich nur Einen Heliotrop hatte. Ich wähle zu Hülfsrichtungen gern spitze Thürme, nicht gar zu entfernt und wo möglich nicht gar zu arg ausser der Horizontalebene. Letztere Bedingung war freilich auf dem Brocken nicht zu erreichen. Huyseburg liegt $1^{0}37'$, Hüttenrode $1^{0}54'$ und eine Stange auf dem Wurmberg, die ich 1821 aufpflanzen und 1823 erneuern liess (obwohl an einem etwas andern Platz), $2^{0}13'$ unter dem Horizont.

Gauss an Gerling. Göttingen, 19. Julius 1827.

...... Obgleich ich bei meinen astronomischen Operationen nicht in dem Maasse, wie ich gewünscht hatte, vom Wetter begünstigt bin, so glaube ich doch die Amplitudo des Bogens zwischen den Sternwarten von Göttingen und Altona bis auf einen sehr kleinen Bruch einer Secunde festgestellt zu haben; ich habe eine sehr grosse Menge von Sternen genommen und zusammen gegen 900 Beobachtungen gemacht. Es bleibt der Unterschied von

5″ gegen die Rechnung aus den Dreiecken nach WALBECKS Erddimensionen, und es wäre daher sehr interessant gewesen, noch einen Zwischenpunkt zu haben. Mit dem Sector war es unter den obwaltenden Umständen unmöglich; vielleicht aber beobachten wir künftig noch mit einem im ersten Vertical aufzustellenden Passageninstrument gemeinschaftlich in Celle, sowie SCHUMACHER vorher in Altona und ich nachher in Göttingen. . . . . . Noch vor meiner Reise habe ich auch die sämmtlichen bayerischen Dreiecke mitgetheilt erhalten, welche durch die Ihrigen mit den meinigen verknüpft sind. . . . . .

GAUSS an GERLING. Göttingen, 12. September 1838.

. . . . . . Was den Längenunterschied mit Paris betrifft, so habe ich selbst die Resultate aus Sternbedeckungen etc., die TRIESNECKER, WURM u. a. gezogen haben, niemals zusammengestellt: Sie selbst sind also ebenso gut wie ich selbst im Stande, dieses Resultat zu ermitteln. Dagegen habe ich aus den Längenunterschieden zwischen Jever und Göttingen, imgleichen Bentheim und Göttingen, wie Sie aus meinen, resp. meines Sohnes, trigonometrischen Messungen folgten, einerseits, und Jever und Bentheim mit Paris andererseits wie sie KRAYENHOFF ansetzt, denjenigen Längenunterschied zwischen Göttingen und Paris abgeleitet, welchen Sie in HARDINGS Ephemeriden angesetzt finden. Eine neue Rechnung habe ich deshalb nicht gemacht; bei einer completen Ausgleichung aller Dreiecke, die als Kranz das Oldenburgsche umgeben, leidet Jever eine, doch nur sehr geringe Abänderung; auch könnte Jever ganz weggelassen und dagegen Emden und Onstwedde gebraucht werden, bis wohin HARTMANNS Messungen sich erstreckt haben. Indessen würde jedenfalls die Abänderung des Endresultats nur ganz unbedeutend sein, und ich habe es bisher um so weniger der Mühe werth gehalten, deshalb eine neue Rechnung zu machen, weil KRAYENHOFFS Messungen doch, wie Sie aus meinem Supplem. theor. comb. abnehmen können, weit schlechter sind als ihr Ruf.

Eine dritte Bestimmung könnten Sie aus Altona entnehmen, dessen Differenz gegen Göttingen trigonometrisch bestimmt ist (siehe Breitenunterschied [Art. 19]), sowie die Differenz von Greenwich chronometrisch. Aber von mir selbst ist das Betreffende nicht zusammengestellt, was ich daher Ihnen überlassen muss. . . . . .

GAUSS an GERLING. Göttingen, 14. November 1838.

...... Dass ich auf Ihren vorletzten Brief noch nicht weiter geantwortet habe, müssen Sie damit gütigst entschuldigen, dass ich eigentlich zu dem in meinem letzten Briefe [vom 12. September] mitgetheilten kaum noch etwas hinzu zu setzen wusste.

Thatsächliches kann ich wirklich nichts beifügen, als die Hinweisung auf LINDENAU-BOHNENBERGERS Zeitschrift, Band IV, S. 119, wo Sie die relative Lage der alten und neuen hiesigen Sternwarte bereits angesetzt finden. Allenfalls mit folgenden beiden Anmerkungen.

1) Der Längenunterschied ist in Zeit angesetzt.

2) Die Position der neuen Sternwarte a. a. O. bezieht sich auf das Centrum der Rotunde, dessen Lage gegen die Mitte der Axe des REICHENBACHschen Meridiankreises ich Ihnen, wenn ich nicht irre, bereits früher mitgetheilt habe. Wollen Sie aber die relative Lage des letztern Punktes gegen das Centrum der alten Sternwarte selbst scharf berechnen, so schreibe ich dazu aus meinem Verzeichnisse der Coordinaten folgendes ab:

Centrum der Kuppel	—3,104	—7,324
Mitte der Axe des REICHENBACHschen Meridiankreises	0	0
Mitte der alten Sternwarte	—193,54	+541,9.

Die Einheit ist das Meter; bei der ersten Zahl bedeutet + südlich, bei der zweiten + westlich.

Verlangen Sie nun meine Meinung über die Reductionszahl, die Sie bei dem Ansetzen Ihrer Längen gegen Paris anzuwenden haben, so kann ich nur sagen, dass ich dies für etwas sehr gleichgültiges ansehe, wenn Sie mir zugleich mittheilen, welche Zahl Sie zum Grunde gelegt haben. In der That, Sie mögen wählen was Sie wollen, so bleibt die Latitüde in dieser Beziehung oder die Grösse des Spielraums

A. höchst unbedeutend für jeden praktischen Zweck, z. B. Kartenzeichnungen.

B. zwanzig- oder fünfzigmal grösser als alle relativen Differenzen zwischen allen Ihren Ansätzen.

Indem nun die letztern eigentlich das W e s e n I h r e r Arbeit ausmachen, so scheint mir dadurch mein oben ausgesprochenes Urtheil hinlänglich gerechtfertigt.

In Ihrem vorletzten Briefe sprechen Sie von den Differenzen des Längenunterschiedes zwischen Paris und Göttingen auf verschiedenen Wegen, die bis auf $\frac{3}{4}$ Secunden in Zeit gehen, als sehr beträchtlichen. Ich würde sie nicht so nennen.

In der That scheinen Sie mir dabei ganz ausser Acht gelassen zu haben, was ich in meiner Schrift über den Breitenunterschied zwischen Göttingen und Altona S. 73 [*)] entwickelt habe. Wenn man zwischen zwei Punkten, die nicht gar zu weit aus einander liegen, auf geodätischem Wege vermittelst zweier verschiedener Touren Längenunterschiede fände, die um 11 Bogensecunden verschieden wären, so wäre dies ein ganz ungeheurer Fehler, der bewiese, dass ganz enorm schlechte Beobachtungen untergelaufen wären, oder schlecht gerechnet.

Aber Paris und Göttingen liegen doch sehr weit aus einander. DELAMBRES und KRAYENHOFFS Messungen sind, glaube ich, an Genauigkeit mit den unsrigen gar nicht zu vergleichen, auch nach ganz verschiedenen Methoden und Elementen berechnet. Ich würde mich daher nicht wundern, wenn der so gefundene Längenunterschied um eine Anzahl Bogensecunden von einem andern auch geodätisch gefundenen, aber z. B. über Strassburg, Mannheim, etc. geleiteten, abwiche.

Allein d a v o n ist ja hier gar nicht die Rede, sondern von dem Unterschiede der astronomisch bestimmten Längen, die ja, genau besehen, etwas g a n z a n d e r e s bedeuten, als die geodätischen. Jene beziehen sich auf das Fortschreiten der Lage der Verticallinien und der durch sie und parallel mit der Erdaxe gelegten Plana, die andern auf die Distanzen auf der Oberfläche der Erde, die g a r k e i n E l l i p s o i d ist, sondern wozu ein Ellipsoid nur wie eine Art Annäherung betrachtet werden kann.

Nach so unzähligen vorliegenden Ungleichmässigkeiten des Geodätischen und Astronomischen in Beziehung auf die Breite muss man auf Differenzen bei der Länge von derselben Ordnung überall gefasst sein. Eine Differenz

[*) S. 49/50 dieses Bandes.]

von 11″ selbst zwischen zwei Örtern, die einander viel näher lägen als Göttingen und Paris, ist im Grunde gar nichts. Es hätte schlechterdings nichts besonderes, wenn selbst eine doppelt so grosse sich zwischen Göttingen und Marburg fände.

Übersehen Sie also nicht, dass die von Ihnen gefundenen Unterschiede sogar sehr gut selbst dann vollkommen genau richtig sein könnten, wenn alle Beobachtungen vollkommen und absolut fehlerfrei wären (was sie nicht sind). Es ist gar kein Grund zu erwarten, dass

1) der durch geodätische Messungen, unter Voraussetzung bestimmter Ellipsoidsdimensionen, berechnete Unterschied zwischen Göttingen und Paris,

2) der durch astronomische Beobachtungen gefundene,

3) der gemischt gefundene, nemlich geodätisch zwischen Göttingen und Altona und astronomisch zwischen Altona-Greenwich-Paris,

unter sich übereinstimmen sollten, da wirklich diese drei Zahlen ganz verschiedene Dinge bedeuten.

Wenn ich bei einer künftigen Bekanntmachung der Resultate meiner Messungen einen Theil davon in der Form von Breiten- und von Längendifferenzen geben sollte, so werde ich letztere ganz gewiss nicht in Beziehung auf Paris ansetzen, welches mich gar nichts angeht. Finden Sie aber aus was immer für Gründen es für gerathen, die Ihrigen in einer solchen Form mitzutheilen, so wiederhole ich, dass ich es für ganz gleichgültig halte, welche Reductionszahl Sie brauchen, wenn nur der Leser nicht in Ungewissheit bleibt, dass die dabei befindlichen Bruchtheile der Secunden an sich gar keinen Anspruch auf eine scharfe Bedeutung machen können, sondern nur als Mittel dienen, jede beliebige Differenz zwischen je zweien Ihrer Zahlen mit derjenigen Schärfe wieder zu erhalten, dass nichts von der Schärfe Ihrer Messungen an sich verloren geht. Ohne Ihnen vorzugreifen, würde ich unter der eben ausgesprochenen Voraussetzung diejenige Zahl zum Grunde legen, die taliter qualiter aus der vorhandenen geodätischen Verbindung zwischen Göttingen und Paris hervorgegangen ist, da eigentlich die etwas ganz anderes bedeutenden astronomischen Längen hier ganz ausser Frage sind. . . . . .

BEMERKUNGEN.

Der Abdruck der vorstehenden Briefe ist nach den Originalen erfolgt.

Dem Brief an BESSEL vom 26. December 1821, S. 349/351, war eine Dreiecksskizze zugefügt, welche die 5 Dreiecke von der Seite Hohehagen-Inselsberg bis zur Seite Hils-Lichtenberg (vergl. die Figur auf S. 299) enthält, und ferner die Schnitte vom Hils aus nach dem Deister und dem Brelingerberge angibt. Der Brelingerberg, nördlich von Hannover, und der Wohlenberg, nordwestlich von Braunschweig, waren 1821 bei der Recognoscirung als Dreieckspunkte in Aussicht genommen. Der erstere wurde jedoch beim Beginn der Arbeiten im folgenden Jahre als untauglich erkannt, der zweite als überflüssig fortgelassen. Wahrscheinlich hat auch zu dem Brief an BESSEL vom 15. November 1822, S. 351/358, eine Karte gehört.

Zu den Briefen an OLBERS vom 4. und 8. Juli 1824, S. 369/372, ist noch zu bemerken, dass der in ihnen erwähnte Punkt Wentel nicht in das System aufgenommen ist.

Es war, wie es in dem GAUSSschen Arbeitsbericht für 1824 an das hannoversche Ministerium heisst, »schneller als man bei den grossen Schwierigkeiten hatte hoffen können, ein sehr gutes Dreieckssystem bis Bremen gebildet.« »Allein desto trüber wurden nun die Aussichten für die weitere Fortsetzung der Dreiecke..... Nach dem Fehlschlagen aller Versuche, einen neuen Dreieckspunkt an Brüttendorf zu knüpfen, blieb noch ein Behelf übrig, nemlich den Steinberg mit in das Dreieckssystem aufzunehmen.« Aber auch an die Seite Bremen-Steinberg liess sich kein neues Dreieck schliessen. »Ohne einen eben jetzt eingetretenen glücklichen Umstand würde es um die Fortsetzung der Messungen sehr misslich gestanden haben, da alle Möglichkeiten jetzt erschöpft schienen.« Der erwähnte glückliche Umstand war die von GAUSS auf dem Ansgariusthurm in Bremen gemachte Entdeckung, dass die Spitze des Thurmes von Zeven dort noch eben zu sehen war. Die Sichtbarkeit Bremens in Zeven war früher wegen Moorrauch nicht bemerkt worden; Zeven liess sich auch ausser mit Bremen mit den vorhergehenden Punkten Steinberg, Wilsede und Litberg verbinden. Von Bremen-Zeven konnte dann die Dreieckskette fortgesetzt werden. (Vergl. dazu den später folgenden Auszug aus dem GAUSSschen Arbeitsbericht für 1825, sowie den gleichfalls noch folgenden Brief an OLBERS aus dem Juli 1825.)

Die im Briefe an GERLING vom 11. August 1823, S. 385/386, erwähnten durch den Heliotrop übermittelten Zahlenzeichen haben (nach einigen kurzen Notizen in Beobachtungs- und Rechnungsheften zur Gradmessung) vorher verabredete, zum Theil von Station zu Station wechselnde Bedeutung gehabt (vergl. auch den Anfang des Briefes an GERLING vom 1. September 1823, S. 387); z. B. bedeutete nach einer Aufzeichnung 1: es geht so gut, 2: Licht soll geschwächt werden, 3: für heute soll aufgehört werden, 1.1: Abgang zum nächsten Punkt.

Auf die Gradmessungsarbeiten in den Jahren 1821/1825 beziehen sich auch die Briefe an SCHUMACHER vom 6. und 30. Mai, 11. Juli, 29. September und 24. October 1821; vom 10. Mai, 10. Juni, 6. und 30. August, 6., 18., 24. und 29. September, 8. October und 10. November 1822; vom 8. und 18. Juni, 23. Juli, Anfang August, 21. August, 18. September und 23. October 1823; vom 24. Juni, 1. Juli, 27. September, 17. October, 28. November 1824 und vom Januar 1825; vom 29. April, 14., 20. und 26. Juni, 11. und 15. Juli und 14. August 1825. (Vergl. den Briefwechsel GAUSS-SCHUMACHER, Erster Band, S. 229/245, S. 265/291, S. 311/325, S. 334/336, S. 397/413, S. 426/430. Zweiter Band, S. 1/3, S. 14/31.)

Die mehrfach erwähnte Triangulation des Kurfürstenthums Hannover durch französische Ingenieurgeographen unter Leitung des Oberstlieutenants EPAILLY hat 1804 und 1805 während der französischen Occupation stattgefunden; sie sollte die Unterlagen für die kartographische Aufnahme geben. Das Tableau der EPAILLYschen Dreiecke, nebst einem Berichte EPAILLYS über seine Arbeiten, erhielt GAUSS im Anfang des Jahres 1821 durch LAPLACES Vermittelung vom französischen Kriegsministerium.

KRÜGER.

VERÖFFENTLICHUNGEN
ZUR HANNOVERSCHEN TRIANGULATION.

[II.]

Astronomische Nachrichten, Band I, Nr. 7, Februar 1822, S. 105—106.

{Es ist bekannt, dass die hannoversche Regierung die von Sr. Majestät dem Könige von Dänemark, diesem erhabenen Beförderer der Wissenschaften, begonnene Gradmessung, die sich in der Breite vom nördlichsten Punkte Jütlands bis zur südlichsten Grenze von Lauenburg erstreckt, fortsetzt, und die Ausführung dieser Arbeit dem Herrn Hofrath Gauss in Göttingen übertragen hat. Unsere gemeinschaftlichen Dreiecke sind Hamburg-Hohenhorn-Lüneburg und Hohenhorn-Lauenburg-Lüneburg. In diesen Dreiecken ist der Winkel in Hamburg von mir allein, die Winkel in Lüneburg von Herrn Hofrath Gauss und mir gemeinschaftlich beobachtet (der Unterschied unserer Messungen war unter 0,"3); die Winkel in Hohenhorn und Lauenburg sind zu derselben Zeit (1818) von Herrn Capitain v. Caroc gemessen. Im vorigen Jahre hat der Herr Hofrath seine Dreiecke an der südlichen Grenze begonnen, und der Auszug seines Briefes, den ich hier mittheile, enthält eine kurze Nachricht darüber.

S[chumacher].}

Auszug aus einem Briefe des Herrn Hofrath und Ritter Gauss.

Den Zustand meiner Triangulation habe ich das Vergnügen auf beiliegenden Kärtchen Ihnen mitzutheilen. Die starken Linien sind die, wo die Richtungen auf schon gemachten Messungen gegründet sind, die punktirten projectirte. Ich habe leider Grund zu fürchten, dass der Brelingerberg weder vom Wohlenberg noch vom Lichtenberg sichtbar ist (an allen 3 Orten bin ich selbst nicht gewesen). Überhaupt wird die Gewinnung grosser Dreiecke in der Lüneburger Heide grosse Schwierigkeiten haben.

Brelingerberg, Deister, Lichtenberg und Inselsberg sind durch Heliotroplicht sichtbar gemacht, auf der Brockenstation auch Hohehagen und Hils, da die dort gebauten Signale nur selten (letzteres nur wenige Minuten), ich will nicht sagen zu beobachten, sondern nur zu sehen gewesen sind. Mit dem Heliotrop fällt alle Schwierigkeit weg.

Ich lasse jetzt noch zwei andere machen (nach der neuen Einrichtung), wovon der eine bald vollendet sein wird. Dass man meine telegraphischen mit dem Sextanten-Heliotrop auf dem Brocken gegebenen Zeichen auf dem Hohehagen (Distanz 70000 Meter = $9\frac{1}{3}$ geogr. Meilen) mit blossen Augen gesehen, habe ich, wie ich glaube, Ihnen bereits in meinem letzten Briefe gemeldet. Den bisherigen Heliotrop kann mein ältester Sohn Joseph schon recht gut einrichten und lenken; mit dem neuen wird es eher noch etwas leichter gehen.

Die Richtung vom Hils auf Hannover ist zwar auch aufs schärfste gemessen; jedoch wird Hannover vermuthlich kein Hauptdreieckspunkt werden, da man von da nach N.O. nur eine sehr begrenzte Aussicht hat, und namentlich den Wohlenberg dort nicht sehen kann. Auch müssten auf dem dortigen Thurme erst grosse Abänderungen gemacht werden, wenn ein Theodolith dort aufgestellt werden sollte. Der Deister wird nach allen Richtungen noch eine ausgedehnte Aussicht beherrschen, und vielleicht wird selbst der Falkenberg da noch gesehen werden können.

Astronomische Nachrichten, Band I, Nr. 24, December 1822, S. 441—444.

Auszug aus einem Schreiben des Herrn Hofrath Gauss an den Herausgeber.

Göttingen 1822, Nov. 10.

Da Sie im 7ten Stück der Astronomischen Nachrichten eine Anzeige über den Stand meiner Triangulirung am Schluss des Jahrs 1821 gegeben haben, so verfehle ich nicht, Ihnen einen kurzen Bericht über den gegenwärtigen Stand der Operationen zu schicken.

Im vorigen Jahre waren die fünf Stationen: Göttingen, Meridianzeichen, Hohehagen, Hils, Brocken absolvirt, und vier Punkte für die weitere Fortsetzung der Operationen ausgezeichnet, nemlich Lichtenberg, Deister, Wohlenberg und Brelingerberg. Ich fing die Arbeiten des laufenden Jahrs mit einer Recognoscirungsreise in der Lüneburger Heide an, welche ich um so mehr für nothwendig hielt, da ich die grossen Schwierigkeiten, in diesem flachen Lande, welches ohne alle erhebliche Anhöhen und überall schachbrettartig mit Waldung bedeckt ist, ein Dreiecksnetz zu bilden, bereits aus den Berichten des Obersten Epailly kannte, welcher in den Jahren 1804 und 1805 diese Schwierigkeiten unübersteiglich gefunden, und daher die Verbindung zwischen Hamburg und dem südlichen Theile von Hannover vermittelst einer Reihe von Dreiecken längs der Weser bis zu ihrer Mündung und hernach wieder die Elbe herauf effectuirt hatte.

Ich fand den Brelingerberg, welcher 1821 vom Hils aus geschnitten war, unbrauchbar, da er sich mit Lichtenberg und dem Wohlenberg nicht verbinden liess, aber auch ebenso wie den Wohlenberg überflüssig, da sowohl der Platz bei Garssen, als der Falkenberg sich unmittelbar mit dem Lichtenberg verbinden liessen. Ich schweige von den grossen Schwierigkeiten, mit welchen ich zu kämpfen gehabt habe, um die Dreiecke von Garssen und Falkenberg weiter fortzuführen. Diese Schwierigkeiten sind jetzt überwunden, und das Netz bietet durch seinen Gliederbau vielfache zu meiner grössten Zufriedenheit ausgefallene Controllen dar. Ich bemerke nur, dass alle meine Dreieckspunkte zu ebener Erde liegen; ein etwa $3\frac{1}{2}$—4 Fuss hoch aufgemauertes steinernes Postament dient zur Aufstellung des Heliotrops und des Theodolithen. Mehrere Linien, namentlich die von Falkenberg nach Wilsede, von Hauselberg nach Breithorn, von Breithorn nach Scharnhorst, und von Scharnhorst [nach Garssen] erforderten beträchtliche Durchhaue durch Waldungen, und die genaue Vorausbestimmung der Richtung dieser Durchhaue künstliche Vorbereitungen.

Ich habe im Laufe des Sommers die Stationen Lichtenberg, Deister, Garssen, Falkenberg, Hauselberg, Breithorn, Wulfsode, Wilsede und Scharnhorst vollständig abgemacht, auch auf Timpenberg die betreffenden Winkel vorläufig gemessen. Dadurch ist also Hamburg schon vorläufig angeschlossen, auch Lüneburg, da Sie den Winkel zwischen Wilsede und Lüneburg auf dem Michaelisthurm in Hamburg vorläufig gemessen haben. Hier einige vorläufige Resultate, wobei sich das Absolute vorläufig auf die von Zachsche Basis bei

Gotha gründet, an die ich mich vermittelst der Seite vom Inselsberg zum Brocken angeschlossen habe.

	Breite	Länge von Göttingen
Hamburg, Michaelisthurm	53° 33′ 1″,8	0° 2′ 3″,0 östl.
Lüneburg, Michaelisthurm	53 15 5,5	0 27 29,5 »
Celle, südl. Schlossthurm	52 37 31,4	0 8 4,9 »
Göttinger Sternwarte, Platz des REICHENBACHschen Meridiankreises	51 31 48,7	0

Die Orientirung meines Dreieckssystems ist von meinem Meridianzeichen entlehnt; auf Hamburg übertragen weicht sie von den Azimuthen, welche Sie mir mitgetheilt haben, nur 1″,4 ab. Um das Absolute der Linien schärfer zu bestimmen, erwarte ich nur die Mittheilung der Länge Ihrer Basis und die Dreiecke, welche sie mit Ihren Hauptpunkten verbindet. Meine eine Dreiecksseite, Breithorn-Scharnhorst, würde sich, wie es scheint, ohne unübersteigliche Schwierigkeiten unmittelbar messen lassen.

Um eine recht zweckmässige Verbindung meiner Dreiecke mit den Ihrigen zu erhalten, hatte ich gewünscht und gehofft, Timpenberg mit Lüneburg unmittelbar verbinden zu können. Ein Durchhau wurde versucht, allein, nachdem er eine bedeutende Strecke hindurch fortgeführt war, fand sich schon das zwischenliegende Terrain nicht deprimirt genug, und musste daher diese unmittelbare Verbindung aufgegeben werden. Es ist jedoch von Wilsede aus noch ein Punkt niedergelegt, der sich unmittelbar mit Hamburg, Lüneburg und Lauenburg und höchst wahrscheinlich vermittelst eines Durchhaues mit Timpenberg verbinden lassen wird. Das Weitere muss den Arbeiten des künftigen Jahrs vorbehalten bleiben. Von den grossen Schwierigkeiten, in einem solchen waldigen, flachen Terrain zu operiren, hat Niemand einen Begriff, der nicht unter ähnlichen Umständen gearbeitet hat.

Die beifolgende Karte, welche in dem Maassstabe von $\frac{1}{200000}$ gezeichnet ist, wird Ihnen von dem Geschafften eine anschaulichere Vorstellung geben. Erst nachdem die übrigen Arbeiten vollendet waren, fand sich, dass der Punkt Scharnhorst, vermittelst zweier nicht sehr schwieriger Durchhaue, unmittelbar mit Lichtenberg und Deister sich verbinden lassen würde. Wäre es möglich gewesen, diesen Platz früher auszumitteln, und seine Brauchbarkeit und Lage festzusetzen, so hätte Garssen ganz wegfallen können. Vielleicht werde ich im künftigen Jahre die Messung der Winkel des Dreiecks Scharnhorst-Deister-Lichtenberg noch nachholen.

Ich habe in diesem Jahre ausser dem im Jahre 1821 gebrauchten Heliotrop noch zwei andere von der neuen Einrichtung in Thätigkeit gehabt, und daneben noch einen andern Heliotrop-Apparat, welchen ich immer bei mir führte, um meinen Gehülfen telegraphische Ordres zu geben. Für Sie ist die Bemerkung überflüssig, dass die von Hrn. Schubach im Astron. Jahrbuch für 1825 gegebene Nachricht über die Einrichtung der Heliotrope ganz auf einem Irrthum beruht und mit meinen Heliotropen gar nichts gemein hat. Herr Rumpf hat bereits sieben Heliotrope verfertigt, wovon zwei für die preussische und zwei für die hessische Triangulirung bestimmt sind. Von beiden Einrichtungen stehen Ihnen auf Verlangen Zeichnungen zu Dienste.

BEMERKUNGEN.

Die dem ersten Artikel in Band I, Nr. 7, der Astronomischen Nachrichten, beigegebene Dreieckskarte enthält in starken Linien im Süden die Dreiecke von der Seite Hohehagen-Inselsberg bis zur Seite Hils-Lichtenberg (vergl. die Figur auf S. 299), die Schnitte vom Hils zum Deister und Brelingerberg und im Norden die beiden Dreiecke Lüneburg-Hamburg-Hohenhorn und Lüneburg-Hohenhorn-Lauenburg. Durch punktirte Linien sind gebildet das Dreieck Lichtenberg-Deister-Wohlenberg, sowie die Richtungen zwischen den Punkten Deister, Brelingerberg, Falkenberg und Wilsede und die Richtungen Wilsede-Lüneburg und Wilsede-Hamburg. Wohl aus Versehen fehlt auf dieser Karte die Linie Hils-Nördl. Meridianzeichen.

Die dem zweiten Artikel zugefügte Dreieckskarte gibt die Dreiecke der eigentlichen hannoverschen Gradmessung, also die in der Figur auf S. 299 dargestellten Dreiecke vom Inselsberg bis Hamburg bis zu den Seiten Falkenberg-Wilsede und Wilsede-Hamburg. Es fehlt aber auf ihr noch der Punkt Nindorf und seine Verbindungen; dagegen sind auf ihr die Anschlussdreiecke zwischen den Punkten Lüneburg, Wilsede, Hamburg und Hohenhorn und die beiden dänischen Punkte Syk und Lauenburg enthalten.

Ausser diesen beiden Mittheilungen über die hannoversche Triangulirung sind von Gauss in Beziehung auf dieselbe noch 2 (später folgende) Aufsätze aus dem Jahre 1821 über den »Heliotrop« und ein (gleichfalls noch folgender) Artikel aus dem Jahre 1823: »Beobachtete und berechnete Triangulirung im Hannoverschen, Braunschweigschen und Lüneburgschen« veröffentlicht worden.

Krüger.

III.

NACHLASS

ZUR HANNOVERSCHEN TRIANGULATION.

[1.]

[Plan und Anfang zum Werke über die trigonometrischen Messungen in Hannover.]

Plan des Werkes.

Acht Abschnitte.

1) Über die bei den Messungen angewandten Einrichtungen und Methoden im allgemeinen	ungefähr 40	Seiten
2) Messung der Hauptdreieckswinkel	60	
3) Kleine Reductionen der Winkelmessungen	12	
4) Ausgleichung der Messungen	24	
5) Erste Berechnungsart der Dreiecke, in der Darstellung auf dem Sphäroid	36	
6) Zweite Berechnungsart, in der Darstellung in der Ebene	60	
7) Nebenpunkte	24	
8) Höhenmessungen	20	
Zusammen etwa	276	Seiten
oder	$34\frac{1}{2}$	Bogen.

Im ersten Abschnitt ist zu handeln von folgenden Gegenständen: Nächster Zweck der Messungen; Eigenthümlichkeit des Terrains; Zielpunkte; Standpunkte; Instrumente; Beobachtungsmanier; Basis; provisorische Berechnung der Punkte.

Die trigonometrischen Messungen im Königreich Hannover.

Einleitung.

Die erste Veranlassung zu den von mir in dem Königreiche Hannover in den Jahren 1821—1825 ausgeführten trigonometrischen Messungen war durch die von dem Herrn Etatsrath SCHUMACHER in den dänischen Staaten unternommene Gradmessung gegeben. Wenn diese in der Nordspitze von Jütland ihren natürlichen Endpunkt finden musste, so war sie im Süden einer Erweiterung fähig, die nur erst am mittelländischen Meere ihre Begrenzung findet. Zunächst musste eine solche Erweiterung in einer Strecke von mehr als zwei Breitengraden durch das Königreich Hannover gehen, an dessen südlicher Grenze die Göttingische Sternwarte die Gelegenheit zu den feinsten und bequemsten astronomischen Bestimmungen darbot. Die wissenschaftliche Wichtigkeit einer solchen Unternehmung und die feste Grundlage, welche dadurch die Geographie des Königreichs und künftige umfassendere trigonometrische Messungen erhalten mussten, konnten unserm erleuchteten Gouvernement nicht entgehen, und ich erhielt daher im Jahre 1820 den Auftrag, diese Fortsetzung der dänischen Gradmessung durch das Königreich Hannover auszuführen.

Der trigonometrische Theil dieser Arbeit wurde im Sommer 1821 am südlichen Ende angefangen und im Sommer 1823 mit den Messungen auf dem Michaelisthurm in Hamburg beendigt.

Inzwischen war in dem benachbarten Kurfürstenthum Hessen eine trigonometrische Landesvermessung unter der Leitung des Herrn Professor GERLING angefangen, bei welcher die Hauptdreiecke mit ausgezeichnet guten Hülfsmitteln und mit aller erreichbaren Genauigkeit gemessen werden sollten. Eine Verbindung derselben mit den hannoverschen Dreiecken war daher um so wichtiger, weil dadurch diese mit den bayerischen Dreiecken in Zusammenhang kommen mussten, und die in verschiedenen Theilen von Europa ausgeführten Dreiecksmessungen durch ihre Verknüpfung zu Einem Ganzen in höherer wissenschaftlicher Beziehung einen vielfach erhöhten Werth erhalten. Jene Verbindung der hannoverschen und kurhessischen Messungen wurde noch im Spätjahr 1823 ausgeführt; letztere sind aber seitdem unvollendet geblieben, obwohl so viel als zu einer nothdürftigen Verbindung der hannoverschen mit den bayerischen Dreiecken erforderlich war, nemlich die Messung von wenigstens zwei Winkeln in allen zu der Verbindung nöthigen Dreiecken, im Jahre 1823 vollendet ist.

So wie nun hiedurch eine wenigstens vorläufige Verknüpfung der norddeutschen und süddeutschen Messungen erreicht war, musste es doppelt wichtig erscheinen, auch eine Verknüpfung mit den grossen unter sich zusammenhängenden Messungssystemen im Westen zu bewirken, und mein ursprünglicher Auftrag erhielt deshalb eine Erweiterung, dass ich auch noch einen Übergang von meinen Gradmessungsdreiecken zu den Krayenhoffschen Messungen ausführen sollte. Ich führte deshalb in den Jahren 1824 und 1825 zu diesem Zwecke ein neues Dreieckssystem von Hamburg bis Jever, wodurch also der Zusammenhang mit den niederländischen, französischen und englischen Dreiecken bewirkt ist, so dass also schon jetzt alle grossen durch den cultivirtesten Theil von ganz Europa sich erstreckenden Messungen in der That vorhanden sind.

Da inzwischen die dänische Gradmessung noch unvollendet geblieben war, so hielt ich für nothwendig, den astronomischen Theil meines Geschäfts so einzurichten, dass die hannoversche Gradmessung auch als ein abgeschlossenes Ganzes für sich bestehen konnte.

Die Göttingische Sternwarte, welche selbst ein Hauptdreieckspunkt im System ist, und von der aus alle Dreiecksseiten ihre Orientirung erhielten, bildete von selbst den südlichen Endpunkt; allein ein in seiner Art einziger Umstand kam hinzu, der auch die Wahl des nördlichen Endpunkts nicht zweifelhaft lassen konnte: die inzwischen in Altona errichtete Sternwarte des Herrn Professor Schumacher liegt nemlich fast genau im Meridian der Göttingischen. Die von mir im Jahr 1827 an beiden Plätzen mit dem Ramsdenschen Zenithsector gemachten Beobachtungen an 43 Sternen und die daraus für den Breitenunterschied erhaltenen und sonstigen Resultate habe ich bereits in einem 1828 erschienenen Werke bekannt gemacht.

Dem trigonometrischen Theil meiner Arbeit ist gegenwärtiges Werk gewidmet. Ich habe dabei aus einem doppelten Grunde für nöthig gehalten, der Darstellung alle erforderliche Ausführlichkeit zu geben.

Bei einer isolirten Breitengradmessung von mässiger Ausdehnung, die nichts weiter als solche ist und sein soll, kann man den trigonometrischen Theil gewissermaassen als untergeordnet betrachten, insofern die Genauigkeit, deren die astronomischen Beobachtungen fähig sind, doch lange nicht der bei dem trigonometrischen Theil erreichbaren Genauigkeit entspricht, und es also nicht so unerlässlich nothwendig ist, in Beziehung auf letztere das Höchste zu erreichen.

Bei der trigonometrischen Vermessung eines Landes ist es dagegen in mehrern Rücksichten allerdings rathsam, die Genauigkeit in der Bestimmung der gegenseitigen Lage der Hauptpunkte so weit zu treiben, wie es der Zustand der Kunst und die Umstände nur zulassen, zumal da es dann in unzähligen Fällen möglich wird, hinreichend genau abgeleitete Bestimmungen secundärer Punkte mit äusserst geringer Arbeit und durch Methoden zu gewinnen, die ohne jene Voraussetzung ins Wilde führen würden. Wenn eine solche trigonometrische Vermessung isolirt steht, hat freilich ausführlichere Bekanntmachung ihrer Bestandtheile wenigstens kein allgemeines Interesse. Allein je mehr die in verschiedenen Theilen von Europa ausgeführten trigonometrischen Messungen mit einander in Verbindung kommen und nach und nach sich einem grossen Ganzen nähern werden, desto mehr erhalten die einzelnen Bestandtheile den Charakter eines kostbaren Gemeinguts von einem für alle Zeiten bleibenden Werthe, und desto wichtiger wird es, alle wesentlichen Momente derselben in solcher Vollständigkeit aufzubewahren, dass ihre Zuverlässigkeit im Ganzen wie im Einzelnen stets geprüft werden könne.

Ein zweiter Beweggrund zur Ausführlichkeit lag in der Eigenthümlichkeit der, sowohl bei den Messungen selbst, als bei ihrer Verarbeitung zu Resultaten, von mir angewandten Methoden, welche von den sonst üblichen zum Theil gänzlich verschieden sind, und deren Darstellung ein Hauptzweck dieses Werks sein sollte. Ohne Zweifel ist die Verbindung einer Darstellung dieser Methode im allgemeinen, mit einer fortlaufenden Anwendung auf ein ausgedehntes Messungssystem, das geeignetste Mittel, die Natur derselben in ihr wahres Licht zu setzen, und denjenigen, welche sich derselben in Zukunft zu ähnlichen Messungen bedienen wollen, diese Anwendung zu erleichtern.

Erster Abschnitt.

Anordnung der Messungen im allgemeinen.

1.

Der Landstrich von Göttingen bis Hamburg ist in seinem südlichen und nördlichen Theile von sehr ungleicher Beschaffenheit. Jener ist gebirgig, und die Berge sind auf ihren Gipfeln meistens mehr oder weniger bewaldet, und die meisten Ortschaften liegen so, dass ihre Thürme eine weite Aussicht entweder gar nicht oder höchstens nach Einer Seite darbieten. Der nördliche Theil hingegen ist flach, vielfach mit Waldung durchschnitten, welche die Benutzung einzelner Anhöhen von geringer Höhe sehr erschwert, und oft ganz unthunlich macht; und an Ortschaften mit Thürmen, die sich zu Dreieckspunkten eigneten, fehlt es auf dem grössten Theile dieser Strecke gänzlich.

2.

Unter diesen Umständen liess sich voraussehen, dass auf natürliche Dreieckspunkte fast gar nicht zu rechnen, sondern an den meisten Dreieckspunkten entweder eigene Signalthürme zu erbauen, oder auf andere künstliche Mittel zu ihrer Sichtbarmachung Bedacht zu nehmen sein würde.

Ein Hauptumstand in dieser Beziehung ist die Grösse, welche man den einzelnen Dreiecken zu geben beabsichtigt. Es ist klar, dass bei einer sehr ins Grosse gehenden, z. B. einen ganzen Welttheil umfassenden Messung, es, allgemein zu reden, für die Genauigkeit des Ganzen am vortheilhaftesten sein würde, die Dreiecke so gross wie nur möglich zu machen, und dasselbe gilt dann auch für eine Messung von kleinerm Umfang, insofern man sie als einen Bestandtheil eines solchen grössern Systems betrachtet. Allein diese Behauptung bleibt nur insofern wahr, als man voraussetzt, die Winkel in den grössten Dreiecken seien mit derselben, wenigstens mit einer nicht erheblich geringern Schärfe zu messen, wie die in kleinen Dreiecken, und diese Bedingung findet freilich bei der Anwendung von Kirchthürmen oder künstlichen Signalthürmen keinesweges statt, und die Augenblicke, wo dergleichen Gegenstände in sehr grossen Entfernungen die grösste Schärfe und Sicherheit in den Messungen verstatten, sind äusserst selten.

[2.]

[Auszüge aus Berichten über die Triangulirung an das hannoversche Cabinets-Ministerium.]

[Aus einem Bericht vom 7. Januar 1822 »über die Arbeiten im Jahre 1821«.]

Von den vielfachen Operationen, welche zu einer Gradmessung gehören, ist die Bildung des Dreiecksnetzes und die Messung der Winkel diejenige, welche bei weitem die meiste Zeit und Arbeit erfordert. Bei der hannoverschen Gradmessung muss dies Dreiecksnetz im Norden bei Hamburg sich an die dänischen Messungen anschliessen: im Süden ist zwar die Göttinger Sternwarte der eigentliche natürliche Endpunkt der Gradmessung an sich; allein damit diese auch der weitern Ausdehnung nach Süden fähig werde, ist es zugleich sehr wesentlich, sie an diejenigen fremden Messungen anzuschliessen, welche das Königreich Hannover auf der Südseite berühren. In diesem Falle befinden sich die von der königl. preussischen Regierung veranstalteten und mit grosser Sorgfalt ausgeführten Messungen, so wie gegenwärtig auch in Kurhessen eine grosse mit aller erreichbaren Genauigkeit auszuführende Triangulirung beabsichtigt wird.

Die erwähnten preussischen Messungen, so weit sie bisher gediehen waren, wurden mir im vorigen Winter mitgetheilt; ausserdem hatte ich Gelegenheit, einen Theil der von dem französischen Obersten Epailly im Jahr 1804 u. f. im Hannoverschen, und namentlich im südlichen Theil, gemachten Messungen zu erhalten. Der Besitz dieser und einiger anderer Hülfsmittel, welche bei der ersten Auswahl der Dreieckspunkte einige Erleichterungen geben konnten, sowie die Erwägung, dass manchen kleinen von dem Anfang solcher Operationen unzertrennlichen Schwierigkeiten und Verlegenheiten immer schneller und leichter in der Nähe von Göttingen würde abgeholfen werden können, bestimmten mich, die Triangulirung auf der Südseite anzufangen.

Schon im Jahre 1820 hatte ich angemessene Einleitungen getroffen, um mir die erforderlichen Instrumente zu verschaffen hier erwähne ich nur derjenigen, welche sich unmittelbar auf den geodätischen Theil der Gradmessung beziehen. Zu den eigentlichen Winkelmessungen hatte ich bei REICHENBACH (dessen Werkstatt sein ehemaliger Werkmeister ERTEL gegenwärtig ganz übernommen hat) einen zwölfzölligen Theodolithen bestellt, dessen Vollendung und Ablieferung auf das Frühjahr 1821 zugesagt war. Einen kleinern Theodolithen von dem englischen Künstler TROUGHTON hatte ich durch die gefällige Besorgung des Professors SCHUMACHER bereits in Händen.

Eine besondere Vorsorge erforderten die Hülfsmittel, die Dreieckspunkte in sehr grossen Entfernungen sichtbar zu machen. Da es meine Absicht und von grösster Wichtigkeit war, die Dreiecke so gross wie möglich zu wählen, so blieb bei der Beschaffenheit des Landstriches, durch welches sie zu führen sind, keine Hoffnung, dass viele Kirchthürme als Dreieckspunkte würden benutzt werden können. Besonders gebaute Signalthürme sind bisher das in solchen Fällen am meisten angewandte Mittel gewesen: indessen kommen in der Ausübung nicht selten Fälle vor, wo auch dieses Mittel unzureichend wird, indem solche Signalthürme (ebenso wie die Kirchthürme) in grossen Entfernungen, da, wo sie nicht gegen den Himmel, und besonders da, wo sie sich gegen nahen dunkelfarbigen Hintergrund projiciren, immer sehr schwer zu sehen, und noch viel schwerer zu beobachten sind*). Andere Beobachter haben aus diesen und andern Gründen häufig (einige ausschliesslich) die Winkelbeobachtungen bei Nacht angestellt, indem sie die entfernten Dreieckspunkte durch grosse ARGANDsche Lampen mit sehr genau parabolischen Reverberes sichtbar machen liessen. Freilich haben diese nächtlichen Beobachtungen wieder andere grosse Schwierigkeiten und Inconvenienzen, und besonders bei sehr grossen Dreiecken muss gewöhnlich eine gelungene Beobachtung erst mit vielen vergeblichen Versuchen gleichsam erkauft werden. . . . . Wenn ich daher gleich nicht geneigt war, mich dieser Beobachtungsart ausschliesslich zu bedienen, zumal da meine physischen Kräfte den Beschwerden eines beständigen nächtlichen Aufenthalts auf meistens hohen und schwer zugänglichen Bergen schwerlich gewachsen gewesen sein würden, so musste ich mich doch,

*) Meine eigene Erfahrung im vorigen Sommer hat dies vielfach bestätigt. So habe ich z. B. während meines ganzen mehr als vierwöchentlichen Aufenthalts auf dem Brocken den auf dem Hils erbauten $7\frac{1}{2}$ Meilen entfernten Signalthurm nur ein- oder zweimal auf wenige Minuten, die Kirchthürme des 12 Meilen entfernten Hannover auch nicht ein einziges Mal sehen können, ungeachtet die Richtung genau bekannt war.

da kein anderes Mittel bisher bekannt war, im voraus gefasst halten, dasselbe wenigstens in manchen einzelnen Fällen zu gebrauchen, und ich hatte daher vorläufig drei solcher Lampen bei REPSOLD in Hamburg und bei KÖRNER in Jena bestellt. Diese Lampen erhielt ich im Mai 1821, und ihre Wirkung bei den in schicklichen Entfernungen damit verschiedentlich angestellten Versuchen hat auch meiner Erwartung entsprochen.

Indem mir alle die erwähnten grossen Schwierigkeiten bei Bildung grosser Dreiecke nach fremden Erfahrungen, noch ehe ich eigene gemacht hatte, vorschwebten, war ich auf ein ganz neues Mittel bedacht, ihnen abzuhelfen. Theoretische Untersuchungen hatten mich überzeugt, dass reflectirtes Sonnenlicht von nur ganz kleinen Planspiegeln hinreichende Kraft habe, um in den grössten Entfernungen sichtbar zu sein, und sich viel leichter und besser beobachten zu lassen, als alle Thürme und Signale, ja selbst besser, als mehrere zusammengestellte ARGANDsche Lampen bei Nacht. Um diese Idee brauchbar zu machen, bedurfte es eines besondern Apparats oder Instruments, wodurch man das reflectirte Sonnenlicht mit grösster Genauigkeit und Sicherheit ununterbrochen nach jedem beliebigen noch so weit entfernten Punkte lenken kann. Obgleich ich die Einrichtung zu diesem Zweck im wesentlichen schon vollständig entworfen hatte, war es doch nicht leicht, dasselbe ausgeführt zu erhalten, zumal wenn dies durch einen auswärtigen Künstler hätte geschehen sollen, wo der Vortheil fortwährender mündlicher Berathung bei einzelnen technischen Schwierigkeiten weggefallen wäre, und die Vollendung daher zum wenigsten sehr in die Länge gezogen sein würde. Diese Verlegenheit näherte sich jedoch ihrer Erledigung, als unser geschickter Inspector RUMPF, welcher während eines grossen Theils des Winters von hier abwesend gewesen war, gegen Ostern nach Göttingen zurückkehrte, und bald nachher die Arbeit eines solchen Instruments übernahm. ......

Bei der hannoverschen Gradmessung ist es ein besonders wesentlicher und wichtiger Umstand, dass die ersten von der hiesigen Sternwarte auslaufenden Dreiecksseiten durch die festen Meridianinstrumente der Sternwarte selbst auf das genaueste orientirt werden können. Die Aussicht der Sternwarte in der Richtung des Meridians war zwar ursprünglich weder auf der Nordseite noch auf der Südseite offen, und wenn diesem Mangel nicht abzuhelfen gewesen wäre, so wäre nicht allein jener höchst wichtige Vortheil gar nicht vorhanden gewesen, sondern es wäre dies auch auf immer ein wesentlicher Radicalfehler bei der Wahl des Platzes der Sternwarte geblieben. Glücklicherweise war aber die eine Hälfte dieser Schwierigkeit bereits überwunden; die vorher durch die Gärten vor Göttingen versperrt gewesene Aussicht nach Norden hatte ich schon im Herbst 1820 geöffnet, und auf einem Berge unweit Weende ein provisorisches Meridianzeichen errichten lassen. Viel grösser waren hingegen die Schwierigkeiten auf der Südseite des Meridians, wo eine dichte hohe drei Stunden entfernte Waldung die Aussicht begrenzte. Dies Hinderniss musste wo möglich überwunden werden. . . . . .

Während dieser Zeit hatte der Inspector RUMPF schon fleissig an dem oben erwähnten Instrument gearbeitet, welches ich fortan mit dem ihm beigelegten Namen Heliotrop bezeichnen werde. Allein noch vor dessen Vollendung war ich auf die Idee gekommen, einen blossen Spiegelsextanten zu einer Art Viceheliotrop einzurichten, freilich viel unvollkommener, als jenes Instrument selbst, aber doch bei geschickter Behandlung gleichfalls brauchbar. Die damit schon auf Entfernungen von beinahe 2 Meilen angestellten Versuche bestätigten die enorme Kraft des reflectirten Sonnenlichts fast über meine Erwartung. . . . . .

[Aus einem Bericht vom 31. Januar 1823 »über die Arbeiten der Gradmessung im Jahre 1822«.]

Im Jahre 1821 war die Triangulirung, als der ausgedehnteste Theil des ganzen Geschäfts, eingeleitet, und die Messungen an fünf Dreieckspunkten vollführt, nemlich in der Göttinger Sternwarte, beim Meridianzeichen, auf dem Hohehagen, Hils und Brocken. Behuf der weitern Fortsetzung waren ferner vier weiter nördlich liegende Punkte ausersehen, nemlich Lichtenberg, der Deister, der Wohlenberg im Amte Gifhorn, und ein Berg bei Brelingen in der Amtsvoigtei Bissendorf. Ich selbst hatte jedoch diese Punkte noch nicht besucht, und es blieb bei einigen derselben noch problematisch, ob sie sich zu Dreieckspunkten qualificiren würden: dies musste erst entschieden werden, ehe der Plan zu den ersten Arbeiten des Jahrs 1822 gemacht werden konnte.

Allein dies war nur der kleinste Theil der nothwendigen Präliminar-Untersuchungen. Die Operationen näherten sich nun der Lüneburger Heide, einem ganz flachen Lande, wo der Mangel dominirender Punkte und die fast unzählbaren grössern und kleinern Holzungen, welche es schachbrettartig bedecken, die Bildung von einigermaassen beträchtlichen Dreiecken ausserordentlich erschweren. Ich kannte diese Schwierigkeiten bereits aus den Berichten des französischen Obersten Epailly, der im Jahr 1804 und 1805 die französischen Messungen im Kurfürstenthum Hannover geleitet hatte: dieser Ingenieur hatte die Schwierigkeiten des Terrains für so gross angesehen, dass er die Bildung eines Dreieckssystems von der Aller bis zur Elbe für unmöglich erklärt, und daher die Verbindung auf einem ungeheuer grossen Umwege, nemlich durch Dreiecke längs der Weser bis zu ihrer Mündung und dann wieder die Elbe herauf bis Hamburg, effectuirt hatte, ein Verfahren, das höchstens als Nothbehelf bei einer Landesvermessung, aber durchaus nicht bei einer Gradmessung zulässig sein könnte.

Diese Umstände machten vor dem Anfange der eigentlichen Messungsoperationen eine Recognoscirungsreise nothwendig. Diese Reise, bei welcher ich von meinen drei Gehülfen nur den Hauptmann Müller mit zuzog, beschäftigte mich vom 28. April bis 1. Junius, und ich führe, das Detail der mühsamen Untersuchungen hier übergehend, nur die Hauptresultate derselben an.

Der Brelingerberg wurde zur Verbindung unbrauchbar befunden; dies wurde aber mehr als ersetzt durch die glückliche Entdeckung, dass zwei neue noch nördlicher liegende Punkte, ein hoher Acker bei Garssen und der Falkenberg, jener fast eine Meile nordöstlich von Celle, dieser eine Meile nordwestlich von Bergen entfernt, sich beide unmittelbar mit Lichtenberg und mit dem Deister verbinden liessen: dadurch wurde der Wohlenberg überflüssig, und die ersten Messungsarbeiten waren nun bestimmt und sicher festgesetzt. In Rücksicht auf das weitere Fortschreiten nach Norden fand ich allerdings die Schwierigkeiten so gross, wie ich erwartet hatte; jedoch war es mir auch gelungen, gleichsam im Herzen der Heide die Ausführbarkeit zweier guter Dreiecke zwischen den vier Punkten Falkenberg, Hauselberg (in der Amtsvoigtei Hermannsburg), Wulfsode (im Amt Ebstorf) und Wilsede (an der äussersten südwestlichen Grenze des Amts Winsen an der Luhe) festzustellen. Es zeigte sich ferner die Möglichkeit, den Falkenberg mit Wilsede vermittelst eines Durchhaus durch das Becklinger Holz zu verbinden, und die Hoffnung, dass die beiden Punkte Hauselberg und Garssen vermittelst eines oder einiger Zwischenpunkte und einiger Durchhaue durch die Waldungen, welche sie scheiden, würden verknüpft werden können. Allein rücksichtlich solcher Durchhaue, ohne welche in diesen Gegenden schlechterdings nicht durchzukommen ist, glaubte ich mir zwei Gesetze auflegen zu müssen; erstlich, so viel irgend möglich, allen edlern Holzarten (als Eichenwäldern) auszuweichen, und zweitens die Richtung der Durchhaue vorher mit äusserster Präcision zu bestimmen, so dass sie so schmal wie möglich ausfallen sollten, und auch nicht Ein Stamm ohne Noth gefällt zu werden brauchte. Um aber dies zu erreichen, mussten schon sehr scharfe Messungen, die zum Theil künstlich arrangirt und combinirt werden mussten, vorangehen, und diese liessen sich mit Genauigkeit und mit dem möglich geringsten Zeitaufwand erst dann ausführen, wenn die Hauptmessungen erst selbst bis in diese Gegend vorgerückt waren, und ich darf hier im voraus bemerken, dass ich diese Zwecke späterhin auch zu meiner vollkommensten Zufriedenheit erreicht habe.

Die Zwischenzeit von der Rückkehr von der Recognoscirungsreise bis zum eigentlichen Anfang der Messungsoperationen verwandte ich dazu, die Instrumente ganz in gebrauchfertigen Stand zu setzen, alles nöthige vorzubereiten, und dem Hauptmann Müller und dem Lieutenant Hartmann diejenigen Instructionen zu geben, die zu einem vollkommenen Ineinandergreifen der Operationen erforderlich waren. Am 16. Junius trat ich die Reise nach Lichtenberg, dem ersten in diesem Jahre vorzunehmenden Dreieckspunkte an, wohin mein Sohn mit einem Theile der Instrumente schon vorausgereist war.

Die wirklichen Messungsarbeiten haben in diesem Jahre vier Monate gedauert, nemlich bis Mitte Octobers, und während dieser Zeit sind neun Hauptdreieckspunkte absolvirt: im Jahr 1821 konnten in einer nicht viel kürzern Zeit nur fünf vorgenommen werden; dies so viel raschere Fortschreiten ist hauptsächlich der Vermehrung der Zahl der Gehülfen und der Heliotrope zuzuschreiben; allein noch wichtiger ist der daraus erhaltene Gewinn in der Vergrösserung der Genauigkeit der Messungen selbst. . . . . .

Der Zweck der Triangulirung, als Theil der Gradmessung, ist, die Göttinger Sternwarte durch ein zusammenhängendes System von Dreiecken mit den dänischen Dreiecken zu verbinden, und dazu war es am vortheilhaftesten, die Dreiecke so gross wie möglich einzurichten, und die Dreieckspunkte im allgemeinen auf den höchsten Stellen, die die weiteste Aussicht gewähren, zu wählen. Diese Punkte haben an und für sich grösstentheils kein unmittelbares Interesse für die Geographie des Königreiches. Ich habe aber überall, neben dem Hauptzwecke, meine Operationen für diese nach Möglichkeit nützlich zu machen gesucht. Die Lage aller Örter, die von mehr als einem Hauptdreieckspunkte sichtbar waren, habe ich sorgfältig bestimmt, manche mit einer Genauigkeit, die der in der Lage der Hauptdreieckspunkte gleich kommt. Ich nenne davon die Städte Hannover, Braunschweig, Celle, Lüneburg, Neustadt am Rübenberge, Burgdorf. Die Anzahl der Dörfer, deren Lage ich bestimmt habe, ist sehr gross. Die Bahn ist gebrochen, diese Erndte über einen grössern Theil des Königreichs, oder über das ganze, auszudehnen. ......

[Aus dem Bericht vom 16. Februar 1825 »über die im Jahre 1824 ausgeführten trigonometrischen Arbeiten.«]

...... Resultate: Der Bericht und die beigefügte Karte zeigen, dass die Arbeiten des Jahres 1824 mehrfache Übergänge von den Dreiecken der frühern Jahre bis Bremen darbieten; der einfachste [die Dreiecke Wilsede-Falkenberg-Elmhorst, Wilsede-Elmhorst-Litberg, Wilsede-Litberg-Hamburg, Wilsede-Litberg-Zeven, Wilsede-Zeven-Steinberg und Zeven-Steinberg-Bremen umfassend*)] ist mit starken vollen Linien gezeichnet, und zwei neue Dreiecke [Zeven-Bremen-Brillit und Brillit-Bremen-Garlste] sind noch an die Seite Bremen-Zeven angeknüpft. Wäre es möglich gewesen, jenes einfachste System gleich anfangs ausfindig zu machen, so hätten allerdings die andern mit schwachen vollen Linien gezeichneten Dreiecke [bei denen die Punkte Bullerberg, Bottel und Brüttendorf Eckpunkte sind] ganz wegfallen können. Allein die Berichterstattung zeigt, nach wie vielen Schwierigkeiten der Plan zu jenem erst ausgemittelt werden konnte, und die präcise schnelle Ausführung der verschiedenen dazu erforderlichen Durchhaue wäre gleichfalls ohne vorgängige

[*) Siehe die Dreiecksskizze auf S. 299].

schon sehr genaue Kenntniss der Lage der Plätze ganz unthunlich gewesen. Bei dem heutigen mathematischen Zustande der höhern Geodäsie dürfen übrigens auch die letztern Dreiecke, die schwach gezeichneten, keinesweges als überflüssig betrachtet werden: vielmehr muss ihre nach ganz bestimmten Principien anzustellende Berücksichtigung mit dazu beitragen, die Schärfe der Endresultate zu vergrössern. ......

Endlich ist es auch noch von grosser Wichtigkeit, dass durch die drei Dreiecke zwischen den fünf Punkten Falkenberg, Elmhorst, Wilsede, Litberg, Hamburg ein neuer Übergang von den südlichen Dreiecken im Königreich Hannover bis Hamburg erreicht worden ist, welcher vor den frühern um vieles complicirtern [über Hauselberg, Wulfsode, Timpenberg, Nindorf und Lüneburg] vorzuziehen ist, und daher nach den vorhin angedeuteten Grundsätzen die Genauigkeit der Resultate verdoppeln wird. ......

[Aus dem Bericht vom 21. November 1827, »betreffend die weitere Ausdehnung der Gradmessungsarbeiten.«]

...... Es wurden 1821—1823 bei Messung der Dreieckskette bis Hamburg verausgabt 11000 Thaler, und 1824, 1825 für die von da westlich bis Ostfriesland geführte Dreieckskette etwa 7000 Thaler. Von diesen Kosten ist aber abzurechnen, was wegen Anschaffung von Instrumenten und wegen Abholens des englischen Zenithsectors von Altona nach Göttingen verausgabt ist, und zwischen 2500 und 3000 Thalern betragen haben mag, so dass die eigentlichen Triangulirungskosten etwa 15000 Thaler betragen haben mögen. Nun scheint nach der Übersichtskarte der Inbegriff der noch nicht berührten Landestheile wohl nicht viel grösser zu sein, als die mit Dreiecken bereits überzogene Fläche, und bei aller Ungewissheit, in der ich wegen der Schwierigkeiten des Terrains bin, ist es doch kaum wahrscheinlich, dass sie grösser sein können, als diejenigen, womit ich besonders 1822 und 1824 zu kämpfen gehabt habe. Wenn ich nun ausserdem bemerke, dass die Operationen, deren Hauptzweck die Vervollkommnung der Landes-Geographie ist, auch bei einer würdigen Ausführung doch nicht den Grad von äusserster Schärfe der Messungen erfordern, welcher bei einer eigentlichen Gradmessung verlangt wird, so scheint die Hoffnung nicht ungegründet, dass die Erweiterung der Triangulirung über die noch nicht berührten Theile des Königreichs sich mit einer geringern Summe und vielleicht mit 12000 Thalern bestreiten lassen werde*).

Um nun aber eine solche Triangulirung für die Vervollkommnung der Geographie möglichst nützlich zu machen, wird man sich nicht darauf einschränken müssen, bloss Netze von Hauptdreiecken der ersten Ordnung über die betreffenden Landestheile auszuführen, sondern damit die Bestimmung der Lage einer möglichst grossen Anzahl secundärer Punkte verbinden, namentlich solcher, die scharfe Bestimmungen zulassen, und in der Regel Jahrhunderte dauern, also besonders der Kirchthürme. Ich habe mir diese Rücksicht schon bei den frühern Messungen zur Pflicht gemacht, obwohl sie dem Hauptzweck untergeordnet bleiben musste, und die Anzahl der bei jenen Messungen bestimmten Punkte beträgt schon über 500. . . . . .

Diese Angabe der Lage einer grossen Anzahl fester Punkte in Zahlen (wie viel nemlich nördlich oder südlich, westlich oder östlich, von einem beliebigen Anfangspunkte, z. B. der Göttinger Sternwarte), bis auf wenige Fuss genau, muss als die Hauptausbeute der Operationen in topographischer Rücksicht betrachtet werden. Sie behält auf Jahrhunderte einen bleibenden Werth, insofern die Mehrzahl der Punkte bleibt, wenn auch im Laufe der Zeit einige untergehen, und die dadurch etwa entstehenden Veränderungen sind leicht zu ergänzen. Sie bildet eine sichere Grundlage für alle Detailaufnahmen: alle die Unsicherheiten, welche Aufnahmen ohne solche feste Anhaltspunkte erschweren, entstellen und ihre Vereinigung zu einem fehlerfreien Ganzen unmöglich machen, fallen dabei ganz weg; nachlässige Arbeiter erhalten dadurch eine strenge unausweichliche Controlle; jede Messtischplatte wird unabhängig von der andern bearbeitet, kein Fehler pflanzt sich also auf andere Blätter fort; endlich vereinigen sich alle einzelnen Blätter von selbst zu einem genau orientirten und überall zusammenpassenden Ganzen. Es ist einleuchtend, dass die grossen Kosten, welche Detailaufnahmen von bedeutendem Umfange allezeit machen, durch einen solchen sichern Gang in einem hohen Grade vermindert werden müssen; aber dieser sichere Gang ist es nicht allein,

*) Die im laufenden Jahr 1827 erforderlichen Kosten kommen hiebei nicht in Betracht, da ihr Gegenstand zu dem rein astronomischen Theile der Gradmessung gehört.

was die Arbeit beschleunigt; sehr wichtig ist in dieser Beziehung auch der Umstand, dass der Gebrauch der Messkette dadurch fast ganz überflüssig und nur ausnahmsweise nöthig wird, da die Triangulirung die Grundlinien schon von selbst gibt, und mit einer Schärfe, welche die gewöhnliche Kette gar nicht einmal geben könnte.

Allein auch, wo schon Detailaufnahmen vorhanden sind, wie bei den meisten Ämtern des frühern Bestandes des Königreiches, bieten die festen Punkte das Mittel dar, die aus der Zusammensetzung entstandenen Fehler zu berichtigen, und dadurch selbst Karten, die sich auf unvollkommene Aufnahme-Methoden gründen, wenn sie sonst im kleinen Detail gut sind, zu Darstellungen umzuarbeiten, die auch höhern Anforderungen Genüge leisten können.

Was demnach die Maassregeln betrifft, um die Triangulirungen zur Vervollkommnung der Geographie möglichst nützlich zu machen, so sind dabei die bereits ausgeführten Messungen von den eventuell über andere Landestheile künftig zu erstreckenden zu unterscheiden.

Bei letztern wird die Gewinnung genauer Bestimmung einer möglichst grossen Anzahl fester Punkte gleich als Hauptzweck berücksichtigt werden müssen.

Bei den bereits ausgeführten Messungen hingegen ist allerdings diese Rücksicht nur als untergeordnet betrachtet gewesen; allein da ich, wie schon erwähnt, dieselbe doch stets im Auge gehabt habe, so viel, ohne das Hauptgeschäft zu hemmen, geschehen konnte, so müssen hinsichtlich des Erfolges hier abermals die nördlichen Gegenden von den südlichen unterschieden werden.

In der nördlichen (grössern) Hälfte, d. i. etwa von der Stadt Hildesheim an bis zum Meere, also in dem flachen Theile des Landes, ist die Ausbeute in der erwähnten Beziehung so ergiebig gewesen, dass wenig oder nichts zu wünschen übrig bleibt. . . . . .

In dem südlichsten Theil des Königreichs hingegen ist die Anzahl der scharf bestimmten Kirchthürme viel kleiner, da theils wegen der Grösse der Dreiecke, theils wegen der gebirgigen Beschaffenheit des Landes nur wenige Thürme von mehr als Einem Hauptdreieckspunkte aus zugleich sichtbar waren. Für die Vervollkommnung der Geographie des Königreichs, und namentlich um einer Detailaufnahme der südlichen Theile des Hildesheimschen und des Eichsfeldes ähnliche sichere Grundlagen zu verschaffen, würde es daher allerdings wichtig sein, die südlichen grossen Dreiecke noch in mehrere kleinere zu zerlegen, und durch Messungen an neuen eingeschalteten Standpunkten sichere und zureichende Grundlagen für jene Aufnahmen zu gewinnen. Auf die Kosten dieser Operationen habe ich bei der obigen Schätzung keine Rücksicht nehmen können: ihre Veranschlagung würde fast noch misslicher, aber auf jeden Fall können sie doch, vergleichungsweise gegen die Kosten neuer grosser Triangulirungen in den noch nicht berührten Landestheilen, nur klein sein.

Dass es übrigens in Zukunft wünschenswerth sein wird, die Resultate der Lage aller scharf bestimmten Punkte, wenn sie erst ein geschlossenes Ganzes bilden, öffentlich bekannt zu machen, brauche ich nicht zu bemerken. Von dem eigentlich rein wissenschaftlichen Theile der bisherigen Messungen versteht sich dies ohnehin von selbst. . . . . .

[Aus dem Bericht vom 26. Junius 1828, »die Fortsetzung der Gradmessungsarbeiten betreffend.«]

. . . . . . Da die Detailaufnahme der noch nicht vermessenen Landestheile auf die trigonometrischen Operationen gegründet werden soll, und beide Geschäfte rücksichtlich der zu verwendenden Geldmittel von einander abhängig sein werden, so war zuvörderst eine ungefähre Überschlagung der Gesammtkosten erforderlich. Nach einer mir vom Herrn Geh. Cabinetsrath Hoppenstedt mitgetheilten Notiz würde der Flächeninhalt der im Detail aufzunehmenden Landestheile etwa 144 Quadratmeilen betragen; die Kosten der Detailaufnahme durch Generalstabsofficiere werden auf 200—250 Thaler für jede Quadratmeile geschätzt, wozu noch etwa 21 Thaler wegen der Copirungskosten der Karte in 4 Exemplaren hinzu zu rechnen sein würden. Würden also zusammen 250 Thaler auf die Quadratmeile gerechnet, so würden diese Kosten etwa 36000 Thaler, folglich mit Inbegriff der Triangulirungskosten in den von der Gradmessung noch nicht berührten Landestheilen gegen 50000 Thaler betragen. Es möchten dazu noch ein oder ein paar tausend Thaler zu rechnen sein wegen der Operationen, die erforderlich sein werden, um innerhalb der grossen südlichen Dreiecke der Gradmessung eine hinlänglich grosse Anzahl fester Punkte für die Detailaufnahme festzulegen, worüber ich mich bereits früher in der im November vorigen Jahres eingereichten Eingabe ausführlicher erklärt habe. Es würde daher, wenn zu diesen Geschäften jährlich wirklich 5000 Thaler verwendet werden können (was ausser den Geldmitteln auch von der steten Disponibilität des Personals abhängen wird), zur völligen Vollendung ungefähr ein Zeitraum von 10 Jahren erforderlich sein.

Nach einem von mir selbst früher gemachten, obwohl vielleicht minder zuverlässigen Überschlage wäre der Flächeninhalt der im Detail aufzunehmenden Landestheile 173 Quadratmeilen; danach würde der Überschlag für den Kostenaufwand etwa 7000 Thaler grösser und die Zeitdauer 1 bis 2 Jahr länger ausfallen. Und so würde auch, wenn die bestimmten 5000 Thaler nicht als alljährlich wirklich oder im Durchschnitt zu verwenden, sondern nur als jedesmaliges Maximum zu betrachten sind, eine verhältnissmässige Verlängerung der Dauer des ganzen Geschäfts die Folge sein.

Was die Eintheilung der trigonometrischen Arbeiten auf die einzelnen Jahre betrifft, so möchte es, um diese als Grundlage der Detailaufnahme schneller vollenden zu können, rathsam sein, anfangs den grössern Theil der Geldmittel auf dieselbe und den kleinern auf die Detailaufnahme, vielleicht in dem Verhältniss von $\frac{5}{8}$ zu $\frac{3}{8}$, zu verwenden: letztere würde dann in den spätern Jahren, wo überall eine sichere Grundlage vorhanden ist, wo die Arbeiter nach und nach immer mehr eingeübt sind, und wo die Geldmittel allein darauf verwendet werden können, eines um so raschern Fortschreitens gewiss sein. In Beziehung auf die Anordnung der Reihenfolge der trigonometrischen Arbeiten ist, wie die Sachen gegenwärtig stehen, weiter kein Grund vorhanden, eine der andern vorzuziehen, als dass nur darauf gesehen werden muss, dass die gleichzeitige Detailaufnahme stets mit hinreichendem Stoff an zuverlässig bestimmten Punkten versehen sei, damit dieselbe niemals in Gefahr komme, aus Mangel an solchem in Stocken zu gerathen. Eine speciellere Bestimmung möchte wohl für den Augenblick, theils unthunlich, theils unnöthig, theils nicht einmal rathsam sein, weil ein gewisser Grad von Freiheit, das den jedesmaligen Umständen nach zweckmässigste zu bearbeiten, dem schnellern und bessern Fortschreiten nur förderlich sein kann.
. . . . . .

Historischer Bericht
über die von dem Hofrath Gauss theils ausgeführten, theils geleiteten Messungen im Königreich Hannover.

Die verschiedenen Messungsarbeiten, von welchen ich hier einen kurzen historischen Bericht abzustatten habe, sind zwar unter einander enge verknüpft, haben aber ungleiche Zwecke und ungleichen Charakter. Es wird am übersichtlichsten sein, sie nach der Zeitfolge der Aufträge zu ordnen, denen gemäss ich sie auf mich genommen habe.

I. Die hannoversche Gradmessung.

Durch Rescript vom 30. Junius 1820 wurde ich beauftragt, eine Gradmessung durch das Königreich Hannover auszuführen, als eine Erweiterung oder Fortsetzung einer nicht lange vorher angefangenen ähnlichen Arbeit in den dänischen Staaten. Man versteht unter jener Benennung diejenigen, theils astronomischen, theils trigonometrischen Operationen, wodurch die Grösse eines Meridiangrades in einem bekannten Längenmaasse (Fuss, Toise, etc.) bestimmt wird. Man wählt zu dem Ende zwei hinlänglich von einander entfernte Punkte in einerlei Meridian, bestimmt die Länge des zwischen ihnen enthaltenen Bogens in Fussen, etc. durch ein zwischen ihnen geführtes Dreiecksnetz, und die Anzahl von Graden, Minuten und Secunden, welche demselben Bogen entsprechen, durch astronomische an den Endpunkten angestellte Beobachtungen, woraus man dann auf die Länge Eines Grades zurückschliesst.

Es erhellt hieraus, dass eine Gradmessung, als solche, nur die rein wissenschaftliche Tendenz hat, einen Beitrag zur mathematischen Kenntniss der Verhältnisse des Erdsphäroids zu geben, die nach den Anforderungen des Jahrhunderts eine viel grössere Schärfe und eine viel grössere Zahl von Gradmessungen nothwendig macht, als womit man früher sich begnügen musste. Es erhellt ferner hieraus, dass eine Gradmessung aus zweien sehr heterogenen Theilen besteht, einem trigonometrischen und einem astronomischen. Ohne hier in ein weiteres Detail einzugehen, will ich nur bemerken, dass ich den (25 Hauptdreiecke von Göttingen bis Hamburg umfassenden) trigonometrischen Theil in den Jahren 1821, 1822, 1823, und den astronomischen im Jahr 1827 ganz vollendet habe, und dass der letztere sowie die Endresultate in einem 1828 von mir herausgegebenen Werke »Bestimmung des Breitenunterschiedes zwischen den Sternwarten von Göttingen und Altona durch Beobachtungen am Ramsdenschen Zenithsector« bekannt gemacht sind. Die Sternwarten von Göttingen und Altona, die durch ein einziges Spiel des Zufalls genau in einerlei Meridian liegen, sind nemlich die Endpunkte des gemessenen Meridianbogens, dessen ganze Krümmung etwas über zwei Grad beträgt.

II. Trigonometrische Verbindung der Gradmessungsdreiecke mit den Dreiecken der königlich niederländischen Vermessungen.

Der nächste wissenschaftliche Zweck dieser mir durch Rescript vom 8. März 1824 aufgetragenen Erweiterung der trigonometrischen Arbeiten war, die hannoversche Gradmessung mit der französischen und englischen in Verbindung zu bringen. Diese letztern sind bekanntlich unter sich verbunden, und an die französischen Dreiecke schliessen sich die mit vieler Sorgfalt gemessenen Dreiecke in den Niederlanden an, welche in der Zeit, wo Ostfriesland mit Holland vereinigt war, bis an die östliche Grenze dieses Fürstenthums, weiter südlich hingegen bis nach Bentheim fortgeführt waren. Ich hatte also die Wahl unter zwei Wegen, auf denen sich der vorgesetzte Zweck erreichen liess, entweder nemlich von den nördlichsten Dreiecken der Gradmessung über Bremen nach Jever, oder von den mittlern durch Westphalen nach Bentheim. Der erstere Weg wurde ausser andern Gründen auch deswegen vorgezogen, weil dadurch zugleich eine Verbindung mit der Nordsee, und damit die Bestimmung der absoluten Höhen sämmtlicher Dreieckspunkte über dem Meeresspiegel, erreicht werden konnte. Diese Dreiecksmessung wurde in den Jahren 1824 und 1825 von mir ausgeführt, und damit die Zahl sämmtlicher Hauptdreiecke auf 38[*)] gebracht.

Über diese trigonometrischen Messungen von 1821—1825 habe ich noch einige Bemerkungen beizufügen, da sie sich von ähnlichen Arbeiten, wie früher in andern Ländern ausgeführt sind, in mehrern Beziehungen unterscheiden.

[*) Die Anzahl der unabhängigen Dreiecke der Gradmessung zwischen Göttingen und Hamburg beträgt 21, die Anzahl sämmtlicher unabhängigen Dreiecke der Gradmessung und ihrer Fortsetzung nach Jever (ohne das Dreieck Hohehagen-Brocken-Inselsberg) 42; vergl. S. 297.]

1) Durch die Anwendung der von mir zuerst eingeführten Heliotrope wurden besondere Signalthürme entbehrlich, Dreiecke von einer früher impraktikabeln Grösse möglich, und eine ohne jenes Hülfsmittel nicht zu erlangende Schärfe der Messungen erreichbar.

2) Bei der Ausführung der Messungen habe ich mich nicht auf das zu dem unmittelbaren Zwecke erforderliche (was, wie schon bemerkt ist, zunächst nur wissenschaftliche Tendenz hatte) eingeschränkt, sondern jene zugleich für die Landesgeographie so fruchtbar zu machen gesucht, wie nur, ohne dem nächsten Zwecke Abbruch zu thun, geschehen konnte. Es sind daher auch die meisten im Bereich der Dreieckspunkte liegenden Thürme sehr scharf festgelegt, nicht bloss von den in den Dreieckszug fallenden Städten, wie Göttingen, Hildesheim, Wolfenbüttel, Braunschweig, Hannover, Celle, Lüneburg, Harburg, Hamburg, Buxtehude, Stade, Verden, Bremen, Oldenburg, Varel, Jever, sondern auch von vielen hundert kleinern Ortschaften, wie die meinen Berichten über die Arbeiten von jedem Jahre beigefügten Übersichtskarten zeigen. Dadurch sind also feste Anhaltspunkte und Grundlagen für alle später in den betreffenden Landstrichen vorzunehmenden Detailaufnahmen gewonnen, und diese Bestimmungen erhalten dadurch einen bleibenden Werth.

3) Endlich sind diese Resultate durch eine mir eigenthümliche Behandlungsweise in eine solche Form gebracht, die für die eben ausgesprochene weitere Benutzung wesentliche Vortheile darbietet.

III. Trigonometrische Vermessung der Landestheile, welche von den Messungen 1821—1825 nicht berührt waren.

Die in den Jahren 1821—1825 ausgeführten Arbeiten enthielten (wenn gleich nicht zunächst für diesen Zweck bestimmt) eine wirkliche trigonometrische Vermessung eines sehr beträchtlichen Theils des Königreichs Hannover: die allgemein anerkannten Vortheile, welche eine genaue trigonometrische Landesvermessung gewährt, liessen es als wünschenswerth erscheinen, dass hiebei nicht stehen geblieben würde. Durch Rescript vom 28. April 1828 [*)] wurde mir der Auftrag ertheilt, die weitere Erstreckung der trigonometrischen Vermessung über alle durch die frühern Arbeiten noch nicht berührten Landestheile zu leiten.

[*) Das im Gauss-Archiv befindliche Rescript ist vom 14. April datirt.]

Zu gleicher Zeit wurde eine Detailaufnahme angeordnet, die alle Landestheile umfassen sollte, welche in der in den achtziger Jahren des vorigen Jahrhunderts ausgeführten Messtischaufnahme des vormaligen Kurfürstenthums Hannover noch nicht begriffen gewesen waren. Mit der speciellen Leitung dieser Detailaufnahme wurde der Oberst Prott beauftragt; diese Arbeit steht aber mit der trigonometrischen Vermessung insofern in unmittelbarer Verbindung, als die Resultate der letztern zur Grundlage und zu festen Anhaltspunkten für die Messtischarbeiten dienen. Welche Leichtigkeit und Sicherheit die Messtischarbeiten auf diese Weise gewinnen, hatte sich schon ein Jahr zuvor bei einigen vorläufigen Detailaufnahmen im Hildesheimschen bewährt, obgleich damals die Ausführung durch Officiere geschah, denen früher diese Methode fremd gewesen war.

Was ich nun hier über die unter meine Leitung gestellte trigonometrische Messung zu sagen habe, betrifft theils das dabei thätig gewesene Personal, theils den Umfang der bisher vollendeten, theils endlich die nun noch rückständigen Messungen.

A. Das Personal.

Zu einer trigonometrischen Messung sind zweierlei ganz verschiedenartige Arbeiten erforderlich, die Ausführung der Messungen an den betreffenden Plätzen im Felde, und ihre Verarbeitung zu Resultaten durch Combination und Calcül im Zimmer. Den zweiten Theil des Geschäfts habe ich bisher ganz auf mich selbst genommen, den erstern hingegen denjenigen Artillerie-Officieren übertragen, die in den Jahren 1821—1825 als Gehülfen mir zur Seite gestanden und dabei Gelegenheit gehabt hatten, nicht allein mit der Behandlung der Instrumente, sondern auch mit dem Geist und den Eigenthümlichkeiten der von mir angewandten Verfahrungsart vertraut zu werden. Diese Officiere waren: der Hauptmann Müller, der damalige Premier-Lieutenant Hartmann, und mein ältester Sohn, gegenwärtig Premier-Lieutenant im Artillerie-Regiment. Der Lieutenant Hartmann, welcher 1831 den Militärdienst gegen eine Anstellung bei der höhern Gewerbe-Schule in Hannover mit Hauptmanns-Charakter verliess, ist im Jahre 1834 mit Tode abgegangen.

B. Bisher abgemachte Hauptdreiecksmessungen.

Hätten die genannten drei Officiere ununterbrochen jedes Jahr während der ganzen tauglichen Jahreszeit sich diesem Geschäfte ausschliesslich widmen können, so würde es längst vollendet sein. Allein mancherlei Hindernisse, die theils durch die Dienstverhältnisse der Officiere, theils durch andere äussere Umstände herbeigeführt wurden, sind die Ursache gewesen, dass dieselben in einigen Jahren nur während kürzerer Zeit, in andern gar nicht daran arbeiten konnten; es kam noch dazu, ausser dem schon erwähnten Tode des Hauptmanns Hartmann, dass auch die fortschreitende Detailaufnahme, besonders in solchen Gegenden, wo die Kirchthürme mehr zerstreut liegen, immer noch besondere Vorbereitungsmessungen erfordert, wozu auch nur einer oder der andere jener Officiere verwendet werden konnte, dessen Zeit dann also dem Hauptgeschäfte entzogen wurde. Folgendes ist eine summarische Übersicht des in den einzelnen Jahren bisher geleisteten.

1828 wurde die Arbeit im Spätsommer angefangen, wo Hauptmann Müller und Lieutenant Gauss die trigonometrische Messung des Eichsfeldes grösstentheils absolvirten, während der Lieutenant Hartmann im Amt Hunnesrück und einem Theil des Hildesheimschen Vorbereitungsmessungen für die Detailaufnahme machte.

1829. Lieutenant Gauss machte zuerst einige Ergänzungsmessungen im Eichsfelde. Den grössten Theil des Jahres widmete er aber der Triangulirung in Westphalen, wo er von der Weser bis Bentheim ein Dreieckssystem ausführte. Der Hauptmann Müller hatte an derselben Arbeit nur eine kurze Zeit Theil nehmen können, da er bald nach dem Anfange in Folge anderer Aufträge von dem Messungsgeschäfte abberufen wurde. Die Arbeiten des Lieutenants Hartmann in diesem Jahre bestanden in Vorbereitungsmessungen für die Detailaufnahme, zuerst im Hildesheimschen, hernach in den Ämtern Uchte, Freudenberg und Auburg.

1830. Trigonometrische Vermessung des östlichen Theils des Lüneburgschen durch Hauptmann Müller und Lieutenant Gauss; weitere Fortführung der im vorigen Jahre durch Westphalen gemessenen Dreieckskette bis Ostfriesland durch Lieutenant Hartmann.

1831 konnte nur kurze Zeit den Arbeiten gewidmet werden; Lieutenant Gauss vollendete die Messungen im Lüneburgschen, Lieutenant HARTMANN die in Ostfriesland. Hauptmann MÜLLER nahm gar nicht Theil.

1832 fielen die Messungen ganz aus.

1833. Triangulirung des Landstrichs längs der Weser von der Gegend von Nienburg bis Holzminden durch Hauptmann MÜLLER und Lieutenant GAUSS; Triangulirung des Harzes durch Hauptmann HARTMANN.

1834 konnte allein der Lieutenant GAUSS eine auch nur sehr kurze Zeit den Geschäften widmen, theils für Vorbereitungsmessungen für die Detailaufnahme im Osnabrückschen, theils zur Ergänzung der vorigjährigen Messungen an der Weser.

1835. Auch in diesem Jahre konnte nur Lieutenant GAUSS auf kurze Zeit zu weitern Vorbereitungsmessungen im Osnabrückschen abkommen, diesmal unter Beihülfe des Dr. GOLDSCHMIDT, Observators an der Göttinger Sternwarte.

In den beiden folgenden Jahren konnte allein der Hauptmann MÜLLER sich den Messungen widmen, und zwar

1836 zur Triangulirung des Landstrichs an der Oberweser zwischen Uslar, Göttingen und Münden;

1837 zu weitern Vorbereitungen der Detailaufnahme im Osnabrückschen. Ausserdem machte der Hauptmann MÜLLER in diesem Jahr eine vorläufige Recognoscirung der Aller-Gegend, behuf künftiger trigonometrischer Vermessung derselben.

C. Noch fehlende Hauptdreiecksmessungen.

Die bisher aufgezählten trigonometrischen Messungen hängen alle unter sich zusammen: um das ganze Königreich zu umfassen, und ein in der Hauptsache vollständiges Ganzes zu bilden, fehlt nur noch die trigonometrische Vermessung von zwei grössern Landestheilen, nemlich erstlich der Gegend rechts und links der Aller, und zweitens dem nördlichen Theile des Bremischen; in dem erstern Landestheile ist, wie schon erwähnt, eine vorläufige Recognoscirung bereits ausgeführt.

Obgleich bei Arbeiten dieser Art unmöglich ist, den erforderlichen Zeit- und Kostenaufwand mit einiger Genauigkeit vorher zu bestimmen, da das schnellere oder langsamere Fortschreiten von so mancherlei, theils vorher nicht genau bekannten, theils zufälligen Umständen abhängt (z. B. besondere Terrain-Schwierigkeiten, oder Witterungszustand), so ist doch mit einiger Wahrscheinlichkeit anzunehmen, dass, wenn der Hauptmann Müller sich diesen Messungen allein zu widmen hat, er sie in zwei Sommern ganz oder doch grösstentheils würde vollenden können.

Die eigentlichen letzten Resultate der trigonometrischen Messungen selbst sind die Zahlen, welche die Lage der bestimmten Objecte (grösstentheils Kirchthürme) auf das schärfste festlegen, und daher einen bleibenden Werth behalten. Nach ganz vollendeter Arbeit werden dieselben geordnet, und grösserer Sicherheit wegen in mehrern Abschriften deponirt werden können, etwa eine davon in der Sternwarte. Ob solche auch durch den Druck zu publiciren sein werden, wird dann demnächst von höherer Entscheidung abhängen. Ich kann aber nicht unbemerkt lassen, dass die Papensche Karte des Königreichs, welche den vollkommensten Arbeiten dieser Art in jeder Beziehung gleich kommt, und wovon 22 Blätter (also der dritte Theil des Ganzen) bereits erschienen sind, die Grundlage ihrer Genauigkeit in jenen Resultaten hat, indem dem Lieutenant Gauss, welcher die Graduirung und die scharfe Eintragung aller Fundamentalpositionen bei jener Karte übernommen hat, alle bisherigen Resultate zu diesem Zweck zu Gebote stehen.

Schliesslich will ich noch etwas über die Vorbereitungsmessungen zu der Detailaufnahme beifügen. Die Vollendung dieser Vorbereitungsmessungen lässt sich deswegen gar nicht im voraus bestimmen, weil sie der Natur der Sache nach nothwendig beinahe ebenso lange noch dauern müssen, wie die Detailaufnahme selbst. Denn jene bestehen eben darin, dass in Gegenden, wo die durch die Hauptdreiecksmessungen bestimmten Kirchthürme zu weit aus einander liegen und nicht zahlreich genug sind, um für jedes Messtischblatt eine hinlängliche Anzahl fester Anhaltspunkte zu liefern, besondere Signalpfähle gesetzt, und ihre Plätze noch durch kleinere Dreiecke bestimmt werden müssen. Solchen Signalpfählen kann aber kein so sicherer Schutz gegeben werden, dass auf ihr Bestehen für viele Jahre mit Gewissheit gerechnet werden könnte. Da nun aber, wenn auch nicht gerade durch das Abhandenkommen eines oder des andern einzelnen Signalpfahls, aber doch durch das Verschwinden mehrerer, vor ihrer Benutzung zu der Messtischaufnahme, die ganze auf ihre Bestimmung verwandte Arbeit eine verlorne sein würde, so dürfen dergleichen Vorbereitungsoperationen immer nur höchstens ein oder ein paar Jahre früher unternommen werden, ehe die betreffende Gegend bei der Detailaufnahme an die Reihe kommt.

Übrigens ist die Detailaufnahme selbst im Hildesheimschen, dem Eichsfelde, dem Amt Hunnesrück, den Ämtern Freudenberg, Uchte und Auburg vollendet, und im Fürstenthum Osnabrück bereits ziemlich weit vorgeschritten: allein einen genauern und vollständigen Bericht darüber wird nur der Oberst PROTT geben können, zu dessen Ressort diese Arbeit gehört.

Göttingen, 8. Februar 1838.

[Aus dem Bericht vom 5. Julius 1840 »über die trigonometrischen Vermessungen« im Jahre 1839.]

...... Bei Beurtheilung der Dreieckssysteme darf nicht übersehen werden, dass ursprünglich nicht eine allgemeine Landesvermessung beabsichtigt war, sondern zuerst nur eine Gradmessung von Göttingen bis Holstein, und sodann zunächst eine Erweiterung des Dreieckssystems zu einem Anschlusse an die KRAYENHOFFschen Dreiecke bis Ostfriesland. Diesen Zwecken gemäss waren die von mir selbst 1821—1825 gemessenen Dreiecke vom Inselsberg bis Jever ausgewählt. .... Die übrigen, welche später hinzu gekommen sind, erscheinen als Abzweigungen jener Hauptdreiecke. Eine Folge dieser Entstehungsart ist, dass die Gesammtheit nicht überall in dem Maasse wie ein abgerundetes Ganzes aus Einem Guss in die Augen fällt, als der Fall gewesen sein würde, wenn eine solche Rücksicht schon von Anfang an hätte genommen werden müssen; allein der eigentliche Zweck, nemlich die scharfe Festlegung der vornehmsten sich dazu qualificirenden Punkte im ganzen Lande, ist darum nicht weniger gut erreicht. ......

[Aus einem Bericht, December 1844, »über die im Jahre 1844 ausgeführten trigonometrischen Messungen.«]

...... Ich erlaube mir, noch einige Worte in Beziehung auf die sämmtlichen Messungen aus den vergangenen Jahren beizufügen.

...... Die Resultate [d. i. die Coordinaten] sind jedes Jahr nach Verarbeitung der Messungen in Verzeichnisse gebracht, und solcher partiellen Verzeichnisse sind sechzehn vorhanden, welche zusammen etwas über 3000 Bestimmungen enthalten, so jedoch, dass die Anzahl der Punkte selbst etwa um den siebenten Theil kleiner sein mag, indem viele Punkte, die in einem spätern Jahr nach dem Hinzukommen neuer Data schärfer oder zuverlässiger bestimmt werden konnten, in mehr als einem Verzeichnisse auftreten. Kirchthürme werden im ganzen Königreiche nicht viele ohne Bestimmung geblieben sein.

Dass diese Verzeichnisse von allen seit 16 oder 17 Jahren vorgenommenen Detailaufnahmen sowie von den Papenschen Karten die Grundlage gewesen sind, braucht hier nicht weiter ausgeführt zu werden: von grosser Wichtigkeit ist aber, dass diese Zahlen, die ihren Werth behalten, so lange die Gegenstände existiren, nicht verloren gehen können. Die erwähnten Verzeichnisse werden in der Sternwarte aufbewahrt; Abschriften davon hat auch der Lieutenant Gauss, der alle Stammpunkte in die Papenschen Karten eingetragen hat, in Händen. Zu grösserer Sicherheit und bequemerm Gebrauch habe ich jetzt angefangen, die partiellen Verzeichnisse in Eins zu verschmelzen, welches demnach etwa 2600 Punkte enthalten wird.

Späterhin könnte es vielleicht für gerathen erachtet werden, dieses Verzeichniss oder einen Auszug daraus durch den Druck zu veröffentlichen: für den Augenblick würde ich dies aber aus mehrern Gründen noch für vorzeitig halten.

Erstlich, weil eine wissenschaftlich genügende Entwickelung von Bedeutung und allseitiger Benutzung dieser Zahlen nur nach und nach in Verbindung mit der Entwickelung der mir eigenthümlichen mathematischen Theorien gegeben werden kann, welche ich in einer Reihe einzelner Abhandlungen (etwa drei oder vier) zu liefern beabsichtige. Die erste davon ist bereits als Theil des demnächst erscheinenden Bandes der Denkschriften hiesiger Societät der Wissenschaften abgedruckt[*)] und auch einzeln in den Buchhandel gebracht; die andern werde ich nach und nach baldthunlichst nachfolgen lassen.

Zweitens, weil die Zahlen des Verzeichnisses, obwohl hinreichend, ja überflüssig genau für jede praktische Benutzung, doch behuf der den strengsten

[*) Untersuchungen über Gegenstände der höhern Geodäsie. Erste Abhandlung. Der Königl. Societät überreicht am 23. October 1843. Band IV, S. 259/300.]

theoretischen Forderungen entsprechenden Verschmelzung der verschiedenen Messungen in Ein System noch einige (wenn auch an sich sehr geringe) Ausfeilung und Nachhülfe zulassen.

Drittens, weil ich die Lage der vorzüglichsten Punkte, namentlich der Kirchthürme in Städten, gern neben der Coordinatenform noch zugleich in einer andern Form, nemlich nach der geographischen Breite und Länge, beifügen möchte, welche immer einen beträchtlichen Zeitaufwand erfordernde Umformung erst nach und nach wird ausgeführt werden können. ......

[3.]

Hauptdreieckspunkte der hannoverschen Messungen.

Dreieckspunkt	Breite	Länge v. Gött. Merid.
Inselsberg, hess. Dr.-P.	50° 51′ 8″,619	−0° 31′ 24″,311
Hohehagen	51 28 31,234	+0 10 45,143
Sternwarte in Göttingen	51 31 48,028	0
Meridianzeichen	51 34 30,309	−0 0 0,007
Brocken	51 48 1,849	−0 40 23,071
Hils	51 53 53,000	+0 6 41,152
Lichtenberg	52 7 22,020	−0 20 33,348
Deister	52 14 5,778	+0 20 35,702
Garssen	52 39 40,397	−0 12 19,154
Scharnhorst	52 43 43,000	−0 19 1,620
Breithorn	52 49 45,985	−0 19 11,230
Falkenberg	52 50 52,481	+0 4 34,858
Hauselberg	52 51 36,513	−0 14 28,226
Elmhorst	52 59 42,886	+0 18 24,543
Steinberg	52 59 54,987	+0 40 7,347
Bottel	53 2 22,919	+0 39 22,916
Wulfsode	53 4 15,113	−0 17 48,837
Bremen, Ansgar.-Thurm	53 4 48,867	−1 8 22,781

Dreieckspunkt	Breite	Länge v. Gött. Merid.
Timpenberg	53° 7′ 22″,103	−0° 19′ 35″,387
Nindorf	53 8 56,063	−0 20 32,170
Bullerberg	53 9 47,220	+0 31 45,928
Wilsede	53 10 9,647	+0 0 11,329
Lüneburg, Mich.-Thurm	53 15 4,641	−0 27 29,462
Brüttendorf	53 15 57,245	+0 40 42,934
Garlste	53 15 58,486	+1 13 37,091
Zeven	53 17 55,135	+0 39 43,446
Litberg	53 23 20,206	+0 19 45,061
Varel	53 23 56,979	+1 48 24,812
Brillit	53 24 47,035	+0 57 0,384
Hamburg, Mich.-Thurm	53 33 0,900	−0 2 8,755
Bremerlehe	53 34 7,239	+1 21 2,134
Jever	53 34 26,427	+2 2 26,615
Langwarden	53 36 20,450	+1 38 7,093

Die Angabe für die Göttinger Sternwarte bezieht sich auf den Theodolithenplatz, der im Meridian des Centrums der Axe des Reichenbachschen Meridiankreises, aber 5,507 m nördlicher liegt.

Die Breite der Axe des Meridiankreises ist in Folge der in meiner »Bestimmung des Breitenunterschiedes u. s. w.« angeführten Beobachtungen $= 51^{0}31'47'',85$ angenommen. Im Frühjahr 1828 habe ich neue noch zahlreichere Beobachtungen angestellt, deren Definitivberechnung erst nach genauester Bestimmung der Theilungsfehler derjenigen bestimmten Theilstriche, auf welche die Beobachtungen sich bezogen haben, geschehen kann, obwohl sich schon voraussehen lässt, dass dieselbe höchstens ein paar Zehntheile einer Secunde von obigem Resultat abweichen wird.

Bei Berechnung obiger Breiten und Längen sind noch Walbecks Dimensionen der Erde zum Grunde gelegt.

BEMERKUNGEN.

Der Plan zu dem von GAUSS beabsichtigten Werk über die trigonometrischen Messungen in Hannover befindet sich auf einem kleinen Blättchen; die Einleitung und der unvollendete erste Abschnitt dieses Werkes ist 2 Blättern entnommen, die in Buchform zusammen gelegt waren. Es ist nicht ersichtlich, wann GAUSS mit ihrer Ausarbeitung begonnen hat; nach der Bemerkung über die kurhessischen Messungen, S. 403 oben, muss sie jedoch vor 1835 erfolgt sein (da in diesem Jahre die Arbeiten für die kurhessische Triangulation, die seit dem Frühjahr 1824 eingestellt waren, wieder aufgenommen wurden. GERLING, Beiträge zur Geographie Kurhessens etc. S. V und VIII). Von den Berichten an das hannoversche Cabinetsministerium sind die beiden ersten aus den Jahren 1820 und 1821 über die nothwendigen Instrumente und über Vorarbeiten für die Gradmessung bereits (im Auszuge) in Band IV, S. 485/486 und S. 487/489 abgedruckt. Im Ganzen sind im Gauss-Archiv gegen 40 meistens sehr umfangreiche und ausführliche Berichte über den Fortgang der Triangulirungsarbeiten, zum Theil mit Übersichtskarten, vorhanden. Aus einigen von ihnen sind unter [2] Auszüge mitgetheilt, die sich auf den allgemeinen Theil der Triangulation beziehen. Auch die Originalacten des amtlichen Schriftwechsels zur Gradmessung und zur Landesvermessung befinden sich im Gauss-Archiv; mit Einschluss der Arbeitsberichte rühren etwa 90 Schriftstücke von GAUSS' Hand her.

Im Jahre 1816 hatte SCHUMACHER vom König FRIEDRICH VI. von Dänemark den Auftrag erhalten, eine Gradmessung, im Meridian von Skagen bis Lauenburg und im Parallel von Copenhagen bis zur Westküste Jütlands, auszuführen. Der zu messende Meridianbogen erstreckte sich über $4\frac{1}{2}°$ Diesen Bogen durch Hannover fortzusetzen, wodurch seine Länge $6\frac{1}{4}°$ umfassen würde, brachte SCHUMACHER sofort bei GAUSS in Anregung. GAUSS, der sich zwar in hohem Maasse für die »herrliche grosse Unternehmung« interessirte, glaubte aber bei der hannoverschen Regierung noch keine entsprechenden Wünsche äussern zu dürfen (vergl. S. 345), wohl weil der Bau seiner Sternwarte erst kurz vorher vollendet war und ihre Ausstattung noch Ausgaben erforderlich machte. Da war es SCHUMACHER, der sich im Juli 1817 persönlich an den Minister VON ARNSWALDT in Hannover wandte und den Erfolg hatte, dass GAUSS zunächst zu einem »Memoire« über die Fortsetzung der dänischen Breitengradmessung durch Hannover aufgefordert wurde. Als SCHUMACHER 1818 seine südlichsten Dreiecke maass, ersuchte er GAUSS, in Lüneburg, dessen Michaelisthurm von den dänischen Dreieckspunkten Hamburg (Michaelisthurm), Hohenhorn und Lauenburg aus sichtbar war, Anschlussmessungen vorzunehmen. GAUSS trug jedoch Bedenken, die Erlaubniss dazu von seiner Regierung einzuholen, weil über die Gradmessung in Hannover noch nichts beschlossen war. In einem Briefe an SCHUMACHER vom 12. August 1818 sagt er:

»Schon im vorigen Herbst, gleich nachdem ich Ihre Notizen erhalten, habe ich ein Memoire über Ihre Gradmessung abgefasst und die mannigfaltigen Vortheile, die eine künftige Fortsetzung derselben durch das Hannoversche haben würde, nach Möglichkeit ins Licht gestellt, so dass ich nun gar nichts weiter hinzu zu setzen wüsste. Ich habe dieses Memoire eingesandt, aber bis dato ist darauf noch nichts weiter erfolgt. Unter allen schweren Künsten ist die Kunst des Sollicitirens diejenige, wozu ich — freilich zu meinem grossen Nachtheil — am wenigsten Talent habe, noch passe. Und daher kann ich unter den obwaltenden Umständen nicht wohl schriftlich auf den Gegenstand quaestionis zurückkommen.«

Wiederum wandte sich SCHUMACHER an den Minister VON ARNSWALDT, und GAUSS bekam den Auftrag, die zur Verbindung der hannoverschen und dänischen Triangulation nöthigen Messungen in Lüneburg vorzunehmen (vergl. S. 347 oben). Diese sind von GAUSS, gemeinsam mit SCHUMACHER, in der ersten Hälfte des Octobers 1818 ausgeführt worden. Hiebei erhielt er auch durch ein von der Sonne beleuchtetes Fenster des Michaelisthurms in Hamburg, das ihm beim Beobachten lästig fiel, die erste Anregung zu der im Herbst 1820 gemachten Erfindung des Heliotrops.

Noch immer aber erfolgte keine Entscheidung über die Ausführung einer hannoverschen Triangulation. In einem Briefe an SCHUMACHER vom 25. November 1818 sagt GAUSS:

»Den Bericht über meine Reise [nach Lüneburg] habe ich bereits vor längerer Zeit nach Hannover abgeschickt, darin auch die Nothwendigkeit einer zeitigen Bestellung eines grössern Theodolithen vorgestellt, bisher aber noch keine Antwort erhalten. Mehr urgiren kann ich und mag ich nicht, denn überhaupt kann ich nur dann ein Geschäft, was mir Freude macht, erwarten, wenn man gern darauf entrirt. Im entgegengesetzten Falle, und wenn allerlei beengende Rücksichten stattfinden müssten, würde ich keine Freude daran haben. Ich werde also den Erfolg ruhig abwarten.«

SCHUMACHER benutzte nun den Aufenthalt in England im April 1819, von wo er den bei der englischen Triangulation benutzten RAMSDENschen Zenithsector, der ihm zu seinen astronomischen Messungen geliehen war, abholen wollte, um in London maassgebende Persönlichkeiten, wie Sir JOSEPH BANKS, für die hannoversche Gradmessung zu gewinnen. Er veranlasste weiter den dänischen Gesandten, bei dem Grafen MÜNSTER, dem Minister für die hannoverschen Angelegenheiten in London, in dieser Sache Schritte zu thun. Auf SCHUMACHERS Anregung richtete darauf GAUSS zwei Berichte an den Grafen MÜNSTER und an v. ARNSWALDT. Beide sind abgedruckt in Band IV, der erstere S. 482/483, der letztere S. 484/485. Der Vermittelung SCHUMACHERS, der von neuem im Juni 1819 bei v. ARNSWALDT in Hannover vorstellig wurde, war es ferner zu danken, dass GAUSS Ende Juni und Anfangs Juli 1819 an den Beobachtungen mit dem Zenithsector in Lauenburg theilnehmen konnte. Im folgenden Jahr wünschte GAUSS der Grundlinienmessung in Holstein beizuwohnen; am 18. Januar 1820 schrieb er an SCHUMACHER: »Grosse Freude würde es mir machen, wenn es möglich zu machen wäre, dass ich in diesem Jahre nochmals einige Wochen in Ihrer Gesellschaft und bei Ihren Arbeiten zubringen könnte. Allein theils würde es dabei auf die Zeit ankommen, wann Sie sich wieder in jenen Gegenden befinden werden, theils gestehe ich, dass ich das Gefühl einer Besorgniss habe, mich lästig zu machen, wenn ich zum dritten Male in Hannover auf eine Reise antrage, die nur in einiger Verbindung mit einer möglichen, aber vielleicht noch weit entfernten Operation in unserm Königreiche zu stehen scheinen muss.« .... In demselben Briefe heisst es weiter in Bezug darauf, dass GAUSS von SCHUMACHER um eine Besprechung der dänischen Gradmessung gebeten war:

»Theilen Sie mir gefälligst die (wenn auch nur erst provisorischen) Resultate der Sector-Beobachtungen mit, die Sie im Januar und Februar dieses Jahres in Copenhagen machen, und zwar hauptsächlich von solchen, zu denen ich hier noch correspondirende machen kann, entweder mit dem REICHENBACHschen Kreise, oder wenn sich die Ankunft der neuen Hemmungsarme noch bis in den Februar hinein, wider Erwarten, verzögern sollte, vorerst mit dem REPSOLDschen. Ich werde dann diese Resultate in unsern Gelehrten Anzeigen bekannt machen und dabei Gelegenheit nehmen, eine Nachricht von Ihrer Gradmessung überhaupt, in dem Sinn wie es sich gebührt, zu geben, wozu ich aber aus dem obigen Grunde Sie ersuchen muss, mir eine concentrirte Andeutung der Hauptmomente zu schicken, um so mehr, da es auch sein könnte, dass Sie dieses oder jenes Umstandes für jetzt noch nicht erwähnt wünschten. Auf ein paar Wochen früher oder später wird es ja wohl nicht dabei ankommen. Dass das ganze auf eine möglichst ungesuchte Art hervortrete, ist auch mir deshalb wichtig, weil ich um alles nicht den Schein haben möchte, als wollte ich dadurch verblümter Weise unserm Gouvernement die Sache wieder in Erinnerung bringen. Denn so sehr ich bereitwillig bin, die Fortsetzung der Dreiecke bis Göttingen etc. auszuführen, wenn dazu die nöthigen Mittel auf eine angemessene Art gegeben werden, so ist dies doch durchaus nicht mein eigenes, sondern nur das wissenschaftliche Interesse. Persönlich sehe ich es vielmehr als ein Opfer an, was ich jedoch unter obiger Voraussetzung recht gern bringe.«

Auf SCHUMACHERS Betreiben erhielt das dänische Ministerium der auswärtigen Angelegenheiten von seinem Könige den Auftrag, von der hannoverschen Regierung GAUSS' Gegenwart bei der Braaker Basismessung zu erbitten. Über die Theilnahme an derselben (siehe auch Band IV, S. 486/487), die einschliesslich der Reise vom 12. September bis 25. October 1820 währte, ist ein Bericht vom 1. November 1820 an das Cabinetsministerium vorhanden, in dem es heisst:

»Während meines Aufenthalts in Holstein habe ich gemeinschaftlich mit dem Professor SCHUMACHER die verabredeten Beobachtungen, Messungen und Versuche angestellt, dann ferner einem Theile der Basismessung beigewohnt, endlich auch alle auf die diesseitige Fortsetzung der Gradmessung Bezug habenden Verabredungen und Vorkehrungen getroffen. .... Der von REPSOLD in Hamburg angefertigte Apparat zu dieser Basismessung übertrifft an Genauigkeit, Solidität und Zweckmässigkeit alle andern bei ähnlichen Gelegenheiten gebrauchten.«

Am 9. Mai 1820 erging endlich die Cabinetsordre GEORGS IV., Königs von Grossbritannien etc. und Hannover an das Ministerium, die GAUSS mit »der Fortsetzung der dänischen Gradmessung« durch Hannover betraute (vergl. S. 347); die Mittheilung des Ministeriums darüber an GAUSS erfolgte unterm 30. Juni 1820 (vergl. S. 418). Die Messungen für die Gradmessung wurden von GAUSS während der Jahre 1821, 1822 und 1823 ausgeführt.

Der dänisch-hannoversche Meridianbogen war nach Süden zu einer grossen Ausdehnung fähig; er konnte bis zur Insel Elba fortgeführt werden und sich über etwa 16° erstrecken (vergl. S. 402). Durch die Punkte Brocken und Inselsberg hing die hannoversche Gradmessung mit den Dreiecken des preussischen Generalstabes zusammen, an die Seite Hohehagen-Inselsberg grenzten die kurhessischen Dreiecke, deren Messung 1822 GERLING übertragen worden war. Südlich davon in Hessen-Darmstadt, Württemberg, Bayern und Österreich waren die geodätischen Operationen theils im Gange, theils in Aussicht genommen. Getrennt von diesem Dreieckssystem war der grosse englisch-französische Bogen im Meridian von Paris vorhanden, der weiter an der Ostküste Spaniens bis zur Insel Formentera ging (vergl. S. 419). Im Norden schlossen sich an den französischen Bogen die 1801—1811 vom Generallieutenant VON KRAYENHOFF in Belgien, den Niederlanden, Ostfriesland und Oldenburg gemessenen Dreiecke (Précis historique des opérations géodésiques et astronomiques, faites en Hollande etc. La Haye 1815). Das KRAYENHOFFsche Dreiecksnetz hing nun zwar in seinem südöstlichen Theile zwischen Nederweert und Nimwegen mit dem TRANCHOTschen und dieses in der Seite Nürburg-Fleckert mit der MÜFFLINGschen Dreieckskette »von Berlin nach dem Rhein« zusammen, doch war über die letztern beiden nichts veröffentlicht (vergl. S. 365) und ist auch später nichts veröffentlicht worden; zudem sollten die TRANCHOTschen Dreiecke nur als Unterlage für eine Karte dienen. Die so hergestellte Querverbindung der beiden grossen Dreieckssysteme konnte daher nicht als genügend angesehen werden. In einem Promemoria an den Bremer Senat, das von diesem an die hannoversche Regierung weiter gegeben wurde, schlug nun OLBERS gegen Ende des Jahrs 1823, wohl im Einverständniss mit GAUSS, vor, den dänisch-hannoverschen Bogen, von den Seiten Hamburg-Wilsede und Wilsede-Falkenberg aus über Bremen und Oldenburg mit der KRAYENHOFFschen Seite Varel-Jever und dadurch mit der englisch-französischen Gradmessung zu verbinden. In längerer Ausführung vom 7. Januar 1824, die ebenso wie das Promemoria von OLBERS im Gauss-Archiv vorhanden ist, erklärte GAUSS seine Zustimmung zu der Fortsetzung der Gradmessung nach Jever, deren Ausführung dann durch ein Rescript des Grafen MÜNSTER vom 15. Februar 1824 angeordnet und am 8. März desselben Jahres durch das Cabinetsministerium ihm übertragen wurde (vergl. S. 419). Man hätte den Anschluss auch südlicher an die KRAYENHOFFsche Seite Bentheim-Kirchhesepe ausführen können; aber obgleich der nördlichere Weg, zwar kürzer als der südlichere, grössere Terrainschwierigkeiten als dieser bot, zog GAUSS dennoch den nördlichern vor, weil sich auf demselben die Dreiecke mit der Nordsee in Verbindung bringen liessen, und dadurch die relativen Höhen seiner Dreieckspunkte in absolute über der Meeresfläche verwandelt werden konnten (vergl. S. 419). Als weitere Begründung einer Fortsetzung der Gradmessung nach Varel-Jever gibt GAUSS in dem erwähnten Bericht vom 7. Januar 1824 noch folgendes an: »Insofern eine solche Verbindung, querüber von Ost nach West geführt, grösstentheils über hannoversches Gebiet geht, ist der Vortheil, welchen die Geographie des Königreichs dadurch erhalten würde, ebenso klar. Es ist jetzt allgemein anerkannt, dass eine genaue Landesvermessung ohne eine gehörige Triangulirung unmöglich ist. Blosse Detailmessungen lassen sich niemals mit Sicherheit zu einem unverzerrten Ganzen verbinden. Allein auch abgesehen von der ohne Vergleich grössern Genauigkeit, gewinnt eine Detailaufnahme, wenn sie auf eine vorgängige gute Triangulirung gestützt wird, in ihrem ganzen Plan und Gang eine solche Leichtigkeit, Einfachheit, Sicherheit und Controllirbarkeit in jedem einzelnen Theile, dass die Hälfte der Zeit und Kosten erspart wird. Die Gradmessungsdreiecke umspannen bereits einen sehr bedeutenden Theil des Königreichs, querüber geführte Verbindungs-Dreiecke würden den umspannten Raum beinahe verdoppeln.«

Die Beobachtungen für die Fortsetzung der Gradmessung nach Jever fanden 1824 und 1825 statt.

Durch die Seite Varel-Jever war der Anschluss an die KRAYENHOFFschen Dreiecke hergestellt. Der nördliche Theil derselben erwies sich jedoch, wie eine directe Prüfung durch Nachmessung von Winkeln in Jever zeigte und wie auch eine von GAUSS vorgenommene Ausgleichung, Suppl. theor. comb. Art. 23, bestätigte (vergl. die Briefe an BESSEL vom 12. März und 20. November 1826, S. 360/362, an OLBERS vom 4. Juli 1824, S. 370, und vom 14. Mai 1826, S. 321/322, und an GERLING vom 12. September und 14. November 1838, S. 391 und S. 393), als sehr ungenau. Damit war aber auch dieser Verbindung der beiden grossen Meridianbogen nur ein geringer Werth beizumessen. Auf der Rückreise von den Messungen, Ende Juli 1825, berieth sich deshalb GAUSS (nach seinem Berichte vom 11. März 1827 über die trigonometrischen Arbeiten im Jahre 1825) in Bremen mit OLBERS, wie dem abzuhelfen sei. OLBERS schlug vor, da die südlichen KRAYENHOFFschen Dreiecke eine grössere Genauigkeit als die nördlichern besassen (vergl. S. 361), »eine neue Reihe von Dreiecken anzufangen, die von Bremen aus südwestlich laufend durch das Osnabrücksche sich zögen und bei Bentheim eine neue Verbindung mit den KRAYENHOFFschen Dreiecken bewirken würden; er fügte die Versicherung hinzu, dass der bremische Senat aus Interesse für wissenschaftliche Unternehmungen, die Beihülfe des Gehülfen KLÜVER [der bereits im vorhergehenden Jahre GAUSS zur Unterstützung bei den Messungen von der Stadt Bremen beigegeben war] während der noch übrigen Zeit des Jahres dazu gern bewilligen würde«. GAUSS trug jedoch Bedenken auf diesen Vorschlag einzugehen, der »eine Überschreitung seines Auftrages gewesen wäre«, und da ausserdem »das Terrain von Bremen bis Bentheim ihm ganz unbekannt war«. Diese Verbindung von der Seite Bremen-Steinberg bis zur Seite Kirchhesepe-Bentheim ist dann später, im Jahre 1829, von seinem Sohne, dem Lieutenant JOSEPH GAUSS ausgeführt worden (vergl. den Brief an BESSEL vom 9. April 1830, S. 363, sowie auch S. 422), allerdings mit geringerer Genauigkeit (vergl. S. 342). Das noch bestehende Project (nach dem Arbeitsbericht für 1824), in Gemeinschaft mit SCHUMACHER über Wangeroog, Neuwerk und einen dänischen Dreieckspunkt an der schleswig-holsteinschen Küste die Insel Helgoland, deren Längenunterschied mit Greenwich, Altona und Bremen 1824 chronometrisch bestimmt worden war (vergl. Band VI, S. 455/459), an die Triangulation anzuschliessen, ist nicht mehr zur Ausführung gekommen, ebenso wenig wie eine geplante neue Verbindung der dänischen und hannoverschen Gradmessung über die Seite Litberg-Hamburg.

Im Frühjahr 1827 wurde von GAUSS der Breitenunterschied zwischen Göttingen und Altona mit dem auch ihm von der englischen Regierung geliehenen RAMSDENschen Zenithsector beobachtet, wobei ihn der dänische Ingenieur-Lieutenant v. NEHUS unterstützte. Gelegentlich der Zurückbringung des Zenithsectors nach England durch den Hauptmann MÜLLER, richtete dieser am 3. October 1827 ein Promemoria an den Grafen MÜNSTER, in dem er die Erweiterung der Triangulation über das ganze Königreich Hannover vorschlug und zugleich mittheilte, dass GAUSS bereit sei, falls es sein Gesundheitszustand gestattete, die Leitung der Arbeiten zu übernehmen; hierzu hatte GAUSS sich auch schon früher in einem Schreiben an MÜNSTER (nach dem Briefe an OLBERS vom 2. April 1826, S. 376) erboten. Am 8. November wurde GAUSS darauf vom

Ministerium aufgefordert, dahin gehende Vorschläge zu machen. Auf Grund seines S. 413/416 im Auszuge gegebenen Berichts wurde durch Cabinetsordre des Königs GEORG IV. vom 25. März 1828 an das Ministerium befohlen, »die Triangulirung fortzusetzen und zu vervollständigen, um solche zu Vervollkommnung der Landesgeographie und zu Verfertigung genauer Karten zu benutzen«; der Auftrag, die Landesvermessung zu leiten, wurde GAUSS vom Ministerium durch Rescript vom 14. April 1828 übermittelt.

Die Entstehung des S. 418/425 mitgetheilten historischen Berichts ist wohl auf die Trennung Englands und Hannovers im Jahre 1837 zurück zu führen.

Nach den Beobachtungsbüchern vertheilen sich die von GAUSS selbst ausgeführten Messungen auf die einzelnen Stationen der Zeit nach wie folgt.

1821 ist beobachtet worden: auf der Göttinger Sternwarte vom 24. Juni bis 13. Juli, auf dem nördlichen Meridianzeichen vom 13. bis 17. Juli, auf Hohehagen vom 19. bis 29. Juli, auf dem Hils vom 7. bis 27. August und auf dem Brocken vom 2. bis 23. September.

1822 wurde gemessen: in Lichtenberg vom 18. Juni bis 4. Juli, auf dem Deister vom 6. bis 16. Juli, in Garssen vom 18. Juli bis 3. August, in Falkenberg vom 5. August bis 6. September, in Hauselberg vom 7. bis 12. September, in Breithorn vom 13. bis 16. September, in Wulfsode vom 18. bis 21. und am 23. und 24. September, in Timpenberg am 22. September, in Wilsede vom 26. September bis 7. October und in Scharnhorst (Eschede) vom 10. bis 13. October.

1823 fanden die Beobachtungen statt: in Timpenberg vom 30. Mai bis 2. Juni, in Nindorf vom 3. bis 10. Juni, in Lüneburg vom 11. bis 24. Juni und in Hamburg vom 27. Juni bis 11. Juli. Einige Messungen wurden am 13. Juli in Blankenese (wohl weil GAUSS nach einem Brief an SCHUMACHER vom 20. Juli 1823 daran dachte, sein »Triangelsystem ganz von der unbequemen und unsichern Station Michaelis in Hamburg zu isoliren«), am 14. Juli in Altona und am 19. Juli auf dem Ägydiusthurm in Hannover angestellt. Ferner wurde noch vom 22. August bis 3. September auf der Göttinger Sternwarte, vom 13. bis 27. September auf dem Brocken und vom 5. bis 16. October auf dem Hohehagen beobachtet.

Die Messungen des Jahres 1824 fanden statt: in Falkenberg vom 21. bis 23. Mai, in Elmhorst vom 24. Mai bis 5. Juni, in Bullerberg vom 7. bis 18. Juni, in Bottel (Everser Feld) vom 19. bis 24. Juni, in Brüttendorf vom 28. Juni bis 10. Juli, in Bremen vom 13. Juli bis 20. August, in Garlste (Langeberg) vom 23. bis 25. August, in Brillit vom 27. bis 29. August, in Zeven vom 30. August bis 15. September, in Steinberg vom 17. bis 24. September, in Bottel am 25. September, in Litberg vom 26. September bis 3. October und in Wilsede vom 5. bis 24. October.

1825 hat GAUSS beobachtet: in Brüttendorf am 25. April, in Zeven vom 28. April bis 10. Mai, in Bremen vom 12. bis 22. Mai, in Garlste vom 28. Mai bis 5. Juni, in Bremerlehe vom 7. bis 13. Juni, in Varel vom 15. bis 26. Juni, in Langwarden vom 27. Juni bis 12. Juli, in Jever vom 14. bis 19. Juli, in Brillit vom 25. Juli bis 2. August und in Zeven am 4. und 5. August.

Die vorstehende Übersicht gibt nicht die Dauer des Aufenthalts auf den Stationen, sondern nur die der Beobachtungen an.

Auf dem Inselsberge erfolgten die Messungen 1821 durch ENCKE, 1823 durch GERLING.

An den Feldarbeiten für die hannoversche Landesvermessung, die von 1828 bis 1844 währten, hat GAUSS persönlich nicht theilgenommen; nur einmal, am 7. September 1828, ist von ihm auf der Station Hohehagen beobachtet worden. Die Messungen sind von den Gehülfen bei der Gradmessung: dem Hauptmann (späterm Major) MÜLLER, dem Lieutenant (späterm Hauptmann) HARTMANN und dem Lieutenant (späterm Baurath) JOSEPH GAUSS ausgeführt worden; doch waren diese nicht dauernd zu diesem Geschäft, sondern nur während einiger Sommermonate, so weit sie in ihrer militärischen Thätigkeit entbehrlich waren, abcommandirt. HARTMANN starb bereits 1834, MÜLLER 1843. Die Bearbeitung der Beobachtungen war, wie auch bereits auf S. 241 mitgetheilt ist, von GAUSS allein übernommen worden, nur 2 Monate des Winters 1830/1831 unterstützte ihn dabei sein Sohn JOSEPH. Die rechnerische Bearbeitung ist erst im Jahre 1848 abgeschlossen worden. Am 15. März 1848 sandte GAUSS an das Ministerium des Innern 35 Hefte, die Stationsbeobachtungen, zum Theil in Abschrift, enthaltend, 6 Hefte mit Stationsabrissen und 1 Heft, welches das allgemeine Coordinatenverzeichniss enthielt. Diese Hefte befinden sich jetzt im Gauss-Archiv. Das Begleitschreiben dazu ist im Auszuge in Band IV, S. 481 abgedruckt.

Dieser Sendung war auf einem einzelnen Blatte das unter [3] mitgetheilte Verzeichniss der geographischen Positionen der Hauptdreieckspunkte beigegeben. Wie aus einem Beobachtungs- und Rechnungshefte zur Gradmessung ersichtlich ist, hat die Übertragung der Breite und Länge von Punkt zu Punkt nach den Formeln auf S. 80/81 stattgefunden.

Die Zahl der durch die Gradmessung und die Landesvermessung und zum Theil durch Zuziehung von Messungen in den Nachbarstaaten festgelegten Punkte beträgt 2578, deren ebene rechtwinklige Coordinaten im allgemeinen Coordinatenverzeichniss mitgetheilt sind. Dazu kommen aus den partiellen Coordinatenverzeichnissen noch die Doppelbestimmungen von 411 dieser Punkte. Siehe Band IV, S. 415/449. Von GAUSS selbst sind über 500 Punkte bestimmt worden (vergl. S. 414).

Es sei auch noch erwähnt, dass 1803 GAUSS aus eigenem Antrieb an eine Aufnahme des Herzogthums Braunschweig gedacht und zu diesem Zwecke Winkelmessungen ausgeführt hatte. An OLBERS schrieb er am 8. April 1803:

.... »Ich habe den Plan, einst das ganze Land mit einem Dreiecksnetz zu beziehen, wozu meine jetzigen Messungen nur eine Vorübung sind.« ....

In demselben Jahre betheiligte er sich auch an Beobachtungen von Pulversignalen zu Längenbestimmungen und an Breitenbestimmungen für die von v. ZACH geleitete trigonometrische und astronomische Aufnahme von Thüringen (Monatliche Correspondenz, X. Band, S. 302). Für die Vermessung von Westphalen, die kurz vorher unter dem preussischen Generalmajor VON LECOQ stattgefunden hatte, hat er Berechnungen astronomischer Bestimmungen geliefert. In dem Aufsatze LECOQS: Über die trigonometrische Aufnahme in Westphalen (Monatliche Correspondenz, VIII. Band, S. 139) heisst es: »Im astronomischen Theile ist mir der Dr. GAUSS von grossem Nutzen gewesen, seine Ausrechnungen und Briefe haben zu meinem Unterricht viel beigetragen.«

Für die nebenstehende Übersichtskarte der hannoverschen Hauptdreiecke diente eine Karte des PAPENschen topographischen Atlasses des Königreichs Hannover und Herzogthums Braunschweig als Vorlage. Auf der Rückseite dieser Karte, die von GAUSS der letzten Sendung vom 15. März 1848 zugefügt war, ist von ihm bemerkt worden: »Bei der Illumination ist durch ein Versehen die Dreiecksseite vom Hohehagen zum Köterberg als dem Hauptsystem VI angehörig bezeichnet, welche Verbindung aber nur in der preussischen Catastervermessung effectuirt ist. Es hätte anstatt dessen die Seite Köterberg-Hils als südliche Begrenzung des Systems VI illuminirt sein sollen. Mit Ausnahme dieses geringfügigen Umstandes finde ich in dieser zweckmässig angeordneten Übersichtskarte eine treue Darstellung der Hauptdreiecke und ihrer Verbindungen mit den Messungen in den Nachbarstaaten.« Das Original der Dreieckskarte ist vom Lieutenant J. GAUSS entworfen. Der angegebene Fehler ist in der nebenstehenden Übersichtskarte berichtigt worden. Es wurde ferner die fehlende Seite Brüttendorf-Litberg in dieselbe eingetragen und die Seite Steinberg-Bottel, die in der Vorlage als einseitig beobachtet gezeichnet war, ganz ausgezogen. Im Original war ausserdem irrthümlich, wie aus einem GAUSSschen Bericht nebst Karte von 1843 ersichtlich ist, das KRAYENHOFFsche Viereck Emden-Pilsum-Hage-Aurich als zum ostfriesischen Netze gehörig gezeichnet worden; auch fehlten in letzterm die Seiten Hage-Baltrum und Langeoog-Esens. KRÜGER.

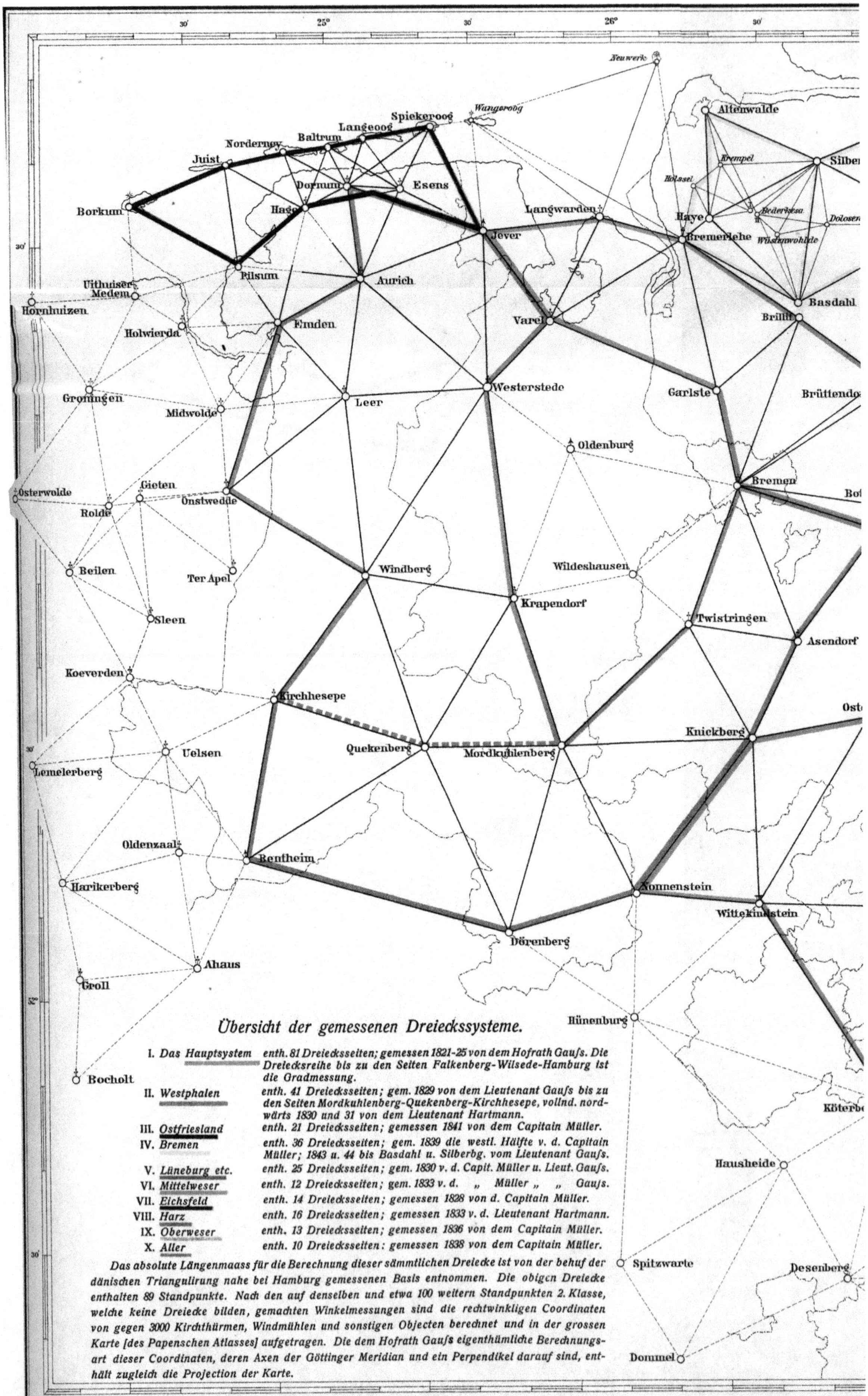
Neuwerk
Wangeroog
Spiekeroog
Langeoog
Baltrum
Norderney
Juist
Borkum
Dornum
Esens
Hage
Altenwalde
Silber
Krempel
Holssel
Haye
Bederkesa
Dolosen
Bremerlehe
Wüstenwohlde
Langwarden
Jever
Pilsum
Aurich
Uithuiser
Medem
Hornhuizen
Holwierda
Emden
Varel
Basdahl
Brillit
Westerstede
Garlste
Brüttendo
Groningen
Midwolde
Leer
Oldenburg
Bremen
Osterwolde
Gieten
Rolde
Onstwedde
Wildeshausen
Beilen
Ter Apel
Windberg
Krapendorf
Twistringen
Asendorf
Sleen
Koeverden
Kirchhesepe
Ost
Knickberg
Quekenberg
Mordkuhlenberg
Uelsen
Lemelerberg
Oldenzaal
Bentheim
Harikerberg
Nonnenstein
Wittekindstein
Dörenberg
Ahaus
Groll
Hünenburg
Bocholt
Köterb
Hausheide
Spitzwarte
Desenberg
Dommel
Übersicht der gemessenen Dreieckssysteme.
I. Das Hauptsystem enth. 81 Dreiecksseiten; gemessen 1821-25 von dem Hofrath Gauſs. Die Dreiecksreihe bis zu den Seiten Falkenberg-Wilsede-Hamburg ist die Gradmessung.
II. Westphalen enth. 41 Dreiecksseiten; gem. 1829 von dem Lieutenant Gauſs bis zu den Seiten Mordkuhlenberg-Quekenberg-Kirchhesepe, vollnd. nordwärts 1830 und 31 von dem Lieutenant Hartmann.
III. Ostfriesland enth. 21 Dreiecksseiten; gemessen 1841 von dem Capitain Müller.
IV. Bremen enth. 36 Dreiecksseiten; gem. 1839 die westl. Hälfte v. d. Capitain Müller; 1843 u. 44 bis Basdahl u. Silberbg. vom Lieutenant Gauſs.
V. Lüneburg etc. enth. 25 Dreiecksseiten; gem. 1830 v. d. Capit. Müller u. Lieut. Gauſs.
VI. Mittelweser enth. 12 Dreiecksseiten; gem. 1833 v. d. „ Müller „ „ Gauſs.
VII. Eichsfeld enth. 14 Dreiecksseiten; gemessen 1828 von d. Capitain Müller.
VIII. Harz enth. 16 Dreiecksseiten; gemessen 1833 v. d. Lieutenant Hartmann.
IX. Oberweser enth. 13 Dreiecksseiten; gemessen 1836 von dem Capitain Müller.
X. Aller enth. 10 Dreiecksseiten: gemessen 1838 von dem Capitain Müller.
Das absolute Längenmaass für die Berechnung dieser sämmtlichen Dreiecke ist von der behuf der dänischen Triangulirung nahe bei Hamburg gemessenen Basis entnommen. Die obigen Dreiecke enthalten 89 Standpunkte. Nach den auf denselben und etwa 100 weitern Standpunkten 2. Klasse, welche keine Dreiecke bilden, gemachten Winkelmessungen sind die rechtwinkligen Coordinaten von gegen 3000 Kirchthürmen, Windmühlen und sonstigen Objecten berechnet und in der grossen Karte [des Papenschen Atlasses] aufgetragen. Die dem Hofrath Gauſs eigenthümliche Berechnungsart dieser Coordinaten, deren Axen der Göttinger Meridian und ein Perpendikel darauf sind, enthält zugleich die Projection der Karte.
30′
25°
26°
52°

Maaßstab von 1 2 3 4 5

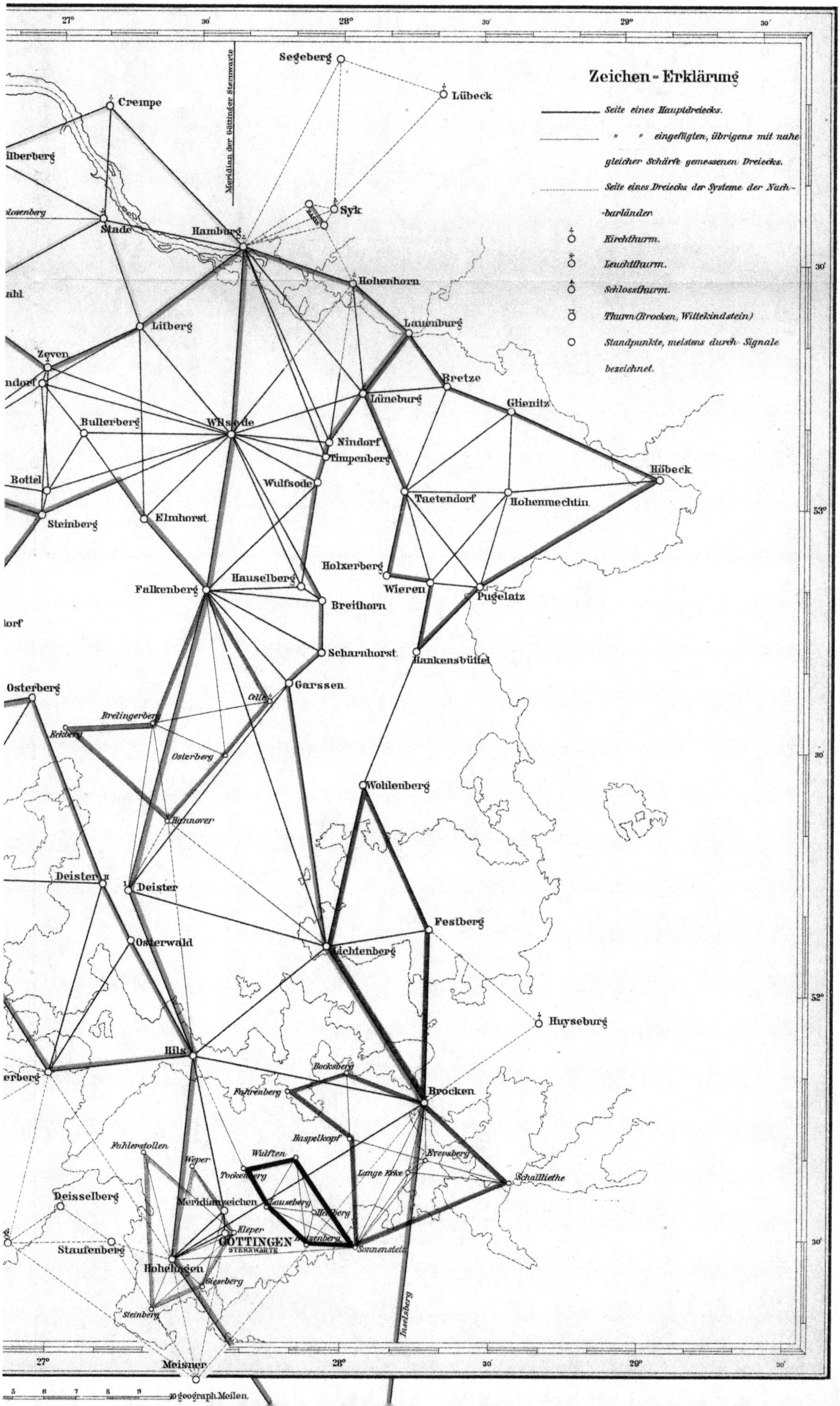

Zeichen-Erklärung
Seite eines Hauptdreiecks.
" " eingefügten, übrigens mit nahe gleicher Schärfe gemessenen Dreiecks.
Seite eines Dreiecks der Systeme der Nachbarländer.
Kirchthurm.
Leuchtthurm.
Schlossthurm.
Thurm (Brocken, Wittekindstein)
Standpunkte, meistens durch Signale bezeichnet.
Meridian der Göttinger Sternwarte
27°
30'
28°
30'
29°
30'
30'
53°
30'
52°
30'
Segeberg
Lübeck
Crempe
Syk
Stade
Hamburg
Hohenhorn
Lauenburg
Litberg
Zeven
Bretze
Lüneburg
Glienitz
Bullerberg
Wilsede
Nindorf
Timpenberg
Wulfsode
Bottel
Steinberg
Elmhorst
Taetendorf
Hohenuechtin
Höbeck
Holxerberg
Hauselberg
Falkenberg
Breithorn
Wieren
Pugelatz
Scharnhorst
Hankensbüttel
Garssen
Osterberg
Celle
Brelingerberg
Eckberg
Osterberg
Wohlenberg
Hannover
Deister
Deister
Festberg
Osterwald
Lichtenberg
Huyseburg
Hils
Bocksberg
Fuhrenberg
Brocken
Haspelkopf
Fahlerstollen
Wulften
Weper
Tockenberg
Lange Ecke
Erepsberg
Schalliethe
Deisselberg
Meridianzeichen
Lauseberg
Kleper
Staufenberg
GÖTTINGEN
STERNWARTE
Sonnenstein
Hoheliagen
Gieseberg
Steinberg
Meisner
Inselsberg
5 6 7 8 9 10 geograph. Meilen.

HÖHENMESSUNGEN.

[Der Refractionscoefficient aus den Höhenmessungen bei der hannoverschen Gradmessung.]

Astronomisches Jahrbuch für das Jahr 1826. Berlin 1823. S. 89—92.

[1.]

Beobachtete und berechnete Triangulirung im Hannoverschen, Braunschweigschen und Lüneburgschen, vom Hrn. Hofrath Ritter GAUSS in Göttingen unterm 22. Januar 1823 eingesandt.

Obgleich meine Triangulirung noch nicht vollendet ist, so kann ich doch dieselbe vermittelst des Anschlusses an die VON ZACHsche Basis schon vorläufig berechnen, und folgende geographische Bestimmungen werden schon alle Genauigkeit haben, die gewünscht werden kann.

	Breite	[Östl.] Länge von Göttingen
Sternwarte Seeberg	50° 56′ 6″,7	+0° 47′ 19″,2
Göttingen, Neue Sternwarte	51 31 48,7	0
— Platz der alten Sternwarte	51 31 55,0	−0 0 28,1
Brockenhausthurm	51 48 2,7	+0 40 22,9
Hildesheim, Thurm 1	52 9 11,9	+0 0 27,1
— — 2	52 9 16,7	+0 0 3,5
— — 3	52 9 19,4	+0 0 29,4
Braunschweig, Martinsthurm	52 15 51,5	+0 34 24,6
— Petrusthurm	52 16 4,4	+0 34 22,6
— Catharinenthurm	52 16 9,3	+0 34 57,9
— Andreasthurm	52 16 10,8	+0 34 37,8

	Breite	[Östl.] Länge von Göttingen
Hannover, Ägydiusthurm	52° 22′ 16″,4	−0° 12′ 13″,8
— Neustädterthurm	52 22 22,6	−0 12 52,8
— Marktthurm	52 22 24,8	−0 12 28,4
— Kreuzthurm	52 22 30,7	−0 12 37,8
Neustadt am Rübenberge	52 30 21,8	−0 28 53,7
Celle, südlicher Schlossthurm	52 37 31,4	+0 8 4,9
— nördlicher Schlossthurm	52 37 32,9	+0 8 4,0
— Thurm der Stadtkirche	52 37 34,2	+0 8 16,6
Lüneburg, Johannisthurm	53 14 59,2	+0 28 11,7
— Michaelisthurm	53 15 5,5	+0 27 29,5
Hamburg, Michaelisthurm	53 33 1,8	+0 2 3,0

Die Namen der drei Hildesheimschen Thürme kann ich in diesem Augenblick noch nicht angeben; der erste ist ein sogenannter Dachreiter, der zweite eine Laterne, der dritte nadelförmig. Alle diese Bestimmungen gehen von dem Platze des Reichenbachschen Meridiankreises in der Göttinger Sternwarte aus, und zur Rechnung sind die von Walbeck gefundenen Dimensionen des Erdsphäroids zum Grunde gelegt. Bei der Breite des Brockenhauses weicht von Zachs astronomische Bestimmung um 10″ ab (sein Beobachtungsplatz war noch etwas südlich vom Thurme); ob dies bloss in der Unvollkommenheit des von ihm gebrauchten Lenoirschen Kreises seinen Grund habe, wie dieser geschickte Beobachter glaubt, lasse ich dahin gestellt sein; ich möchte aber doch fast glauben, dass die grosse Menge von Harzgebirgen, welche noch südlich vom Brocken liegt, während im Norden sogleich das flache Land anfängt, einigen Antheil daran hat, und es wäre gewiss interessant, wenn in Zukunft neue astronomische Beobachtungen mit einem vollkommnern Instrument auf dem Brocken oder nördlich am Fuss desselben angestellt würden.

Da ich an jedem meiner Dreieckspunkte die Zenithdistanzen aller andern damit verbundenen mit einem 12-zölligen Multiplicationskreise gemessen habe, so ergeben sich daraus ihre relativen Höhen mit grosser Genauigkeit; ich wünsche jedoch, ehe ich diese bekannt mache, erst durch eine zuverlässigere

Verbindung mit der Meeresfläche als bisher stattgefunden hat, die absoluten Höhen über dieser zu erhalten. Dagegen theile ich Ihnen hier alle meine bisher erhaltenen Resultate über die terrestrische Refraction mit in folgendem Tableau, wobei ich nur bemerke, dass ich unter der Refraction die Verschiedenheit der Richtungen des Lichtstrahls an seinen beiden Endpunkten verstehe. Was einige Astronomen Refraction nennen, ist eigentlich nur die halbe Refraction.

Endpunkte	Krümmung des terrestrischen Bogens	Beobachtete Refraction	Verhältniss
Lichtenberg-Falkenberg	2767",2	+ 345",3	+ 0,1248
Deister-Falkenberg	2282,7	330,5	0,1448
Hohehagen-Brocken	2235,3	325,6	0,1457
Lichtenberg-Garssen	1961,7	252,0	0,1285
Deister-Garssen	1950,4	240,5	0,1233
Hils-Brocken	1779,1	292,6	0,1645
Lichtenberg-Deister	1597,2	252,6	0,1581
Hohehagen-Hils	1529,3	243,5	0,1592
Breithorn-Wilsede	1409,5	153,6	0,1090
Brocken-Lichtenberg	1372,5	185,2	0,1350
Hils-Deister	1316,8	175,3	0,1331
Hils-Lichtenberg	1291,1	187,1	0,1450
Hauselberg-Wilsede	1232,5	137,2	0,1113
Meridianzeichen-Hils	1188,9	187,0	0,1573
Falkenberg-Wilsede	1168,0	150,7	0,1290
Falkenberg-Wulfsode	1139,9	132,1	0,1159
Falkenberg-Scharnhorst	958,3	122,4	0,1277
Garssen-Falkenberg	910,0	78,3	0,0861
Falkenberg-Breithorn	884,0	109,2	0,1235
Hauselberg-Wulfsode	770,1	56,1	0,0728
Wulfsode-Wilsede	738,9	+ 84,6	+ 0,1146

Endpunkte	Krümmung des terrestrischen Bogens	Beobachtete Refraction	Verhältniss
Falkenberg-Hauselberg	691″,7	+ 87″,4	+0,1264
Meridianzeichen-Hohehagen	538,6	111,9	0,2078
Sternwarte-Hohehagen	447,0	54,3	0,1215
Scharnhorst-Breithorn	363,0	11,2	0,0309
Garssen-Scharnhorst	343,9	+ 20,6	+0,0599
Breithorn-Hauselberg	203,6	− 23,2	−0,1141
Sternwarte-Meridianzeichen	162,3	+ 36,8	+0,2265

Das Mittel aus allen Bestimmungen, mit Rücksicht auf die Länge der Linien, wäre 0,1306. Man sieht, dass die Anomalien bei kleinen Entfernungen viel grösser sind, als bei grossen.

An sonnigen Sommertagen ist nach meinen Erfahrungen in den Vormittags- und frühern Nachmittagsstunden in flachen Gegenden die Refraction des Lichts, so lange es nahe über der Erdfläche wegstreicht, gewöhnlich negativ, und die Luft ist dann immer so stark undulirend, dass sich keine sehr scharfe Messungen machen lassen. Das Heliotroplicht ist dann öfters eine cometenartige Scheibe, zuweilen wohl von einer Minute im Durchmesser, die sich in den Nachmittagsstunden, so wie die Luft nach und nach günstiger wird, immer mehr concentrirt und zuletzt in ein feines Fixsternlicht von grosser Intensität übergeht.

[2.]

[Der Refractionscoefficient aus den Höhenmessungen von 1824 abgeleitet.]

Gauss an Schumacher. Göttingen, 28. November 1824.

Erst heute bin ich im Stande, Ihnen das Resultat, welches meine diesjährigen Messungen für die terrestrische Refraction geben, mitzutheilen. Um die Amplituden genau zu haben, musste ich erst die Längen und Breiten meiner Dreieckspunkte bestimmen, und dazu mussten erst sämmtliche Dreiecke nach vorgängiger Ausgleichung der Winkel berechnet werden.

Das ganze System meiner diesjährigen Messungen umfasst 29 Linien; zwei davon gehören aber, was die Messung der gegenseitigen Zenithdistanzen betrifft, schon zu den Arbeiten von 1822 und 1823 (nemlich Falkenberg-Wilsede und Wilsede-Hamburg). Bei zwei Linien ist die Zenithdistanz bloss einseitig gemessen (nemlich gar nicht von Bremen nach Bottel und von Brüttendorf nach Zeven); bei zwei andern ist sie auch insofern nur einseitig gemessen, als bei der Messung von der andern Seite, aus Mangel an Zeit, bloss der Theodolith angewandt ist (nemlich von Bottel nach Steinberg und von Wilsede nach Bullerberg*). Endlich bei der Linie Litberg-Hamburg** ist in Hamburg der Knopf der Zielpunkt gewesen, dessen Höhe über den Fenstern des Cabinets ich noch nicht genau kenne. Es bleiben also noch 22 Linien übrig, wo die reciproken Zenithdistanzen vollständig gemessen sind, d. i. mit dem 12-zölligen Kreise und unter wenigstens 20-maliger Repetition, und wo ohne Ausnahme Heliotroplicht der Zielpunkt gewesen ist. Die Summe der 22 Krümmungen (Amplituden) ist $6^0\,15'\,49''844$ (die grösste darunter von Wilsede nach Steinberg $26'\,4'',883$); die Summe der 22 Refractionen hingegen $55'\,32'',329$. Also das Mittelverhältniss wie 1 zu

0,14778.

Das Mittel aus den einzelnen 22 Quotienten ist 0,14499; ich ziehe aber jenes Resultat vor, weil bei kleinen Bogen der Quotient viel mehr schwankt als bei grössern. Ich habe schon anderswo bemerkt, dass ich unter Refraction die Verschiedenheit der Richtungen an den beiden Endpunkten verstehe; die meisten Schriftsteller nennen sonst Refraction die Hälfte jener Verschiedenheit, nemlich die Winkel der Tangenten am Wege des Lichtstrahls an den beiden Endpunkten mit der Chorde. So verstanden geben also meine diesjährigen Messungen 0,07389. Meine sämmtlichen zu diesem Zweck brauchbaren Messungen von 1821—1823 hatten für 34 Linien die Summe der Krümmungen $10^0\,8'\,14'',249$, die Summe der Refractionen $= 1^0\,17'\,43'',670$, also das Verhältniss wie 1 zu 0,12779 gegeben. Die grösste Linie darunter ist Lichtenberg-Falkenberg, deren Krümmung $46'\,7'',250$ beträgt. Man würde sich sehr irren, wenn man glaubte, dass der grössere Quotient von 1824 den flächern Gegenden eigen wäre. In der That geben die Messungen von 1823, die ebenso flachen Gegenden angehören, sogar noch ein kleineres Resultat, als alle von

1821—1823. Ich bin vielmehr über die Quelle des Unterschiedes gar nicht zweifelhaft. In den Jahren von 1821—1823 habe ich die Zenithdistanzen fast alle Vormittags oder Mittags oder bald nach Mittag gemessen, da ich diese Messungen als etwas untergeordnetes betrachtete und in der Regel nur die Stunden dazu verwandte, wo das Sehen für die Theodolithen-Messungen nicht gut genug war. Das sind aber an sonnigen Tagen ohne Ausnahme die genannten Stunden in flachen Gegenden, und dann ist ebenso beständig an sonnigen Tagen die Refraction allemal kleiner, als in den etwas spätern Nachmittagsstunden, wo die Bilder ruhiger und schärfer werden. Im Jahr 1824 gingen aber fast die meisten meiner Linien so knapp über zwischenliegende Hindernisse weg, dass Vormittags bei sehr vielen gar kein Licht herüber konnte, und ich daher mit wenigen Ausnahmen die Vormittags-Messungen bei Hauptrichtungen ganz aufgab. Die Zenithdistanzen sind daher 1824 sämmtlich Nachmittags bei schon besserer Luft gemessen, doch nie kurz vor Sonnenuntergang, wo nach allen meinen Erfahrungen die Refraction noch bedeutend grösser wird. Meistens sind sie Nachmittags von 3—4 Uhr gemessen*), und ich habe so viel als thunlich bei jeder Linie die Messung der gegenseitigen Zenithdistanzen ungefähr unter gleicher Luftbeschaffenheit zu machen gesucht.

Wenn Sie alle meine 22 + 34 = 56 Resultate einzeln zu haben wünschen, so stehen sie Ihnen gern zu Dienste. Bei den ausgeschlossenen oben mit * ** bezeichneten Linien sind übrigens

	die Krümmungen	die Refractionen	Quotient
[Wilsede-Bullerberg] *	18′ 56,″002	2′ 42,″975	0,14346
[Litberg-Hamburg] **	16 14,047	2 49,295	0,17380
Summa	35′ 10,″049	5′ 32,″270	0,15747,

indem ich für ** die Höhe des Knopfs in Hamburg über den Fenstern = 15,558 m annehme; durch eine genauere Bestimmung dieser relativen Höhen und der Ihres Barometers in Altona gegen obige beiden Punkte werden Sie mich verbinden.......

*) So lange die Tage noch länger waren; späterhin successive etwas früher, im October wallte in der Regel die Luft schon um 1¼ oder 2 Uhr nicht viel mehr.

[3].

[Der Refractionscoefficient aus den Höhenmessungen bei der Gradmessung und ihrer Fortsetzung bis Jever.]

Gauss an Schumacher. Göttingen, 27. December 1846.

Bessel erwähnt [in einem hinterlassenen Aufsatze] meines Resultats für die irdische Strahlenbrechung und meint, die Ursache, warum ich den Coefficienten kleiner finde, als andere Astronomen, sei, weil ich nur an sonnigen Tagen beobachtet habe, die andern aber ohne Unterschied an sonnigen und bedeckten. Diese Äusserung ist in vielfacher Beziehung nicht richtig. Erstlich ist das Factische nicht unbedingt gültig. Vermuthlich ist jener Aufsatz früher geschrieben, als das Buch über die preussische Gradmessung; in letzterer, S. 197, hat Bessel auch andere Resultate angeführt, zwischen denen meines, wie er es angibt, liegt. Dann hat Bessel bloss das Resultat aus meinen Messungen von 1821 und 1822 gekannt, wie es im Jahrbuch für 1826 gedruckt ist. Die spätern Jahre geben fortschreitend grössere Coefficienten, nemlich

1823 . . . 0,14125
1824 . . . 0,14778
1825 . . . 0,15826.

Das Mittelresultat aus allen 5 Jahren und zwar aus einer Anzahl von Dreiecksseiten, deren Summe 290 geogr. Meilen beträgt, ist 0,13974, also grösser, als das Resultat aus Bessels eigenen Beobachtungen. Jenes Fortschreiten kann ich aber recht gut erklären. Es ist ungenau, zu sagen, dass an sonnigen Tagen die Refraction kleiner sei als an bedeckten. Die [Ursache] ist vielmehr die: an sonnigen Tagen hängt die Refraction in hohem Grade von der Tageszeit ab, ohne allen Vergleich mehr, als an bedeckten. Mittags und in den dem Mittage nächstgelegenen Vormittags- und Nachmittagsstunden ist die Refraction am kleinsten, in den spätern Nachmittagsstunden nimmt sie fortwährend mit einer ausserordentlichen Regelmässigkeit zu und gegen Sonnenuntergang ist sie gewiss nicht kleiner, sondern eher grösser, als an bedeckten Tagen. Die Zeit der kleinsten Refraction ist zugleich die, wo die Luft feinen

Beobachtungen am ungünstigsten ist. Da ich die Höhenmessungen nur wie ein secundäres Geschäft betrachtete, so verwandte ich darauf in den ersten Jahren vorzugsweise die den feinern Horizontalwinkelmessungen ungünstigsten Stunden, namentlich auch Vormittags und Mittags. In den folgenden Jahren wurde die Zuziehung der Vormittagsstunden immer mehr beschränkt und hörte zuletzt fast ganz auf, so dass häufig die Zenithdistanzen auch in ziemlich späten Nachmittagsstunden gemessen wurden. Den von Bessel angeführten Grund, woraus er die grössern von den französischen Astronomen gefundenen Resultate erklären will, nemlich weil die Bordaschen Kreise die Zenithdistanzen zu klein gäben, halte ich für sehr unerheblich. Es könnte daraus nur eine sehr geringe Wirkung erfolgen; auch sind meine eigenen Messungen ebenfalls mit einem Bordaschen Kreise gemacht.

BEMERKUNGEN.

Zu dem ersten Theil des Aufsatzes aus Bodes astronomischem Jahrbuch sei bemerkt, dass die endgültigen Werthe der geographischen Positionen bereits auf S. 427/428 gegeben sind. Der Abdruck des letzten der beiden vorstehenden Briefe an Schumacher ist nach dem Original erfolgt, für den ersten ist eine nach dem Original angefertigte Copie benutzt worden. Die in ihm enthaltenen Zahlenwerthe konnten durch die Angaben eines Gaussschen Handbuches controllirt werden. Nach diesem sind die in der Tabelle, S. 439, angegebenen Werthe bei der Linie Lichtenberg-Deister der Reihe nach durch die folgenden zu ersetzen: 1566,9, 222,3, 0,1419. Die Höhenbeobachtungen während der 5 Jahre der Gradmessung haben (nach verschiedenen Stellen des Gaussschen Handbuches) zur Ableitung des Refractionscoefficienten folgende Resultate ergeben:

Jahr der Beobachtungen	Anzahl der Linien	Summe der Krümmungen	Summe der Refractionen	Refractions-coefficient
1821 u. 1822 (bis Wulfsode-Wilsede)	28	33203,″272	4309,″986	0,12981
1823 (bis Wilsede-Nindorf)	4	1778, 089	178, 572	0,12643
(bis Hamburg)	5	6105, 219	862, 415	0,14126
1824 (bis Brillit-Garlste)	22	22549, 844	3332, 329	0,14778
1825 (bis Varel-Jever)	8	7763, 012	1228, 541	0,15826
Summe	67	71399, 436	9911, 843	0,13882

Gauss scheint die Ergebnisse der ersten 4 Linien von 1823 bei der Bildung des Mittelresultats, S. 443, ausgeschlossen zu haben; in diesem Falle wird der Refractionscoefficient: 0,13980.

Krüger.

NACHLASS.

Terrestrische Refraction.

[1.]

Es wird angenommen, dass der Weg des Lichtstrahls in Einer Ebene bleibt, und dass die Richtungen der Schwere an den verschiedenen Punkten jenes Weges in Einem Punkte C zusammentreffen; imgleichen, dass die Veränderungen der Richtung des Weges den Veränderungen des Winkels an C proportional sind.

Es seien P und P' zwei [auf einander folgende] Punkte der Lichtcurve; 90^0+u der Winkel zwischen PP' und PC; $PC=r$; A der Anfangspunkt jener Linie, B der Endpunkt; θ der Winkel zwischen CP und CA; $n\mathrm{d}\theta$ die Richtungsveränderung; endlich seien a und b die Werthe von r in A und B, und α und β die Werthe von u in diesen Punkten, d. i. α die Höhe, in welcher B in A erscheint, β die Vertiefung, in welcher A in B erscheint.

Man hat

$$u=\alpha+(1-n)\theta$$

$$\mathrm{d}r=r\mathrm{d}\theta\,.\,\mathrm{tang}\,u=r\mathrm{d}\theta\,.\,\mathrm{tang}(\alpha+(1-n)\theta)$$

[oder]

$$\log r=-\frac{1}{1-n}\log\cos(\alpha+(1-n)\theta)+\mathrm{const.}$$

$$\frac{\mathrm{const.}}{r^{1-n}}=\cos(\alpha+(1-n)\theta).$$

Folglich [da für $r=a,\quad \theta=0$ ist]

$$\frac{a^{1-n}\cos\alpha}{r^{1-n}}=\cos(\alpha+(1-n)\theta).$$

Ist also in B

$$\theta = t \quad [\text{und } r = b],$$

so ist

$$\beta = \alpha + (1-n)t$$

[und]

$$\frac{a^{1-n}\cos\alpha}{b^{1-n}} = \cos\beta,$$

[also wird]

$$\frac{\cos\alpha - \cos\beta}{\cos\alpha + \cos\beta} = \operatorname{tang}\tfrac{1}{2}(\beta-\alpha)\operatorname{tang}\tfrac{1}{2}(\beta+\alpha) = \frac{b^{1-n}-a^{1-n}}{b^{1-n}+a^{1-n}}.$$

Man setze

$$\tfrac{1}{2}(b+a) = R+k$$
$$b-a = h,$$

also

$$b = R+k+\tfrac{1}{2}h$$
$$a = R+k-\tfrac{1}{2}h;$$

[dann ist:]

$$\operatorname{tang}\tfrac{1}{2}(\beta-\alpha)\operatorname{tang}\tfrac{1}{2}(\beta+\alpha) = \frac{\left(1+\frac{h}{2(R+k)}\right)^{1-n} - \left(1-\frac{h}{2(R+k)}\right)^{1-n}}{\left(1+\frac{h}{2(R+k)}\right)^{1-n} + \left(1-\frac{h}{2(R+k)}\right)^{1-n}},$$

oder hinlänglich genau

$$= \frac{(1-n)h}{2(R+k)}.$$

Die Länge des auf die Meeresfläche projicirten Bogens $AB = \Delta$ gesetzt, wird

$$\Delta = Rt.$$

Ferner ist

I. $$\beta - \alpha = (1-n)t;$$

folglich

$$(1-n)h = 2(R+k)\operatorname{tang}\tfrac{1}{2}(\beta-\alpha)\operatorname{tang}\tfrac{1}{2}(\beta+\alpha)$$
$$= \frac{\operatorname{tang}\frac{1}{2}(\beta-\alpha)}{\frac{1}{2}(\beta-\alpha)}\cdot(R+k)(\beta-\alpha)\operatorname{tang}\tfrac{1}{2}(\beta+\alpha),$$
$$h = \frac{\operatorname{tang}\frac{1}{2}(\beta-\alpha)}{\frac{1}{2}(\beta-\alpha)}\cdot\frac{R+k}{R}\cdot\Delta\,.\operatorname{tang}\tfrac{1}{2}(\beta+\alpha),$$

wofür man auch

II. $$h = \frac{R+k}{R}\cdot\Delta\,.\operatorname{tang}\tfrac{1}{2}(\beta+\alpha)$$

schreiben kann.

Aus I findet man, wenn α und β beide bekannt sind, n; aus II h.

[2.]

Depression des Horizonts .... δ
Halbmesser der Erde .... R
Höhe des Auges .... h
Amplitude des Erdbogens v
Ganze Refraction .... εv.

[Setzt man]

$$R+h = r$$

[so ist:]

$$r^{1-\varepsilon}\cos(1-\varepsilon)v = R^{1-\varepsilon}.$$

Also [wird, da $\delta = (1-\varepsilon)v$ ist:]

$$\left(\frac{R+h}{R}\right)^{1-\varepsilon}.\cos\delta = 1$$

[oder]

$$2\sin\tfrac{1}{2}\delta^2 = 1-\left(\frac{R}{R+h}\right)^{1-\varepsilon}$$
$$= \frac{h}{R}(1-\varepsilon)-\frac{hh}{RR}\frac{(1-\varepsilon)(2-\varepsilon)}{2}\ldots.$$

Nimmt man die Bahn des Lichts wie einen Kreisbogen an, so ist

$$\frac{R+h}{R}\left[=\frac{\sin(v-\delta)}{\sin v-\sin\delta}=\frac{\cos\frac{1}{2}(v-\delta)}{\cos\frac{1}{2}(v+\delta)}\right]$$
$$=\frac{\cos\dfrac{\varepsilon}{2-2\varepsilon}\cdot\delta}{\cos\dfrac{2-\varepsilon}{2-2\varepsilon}\cdot\delta}$$

[3.]

A, *B* .... Höhen zweier Punkte, wo die gegenseitigen Depressionen *a*, *b* beobachtet werden.

R .... Krümmungshalbmesser [der Erdkugel]; *r* .... Entfernung;

μ .... Refractionscoefficient.

[Es sei v der zu der Entfernung r und γ der zum Lichtstrahl gehörige Centriwinkel; dann ist

$$v-\gamma = a+b,$$

oder, $\gamma = \mu v$ gesetzt,

$$v(1-\mu) = a+b.$$

Da

$$Rv = r$$

ist, so hat man mithin:]

$$(1-\mu)r = R(a+b).$$

[Ferner ist angenähert

$$A-B = (2R+A+B)\operatorname{tang}\tfrac{1}{2}(a-b).\operatorname{tang}\tfrac{1}{2}v,$$

$$\frac{A-B}{2R} = \tfrac{1}{2}(a-b)\ \tfrac{1}{2}\frac{r}{R}$$

oder]

$$(a-b)r = 2(A-B).$$

Ist also $b=0$ und $B=0$, [so wird]

$$(1-\mu)r = Ra$$

$$ar = 2A;$$

$$A = \frac{aaR}{2(1-\mu)},$$

$$(1-\mu)rr = 2AR.$$

[Für $\mu =$] 0,12	[ist]	$r = 3804\sqrt{A}$ [Meter]
0,13		$3826\sqrt{A}$
0,14		$3848\sqrt{A}$
0,15		$3870\sqrt{A}$
0,16		$3893\sqrt{A}$.

[4.]

[Formel zur Höhenberechnung.]

Zur schärfsten Berechnung der Höhen muss die Formel angewandt werden:

$$h'-h = \tfrac{1}{2}(a'-a)\sqrt[3]{(\sec a \sec a')}.\{r+\tfrac{1}{2}(h+h')c\}$$

Hier bedeuten a und a' die Höhenwinkel; h und h' die Höhen über der Meeresfläche; r die Entfernung, auf die Meeresfläche reducirt; c die Krümmung.

[5.]

[Ausgleichung der Höhen der Hauptdreieckspunkte.]

[Die Höhenmessungen sind in den Jahren 1821 bis 1825 gelegentlich der Winkelmessungen für die Gradmessung mit einem BORDAschen Kreise ausgeführt worden. Aus ihnen ergeben sich die Höhenunterschiede der Endpunkte von 71 Dreiecksseiten (auf den Seiten Bremen-Bottel und Hamburg-Lüneburg sowie auf und nach dem Dreieckspunkt Inselsberg haben keine Höhenmessungen statt gefunden), aus denen durch Ausgleichung die Höhenunterschiede von 32 Dreieckspunkten abzuleiten sind.

Zu diesem Zweck werden für die Höhen der Dreieckspunkte zunächst die folgenden Näherungswerthe angenommen.]

Nr.	Station	Annahme für die Höhe (Meter)	Nr.	Station	Annahme für die Höhe (Meter)
1	Langwarden	24,726	17	Lüneburg	76,832
2	Jever	33,419	18	Nindorf	116,707
3	Varel	38,776	19	Timpenberg	117,110
4	Bremerlehe	25,756	20	Wulfsode	104,510
5	Garlste	50,590	21	Hauselberg	120,443
6	Brillit	44,584	22	Breithorn	120,499
7	Bremen	82,882	23	Falkenberg	150,805
8	Zeven	44,820	24	Scharnhorst	93,957
9	Steinberg	72,336	25	Garssen	77,079
10	Brüttendorf	49,631	26	Deister	307,912
11	Litberg	65,536	27	Lichtenberg	244,879
12	Wilsede	170,876	28	Brocken	1150,368
13	Bottel	52,441	29	Hils	429,082
14	Bullerberg	53,310	30	Hohehagen	504,260
15	Hamburg	129,370	31	Meridianzeichen	221,112
16	Elmhorst	89,990	32	Göttingen	155,836

[Den angenommenen Werthen für die Höhen sind nun Verbesserungen zuzufügen, die durch (i) bezeichnet werden, wo i die Nummer des Dreieckspunktes ist. Diese Verbesserungen lassen sich mit Hülfe der Verbesserungen der Höhen längs eines von Langwarden nach Göttingen gehenden Linienzuges durch neue Verbesserungen a, b, c ... darstellen, z. B. ist die Verbesserung des Dreieckspunktes $20 = (20) = (12)+t = (8)+l+t = (6)+g+l+t$

$$= (4)+e+g+l+t = (1)+c+e+g+l+t.]$$

Dreieckspunkt	Verb. d. Annahme f. d. Höhe	Dreieckspunkt	Verb. d. Annahme f. d. Höhe	Dreieckspunkt	Verb. d. Annahme f. d. Höhe	Dreieckspunkt	Verb. d. Annahme f. d. Höhe
1	(1)	9	$(8)+h$	17	$(12)+q$	25	$(23)+y$
2	$(1)+a$	10	$(8)+i$	18	$(12)+r$	26	$(23)+z$
3	$(1)+b$	11	$(8)+k$	19	$(12)+s$	27	$(23)+\alpha$
4	$(1)+c$	12	$(8)+l$	20	$(12)+t$	28	$(27)+\beta$
5	$(4)+d$	13	$(12)+m$	21	$(12)+u$	29	$(27)+\gamma$
6	$(4)+e$	14	$(12)+n$	22	$(12)+v$	30	$(29)+\delta$
7	$(6)+f$	15	$(12)+o$	23	$(12)+w$	31	$(29)+\varepsilon$
8	$(6)+g$	16	$(12)+p$	24	$(23)+x$	32	$(31)+\zeta$

[Aus den Höhenmessungen selbst sind die nachstehenden Werthe für die Unterschiede der Höhen der Endpunkte der Dreiecksseiten hergeleitet worden.]

Dreiecksseite	Beobacht. Höhen-Untersch. (Meter)	Dreiecksseite	Beobacht. Höhen-Untersch. (Meter)	Dreiecksseite	Beobacht. Höhen-Untersch. (Meter)	Dreiecksseite	Beobacht. Höhen-Untersch. (Meter)
1.2	+ 7,165	7.8	− 40,175	10.14	+ 2,764	12.21	− 49,371
1.3	+ 15,460	7.9	− 9,680	11.12	+ 105,997	12.22	− 50,216
1.4	+ 1,147	7.10	− 32,720	11.15	+ 64,170	12.23	− 20,216
2.3	+ 3,829	8.9	+ 28,309	11.16	+ 23,830	13.14	+ 0,767
3.4	− 13,764	8.10	+ 3,012	12.13	− 117,063	14.16	+ 35,994
3.5	+ 12,441	8.11	+ 19,950	12.14	− 117,233	15.18	− 13,614
4.5	+ 26,921	8.12	+ 126,432	12.15	− 41,959	15.19	− 11,395
4.6	+ 16,112	9.12	+ 102,028	12.16	− 80,116	16.23	+ 60,280
5.6	− 4,760	9.13	− 21,725	12.17	− 93,862	17.18	+ 40,056
5.7	+ 33,760	10.11	+ 17,039	12.18	− 54,149	18.19	− 0,320
6.7	+ 36,112	10.12	+ 119,407	12.19	− 54,110	19.20	− 12,925
6.8	+ 0,953	10.13	+ 3,163	12.20	− 66,611	20.21	+ 16,157

Dreiecks-seite	Beobacht. Höhen-Untersch. (Meter)	Dreiecks-seite	Beobacht. Höhen-Untersch. (Meter)	Dreiecks-seite	Beobacht. Höhen-Untersch. (Meter)	Dreiecks-seite	Beobacht. Höhen-Untersch. (Meter)
20.23	+45,529	23.25	− 73,042	26.27	− 64,712	29.30	+ 76,108
21.22	− 0,489	23.26	+156,588	26.29	+120,811	29.31	−206,580
21.23	+32,189	23.27	+ 94,387	27.28	+904,843	30.31	−283,596
22.23	+28,984	24.25	− 17,355	27.29	+185,210	30.32	−349,366
22.24	−25,602	25.26	+229,312	28.29	−719,612	31.32	− 64,334
23.24	−58,265	25.27	+169,527	28.30	−648,427		

[Mit Hülfe dieser 3 Tabellen ergeben sich jetzt die Fehlergleichungen. Man erhält z. B. aus der Höhenbeobachtung über der Seite 1.2, wenn $v_{1.2}$ den Beobachtungsfehler bedeutet,

$$+7,165+v_{1.2} = +33,419+(2)-24,726-(1)$$
$$v_{1.2} = +1,528+a,$$

und über der Seite 11.15:

$$+64,170+v_{11.15} = +63,834+(12)+o-(8)-k$$
$$v_{11.15} = -0,336-k+l+o.$$

Die Fehlergleichungen lauten:]

$$\begin{aligned}
[v_{1.2} &= +1,528+a & [v_{7.8} &= +2,113-f+g \\
v_{1.3} &= -1,410+b & v_{7.9} &= -0,866-f+g+h \\
v_{1.4} &= -0,117+c & v_{7.10} &= -0,531-f+g+i \\
v_{2.3} &= +1,528-a+b & v_{8.9} &= -0,793+h \\
v_{3.4} &= +0,744-b+c & v_{8.10} &= +1,799+i \\
v_{3.5} &= -0,627-b+c+d & v_{8.11} &= +0,766+k \\
v_{4.5} &= -2,087+d & v_{8.12} &= -0,376+l \\
v_{4.6} &= +2,716+e & v_{9.12} &= -3,488-h+l \\
v_{5.6} &= -1,246-d+e & v_{9.13} &= +1,830-h+l+m \\
v_{5.7} &= -1,468-d+e+f & v_{10.11} &= -1,134-i+k \\
v_{6.7} &= +2,186+f & v_{10.12} &= +1,838-i+l \\
v_{6.8} &=] -0,717+g & v_{10.13} &=] -0,353-i+l+m
\end{aligned}$$

$[v_{10.14} = +0,915 - i + l + n$

$v_{11.12} = -0,657 - k + l$

$v_{11.15} = -0,336 - k + l + o$

$v_{11.16} = +0,624 - k + l + p$

$v_{12.13} = -1,372 + m$

$v_{12.14} = -0,333 + n$

$v_{12.15} = +0,453 + o$

$v_{12.16} = -0,770 + p$

$v_{12.17} = -0,182 + q$

$v_{12.18} = -0,020 + r$

$v_{12.19} = +0,374 + s$

$v_{12.20} = +0,245 + t$

$v_{12.21} = -1,062 + u$

$v_{12.22} = -0,161 + v$

$v_{12.23} = +0,145 + w$

$v_{13.14} = +0,102 - m + n$

$v_{14.16} = +0,686 - n + p$

$v_{15.18} = +0,951 - o + r$

$v_{15.19} = -0,835 - o + s$

$v_{16.23} = +0,535 - p + w$

$v_{17.18} = -0,181 - q + r$

$v_{18.19} = +0,753 - r + s$

$v_{19.20} = +0,295 - s + t$

$v_{20.21} =] -0,224 - t + u$

$[v_{20.23} = +0,766 - t + w$

$v_{21.22} = +0,545 - u + v$

$v_{21.23} = -1,827 - u + w$

$v_{22.23} = +1,322 - v + w$

$v_{22.24} = -0,940 - v + w + x$

$v_{23.24} = +1,417 + x$

$v_{23.25} = -0,684 + y$

$v_{23.26} = +0,519 + z$

$v_{23.27} = -0,313 + \alpha$

$v_{24.25} = +0,477 - x + y$

$v_{25.26} = +1,521 - y + z$

$v_{25.27} = -1,727 - y + \alpha$

$v_{26.27} = +1,679 - z + \alpha$

$v_{26.29} = +0,359 - z + \alpha + \gamma$

$v_{27.28} = +0,646 + \beta$

$v_{27.29} = -1,007 + \gamma$

$v_{28.29} = -1,674 - \beta + \gamma$

$v_{28.30} = +2,319 - \beta + \gamma + \delta$

$v_{29.30} = -0,930 + \delta$

$v_{29.31} = -1,390 + \varepsilon$

$v_{30.31} = +0,448 - \delta + \varepsilon$

$v_{30.32} = +0,942 - \delta + \varepsilon + \zeta$

$v_{31.32} =] -0,942 + \zeta.$

[Damit findet man, wenn die Gewichte der Fehlergleichungen sämmtlich gleich 1 angenommen werden, die nachfolgenden Normalgleichungen, wobei die Constanten in Einheiten der dritten Decimalstelle zu verstehen sind.]

$$
\begin{array}{l}
[0 = \ast +2a - b \ast \ast \ast \ast \ast \ast \ast \ast \ast \ast \ast \\
0 = +1 - a + 4b - 2c - d \ast \ast \ast \ast \ast \ast \ast \ast \ast \\
0 = \ast \ast - 2b + 3c + d \ast \ast \ast \ast \ast \ast \ast \ast \ast \\
0 = \ast \ast - b + c + 4d - 2e - f \ast \ast \ast \ast \ast \ast \ast \\
0 = +2 \ast \ast \ast - 2d + 3e + f \ast \ast \ast \ast \ast \ast \ast \\
0 = +2 \ast \ast \ast - d + e + 5f - 3g - h - i \ast \ast \ast \ast \\
0 = -1 \ast \ast \ast \ast \ast - 3f + 4g + h + i \ast \ast \ast \ast \\
0 = -1 \ast \ast \ast \ast \ast - f + g + 4h \ast \ast - 2l - m \ast \\
0 = +2 \ast \ast \ast \ast \ast - f + g \ast + 6i - k - 3l - m - n \\
\\
0 = +1 \ast - i + 5k - 3l \ast \ast - o - p \ast \ast \ast \ast \ast \ast \ast \\
0 = -3 - 2h - 3i - 3k + 9l + 2m + n + o + p \ast \ast \ast \ast \ast \ast \ast \\
0 = +3 - h - i \ast + 2l + 4m - n \ast \ast \ast \ast \ast \ast \ast \ast \ast \\
0 = -2 \ast - i \ast + l - m + 4n \ast - p \ast \ast \ast \ast \ast \ast \ast \\
0 = +1 \ast \ast - k + l \ast \ast + 4o \ast \ast - r - s \ast \ast \ast \ast \\
0 = +5 \ast \ast - k + l \ast - n \ast + 4p \ast \ast \ast \ast \ast \ast - w \\
0 = -1 \ast \ast \ast \ast \ast \ast \ast \ast + 2q - r \ast \ast \ast \ast \ast \\
0 = -3 \ast \ast \ast \ast \ast \ast - o \ast - q + 4r - s \ast \ast \ast \ast \\
0 = -3 \ast \ast \ast \ast \ast \ast - o \ast \ast - r + 4s - t \ast \ast \ast \\
0 = -2 \ast \ast \ast \ast \ast \ast \ast \ast \ast \ast - s + 4t - u \ast - w \\
0 = -4 \ast \ast \ast \ast \ast \ast \ast \ast \ast \ast \ast - t + 4u - v - w \\
\\
0 = +2 \ast \ast \ast \ast \ast - u + 4v - 2w - x \ast \ast \ast \\
0 = +1 - p \ast \ast \ast - t - u - 2v + 6w + x \ast \ast \ast \\
0 = \ast \ast \ast \ast \ast \ast \ast - v + w + 3x - y \ast \ast \\
0 = -1 \ast \ast \ast \ast \ast \ast \ast \ast - x + 4y - z - \alpha \\
\\
0 = +2 - y + 4z - 2\alpha \ast - \gamma \ast \ast \ast \\
0 = -2 - y - 2z + 4\alpha \ast + \gamma \ast \ast \ast \\
0 = +1 \ast \ast \ast + 3\beta - 2\gamma - \delta \ast \ast \\
0 = -3 \ast - z + \alpha - 2\beta + 4\gamma + \delta \ast \ast \\
0 = -1 \ast \ast \ast - \beta + \gamma + 4\delta - 2\varepsilon - \zeta \\
0 = \ast \ast \ast \ast \ast \ast - 2\delta + 3\varepsilon + \zeta \\
0 =] \ast \ast \ast \ast \ast \ast - \delta + \varepsilon + 2\zeta.
\end{array}
$$

Es können noch die Correctionen angebracht werden:

$f = -0{,}001$	$l = -0{,}001$	$q = +0{,}001$	$t = +0{,}001$
$i = -0{,}001$	$m = -0{,}001$	$r = +0{,}001$	$u = +0{,}001$
$k = -0{,}001$	$p = -0{,}001$	$s = +0{,}001$	[$\gamma = +0{,}001$].

[Demnach hat man den angenommenen Werthen für die Höhen der Dreieckspunkte (Tabelle I) noch als Verbesserungen zuzufügen, wenn zugleich $(1) = 0$ gesetzt wird:

$(1) = 0$	$(9) = 0$	$(17) = 0$	$(25) = -0{,}001$
$(2) = 0$	$(10) = -0{,}001$	$(18) = 0$	$(26) = -0{,}001$
$(3) = 0$	$(11) = -0{,}001$	$(19) = 0$	$(27) = -0{,}001$
$(4) = 0$	$(12) = -0{,}001$	$(20) = 0$	$(28) = -0{,}001$
$(5) = 0$	$(13) = -0{,}002$	$(21) = 0$	$(29) = 0$
$(6) = 0$	$(14) = -0{,}001$	$(22) = -0{,}001$	$(30) = 0$
$(7) = -0{,}001$	$(15) = -0{,}001$	$(23) = -0{,}001$	$(31) = 0$
$(8) = 0$	$(16) = -0{,}002$	$(24) = -0{,}001$	$(32) = 0$.]

BEMERKUNGEN.

Die Notiz [1] befindet sich auf einem einzelnen Blatte. In der Formel II) derselben sowie in der unmittelbar vorhergehenden Formel für h wurde ein Schreibfehler verbessert, an Stelle von Δ steht im Original beidemal t.

Die Notizen [2] und [4] sind 2 Handbüchern, die Notiz [3] einem Rechnungsheft zur hannoverschen Gradmessung entnommen.

Die Formeln des Art. [2] ergeben sich unmittelbar aus den Entwickelungen im Art. [1]. Aus der Formel, S. 446 oben,

$$\left(\frac{a}{b}\right)^{1-n}.\cos\alpha = \left(\frac{a}{a+h}\right)^{1-n}.\cos\alpha = \cos(\alpha + (1-n)t)$$

folgt für $\alpha = 0$:

$$\left(\frac{a}{a+h}\right)^{1-n} = \cos(1-n)t.$$

Schreibt man nun R für a, v für t und ε für den Refractionscoefficienten n, so folgt hieraus, da $v - \varepsilon v = \delta$ ist:

$$\left(\frac{R}{R+h}\right)^{1-\varepsilon} = \cos\delta.$$

Statt der im Art. [2] angegebenen Formel für $\frac{R+h}{R}$ hatte das Original:

$$\frac{R+h}{R} = \frac{\cos\frac{2-\varepsilon}{2-2\varepsilon}\cdot\delta}{\cos\frac{\varepsilon}{2-2\varepsilon}\cdot\delta}.$$

Die Formel für $h'-h$ des Art. [4], die GAUSS bei der Berechnung der Höhenunterschiede seiner südlichen Hauptdreieckspunkte benutzt hat, setzt die Erde innerhalb der in Betracht kommenden Länge des Lichtstrahls ebenfalls als Kugel voraus. Es sei M der Mittelpunkt und R der Radius derselben, ferner $PM = R+h$ und $P'M = R+h'$; z sei die Zenithdistanz des Lichtstrahls von P' in P und z' die Zenithdistanz von P in P'; die zugehörigen Refractionswinkel seien δz und $\delta z'$.

Setzt man

$$z+\delta z = 90^\circ + a \quad \text{und} \quad z'+\delta z' = 90^\circ + a',$$

so ist im Dreieck PMP':

$$h'-h = (2R+h+h')\operatorname{tang}\tfrac{1}{2}(a'-a)\operatorname{tang}\tfrac{1}{2}(a'+a),$$

oder, da für kleine Winkel angenähert $\operatorname{tang} x = x\sqrt[3]{\sec x^2}$ ist,

$$h'-h = (R+\tfrac{1}{2}(h+h'))c.\tfrac{1}{2}(a'-a)(\sec\tfrac{1}{2}(a'-a)\sec\tfrac{1}{2}(a'+a))^{\frac{2}{3}},$$

wobei der Winkel $PMP' = c = a'+a$ ist.

Wegen $Rc = r$, und weil ausserdem für kleine Winkel

$$(\sec\tfrac{1}{2}(a'-a)\sec\tfrac{1}{2}(a'+a))^2 = 1+\tfrac{1}{2}(a'a'+aa) = \sec a\sec a'$$

ist, folgt hieraus:

$$h'-h = \tfrac{1}{2}(a'-a)(\sec a\sec a')^{\frac{1}{3}}(r+\tfrac{1}{2}(h+h')c).$$

GAUSS hat bei den Berechnungen der Höhenunterschiede die Refractionswinkel δz und $\delta z'$ einander gleich gesetzt. In den meisten Fällen ist zu dieser Berechnung die Formel

$$h'-h = s\operatorname{tang}\tfrac{1}{2}(z'-z)$$

benutzt worden, in der s die Dreiecksseite bezeichnet.

Die Tabellen in der Notiz [5] über die Höhenausgleichung der Dreieckspunkte sind nach Aufzeichnungen auf einer Seite des Handbuchs mit dem Titel: »Aufsätze, Notizen und Rechnungen, zur Mathematik gehörig« zusammengestellt; die Bezeichnungen der Columnen wurden ihnen zugefügt. Die Vollendung dieser Ausgleichung ist von GAUSS angezeigt in dem Briefe an OLBERS vom 2. April 1826 (S. 377). Dass die benutzten Näherungswerthe (in der ersten Tabelle) nahezu mit den Ausgleichungswerthen übereinstimmen, rührt daher, dass wahrscheinlich schon eine Ausgleichung vorher gegangen ist. Auch bei den Ausgleichungen der Stationsbeobachtungen findet man häufig, dass GAUSS nach vollendeter Ausgleichung nochmals die Fehler- und Normalgleichungen aufgestellt hat (vergl. die Stationsausgleichungen für Brillit und Wilsede, S. 265/270). In den Fehlergleichungen, S. 451/452, sind mehrere Schreibfehler berichtigt worden.

Bringt man in diesen Fehlergleichungen die Werthe der Correctionen an, so ergibt sich der mittlere Fehler eines ausgeglichenen Höhenunterschiedes

$$= \sqrt{\frac{100{,}3719}{71-31}} = \pm 1{,}584\,\text{m}.$$

Es sei noch erwähnt, dass die Höhenwinkel in der Regel aus 20 Repetitionen erhalten sind.

Die im Briefe an OLBERS vom 19. Februar 1825, S. 373/374, mitgetheilten Höhenangaben sind vorläufige Werthe.

KRÜGER.

[Tafeln für barometrisches Höhenmessen.]

Astronomisches Jahrbuch für das Jahr 1818. Berlin 1815. S. 169—172.

Das Höhenmessen mit dem Barometer ist zwar kein astronomischer Gegenstand, indessen wird unter den Lesern des Jahrbuchs keiner sein, für den nicht auch jenes Interesse hätte, und so glaube ich wird diesen die Mittheilung einer kleinen Tafel dafür nicht unlieb sein, die ich vor einiger Zeit zu meinem eigenen Gebrauch berechnet habe. Mir ist dieselbe bequemer als alle weitläuftigen Hülfstafeln; sie gibt in völliger Strenge den LAPLACEschen Ausdruck wieder. Man hat auch bei andern Gelegenheiten, z. B. der Aberration, Nutation, correspondirenden Sonnenhöhen, die neu eingerichteten Tafeln, die in Verbindung mit Logarithmentafeln das gesuchte möglichst bequem geben, mit Beifall aufgenommen; ich hoffe, dass dies auch bei den gegenwärtigen der Fall sein wird, wovon man sich leicht eine Abschrift auf das weisse Blatt derjenigen Logarithmentafel setzen kann, an die man gewöhnt ist.

Tafel I.

$t+t'$	A	$t+t'$	A	$t+t'$	A	$t+t'$	A
-10^0	4,25337	-5^0	4,25892	0^0	4,26439	$+5^0$	4,26980
-9	4,25448	-4	4,26002	$+1$	4,26548	$+6$	4,27087
-8	4,25560	-3	4,26111	$+2$	4,26658	$+7$	4,27195
-7	4,25671	-2	4,26220	$+3$	4,26765	$+8$	4,27301
-6	4,25781	-1	4,26330	$+4$	4,26872	$+9$	4,27408
-5	4,25892	0	4,26439	$+5$	4,26980	$+10$	4,27514

$t+t'$	A	$t+t'$	A	$t+t'$	A	$t+t'$	A
$+10^0$	4,27514	$+20^0$	4,28564	$+30^0$	4,29588	$+40^0$	4,30589
11	4,27620	21	4,28667	31	4,29689	41	4,30688
12	4,27726	22	4,28770	32	4,29790	42	4,30787
13	4,27832	23	4,28874	33	4,29891	43	4,30885
14	4,27937	24	4,28976	34	4,29991	44	4,30984
15	4,28042	25	4,29079	35	4,30092	45	4,31082
16	4,28147	26	4,29181	36	4,30192	46	4,31179
17	4,28251	27	4,29283	37	4,30291	47	4,31277
18	4,28356	28	4,29385	38	4,30391	48	4,31374
19	4,28460	29	4,29487	39	4,30490	49	4,31471
20	4,28564	30	4,29588	40	4,30589	50	4,31568

Tafel II.

Correction von A. Argument: die Polhöhe.

Polh.	+		Polh.	+		Polh.	+	
0^0	124	90^0	15^0	107	75^0	30^0	62	60^0
1	123	89	16	105	74	31	58	59
2	123	88	17	102	73	32	54	58
3	123	87	18	100	72	33	50	57
4	122	86	19	97	71	34	46	56
5	122	85	20	95	70	35	42	55
6	121	84	21	92	69	36	38	54
7	120	83	22	89	68	37	34	53
8	119	82	23	86	67	38	30	52
9	118	81	24	83	66	39	26	51
10	116	80	25	79	65	40	21	50
11	115	79	26	76	64	41	17	49
12	113	78	27	73	63	42	13	48
13	111	77	28	69	62	43	9	47
14	109	76	29	65	61	44	4	46
15	107	75	30	62	60	45	0	45
	—	Polh		—	Polh.		—	Polh.

Tafel III.

	+		+		+
1,9	1	2,8	4	3,4	17
2,3	1	2,9	5	3,5	22
2,4	2	3,0	7	3,6	27
2,5	2	3,1	9	3,7	34
2,6	3	3,2	11	3,8	43
2,7	3	3,3	14	3,9	54
2,8	4	3,4	17		

Gebrauch der Tafeln.

t, t' Temperatur der Luft; T, T' Temperatur des Quecksilbers (nach Réaumur); b, b' Barometerstand (in beliebigem Maass)

Man vermindere $\log b$ und $\log b'$ resp. um $10\,T$, $10\,T'$ (als Einheiten der 5ten Decimale betrachtet), und ziehe die so corrigirten Logarithmen von einander ab; der Unterschied sei $= u$. Man addire $\log u$ und A, nachdem man, wenn man es für nöthig hält, letzteres nach der zweiten Tafel (die, ebenso wie die dritte, Einheiten in der 5ten Decimale gibt) corrigirt hat; die Summe sei $= v$; diese Grösse erhält noch eine kleine Correction aus Tafel III, von der v selbst das Argument ist. Das so corrigirte v ist der Logarithm des Höhenunterschiedes in Metern. Verlangt man denselben in Toisen, so wird zum Logarithmen noch 9,71018 addirt

Beispiel. $t = 15{,}^{\circ}3$, $T = 14{,}9$, $b = 735{,}581\,\text{mm}$, Polhöhe $= 45^{\circ}$.

$t' = 3{,}2$, $T' = 7{,}8$, $b' = 537{,}203$

$\log b = 2{,}86663$ Corr. -149

$\log b' = 2{,}73014$ » $-\ 78$

$0{,}13649$ » $-\ 71$

$u = 0{,}13578$

$\log u = 9{,}13284$

$A = 4{,}28408$

Corr. $= \quad 0$

$v = 3{,}41692$ Corr. $+\ 18 \ldots\ 3{,}41710 = \log 2612{,}8\,\text{m}$.

HELIOTROP.

Göttingische gelehrte Anzeigen. 126. Stück. 9. August 1821. S. 1249—1254.

[Über den Heliotrop.]

Den Kennern der höhern Geodäsie sind die Schwierigkeiten bekannt, sich zur Bildung grosser Dreiecke recht zweckmässige Zielpunkte zu verschaffen. Hohe Kirchthürme finden sich in manchen Gegenden nicht in dazu schicklichen Lagen, und auch die vorhandenen bieten oft nicht die gewünschte Gelegenheit zur Aufstellung der Instrumente und zum Centriren der gemessenen Winkel dar; auch ist ihr Bau öfters nicht in dem Maasse regelmässig, wie es zur Erreichung der äussersten Schärfe wünschenswerth ist. Besonders gebaute Signalthürme haben, auch abgesehen von dem Aufwand an Geld und Zeit, welchen ihre Erbauung kostet, mit den Kirchthürmen das gemein, dass sie in solchen Fällen, wo sie sich auf nahen dunkeln Hintergrund projiciren, in beträchtlichen Entfernungen schwer zu sehen und zu pointiren sind, und wenn man ihnen eine helle Farbe gibt, nach der verschiedenen Beleuchtung von der Sonne eine veränderliche höchst nachtheilige Phase zeigen. Ja selbst die vollkommensten Signalthürme, geschwärzte, die sich gegen den Himmel projiciren, sind in sehr grossen Entfernungen, wenn man zugleich eine von der Sonne beleuchtete und eine im Schatten befindliche Seitenfläche sieht, nicht gänzlich von einer beschwerlichen Phase frei. Die Messungen bei Nacht mit Hülfe Argandscher Lampen sind zwar diesen Fehlern nicht unterworfen, haben aber dagegen, besonders auf schwer zugänglichen Bergen, andere Inconvenienzen, die zu sehr von selbst einleuchten, als dass es nöthig wäre, sie hier zu berühren.

Diese Betrachtungen haben den Hrn. Hofrath Gauss veranlasst, für die auf allerhöchsten Befehl im Königreich Hannover auszuführende Gradmessung, auf ein neues Hülfsmittel zu denken, welches, wenn auch nur neben den genannten, mit Vortheil für die Triangulirung im Grossen anzuwenden wäre. Der Erfolg davon hat seine Erwartungen noch weit übertroffen.

Eine auf photometrische Gründe gestützte Untersuchung hatte ihm schon früher die Überzeugung gegeben, dass das von einem nur sehr kleinen Planspiegel reflectirte Sonnenlicht auch in den allergrössten Entfernungen, welche nur bei Triangulirungen vorkommen können, noch hinlängliche Kraft haben müsse, um den schönsten Zielpunkt abzugeben. Um diese Idee zu benutzen, kam es darauf an, ein Instrument anzugeben, mit dessen Hülfe das Sonnenlicht überall genau in jede nöthige Richtung gelenkt werden kann. Es war zugleich die Bedingung zu erfüllen, dass ein solches Instrument überall leicht aufgestellt und gehandhabt werden kann, und dass der Mittelpunkt des reflectirenden Spiegels während der Bewegungen, die gemacht werden müssen, um der fortrückenden Sonne gleichsam zu folgen, stets in absoluter Ruhe bleibt. Ein solches Instrument, welches diese Lenkung des Sonnenlichts in jede beliebige Richtung aufs vollkommenste und auf die angezeigte Art auszuführen dient, scheint am schicklichsten den Namen eines Heliotrops zu führen, zum wenigsten ebenso schicklich wie zwei bekannte Producte des Pflanzen- und Mineralreichs.

Das weitere Nachdenken über diesen Gegenstand hat den Hrn. Hofrath Gauss auf zwei ganz verschiedene Einrichtungen eines Heliotrops geführt; nach der einen ist ein solches Instrument von unserm geschickten Hrn. Inspector. Rumpf bereits vortrefflich ausgeführt, und an einem zweiten nach der andern Einrichtung wird von demselben Künstler jetzt gearbeitet. Eine vollständige Beschreibung, die für unsere Blätter sich nicht eignen würde, wird an einem andern Ort gegeben werden. — Um, noch ehe der erwähnte Heliotrop vollendet war, wirkliche Versuche über die Kraft des reflectirten Sonnenlichts anstellen zu können, kam Hr. Hofrath Gauss noch auf eine dritte Idee, vermittelst welcher jeder Spiegelsextant zu einem ziemlich vollkommenen Heliotrop eingerichtet werden kann, ja allenfalls ohne allen Zusatz, wenn er nur auf ein gutes Stativ gesetzt werden kann, als Heliotrop zu gebrauchen ist. Hr. Hofrath Gauss liess nemlich durch Hrn. Inspector Rumpf an dem grossen Spiegel eines Sextanten einen dritten Planspiegel so befestigen, dass dessen

Ebene auf der Ebene des Sextanten senkrecht ist, und mit der Ebene des grossen Spiegels einen Winkel macht, der dem Complement des Winkels der Gesichtslinie (die nöthigenfalls erst durch eingezogene feine Kreuzfäden zu bilden ist) gegen die Ebene des kleinen Spiegels zum rechten Winkel gleich ist. Sobald ein solcher Sextant in eine solche Lage gebracht ist, als wollte man die Distanz eines Objects vom Mittelpunkt (ja, insofern alles gut gearbeitet und berichtigt ist, nur von irgend einem Punkt) der Sonnenscheibe messen, gleichviel, welches von beiden direct gesehen wird, reflectirt jener dritte Spiegel das Sonnenlicht nach dem Objecte zu. Steht ein solcher Sextant auf einem guten Stativ, so ist es einer etwas geübten Hand nicht schwer, das reflectirte Sonnenlicht ununterbrochen nach dem gewünschten Punkte hin zu senden. Ist der dritte Spiegel nicht vorhanden, so kann der grosse Spiegel selbst seine Stelle vertreten, wenn man bei völlig unverrückter Ebene die Alhidade um den vorhin erwähnten Winkel schnell vorwärts schiebt (oder nominell auf dem Gradbogen um den doppelten Winkel). Bei dieser letzten Art ist offenbar nur eine unterbrochene Reflexion zu bewirken; doch kann eine geübte Hand, bei Anwendung der nöthigen Sorgfalt und einiger kleiner Kunstgriffe, die hier anzuführen zu weitläuftig sein würde, die Reflexion des Sonnenlichtes nach dem vorgeschriebenen Punkte wohl jedesmal zwei Minuten und darüber anhaltend machen. Beide letztere Arten haben übrigens offenbar die kleine Unvollkommenheit, dass, insofern das Stativ fest steht, der Mittelpunkt des reflectirenden Spiegels nicht in absoluter Ruhe bleibt. In den meisten Fällen wird jedoch dies fast von gar keiner Erheblichkeit sein, so wie man, wenn man es für nöthig hält, auch leicht fortwährend etwas nachhelfen oder davon Rechnung tragen könnte. Auch ist die Anwendbarkeit davon natürlich auf die Winkelentfernung der Sonne vom Object beschränkt, welche die Grösse des Gradbogens des Sextanten vorschreibt.

Ehe wir den Erfolg der Versuche, die mit dem Heliotrop angestellt sind, hier anführen, bemerken wir, dass alle zur Reflexion angewandten Spiegel eine Breite von 2 Zoll und eine Höhe von $1\frac{1}{4}$ Zoll haben. Die Erfahrung hat bestätigt, was Hr. Hofrath Gauss schon aus photometrischen Gründen vorausberechnet hatte, dass bei nur einigermaassen günstigen Umständen grössere Dimensionen ganz unnöthig sein würden, wenigstens für den geodätischen Gebrauch. Bei der zweiten oben erwähnten Einrichtung kann man, übrigens auch nach Gefallen und ohne die Dimensionen des Instruments sonst zu vergrössern, einen grössern Spiegel anbringen lassen.

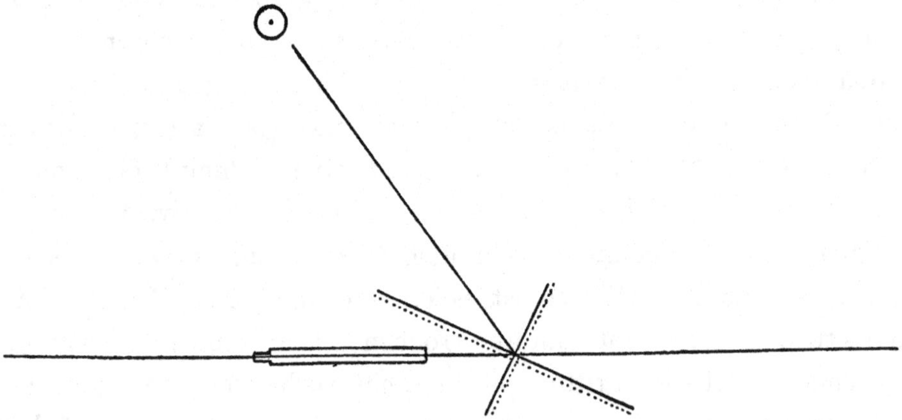

In der Distanz von der hiesigen Sternwarte zum Hohehagen, einem Hauptdreieckspunkte der Gradmessung, (beinahe 2 geographische Meilen) war das Licht vom Heliotrop selbst sowohl, als das von dem zum Heliotrop eingerichteten Sextanten mit blossen Augen, wenn die Sonne hell schien, überaus schön zu sehen; im Fernrohr des Theodolithen war es im Grunde zu stark, und dagegen gab bloss das reflectirte Licht von einer hellen Wolke den schönsten Zielpunkt, der sich denken lässt. Offenbar kann übrigens das reflectirte Sonnenlicht selbst, wo man es wünscht, leicht durch Bedeckung eines Theils des Spiegels nach Gefallen gemässigt werden.

In der Entfernung des Hils (eines andern Hauptdreieckspunktes) zum Meridianzeichen der Sternwarte, sehr nahe 5 geographische Meilen, war das Licht beider Instrumente gleichfalls noch mit blossen Augen wie ein schönes Sternchen vortrefflich zu sehen, und bot im Fernrohr des Theodolithen den herrlichsten Zielpunkt dar. Zuweilen bei nebliger Luft, wo von dem Bergrücken des Hils im Fernrohr des Theodolithen ebenso wenig, wie von dem dort erbauten Signalthurm nur eine Spur zu erkennen war, schien das Licht des Heliotrops wie ein prachtvoller Stern im blauen Himmel zu schweben.

Die wichtigsten Versuche sind nur erst in den letzten Tagen angestellt. Hr. Professor Encke, Vorsteher der Seeberger Sternwarte, war auf die Einladung des Hrn. Hofrath Gauss hieher gekommen, um den Gebrauch des Spiegelsextanten, ohne dritten Spiegel, als Heliotrop, und die dabei anzuwendenden kleinen Kunstgriffe kennen zu lernen, und begab sich sodann auf den Inselsberg, während Hr. Hofrath Gauss die Messungen auf dem Hohehagen anfing. Jener sandte das Sonnenlicht mit dem als Heliotrop gebrauchten Sextanten absatzweise nach dem Hohehagen (Entfernung 85000 Meter oder 11½ geogr. Meilen), von wo das Sonnenlicht mit dem eigentlichen Heliotrop nach dem Inselsberge gelenkt wurde. Die Versuche und Beobachtungen sind vom 19. bis 29. Julius unter abwechselnd ungünstigen und günstigen Umständen fortgesetzt und haben den allererwünschtesten Erfolg gehabt. Beide Beobachter haben durch das heliotropische Licht die allerschönsten Zielpunkte erhalten, die sich nur irgend denken lassen; häufig erschien es wie ein schönes Sternchen, während man in demselben Fernrohr den Umriss des Berges kaum oder gar nicht wahrnehmen konnte; der eine Beobachter befand sich zuweilen in Nebel und Regen, während das Heliotroplicht von drüben kräftig durchdrang. Ja einige Male glaubten mehrere Anwesende auf dem Hohehagen von vorzüglich scharfer Gesichtskraft das Lichtpünktchen auf dem Inselsberge mit blossen Augen zu erkennen. Wir können noch hinzusetzen, dass die Winkelmessungen selbst, die sich auf das Heliotroplicht bezogen, beiderseitig eine Übereinstimmung gewährt haben, wie sie in einer so grossen Entfernung von keinem andern Signal, es sei denn bei ganz besonders günstigen Umständen, hätte erwartet werden dürfen.

Diese Erfahrungen setzen bereits ausser Zweifel, dass bei Anwendung des Heliotroplichts es für die Grösse zu bildender Dreiecke keine Grenzen weiter geben wird, als die die Krümmung der Erde setzt.

So wie das Bedürfniss der höhern Geodäsie dieses Instrument veranlasst hat, so beschränken wir uns hier auf Erzählung obiger Erfahrungen, ohne die sich von selbst darbietende Aussicht zu dem künftigen vielleicht noch wichtigern Gebrauch eines den Raum so kräftig durchdringenden Mittels zu telegraphischen Signalisirungen in Krieg und Frieden jetzt weiter zu verfolgen.

Astronomisches Jahrbuch für das Jahr 1825. Berlin 1822. S. 103 und 104.

Erfindung eines Heliotrops,
vom Hrn. Hofrath Ritter Gauss in Göttingen unterm 26. December 1821 eingesandt.

Sie werden mich wegen meines so langen Stillschweigens entschuldigt halten, wenn ich Ihnen sage, dass ich den grössten Theil des Jahres von hier abwesend gewesen bin, und selbst noch im Spätherbst eine Reise nach Altona zur Empfangnahme des Ramsdenschen Zenithsectors gemacht habe, von wo ich erst vor kurzem hieher zurückgekommen bin.

Bei meiner Triangulation, wo ich bisher an fünf Dreieckspunkten die Winkel gemessen habe, habe ich die Dreiecke so gross wie möglich zu machen gesucht. Über das neue von mir zu diesem Behuf angewandte Hülfsmittel, den Heliotrop, und die ersten damit gemachten ins Grosse gehenden Versuche werden Sie die Nachricht in Nr. 126 der hiesigen gelehrten Anzeigen gelesen haben. Seit der Zeit habe ich davon beständig Gebrauch gemacht, nicht allein als Zielpunkt beim Winkelmessen, sondern auch mit nicht weniger glücklichem Erfolg zu telegraphischen Signalisirungen. Die gewaltige Wirkung des reflectirten Sonnenlichts von einem Spiegel von 2 Zoll Breite und $1\frac{1}{4}$ Zoll Höhe, welches in Entfernungen von 5, 6, $7\frac{1}{2}$, ja einmal von $9\frac{1}{3}$ geographischen Meilen mit blossen Augen gesehen wurde, pflegt diejenigen, die sie zum ersten Male erfahren, und nicht durch theoretische Berechnung darauf vorbereitet sind, gewöhnlich in Erstaunen zu setzen. Bei einem nur einigermaassen günstigen Zustande der Luft gibt es jetzt für die Grösse der Dreiecksseiten keine Grenzen mehr, als die die Krümmung der Erde setzt, zumal wenn man, wie ich es bei zwei neu angefertigten Heliotropen von ganz verschiedener Construction gethan habe, den Spiegeln noch etwas grössere Dimensionen gibt.

BRIEFWECHSEL.

Gauss an Olbers. Göttingen, 1. Julius 1821.

...... Es lag mir inzwischen daran, vorerst nur über die Strahlkraft der Spiegel selbst einige Erfahrungen zu erhalten. Ich habe erst mancherlei versucht. Ich befestigte einen Spiegel am Deckel des Fernrohrs eines Theodolithen und suchte durch im voraus mühsam berechnete Azimuthe und Höhen dem Spiegel die richtige Lage zu geben, um das Licht nach einer bestimmten Richtung zu werfen. Dies misslang aber gänzlich. Der Deckel, etwas hart gehend, konnte nicht mit Sicherheit immer wieder in dieselbe Lage gebracht werden, sondern es blieben darin Differenzen von 20′, die dies Verfahren ganz unbrauchbar machten, wenn nicht der Spiegel auf eine solidere Art am Fernrohr befestigt wurde, so dass dieses offen blieb. Inzwischen brachte mich der Verdruss über die verlorne Mühe auf eine andere Idee, die vollkommen gelungen ist. Der blosse Spiegelsextant auf einem guten Stativ leistet schon das Verlangte, obwohl nicht so vollkommen wie ein eigentlicher Sonnenspiegel. Ist der Winkel, den die Gesichtslinie (die, wenn sie nicht schon vorhanden, erst durch einen Faden oder ein Fadenkreuz dargestellt werden muss) mit dem kleinen Spiegel macht, $= 90^0 - a$, und ist Sonnenbild und Object, wohin das Licht zu werfen, auf gewöhnliche Art zur Berührung gebracht, als wollte man den Winkel messen — gleichviel ob ersteres oder letzteres direct gesehen —, so braucht man nur bei unverrückter Ebene die Alhidade um a (oder nominell $2a$) vorzurücken und hat seinen Zweck erreicht. Man kann bei einiger Übung die Stellung leicht so machen, dass jene Coincidenz erst nach ein paar Minuten eintreffen würde, und wenn man sich dann beeilt, abzulesen und die Alhidade vorzurücken, so gelingt es wohl, dass der Beobachter an dem Ort, wohin das Licht geworfen wird, über 2 Minuten den vollen Glanz geniesst. Offenbar ist die Mühe ohne Vergleich geringer, wenn sogleich am grossen Spiegel, senkrecht auf der Ebene des Sextanten, unter der Neigung a ein dritter Spiegel befestigt ist. Der Sextant wird dadurch ein vollkommener Sonnenspiegel, und steht nur deswegen sehr nach, weil theils das kleine Fernrohr mit seinem halben Licht nicht auf sehr grosse Distanzen trägt, und theils, weil dieser dritte Spiegel bei den Bewegungen des Sextanten auf seinem Stativ nicht in Ruhe bleibt. Ich denke jedoch behuf der Contresignale an meinem Sextanten einen solchen dritten Spiegel anbringen zu lassen.

Bei den kleinen bisher angestellten Versuchen ist es nun so gegangen: Zuerst, bloss auf der Terrasse der Sternwarte, Distanz 60 Meter, war das Licht so, dass man auch nicht einen Augenblick ohne Schmerz hinsehen durfte. Zweitens etwas abwärts, Distanz 150 Meter, war das nur ein paar Secunden fortgesetzte Hinsehen dem Auge peinlich. Nur diese beiden Versuche habe ich selbst gemacht, da ich bisher niemand habe, der die Stellung machen könnte, und also dies selbst thun musste. (Es würde besser sein, einen andern dazu abzurichten, wenn nicht das Stativ sehr unvollkommen balancirt wäre, so dass es, wenn die Versuche nicht völlig misslingen sollen, mit äusserst leichter Hand behandelt werden muss; wenn ein dritter Spiegel erst da ist, fällt offenbar diese Schwierigkeit weg.) Bei den folgenden Versuchen haben theils der jetzt hier angesetzte Professor Ulrich, theils Hr. Lieutenant Hartmann beobachtet.

Beim dritten Versuch war die Distanz 300 Meter. Hr. Professor Ulrich beschrieb das Licht als herrlich und beim anhaltenden Hinsehen dem Auge beschwerlich.

Vorgestern ein vierter Versuch, auf die Distanz 2000 Meter. Hr. Professor Ulrich qualificirte das Licht wieder als herrlich und verglich es mit einem 3-fachen Glanze der Venus, wie sie, wenn sie am schönsten ist, bei Nacht erscheint. Sein Begleiter habe nicht genug sein Erstaunen zu erkennen geben können, wie ein solcher Glanz hervorgebracht sei.

Gestern fünfter Versuch, am Platz des künftig zu errichtenden südlichen Meridianzeichens, wo ich eine beträchtliche Waldung habe durchhauen lassen müssen, Distanz 11890 Meter. Hr. Lieutenant Hartmann betitelt das Licht wieder als herrlich und meint, dass es an Intensität wohl noch der Venus in der Abenddämmerung gleich gekommen, aber für das Auge, wie er sich ausdrückte, beleidigender gewesen sei. Es versteht sich, dass alle diese Beoachtungen mit blossen Augen gemacht sind. Ein Arbeiter, den er bei sich hatte, habe beim ersten Aufblitzen erschrocken Feuer geschrien. Im Theodolithenfernrohr schien der Faden an der Stelle dieses scharfen Lichtpunkts völlig zerschnitten.

Der Spiegel an meinem Sextanten hat genau 2 Pariser Zoll Breite und 1¼ Zoll Höhe; der Spiegel des von Rumpf verfertigten Heliotrops hat nahe dieselben Dimensionen.

Ich habe geglaubt, dass es Ihnen nicht unangenehm sein würde, diese Resultate zu erfahren. So lange, bis ich mit dem wirklichen Sonnenspiegel erst noch etwas mehr ins Grosse gehende Versuche angestellt habe, möchte ich nicht gern, dass auswärts etwas davon transpirirte.

Ich habe nun die beste Hoffnung, dass diese Vorrichtung auch in den grössten Distanzen meines Dreieckssystems aushelfen soll. Ich glaube, wenn man die Sonnenspiegel nach der zweiten in meinem letzten Briefe angedeuteten Einrichtung ausführt, und den Spiegel hinlänglich gross macht, so gibt es in Zukunft für die Grösse der Triangelseiten keine Grenzen mehr, als die die Kugelgestalt der Erde setzt.

Vielleicht können diese Ideen auch in andern Beziehungen noch wichtige Anwendungen finden, z. B. als Signale für astronomische Längenbestimmungen, da man dies Licht immer ganz augenblicklich bedecken und wieder erscheinen lassen kann. Vielleicht selbst zu andern telegraphischen Signalisirungen, wenigstens zu Zeiten, wo die Sonne etwas anhaltend scheint, wenn den sehr genau zu messenden Intervallen des Erscheinens und Verschwindens verabredete Bedeutungen beigelegt werden.

Mein Hohehagen-Signal ist gestern fertig geworden. Ich denke diese Woche noch (wenn Rumpf Wort hält) theils die schwierige Berichtigung des Sonnenspiegels, theils die Messung des Winkels Hohehagen-Meridianzeichen hier zu absolviren und dann nach dem Hohehagen abzugehen. . . . . .

GAUSS an SCHUMACHER. Göttingen, 11. Julius 1821.

...... Vielleicht könnte eine Nachricht über mein neues Instrument, dem ich den Namen Heliotrop beilegen möchte, die Eröffnung [*)] machen: ich hoffe, dass diese Manier zu beobachten für die höhere Geodäsie von der grössten Wichtigkeit werden kann. Auf kurze Distanzen (bis 2 Meilen) können Sie sich keinen schönern Zielpunkt denken, als reflectirtes Licht von einer hellen Wolke; reflectirtes Sonnenlicht, hoffe ich, soll in den allergrössten Entfernungen das schönste Ziel darbieten. ......

GAUSS an SCHUMACHER. Göttingen, 8. November 1821.

...... Den Artikel über den Heliotrop in den Göttingischen gelehrten Anzeigen hat ZACH in seinem Journal [**)] übersetzt; es sind aber in der Übersetzung mehrere Unrichtigkeiten. Von den beiden neuen Heliotropen ist der eine jetzt fertig; er thut eine prachtvolle Wirkung, nur macht es uns grosse Schwierigkeit, gute Spiegel zu bekommen; die bisherigen sind äusserst schlecht, was zwar der Wirkung an sich wenig oder gar keinen Eintrag thut, aber die Berichtigung sehr erschwert. Gestern machte ich einen Versuch mit Mondlicht; in einer freilich nur kleinen Entfernung von etwa 250 Meter machte es einen überaus schönen Effect, das Licht dem der Venus (bei Nacht, wenn sie hoch steht) zwar ähnlich, aber vielfach brillanter. Das Telegraphiren habe ich ziemlich ausgebildet, ich kann allenfalls einige Tausend verschiedene Zeichen geben. ......

GAUSS an SCHUMACHER. Steinkrug am Deister, 10. Julius 1822.

...... Ich habe dieses Jahr 3 wirkliche Heliotrope und noch einen andern Heliotropapparat in Thätigkeit; zwei von jenen spielen immer in der Ferne. Es ist eine Pracht (a luxury), in schönen Abendstunden Winkel zwischen zwei Heliotroplichtern zu messen, und die Harmonie der Resultate ist dann oft ganz zum Bewundern. ......

[*) SCHUMACHER hatte um einen Beitrag für die Astronomischen Nachrichten gebeten.]

[**) Correspondance astronomique, géographique, etc. du Baron DE ZACH. V. Band. 1821, S. 374/382.]

GAUSS an SCHUMACHER. Göttingen, 15. Januar 1827.

Hieneben erhalten Sie den Aufsatz über die Berichtigung der Heliotrope zurück [*)]. Nur bei dem 3ten Mittel zur 7ten Berichtigung ist, falls ich mich recht erinnere, meine Meinung eigentlich anders gewesen, als hier gesagt wird; ich meinte nemlich einen Sextanten so zu stellen, dass die Spiegel genau parallel sind, nemlich Index auf dem wahren Nullpunkt, und worauf es hier eigentlich ankommt, die Spiegel in Rücksicht auf ihre Verticalität zur Ebene des Sextanten gehörig berichtigt. Wenn man dann den Sextanten so hält, dass man das aus dem I. Spiegelbestandtheile reflectirte Bild eines hellen gut begrenzten Gegenstandes (besser als die Sonne würden die Fixsterne erster Grösse oder hinlänglich entferntes Heliotroplicht sein) direct, das aus dem II. Spiegelbestandtheile aber durch die Reflexion von den beiden Spiegeln des Sextanten, also im Grunde durch dreimalige Reflexion, sieht, so soll nur Ein Bild gesehen werden. Indessen gestehe ich, dass ich dies Mittel selbst nicht angewandt habe; auch ist die Brauchbarkeit von den Dimensionen des Heliotrops und Sextanten abhängig, nemlich die Entfernung der Mitten von I und II soll etwas kleiner sein, als die Entfernung der Mitte des grossen Sextantenspiegels von der Axe des Fernrohrs. Sie mögen also immerhin es so, wie es

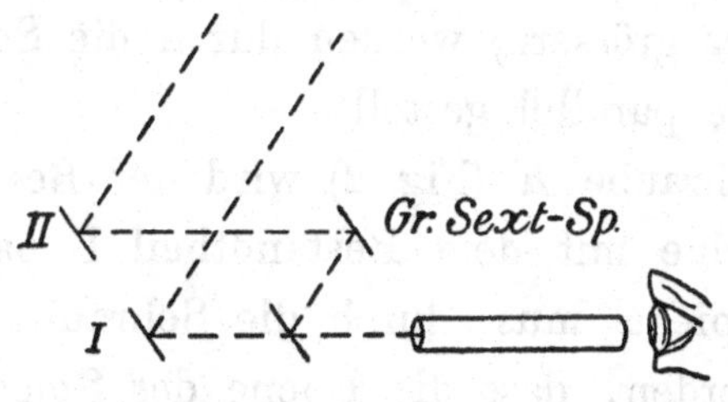

geschrieben ist, stehen lassen, zumal da jeder Leser sich die nöthigen Cautelen leicht hinzu denken kann, z. B. dass man am besten thut, das Spiegelsystem so zu stellen, dass die Sonne ungefähr in derjenigen Ebene ist, auf welcher die Spiegelaxe senkrecht ist; dass man, wenn zwischen den Messungen auf beiden Spiegelbestandtheilen einige Zeit verfliesst (mehr als einige Secunden, was jedoch von einem geschickten Beobachter wohl vermieden werden kann), darauf Rücksicht nehmen müsse. . . . . .

[*) Siehe die folgende Abhandlung.]

Astronomische Nachrichten, Bd. V, Nr. 116, Februar 1827, S. 329—334.

Die Berichtigung des Heliotrops.

Zur völligen Berichtigung des Heliotrops sind in allem acht Operationen erforderlich:

1. 2. Die optische Axe des Fernrohrs wird durch die Correctionsschrauben *E* und *F* (Fig. 1) mit der Drehungsaxe desselben parallel gemacht.

3. Die Spiegelaxe *AB* stellt man durch die Schrauben *CC* (Fig. 1) an dem einen Arme der Gabel, welche jene Axe trägt, auf die Drehungsaxe des Fernrohrs senkrecht.

4. 5. 6. Die Ebenen der drei Spiegel (des kleinern und der beiden Bestandtheile des grössern) werden durch die Schrauben *G*, *H*, *I* (Fig. 2) der Spiegelaxe parallel gestellt.

7. Durch die Schraube *K* (Fig. 2) wird der Bestandtheil II des grössern Spiegels in eine mit dem Bestandtheil I parallele Ebene gebracht.

8. Der kleine Spiegel muss durch die Schraube am Schwanze desselben so gestellt werden, dass die Ebene des Spiegels auf den Ebenen der beiden Bestandtheile des grossen senkrecht steht.

Die Berichtigungen 1 und 2 übergehe ich als allgemein bekannt.

Um die Berichtigung 3 auf eine ganz selbstständige Art auszuführen, stelle ich den Heliotrop auf ein festes Postament, richte die Spiegelaxe *AB* (Fig. 3) vertical mit dem Stiele *AD* nach unten, und drehe diesen Stiel, bis er nach der Ocularseite*) hin mit der Fernrohraxe parallel ist. Alles bloss nach dem Augenmaass. An dem Stiel *AD* hänge ich eine nicht zu empfind-

*) Dies kann auch, mutatis mutandis, umgekehrt gehalten werden.

liche Libelle, und bringe durch Änderung der Länge der Drähte, woran sie aufgehangen ist, die Blase nahe und nachher durch die Fussschrauben genau zum Einstehen. Hierauf drehe ich den Stiel um 180^0 um die Spiegelaxe, hebe das Fernrohr vorsichtig aus, und lege es in der entgegengesetzten Lage wieder ein (Fig. 4). Die Berichtigung ist unnöthig, wenn die Blase dann wieder einsteht; sonst wird die eine Hälfte des Ausschlags an den Fussschrauben, und die andere an den Schrauben CC (Fig. 1) corrigirt. Eine Restitution in die vorige Lage zeigt, ob die Vertheilung richtig gemacht ist. Die bei diesem Verfahren nöthigen Cautelen übergehe ich, da jeder sie auch ohne Anleitung finden wird, und ich das Verfahren späterhin entweder gar nicht oder nur zur ersten groben Berichtigung angewandt habe*).

Ein Verfahren, welches ich für die Berichtigungen 4, 5 und 6 angewandt habe, beruht auf dem Princip, dass eine Ebene ab (Fig. 5) durch eine halbe Umdrehung um eine ihr parallele Axe AB in eine mit ihrer ersten Lage ab parallele, aber entgegengesetzte Lage cd gebracht wird. Sind die Axe und die Ebene aber nicht parallel, wie in Fig. 6, so werden die beiden Lagen ab und cd auch nicht parallel sein. Um dies an einem Spiegel zu prüfen, stelle ich zwei mit Kreuzfäden versehene Fernrohre M, N (Fig. 7) so auf, dass deutliche Objecte O, P auf ihren optischen Axen erscheinen, und dass letztere sich nahe schneiden, oder nahe in einer Ebene liegen. Den zu prüfenden Spiegel stelle ich, nachdem ich die Gabel vom Fernrohre abgenommen und auf einem Kästchen oder Brett befestigt habe, auf einen Tisch nahe in den Schnitt der optischen Axen, so dass die Drehungsaxe AB ungefähr in ihrer Ebene liegt und den Winkel derselben bisecirt. Ich stelle dann den Spiegel L perpendiculär auf jene Ebene und bewirke durch kleine Drehungen und sanfte Anschläge sowohl an den Spiegel selbst als an das Kästchen, dass das Bild von O, aus dem Spiegel reflectirt, auf der optischen Axe von M erscheine. Darauf drehe ich den Spiegel um 180^0 um seine Axe und sehe nach, ob in dieser Lage (Fig. 8) das Bild von P auf der optischen Axe von N erscheint. Kann dies nicht durch blosse Drehung des Spiegels um die Axe AB erreicht werden, so muss die Hälfte an dem Kästchen und die

*) Übrigens beruht die Brauchbarkeit dieser Methode darauf, dass die cylindrischen Ansätze, mit welchen das Fernrohr in den Lagern ruht, genau gleiche Dicke haben, auf welchen Umstand bei den von Hrn. Rumpf verfertigten Instrumenten sorgfältig Rücksicht genommen ist.

andere Hälfte an der Lage des Spiegels gegen seine Axe corrigirt werden. Die Objecte O, P brauchen, insofern der Spiegel hart an seiner Axe sitzt, nicht weit entfernt zu sein; ich habe sie in eine Entfernung von etwa 70—80 Fuss gestellt.

Zur Erreichung der Berichtigung 7 lassen sich mancherlei Mittel anwenden. Das einfachste, und welches auch hinreichende Genauigkeit gewährt, ist, eine gerade Linie, mit der die Spiegelaxe ungefähr parallel ist, in den beiden Hälften des grossen Spiegels zu betrachten, worin sie als eine gerade Linie erscheinen muss, was das blosse Auge schon mit grosser Genauigkeit beurtheilt. Ich habe dazu die Façade der Sternwarte gebraucht. — Ein zweites Mittel ist: ein feines Object (Heliotroplicht) mit einem Fernrohr von grossem Objectiv (Cometensucher) in beiden Spiegeln zugleich zu sehen, und an dem Bestandtheile II zu corrigiren, bis man nur ein Bild hat. Offenbar wird hiedurch auch die Correction 6 erhalten, wenn 5 schon gemacht ist. — Ein drittes Mittel ist: von den beiden Bestandtheilen des grossen Spiegels als künstliche Horizonte die Sonnenhöhen mit einem Sextanten zu nehmen, die, wenn die Berichtigung gemacht ist, sich gleich sein müssen. — Ein viertes Mittel wird sich sogleich darbieten.

Um die 8te Berichtigung zu machen, habe ich folgendes Verfahren am besten gefunden. Ich stelle den Heliotrop und ein Hülfsfernrohr mit Kreuzfäden so auf, dass die optische Axe des letztern mit der des Heliotropfernrohrs parallel ist, und etwa um die Hälfte der Entfernung der Mitten der beiden Bestandtheile des grossen Spiegels in derselben Verticalebene höher liegt (Fig. 9). Dies bewirke ich dadurch, dass ich den Heliotrop auf ein gut zu sehendes entferntes Object richte, das Fernrohr herausnehme, und nachdem das Hülfsfernrohr in der angegebenen Höhe auf dasselbe Object gerichtet ist, in umgekehrter Lage wieder einlege. Die Spiegelaxe wird darauf senkrecht gestellt, mit dem Bestandtheile I nach oben, und durch Drehung des Spiegelsystems und nöthigenfalls auch des Fernrohrs bewirkt, dass ein Object durch Reflexion aus dem kleinen Spiegel auf der optischen Axe des Heliotropfernrohrs erscheine. Erscheint dasselbe Object durch Reflexion aus dem Bestandtheile I des grossen Spiegels auf der optischen Axe des Hülfsfernrohrs, so macht die Ebene des kleinen Spiegels mit dem des Bestandtheils I einen rechten Winkel; sonst wird das Fehlende an der Schwanzschraube corrigirt. Die Berichtigung 7 kann hierauf auch auf dieselbe Weise geprüft werden, indem man das Heliotropfernrohr 180° um seine Axe dreht, dass der Bestandtheil II oben kommt, wobei aber offenbar Objecte auf der andern Seite genommen werden müssen.

Die bisher angeführten Methoden sind alle von einander unabhängig, bloss mit der Einschränkung, dass 7 nach 6 gemacht werden muss, weil eine Berührung der Schraube *I* die Berichtigung 7 afficiren würde. Zur Berichtigung 3 aber, insofern 4 schon gemacht ist, oder zu beiden zugleich, habe ich ein Verfahren angewandt, was auf dem Princip beruht, dass eine Fläche, die um eine auf ihr senkrechte Axe gedreht wird, immer in derselben Ebene bleibt. Wird daher der kleine Spiegel senkrecht auf die Axe des Heliotropfernrohrs gestellt (welches auf doppelte Weise geschehen kann, indem nemlich die reflectirende Fläche dem Fernrohr zu- oder davon abgewandt wird), so muss das Bild eines jeden Objects in diesem Spiegel ruhen, während das Fernrohr um seine Axe gedreht wird. Ich stelle demnach den kleinen Spiegel, zuerst nach dem Augenmaasse, senkrecht auf die Fernrohraxe, die reflectirende Fläche abwärts vom Objective (Fig. 10), und bewirke dies genauer, indem ich zuerst mit blossen Augen beurtheile, ob das Bild eines seitwärts liegenden Gegenstandes durch Drehung des Fernrohrs um seine Axe unbeweglich bleibt. Hierauf stelle ich, indem die Spiegelaxe vertical steht, ein Hülfsfernrohr mit Kreuzfäden so auf, dass das aus dem kleinen Spiegel reflectirte Bild irgend eines seitwärts liegenden Gegenstandes auf der optischen Axe desselben erscheint, und zwar so, dass diese Axe nahe auf die Mitte des kleinen Spiegels gerichtet ist. Ich drehe jetzt das Heliotropfernrohr halb um seine Axe herum und sehe zu, ob das reflectirte Bild auf der optischen Axe des Hülfsfernrohrs geblieben ist. Die Hälfte der Abweichung links oder rechts wird sonst durch Drehung des Spiegelsystems, die Hälfte der Abweichung nach oben oder unten aber an den Schrauben *CC* (Fig. 1) corrigirt, und das Hülfsfernrohr*) wieder so gerichtet, dass das reflectirte Bild genau auf der optischen Axe erscheint. Eine abermalige halbe Umdrehung des Heliotropfernrohrs um seine Axe wird dann zeigen, ob die Vertheilung richtig gemacht ist. Die Ebene des kleinen Spiegels *ab* (Fig. 11) steht also jetzt genau senkrecht auf der Fernrohraxe;

---

*) Oder der Heliotrop, welches aber ohne Gehülfen nicht bequem geschehen kann.

mithin ist, wenn die Berichtigung 4 schon gemacht ist, auch 3 vollkommen. Ist aber die Ebene des kleinen Spiegels nicht mit der Axe AB (Fig. 11) parallel, so wird er durch Drehung des Spiegelsystems nicht in eine auf der Fernrohraxe senkrechte aber entgegengesetzte Lage gebracht werden können, sondern bei der grössten Abweichung um die doppelte Neigung gegen die Spiegelaxe davon abstehen (Fig. 12). Man wiederhole also in dieser Lage das vorige Experiment, wobei aber das Object in einer Richtung liegen muss, die mit der Fernrohraxe einen stumpfen Winkel bildet (Fig. 13). Ist der Spiegel nun so gestellt, dass das reflectirte Bild, welches zuerst bei der senkrechten Lage der Spiegelaxe auf der optischen Axe erschien, nach einer halben Umdrehung um die Fernrohraxe weder rechts noch links erscheint, so sind in dem Falle, dass es auch weder höher noch tiefer liegt, die Berichtigungen 3 und 4 beide vollkommen; sonst wird von dem Unterschiede $\frac{1}{4}$ an der Schraube CC (Fig. 1) und $\frac{1}{4}$ an der Schraube G corrigirt. Das Hülfsfernrohr wird dann wieder auf das reflectirte Bild gestellt, und nach einer halben Umdrehung des Heliotropfernrohrs um seine Axe zur Prüfung nachgesehen, ob das Bild auf der optischen Axe geblieben ist. Wenn noch etwas nachzuhelfen ist, so ist es gut, die Prüfung in der ersten Lage des Spiegels zu wiederholen. Die Objecte brauchen hiezu nicht entfernt zu sein, wenn nur das Fadensystem des Hülfsfernrohrs dieser Entfernung gemäss gestellt ist.

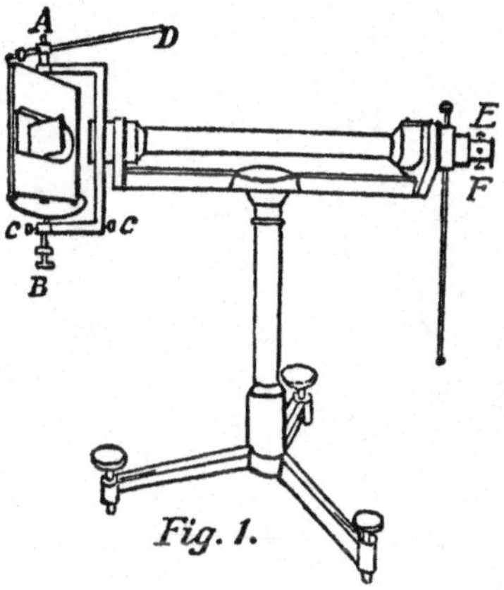

Fig. 1.

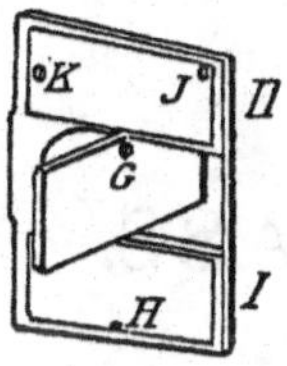

Fig. 2.

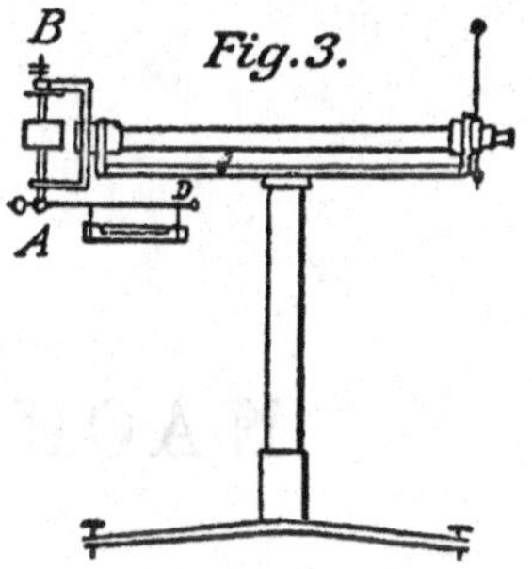

Fig. 3.

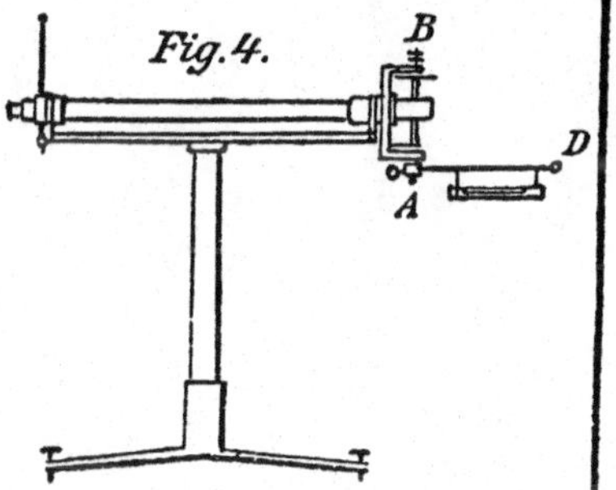

Fig. 4.

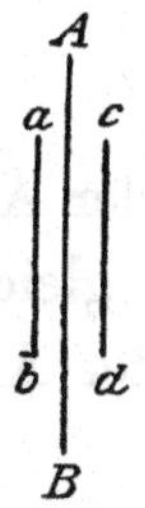

Fig. 5.

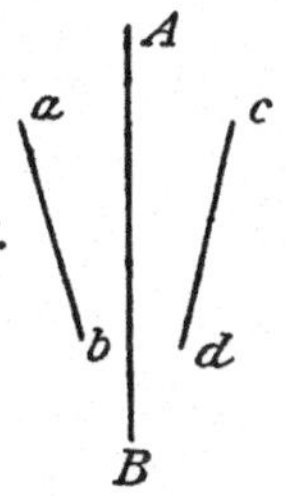

Fig. 6.

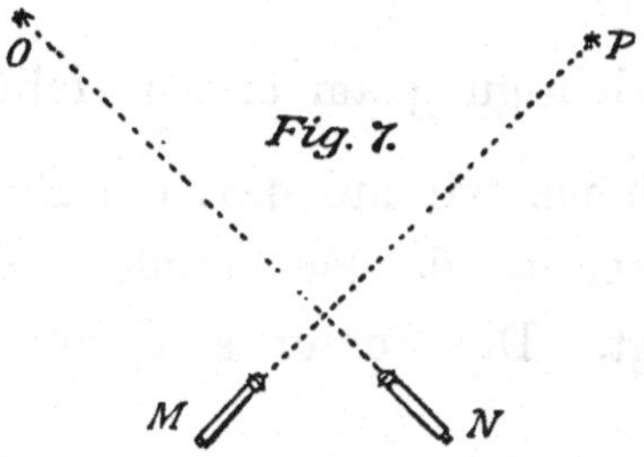

Fig. 7.

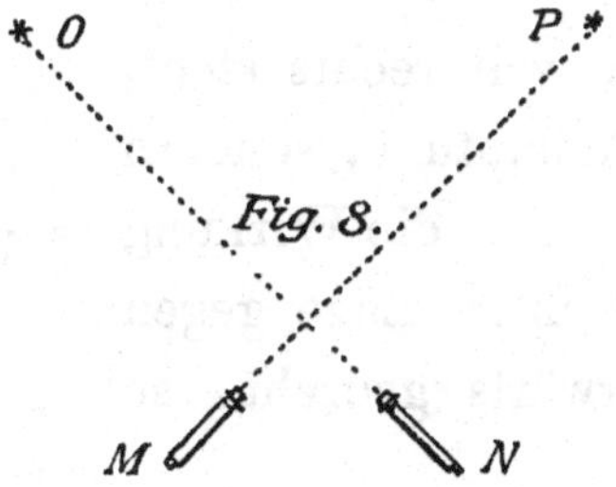

Fig. 8.

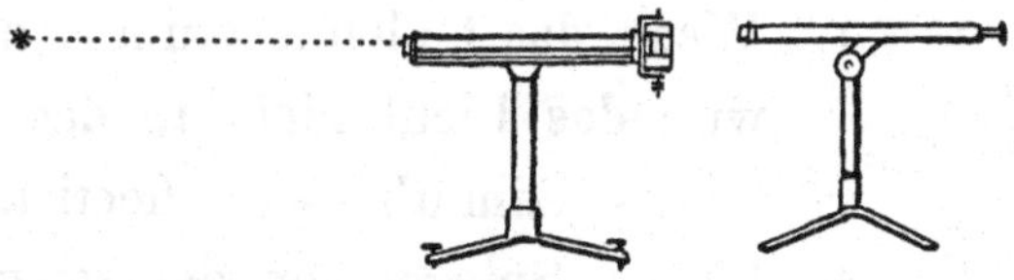
Fig. 9.

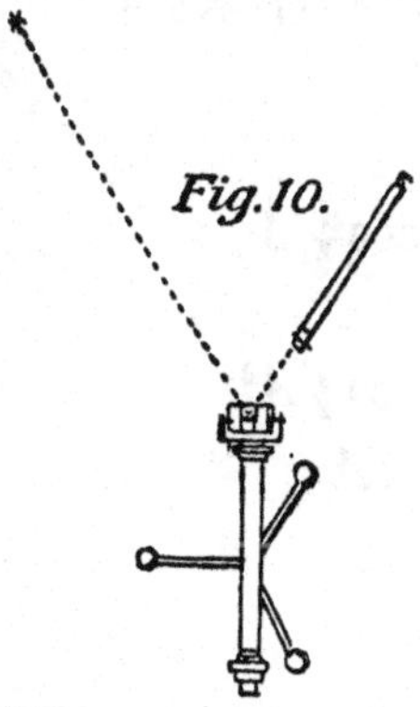
Fig. 10.

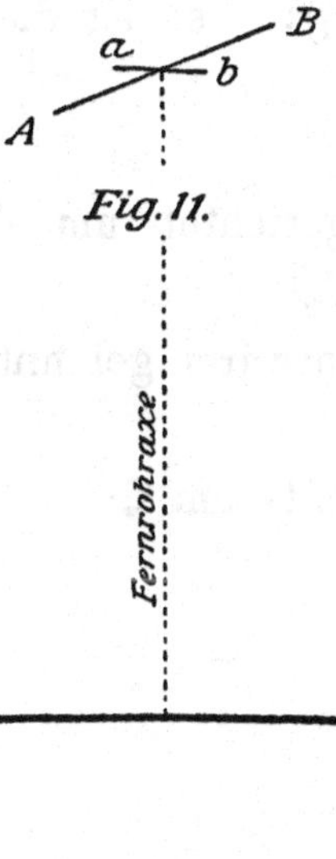

Fig. 11.

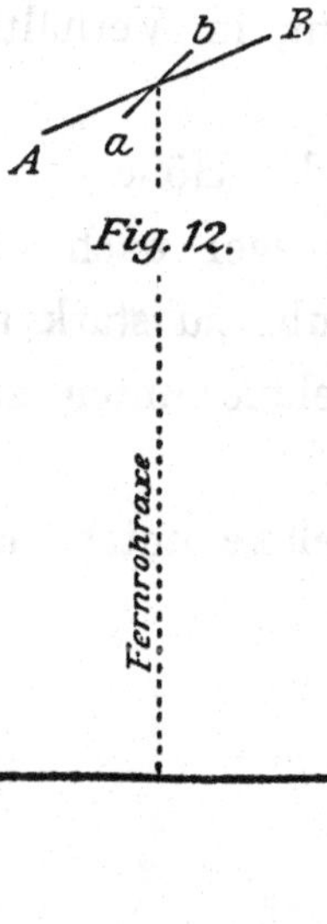

Fig. 12.

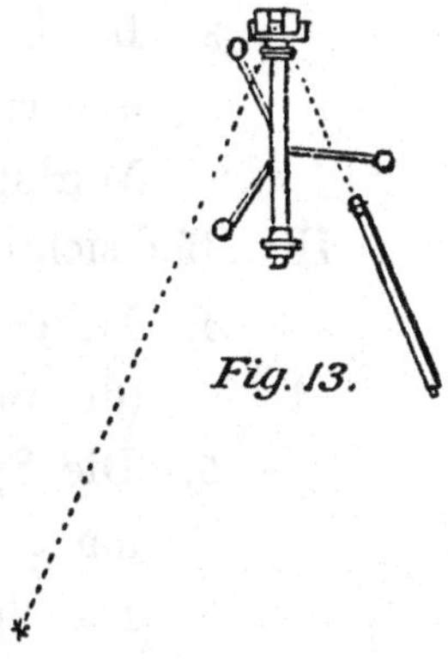
Fig. 13.

NACHLASS.

[1.]

Einfluss unvollkommner Berichtigung am ersten Heliotrop.

Grösserer Einfachheit wegen nehmen wir an, dass die Richtung der Axe horizontal und zum Azimuth 0 gerichtet ist, der leuchtende Punkt aber gleichfalls im Horizont im Azimuth A liegt. Die Fehler sind nun doppelter Art:

I. Rücksichtlich des Azimuths.

1. Wenn das Fadennetz um α zu weit rechts steht, wird das Licht nicht in das Azimuth 0, sondern in das Azimuth $-\alpha$ reflectirt. Also die Wirkung $= -\alpha$
2. Ist der Spiegel von der senkrechten Lage gegen die Führungsstange um β vorwärts gedreht, so entsteht daraus die Wirkung $= +2\beta$
3. Ist die Axe der Hülse zu weit von der Fernrohraxe entfernt, im Verhältniss $(1+\gamma):1$, so ist die Wirkung $= +206265.\gamma.\operatorname{tg}\frac{1}{2}A$

II. Rücksichtlich der Höhe.

4. Ist der Spiegel nach oben zu gerichtet um δ (die Schraube zu stark angezogen): $+2\delta\cos\frac{1}{2}A$
5. Die Spiegelaxe unten zu weit vorwärts gelehnt um ε: $+2\varepsilon\cos\frac{1}{2}A^2$
6. Die Spiegelaxe unten zu weit rechts um ζ: $+\zeta\sin A$

7. Die Fernrohraxe unten zu weit vorwärts um η, so dass doch die optische Axe der Hauptaxe parallel werden kann: $+2\eta\sin\frac{1}{2}A^2$

8. Das Fadennetz zu hoch um θ: $+\theta$

Noch ist für das Azimuth nachzuholen Wirkung der Parallaxe π: $-\pi\sin A$.

Für den zweiten Heliotrop.

Für das Azimuth kommt bloss die Neigung der beiden Spiegel gegen einander in Frage. Ist der kleine Spiegel zu weit vorwärts gedreht um α, so wird das Bild nach -2α hin reflectirt.

[2.]

Zur Berichtigung des Heliotrops.

1. Ein wesentliches Bedürfniss für die Berichtigung des Heliotrops sind ein paar Stative, wovon wenigstens das eine in der Höhe stellbar ist, und denen man mit Leichtigkeit und Genauigkeit jede erforderliche Höhenungleichheit verschaffen kann. . . . . . .

2. Die einfachste Bestimmung des geometrischen Orts des Spiegelbildes eines ruhenden Gegenstandes, während der an einer Axe festsitzende Spiegel sich um diese dreht, ist folgende:

Es sei A der Schnitt der Spiegelfläche mit der Drehungsaxe, B ein Punkt in der Normalen gegen die Spiegelfläche, und zwar auf der Rückseite des Spiegels, AB willkürlich. Es ist also B fest gegen den Spiegel, beschreibt aber bei dessen Drehung im Raume einen Kreis, und zwar in demselben Sinn wie irgend ein anderer zum Spiegel fester Punkt, z. B. die Mitte einer der vier Seiten seiner rectangulären Begrenzung. Zugleich ist der Mittelpunkt jenes Kreises C in der Drehungsaxe, und $AC = AB\cos\theta$, wenn $90^0-\theta$ die Neigung des Spiegels gegen die Drehungsaxe bedeutet. Nun wird das Spiegelbild P von einem im Raume festen Punkt D gefunden, wenn man durch D eine Parallele mit AB zieht, und nöthigenfalls sie so weit verlängert, bis $AP = AD$. Das bisher willkürliche AB kann man so gross annehmen, dass $AC = AE$ wird, wenn DE auf die Drehungsaxe AE normal gezogen ist.

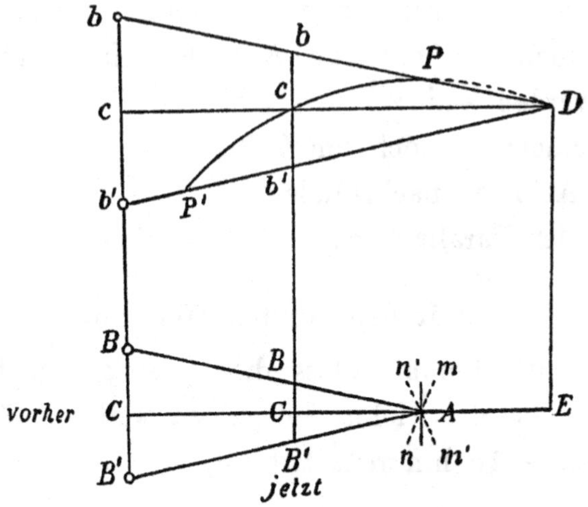

Zieht man dann Dc mit AC und Cc mit ED parallel, so ist $Dc = 2AC$, $Ac = AD$, also c auf der Oberfläche einer mit Radius AD um A beschriebenen Kugel. Legt man durch c eine gegen Dc normale Ebene, und beschreibt darin mit Halbmesser $cb = 2CB$ um c einen Kreis bb', so liegt PP' in der Oberfläche des geraden Kegels, dessen Spitze D, Axe Dc, Seiten Db, Db', Öffnungswinkel $bDb' = BAB' = 2\theta$. Auf der Kugelfläche selbst ist der Weg von P zwar keine sphärische Ellipse*), aber doch sehr wenig davon verschieden. Der Durchmesser, in dessen Fortsetzung D liegt, ist genau $= 4\theta$; der dagegen senkrechte sehr nahe $2\theta \cdot \frac{cD}{Ac} = 4\theta \cdot \frac{AE}{AD}$. Dieses Bild dreht sich um seinen Mittelpunkt in demselben Sinn, wie b um den seinigen c für einen Betrachter innerhalb des Raumes DcC, oder wie ein Punkt m oder n für einen Betrachter vor dem Spiegel, und diese Gleichheit des Sinnes der Drehung gilt, man mag das Bild mit blossem Auge oder durch ein umkehrendes Fernrohr sehen.

3. Es ist nun leicht, diese Sätze zu benutzen, um den kleinen Spiegel gegen die Drehungsaxe normal zu bringen, möge dies nun für die vom Fernrohr abgekehrte oder für die ihm zugekehrte Lage verlangt werden.

Eine ganz rohe Annäherung, z. B. auf 5—10 Grad, bewirkt man ohne weiteres nach dem Augenmaass. Man stelle dann das Fernrohr so, dass die

---

*) Unter sphärischer Ellipse verstehe ich diejenige Curve auf der Kugelfläche, von welcher jede centrale Projection eine Ellipse ist; die hier in Rede stehende hingegen ist eine solche, von welcher eine stereographische Projection eine Ellipse ist.

Spiegelaxe nach dem Augenmaass vertical steht und betrachte mit blossem Auge das Bild eines schicklichen Gegenstandes. Wenn nun bei einer Drehung des Fernrohrs das Bild nicht ruhig bleibt, so muss man diejenige verticale Seitenwand des Spiegels von sich a b drehen, welche mit dem Bilde gleichnamige Bewegung zeigt, d. i. die steigende Seite, wenn das Bild steigt, die sinkende, wenn es sinkt. Dies wiederholt man jedesmal, von der nahe verticalen Lage der Spiegelwand anfangend, bis das blosse Auge keine Bewegung des Bildes mehr erkennt.

Man wiederholt nun dieses Geschäft, indem man dem Spiegel gegenüber ein Fernrohr aufstellt. Ist der Fehler noch so gross, dass das Bild bei der Drehung das Gesichtsfeld verlassen würde, so muss zugleich das Fernrohr gedreht und nöthigenfalls mit seinem Stativ verschoben werden. Um im voraus zu beurtheilen, wie viel etwa und in welchem Sinn das Hülfsfernrohr gedreht und verschoben werden muss, ist vor allem nöthig, den Sinn der beiden möglichen Drehungen ein für allemal zweckmässig zu unterscheiden.

Ich nenne eine positive Drehung die, in der die Gewinde einer auf gewöhnliche Art geschnittenen Schraube sich von dem in der Axe der Schraube gedachten Betrachter entfernen. Durch eine solche Drehung schraubt man also eine Schraube in die Mutter, oder zieht die Mutter an. Bei einer Drehung um eine verticale Axe, den Betrachter oberhalb des gedrehten angenommen, geht also die positive Bewegung in dem Sinne der täglichen Sonnenbewegung für die nördliche Hemisphäre; bei Drehung um eine horizontale Axe geht die Bewegung in der Ordnung Links, Oben, Rechts, Unten: L.O.R.U, O.R.U.L, R.U.L.O, U.L.O.R; negative wäre L.U.R.O, U.R.O.L, R.O.L.U, O.L.U.R.

Die allgemeine Regel ist nun folgende.

Es sei e die Neigung der nach dem Gegenstande gehenden Geraden gegen die Spiegelebene, p eine kleine Drehung des Fernrohrs um seine Axe (wobei der positive Sinn nach der Stellung des Betrachters vor dem Spiegel, also an der Ocularseite des Heliotropfernrohrs, dann wenn der Spiegel dem Fernrohr zugekehrt bleiben soll, und vice versa im umgekehrten Fall, zu beurtheilen ist), und steigt das Bild bei dieser Drehung um h für das blosse Auge, oder sinkt so viel beim Sehen durch das Hülfsfernrohr, so muss behuf der Berichtigung gedreht werden um die Grösse

$$\frac{h}{\sin e \sin p}$$

1) der Spiegel um die Spiegelaxe
2) das Hülfsfernrohr ebenso viel um diese } von oben her betrachtet.

Die letztere Bewegung geschieht durch Drehung der Alhidade des Fernrohrs um die Verticalaxe des Theodolithen (wenn das Hülfsfernrohr an einem solchen sitzt) und ausserdem durch Verschiebung um

$$\frac{h}{4 \sin e \sin p} \times \delta,$$

wenn δ die Entfernung der Spiegelaxe von der Theodolithenaxe bedeutet.

h ist übrigens leicht zu schätzen, wenn der Halbmesser des Gesichtsfeldes bekannt ist; bei dem kleinen Theodolithen ist der Durchmesser $= 58'$. In der Ausübung wird aber eine Rechnung nie nöthig, sondern zureichend sein, nur den Sinn der erforderlichen Drehungen voraus zu bestimmen.

4. Von den übrigen bei Berichtigung des Heliotrops vorkommenden Operationen braucht hier nur noch eine erwähnt zu werden, nemlich die, wodurch Heliotropfernrohr und Hülfsfernrohr in entgegengesetzt parallele Lage gebracht werden, mit einem Abstande der Parallelen, welcher der halben Distanz der Mittelpunkte der grossen Spiegel gleich sein soll. Früher geschah dies so, dass man zuerst das Heliotropfernrohr auf einen Gegenstand richtete und verkehrt wieder in die Pfannen legte, vor der Wiedereinlegung aber das Hülfsfernrohr in angemessener Höhe auf dasselbe Object richtete.

Jetzt ändere ich das Verfahren dahin ab, dass ich zuerst das Hülfsfernrohr auf einen Gegenstand richte, dann das Heliotropfernrohr genau gegenüber, was durch die Coincidenz der Fadenkreuze mit den gegenseitigen Bildern erkannt wird, endlich das Hülfsfernrohr, welches auf einem beweglichen Stative stehen muss, um die aufgegebene Distanz der Parallelen erhöhe und nöthigenfalls, durch Visiren über dem Heliotropfernrohr weg, von neuem scharf auf denselben Gegenstand richte. Ist der Gegenstand nahe, so muss er zwei Zielpunkte darbieten, deren Höhe über einander der aufgegebenen Distanz gleich ist; mit dem Hülfsfernrohr zielt man nach dem untern oder nach dem obern Punkte, je nachdem jenes in seiner tiefern oder in seiner höhern Stellung ist.

BEMERKUNGEN.

Die Notiz [1], S. 478, zur Berichtigung des Heliotrops ist einem Handbuche, die Notiz [2], S. 479, die vom 2. Mai 1843 datirt ist, mehrern losen Blättern entnommen. Über den Heliotrop sind ausser den vorstehenden Abdrücken aus den Göttinger gelehrten Anzeigen, dem Astronomischen Jahrbuch, den Astronomischen Nachrichten und den mitgetheilten Briefen an OLBERS und SCHUMACHER auch die bereits früher abgedruckten Briefe an BESSEL vom 26. December 1821 und vom 15. November 1822, an GERLING vom 7. November 1822, vom 11. August, 1. und 5. September 1823, sowie die beiden Veröffentlichungen zur hannoverschen Triangulation in den Astronomischen Nachrichten und der Bericht an das hannoversche Cabinetsministerium für 1821 (S. 349/351, 355, 381, 382/389, 397, 400 und 407/409) nachzusehen.

Anfangs October 1818 hatte GAUSS in Lüneburg gemeinschaftlich mit SCHUMACHER Anschlussbeobachtungen an dessen südliche Dreieckspunkte ausgeführt (vergl. S. 396). Die von ihm gemachten Beobachtungen sind in ein Tagebuch der Sternwarte eingetragen. Bei den Messungsergebnissen für den Winkel Hamburg-Hohenhorn hat er bemerkt:

»Hamburg schlecht zu sehen; das westliche von der Sonne beleuchtete Fenster genirte das Pointiren.«

Später hat GAUSS hinzugesetzt:

»N.B. Diese Erfahrung ist die erste Veranlassung zu der im Herbst 1820 gemachten Erfindung des Heliotrops gewesen.«

Von den beiden Constructionen des Heliotrops gab GAUSS nach einem Briefe an SCHUMACHER vom 30. März 1823 (vergl. auch den Anfang des Briefes an BOHNENBERGER, S. 364) der zweiten den Vorzug, »da ihr Gebrauch bequemer, die Berichtigung etwas einfacher und die grössere Spiegelfläche (die leicht nöthigenfalls durch Bedeckung gemässigt wird) in manchen Fällen angenehm ist; auch ist der zweite Heliotrop etwas wohlfeiler«. (Der letztere kostete 125, der Heliotrop nach der ersten Einrichtung 145 Thaler Conv. Münze.) Der Heliotrop der zweiten Construction ist auf der Tafel S. 477 abgebildet. Eine Beschreibung des Heliotrops der ersten und ältern Construction wurde von POGGENDORFF in seinen Annalen der Physik und Chemie, Band XVII 1829, S. 83, und von HELMERT in dem Bericht über die wissenschaftlichen Apparate auf der Londoner internationalen Ausstellung 1876, S. 169/170, gegeben. Eine um ihren horizontalen Durchmesser AB drehbare Kreisscheibe trägt in ihrem Mittelpunkte C eine verticale Axe, um die das Fernrohr HD drehbar ist. Dies Fernrohr nimmt in einer Hülse E zwischen C und dem Ocularende H, in der Entfernung $CE = CA$, den Stiel AG eines Spiegels F auf, der gegen den Stiel senkrecht ist und sich um eine in A zur Scheibe normale Axe dreht, wenn sich das Fernrohr um die Axe in C dreht. Da der Winkel $CAE = \frac{1}{2}DCA$ ist, so

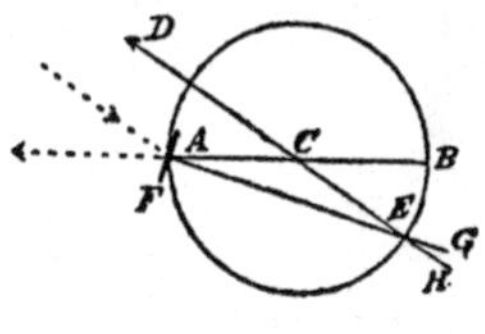

wird mithin, wenn das Fernrohr HD auf die Sonne gerichtet ist, der Spiegel F das Licht in der Richtung CA reflectiren. Um den Gegenstand, dem Licht zugesandt werden soll, in diese Richtung zu bringen, wird das Instrument, dessen Horizontalaxe AB von einer sich auf einem Dreifuss erhebenden Säule getragen wird, so aufgestellt, dass das Object im Fernrohr HD erscheint, wenn dieses der Axe BA parallel ist. Damit der Spiegel diese Beobachtung nicht hinderte, war er an einem Ringe befestigt.

Im Jahre 1821 hatte GAUSS nur einen Heliotrop (vergl. S. 349 und 390), 1822 und 1823 je 3 (vergl. S. 355 und 470), 1824 und 1825 (nach den Arbeitsberichten) je 4 Heliotrope im Gebrauch. Zu ihrer Bedienung standen ihm neben den drei ständigen Gehülfen bei der Gradmessung (MÜLLER, HARTMANN und J. GAUSS) 1824 noch zwei andere (Studiosus KLÜVER, der von der Stadt Bremen gestellt war, und Studiosus BAUMANN), 1825 nur ein Gehülfe (KLÜVER) zur Verfügung.

KRÜGER.

MESSUNGSFEHLER.

NACHLASS UND BRIEFWECHSEL.

[Über die bei der Landestriangulirung erforderlichen Instrumente.]

...... Bei einer ausgedehnten trigonometrischen Vermessung sind allerdings Winkelmessungswerkzeuge von verschiedenem Range zu den einzelnen Arbeiten anzuwenden. Der Rang bestimmt sich nach der grössern oder geringern Schärfe, die mit jedem Instrumente zu erreichen ist, und wird nicht sowohl durch eine grössere oder geringere Vollkommenheit in der Ausarbeitung, als durch die Dimensionen des Werkzeuges bestimmt. Es liessen sich darin viele Abstufungen machen; ich beschränke mich aber auf eine Rangirung in 3 Klassen.

Die in München verfertigten Theodolithen von 12 Zoll Durchmesser können zu den feinsten Winkelmessungen auf der Erde gebraucht werden. Zum zweiten Rang zähle ich die Repetitionstheodolithen von 8 Zoll Durchmesser aus der Reichenbach-Ertelschen Werkstatt; diese dienen für secundäre Messungen. Zu noch mehr untergeordneten Messungen sowie für die Recognoscirungsarbeiten sind noch kleinere Theodolithen dritten Ranges zureichend, wobei allenfalls das Repetiren wegfallen kann.

Ein Theodolith vom ersten Range könnte allerdings für alle, auch untergeordnete Arbeiten gebraucht werden. Der Grund, warum man das im allgemeinen nicht thut, ist, theils die grössern Instrumente zu schonen, theils weil jene ihrer Natur nach schwerer transportabel sind, und bei ihrer Aufstellung viel mehr Zurüstungen erfordern.

Bei den eigentlichen Gradmessungsarbeiten, die zunächst nur einen wissenschaftlichen Zweck hatten, habe ich nur einen Theodolithen ersten und ein paar dritten Ranges für die Recognoscirungen gebraucht. Die Messungen mit jenem habe ich alle auf mich allein genommen.

Bei dem neuen unmittelbarer die Landesgeographie angehenden Geschäft, wobei eine Menge secundärer und tertiärer Messungen gemacht werden müssen, werden daher auch mehrere Theodolithen vom zweiten und dritten Range beständig zu gebrauchen sein. Einen Theodolithen vom zweiten Range (welchen die Sternwarte seit 1813 besitzt) hat der Hr. Hauptmann Müller im vorigen Sommer benutzt, eigentlich damit seine ersten Übungen gemacht. Einen andern (aber nicht ganz befriedigenden) besitzt Hr. Lieutenant Hartmann selbst, der damit im vorigen Jahre seine Messungen gemacht hat. Einen englischen Theodolithen dritten Ranges, auch nicht besonders gut und öftern Derangements unterworfen, benutzte mein Sohn, der sonst, wenn noch einer zweiten Ranges vorhanden gewesen wäre, solchen auch mit Vortheil hätte benutzen können.

Ein zweckmässigerer Theodolith dritten Ranges war von mir schon im Frühjahr 1828 in München bestellt; er ist im Herbst angelangt, kostet nur eine sehr geringfügige Summe, und wird doch bei untergeordneten Arbeiten und zum Recognosciren viel brauchbarer sein, als der vorhin erwähnte englische. Einen ähnlichen hat zu gleicher Zeit der Hr. Hauptmann Müller durch meine Vermittelung acquirirt. Für die Recognoscirungsarbeiten ist daher, insofern das Personal nicht vergrössert wird, hinlänglich gesorgt.

Für die Messungen des zweiten Ranges sind aber bisher viel zu wenig Hülfsmittel vorhanden. Ich habe daher schon im Herbst noch einen 8-zölligen Theodolithen bestellt, dessen Ablieferung für den April d. J. wenigstens versprochen ist.

Was nun aber die Messungen ersten Ranges betrifft, die ich bisher allein auf mich genommen habe, so hoffe ich, dass es späterhin möglich sein wird, auch die andern Officiere nach und nach zu solchen feinern Arbeiten einzuüben, wo dann höchst wünschenswerth und für die Arbeiten förderlich sein wird, wenn wenigstens zwei taugliche Instrumente dazu verwandt werden können. Ich würde daher schon im vorigen Herbst ausser der Bestellung des 8-zölligen Theodolithen zugleich noch auf einen 12-zölligen Bestellung gegeben haben, wenn ich nicht schon damals die Aussicht gehabt hätte, einen solchen 12-zölligen Theodolithen auf andere Weise herbeiziehen zu können, ohne den Fonds für das Vermessungsgeschäft in Anspruch zu nehmen. Ich wusste nemlich, dass gewünscht werde, für die Generalstabs-Akademie ein solches Instrument anzuschaffen. Nach verschiedenen deshalb mit Hrn. Ertel in München gepflogenen Anfragen habe ich dann auch in der That auf Ersuchen des Hrn. Oberstlieutenant Prott einen solchen 12-zölligen Theodolithen in München bestellt, der hoffentlich im Laufe des Sommers fertig werden wird, und demnächst in den Händen des Hrn. Hauptmann Müller, wenn derselbe die erforderliche Einübung erhalten haben wird, nützliche Dienste leisten wird.

Die Münchener Preise für Instrumente dieser Art sind übrigens äusserst mässig. Der 12-zöllige Theodolith, welchen ich seit 1822 zu allen Winkelmessungen bei der Gradmessung gebraucht habe, kostete nur 800 Gulden (leicht Gold); der 8-zöllige oben erwähnte (freilich in den 16 Jahren etwas abgenutzte, aber noch immer sehr brauchbare) damals 400 Gulden. Die beiden von ähnlichen Dimensionen, gegenwärtig für die Generalstabs-Akademie und die trigonometrische Vermessung respective bestellten, werden, da ich dabei in mehrern Beziehungen eine einfachere Einrichtung (unbeschadet der Hauptsache) angeordnet habe, respective noch bedeutend geringere Preise haben.

Bei einer sehr ins Grosse gehenden Unternehmung ist es allerdings zum raschern Fortschreiten, zum angemessenen Ineinandergreifen, und daher selbst in Rücksicht der Gesammtkosten, sehr zweckmässig, eine sehr ansehnliche Zahl von Theodolithen verwenden zu können. Nach einer Privatnachricht werden im nächsten Sommer in Frankreich 160 Theodolithen in Thätigkeit sein. Allein bei unserm kleinen Lande und bei dem beschränkten Personal, welches zu den trigonometrischen Messungen verwandt werden kann und schon einen gewissen Grad von Einübung hat, glaube ich, dass wir wenigstens vorerst mit den vorhandenen und respective in Arbeit befindlichen Instrumenten uns begnügen können. Es kommt dazu, dass man, wie ich die Ehre gehabt habe, Ihnen mündlich zu sagen, auch im Herzogthum Braunschweig eine trigonometrische Messung beabsichtigt, für welche ich auch bereits einen 12-zölligen Theodolithen bestellt habe, und dass es sich wahrscheinlich so wird einrichten lassen, dass diese Messungen zum gegenseitigen Vortheil in einander eingreifend und sich wechselsweise die Hand bietend arrangirt werden können.

[Über Messungsfehler.]

GAUSS an OLBERS. Gnarrenburg, Julius 1825.

...... Ich sehe nicht ohne Missmuth auf meine 5-jährigen Messungen zurück; ich sehe mich, gegen das Ende derselben, ungefähr in einer solchen Lage und in solchen Gefühlen, wie sie wohl viele, vielleicht die meisten Menschen in Beziehung auf das Erdenleben, wenn sie sich dessen Schluss nähern, haben mögen, mit dem Gefühl, dass, wenn mit den eingesammelten und erst spät zur Reife und Klarheit gekommenen Erfahrungen, mit frischer Kraft und mit der erlernten Würdigung so mancher Dinge von vorn her hätte angefangen werden können, viel mehr Zufriedenheit stattgefunden haben könnte. Was die Messungen betrifft, so halte ich mich jetzt überzeugt:

1) dass der so wie der meinige gebaute Theodolith alle Winkel zu klein gibt und zwar im Durchschnitt um eine freilich nur sehr kleine, aber bei der sonstigen Trefflichkeit des Instruments, wenn man nur unter günstigen Umständen beobachtet, doch sehr scharf anzugebende Grösse — von der Grösse der Winkel fast unabhängig; es scheint fast, dass das erste Drehen sie hauptsächlich hervorbringt, wo der Zapfen doch immer in gewissem Grade gleichsam festgesogen war —, die freilich mit dem Abnutzen des Instruments grösser werden mag. Meine Jeverschen Messungen, die recht ex professo angelegt waren, diese Grösse mit zu bestimmen, geben sie $0\overset{''}{,}4$, und ich glaube nicht, dass sie um $0\overset{''}{,}1$ unrichtig ist. Leider bieten meine frühern Messungen keine so nachdrückliche Bestimmungsmittel dar, da ich, obgleich von Anfang an schon das Dasein dieser Fehlerquelle vermuthend, doch glaubte, sie sei zu klein, um nicht als $= 0$ betrachtet werden zu müssen. Hätte ich anstatt einer Gradmessung eine Landesvermessung und damit häufiger Gelegenheit zu einem Gyrus horizontis gehabt, so wäre ich ohne Zweifel früher von dieser Ansicht zurück gekommen. Ich werde künftigen Winter die Grösse für jedes Jahr, so gut es angeht, zu bestimmen suchen. Ich halte mich jetzt überzeugt, dass erstens bei steter Berücksichtigung dieser Grösse, zweitens beim Enthalten von allen Messen, wenn die Umstände nicht günstig sind, und drittens bei Beachtung der beiden andern noch zu erwähnenden Umstände, die Messungen auf Heliotroplicht eine fast unglaubliche Feinheit erhalten können, von der ich

nun leider viel mehr entfernt bleibe. Eine Discussion der in Göttingen 1823 gemachten Messungen gibt mir die obige Grösse $= 0'',140$, aber nur mit einem Gewicht von 47 Repetitionen, wobei aber doch der wahrscheinliche Fehler nur fast genau $\pm\, 0'',140$ wird, so dass 1 gegen 1 gewettet werden kann, jene Grösse liege nicht ausserhalb der Grenzen 0 und $+0'',28$. Die Messungen auf dem Timpenberg 1823 gaben die Grösse $+0'',070$ mit dem Gewicht 28. Darf man sie vereinigen, so wäre der Werth für 1823

$$+0'',114 \text{ mit dem Gewicht } 75.$$

Ich werde nach und nach sämmtliche Stationen berechnen, und dann den Einfluss mit in Rechnung bringen.

2) Man sollte nie anders als unter günstigen Umständen beobachten, wo die Luft nicht wallt, kein Wind das Instrument erschüttert, die Aufstellung ganz solide ist. Freilich wird man dann oft in mancher Woche gar nicht beobachten und selten an einem Tage mehr als 1—2 Stunden, hohe Bergstationen vielleicht ausgenommen; dafür aber sind 50 solche Messungen mehr werth, als 500 unter ungünstigen Umständen. Unsere Instrumente sind eigentlich, falls ihre Trefflichkeit ganz benutzt wird, zu gut für den habituellen Zustand der Atmosphäre; die Fehler durch die Wallungen in letzterer sind zehnfach grösser, als die unvermeidlichen vom Instrument herrührenden. Dasselbe gilt wohl auch von den astronomischen Beobachtungen.

3) Wenn es irgend möglich ist, sollen die Heliotroplichter ganz frei erscheinen, wo das aber nicht sein kann, soll nie zwischen den Fäden, sondern immer auf einem pointirt werden; durch die Befangenheit der Bisection kann sonst ein in constantem Sinne wirkender und vielleicht auf $1\frac{1}{2}$ bis $2''$ steigender Fehler entstehen. Dass ein solcher Fehler entstehen kann, habe ich zwar immer vermuthet, aber ohne die Erfahrungen in Langwarden hätte ich nie geglaubt, dass er so gross sei. Ich habe früher öfters auf dem Faden pointirt, aber freilich fast nur, wo das Licht frei erschien, und dann nie einen entschiedenen Unterschied gefunden; ich habe diese Beobachtungsart — wie ich jetzt bedaure — daher fahren lassen, weil sie mir viel beschwerlicher ist, und ich, im allgemeinen auch gewiss mit Recht, glaubte, ich könne auf den Fäden nicht so genau pointiren als dazwischen.

4) Bei allem dem aber halte ich mich überzeugt, dass Lateralrefractionen

existiren, in constantem Sinn bei der zum Beobachten tauglichen Tageszeit, wenn das Licht nahe bei Bäumen etc. vorbei streicht. Die oben bei 1) bis 3) angegebenen Umstände wirken doch in mehrern Dreiecken nicht so stark, um die grossen Anomalien der Winkelsumme zu erklären, und sie würden von der Fehlersumme in dem Dreieck, z. B. Garlste-Lehe-Varel, wo sie 4,"9 beträgt, schwerlich mehr als $1\frac{1}{2}$ bis 2" abdingen können, und das übrige ist dann noch viel zu gross, um auf die unregelmässigen Messungsfehler geschoben werden zu können. Zu meinem grossen Missvergnügen hat auch gewiss auf der Seite Brillit-Lehe eine solche Seitenrefraction statt und zwar in dem Sinn, dass auch hier die Winkel zu klein werden; der sehr kostspielige Durchhau ging anfangs zu weit links, er wurde noch etwas erweitert, dass Lehe hier sichtbar wurde, aber so hart an der rechten Wand, dass gewiss eine Lateralrefraction stattfindet; ich werde versuchen, einige vortretende dicklaubige Zweige auffinden und wegnehmen zu lassen; es ist aber ungewiss, ob sie aufgefunden werden, und selbst dann bleibt es noch sehr knapp an der rechten Wand. Leider ist auf alle Fälle höchst wahrscheinlich der Winkel in Lehe davon schon stark afficirt, und ungern möchte ich noch einmal dahin zurück; es sei dann, dass es möglich wäre, Bremervörde, welches in Lehe sichtbar sein soll, in Brillit und in Zeven sichtbar zu machen; leider scheint aber ausser Obstbäumen auch ein Bauernhaus in der Richtung Brillit-Bremervörde zu stehen, obwohl ich dies noch nicht gewiss weiss, da ich noch keine Mittel habe, das Azimuth mit einiger Sicherheit anzugeben. Sonst bin ich gewiss, dass diese neue Verbindung sehr viel neues Licht verbreiten würde. Der Winkel in Brillit zwischen Zeven und Bremen scheint sich um 2" bessern, d. i. vergrössern, zu wollen, wodurch die Fehlersumme von $4\frac{1}{2}$" auf

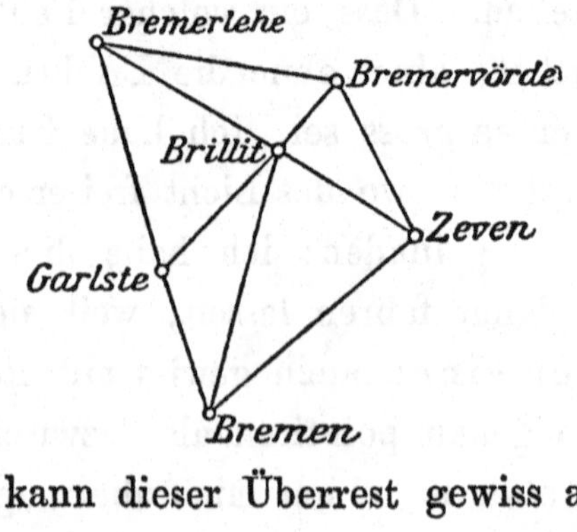

$2\frac{1}{2}$" kommt; aber ganz kann dieser Überrest gewiss auch nicht auf die Messungsfehler kommen, namentlich ist in Bremen der obige Fehler 1) durch das Vor- und Rückwärtsmessen fast ganz eliminirt, und die Pointirungsart kann auch wenig Einfluss haben, da bei der bedeutenden Entfernung und der gewöhnlichen Unsichtbarkeit der Thürme die Lichter so gut wie frei erschienen. . . . . . .

GAUSS an SCHUMACHER. Göttingen, 14. August 1825.

. . . . . . Bedeutende Anomalien in meinen Messungen haben mich diesen Sommer sehr gequält: ich bin zwar jetzt überzeugt, dass in den flachen Gegenden beim harten Wegstreichen über oder neben Holz starke Lateralrefractionen stattfinden können, die in den zum Messen tauglichen Stunden immer in Einem Sinn wirken; allein eben so gewiss ist's, dass sie sich mit andern Fehlerquellen gemischt haben, denen ich jetzt ziemlich auf die Spur gekommen bin. Besonders folgenden beiden. 1) Das Pointiren bei Heliotroplicht zwischen den Fäden, zumal auf schwaches, taugt nicht, wenn es nicht frei ist, sondern z. B. in der Laterne eines Thurms, die selbst ziemlich gut sichtbar ist, excentrisch sich befindet: es können daher constante Fehler von mehr als 2″ entstehen; ich habe, seitdem ich mich davon überzeugt habe, in solchen Fällen immer auf einem Faden pointirt, und dadurch zum Theil bedeutende Verminderung der Anomalien erhalten. 2) Der Theodolith, so gebaut wie die unsrigen, gibt entschieden alle Winkel zu klein, und der Durchschnittswerth des Fehlers (der von der Grösse des Winkels wenig abhängig zu sein scheint) lässt sich mit vieler Schärfe bestimmen, mag aber, wie das Instrument sich immer mehr abnutzt, immer zunehmen. In Brillit fand ich 0″,723, wobei der wahrscheinliche Fehler unter 0″,1 sein wird. In Jever hatte ich nur etwa 0″,5. Ich bin noch nicht gewiss, ob die Hauptquelle des Fehlers in der Hemmung des Limbuskreises (besonders der Kugel) oder in der Hülse, die das untere Fernrohr trägt, oder der Schraube, die sie gegen den Fuss des Instruments hält, liegt; letztere ist an meinem Instrument ziemlich ausgenutzt, und ich lasse jetzt, um Versuche zu machen, die Hemmung des Limbuskreises unmittelbar an den Fuss des Instruments anbringen, wobei ich das untere Fernrohr ganz wegnehmen werde; ich halte solches nicht blos für unnütz, wo man eine solide Aufstellung hat, sondern für nachtheilig, insofern seine Hülse, als Zwischeninstanz zur Befestigung des

Limbuskreises an den Fuss, die Gefahr von Beweglichkeit des Limbuskreises, während er fest vorausgesetzt wird, vervielfältigt. Ich hätte sehr gewünscht, über diese Gegenstände einmal recht ausführlich mit Ihnen zu sprechen und meine Erfahrungen und Ansichten gegen die Ihrigen auszutauschen.

GAUSS an BESSEL. Göttingen, 29. October 1843.

...... Es handelt sich um eine Erfahrung, die mich oft gequält hat, nemlich die, dass die Theodolithen nach REICHENBACHS Construction die Tendenz haben, alle Winkel zu klein zu geben. Vielleicht haben Sie ähnliche Erfahrungen gemacht, die ich gern gegen die meinigen austauschen möchte.

Bei meinen Winkelmessungen zur Gradmessung 1821 bis 1823 und bei der nachherigen Erweiterung meiner Dreiecke 1824 und 1825 habe ich zwei verschiedene 12-zöllige Theodolithen gebraucht (Verniers 4″ gebend, Vergrösserung etwa 35-mal), den einen, welchen SCHUMACHER mir borgte, von REICHENBACH selbst, bloss im Jahre 1821, den andern von ERTEL, welcher jenem ganz gleich und der Eigenthum der Sternwarte ist, 1822 bis 1825. An dem ersten habe ich die Erscheinung gar nicht bemerkt, an dem andern in den ersten drei Jahren und Anfangs 1825 auch nicht; erst in der letzten Hälfte der Messungen bemerkte ich sie, zwar nur in geringer Grösse, aber doch so entschieden, dass nicht daran gezweifelt war. Eine Erklärung, wenigstens der Hauptquelle, liegt nun allerdings nahe genug. Zur Abkürzung nenne ich A, B die beiden Objecte und setze voraus, dass B rechts von A liegt, und dass immer die erste Pointirung A, die zweite B gilt. Nachdem man abgelesen und auf A eingestellt hat, löst und bewegt man die Alhidade, um B zu erreichen. Allein die Voraussetzung, dass während dieser Bewegung der Kreis selbst absolut fest steht, ist allerdings precär; existirt die geringste für sich nicht erkennbare Unfestigkeit, so wird die Drehung der Alhidade den Kreis ein klein wenig in demselben Sinn (von links nach rechts) mitdrehen: der Ablesungsunterschied wird also den Winkel zu klein geben. Bei einer auch noch so grossen Anzahl von Repetitionen wird das Endresultat immer zu klein bleiben.

Ich habe, als ich dies erkannt hatte, (in Jever) das Auskunftsmittel ergriffen, zu einer Anzahl von auf gewöhnliche Art gemachten Repetitionen immer ebenso viele hinzu zu setzen, wo ich die Alhidade von rechts nach links durch das Supplement zu 360° bewegte. Hier wurden nun immer alle Winkel grösser als vorher, und der Unterschied, durchschnittlich gegen 2 Secunden betragend, schien gar nicht oder wenigstens nicht merklich von der Grösse der Winkel abzuhängen. Das Mittel beider Resultate konnte also für den wahren Werth des Winkels gelten, und in der That waren alle auf diese Art, sowohl auf dieser Station wie auf den übrigen, gewonnenen Resultate vollkommen befriedigend. Es schien also, dass dieser Theodolith in seinem damaligen Zustande alle auf gewöhnliche Art gemessenen Winkel gegen eine Secunde zu klein gab.

Die Bewegung des ganzen Kreises vom ersten Ablesen bis zum ersten Pointiren, nachher vom 2./4./6. etc. zum 3./5./7. etc. Pointiren, wurde immer von der rechten nach der linken gemacht (durch den Winkel $< 180°$); allerdings ist es wenigstens denkbar, dass auch hier ein Einfluss in constantem Sinn stattfinden kann. Liegt nemlich die Unfestigkeit zum Theil in den Stellschrauben, Muttern, Kugeln, so kann auch, während der ganze Kreis sich dreht, in Folge der Reibung des Alhidadenzapfens auf den ihn unten unterstützenden Federn eine kleine Verstellung der Ablesung stattfinden, welche dann gerade die umgekehrte Wirkung hat, also zur Vergrösserung der Winkel beitragen würde. Ich habe aber vorausgesetzt, dass dieser Einfluss unmerklich sei. Es würde einen sehr grossen Zeitaufwand kosten, a posteriori darüber Aufschluss zu erhalten. Ich brauche nicht zu erinnern, dass ich *stets* dafür gesorgt habe, dass die Stellschrauben nicht zu leicht gingen.

An irgend einer Unfestigkeit muss es ohne Zweifel liegen, aber es ist schwer auszumitteln, *wo* hauptsächlich. Ich habe nachher an diesem Theodolithen eine Abänderung machen lassen, um diejenige Unfestigkeit, die denkbarer Weise bei derjenigen Drehungsbewegung stattfinden könnte, vermittelst welcher man das Versicherungsfernrohr bewegt, weg zu schaffen. Ich habe nemlich das bei fester Aufstellung ganz unnütze Versicherungsfernrohr ganz weggeworfen und den Arm, an welchem die Kreishemmung ist, durch starke Kniestücke unmittelbar mit dem Fuss verbinden lassen. Allein *nach* dieser Veränderung sind zu wenige Messungen mit diesem Instrument gemacht, um über den Effect sicher urtheilen zu können.

Bei den spätern Messungen von 1828 bis 1843 sind von meinen Officieren drei andere Theodolithen gebraucht.

1) von HARTMANN ein 8-zölliger REICHENBACHscher Theodolith, schon seit 1813 im Besitz der Sternwarte;

2) von MÜLLER ein 12-zölliger ERTELscher Theodolith, dem hannoverschen Generalstab gehörend (von mir besorgt), dem obigen ganz ähnlich, aber ohne Höhenkreis und Versicherungsfernrohr;

3) von meinem Sohn ein 8-zölliger ERTELscher Theodolith·, auch ohne Höhenkreis und Versicherungsfernrohr, aber das Fernrohr ganz von derselben Stärke wie bei Nr. 2. Der Vernier gibt hier 10″.

An Nr. 1 hat sich das Phänomen nicht bemerklich gemacht; das Instrument ist übrigens nur ein paar Jahre gebraucht; die Winkelresultate fielen immer recht sehr gut aus. Das Fernrohr ist von schwächerer optischer Kraft, aber HARTMANN hatte immer ein anderes stärkeres Fernrohr eingelegt, welches ihm selbst gehörte. Ich erwähne diesen Umstand bloss, um zu erklären, warum dieser Theodolith nachher nicht mehr gebraucht ist.

Über Nr. 2 schreibe ich jetzt bloss aus dem Gedächtniss und kann in diesem Augenblick nicht genau sagen, wann das Phänomen angefangen hat, sich zu zeigen. Irre ich nicht, so ist in den ersten Jahren keine besondere Spur davon erschienen, aber in den spätern war es unverkennbar und wenigstens doppelt so gross, wie an dem von mir gebrauchten Instrument. Jenes ist oft zerlegt, gereinigt, auch, wenn ich mich recht erinnere, mit neuen Stellschrauben von HOHNBAUM in Hannover versehen, ohne den Fehler zu heben. Ich habe dem seligen MÜLLER immer das oben erwähnte Mittel dringend empfohlen; ich glaube aber nicht, dass er es immer consequent angewandt hat.

Mit Nr. 3 hat mein Sohn in den Jahren 1829, 1830, 1831, 1833 sehr ausgedehnte Messungen ausgeführt; die Winkel (beiläufig gesagt, an jeder Station werden in der Regel alle Combinationen zwischen allen Hauptrichtungen gemessen, wie Sie auch aus GERLINGS Arbeiten sehen können) stimmten immer zu meiner vollen Zufriedenheit, wenigstens ebenso gut oder fast noch besser, als die MÜLLERschen mit Nr. 2, und der Fehler zeigte sich wenigstens nicht in erheblichem Grade.

Von 1834 an ist dieser Theodolith etwa 5 oder 6 Jahr im magnetischen Observatorium, nachher zu Zeiten von GOLDSCHMIDT bei Winkelmessungen gebraucht, die aber von zu untergeordneter Natur waren, als dass dabei obiger Fehler hätte in Frage kommen können.

Diesen selben Theodolithen Nr. 3 hat nun aber mein Sohn im vorigen Sommer wieder bei Hauptwinkeln gebraucht: allerdings waren an den Standpunkten, wo die meisten Winkel gemessen wurden (Thürmen in Hamburg und Stade), die Umstände in vielfacher Beziehung äusserst ungünstig, aber dennoch ging das jetzige Vorhandensein jenes Minusfehlers, und zwar wohl 3 bis 4″ betragend, auf das entschiedenste hervor. Der Theodolith war vor der Absendung hier gereinigt und nachgesehen, und durchaus keine Unfestigkeit bemerkt. Doch fand mein Sohn das Ende der Stellschraube des Kreises ziemlich ausgeschliffen, und die Beobachtungen der ersten Tage, wo dieser Umstand nicht beachtet war, wurden deshalb verworfen; später wurde der Gebrauch dieses Schraubenstücks sorgfältig vermieden, und es liess sich keine Unfestigkeit daran erkennen. Ich werde den Theodolithen nun wieder hieher kommen lassen und versuchen, ob ich durch Abänderungen dem Fehler oder wenigstens seiner Wirksamkeit nicht abhelfen kann. Ich werde neue Klemmbacken machen lassen; unschlüssig bin ich noch, ob ich ganz neue Schrauben mit Zubehör machen lasse, aus Besorgniss, vom Regen in die Traufe zu kommen. Da Sie selbst einen kleinen Theodolithen von Meyerstein erhalten haben, so bitte ich Sie, gerade diesen Theil der Arbeit einer recht sorgfältigen Prüfung zu unterwerfen und mir den Befund vertraulich mitzutheilen. Dann habe ich noch eine Idee zu einem Mittel, welches zwar den Fehler (eine versteckte Unfestigkeit) nicht wegschaffen, aber doch, wie ich hoffe, ihn unschädlich machen kann.

Bekanntlich sind Alhidadenzapfen und die Büchse dieses Zapfens, die selbst wieder Limbuskreiszapfen ist, von unten, jedes für sich, auf Federn gestützt. Diese Federn will ich so abändern lassen, dass man mit Leichtigkeit und augenblicklich ihre Spannung nach Gefallen verstärken oder schwächen kann. Mit diesen Spannungsänderungen soll dann während der Messungen immer planmässig abgewechselt werden, so dass, wenn die Alhidade gedreht wird, die Federn, worauf ihr Zapfen sich stützt, stark, die Federn, die die Büchse stützen, fast gar nicht gespannt sind, und umgekehrt, wenn der ganze Kreis gedreht wird. Meyerstein glaubt eine solche Änderung recht zweckmässig einrichten zu können, und ich verspreche mir davon viel Erfolg. Nur schade, dass in meiner Sternwarte keine recht schickliche Aufstellung zu erhalten ist zu dergleichen Probemessungen, auch wenig geeignete Objecte sichtbar sind, endlich die Winterjahreszeit für meinen sehr empfindlichen Körper ungünstig ist. Ich will aber wenigstens versuchen, was in meinen Kräften steht.

Sollten Sie nun vielleicht selbst ähnliche Erfahrungen, und in deren Veranlassung allerlei darauf bezügliche Versuche gemacht haben, so werden Sie mich durch Mittheilung sehr verpflichten. Es ist in der That eine Lebensfrage bei Theodolithen von dieser Construction. Bei BORDAschen Kreisen kann der Fehler vermöge des Constructionsprincips gar nicht eintreten; es ist gar kein Grund da, dass Bewegung der Alhidade die Lage des untern Fernrohrs gegen den Limbuskreis verrücke, und ebenso wenig verrückt die Bewegung des ganzen Kreises die Lage der Alhidade gegen den Limbuskreis. Man kann Theodolithen nach demselben Princip bauen, aber dann sind es ganz andere Instrumente wie die REICHENBACHschen; wenn ich nicht irre, hat SCHUMACHER einen solchen von GAMBEY (wo dann das untere Fernrohr eine ganz andere Rolle spielt); ich kenne aber das Detail der Einrichtung nicht. . . . . . .

Es ist auffallend, wie Sachen zu Papiere gebracht einen andern Eindruck machen, als wenn man sie nur im Kopfe überdenkt. Indem ich obige Zeilen noch einmal flüchtig übersehe, kommt es mir vor, dass einem bloss unbefangenen Leser, der selbst gar keine eigene Erfahrungen gemacht hatte, ein Umstand importanter erscheinen muss, als ich ihn selbst bisher gehalten habe, der Umstand, dass alle Theodolithen zu Anfang diese Erscheinung gar nicht oder nicht merklich gezeigt haben. Irgend eine Ausnutzung muss also nothwendig im Spiel sein, und ich werde also doch wohl jedenfalls neue Schrauben, Muttern und Kugeln machen lassen, obgleich, wie gesagt, irgend eine Vacillation an diesen Theilen im Einzelnen nicht erkannt werden kann. Ich werde aber versuchen, ob vielleicht ein viel stärkeres Fernrohr doch im Einzelnen schon etwas von einer solchen Vacillation erkennen lassen wird.

GAUSS an BESSEL. Göttingen, 15. August 1844.

. . . . . . Der Gegenstand, worüber ich mit Ihnen zuletzt correspondirte, nemlich die Tendenz der **Repetitions**-Theodolithen, die Winkel zu klein zu geben, hat mich in vorigem Winter noch sehr geplagt. Die Ursache kann keine andere sein, als dass der Kreis nicht absolut fest bleibt während derjenigen Manipulationen der Alhidade, bei welchen vorausgesetzt wird, dass jener fest bleibe. Die Abänderungen aber, die ich habe anbringen lassen, haben sich sehr wirksam bewiesen, nicht nur während der äusserst zahlreichen Probemessungen, die ich selbst im Januar bis März machte, sondern auch bei dem wirklichen Gebrauch, den mein Sohn noch fortwährend von diesem Instrument macht. Die Resultate des vorigen Jahres waren zum Theil so schlecht, dass sie ganz verworfen werden mussten, während sie dies Jahr sämmtlich so gut sind, wie man von einem Instrument von dieser Dimension nur erwarten kann. Die Hauptveränderung besteht übrigens darin, dass Alhidadenzapfen und dessen Büchse (die ihrerseits den Limbuskreiszapfen bildet) jedes für sich durch eine Tragfeder dergestalt unterstützt wird, dass man jede dieser Tragfedern unabhängig von der andern nach Gefallen und augenblicklich anspannen oder abspannen (ganz oder theilweise) kann. Bei dem Gebrauch findet dann ein planmässiger beständiger Wechsel zwischen den Zuständen dieser Federn statt, so dass, alles gezählt, für jede Repetition 19 Operationen erfordert werden (das Ablesen mitgezählt); indessen macht man sich die Reihefolge dieser Operationen so mechanisch, dass man fast ebenso schnell operiren kann, wie bei der gewöhnlichen Einrichtung.

BEMERKUNGEN.

Die Notiz über die bei der hannoverschen Gradmessung und Landesvermessung benutzten sowie für die letztere noch erforderlichen Instrumente ist einem im Gauss-Archiv befindlichen Bericht von GAUSS vom 21. März 1829 an den Geheimen Cabinetsrath HOPPENSTEDT entnommen.

Zu den vorstehenden Briefen an OLBERS, SCHUMACHER und BESSEL, die nach den Originalen abgedruckt sind, ist die Stationsausgleichung für Brillit, S. 265/267, sowie auch eine Bemerkung von Professor GOLDSCHMIDT, S. 289, zu vergleichen.

KRÜGER.

BRIEFWECHSEL UND NACHLASS.

[Berechnung des mittlern Ablesungsfehlers einschliesslich des Theilungsfehlers am Theodolithen.]

[1.]

GAUSS an GERLING. Göttingen, 17. April 1844.

...... Über eine andere Prüfungsrechnung an Theodolithenbeobachtungen (welche zum Zweck hat, den mittlern Fehler der Ablesungen incl. der Theilungsfehler zu bestimmen) muss ich mir vorbehalten, Ihnen ein andermal zu schreiben. Ich habe diese Rechnungen schon vor 19 Jahren ausgeführt, und sie haben mir viel Vergnügen gemacht. Ich habe nemlich für jede vorgekommene vollständige Ablesung $a-b+c-d=l$ berechnet, wo (mit Weglassung der Grade) a, b, c, d die 4 Ablesungen bedeuten. Dies l sollte (trotz der Excentricität, ja trotz einer etwa veränderlichen Excentricität) constant sein; es ist nur variabel in Folge der Ablesungs- und der Theilungsfehler. Setzt man den mittlern Werth aus sehr vielen, n, Ablesungen $=\lambda$ (der bei einem gegebenen Theodolithen aus vielen Beobachtungen sich sehr scharf finden lässt und unveränderlich sein sollte) und $\frac{\Sigma(l-\lambda)^2}{n-1}=kk$, so ist $\frac{1}{2}k$ der mittlere Fehler, den man bei der Ablesung Eines Index, und $\frac{1}{4}k$ der mittlere Fehler, den man bei dem Mittel aus allen 4 Indicibus riskirt. Ich finde nun den letztern oder $\frac{1}{4}k$ aus vollständigen Ablesungen:

[im Jahre	Anzahl der Ables.	mittl. Fehler]
1821	410	1,″25
1822	717	1,57
1823	449	1,61
1824	843	1,60
1825	609	1,55
1822—1825	2618	1,58

Aus der so sehr nahen Übereinstimmung der Jahre 1822—1825 lässt sich schon schliessen, dass der abweichende Werth von 1821 nicht zufällig ist; in der That waren die Striche an SCHUMACHERS Theodolithen noch etwas schöner, als an meinem eigenen. Jener rührte noch aus der Zeit her, wo REICHENBACH selbst die Werkstatt hatte; der meinige war bei REICHENBACH bestellt, aber doch unter seiner Aufsicht von ERTEL gearbeitet. Auch an meinem 8-zölligen (von 1829) ist die Theilung merklich weniger schön, als an dem 8-zölligen von REICHENBACH, den ich 1813 acquirirte; jener hat aber ein viel besseres Fernrohr.

Ich sehe, dass ich Ihnen nun doch das Wesentlichste über diesen Gegenstand geschrieben habe, und bemerke also nur noch der Vollständigkeit wegen eine wesentliche Abkürzung jener Rechnung. Es ist nemlich $\Sigma l = n\lambda$, also

$$\Sigma(l-\lambda)^2 = \Sigma ll - 2n\lambda\lambda + n\lambda\lambda = \Sigma ll - n\lambda\lambda \left[= \Sigma ll - \frac{(\Sigma l)^2}{n}\right],$$

also

$$k = \frac{\Sigma ll}{n-1} - \frac{n}{n-1}\lambda\lambda \left[= \frac{\Sigma ll}{n-1} - \frac{(\Sigma l)^2}{n(n-1)}\right].$$

[2.]

Zur Ausmittelung der Fehler, die aus der Theilung und dem Ablesen entspringen, wurden alle vollständigen Ablesungen am Theodolithen, 449 an der Zahl [aus dem Jahre 1823], auf folgende Art discutirt.

Summe der Ablesungen am ersten und dritten Index weniger Summe der Ablesungen am zweiten und vierten $= l$.

$$\Sigma l = +133$$
$$\Sigma ll = 18521,$$

also der mittlere Werth von $l = \left[\frac{133}{449} =\right] + 0{,}''30 = \lambda$;

mittlerer Werth von $(l-\lambda)^2 = \left[\frac{1}{448}\left(18521 - \frac{133^2}{449}\right) =\right] 41{,}254.$

Also der mittlere Fehler bei Einem Vernier inclusive des Theilungsfehlers:

$$\left[\frac{\sqrt{41{,}254}}{2} =\right] \pm 3{,}''211.$$

An SCHUMACHERS Theodolithen gaben 410 Ablesungen vom Jahre 1821

$$\Sigma l = -1896$$
$$\Sigma ll = 18982.$$

Mittlerer Werth von $l = -4{,}''62 = \lambda$.

Mittlerer Werth von $(l-\lambda)^2 = 24{,}97$.

Mittlerer Ablesungsfehler Eines Verniers inclusive des Theilungsfehlers $= \pm 2{,}''499$.

Der Theodolith gab 1822 aus 717 Ablesungen

$$\Sigma l = +212$$
$$\Sigma ll = 28433.$$

Mittlerer Werth von $l = +0{,}''30 = \lambda$.

Mittlerer Werth von $(l-\lambda)^2 = 39{,}623$.

Mittlerer Ablesungsfehler bei Einem Vernier inclusive des Theilungsfehlers $= \pm 3{,}''147$.

Dies Resultat harmonirt so nahe mit dem von 1823, dass wir beide zusammenfassen können. Wir haben also aus 1166 Ablesungen:

$$\Sigma l = +345$$
$$\Sigma ll = 46954$$
$$\lambda = +0'',296.$$

Mittlerer Werth von $(l-\lambda)^2 = 40,216$.

Mittlerer Fehler bei Einem Vernier $= \pm 3'',1708$.

Das Vorkommen der einzelnen Werthe von l, ohne Rücksicht auf das Zeichen, war:

[l	Anzahl	l	Anzahl	l	Anzahl]
0″	45	6″	133	11″	38
1	106	7	104	12	24
2	108	8	82	13	15
3	123	9	84	14	9
4	113	10	52	15	4
5	126				

Im Jahr 1824 gab der Theodolith aus 843 Ablesungen

$$\Sigma l = +104$$
$$\Sigma ll = 34506$$
$$\lambda = +0'',12.$$

Mittlerer Werth von $(l-\lambda)^2 = 40,966$.

Mittlerer Fehler bei Einem Vernier inclusive des Theilungsfehlers $= \pm 3'',200$.

Also aus allen 3 Jahren [1822—1824] 2009 Ablesungen

$$\Sigma l = +449$$
$$\Sigma ll = 81460$$
$$\lambda = +0'',2235.$$

Mittlerer Werth von $(l-\lambda)^2 = 40,518$.

Mittlerer Fehler Eines Verniers $= \pm 3'',1827$. Das Vorkommen der einzelnen Werthe von l, ohne Rücksicht auf das Zeichen, war:

[l	Anzahl	l	Anzahl	l	Anzahl]
0″	80	7″	191	14″	13
1	182	8	155	15	6
2	185	9	138	16	1
3	195	10	101	17	1
4	205	11	63	18	—
5	217	12	38	19	1
6	214	13	23		

Am [Bordaschen] Kreise sind [1823] 46 vollständige Ablesungen gemacht. Es fand sich

$$\Sigma l = -174$$
$$\Sigma ll = 1534$$
$$\lambda = -3\overset{\prime\prime}{,}78.$$

Mittlerer Werth von $(l-\lambda)^2 = 19,46$.

Mittlerer Ablesungsfehler Eines Verniers inclusive des Theilungsfehlers $= \pm 2\overset{\prime\prime}{,}206$.

Der Kreis gab 1821 mit 92 Ablesungen

$$\Sigma l = -650$$
$$\Sigma ll = 11578$$
$$\lambda = -7\overset{\prime\prime}{,}07.$$

Mittlerer Werth von $(l-\lambda)^2 = 76,767$.

Mittlerer Ablesungsfehler Eines Verniers inclusive des Theilungsfehlers $= \pm 4\overset{\prime\prime}{,}381$.

Am Kreise sind 1822 gemacht 137 Ablesungen; diese gaben

$$\Sigma l = -543$$
$$\Sigma ll = 6155$$
$$\lambda = -3\overset{\prime\prime}{,}96.$$

Mittlerer Werth von $(l-\lambda)^2 = 29,432$.

Mittlerer Ablesungsfehler bei Einem Vernier inclusive des Theilungsfehlers $= \pm 2'',713$.

Erlaubt man sich, die Messungen von 1822 und 1823 zu verbinden, so wird [bei 183 Ablesungen]

$$\Sigma l = -717$$
$$\Sigma ll = 7689$$
$$\lambda = -3'',92.$$

Mittlerer Werth von $(l-\lambda)^2 = [26,812$.

Mittlerer Ablesungsfehler bei Einem Vernier inclusive des Theilungsfehlers $= \pm 2'',589$.]

BEMERKUNGEN.

Der vorstehende Brief an GERLING, Art. [1], ist nach dem Original abgedruckt worden; Art. [2] wurde einem Beobachtungsheft für die hannoversche Gradmessung entnommen.

KRÜGER.

REDUCTION SCHIEFER WINKEL AUF DEN HORIZONT. REPETITIONSBEOBACHTUNGEN.

NACHLASS.

[Reduction schiefer Winkel auf den Horizont.]

[1.]

Reduction auf den Horizont.

[A .... schiefer Winkel
$A+x$ .... horizontaler Winkel
h, h' ..... Höhen.

Man setze]

$$\tfrac{1}{2}(A+h+h') = s$$
$$\tfrac{1}{2}(h+h') = \sigma, \qquad \tfrac{1}{2}(h-h') = \delta;$$

[dann ist]

$$\operatorname{tang}\tfrac{1}{2}(A+x) = \sqrt{\frac{\sin(\frac{1}{2}A+\delta)\sin(\frac{1}{2}A-\delta)}{\cos(\frac{1}{2}A+\sigma)\cos(\frac{1}{2}A-\sigma)}}$$
$$= \sqrt{\frac{\sin(s-h)\sin(s-h')}{\cos s\cos(A-s)}}.$$

[2.]

Reduction schiefer Winkel auf den Horizont.

A ...... schiefer Winkel
x ...... Correction
h, h' .... Höhen

$$\frac{\operatorname{tang}\frac{1}{2}A}{4\,.\,206265}(h+h')^2 = M, \qquad \frac{\operatorname{cotang}\frac{1}{2}A}{4\,.\,206265}(h-h')^2 = N.$$

Genäherter Werth von $x = M-N$.

$$\sec \tfrac{1}{2} x^{\frac{1}{3}} \cdot \frac{\sin (A+x)}{\sin (A+\frac{1}{2}x)} = \alpha$$

$$\frac{\operatorname{tang} \frac{1}{2}(A+x)}{\operatorname{tang} \frac{1}{2}A} = \beta$$

$$\left(\sec \frac{h+h'}{2}\right)^{\frac{2}{3}} = \mu$$

$$\left(\sec \frac{h-h'}{2}\right)^{\frac{2}{3}} = \nu.$$

Berichtigter Werth: $x = \frac{\alpha\beta M}{\mu} - \frac{\alpha N}{\beta\nu}$.

Beispiel.

Zwischen Clausberg und Geismar gemessener schiefer Winkel

$A = 105^0\,27'\,0'',78$, $\tfrac{1}{2}A = 52^0\,43'\,30'',39$;

$h = 2^0\,19'\,39'',75 = 8379'',75$

$h' = 1 \quad 4 \quad 3,17 = 3843,17$.

$h+h'$	4,087175	$h-h'$	3,656728	[1:4.206265] ...	4,083515
$[(h+h')^2$ ...	8,174350	$[(h-h')^2$	7,313456	$\operatorname{tang}\frac{1}{2}A$	0,118557
$\frac{\operatorname{tang}\frac{1}{2}A}{4.206265}]$ ...	4,202072	$\frac{\operatorname{cotang}\frac{1}{2}A}{4.206265}]$ ...	3,964958	$\operatorname{tang}\frac{1}{2}(A+x)$ ...	0,119034
M	2,376422	N	1,278414	$[\sqrt[3]{\sec\frac{1}{2}x}$	0,000000
β	+477	$1:\beta$	−477	$\sin(A+x)$	9,983887
$1:\mu$	−127	$1:\nu$	−17	$\sin(A+\frac{1}{2}x)$	9,983951]
α	−64	α	−64	$M =$	$237'',91$
	2,376708		1,277856	$N =$	18,99
	$238'',07$		$18'',96$	$M-N =$	218,92

$x = +219'',11$.

Horizontaler Winkel $= 105^0\,30'\,39'',89$.

[3].

Reduction eines schiefen Winkels auf den Horizont.

[Es seien]

α und β....... Höhen, in Secunden ausgedrückt
A............ [gemessene] Distanz
$A' = A + r$.... Horizontaldistanz.

[Dann ist]

$$2\sin\tfrac{1}{2}r = \frac{\sin\frac{1}{2}(\alpha+\beta)^2 \operatorname{tang}\frac{1}{2}A - \sin\frac{1}{2}(\alpha-\beta)^2 \operatorname{cotang}\frac{1}{2}A}{\cos\alpha\cos\beta} \cdot \frac{\sin A}{\sin(A+\frac{1}{2}r)}.$$

[Da angenähert

$$\sin\tfrac{1}{2}u = \frac{u''}{2.206265}\sqrt[3]{\cos\tfrac{1}{2}u}$$

ist, so hat man zur Berechnung von r das folgende Schema:]

$\mathrm{C}\log\cos\alpha =$	
$\mathrm{C}\log\cos\beta =$	
$\log\mathrm{const} = [\log\frac{1}{4.206265} = 4{,}083\,5149-10]$	
$[\log c =]$	
$\log\operatorname{tang}\frac{1}{2}A =$	$\log\operatorname{cotang}\frac{1}{2}A =$
$2\log(\alpha+\beta) =$	$2\log(\alpha-\beta) =$
$\frac{2}{3}\log\cos\frac{1}{2}(\alpha+\beta) =$	$\frac{2}{3}\log\cos\frac{1}{2}(\alpha-\beta) =$
$\log a =$	$\log b =$
$a =$	$b =$
$a-b =$	$\log(a-b) =$
	$[\log c =]$
	$\mathrm{Corr.} = \left[\log\left\{\sec\frac{1}{2}r^{\frac{4}{3}} \cdot \frac{\sin A}{\sin(A+\frac{1}{2}r)}\right\} =\right]$
	$\log r =$
	$r =$

BEMERKUNGEN.

Die Notiz [1] findet sich in einem Tagebuch der Sternwarte, II 1813—1817, die Notiz [2] auf der letzten Seite einer Logarithmentafel und die Notiz [3] auf der letzten Seite des GAUSSschen Exemplars von »G. F RÖSLERS Handbuch der praktischen Astronomie für Anfänger und Liebhaber, Erster Theil. Tübingen 1788.«

Bei [2] lautet im Original der Ausdruck für α:

$$\alpha = \sec x^{\frac{1}{3}} . \frac{\sin(A+x)}{\sin(A+\frac{1}{2}x)},$$

während es heissen muss, wie vorn angegeben ist. In dem Zahlenbeispiel sind einige kleine Rechenfehler verbessert worden.

Die der Notiz [2] zu Grunde liegende Formel lässt sich wie folgt ableiten. Ist A der schiefe Winkel, $A+x$ der dazu gehörige Horizontalwinkel, und sind ferner h und h' die Höhenwinkel, also $90^\circ - h$ und $90^\circ - h'$ die Zenithdistanzen, so hat man:

$$\begin{aligned} 1) \quad \cos A &= \sin h \sin h' + \cos h \cos h' \cos(A+x) \\ &= \sin h \sin h' \left\{\cos\tfrac{1}{2}(A+x)^2 + \sin\tfrac{1}{2}(A+x)^2\right\} + \cos h \cos h' \left\{\cos\tfrac{1}{2}(A+x)^2 - \sin\tfrac{1}{2}(A+x)^2\right\} \\ &= \cos\tfrac{1}{2}(A+x)^2 \cos(h-h') - \sin\tfrac{1}{2}(A+x)^2 \cos(h+h'); \end{aligned}$$

subtrahirt man davon

$$\cos(A+x) = \cos\tfrac{1}{2}(A+x)^2 - \sin\tfrac{1}{2}(A+x)^2,$$

so erhält man die Gleichung

$$\sin\tfrac{1}{2}x \sin(A+\tfrac{1}{2}x) = -\cos\tfrac{1}{2}(A+x)^2 \sin\tfrac{1}{2}(h-h')^2 + \sin\tfrac{1}{2}(A+x)^2 \sin\tfrac{1}{2}(h+h')^2$$

oder

$$2) \quad \sin\tfrac{1}{2}x . \frac{\sin(A+\frac{1}{2}x)}{\sin(A+x)} = \tfrac{1}{2}\operatorname{tang}\tfrac{1}{2}(A+x)\sin\tfrac{1}{2}(h+h')^2 - \tfrac{1}{2}\operatorname{cotang}\tfrac{1}{2}(A+x)\sin\tfrac{1}{2}(h-h')^2.$$

In erster Näherung ist also, wenn x, h und h' in Secunden ausgedrückt werden und $\rho = \frac{1}{206265}$ gesetzt wird:

$$\begin{aligned} x &= \tfrac{1}{4}\rho(h+h')^2 \operatorname{tang}\tfrac{1}{2}A - \tfrac{1}{4}\rho(h-h')^2 \operatorname{cotang}\tfrac{1}{2}A \\ 3) \quad &= M - N. \end{aligned}$$

Da für kleine Winkel angenähert

$$\sin u = \rho . u'' \cos u^{\frac{1}{3}}$$

ist, so folgt aus der Gleichung (2) der genauere Näherungswerth

$$4)\quad x = \left(\sec\frac{x}{2}\right)^{\frac{1}{3}} \cdot \frac{\sin(A+x)}{\sin(A+\frac{1}{2}x)} \left\{ \frac{1}{4}\rho \frac{(h+h')^2}{\left(\sec\frac{h+h'}{2}\right)^{\frac{2}{3}}} \operatorname{tang}\tfrac{1}{2}(A+x) - \frac{1}{4}\rho \frac{(h-h')^2}{\left(\sec\frac{h-h'}{2}\right)^{\frac{2}{3}}} \operatorname{cotang}\tfrac{1}{2}(A+x) \right\}$$

oder mit den Bezeichnungen von S. 510 oben:

$$x = \alpha \left\{ \frac{\beta M}{\mu} - \frac{N}{\beta\nu} \right\}.$$

Die Formel der Notiz [3] ist für die Anwendung noch etwas bequemer, da sie weniger indirectes Rechnen erfordert. Man kann sie in folgender Weise ableiten. Nach der Gleichung (1) ist

$$\cos(A+x) = \frac{\cos A - \sin h \sin h'}{\cos h \cos h'};$$

mithin wird

$$\cos(A+x) - \cos A = \frac{1}{\cos h \cos h'} \left\{ (\cos\tfrac{1}{2}A^2 - \sin\tfrac{1}{2}A^2)(1 - \cos h \cos h') - (\cos\tfrac{1}{2}A^2 + \sin\tfrac{1}{2}A^2) \sin h \sin h' \right\}$$

oder

$$-\sin(A+\tfrac{1}{2}x)\sin\tfrac{1}{2}x = \frac{1}{\cos h \cos h'} \left\{ \cos\tfrac{1}{2}A^2 \sin\tfrac{1}{2}(h-h')^2 - \sin\tfrac{1}{2}A^2 \sin\tfrac{1}{2}(h+h')^2 \right\}$$

oder

$$5)\quad \sin\tfrac{1}{2}x \frac{\sin(A+\frac{1}{2}x)}{\sin A} = \frac{1}{2\cos h \cos h'} \left\{ \operatorname{tang}\tfrac{1}{2}A \sin\tfrac{1}{2}(h+h')^2 - \operatorname{cotang}\tfrac{1}{2}A \sin\tfrac{1}{2}(h-h')^2 \right\}.$$

Setzt man wieder $\sin u = \rho . u'' \cos u^{\frac{1}{3}}$, so erhält man hieraus:

$$6)\quad x = \frac{\rho\left(\sec\frac{x}{2}\right)^{\frac{1}{3}}}{4\cos h \cos h'} \cdot \frac{\sin A}{\sin(A+\frac{1}{2}x)} \left\{ \frac{(h+h')^2}{\left(\sec\frac{h+h'}{2}\right)^{\frac{2}{3}}} \operatorname{tang}\tfrac{1}{2}A - \frac{(h-h')^2}{\left(\sec\frac{h-h'}{2}\right)^{\frac{2}{3}}} \operatorname{cotang}\tfrac{1}{2}A \right\}$$

oder, wenn man noch

$$7)\quad \alpha' = \left(\sec\frac{x}{2}\right)^{\frac{1}{3}} \cdot \frac{\sin A}{\sin(A+\frac{1}{2}x)}$$

und wie vorher

$$M = \rho\left(\frac{h+h'}{2}\right)^2 \operatorname{tang}\tfrac{1}{2}A, \qquad N = \rho\left(\frac{h-h'}{2}\right)^2 \operatorname{cotang}\tfrac{1}{2}A$$

$$\mu = \sqrt[3]{\left(\sec\frac{h+h'}{2}\right)^2}, \qquad \nu = \sqrt[3]{\left(\sec\frac{h-h'}{2}\right)^2}$$

setzt:

$$8)\quad x = \frac{\alpha'}{\cos h \cos h'} \left\{ \frac{M}{\mu} - \frac{N}{\nu} \right\}.$$

Krüger.

NACHLASS UND BRIEFWECHSEL.

[Repetitionsbeobachtungen.]

[1.]

$$\frac{\text{Wahrscheinlicher Fehler des Ablesens}}{\text{Wahrscheinlicher Fehler des Pointirens}} = \frac{1}{k}.$$

[A, B, C, ... seien die gleichmässig vertheilten Ablesungen.]

Wahrscheinlichstes Resultat

aus Beobachtungen

3 $\quad \dfrac{(kk+3)(D-A)+(C-B)}{3kk+10}$

4 $\quad \dfrac{(kk+2)(E-A)+(D-B)}{4kk+10}$

5 $\quad \dfrac{(k^4+5kk+5)(F-A)+(kk+3)(E-B)+(D-C)}{5k^4+28kk+35}$

6 $\quad \dfrac{(k^4+4kk+3)(G-A)+(kk+2)(F-B)+(E-C)}{6k^4+28kk+28}.$

Die Coefficienten bilden eine wiederkehrende Reihe, Scale $kk+2$, -1.

Ist bloss zu Anfang, nach der ersten, $(n-1)^{\text{ten}}$ und n^{ten} Beobachtung abgelesen [und sind diese Ablesungen A, B, Y, Z], so ist das wahrscheinlichste Resultat

$$= \frac{((n-2)kk+n)(Z-A)+(n-2)(Y-B)}{n(n-2)kk+nn+(n-2)^2}.$$

Wahrscheinlicher Fehler

$$= \sqrt{\frac{(n-2)k^4+(2n-2)kk+2}{(nn-2n)k^4+(2nn-4n+4)kk}}.$$

Der wahrscheinliche Fehler, wenn bloss zu Anfang und zu Ende abgelesen ist:

$$\sqrt{\frac{nkk+2}{nnkk}};$$

nach Svanbergs Methode:

$$\frac{60+6(n(n+2)+2)kk}{5n(n+1)(n+2)kk}.$$

[2.]

Gauss an Bessel. Göttingen, 27. Januar 1819.

...... Ich gehe jetzt damit um, noch einige Zusätze zu meiner Theorie der kleinsten Quadrate zu machen. Ein Punkt ist die Behandlung der Beobachtungen mit Repetitionswerkzeugen. Laplace hat darüber kürzlich eine Abhandlung gegeben und unter andern Svanbergs Verfahren getadelt. Man könnte aber was Laplace von Svanberg sagt »c'est un nouvel exemple des illusions auxquelles on est exposé dans ces recherches délicates« gewissermaassen auf jenen grossen Geometer selbst anwenden. Das Verfahren, den ganzen durchlaufenen Bogen bloss mit n zu dividiren (welches Laplace in Schutz nimmt) ist nur dann der Wahrscheinlichkeits-Theorie gemäss, wenn die Ablesungs- (und Theilungs)fehler gegen die Pointirungsfehler verschwinden, besonders wenn die Anzahl der Beobachtungen nicht sehr gross ist. Jene Fehler hat Laplace ganz ignorirt. Es ist sehr merkwürdig, dass wenn umgekehrt die Pointirungsfehler gegen die Ablesungs- und Theilungsfehler verschwinden, das der Wahrscheinlichkeits-Theorie gemässe Verfahren ganz mit dem Svanbergschen identisch ist, und letztere Fehler (die bei französischen Instrumenten auch wohl bedeutend die Pointirungsfehler überwiegen) scheint Svanberg auch nur im Sinn gehabt zu haben. Betrachtet man beide Fehler als coexistirend, so scheint das Problem sehr schwierig, allein wenn man es auf die rechte Art angreift, so ist es äusserst einfach und elementarisch, wie Sie ohne Zweifel auch gleich finden werden. Indessen möchte doch diese Art wie Columbus' Ei sich wohl nicht gerade jedem gleich darbieten, wie ich überhaupt bemerke, dass manche Astronomen, z. B. Lindenau und Littrow, die Anwendung der Methode der kleinsten Quadrate nicht immer im wahren Geiste derselben machen. Aus dieser Ursache scheint es mir nicht ganz unverdienstlich, mehrere Momente dieser Theorie noch besonders zu entwickeln. Bei 12 Beobachtungen ist, wenn die Theilungsfehler 3-mal so gross sind als die Pointirungsfehler, das Gewicht des Resultats

nach LAPLACES Methode = 4,80
nach SVANBERGS Methode = 7,00
nach der strengen Methode = 7,08,

das Gewicht aus Einer Beobachtung, ohne Ablesungsfehler, = 1 gesetzt.

Schon durch Zuziehung der ersten und elften Ablesung würde das Gewicht nach der richtigen Methode auf 6,26 erhöht. . . . . .

BEMERKUNGEN.

Die Notiz über Repetitionsbeobachtungen ist auf das letzte Blatt des GAUSSschen Exemplars von LAPLACE: »Deuxième supplément à la théorie analytique des probabilités, Février 1818« eingetragen. Auf diese Abhandlung bezieht sich auch der unter [2] im Auszug mitgetheilte Brief an BESSEL, dessen Abdruck nach dem Original erfolgt ist. Eine Theorie der Repetitionsbeobachtungen, sowohl für gleichmässig als auch für ungleichmässig vertheilte Ablesungen ist 1834 von BESSEL veröffentlicht worden (Astronomische Nachrichten, XI. Band, Nr. 256, S. 269 u. f.).

Das Gewicht eines Ablesefehlers sei 1 und das Gewicht eines einzelnen Visurfehlers sei p. Wenn die Ablesungen gleichmässig nach je r Repetitionen stattfinden, so ist mithin das Gewicht des Fehlers, der gleich der Summe der Fehler der Visuren zwischen 2 auf einander folgenden Ablesungen ist, gleich $\frac{p}{2r}$. GAUSS setzt $\frac{p}{2r} = \frac{1}{kk}$.

Es bezeichne x den gesuchten Winkelwerth, so dass also rx aus je 2 auf einander folgenden Ablesungen erhalten wird. Die Ablesungen selbst seien $l_0, l_1, \ldots, l_n$. Ferner sollen $\mu_1, \mu_2, \mu_3, \ldots$ eine Reihe von Zahlengrössen sein, die aus der Recursionsformel

$$-\mu_{i-1} + g\mu_i - \mu_{i+1} = 0, \qquad g = \frac{2r}{p} + 2 = kk + 2$$

unter der Bedingung $\mu_0 = 0$ und $\mu_1 = 1$ hergeleitet werden. Es ist also

$$\begin{aligned} \mu_1 &= 1 \\ \mu_2 &= g &&= kk + 2 \\ \mu_3 &= gg - 1 &&= k^4 + 4kk + 3 \\ \mu_4 &= g^3 - 2g &&= k^6 + 6k^4 + 10kk + 4 \end{aligned}$$

u. s. w.

Zur directen Berechnung der μ dient die Formel:

$$k\sqrt{(kk+4)}.\mu_i = u^i - u^{-i}; \qquad u = \tfrac{1}{2}(kk + 2 + k\sqrt{(kk+4)}).$$

Ist nun die Anzahl der Ablesungen $n = 2m$, so wird (nach ANDRAE und ZACHARIAE, Den danske Gradmaaling II. Band, 1872, S. 296 u. f.) allgemein

$$x = \frac{2}{p} \cdot \frac{\sum_{\lambda=0}^{m-1} \mu_{m-\lambda}(l_{n-\lambda} - l_\lambda)}{n\mu_{m+1} - (n+2)\mu_m}$$

oder auch

$$rx = \frac{\sum_{\lambda=0}^{m-1} \mu_{m-\lambda}(l_{n-\lambda} - l_\lambda)}{\frac{1}{kk}\left\{(nkk + n - 2)\mu_m - n\mu_{m-1}\right\}}.$$

Das reciproke Gewicht von x ist:

$$\frac{1}{P} = \frac{2}{pr} \cdot \frac{\mu_{m+1} - \mu_m}{n\mu_{m+1} - (n+2)\mu_m} = \frac{kk}{rr}\left(\frac{1}{n} + \frac{1}{n} \cdot \frac{2\mu_{\frac{n}{2}}}{(nkk + n - 2)\mu_{\frac{n}{2}} - n\mu_{\frac{n}{2}-1}}\right).$$

Setzt man also

$$(nkk + n - 2)\mu_m - n\mu_{m-1} = kkM,$$

so wird

$$\frac{1}{P} = \frac{kk}{rr}\left(\frac{1}{n} + \frac{2\mu_m}{nkkM}\right) = \frac{1}{rrM}((kk+1)\mu_m - \mu_{m-1}) = \frac{1}{rrM}(\mu_{m+1} - \mu_m).$$

Und ist die Anzahl der Ablesungen $n = 2m + 1$, so ist

$$x = \frac{2}{p} \cdot \frac{\sum_{\lambda=0}^{m} (\mu_{m-\lambda+1} + \mu_{m-\lambda})(l_{n-\lambda} - l_\lambda)}{n\mu_{m+2} - 2\mu_{m+1} - (n+2)\mu_m}$$

oder

$$rx = \frac{\sum_{\lambda=0}^{m} (\mu_{m-\lambda+1} + \mu_{m-\lambda})(l_{n-\lambda} - l_\lambda)}{\frac{1}{kk}\left\{(nkk + 2n - 2)\mu_{m+1} - 2(n+1)\mu_m\right\}}.$$

Hierbei ist das reciproke Gewicht von x

$$\frac{1}{P} = \frac{2}{pr} \cdot \frac{\mu_{m+2} - \mu_m}{n\mu_{m+2} - 2\mu_{m+1} - (n+2)\mu_m}$$

$$= \frac{kk}{rr}\left(\frac{1}{n} + \frac{1}{n} \cdot \frac{2\left(\mu_{\frac{n+1}{2}} + \mu_{\frac{n-1}{2}}\right)}{(nkk + 2n - 2)\mu_{\frac{n+1}{2}} - 2(n+1)\mu_{\frac{n-1}{2}}}\right).$$

Wird mithin

$$(nkk + 2n - 2)\mu_{m+1} - 2(n+1)\mu_m = kkN$$

gesetzt, so ist

$$\frac{1}{P} = \frac{kk}{rr}\left(\frac{1}{n} + \frac{2(\mu_{m+1} + \mu_m)}{nkkN}\right) = \frac{1}{rrN}((kk+2)\mu_{m+1} - 2\mu_m) = \frac{1}{rrN}(\mu_{m+2} - \mu_m).$$

Schreibt man $A, B, C, \ldots$ anstatt $l_0, l_1, l_2, \ldots$, so ergeben sich damit für $n = 4$ bezw. 6 und für $n = 3$ bezw. 5 die auf S. 514 aufgeführten Resultate, die also für den r-fachen Winkel gelten. Die μ und also auch die Coefficienten im Zähler des Ausdrucks für den r-fachen Winkel bei geradem n sind die Coefficienten der Entwickelung des Bruchs $\frac{1}{1 - (kk+2)y + yy}$ in eine nach y fortschreitende Reihe. Ist dagegen n ungerade, so sind die Coefficienten im Zähler des Bruchs, der den r-fachen Winkel gibt, gleich den Coefficienten der Reihe aus der Entwickelung des Bruchs $\frac{1+y}{1 - (kk+2)y + yy}$.

Für die reciproken Gewichte erhält man aus den obigen Formeln

$$\text{bei } n=4\quad \frac{1}{P}=\frac{1}{rr}\left(\tfrac{1}{4}g-\tfrac{1}{4}\frac{3g+2}{2g+1}\right)=\frac{kk}{rr}\left(\tfrac{1}{4}+\tfrac{1}{4}\frac{kk+2}{kk(2kk+5)}\right)$$

$$n=6\quad \frac{1}{P}=\frac{1}{rr}\left(\tfrac{1}{6}g-\tfrac{1}{6}\frac{5gg+4g-3}{3gg+2g-2}\right)=\frac{kk}{rr}\left(\tfrac{1}{6}+\tfrac{1}{6}\frac{k^4+4kk+3}{kk(3k^4+14kk+14)}\right)$$

$$n=3\quad \frac{1}{P}=\frac{1}{rr}\left(\tfrac{1}{3}g-\tfrac{2}{3}\frac{2g+3}{3g+4}\right)=\frac{kk}{rr}\left(\tfrac{1}{3}+\tfrac{2}{3}\frac{kk+3}{kk(3kk+10)}\right)$$

$$n=5\quad \frac{1}{P}=\frac{1}{rr}\left(\tfrac{1}{5}g-\tfrac{2}{5}\frac{4gg+7g}{5gg+8g-1}\right)=\frac{kk}{rr}\left(\tfrac{1}{5}+\tfrac{2}{5}\frac{k^4+5kk+5}{kk(5k^4+28kk+35)}\right).$$

Gauss gibt dagegen in der vorstehenden Notiz an: »Wahrscheinlicher Fehler des Resultats, den des Ablesens $=1$ gesetzt:

$$\sqrt{((kk+1)c^{(n)}-c^{(n-1)})}=k\sqrt{\left(\frac{1}{n}+\frac{2c^{(n)}}{nkk}\right)}.$$

Auch ist, wenn die Coefficienten mit $c^{(n)}$, $c^{(n-1)}$, etc. bezeichnet werden,

$$(nkk+(n-2))c^{(n)}-nc^{(n-1)}=kk.«$$

Für den Fall, dass am Anfang, nach der 1ten, $(n-1)^{\text{ten}}$ und n^{ten} Beobachtung abgelesen ist, möge eine Ableitung des Winkelwerthes und seines reciproken Gewichts hier folgen.

Es seien

v_0, v_1, v_{n-1}, v_n die Fehler der Ablesungen A, B, Y, Z;

δ_1, δ_{n-1}, δ_n die Summe der Fehler der Visuren zwischen den Ablesungen A und B, B und Y, Y und Z;

x der gesuchte Winkelwerth.

Das Gewicht eines Fehlers der Ablesung sei wie vorher 1, das Gewicht eines einzelnen Visurfehlers sei p. Die Gewichte von δ_1, δ_{n-1}, δ_n sind demnach $\frac{p}{2}$, $\frac{p}{2(n-2)}$, $\frac{p}{2}$, da sich δ_1 und δ_n je aus 2 Einstellungen, δ_{n-1} aber aus $n-2$ Einstellungen zusammensetzen. Man setze jetzt $\frac{p}{2}=\frac{1}{kk}$.

Zwischen den Fehlern bestehen die Gleichungen

$$1)\quad \begin{aligned}\delta_1 &= -A+B-x-v_0+v_1\\ \delta_{n-1} &= -B+Y-(n-2)x-v_1+v_{n-1}\\ \delta_n &= -Y+Z-x-v_{n-1}+v_n.\end{aligned}$$

Es muss

$$2)\quad v_0v_0+v_1v_1+v_{n-1}v_{n-1}+v_nv_n+\frac{1}{kk}\left(\delta_1\delta_1+\frac{1}{n-2}\delta_{n-1}\delta_{n-1}+\delta_n\delta_n\right)=\text{min.}$$

werden.

Setzt man für den Augenblick

$$-A+B=L_1,\qquad -B+Y=L_2,\qquad -Y+Z=L_3,$$

so lauten die Normalgleichungen, wenn man gleichzeitig mit kk multiplicirt:

$$3)\quad \begin{array}{rcllll}
L_1+L_2+L_3 &=& nx & +v_0 & * & * & -v_n\\
L_1 &=& +x & +(kk+1)v_0 & -v_1 & * & *\\
-L_1+\frac{1}{n-2}L_2 &=& * & -v_0 & +\left(kk+1+\frac{1}{n-2}\right)v_1 & -\frac{1}{n-2}v_{n-1} & *\\
-\frac{1}{n-2}L_2+L_3 &=& * & * & -\frac{1}{n-2}v_1 & +\left(kk+1+\frac{1}{n-2}\right)v_{n-1} & -v_n\\
-L_3 &=& -x & * & * & -v_{n-1} & +(kk+1)v_n.
\end{array}$$

Addirt man die letzten 4 Gleichungen, so folgt

$$v_0 + v_1 + v_{n-1} + v_n = 0;$$

nach der zweiten und fünften Gleichung ist mithin:

$$L_1 - L_3 = (kk+2)(v_0 + v_n) = -(kk+2)(v_1 + v_{n-1}).$$

Die erste Normalgleichung gibt

$$\delta_1 + \delta_{n-1} + \delta_n = 0.$$

Subtrahirt man die fünfte Gleichung von der zweiten und die vierte von der dritten, so hat man

$$\begin{array}{llll} L_1 & +L_3 = 2x + (1+kk)(v_0 - v_n) - & & (v_1 - v_{n-1}) \\ -L_1 + \frac{2}{n-2}L_2 - L_3 = & * & -(v_0 - v_n) + & \frac{kk(n-2)+n}{n-2}(v_1 - v_{n-1}), \end{array}$$

woraus sich ergibt:

$$(kk(n-2)+2)(L_1 + L_3) + 2L_2 = 2(kk(n-2)+n)x + (k^4(n-2) + 2kk(n-1) + 2)(v_0 - v_n).$$

Eliminirt man nun vermittelst dieser Gleichung $v_0 - v_n$ aus der ersten der Gleichungen 3), so folgt, wenn man zugleich für die L ihre Werthe einsetzt:

$$x = \frac{((n-2)kk+n)(Z-A) + (n-2)(Y-B)}{n(n-2)kk + 2nn - 4n + 4}.$$

Um das reciproke Gewicht von x zu erhalten, hat man an Stelle der Constanten der Gleichungen 3) (weil die ursprünglichen Normalgleichungen mit kk multiplicirt sind) der Reihe nach kk, 0, 0, 0, 0 zu setzen. Der damit erhaltene Werth von x gibt das reciproke Gewicht an. Man erhält

$$\frac{1}{P} = \frac{(n-2)k^4 + 2(n-1)kk + 2}{n(n-2)kk + 2nn - 4n + 4}.$$

Setzt man dagegen, wie es GAUSS in der letzten Formel auf S. 514 und in den beiden folgenden Formeln auf S. 515 gethan hat, das Gewicht der zu einer Beobachtung gehörigen Visurfehler $= 1$, das Gewicht eines Ablesefehlers $= kk$, so ist im Nenner des vorstehenden Ausdrucks noch kk als Factor hinzu zu fügen.

Für $n = 12$ und $kk = \frac{1}{9}$ wird alsdann z. B. das Gewicht des Winkelwerths:

$$P = \frac{\frac{1}{9}\left\{12.10.\frac{1}{9} + 2.144 - 4.12 + 4\right\}}{10.\frac{1}{81} + 2.11.\frac{1}{9} + 2} = 6{,}26.$$

Wäre aber nach jeder Beobachtung abgelesen, so hätte man nach S. 516/517 für $kk = \frac{1}{9}$ zunächst

$$\mu_1 = 1, \quad \mu_2 = 2{,}111, \quad \mu_3 = 3{,}457, \quad \mu_4 = 5{,}187, \quad \mu_5 = 7{,}493, \quad \mu_6 = 10{,}631;$$

und weiter mit $n = 12$:

$$(nkk + n - 2)\mu_m - n\mu_{m-1} = 30{,}574 = kkM.$$

Damit ergibt sich, da in diesem Falle der Ausdruck für das reciproke Gewicht noch durch kk zu dividiren, und da ausserdem $r = 1$ ist:

$$\frac{1}{P} = \frac{1}{n} + \frac{2\mu_m}{nkkM}$$

oder

$$P = \frac{12kkM}{kkM+2\mu_6} = \frac{12.30,574}{51,836} = 7,08.$$

Vergl. dazu den Schluss des Briefes an BESSEL, S. 516.

Ist nur im Anfang und nach der n^{ten} Beobachtung abgelesen, so findet man, entweder direct wie vorher oder indem man in der allgemeinen Formel auf S. 517 $n = 2m+1 = 1$ setzt, für das reciproke Gewicht von $x = \frac{Z-A}{n}$:

$$\frac{1}{P} = \frac{nkk+2}{nn}.$$

Dabei ist das Gewicht eines Ablesungsfehlers $= 1$ und das Gewicht des Gesammtfehlers des Pointirens $= \frac{1}{nkk}$ gesetzt.

Das SVANBERGsche Verfahren (Exposition des opérations faites en Lapponie, pour la détermination d'un arc du méridien, en 1801, 1802 et 1803, Stockholm 1805, p. 29/33) besteht darin, dass zur Ableitung des Winkelwerths x aus $(n+1)$ Ablesungen $l_0, l_1, \ldots, l_n$ alle möglichen Differenzen $l_i - l_h = (i-h)x$, $i > h$' gebildet werden, aus deren Summe man erhält

$$\frac{n(n+1)(n+2)}{1.2.3}x = \sum_{i=0}^{n}(2i-n)l_i.$$

Wie GAUSS in dem vorstehenden Briefe an BESSEL bemerkt, findet man dasselbe Resultat, wenn man die Pointirungsfehler, δ, gleich Null setzt. In der That ergibt sich dieser Werth von x auch mit Hülfe der Fehlergleichungen:

$$l_0+v_0 = u,\quad l_1+v_1 = u+x,\quad l_2+v_2 = u+2x,\quad \ldots,\quad l_n+v_n = u+nx,$$

worin u die Entfernung des Anfangspunktes der Theilung von der ersten Ablesestelle bedeutet.

KRÜGER.

BEMERKUNGEN ZUM NEUNTEN BANDE.

Der vorliegende neunte Band von GAUSS' Werken ist von Herrn L. KRÜGER in Potsdam bearbeitet worden, welcher von Herrn A. BÖRSCH bei der Sichtung des Materials unterstützt wurde; er enthält einestheils den Abdruck derjenigen von GAUSS publicirten geodätischen Schriften, welche in Band IV nicht Platz gefunden haben, anderntheils eine Bearbeitung des geodätischen Nachlasses.

Die von GAUSS hinterlassenen geodätischen Notizen beziehen sich fast ausschliesslich auf die *hannoversche Gradmessung* und auf Fragen, die durch sie und auch durch ihre Vorgängerin, die dänische Gradmessung, veranlasst sind. Herr L. KRÜGER hat sich der mühsamen Arbeit unterzogen, den Inhalt der im Nachlass vorhandenen zusammenhangslosen Blätter, auf denen GAUSS die *Projectionsmethode der hannoverschen Gradmessung* entwickelt hat, ebenso wie die auf die *Triangulirung* selbst bezüglichen Aufzeichnungen zu einem geordneten Ganzen zusammen zu setzen. Der *Fortgang der Arbeiten zur Gradmessung und zu der sich anschliessenden Landesvermessung* ist durch eine Zusammenstellung aller wichtigen sie betreffenden Veröffentlichungen, officiellen Berichte und Briefstellen ausführlich dargestellt. Im Einzelnen sind die den verschiedenen Notizen zugefügten Bemerkungen des Bearbeiters nachzusehen; eine Übersicht der wesentlichsten Theile dieses Bandes enthält auch der vom Unterzeichneten im April 1902 erstattete »Bericht über den Stand der Herausgabe von GAUSS' Werken« (Nachrichten der K. Gesellschaft der Wissenschaften zu Göttingen. Geschäftliche Mittheilungen 1902, Heft 1).

Die allgemeine Redaction lag, wie bei Band VIII, in den Händen von Herrn M. BRENDEL. Der Abdruck der Nachlassstellen schliesst sich so eng wie möglich an die Originale an; bezüglich der Orthographie wurde, wie in den frühern Bänden, diejenige Schreibweise gewählt, die GAUSS am häufigsten gebraucht zu haben schien, und diese durch den ganzen Band beibehalten. Ebenso wie früher sind Einschaltungen des Bearbeiters in den Text der Originale durch eckige Klammern [] kenntlich gemacht oder in den Bemerkungen besonders erwähnt, sowie Abdrücke von Notizen und Briefstellen, die nicht von GAUSS herrühren, in geschweifte Klammern {} gesetzt.

Die Briefstellen wurden nach den Originalen abgedruckt, soweit diese vorhanden sind. Der Nachweis der aus dem Nachlass zum Abdruck gelangten Notizen findet sich, wie andere redactionelle Mittheilungen, in den Bemerkungen zu den einzelnen Abtheilungen.

F. KLEIN.

INHALT.

GAUSS WERKE BAND IX.
GEODÄSIE. FORTSETZUNG VON BAND IV.

BESTIMMUNG DES BREITENUNTERSCHIEDES ZWISCHEN DEN STERNWARTEN VON GÖTTINGEN UND ALTONA DURCH BEOBACHTUNGEN AM RAMSDENSCHEN ZENITHSECTOR.

Einleitung . . . . Seite 5
Die beobachteten Sterne . . . . — 8
Die Beobachtungen . . . . — 10
Resultate
Einfachste Combination der Beobachtungen zur Bestimmung des Breitenunterschiedes, Art. 1 . . . . — 29
Genauigkeit der Beobachtungen, Art. 2 . . . . — 30
Collimationsfehler, Art. 3 . . . . — 31
Absolut vortheilhafteste Combination der Beobachtungen, Art. 4—7 . . . . — 32
Berücksichtigung der unregelmässigen Theilungsfehler, Art. 8—11 . . . . — 36
Lage der Beobachtungsplätze, Art. 12 . . . . — 40
Bestimmung der absoluten Polhöhe der Göttinger Sternwarte aus Beobachtungen des Nordsterns am REICHENBACHschen Meridiankreise, Art. 13—17 . . . . — 40
Endresultat der hannoverschen Gradmessung, Art. 18—20 . . . . — 47
Vergleichung der Declinationen der beobachteten Zenithalsterne mit BRADLEYS und PIAZZIS Bestimmungen, Art. 21 . . . . — 50
Breitenbestimmung der Sternwarte Seeberg . . . . — 52
Zusatz zu Art. 20, S. 48 . . . . — 56
Anzeige.
Bestimmung des Breitenunterschiedes zwischen den Sternwarten von Göttingen und Altona durch Beobachtungen am RAMSDENschen Zenithsector . . . . — 59
Bemerkungen . . . . — 63

ERDELLIPSOID UND GEODÄTISCHE LINIE.

Nachlass.

Das Erdellipsoid . . . . Seite 67
Gleichung der Verticalebene des Rotationsellipsoids . . . . . . — 70
Gleichung des Rotationsellipsoids in Beziehung auf eine berührende Ebene . . . . . . — 70
Bemerkungen . . . . — 71
Begründung meiner Theorie der geodätischen Linie . . . . . . — 72
Kürzeste Linie auf dem Sphäroid . . . . — 74
Geodätische Linie . . . . — 78
Geodätische Übertragung von Breite, Länge und Azimuth . . . . . . — 80
Geodätische Übertragung auf der Kugel . . . . — 88
Berechnung der linearen Länge der geodätischen Linie und ihrer Azimuthe aus den geographischen Coordinaten . . . . — 89
Vollkommen genaue Formeln für ein Dreieck auf dem elliptischen Sphäroid . . . . . . — 92
Übertragung der geographischen Lage vermittelst der Sehne und des Azimuths des Verticalschnittes . . . . — 93
Der Unterschied zwischen dem geodätischen und dem beobachteten Azimuth . . . . . . — 94
Reduction des astronomischen Azimuthes auf das geodätische . . . . . . — 95
Bemerkungen . . . . — 96

Briefwechsel.

Änderung der Polhöhe mit der Höhe: GAUSS an J. J. BAEYER 1853 Juni 22 . . . . . . — 99
Bemerkungen . . . . — 102

Nachlass.

Reduction der sphärischen Dreieckswinkel A, B, C auf die Chordenwinkel 𝔄, 𝔅, ℭ . . . — 103
Bedingung dafür, dass 3 Punkte auf der Oberfläche einer Kugel auf einem grössten Kreise liegen . . . . — 103
Bemerkungen . . . . — 104

CONFORME DOPPELPROJECTION DES SPHÄROIDS AUF DIE KUGEL UND DIE EBENE.

Nachlass.

Das elliptische Sphäroid auf die Kugel übertragen . . . . . . — 107
Bemerkungen . . . . — 115
Stereographische Projection der Kugel auf die Ebene . . . . . . — 117
Bemerkungen . . . . — 121
Übertragung der Kugel auf die Ebene durch MERCATORS Projection . . . . . . — 123
Bemerkungen . . . . — 132

Stereographische Darstellung des Sphäroids in der Ebene . . . . . . — 133
Bemerkungen . . . . — 134

CONFORME ÜBERTRAGUNG DES SPHÄROIDS AUF DEN KEGELMANTEL.

Nachlass.

Zur zweiten Darstellungsart des Sphäroids, auf einen Parallelkreis bezogen . . . . . . Seite 137

Bemerkungen . . . . — 140

CONFORME ABBILDUNG DES SPHÄROIDS IN DER EBENE (PROJECTIONSMETHODE DER HANNOVERSCHEN LANDESVERMESSUNG).

Nachlass.

Berechnung der geographischen Breite und Länge aus den ebenen rechtwinkligen Coordinaten — 143

Berechnung der Meridianconvergenz aus den ebenen rechtwinkligen Coordinaten . . . . — 146

Formeln zur numerischen Berechnung der Länge, Breite und Meridianconvergenz . . . . — 148

Berechnung des Vergrösserungsverhältnisses n . . . . — 152

Beziehungen zwischen x, y und ξ, λ . . . . — 155

Berechnung der ebenen rechtwinkligen Coordinaten aus der geographischen Breite und Länge — 156

Berechnung der Meridianconvergenz aus den geographischen Coordinaten . . . . — 158

Die Reduction des Azimuths auf dem Sphäroid auf das Azimuth in plano . . . . — 159

Der Unterschied zwischen der Projection der geodätischen Linie und der ihre Endpunkte verbindenden Geraden bei der conformen Darstellung einer krummen Fläche in der Ebene . . . . — 162

Zur Transformation der Coordinaten . . . . — 168

Reihen zwischen φ, ψ und ω . . . . — 171

Zur Berechnung von $\log\cos\varphi$ . . . . — 180

Berechnung von $\log(1-ee\sin\varphi^2)$, $\log\frac{(1-ee\sin\varphi^2)^2}{aa(1-ee)}$ und $\frac{a\cos\varphi}{\sqrt{(1-ee\sin\varphi^2)}}$ . . . . — 181

Numerische Werthe der Coefficienten in den Reihen zwischen φ, ψ und ω . . . . — 182

Berechnung der ebenen rechtwinkligen Coordinaten aus den geographischen Coordinaten mit Hülfe der Reihen zwischen φ, ψ und ω . . . . — 185

Berechnung der Länge und Breite aus den ebenen Coordinaten . . . . — 191

Die Darstellung der Oberfläche des Sphäroids in der Ebene . . . . — 193

Bemerkungen . . . . — 195

Briefwechsel.

Über die Formeln für die hannoversche Landesvermessung:

Gauss an Schumacher 1830 April 18 . . . . — 205

Gauss an Schumacher 1830 April 30 . . . . — 212

Gauss an Schumacher 1831 Mai 17 . . . . — 213

Gauss an Schumacher 1831 Juni 25 . . . . — 215

Gauss an Schumacher 1838 Dec. 9 . . . . — 217

Bemerkungen . . . . — 218

TRIGONOMETRISCHE PUNKTBESTIMMUNG.

Nachlass.

Endresultat für den Ort eines Punktes in einer Ebene, der von drei bekannten aus angeschnitten ist . . . . — 221

Bestimmung der Lage eines Punktes P^0 aus der Lage dreier anderer: P, P', P'', wo jener beobachtet . . . . Seite 223
Ausgleichung dreier Schnitte . . . . — 224
Zur Ausgleichung dreier Schnitte . . . . — 226
Bestimmung eines Nebenpunktes (Schessel) aus den Beobachtungen auf Hauptdreieckspunkten (Litberg, Wilsede, Bottel, Bullerberg und Brüttendorf) . . . . — 228
Abhandlung.
Anwendung der Wahrscheinlichkeitsrechnung auf eine Aufgabe der praktischen Geometrie . — 231
Nachlass.
Bestimmung der Lage des Punktes X durch Beobachtung der Winkel α und β zwischen 3 gegebenen Punkten A, B, C . . . . — 238
Orientirung des Messtisches . . . . — 239
Aufgabe der praktischen Geometrie . . . . — 239
Bemerkungen . . . . — 240

AUSGLEICHUNG EINFACHER FIGUREN.

Nachlass.
Ausgleichung eines Vierecks . . . . — 245
Gleichung zwischen den Seiten und Diagonalen eines Vierecks . . . . — 248
Briefwechsel.
Über die Wahl der Bedingungsgleichung aus den Seitenverhältnissen:
GAUSS an GERLING 1824 Febr. 11 . . . . — 249
GAUSS an GERLING 1840 Jan. 19 . . . . — 250
Nachlass.
Zur Ausgleichung der Winkel im Viereck . . . . — 254
Viereck zwischen 4 Punkten 1. 2. 3. 4 . . . . — 257
Ausgleichung eines Polygons . . . . — 257
Gewicht von Höhenbestimmungen . . . . — 258
Bemerkungen . . . . — 259

STATIONSAUSGLEICHUNGEN.

Nachlass.
Stationsausgleichung für Zeven aus sämmtlichen Messungen von 1824 und 1825 (ohne die vom 4. und 5. August) . . . . — 263
Stationsausgleichung für Brillit . . . . — 265
Wilsede aus sämmtlichen Messungen von 1822 und 1824 . . . . — 267
Ausgleichung der auf dem Windberge gemessenen Winkel . . . . — 271
Beobachtungen auf Breithorn 1822 . . . . — 274
Briefwechsel.
Über Stationsausgleichungen: GAUSS an GERLING 1823 Dec. 26 . . . . — 278
GAUSS an SCHUMACHER 1827 Dec. 22 . . . . — 281
GAUSS an SCHUMACHER 1828 Jan. 7 . . . . — 285
Bemerkungen . . . . — 287

ZUR NETZAUSGLEICHUNG.

Nachlass.

Anzahl der Bedingungsgleichungen in einem Dreieckssystem . . . . Seite 297
Die 33 Hauptdreieckspunkte und ihre Verbindungen . . . . — 297
Zusammenstellung der beobachteten Dreiecke und ihrer Widersprüche . . . . — 300
Normalgleichungen, die den Winkelgleichungen entsprechen . . . . — 302
Bedingungsgleichungen der zweiten Art . . . . — 304
Normalgleichungen, die den Seitengleichungen entsprechen . . . . — 311
Die Verbesserungen . . . . — 312
Ausgleichungswerthe . . . . — 314
Die Azimuthe der Seiten des sphäroidischen und des ebenen Dreieckssystems . . . . . . — 317

Briefwechsel.

GAUSS an OLBERS 1823 Nov. 2 . . . . — 319
GAUSS an OLBERS 1824 Juli 6 . . . . — 320
GAUSS an OLBERS 1826 Mai 14 . . . . — 320
GAUSS an GERLING 1837 Mai 2 . . . . — 323
GAUSS an GERLING 1838 Juni 5 . . . . — 323
GAUSS an GERLING 1838 Nov. 14 . . . . — 326
Bemerkungen . . . . — 327

DREIECKSKRANZ UM OLDENBURG.

Nachlass.

Zur Ausgleichung des Dreieckskranzes, der das Oldenburgsche umgibt . . . . — 331
Bemerkungen . . . . — 340

ZUR HANNOVERSCHEN TRIANGULATION.

Briefwechsel.

GAUSS an SCHUMACHER: 1816 Juli 5, 1818 Sept. 10, 1820 Mai 20, 1821 März 4, 1822 Sept. 18, 1825 Januar, 1825 Juni 20, 1829 Jan. 14 . . . . — 345
GAUSS an BESSEL: 1821 Dec. 26, 1822 Nov. 15, 1823 Nov. 5, 1824 Nov. 20, 1826 März 12, 1826 Nov. 20, 1827 April 1, 1830 April 9 . . . . — 349
GAUSS an BOHNENBERGER: 1823 Nov. 16 . . . . — 364
GAUSS an OLBERS: 1821 Jan. 13, 1822 April 18, 1824 Juli 4, 1824 Juli 8, 1825 Febr. 19, 1825 Febr. 25, 1825 Oct. 9, 1826 April 2, 1827 Jan. 14, 1827 März 1, 1830 Juni 14, 1837 Sept. 2 . . . . — 367
GAUSS an GERLING: 1821 Oct. 5, 1822 Febr. 21, 1822 Nov. 7, 1823 Juli 27, 1823 Aug. 11, 1823 Sept. 1, 1823 Sept. 5, 1823 Oct. 3, 1827 Juli 19, 1838 Sept. 12, 1838 Nov. 14 . . — 380
Bemerkungen . . . . — 395

Veröffentlichungen.

Auszug aus einem Briefe des Herrn Hofrath und Ritter GAUSS . . . . — 396
Auszug aus einem Schreiben des Herrn Hofrath GAUSS . . . . — 397
Bemerkungen . . . . — 400

Nachlass.

Plan und Anfang zum Werke über die trigonometrischen Messungen in Hannover.
Plan des Werkes . . . . — 401

Einleitung . . . . Seite 402
Erster Abschnitt. Anordnung der Messungen im allgemeinen . . . . — 405
Auszüge aus Berichten über die Triangulirung an das hannoversche Cabinets-Ministerium.
Aus einem Bericht vom 7. Januar 1822 über die Arbeiten im Jahre 1821 . . . . . — 406
Aus einem Bericht vom 31. Januar 1823 über die Arbeiten der Gradmessung im Jahre 1822 . . . . — 409
Aus dem Bericht vom 16. Februar 1825 über die im Jahre 1824 ausgeführten trigonometrischen Arbeiten . . . . — 412
Aus dem Bericht vom 21. November 1827, betreffend die weitere Ausdehnung der Gradmessungsarbeiten . . . . — 413
Aus dem Bericht vom 26. Juni 1828, die Fortsetzung der Gradmessungsarbeiten betreffend — 416
Historischer Bericht über die von dem Hofrath Gauss theils ausgeführten, theils geleiteten Messungen im Königreich Hannover . . . . — 418
Aus dem Bericht vom 5. Juli 1840 über die trigonometrischen Vermessungen im Jahre 1839 . . . . — 425
Aus einem Bericht, December 1844, über die im Jahre 1844 ausgeführten trigonometrischen Messungen . . . . — 425
Geographische Coordinaten der Hauptdreieckspunkte der hannoverschen Messungen . . . — 427
Bemerkungen . . . . — 429

HÖHENMESSUNGEN.

Veröffentlichung und Briefwechsel.
Der Refractionscoefficient aus den Höhenmessungen bei der hannoverschen Gradmessung.
Beobachtete und berechnete Triangulirung im Hannoverschen, Braunschweigschen und Lüneburgschen . . . . — 437
Der Refractionscoefficient aus den Höhenmessungen von 1824 abgeleitet: Gauss an Schumacher 1824 Nov. 28 . . . . — 440
Der Refractionscoefficient aus den Höhenmessungen bei der Gradmessung und ihrer Fortsetzung bis Jever: Gauss an Schumacher 1846 Dec. 27 . . . . — 443
Bemerkungen . . . . — 444
Nachlass.
Terrestrische Refraction . . . . — 445
Formel zur Höhenberechnung . . . . — 448
Ausgleichung der Höhen der Hauptdreieckspunkte . . . . — 449
Bemerkungen . . . . — 454
Veröffentlichung.
Tafel für barometrisches Höhenmessen . . . . — 456

HELIOTROP.

Veröffentlichungen.
Über den Heliotrop . . . . — 461
Erfindung eines Heliotrops . . . . — 466

Briefwechsel.

Über den Heliotrop: Gauss an Olbers 1821 Juli 1 . . . . Seite 467

Gauss an Schumacher 1821 Juli 11 . . . . — 470

Gauss an Schumacher 1821 Nov. 8 . . . . — 470

Gauss an Schumacher 1822 Juli 10 . . . . — 470

Gauss an Schumacher 1827 Jan. 15 . . . . — 471

Veröffentlichung.

Die Berichtigung des Heliotrops . . . . — 472

Nachlass.

Einfluss unvollkommener Berichtigung am ersten Heliotrop . . . . — 478

für den zweiten Heliotrop . . . . — 479

Zur Berichtigung des Heliotrops . . . . — 479

Bemerkungen . . . . — 483

MESSUNGSFEHLER.

Nachlass und Briefwechsel.

Über die bei der Landestriangulirung erforderlichen Instrumente . . . . — 487

Über Messungsfehler: Gauss an Olbers 1825 Juli . . . . — 490

Gauss an Schumacher 1825 August 14 . . . . — 493

Gauss an Bessel 1843 Oct. 29 . . . . — 494

Gauss an Bessel 1844 August 15 . . . . — 498

Bemerkungen . . . . — 499

Briefwechsel.

Berechnung des mittlern Ablesungsfehlers einschliesslich des Theilungsfehlers am Theodolithen: Gauss an Gerling 1844 April 17 . . . . — 500

Nachlass.

Berechnung des mittlern Ablesungsfehlers am Theodolithen und Bordaschen Kreise 1821—1824 — 501

Bemerkungen . . . . — 505

REDUCTION SCHIEFER WINKEL AUF DEN HORIZONT. REPETITIONSBEOBACHTUNGEN.

Nachlass.

Reduction schiefer Winkel auf den Horizont . . . . — 509

Bemerkungen . . . . — 512

Nachlass und Briefwechsel.

Repetitionsbeobachtungen . . . . — 514

Über die Fehler bei Repetitionsbeobachtungen: Gauss an Bessel 1819 Jan. 27 . . . . . — 515

Bemerkungen . . . . — 516

Bemerkungen zum neunten Bande . . . . — 521

Göttingen, Druck der Dieterichschen Univ.-Buchdruckerei (W. Fr. Kaestner).